Design Courses for Higher Educatio
Design Form Series

高等学校艺术设计学科教材
设计形式系列

编排

Layout

蔡顺兴 编著

东南大学出版社

图书在版编目(CIP)数据

编排/蔡顺兴编著. —南京：东南大学出版社，2006.3(2013.3 重印)
(高等学校艺术设计学科教材·设计形式系列)
ISBN 978-7-5641-0270-8

Ⅰ.编… Ⅱ.蔡… Ⅲ.平面设计-高等学校-教材 Ⅳ.J560

中国版本图书馆 CIP 数据核字(2005)第 062468 号

东南大学出版社出版发行
(南京四牌楼 2 号　邮编 210096)
出版人:江建中
江苏省新华书店经销　　南京玉河印刷厂印刷
开本:787mm×1092mm　1/16　印张:22.50　字数:550 千字
2006 年 10 月第 1 版　2013 年 2 月第 3 次印刷
ISBN 978-7-5641-0270-8
印数:4001～5000 册　　定价:53.00 元

(凡因印装质量问题,可直接向读者服务部调换。电话:025-83792328)

高等学校艺术设计学科教材·设计形式系列

编辑委员会

总　序

邬烈炎

中国的艺术设计与设计教育进入新世纪后，正迅速地跨越了从工艺美术形态到艺术设计形态的转型期，而信息化、数字化设计的发展也已趋成熟；同时设计教育得到更为快速的发展，学校及学科数量急剧膨胀，招生规模大大增长，师资队伍日益庞大，学科建设也加大力度。它们对设计教育的课程设置、课题设计与教材编写提出了新的要求，具备了新的条件。

目前艺术设计教材的编写、出版种类繁多，然而综观其特点，大都反映出高度程式化与类型化的倾向，呈示为概述某个设计门类的技术性条件，重复地描述已被证实正确的理论、法则、公式，显露出轻原理、重技法，轻基础、重应用，轻原创、重程式等现象，不能反映教育规律与课程方法论的指导，从而难以激发学生的学习热情与实验兴趣。本丛书改变了大多数设计教材以具体专业方向、行业门类、设计形态作为内容编排方式的普遍做法，消解了那种单纯的专业与设计的习惯角度，以教材的名义对艺术设计教育的教学结构与课题重新洗牌。

本丛书的起点，是培养人的专业素质，在“厚基础、宽口径”的原则下，对设计的原理与元素、结构与形式进行优化，对内容、语言、方法进行整合；进行跨专业方向的综合性要素提取与形式归纳，对艺术设计的整体形式要素进行优化；在基本规律与方法叙述的基础上扩展基础理论的范畴与关于形式的知识视野。

本丛书的建构方式，是以艺术设计的构成要素与发展形式作为基本线索，这一系谱包括视觉、形式、形态、空间、图形、字体、编排、色彩、材料、装饰、光影等。几乎所有类型的设计形态都是由这些要素与形式重构而成，对它们的认识与掌握是以结构的视角解读设计语言，是以横向的视域进行拼贴。而这些碎片又具有独立的表现价值与完整的结构形态，从基础研究到专业设计，从历史发展到当代演化，从概念到分类，从本体语言到实际应用，它们从这一坐标系在内部充实与发展了设计的语法。

本丛书力求做到几个方面的结合，以期成为其特点：

1. 原理与应用。从对原理的解析出发，叙述要素与形式的本体意义，同时结合范例作品进行具体分析，描述在设计实践中的运用方式。

2. 实验与操作。作为一种积极的探索，既反映一定的前瞻性与实验意识，并兼及在课程教学中的可实施方式，具有可具体操作的条件。

3. 分解与综合。作为单项要素强调其分析性，进行形式语言极致阐释，扩大其信息量并跟踪国内外该范畴的新势态与新发展；在分析与阐释中，从演化、类型、语义、范式、法则、比较、运用、技术等方面实现具有大跨度的交叉性、复合性的描述与分析。

彩图1

彩图2

彩图1　冯德里希所设计的个人作品展海报，通过冯氏的第一个大写字母“W”作为作品展的个人符号，将之置于版面的视觉中心，以此突出个展的特性。

彩图2　采用上、下、左、右四个方向的绝对对称，看上去受力很平稳，若处理不好，易呆板枯燥。冯德里希为了打破这一平衡方式，将左上角一组文字与其它文字用红色区分开，力图在对称中求变化。

彩图3

彩图4　曲线的不同组合变化构成图像。

彩图3　《大碗岛的星期日下午》，作者:修拉。

彩图5　用人物头像与人体躯干组合在一起，形成了构思巧妙的新图形。

彩图6　把人体的各个部分像机器零件一样进行拆装、拼合，构成了新的人体形态。

彩图5

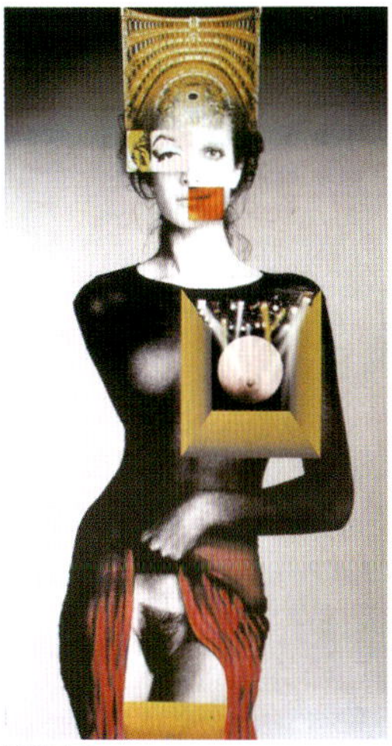

彩图6

彩图7

彩图8

彩图 7 “家”与祖国大家庭的版图概念一致，“家”字的一点表示台湾不能从祖国的大家庭中分离出去。作者：余秉楠。

彩图 8 用传统的中国古典人物造像，结合镜面反射，镜像中的人物发型突变成西方旁客式的发型，表现中西文化的矛盾对抗，具有幽默感。

彩图9

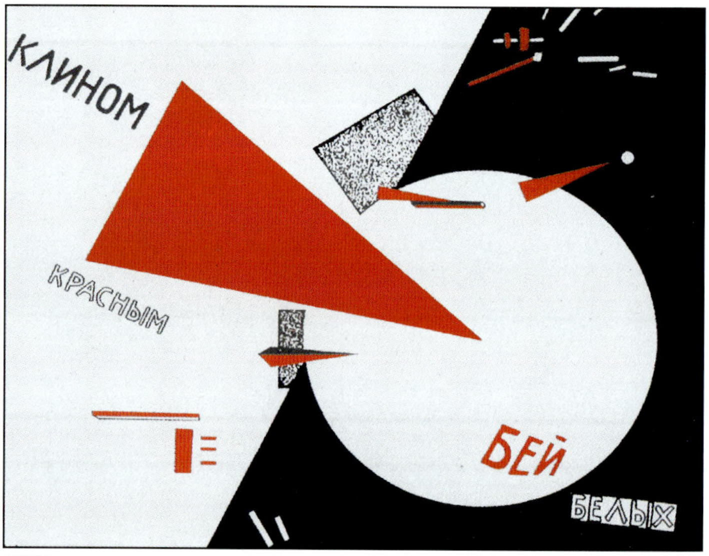

彩图10

彩图11

彩图9 欧洲中世纪时期的《圣经》设计，书套采用金、银和各种珠宝作为装饰。

彩图 10 招贴《用红色的楔子打击白军》，1920 年。设计者：李西斯基。

彩图 11 广告，1928—1929 年。设计者：维拉迪米尔、乔治 · 斯腾伯格 (Vladimir and Georgii Stenberg)。

彩图 12　构成。设计者：杜斯伯格、莫霍里·纳吉。作品风格显然受蒙德里安的影响。

彩图 14　住宅玻璃设计，1917 年。设计者：杜斯伯格。

彩图 13　蒙德里安所创作的绘画作品，其绘画形式为风格主义的创立奠定了设计的形式基础。

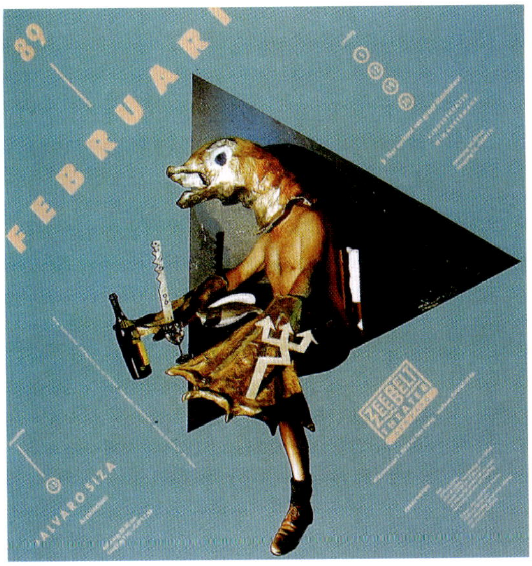

彩图 15　将第一层网格旋转成 45 度角，变成菱形，主要形象仍以纵横水平、垂直方向使之与第一层网格形成对比。

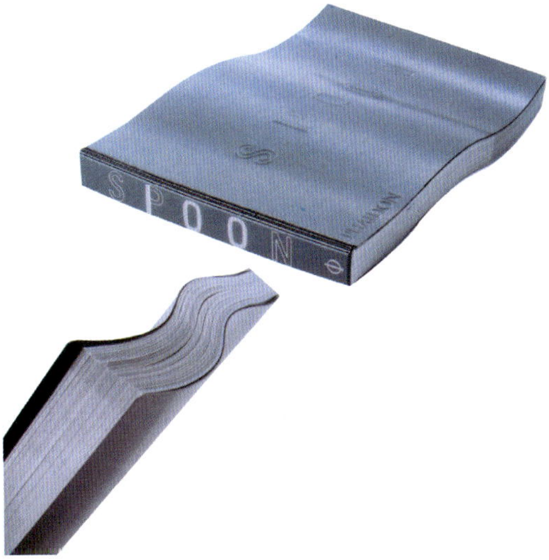

彩图 16　作品采用合金材料，通过模具压制形成独特的书体形态。设计者：马克·迪帕 (Mark Diaper)。

彩图 17 《表演艺术》，大 32 开。设计者：蔡顺兴。

彩图 18 《音乐表演美学》，大 32 开。设计者：蔡顺兴。

彩图 17

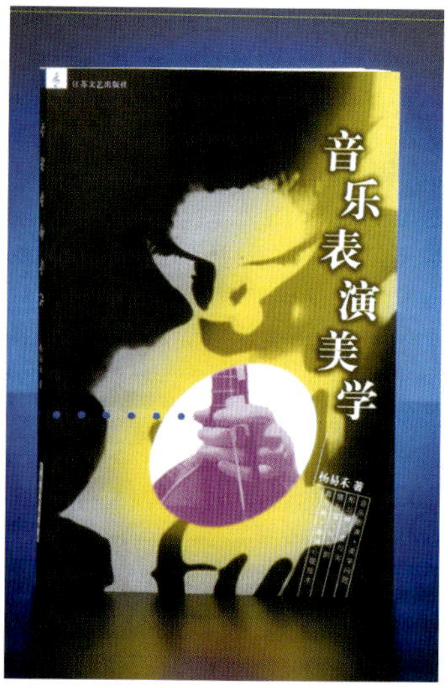

彩图 18

彩图 19 家具系列海报。设计者：登巴设计工作室 (Studio Dumbar)。如何将家具海报设计得有特点，并代表着未来家庭陈设的明天是一个重要课题。登巴设计公司首先从海报的外形入手，将海报设计成不规则的形态，再结合自由版面设计手法，通过反复的论证与修改，最终出品了一系列极其精湛的海报作品。

彩图20

彩图21

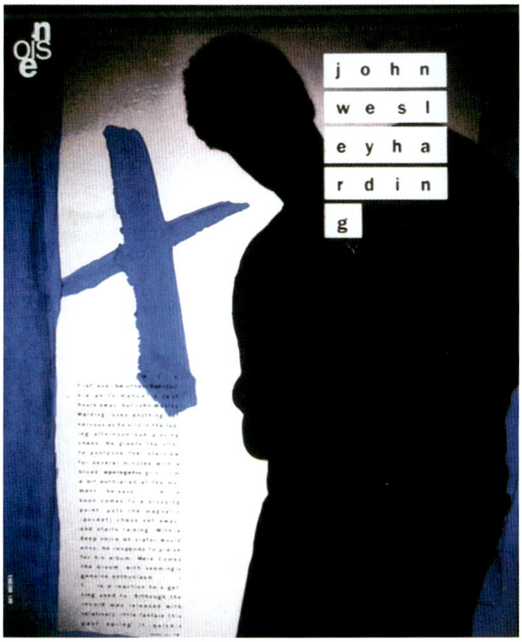

彩图23

彩图22

彩图24

彩图25

彩图 20　瑞拜尔剧院海报设计，1987 年。设计者：登巴设计工作室 (Studio Dumbar)。

彩图 21　荷兰戏剧节杂志封面，1987 年。设计者：登巴设计工作室 (Studio Dumbar)。

彩图 22　荷兰戏剧节海报设计，1987 年。设计者：登巴设计工作室 (Studio Dumbar)。

彩图 23　运用剪影方式是自由版面设计的常用手法之一。

彩图 24　将字体重叠所形成的叠压部分仍采用平涂手法，只是对字母的局部用虚化的方法表现。

彩图 25　运用抽象的平面图块，看上去既像字母，又非字母。作品很大程度上带有象征性的意境。

彩图26　街道符号项目设计，1981年。设计者：露西勒·泰纳扎斯（Lucille Tenazas）。

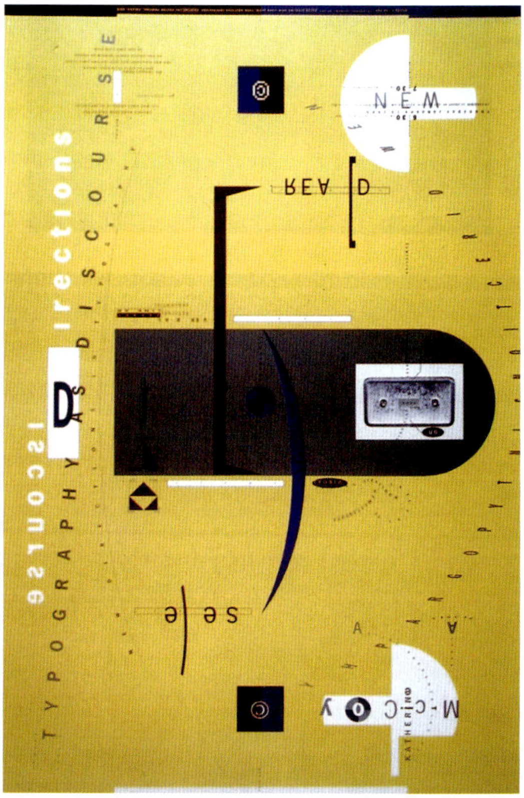

彩图 27　版面设计海报，1989 年。设计者：艾伦 · 侯瑞 (Allen Hori)。

彩图 28　版面通过不同层次、不同方向的图形组合，形成优美的光影变化。文字在这里也已三维立体化与图形融为一体。主要说明排列整齐，一丝不苟。

彩图 29　抽象图形经多次剪切组合，形成优美的光影变化，主要文字部分排列在一定的形态内，清晰易辨。

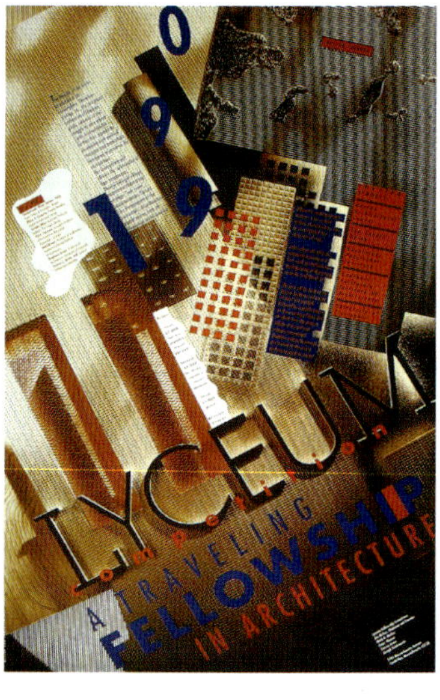

彩图 30　作品运用摄影的方式将主要图形三维光影化，结合背景理性而有秩序的方格分布，衬托出主要图形部分，方格中的小字排列自由清晰。

彩图31

彩图32

彩图33

彩图34

彩图35

彩图36

彩图 31　作品中的乐器造型概括、简洁，与字体配置自然、巧妙，经过几何化构形后的版面秩序规律，波动的投影衬托出形态的精致，文字排列随着版面的空间分布，由大到小自由编排，每段文字均清晰、严谨，变化丰富，使得整个作品似一首优美的抒情诗。

彩图 32　作者将大写的“B”字做成模型后，通过光影投射到页面上，使之自然形成光影变化，配上变化丰富的文字，使得版面编排自由、清新、精致。

彩图 33　作品有着浓浓的金属感，主要文字虽然残缺碎裂，但给人的感觉却是字体的光影富于变化，文字规整有序。

彩图 34　背景字体已完全光影图形化，字母与字母间的搭配组合虽然自由却显得理性，文字排版简洁明了。

彩图 35　这是一幅运用摄影技术和电脑特技相结合的作品，版面中的主要字母有着强烈的光影变化，小字排列简洁自由。

彩图 36　运用自行车零部件的组合和光影变化，结合规整的文字排列，使得作品充满着现代工业感。

彩图37

彩图38

彩图39

彩图40

彩图 37　将老式的摄影器材组合在一起，结合三维自由排列的文字，使得版面有着强烈的空间感。

彩图 38　海报。设计者：粟津洁（日）。运用色彩变化抽象地表现地球的环境问题。

彩图 39　海报。设计者：胜井三雄（日）。运用色彩的变化关系表现自然与音乐的关系。

彩图 40　海报。设计者：河原敏文（日）。

彩图 41　运用色彩的心理变化，体现喜、怒、哀、乐（选自清华大学美术学院学生作品）。

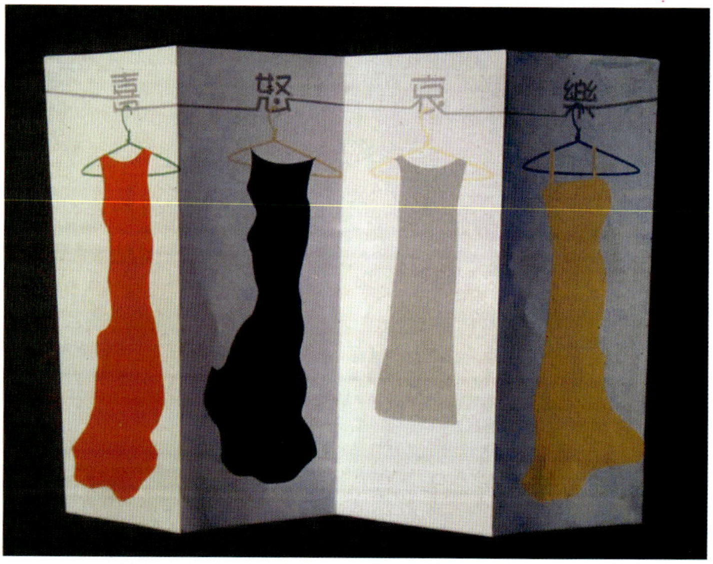

彩图41

彩图42

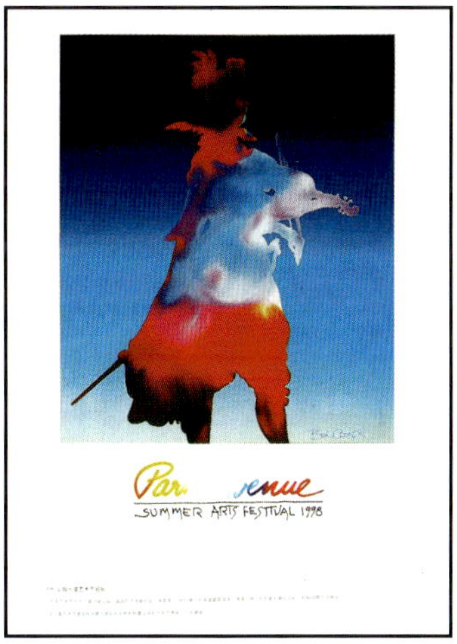

彩图43

彩图44

彩图 42　海报。设计者：佐藤晃一（日）。运用色光表现自然。

彩图 43　海报。设计者：佚名。

彩图 44　海报。设计者：佚名。

彩图 45　将整个环境设计成黑色，并把主要文字反转处理，可以准确地表达出“战争是落后”的理念。

彩图 46　灰色方块从蓝色暂时宁静的情感中分离出来，创造出富有潜在激情的版面形式，分散的字母贯穿整个方块，并可以缓解情绪。

彩图 47　运用红绿色的绝对对比，并不能显示“平静”，使用这种方式带有灰谐之感。

彩图 48　用黑色和暖灰表现神秘的夜晚，字母选用字距较宽、笔画较细的字体，显示出相对的稳定和安静。

彩图 49　用粗壮有力的字体和充满激情的红色表现“爱之深”，再用同样的字体和充满悲愤的黑色表现“恨之切”。

彩图45

彩图46

彩图47

彩图48

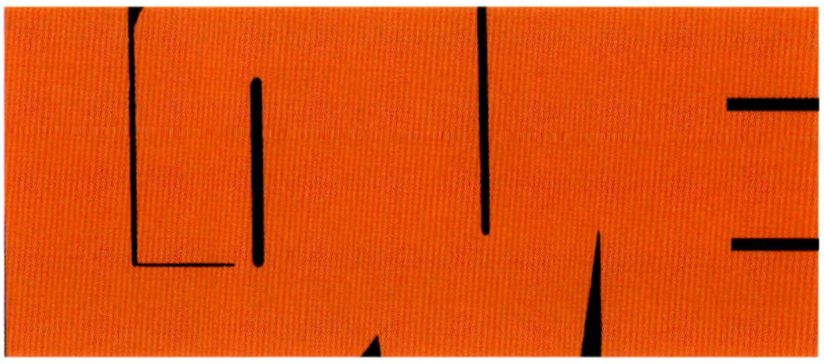

彩图49

彩图 50　运用各种不同的形式表现“爱”的创意。

彩图 51　与彩图 50 设计原理一致。

彩图 52　设计者：佚名。作者对于书的六个面进行整体设计，体现出空间上的差异性与多变性，尤其是对书口的处理极具个性。

彩图50

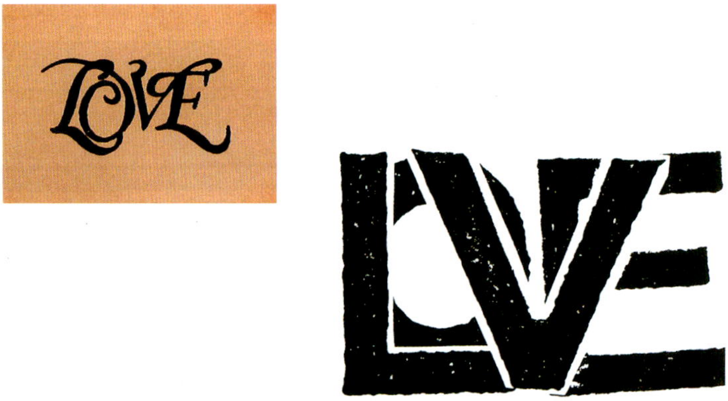

彩图51

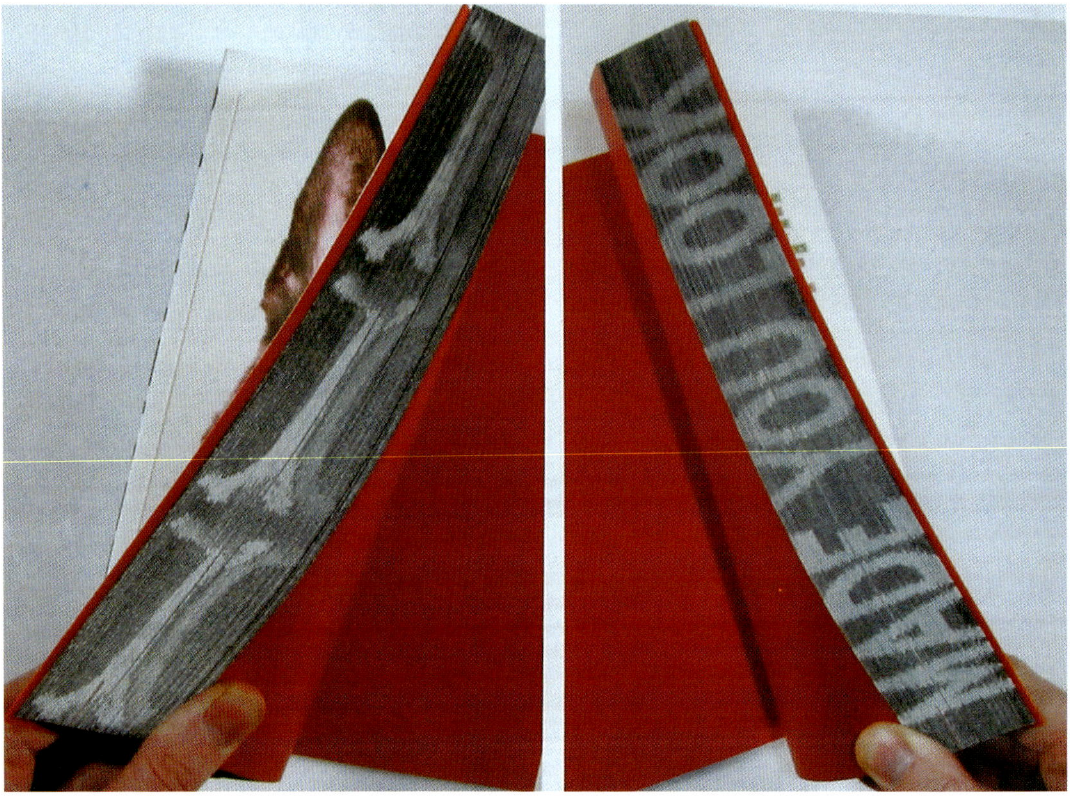

彩图52

彩图55

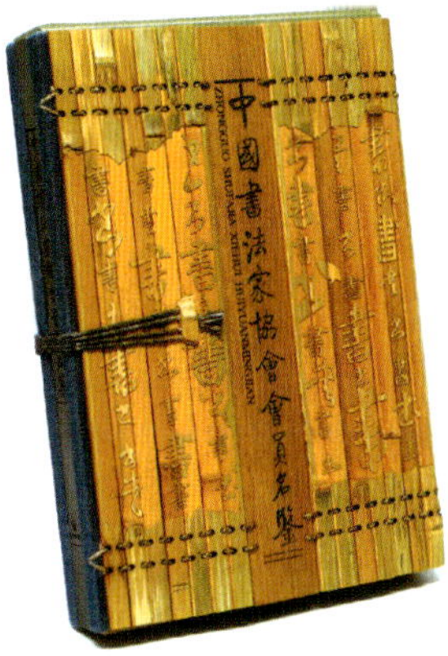

彩图54

彩图 53　设计者：登巴设计工作室（Studio Dumbar）。作品运用合成金属作为书体外在材料，结合精密工艺制作，使之具有空间感。

彩图 54　设计者：吕敬人。作者运用竹木材料设计书的函套，具有真实的空间层次感，体现出浓浓的材料美。

彩图 55　作者：佚名。运用皮革作为书体材料，体现出书籍的豪华珍贵感。

彩图 56　设计者：吕敬人。运用瓦楞纸来表现书的整体空间感。

彩图 57　设计者：吕敬人。运用拉毛的艺术纸来表现封面的空间层次。

彩图53

彩图56

彩图57

彩图58

彩图59

彩图60

彩图 58　设计者：理查德・费克（Richard Ferkl）。作品采用特种艺术纸印制。

彩图 59　设计者：本任 (Ben Zin)，2003 年。作品运用印制银铂的方式，以增加书体的空间变化。

彩图 60　设计者：本任 (Ben Zin)，2003 年。书脊采用外露装订线的方式，以体现材料的空间知觉性。

彩图 61　设计者：吕敬人。书体的转折起伏，结合特定的纸张材料，使得空间上具有浓浓的书卷气。

彩图61

彩图62

彩图 62　擦鞋机包装设计。设计者：蔡顺兴 。

彩图 63　从一个空间走到另一个空间，能够感受到整体空间的流动起伏。

彩图 64　运用不同形态的方向面，围合成有节奏变化的空间。

彩图 65　利用相同形态空间的重复，表现内容的节奏感。

彩图 66　书体展开后，自动跳出一艘帆船，使本来平面静态的内页，瞬间变成富有空间知觉的立体形态。

彩图66

彩图63

彩图64

彩图65

彩图67

彩图68

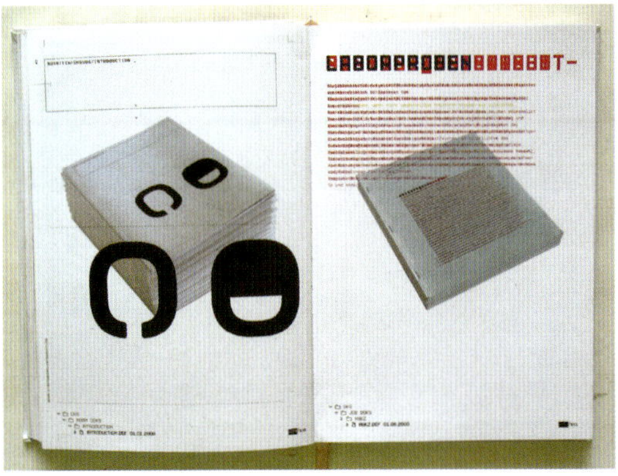

彩图69

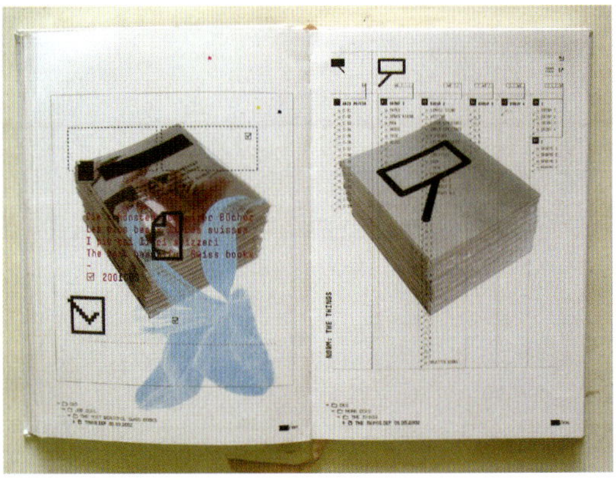

彩图70

彩图 67　封面设计。设计者：史汉瑞。书体外观及其图形、文字整体统一，富有中国传统的韵味。

彩图 68　内页版式。版面打破了传统的方形图片构形，将图切割成不规则的曲线形后，再与文字结合，富有个性。

彩图 69　文字与图形叠加、重组，字与字通过自由缩放以展现现代气息。

彩图 70　设计原理与彩图 69 一致。

彩图 71　宣传册设计。设计者：蔡顺兴。封面局部通过挖孔处理以体现空间层次。

彩图71

彩图72

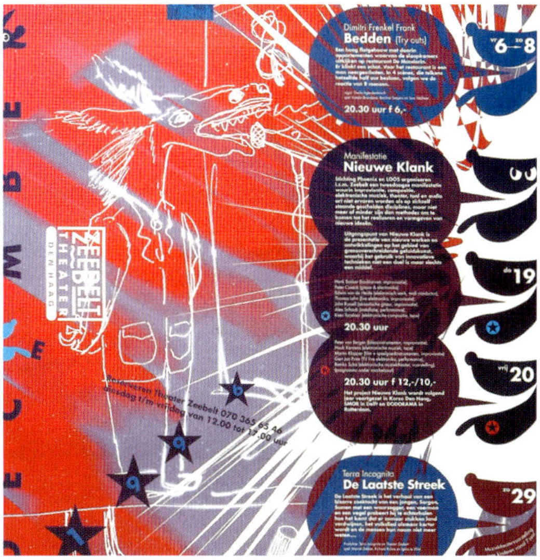

彩图73

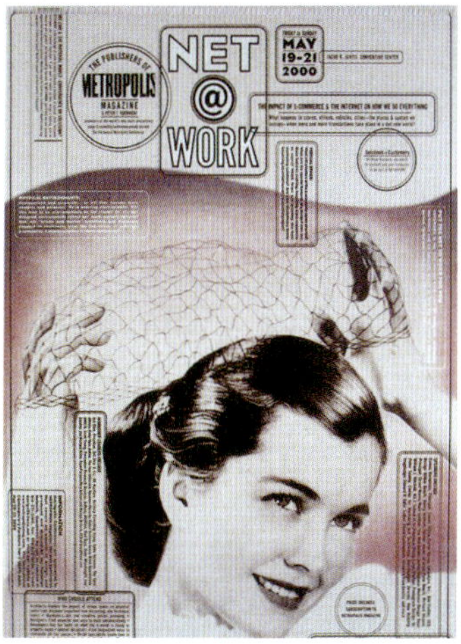

彩图74

彩图75

彩图76

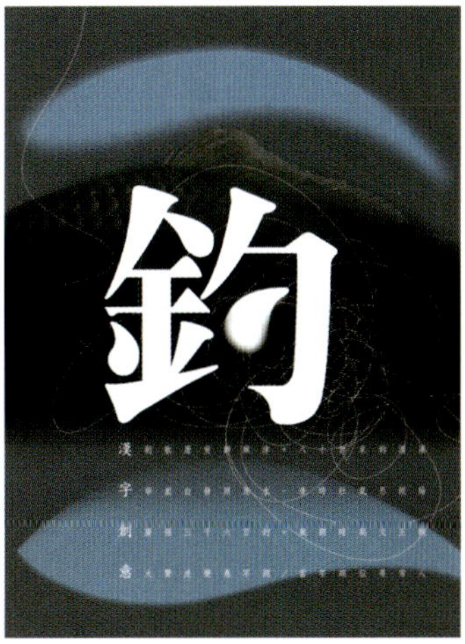

彩图77

彩图 72　音乐会海报设计。设计者：蔡顺兴。

彩图 73　荷兰瑞拜尔剧院招贴设计。设计者：蔡顺兴。

彩图 74　商业宣传海报。设计者：佚名。作品说明文字运用几何形分割，组合成一幅结构紧凑、条块清晰的版面。

彩图 75　汉字创意《围》。设计者：蔡顺兴。

彩图 76　汉字创意《靶》。设计者：蔡顺兴。

彩图 77　汉字创意《钓》。设计者：蔡顺兴。

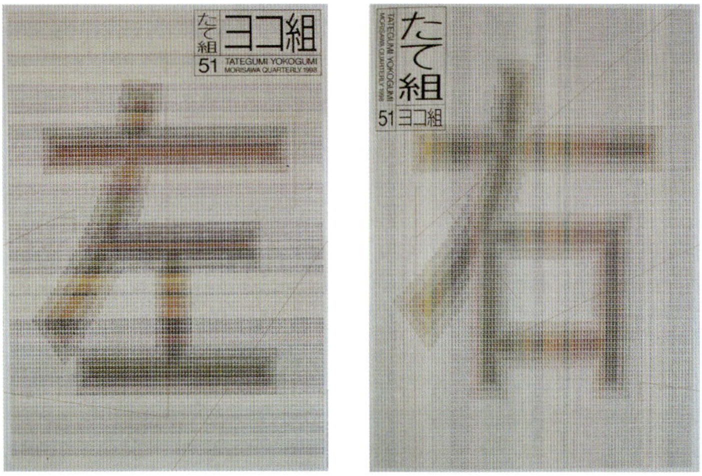

彩图78

彩图79

彩图80

彩图81

彩图82

彩图 78　汉字创意《左、右》。设计者：刘小康。

彩图 79《书》，书籍设计对外宣传海报。设计者：吴勇。

彩图 80　作品的底图采用水波纹的曲形方式与文字组合编排。

彩图 81　设计原理与彩图 80 一致。

彩图 82　运用三维光影形式设计版面。设计者：兰希 · 斯科尔斯 (Nancy Skolos)。

彩图 83　设计者：兰希 · 斯科尔斯。将版面切割成正三角形，再结合三维光影形式设计，从而体现出版面形式的多样性。

彩图83

目　　录

导　　言

把编排作为一项专门的学问来研究，并在大学课堂上正式授课也仅是近 10 多年的事。虽然这门专业课在中国高校开设的历史并不长，但这一设计现象却长期伴随着设计业。同发达国家相比，中国的现代设计业起步较晚，设计领域中的基础研究项目落后于西方发达国家，其中包括编排。虽然如此，但对于现代设计中所涵盖的基本规律、普遍现象，以及所要遵循的审美法则，实际上并无国界之分。西洋的先驱们率先凝聚而成的设计理论，中国无须再重新探索一遍，而应无条件地本着"拿来主义"的态度去借鉴，籍此提高国人的设计意识与民族整体设计水平。值得欣慰的是：当代中国的设计师们，早已深谙当年鲁迅先生所倡导的"拿来主义"的精髓，加上近十年来中国的工业化程度的迅速提高，在经济杠杆的驱动下，编排作为设计业中最基础的核心部分，短时间内却有着巨大的进步。当然，若想全面赶上西方发达国家的整体设计水平，我们还有很长的路要走，还有待于每一位从事这项工作的设计师、教员、理论工作者的不懈努力和深入探索。

编排是二维平面中的基本构成要素，从设计行为发生的那一刻起，始终伴随着设计的整个过程，它所发展的每一个过程，每一个阶段都带有鲜明的时代烙印，是当时工业化水平发展的一面镜子。同时，它也折射出时代的商业氛围与市场价值。

对于编排设计的理解，目前学术界还没有完整统一的认识，学术用词也存在着不同的差异，相关名称的不同，常常造成部分读者理解上的混淆，在这里我们有必要对此加以说明，以廓清有关词汇语义的相互关系与不同功能。所出现的词主要有"平面设计"、"视觉传达设计"、"版面设计"、"编排设计"、"装潢设计"等。

一、平面设计(Graphic Design)

根据王受之先生在《世界平面设计发展史》一书中的解释，平面设计一词出现最早可以追溯到上个世纪 30 年代，由美国人威廉・阿迪逊・德维金斯(William Addison Dwiggins，1880—1956)率先使用，但在当时并未流行起来，直到第二次世界大战之后，才逐渐被业内人士接受。真正使这一术语成为设计界通用的名词，则是在 20 世纪 70 年代之后。“平面设计”一词最初的含义是指与印刷相关的设计活动，它具有印刷和批量生产平面出版物的性质，尤其是指书籍设计、招贴海报设计、包装设计、企业形象设计、字体设计、图形设计、插图设计、色彩配置设计等。然而，随着现代设计的发展，不与印刷相关的平面设计活动，也纳入了平面设计的概念范围。如：展览展示中的图板设计、户外广告设计、网页界面设计、景观规划图形设计、大型体育活动的编排以及车站、码头、机场、地铁等相关户外公共设施的图形、文字的导示牌、提示语等均纳入了平面设计的范围。可以说平面设计是指二维的、非影视的、静止的用以传播信息的一切设计手段和设计活动。

二、视觉传达设计(Visual Communication Design)

与平面设计相比，视觉传达设计其内涵小、外延大。在继承了平面设计的一切特征后，为了顺应时代的发展，西方主要工业化国家的设计师们，于 1960 年首先在日本东京召开的世界设计大会上，提出“视觉传达设计”一词。理由是：随着现代科技的发展，影像媒体作为视觉传达手段已独立存在，现代传媒若继续沿用平面设计一词显然不够准确。故此，在传统印刷平面设计的基础上，人们将电影、电视、电子显示屏以及电脑网页、电脑动画设计等与光电技术相关的二维设计活动统称为“视觉传达设计”。

三、装潢设计

所谓的“房屋装潢”、“装潢公司”、“包装装潢”等一大堆与装潢一词相关的术语，在业外人士看来无非是美化环境、装修、装裱、修饰器物的代名词。它有“软装潢”与“硬装潢”之分，“软装潢”是指与印刷相关的书籍设计、杂志设计、包装设计、广告设计；“硬装潢”是指室内外环境设计。既然装潢设计已有所指，那么为什么现代高校原有相关的装潢设计专业，纷纷改成平面设计系或视觉传达系呢？首先：从古语“装潢”一词来看，有其特定的含意。“装”指的是“装裱”、“装修”。古人装裱一张字画，需经过洗、揭、补、衬边、小托、全式、镶攒、覆、上壁、下壁、安轴、上杆、上帖、帖笺等一系列制作工序。“潢”指的是为了在装裱字画、书籍时，为了防蛀将纸用浸了黄檗的水染色叫做“入潢”。由此可以得出结论，把装裱、染色的整个工作过程称为“装潢”也就顺理成章了。它是两种工序的结合体。对于装潢的记载与解释，古人曾撰有专门的著作和文章。如：明代周嘉胄《装潢志》曰：“云画有十三科，表背亦有十三科：织造绫锦绢素；染练上件；抄造纸札；染制上件颜色；糊料麦面；糊药矾蜡；界尺裁板杆贴；轴头（或金、或玉、或石、或玛瑙、或水晶、珊瑚、沉檀、花梨、乌木、随画品用之）；糊刷；铰炼；绦；经带；裁刀。”而更早于明代的北魏时期，贾思勰所著的《齐民要术·杂说》中有“浸檗汁入潢，凡潢纸灭白便是……写讫入潢，辟蠹也”。

从上述的说明可以看出，把原有“装潢”一词用于现代平面设计专业或室内环境设计专业似乎不够确切。平面设计和室内环境设计源于外来语汇，具有现代工业与现代商业的特征。“装潢”一词在功能的实用性、信息的传播方式以及审美情趣上都已发生了质的变化。故此，仍然使用原有的术语，从传统文化的延续性上讲似乎可以说得通。但从现实意义上来看，其原有的内涵发展到今天，它的实质已发生了根本的变化，在平面设计中若继续使用这一术语，似乎显得“陈旧”、“过时”和“不妥”。

四、编排设计

“编排”一词的使用最早来源于印刷中的手工铅字的排列。在谷腾堡发明金属活字印刷之后，金属版面是由排印工将一个个活字字母拼对在版面上，所有的字母可以反复使用，这种排列字母拼对版面的过程被称为编排。手工排版的方式到了19世纪中叶有了改进，当时的西欧各国争相发明机械排版机，在短短几十年中就有数百种排版机相继出现，从而极大地提高了排版速度。然而，版面的编排形式并未因此得到多大的改善。到了20世纪初，机械编排已相当成熟，此时，各个设计流派纷纷对版面的编排形式展开了深入的研究与探索。其中未来主义、达达主义、风格主义、构成主义以及包豪斯等重要流派影响最大。从此编排设计变成了一项专门针对版面形式进行研究的学问。编排的含义也已与早年的解释有了很大的区别。在早期，编排仅仅是纯粹文字之间的排列关系与排列组合。而现在，编排不仅保留了原有的特征，而且还将图形、摄影、照片也一同纳入了排版的行列，从而形成了专门研究文字与文字、文字与图像、图像与图像相互关系的一门学问。与平面设计相比，编排设计其内涵大、外延小，它仅仅是平面设计中对排版与形式的专门研究，而平面设计则是涵盖所有二维印刷设计的总称。

五、版面设计与编排设计

从本质上讲，版面设计与编排设计在现代排版技术条件下并无本质区别。版面设计（Typography）是指排印的过程和印刷区域最终在版面上形成的视觉形态。它强调的是特定技术条件下的操作方式。与英文“Typography”相近的词是“Layout”，指的是版面或景观元素形成之前的布局安排，具有编排设计的含义，它着重于版面形成前的视觉规划。在当今电脑时代，版面的预先安排、具体的操作过程以及最终形成的版面视觉效果，往往在一台电脑上就可完成，过去的分工已变得十分模糊。现代强调编排设计的作用，主要是为了增强或训练设计师平面设计的能力。

六、构图与编排

谈到编排、版面设计，人们自然会联想到“构图”。“构图”一词最初来源于绘画的专业用语，是指画面中各相关物体所占据的空间位置及其组合，“构图”与中国传统画论中所指的“经营位置”一词如出一辙。究其本质而言，“构图”与“编排”同义但由于二词源发的行业不同，使用的元素不同，致使双方存在着一定的差距。绘画使用的构形元素是：图形、线条与色块，它讲究肌理、材料的手工制作。而编排使用的构形元素则是文字、图块、点、线、面以及相关的色彩，它的生成媒介所使用的材料是纸张、金属、塑料等，并通过相关的印刷机器来实现，形成一定的批量和规模化生产。离开了特定的环境背景，如果将两个词语互相对调使用，必然会造成行业上的混乱与理解上的误导。

第一章　编排的形式法则

图 1-1　八卦图辩证地诠释了正形与负形的相互关系。

第一节　正形与负形(实形与空白)

图 1-2　正形与负形处在同等重要的地位，各以对方的存在作为自己存在的前提。

根据人的视觉经验，通常情况下，人在阅读时只对版面上的深色区域感兴趣。色度越深、对比越强，越能引起人的注意。视觉的自动寻找程序对文字和图形具有潜在的辨析力，至于白色区域则很少主动去注意。

从美学角度出发，空白(负形)与深色区域(正形)具有同等重要的地位，这是一对矛盾体(图 1-1～图 1-2)。杰出的平面设计师具有解决这一矛盾的能力，从而达到矛盾体的平衡与统一。版面元素在视觉经验中是否平衡，某种程度上取决于视觉中心的平衡。视觉中心指的是：略高于版面对角交叉线的中心点。当中心确定后，也就等于理清了版面所呈现出的诸多元素的相互关系(图 1-3～图 1-5)。如：正形与负形、垂直与倾斜以及相关联的各种要素等，这其中最重要、最基本的要素还是空白与实形之间的关系。确定了二者的关系，便能很快判断出那些要素是从背景中凸现出来的实形，那些形则留在背景中作为底图负形。以往老式的排版经验认为：凡是版面中未印文字、图形的部分就是空白(负形)，而印上图形文字的区域就是正形(实形)。如果仅从这一意义界定的话，那么确定底与图的关系似乎非常容易。中国传统绘画对于空白的研究具有很深奥的美学观，中国画历来讲究空白的处理，所谓的“计白当黑”、“知白守黑”就是这一原理，对于版面负形(空白)的处理尤为讲究(图 1-6)。想像一下，如果读者看到正形区域有着良好的版面效果，可将负形(空白)部分颠倒过来，以白当黑(图 1-7)，负形的不足便会显现出来。随着现代设计的发展，尤其是电脑技术的广泛使用，编排中底与图、实形与空白的关系已非以往认识上的概念，作者意欲表现的部分就是实形，余者便是负形，即使作为底图的版面为一张摄影图片，经过排版后依然可视之为负形(空白)。值得强调的是负形的作用类似于绘画中的背景，不同之处在于：文字可以通过缩小字号、放大或缩短字距、行距的密度，在

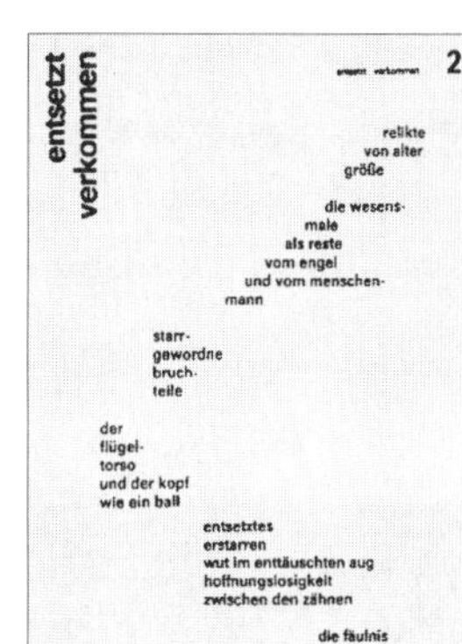

图 1-3　版面元素的分布，决定着视觉中心的平衡。

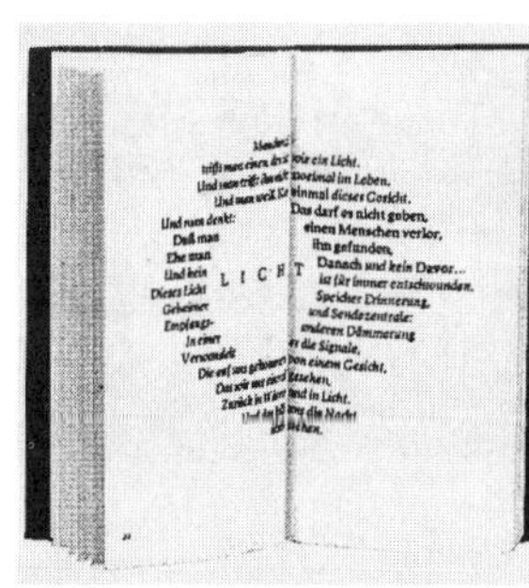

图 1-4　设计原理同图 1-3。

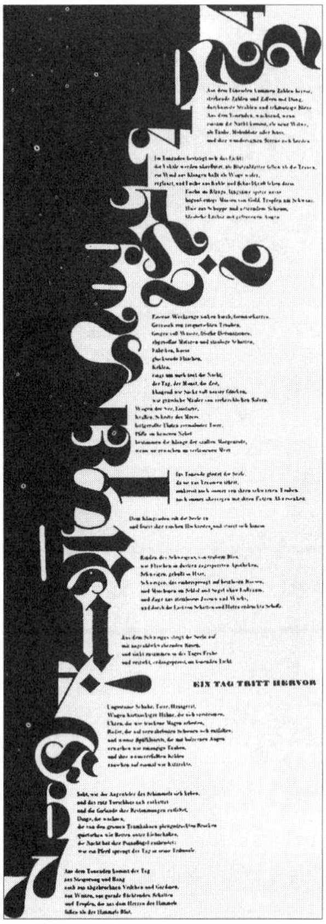

图 1－5　通过大致等量的正、负形关系取得版面的视觉平衡。

图 1－7　埃舍尔客观形象地表现了黑白互转的辩证关系。

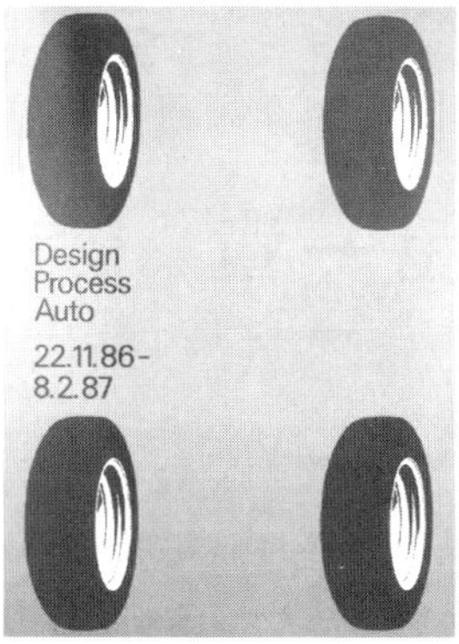

图 1－8　通过实形与空白的疏密关系来表现版面的层次。

不降低印刷黑度的情况下处理版面，形成类似于绘画中的背景与实景之间的关系。至于版面欲表现的其它层次，则可将之分为中距（中心点所居的位置）、前距以及背景等（假定从三维侧视图的分层法去推论，这里的中心指的是侧视图中心）。前距表现的主要内容（实形）虽然最为重要，但中距与背景依然影响着人的视觉（图 1－8）。然而，究竟哪些层面的设计元素处于前距或中距，那些处于背景的位置，是问题的关键所在。它一方面取决于设计师的设计目的，运用平衡原理对不同层面进行分析处理；另一方面须取决于读者的视觉判断力。强调这一因素，并非有意降低版面元素的识别度而让读者去猜辨，只是为了加强负形的空间形态，使其与正形有着同等重要的地位（图 1－9、图 1－10），这一现象在自由版面设计中显得尤为突出。读者的辨析力，主要依据某些文、图的突出程度而定，其形式取决于文、图轮廓线的清晰度，取决于相关文字的字距、行距的密度与大小、粗细、正排、斜排的版面位置。读者因其知识背景的不同，对文字、图形本身所包含的意义及其熟悉程度，将对形态的判断产生一定的影响。

正形与负形、实形与空白的区别并不困难，特别是网格设计和现代主义版面设计对这一问题的解决较为完善，但对于版面认知度较差的自由版面设计来说，情况并非那么简单。在自由版面设计的技法安排上，版面具有现代抽象画的设计倾向，许多设计师也许吸收了某些抽象画的特点，对版面的辨析力时常显得模糊，前距、中距、背景的混淆有时让人难以捉摸。

此外，正形与负形处在同等重要的位置，最直观的体现是那些实形与空白位于同等形态的反转上。版面中正形表现为负形，负形互换为正形，这种矛盾的可逆转的构成方式，被称之为“矛盾空间”，显示出来的现象很巧妙也很有创意。实形与空白频繁交替，甲既是乙的正形又是乙的负形，让读者在图像的转换中难以

图 1－6　空白（底）中蕴含着许多“未知”，通过不可知的“少”来表达无限的“多”。

判断,使视觉处在不稳定的起伏的状态中(图1-11～图1-13)。

正形与负形处于同等重要的特性,犹如建筑的墙体与其所围空间的关系一样,孰重孰轻?若强调墙体重要,忽视空间将会增加成本,且达不到使用空间的目的,若只强调空间的利用,不考虑墙体坚固厚度的比例,同样不能达到目的。由此看来,只有在墙体与空间处于合理的比例中,建筑的价值才能体现出来。版面文字、图形与背景空白的关系,在蹩脚的设计者看来似乎无需论之,至少常常忽视其存在,设计作品也只讲究实体的多寡,而空白部分却视而不见,形与形之间的搭配关系显得杂乱无序,轻者可影响到正形的美感,重者可左右其功能。不重视空白作用的原因主要表现在未把实形部分与空白区域看成一个统一的整体,而是将这两者关系割裂开来。从版面的整体性上来看,这些区域应统合成形,只有将二者的相互关系有机合理地配置在一起,最终才能构成完整的版面。空白部分虽只为衬托实形而存在,然而若没有空白的衬托,实形难以凸现。由此可见,正形与负形有着不可分割的紧密关系,只有将二者的地位放在同样一个层面上,才能真正设计出好的版面形式(图1-14)。

图1-9　实形与空白处于同等重要的地位,空白的“多”与“少”直接影响着版面的空间关系。

图1-10　设计原理同图1-9。

图1-13　设计原理同图1-11一致。

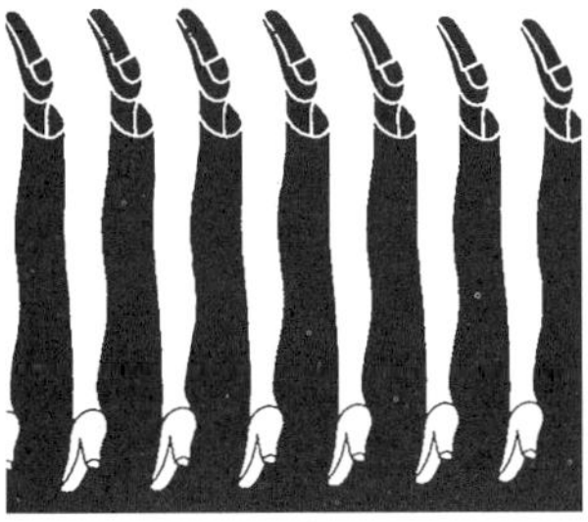

图1-12　正、负形的相互转化可形成矛盾的空间关系。

图1-11　荷兰图形大师埃舍尔通过实形与空白的互转关系,辩证地展现了正形与负形的矛盾空间。

图1-14　实形能够分割空白;同样,空白也能割裂实形。

第二节　力　场

图 1－15　人物的动感方向使得版面处在运动状态中，主体图形结合人物身后的文字运动方向，使字、图构成紧密的心理受力关系。

图 1－16　生活经验告诉我们，处在圆形上的物体具有不稳定因素。本图圆形上的黑色图形具有倾倒的受力趋势。

平面是有“生命”的，“生命”的动力源自“力”的作用(图 1－15)。这些所谓的“力”究竟来自何方？又为何能够使平面活起来？人类对此问题的讨论、实验和探索有着漫长的历史。心理学家们经过长期的研究认为：平面中这种“力”的产生，不外乎来源于两个方面：一是源于客观真实的物理领域，二是源于主观精神的心理领域(图 1－16、图 1－17)。物理领域所产生的力是由于地球引力的作用而客观存在的一种自然现象。精神领域所产生的力则是源于人类进化过程中所累积的心理经验。很显然，后者经验一部分来自先天遗传的结果，另一部分则是依靠后天生活经验的总结。心理学家曾做过这样的试验：“当一个出生只有三个月大的孩子，其母抱儿至高处，居高临下，瞬间，孩显得焦躁异常，紧抓其母，惊怵不可名状”。显然，恐惧来自人的先天存在。在力的作用下，潜意识会作出各种反应，出于自我保护的需要，人遇到这类危险时，会本能地产生各种回避危险的方式，这是自然界客观存在的引力作用。心理领域则不同，在二维平面中，物体的移动主要依据人的视觉经验。做个试验：在二张长方形的纸面上，各画一个黑色圆形，通过目测和借助于工具可分别找到页面中心，一个为视觉中心，另一个为几何中心(图 1－18、图 1－19)。视觉中心看上去略高于几何中心，因为人在观察物体时，会下意识地去克服地球引力的作用，因而存在偏差。视觉中心略高于几何中心，是由于视错觉心理因素所致。运用目测的方式所看到的结果不仅有距离上的差异，而且还有一种不稳定的因素存在。试验二：在不同的纸张上分别画有不同的黑色圆点，圆点似乎在运动。虽然，纸面上这种物理引力并不存在，也看不到任何可以标明点的位置的物象，但人却能够感受到这个中心，就在离纸边一定距离的某个位置上，在力的作用下，黑色圆形越接近版面中心，版面越显得稳定；而越游离于这个中心，版面就显得越飘忽(图 1－20)。进一步试验，如果将版面运用对角线来划分，并加上十字纵横线把版面划分为四个等量方形区域，并且在四个方形区域内进一步作十字纵横水平线划分，便会发现：凡是处在十字中心点的圆形就稳定，整个版面的中心点比划分区域后所形成的局部区域的中心点稳定，那是因为整个版面的中心点力场最大。如果按照这一划分方式来判定版面元素的稳定性，就会得出这样一个结论：越是处于主要版面中心点的视觉元素版面越稳定；越是游离版面结构点的元素版面越飘逸。当版面中圆形不处在任何一个结构点上，各个方向的受力显得摇摆不定，有不确定的因素并使人的眼睛不知它朝哪个方向运动时，人就会显得烦躁不安。此时，阅者举棋不定，观看的元素对读者不起作用，所注意的目标物模糊不清，此种情况下，读者只能依据自己的偏好去选择一个他所感兴趣的方向（图1－21）。

版面元素的编排是复杂的，各种视觉信号所反映出来的受力情况也皆不相同。从图1－20试验中还会产生另一种现象，当两个圆形靠近时，它们之间将产生相互吸引的力，视觉上具有难分难离的心理感应。当然，这种相互靠近的距离具有一定适当的尺度，如果太近，看上去便会有一种相互排斥之感。如何控制它们之间相互吸引和排斥的距离，这是设计师需要解决的问题。不过有一点可以肯定，产生这种心理感应的力，必然是由黑色圆点与版面的比例、大小在版面中的位置所引起的。

既然自然界中，所有物质的存在都与地球的引力有关，那么版面中能够体现地球引力作用的形态方式必然会屡见不鲜。如：版面中上半部分的文字、图形具有轻松、飘逸、自由自在之感，相反方向的下半部分则有压抑或沉稳之感（图1－22）。形成这种心理感受的内因依然与万有引力有关，此种现象人们称之为重力现象。重力现象的产生或形成的大小主要依据位置的作用来确定。版面中处于中心结构位置的元素其重力远比那些游离于结构点的元素要稳得多，何因？只要了解一下杠杆原理便很清楚。按照杠杆原理，版面中文字、图形越是远离结构中心点，其重力就越显得大，越不稳（图1－23）。这种力的现象，虽然版面本身并不存在，但依据其形成的受力原理，通过人的视觉思维必然会产生与现实中的重力原理一致的心理现象。另一种情况是：重力在版面的左方。在同等面积与同等色度的状况下，其受力程度要轻于版面的右方，这又为何？无疑，它依然来自人的生活物理经验。现实中大多数人多使用右手，右手承担着重力劳动，左手相对右手来说承担的重力则要少得多。在版面的左方，文字的开头排版有一种刚刚开始的感觉，心理上所产生的量的比重关系，要小于右边结束而形成的量的积累（图1－24）。为了达到版面设计中各种元素的相互平衡，设计者应根据杠杆原理适当地安排各种元素的大小比例关系，比如说：版面复合构成元素通常具有三个层次，第一层次也就是上文所讨论的前距近景的主要内容，即主体部分，主体的存在要通过面积上的优势去体现；相

图1－17　图片中心人物其右手与下方的一排文字形成受力关系，人物躯体上所叠压的文字内容与人物形成合理的受力倾向，使文字与图片浑然一体，结构严密、紧凑。

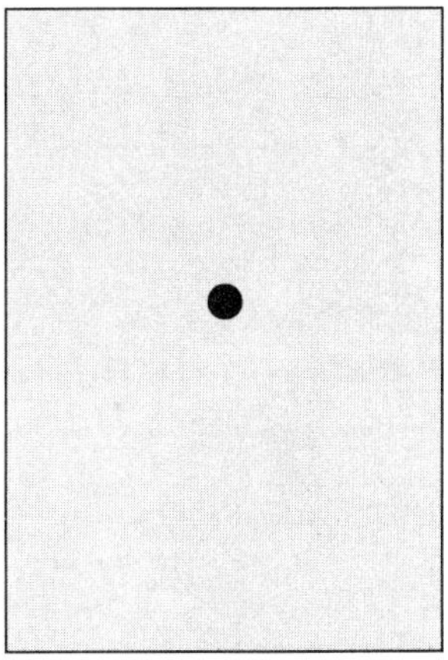

图1－18　视觉点中心。

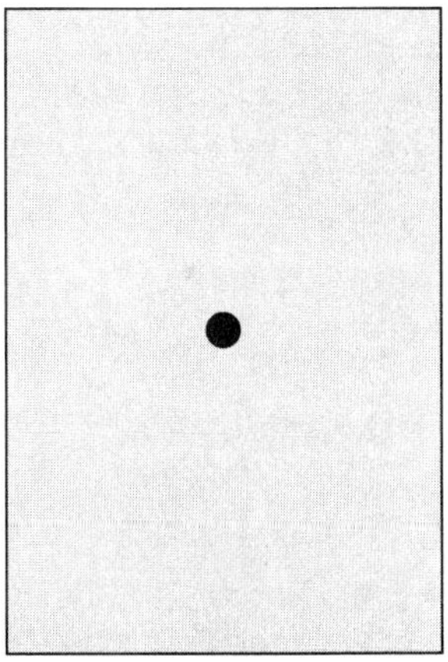

图1－19　几何点中心。

反，处于第二层次的中景或是第三层次的远景在面积上大多小于前距中的各种元素，要想达到版面的平衡，必须将前距中的各种元素靠近版面的结构中心点并将第二、第三层次的元素有意识游离于结构，使之重力增大，反之，亦可成立，有时一排微弱的小字就能够抵得上大段的图形或文字的重力（图1－25）。影响重力的另一个主要因素是版面视觉元素的形态问题。视觉经验认为：凡是纯粹形态或是接近于纯粹形态的几何元素，其重力对版面的影响要远大于那些支离破碎的不规则的形态。规则的纯粹几何元素使力的分布均匀集中，而不规则的形态则会产生分流力的导向，从而减少力的份量。基此因素，再看看另外一种情况：假设版面中同样出现两个相同的长方形，一个是垂直向下，另一个是倾斜排列，从重力的角度来看，垂直向下，力的分布集中均匀，具有明确的向下倾向与地球的引力方向一致，力量不会分散且被地球的引力全部吸收。相反，倾斜的长方形，则因为分散了力的重量，从而使它的重力有所减轻（图1－26）。

当然，生活经验和人的阅历也会对重力的心理感受产生很大的影响。试想，设计时若把一块金属和同样面积的塑料相配置，绝非认为此两种物质对版面具有同等的受力心理感应。

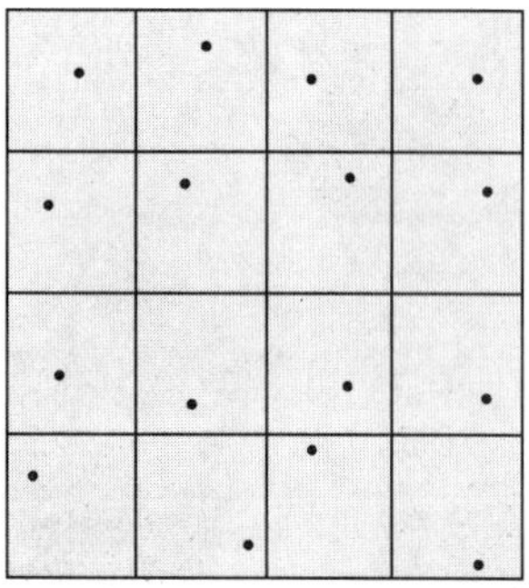

图1－20　点在版面上的不同位置，表现出“力”运动的结果。（图片来源：《版面设计》，余秉楠著）

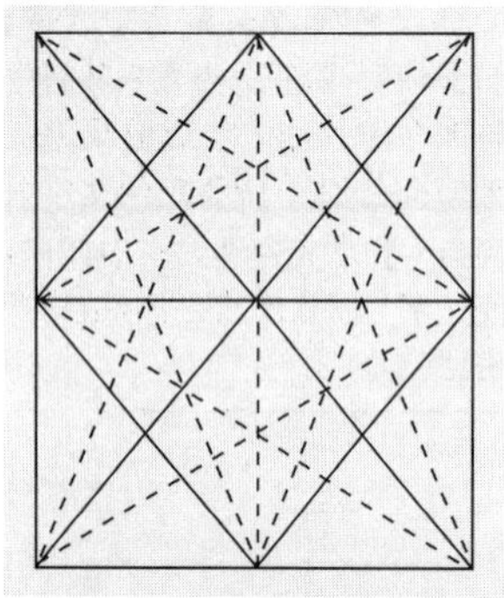

图1－21　越接近版面中心点的元素越稳定。将版面分割后，在等比例的情况下处于结构点上的元素最稳定。（图片来源：《版面设计》，余秉楠著）

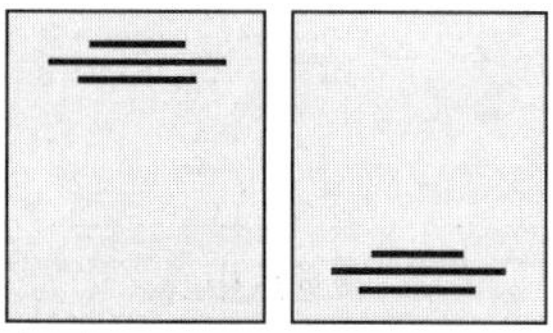

图1－22　处于版面上半部分的元素具有轻松、飘逸之感；反之，则有沉重之感。（图片来源：《版面设计》，余秉楠著）

图1－23　通过倾斜的受力感受来达到版面剧烈的不稳定心理倾向，杠杆原理使左右两页趋于平衡。

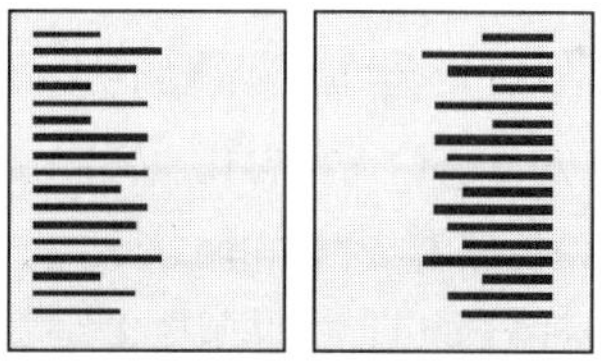

图1－24　处于版面左侧的元素，具有“开始”与“轻松”之感；反之，则有着“结束”与“压抑”之感。（图片来源：《版面设计》，余秉楠著）

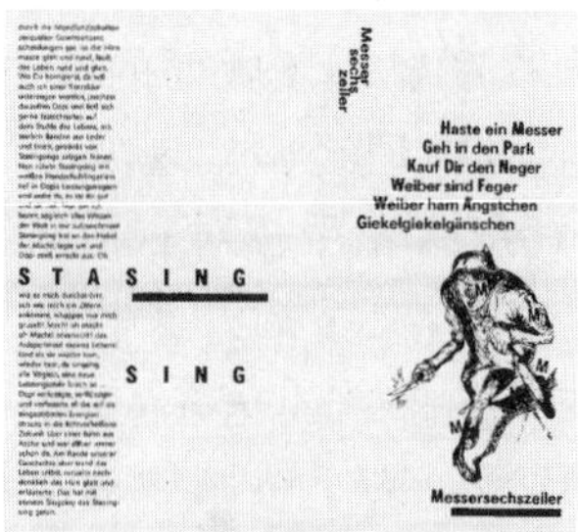

图1－25　右侧的人物与文字使得版面受力偏重，但左侧的文字与右侧的人物目光形成受力关系，使得版面平衡。

图1－26　左边的黑块偏重，且与地球的引力一致。而处于中间的垂直文字，通过受力的倾斜角度，最终使得版面趋于平衡。

第三节　中　　心

实际上本段所讨论的内容仍然属于力场的一个部分，单独将此问题列出来加以讨论，主要在于这个问题的重要性，尤其是对于版面设计具有特殊的重要意义。在重力的作用下，人们观察物体的中心具有一定的偏差，它的出现虽然来自于视觉心理，但导致这一现象的真正内因依旧是由于地球的引力所致。一般而言，当人的目光注意物体的形态时，总觉得底部应该敦实一些中心才会稳定，或者应让该物体的底部宽大些，使整个中心更稳。不妨来做个实验：将一根垂直的绳索用目测的方式寻找其中心点，确定中心并将之切断，测量后便会发现上半部分比下半部分短了一节。重新换一根绳子切割，用同样的方式去确定中心点，这时人们总觉得把中心标得太高了，力图将中心点下移以弥补视觉上的差异。确定中心后，将绳子截断，结果下半部分又短了。这种飘忽不定的心理因素，很难真正确定绳索的中心，造成这一结果的原因就是重力力场。重力的这种特性究竟怎样影响了人的视觉？普通人往往并不清楚，人们通过生活经验的积累认为：所有的物体似乎下半部分总是重一些，而上半部分总是轻一些。从人的眼睛对于物体观察的视觉经验来看，不借助任何工具仅凭目测，在一条水平线上很准确地确定版面的几何中心是困难的，总会有偏差，借助于测绘工具则可避免。若用目测的方式去确定版面中心，所得结果再用测绘工具验证，往往被证明其位置略高于几何中心。然而，几何中心并不符合美学要求，只有视觉中心才符合审美心理。对于中心的确定，表面上看来源于人的视觉心理，实质是由于重力干扰人的视觉判断所致。

物理重力现象客观存在。例如，军事上炮手要将炮弹准确地击中目标，所发出的炮弹必须克服地球的引力，将炮弹高高地射向天空形成一道抛物线，坐标落点准确并最终击中目标，如果炮弹抛物线高度有误，太低或太高，都会出现炮弹落点过早或过晚的现象，从而失去战机。类似于这样的例子现实生活中屡见不鲜。诸如：体育竞赛中铁饼、标枪、铅球等项目均是如此(参见图1-27—图1-33，另见彩图1)。

图1-27　冯德里希将作品内容放在版面的四周，“&”符号作为视觉中心，以此强调内容的联系性。

图1-28　将正圆置于版面的视觉中心，使版面具有强烈的视觉冲击力。

图1-29　将蝴蝶结图形置于版面的中央，以此突出广告的宣传内容。

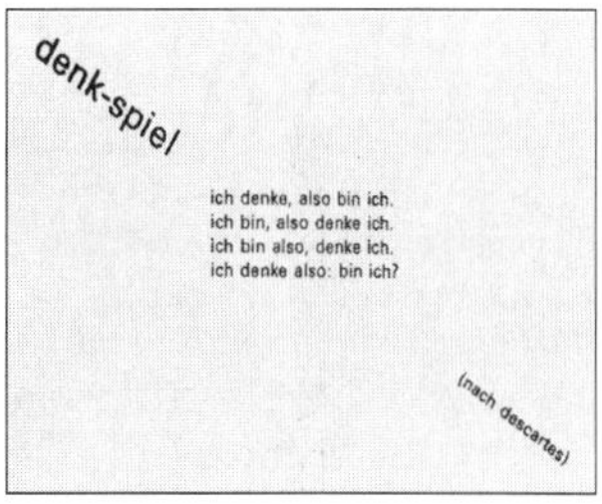

图 1－30　将具有内涵的文字置于版面中心，以引起读者的注意。

图 1－31　虽然视觉元素纷繁复杂，但处于视觉中心的主要图形仍然显得十分突出。

图 1－32　通过五个英文单词“NEVER”第一个大写字母“N”巧妙地组合成一个“卐”字符号，置于版面的视觉中心，以警示人们不要重走历史的老路。

图 1－33　将最重要的内容置于版面的视觉中心，并通过文字与底图的受力关系，增强反战、反纳粹的宣传力度。

第四节　方　　向

图 1－34　起动

图 1－35　行进

图 1－36　消失

构成版面另一个受力因素是方向。与重力类似，方向具有影响版面平衡的功能。对于版面结构来说，图形、文字不管处于什么样的位置，在结构点上或者不在结构点上，图形之间所形成的方向感必然会影响到版面的最终效果。如一辆运动着的卡车满载货物；开动时，有一个向前运动的力，此时货物向后倾斜，车头的前方有大片的开阔地，这个图形在版面上所造成的视觉效果至少具有两个特点：其一卡车是运动的，从货物的受力方向上可以确定；其二卡车仅仅处于启动状态而不是行进中，这个结论仍然可从货物受力的方向上得出。换句话说，如果卡车处于行进中，应该处在版面中间的位置上，而且货物较为稳定无倾斜感；卡车在版面中仅露出车尾，此时受力的方向给人以消失或结束之感（参见图 1－34～图 1－36）。

文字图形的受力方向与其本身的轴线有关，轴线能够产生一股具有方向感的力。如：荷兰登巴设计工作室在 1995 年所设计的国家博物馆的展览海报，版面中站立的女子就具有这一典型特征。女子站立的姿势有一股向上的升力，而到了头部，因其目光转向注视读者的方向，目光中所产生的力似乎在看着你，当她的右手伸向左前方处于孤立无助时，设计师在手的下方用一条竖排的文字置于该区域，与手的方向形成一股受力关系。版面不但稳定，而且文字与图形在结构上很好地形成了默契的受力关系(参见图 1 - 17)。

上例在很大程度上说明了方向力之间可以相互支持和相互抵消,最终可以取得整个版面结构的平衡。当然,这种力的方向常取决于一定形态中轴线方向所产生的力,为了取得平衡,它们会被一个趋于相反方向的力所消解。版面中各元素间不同方向的受力关系处理好了,作品具有强大的生命力(图 1 - 37～图 1 - 42)。与前面一节中所讨论过的问题一样,受力方向在很多情况下与人的视觉补偿有一定的关系。为了达到视觉上的平衡,从现实的物理经验中人的视觉心理会产生这样的变化。如:“当一个钝角的顶点暴露在眼前一段时间之后,在同一位置和同一个方向上的那些直线都会自动地向相反的方向弯曲过去;当观察者观看了一条从垂直轴位置(或水平轴位置)稍稍偏离的直线一段时间之后,那条原来的垂直轴(或水平轴)看上去就向相反的方向弯曲过去”。(这段关于知觉后效的试验引自鲁道夫 • 阿恩海姆所写的《艺术与视知觉》,滕守尧、朱疆源译)

版面设计中对方向具有最直观的诉出,表现在线的方向上。点的滑动位移形成了线,线的特点具有一定的方向性。如果把线的方向性归纳起来不外乎具有三种情况,即:水平、垂直与倾斜(图 1 - 43～图 1 - 53)。现实中线的方向性要复杂得多,线的作用也不可能仅局限于这三种方式,如:单线与双线的使用,双线与双线以及更多复合型线条的混合使用。要想在版面中对线的把握有一定的适度性,设计师首先必须正确理解线的这些规律,对之理解不能仅限其本身。线是由点发展而来的,排版时可以将文字理解为单个的“点”,由这些文字的“点”组成各种方向的线将会丰富线的设计形态。

图 1 - 37　整个文字处在倾斜的运动状态中,为了抵消受力不均的状况,将部分小字置于版面的左右两侧,力点使版面趋于平衡。

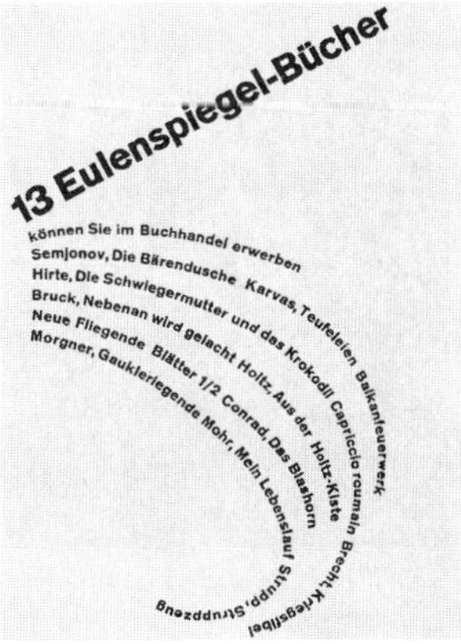

图 1 - 38　整个版面用倾斜和旋转的文字排列,但其受力点仍处在平衡位置,从而使受力不均的现象得以消解。

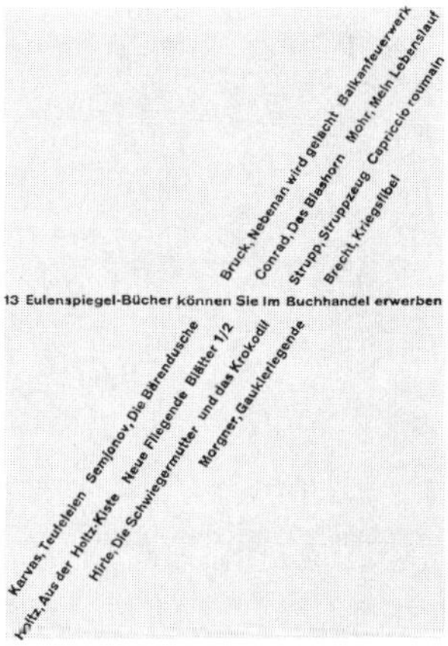

图 1 - 39　主体文字部分用倾斜的方式排列,为了取得平衡并增加变化,可用水平方向的小字破解倾斜。

图 1 - 40　文字总体上按水平方向运动,左边受力加重。为取得版面的平衡,右边辅以小字去抵消受力不均,从而达到版面的受力均衡。

图 1 - 41　将文字组合成垂直向下的受力倾向,并用水平方向的文字置于下方,使之与垂直方向的字汇聚成承受力的支点,从而使得版面趋于平稳。

图1-42 运用大小不一、参差不齐的倾斜文字，使版面处在不停的运动中。

图1-45 主体文字用垂直向下的方向排列，小字在此只作为背景来处理，它并不能左右整个版面的受力状况。

图1-48 用垂直方式排列，结合图形的运动方向，使图、文受力相互关联。

图1-43 运用文字所形成的倾斜线条构成版面的运动形态。

图1-46 运用“X”形态的倾斜方式，使版面处于平衡状态中。

图1-49 将纯粹元素与文字组合，运用文字不同的倾斜方向来消解受力不均的现象。

图1-44 主体文字用由粗变细的渐变方式排列，为抵消左边受力不均的现象，将小字置于右边。

图1-47 水平、倾斜与垂直混合使用，使版面处在对称与变化中。

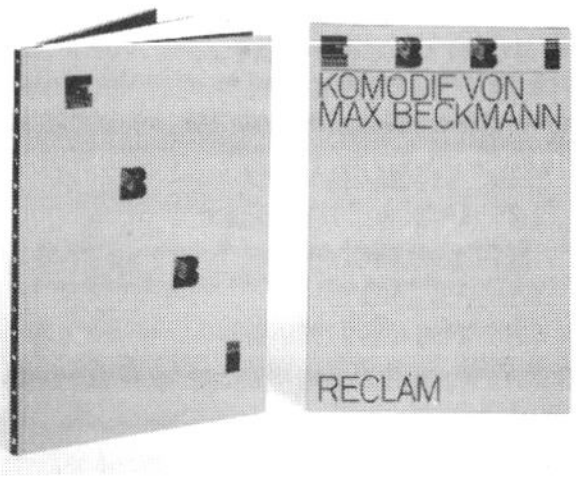

图1-50 系列套书的版面设计，可根据具体内容运用三种不同的排列方向。

水平、垂直的线具有稳定庄重的心理反应。从早年蒙德里安的作品中可以看出，蒙德里安对版面形态的分析，主要依据的就是对纵、横直线的认识，在他的作品中很少看到倾斜的线条。倾斜的线条具有不稳定感，也是动感最为强烈的一种线型方式。对倾斜方向的线条使用最多的现代设计流派，莫过于俄国的构成主义。以李西斯基为代表的构成主义设计师，将这种富有革命性的版面形式，通过对大量倾斜线条的使用反映出来，并体现出版面的运动性与活跃性的特征。水平方向的线具有安静、固定之感，其特性在版面中也最为常见，它归结于线的水平方向符合人的阅读习惯，水平线方向与版面的横向页边一致，不但增加了稳定感，而且也与人的眼睛左右转动习惯一致，符合人的生理结构（图 1－54～图 1－57）。

图 1－51　将水平方向的文字组合成总体倾斜的趋势，使版面富于变化。

图 1－54　主体文字、图形相对稳定，但设计者为了增加版面的运动感，通过倾斜的光影变化和倾斜的文字排列去丰富版面。

图 1－55　运用不同倾斜方向的文字排列，并结合少量的抽象图形，从而使版面丰富多变。

图 1－52　用水平与垂直的文字排列，主体文字置于版面的下方，看上去似乎与上方的水平文字没有什么联系，但设计者却用了一个倾斜的与下方风格一致的符号来破解小字，最终使版面处于统一的变化中。

图 1－56　主要文字处在水平方向，为破解版面的呆板状况，再用垂直的小字相交排列使之富于变化。

图 1－57　运用粗细不等垂直方向的文字排列，并结合倾斜的细小文字支撑，使版面受力处在不稳定状态中。

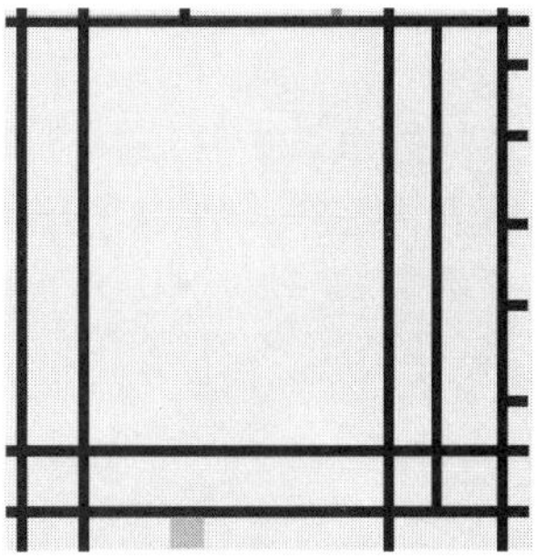

图 1－53　蒙得里安运用水平与垂直相交的直线设计版面，为现代主义设计的诞生奠定了十分重要的理论基础。

线条三种方式的使用不是孤立的，现实中极少以单一的面貌出现，绝大多数都以复合形态表现物象。要想使线的这一特性得到充分发挥，设计者应合理地运用这一规律，否则版面必然会杂乱无序。

此外，线的方向性还具有会聚的特征。自15世纪文艺复兴之后，反映在绘画中的这一构图方式屡见不鲜。“会聚的线往往表现为向一端逐渐缩小的面，它把人的视线向缩小了间距的消逝点深处引去”(引自《版面设计》，余秉楠著)。实际上这一运动方式具有透视的性质。即：将一块玻璃放在人与实物之间，实物在玻璃上形成轨迹，用笔将之绘画于玻璃上，所形成的具有大小、远近的变化便为透视。如一排排电线杆、一行行树木等。会聚另一个特征在于不同方向的物体，通过一定的聚合变化所形成的聚合点。如：人握笔的手，五个指头所攥紧的方向集中在笔的一端。再如：几个打夯的人，将夯共同抬起或落下所形成的聚合点等，这些都是线所具有的会聚特征。

第五节　对　　称

对称作为版面设计的重要手段，自人类有文字记载以来就一直伴随着人类文明史的发展而存在。不论是古埃及还是中世纪的欧洲，也无论是古印度还是中华古文明，这一基本的版面形式至今依旧沿用并将永远存在下去，它是版面设计中最重要的设计原则，也是取得版面平衡最首要的方式。

人类追求对称的最初动机源自对现实自然的模仿。现实丰富多彩、形态各异，对称只是其中的一种。人类的身体结构是对称的；矿物晶体是对称的；几乎所有的昆虫、鸟类、鱼类、兽类和植物中绝大多数的叶子、叶脉、花卉；各种微小的生物；原子、分子结构等等无不以对称的形态出现。自然界是这样，社会造物结构更是如此。人类经过千百万年的进化，伴随着智人发展的各种人造生活器皿、各类物品以及建筑、工业产品、运载工具，小从碗、锅、花瓶、家用电器、照明器材，大至房屋、汽车、轮船、飞机等等绝大多数工业产品无不以对称的方式出现。值得注意的是：在上述所有的物品中，对称皆以一根垂直的中轴线为基准，进而形成左、右对称。上、下对称的现象只有物体的水中倒影，玻璃的镜像倒转、反射，或是可以出现类似于倒影与反射的光滑物体上。在现代主义版面设计出现之前，欧洲许多文献资料如宗教圣经、国家的法典、诗歌、小说、散文以及自然科学类的书籍绝大部分都以对称的方式出现，唯有中国的古籍设计例外。由于中国的古典书籍是以竖向排列为特征，不对称便可理解（关于这一特性，请参见第三章“中国古典时期的版面形式”部分）。从古代欧洲中世纪手抄本排版方式中发现，这一时期由于受宗教精神的影响，欧洲政治生活中出现了政教合一的统治制度，致使宗教和国家政府部门所有的文件均以对称的方式出现。探究成因，其时人类文明尚处在一个较低水平的发展时期，人类对自然的认识很大程度上仅限于模仿。认为自然是最美好的，或是认为自然本来就是这样，将之视为再创造性的认识去再现自然。欧洲的教堂是对称的，且高高地耸立。在虔诚的僧侣们看来，对称和庄严能代表神是崇高和神圣不可侵犯的形式，在神的面前任何虚伪、谎言和不实都将变得极为渺小，应该受到灵魂的惩罚。那些高高的、对称的尖屋顶似乎将人间的一切喜、怒、哀、乐和悲、欢、离、合都化作语言，以这种庄严的方式去亲近宇宙，倾诉上帝。统治者认为自己是上帝的代言人，人们在这种“正面律”的影响下，思想意识必然会是“崇高和诚实”的，也就必然“不会去反抗”，因为反抗了统治者也就等于冒犯了上帝，死后下地狱。用这样的思想方式去认识世界，设计以对称的形式出现必然合乎现实逻辑。

古典书籍扉页的设计多以对称排列的方式营造，以三段排列的形式去设计扉页似乎已形成了一种模式。在德国文艺复兴之后，以古腾堡为代表的以金属活字印刷方式出现的大机器生产尤为突出。这种所谓对称的三段排列法在当时是最正宗的，也最为流行。此类扉页一直延续到新工艺运动时代。历史上有关对称版面的研究从古至今从未间断过，不同历史时期虽然对称排版的基本原理一致，但由于时代的变迁，每个时代的对称形式必然会留下该时代文化的烙印。对称的版面学说虽然以中轴线为中心的左右对称，但经过长期的演变与发展，特别是近一个多世纪以来的现代平面设计基本理论的演变，对称版面的设计方式已得到了一定的发展。具体说来主要有下列几种方式：“平移”（Translation）、“镜像反射”（Spiegelung）、“回转”（Drehung）、“放大、缩小”（Streckung）等四个方面。如果将这四种基本方法综合起来混合使用，其范围将扩大至 13 种之多。

一、平移

根据朝仓直己的解释就是：在形体不改变方向的前提下，通过对原始形块的重复移动，这种方法也可称为“并进”，它具有一定的秩序感，在版面设计中较为普遍也易操作（图 1－58、图 1－59）。

图 1－58　平移的图形设计（引自《艺术·设计的平面构成》，朝仓直己著）。

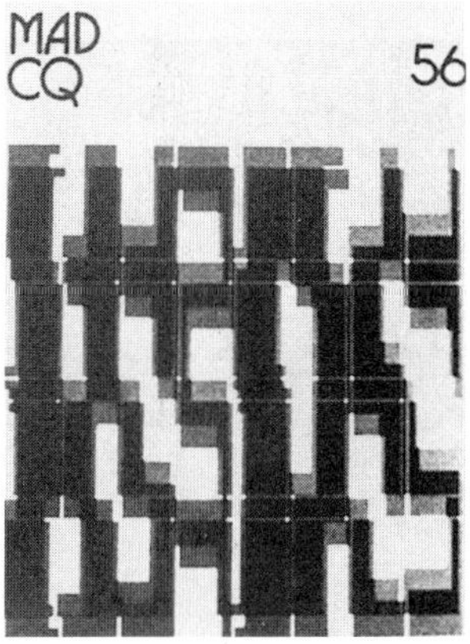

图 1－59　同上图。

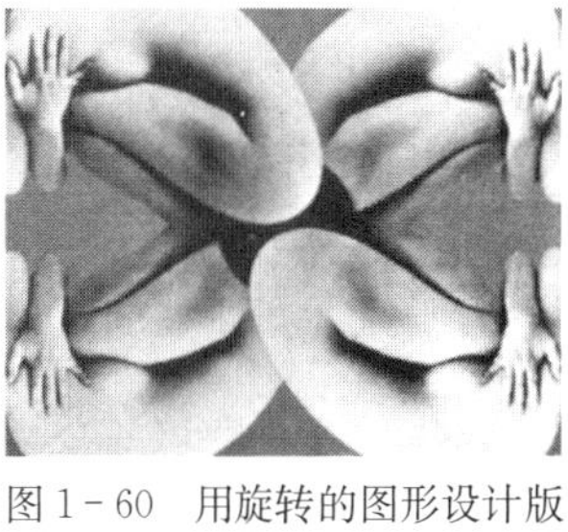

图 1－60　用旋转的图形设计版面（引自《艺术·设计的平面构成》）。

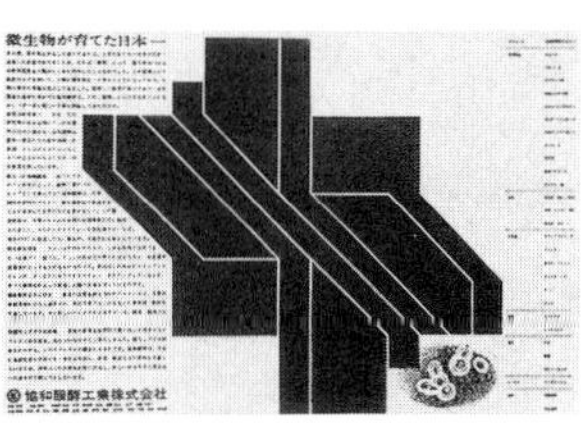

图 1－61　同上图。

二、旋转

即:形块的“反转”,具有二种设计方式。首先,可运用同一平面的反转;其次,可在三维空间中作出立体的回旋效果。当然这里所讲的回旋、反转,其角度多少可根据实际操作情况而定,不可机械地生搬硬套(图 1-60、图 1-61)。

三、镜像反射

这种对称方式就如同镜子的反射、水面的倒影,它所产生的对称方式是所有对称方式中最基本的一种。上文所涉及的动植物的自然对称性就属于此类(图 1-62、图 1-63)。

四、放大或缩小

通过形块的放大和缩小,目的在于使对称的数量和种类增加,以达到视觉上连续闪动的感觉,此类版面设计方式在图形中运用得较为普遍,而文字排版则应酌情根据需要,强化视觉阅读的连续性(图 1-64、图 1-65)。

上述虽然列举了对称的几种组成方式,但在实际运用中往往不可能是单一进行的,而是将两种或两种以上的方法综合起来使用,从而使版面生动丰富(参见图 1-66～图 1-73,另见彩图 2)。

图 1-62　用镜像反射的手法设计图形(引自《艺术·设计的平面构成》)。

图 1-63　同上图。

图 1-64　用放大缩小的方式设计图形(引自《艺术·设计的平面构成》)。

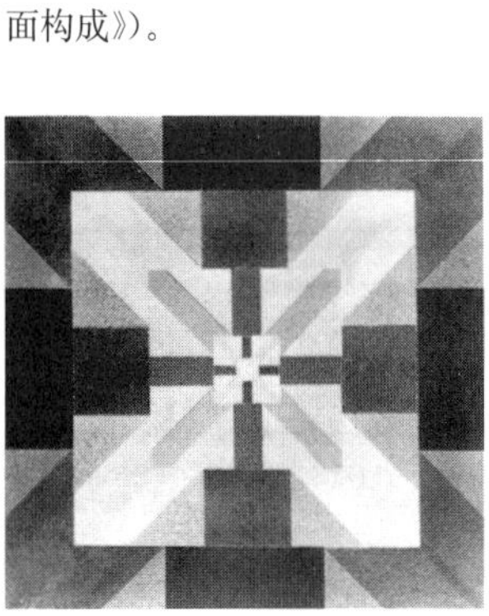

图 1-65　同上图。

图 1-66　作品采用了相对对称的方式设计。为了使版面趋于变化,设计者选用了不同形态的字体进行组合。

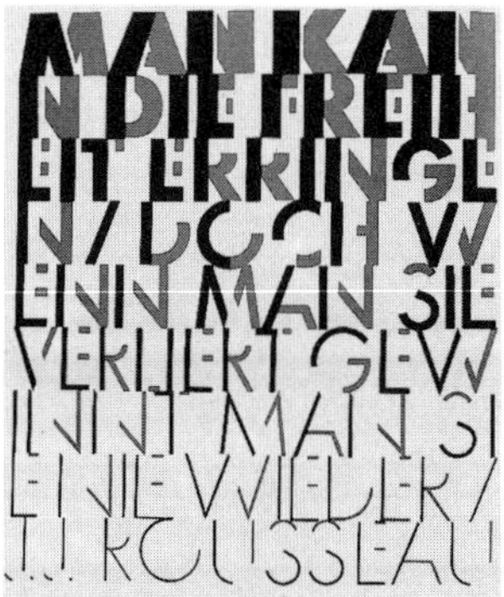

图 1-67　作品从上至下采用了由粗变细的渐变手法,通过字形的穿插变化以破解呆板的对称版面。

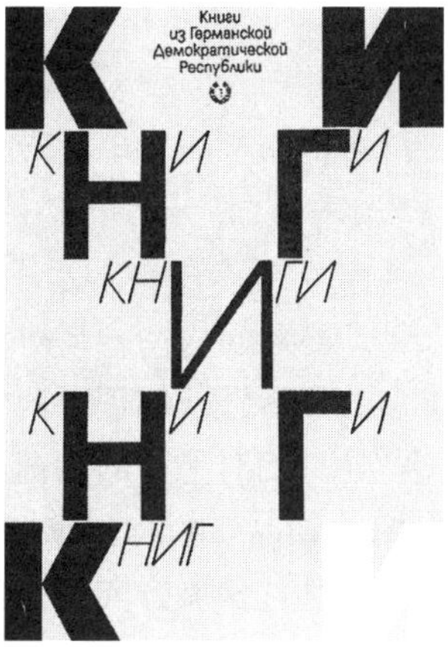

图 1 - 68

图 1 - 69

图 1 - 70

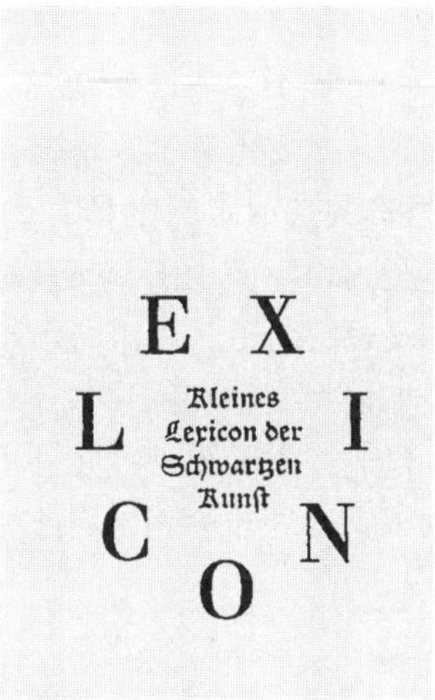

图 1 - 71

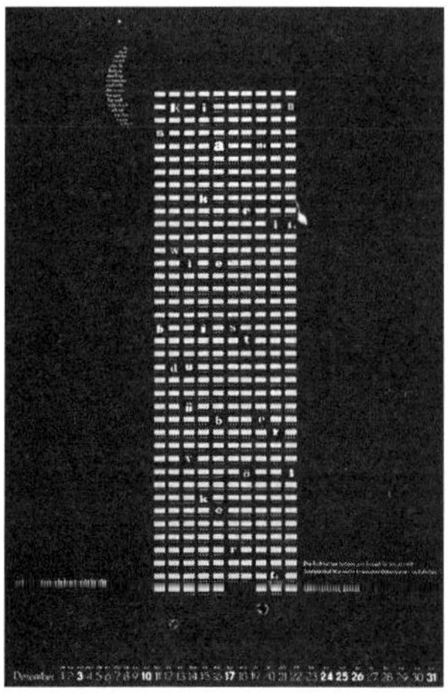

图 1 - 72

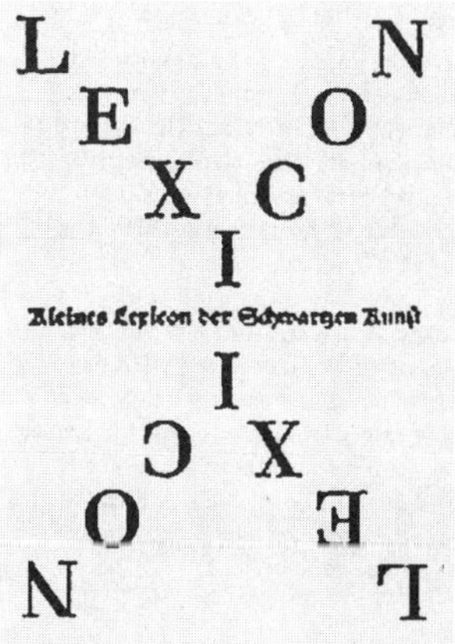

图 1 - 73

图 1 - 68　采用上、下、左、右四个方向的绝对对称，看上去受力很平稳，若处理不好，易呆板枯燥。冯德里希为了打破这一平衡方式，将右下角一组文字与其它文字用红色区分开，在对称中求变化。

图 1 - 69　作品采用了对称加局部变化的方式设计，主要部分运用对称手法，局部文字则采用倾斜的方式设计。

图 1 - 70　运用局部小字的穿插变化使得版面受力均衡。

图 1 - 71　以中轴线作为对称的基线，通过对版面的合理划分，以取得视觉美感。

图 1 - 72　采用杠杆原理使得版面受力均衡。

图 1 - 73　同图 1 - 71 作品设计手法一致。

第六节　均　衡

图 1－74　作品乍看上去似乎是对称的形式，但仔细揣摩便会发现，设计者采用的是均衡方式，作品通过局部变化的小字使受力均衡。

多数版面最终的效果都是为了达到视觉上的均衡。与对称相比，均衡在版面的构成形态上具有更多的灵活性。物理上假如一个物体的受力达到了相互抵消的程度，处于相对平稳的均衡状态，那么其受力便为均衡。比如：天平内的物品，也许是同质同形，或不同形也不同质，但必然同量，这种同量且相反方向的力作用于物体时，便会产生均衡。此原理同样适合于视觉传达中。物理上物体的平衡必须具有一个支撑点，即使受力的物体为不规则形态，只要重量相等同样不会影响其均衡性。同理，版面中也需要一个支点，只有通过反复大量多元化的试验，使视觉对形态的均衡性有一个量的认同，那么才能使版面取得最终的平衡。仅仅为找到一个支点并不困难，简单的办法就是在电脑上运用可移动的方框，去选取版面中具有受力平衡的支点，但设计的最终目的并不是为均衡而均衡，它必须在功能性与审美性俱佳的前提下具有意义，那么，最为困难、复杂之处并不在于如何寻找平衡点，而在于如何将文字和图形置于最合适的位置，只有当这些图形、文字经过刺激大脑视神经并且将力均匀地分布到可以相互抵消时，人的视觉心理才会趋于均衡(参见图 1－74～图 1－92)。

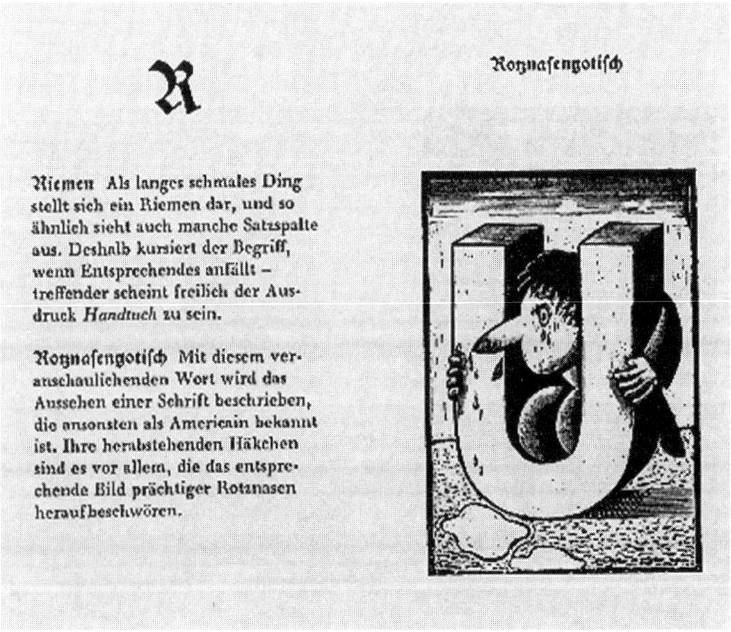

图 1－75　作品采用均衡的方式设计，左、右两个版面看上去黑白度并不均衡，然而，设计者通过右图的受力方向和人物的目光导向，使得图形具有趋于向左的心理暗示。左版文字部分黑度虽不如右图，但版面运用醒目的页码与文字组合，从而使得整个版面趋于平衡。

图 1－76　左边的文字较长似乎受力不均，但设计者通过右边小字的粗细变化使受力趋于均衡。

图 1－79　作品左侧字母黑度浓重，设计者通过右侧的上、下小字使版面趋于平衡。此图仍然使用的是杠杆原理。

图 1－81　作品围绕中心轴作文字编排，从而使受力部分不偏离受力支点。

图 1－77　同图 1－81 设计原理一致。

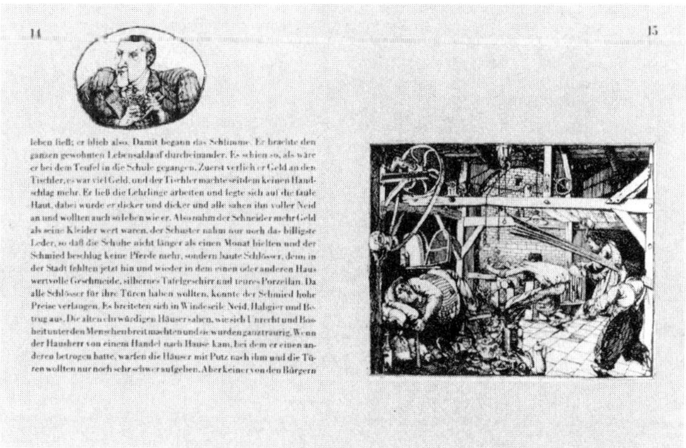

图 1－80　左、右两个版面虽然文字与图形面积一致，但由于黑度不同从而使得版面并不均衡。为了消解矛盾，设计师在文字版上方，增加一个可滚动的圆形，并通过图形人物的目光方向使得版面均衡。

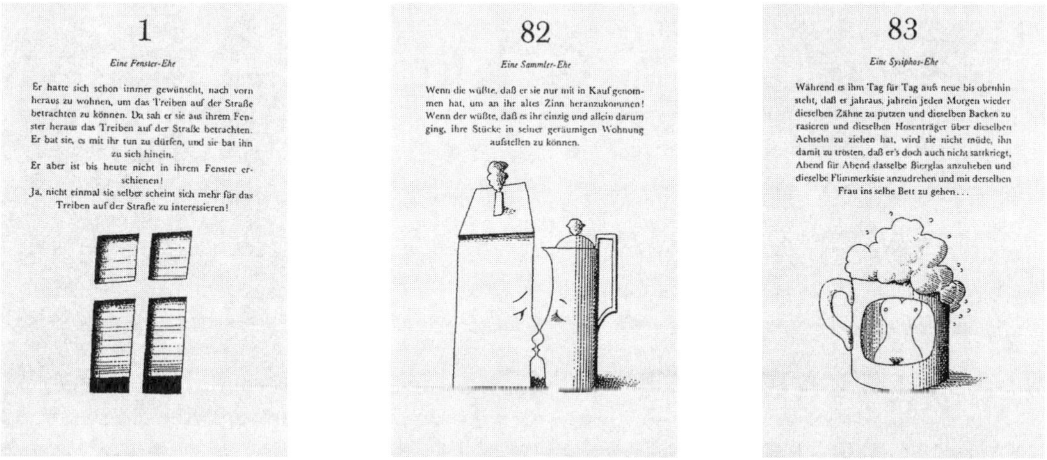

图 1－78　作品文字部分虽然采用对称方式排列，但若将几幅作品联系起来一同考察，便会发现图形与文字处在相对均衡的状态中。

图 1－82 作品采用绝对对称的方式编排，但设计者考虑到版面过于呆板，便使右边的“十”字图形辅以文字加以变化。

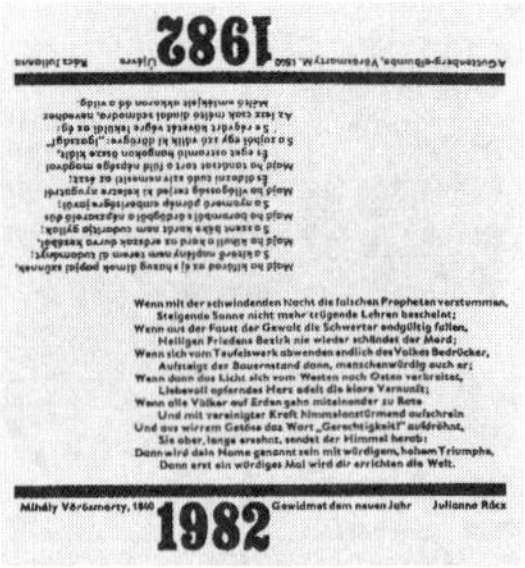

图 1－85 作品上、下两部分虽然并不完全等量排列，但却紧紧围绕着轴心编排，从而使受力均衡。

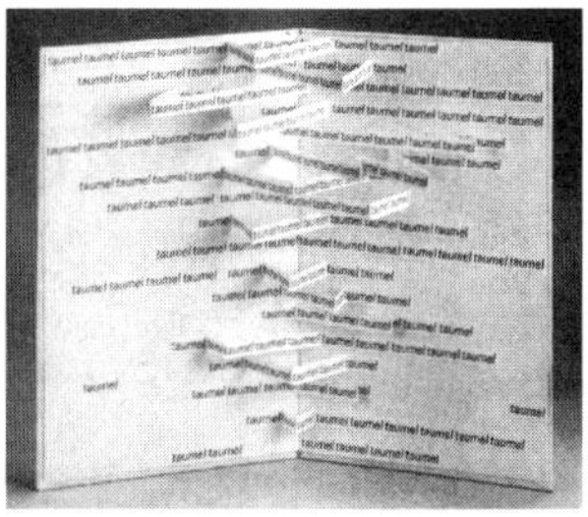

图 1－86 同图 1－85 设计原理一致。

图 1－83 同图 1－85 设计原理一致。

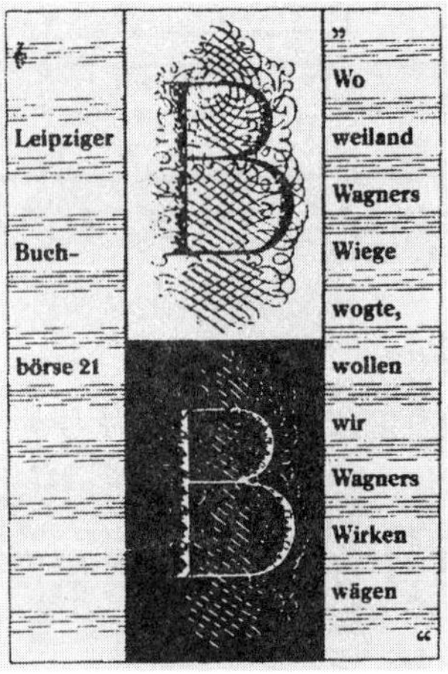

图 1－87 表面上看左、右两边并不完全等量，但居于中心轴线的主要大字可以克服受力不均的现象，最终能够使之均衡。

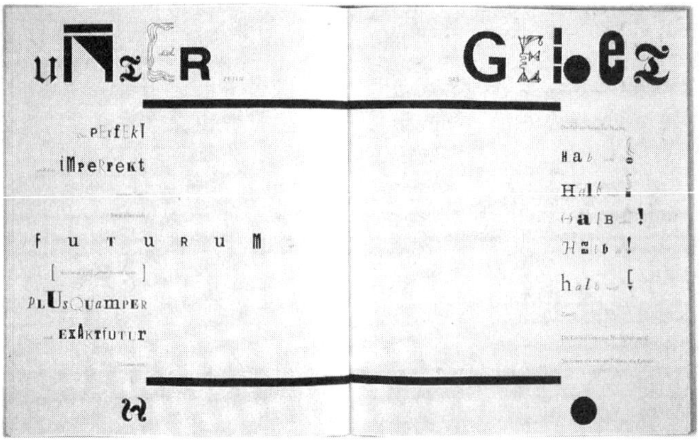

图 1－84 作品运用了杠杆原理，使左右两部分等量不等形的相关元素趋于平衡。

图 1－88 采用中轴线左、右均衡的方式设计。

不可否认，版面中有时也会出现某些不均衡的情形，这种不均衡往往看上去显得具有不确定性，因此也就没有力度。此结构好像欲使图形本身的位置有一个变化，这种情况，除非版面中所要传达的内容具有一定特殊的含义，否则便会给人以不稳定的视觉感受。一幅平衡的作品，形状、方向、位置等诸多因素必须要达到明确与和谐的程度，并且任何上述因素细微的变化都会带来版面的不确定和不稳定。在阿恩海姆所著的《艺术与视知觉》一书中，曾引用了由麦特兰·格雷富斯所设计的用来测验学生艺术敏感力的试验就可以证明这一观点，书中描写道：试验者试将图(图 1－89)中的(a)和(b)加以比较，我们就会看到图(a)所示的式样是一种平衡的式样，这是一幅由拥有各种不同的大小、比例、方向因素的正方形和长方形所结合起来的式样，其中充满着无限的生命力，它的部分与部分之间结合得是如此稳定和合理，以致所有的组成部分都显得各得其所，不可缺少和不可改动。然而，当我们观看右边的图(b)时，情况就大不同了，处在图(a)内部的那条垂直线看上去坚强有力，而图(b)内部的那条垂线却显得摇摆不定；图(a)中各个小格子之间的比例显得层次分明，富有差别性；而图(b)中的各个小格子似乎是不相同的，但又看不出什么差别，因此在比例上就显得模糊不定，这样一来，当人们观看图(b)时，眼睛就无法判定这些小格子在大小上究竟是相等还是不相等，在形状上究竟是正方形还是长方形。总而言之，人们无法判定这个式样究竟想表现什么。为了进一步说明上述观点，阿恩海姆又进一步举例证明：现在我们再来比较图 1－90 中的(a)和(b)。我们看到，图(a)看上去较为复杂，然而在模糊不定方面并不逊于图 1－89 中的图(b)。这幅四条线相交之后组成的图形，看上去不像是长方形，但各线条达到的倾斜程度又不足以否定它是一个长方形，这四条线在长度上虽

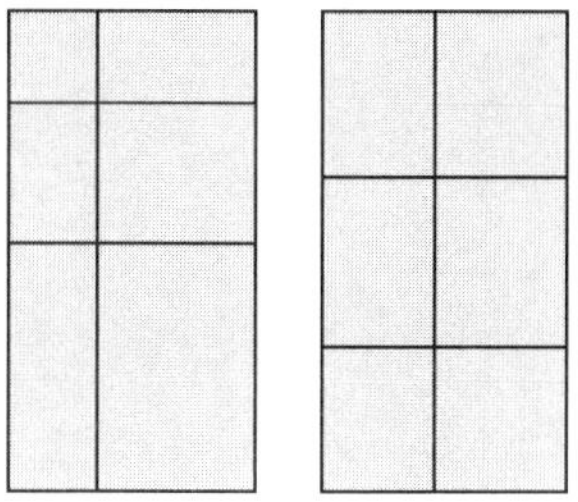

a　　b

图 1－89　视觉中心点。

a　　b

图 1－90　视觉中心点。

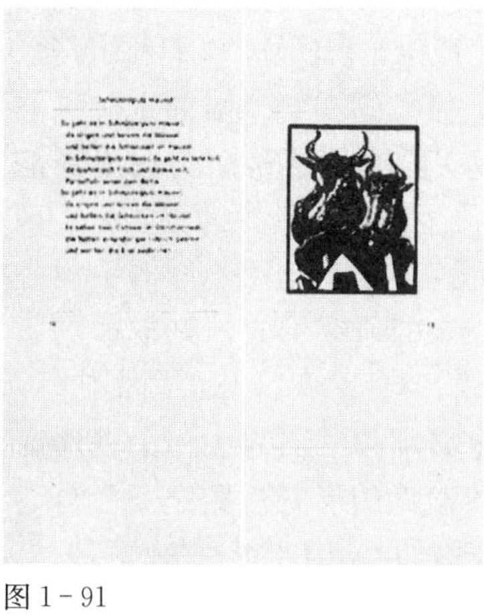

图 1－91

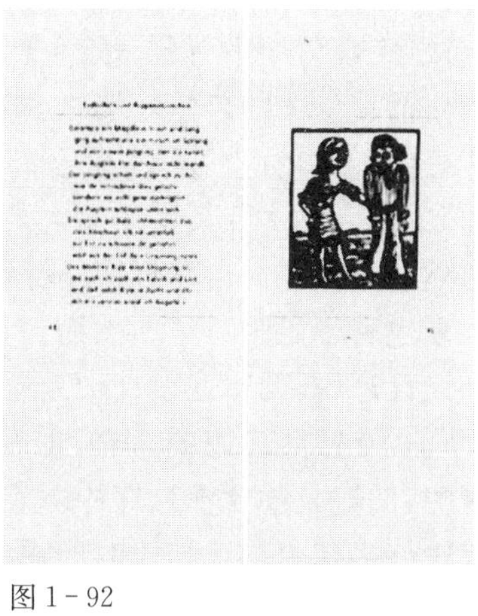

图 1－92

图 1－91、图 1－92　同图 1－75 设计原理一致。

然是有差别的，但这种差别又不足以使人相信它们在长度上是不等的，这就使得这种式样看上去在空中漂泊不定，无一定的归宿。当我们注意由垂直线和水平线组成的十字状部分时，这一式样看上去又似乎是趋向于达到一种对称的十字状。然而，当我们看它那倾斜的对称轴时，它似乎又趋向于形成一个鸢形的风筝状。总之不管对这一图形作出何种解释，这种解释都不准确。它与图 1－90(b)比较起来，在清晰性和确定性方面就差得太远了。我们从上述的分析中可以看出，均衡的稳定性虽然是由多种因素决定的，但最为根本的因素是掌握版面中各种需要表达的成分，如位置的变化、比例的大小和明确的形态等。一句话，版面的均衡应体现出紧凑、形态的明确、运动和矛盾的消解。运用虚实和形态的穿插变化来控制版面的重心。不过值得强调的是均衡的版面设计，最终的目的并不是为了均衡的本身，它必须要按照作品所要表达的整体性去选择设计的方式。就像任何其它版面的组织方式都是为了最终体现设计者的目的一样，设计者可以从无数个受力的样式中选择一种，但任何一种表达方式都必须遵循着整体中的变化统一。虽然"整体决定着每一种力的位置、特征和强度"，但是，这个整体毕竟是由多个力复合而成的，均衡只是这众多受力方式中的一种。从这个角度出发，任何一种版面形式必须对一个具有某个特定性质的整体加以考察、评定，经过一番精心思考后，使均衡的受力方式准确地为设计整体服务。

第七节　韵　　律

几乎所有的艺术都离不开韵律，作为艺术的一种基本表现方法，它在版面中有着一定重要的地位。现实中，人们几乎每天都生活在韵律的自然环境中，德国伟大的文学家歌德说过："韵律好像魔术，有点迷人，甚至能使我们坚信不疑。美丽属于韵律"。视觉艺术究其本质而言，实质上是通过虚拟的手法去表现自然。韵律作为自然规律的一部分，艺术家运用不同的手段去表现也就不足为怪了。然而，对于专门研究形式法则规律的版面设计来说，韵律在设计中具有着特殊的意义。与绘画相比，版面形式在实际运用中，很大程度上必须依靠韵律去揭示秩序的规律，韵律是隐含在秩序中具有代表性的形式法则之一。自然界中许多现象均以韵律的形式出现，如：一年四季、昼夜更替、潮涨潮落等。日常劳动中韵律能够帮助人们节省体力，如：劳动的号子、划船的鼓点、打夯的吆喝等，这些长期积累的生活经验使人们对于韵律产生了一定的生理条件反射，使人的潜意识将韵律看作美。人类的自觉行为对于韵律的追求似乎变成了一种必不可少的审美因素。如：城市建设中的街道规划；工业产品的造型设计；景观建设中的绿化布局；农业生产中的梯田垒砌等等无不如此。这种富有秩序感的设计手段在版面设计中较为普遍，人们通过字行大小的转换、字句的长短变化、图形位置的交替移动来获得，也可以运用图形与文字的受力关系达到。当然，韵律的出现不等于简单的重复，节奏的产生依据等量的复制，而韵律的形成则是有规律的变化，是变化中的统一。版面设计在某些方面与绘画的韵律感不同，绘画是个性化的再现，设计则是一定功能性的体现。任何精彩的版面无论其韵律关系处理得多么美妙，都必须符合这一艺术原则。从韵律的构成原理出发，通常的表现手法大致有以下几种。

图 1－93　由静态图形组成的韵律。

图 1－94　由相同形态组成的动态韵律。

一、形态相同的韵律

设计中，如果单元内的图形具有规律的变化，版面可以获得有规则的韵律感；如果单元内的图形或文字是以动感的方式出现，那么版面便会有强烈的波动感；如果单元图形采用的是静态方式，其结果必然是静态的韵律感（参见图 1－93～图 1－95）。

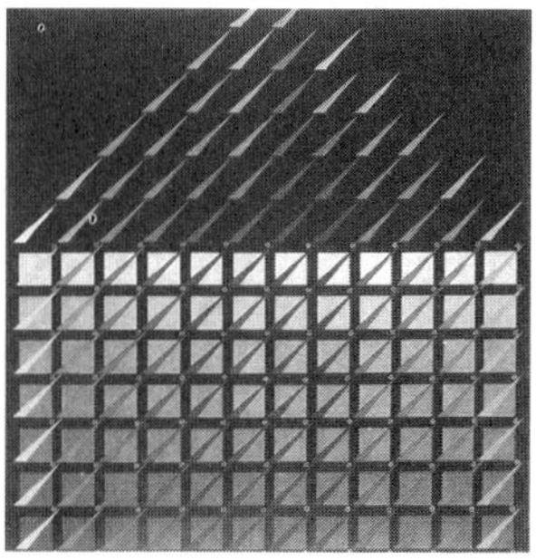

图 1－95　由相同形态组成的静态关系，经与色彩组合使之形成动感韵律。

二、形态相似的韵律

把相似单元的设计元素按照大小排列，版面将有利于动感的表现（参见图 1－96、图 1－97）。

三、形态类似的韵律

所谓形态类似的韵律，其实是将形状类似但并不同形的设计元素组合在一起，由于其形态接近类似，组合的版面具有变化丰富、韵律感强的特点（参见图 1－98～图 1－99）。

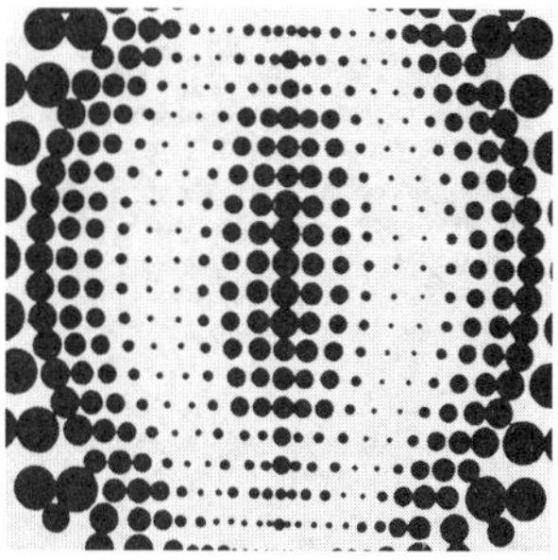

图 1－96　形态相似但比例不同的韵律。

四、形态多变的韵律

前面谈到韵律的变化可以等形等量，而这里谈的则是非等形的变化。非等形并非为版面组成的韵律元素是毫不相关的形态元素，而是形与形之间有着密切联系，但又不十分等同的元素，将这些元素组合起来，按照大小、疏密的原则进行版面构成组合，具有一定的随意性和多变性（参见图 1－100、图 1－101，另见例图欣赏图 1－102～图 1－113）。

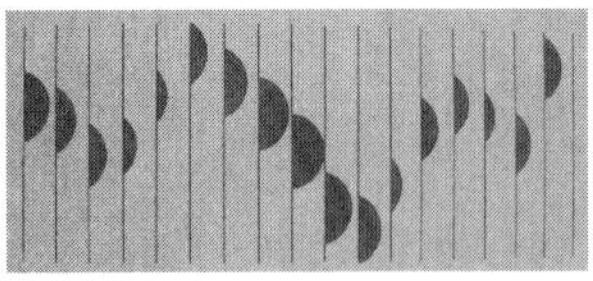

图 1－97

图 1－98

图 1－99

图 1－100 由两种或两种以上组成的图形，相互组合、穿插形成的韵律。

图 1－101 由规则结构和不规则的形态组合形成的韵律。

图 1－102 运用长短不一、变化有序的文字排列，使整个版面处于良好的韵律之中。

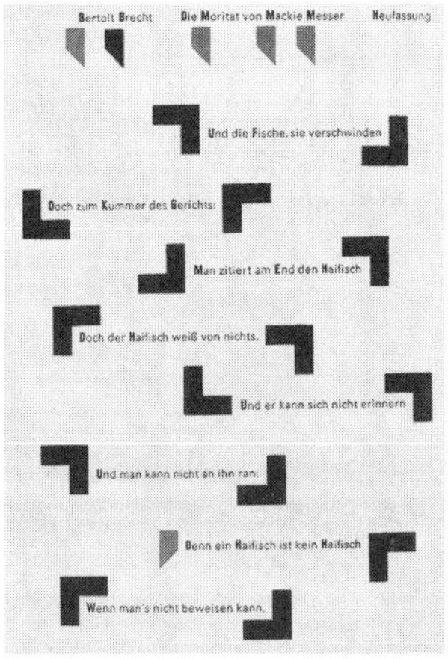

图 1－103 用抽象的纯粹元素设计版面，通过不同方向有规律的变化使抽象元素具有丰富的形态差异，再辅以文字内容，使版面生气盎然。

图 1－104 同图 1－102 的设计手法一致。

图 1－105 将文字与图形相配合，运用文字大小排列上的变化，使整个版面富有美妙的韵律感。

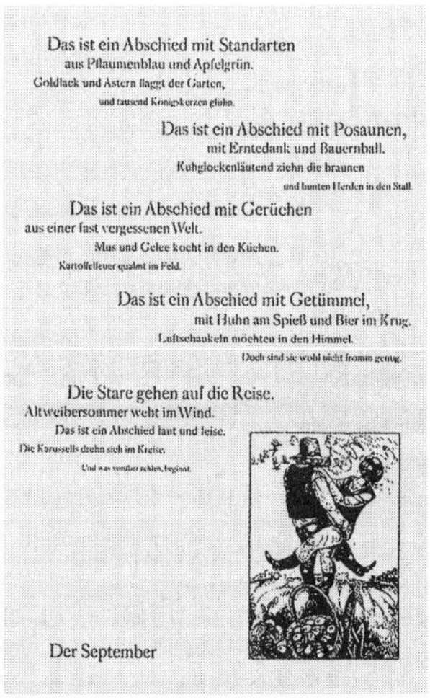

图 1－106 同图 1－102 设计原理一致。

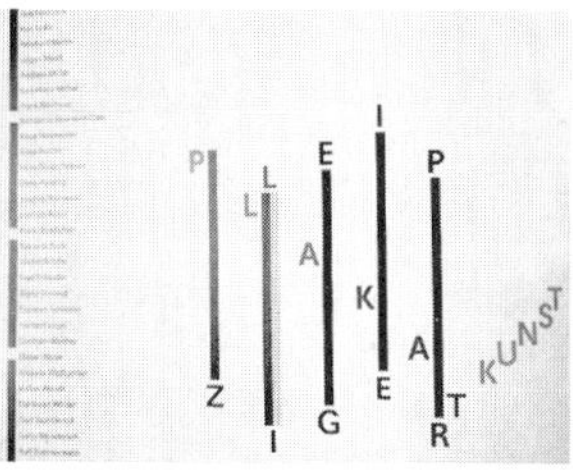

图 1－107 运用同图 1－108 相似的设计手法，将几根彩色线条排列成高低有序的形态变化。

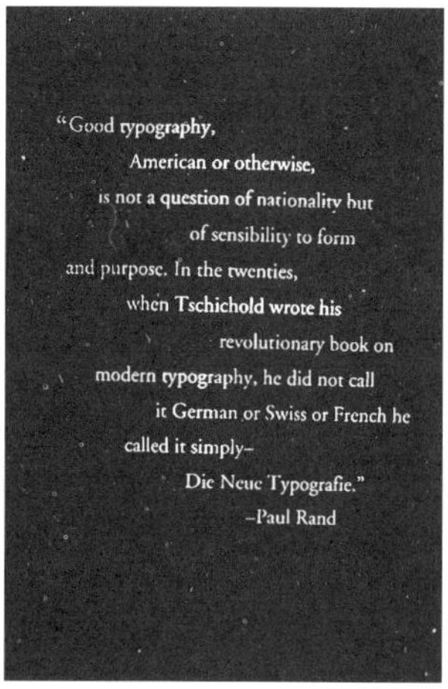

图 1－109 同图 1－102 的设计手法一致。

图 1－111 这是一幅运用标点符号设计并形成一定韵律美的作品。一般来说，版面的主体部分均以文字为主，标点符号只起到断句的作用。然而，该作品的设计者却将标点符号作为组成版面形式美的主要元素加以夸张、强调，通过不同形态的符号变化形成有规律的韵律感。

图 1－108 运用主体文字的排列变化，结合多种线型元素，添加比例较小的文字使版面形成一定的韵律感。

图 1－110 作品将文字有意识地加以残缺、遮挡处理，通过字母长短不等的变化，使版面传达美好的视觉感受。

图 1－112 同图 1－102 的设计手法一致。

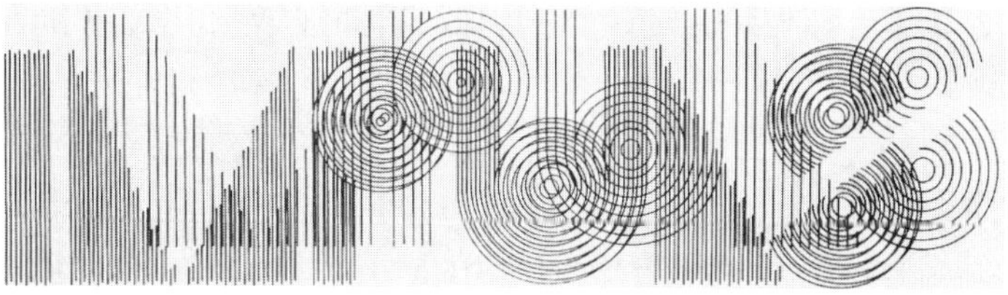

图 1－113 运用电脑技术将字母图形化，通过线型有规律的变化使作品充满优美的韵律感。

图 1-114 版面上主要内容运用粗黑、理性的大字排列，字母间穿插小字使之与大字产生对比，为了减少大字过于理性、冷漠的视觉感受，设计者运用了不规则的抽象图形使之与大字产生理性与感性的对比。

图 1-115 作品运用不同形态的字体置于同一个版面中，使版面产生刚、柔、粗、细的对比，大字间再辅以小字作为细节处理。

图 1-116 运用变化了的大字使之与背景产生黑白对比，再将同等形态"E""N"字母处理成红色，使之与白色的字体产生对比。

第八节 对 比

上文所及韵律不同于节奏，它的产生必须依据一定的变化，有变化的重复才是韵律。所谓的变化实为对比，对比就是相反事物的矛盾对抗，它必须依据一定的规律而产生。如：白天与黑夜、雨天与晴天、月亏与月圆、冬季与夏季、潮涨与潮落等等。这些现象都是有规律的重复，每一次的重复都是在对比中产生。版面设计具有对比因素的地方并不仅仅反映在韵律现象中，构成版面形态的许多环节都是在对比中产生和解决的。如同小说一样，一个故事情节的出现，作者必然要通过设定各种矛盾的场景去吸引读者，再通过故事中相关人物的悲欢离合、尔虞我诈、峰回路转的对抗场面去吸引读者，让人看了之后大有废寝忘食、泪流满面的情感回馈。小说中所运用的描写手法是通过作者制造矛盾而又化解矛盾的方式来解决，这种由矛盾的产生到矛盾的化解实质上运用的就是对比手法。小说情节如是，电影、电视中人物形象的塑造也自然离不开这一表现方式。可以说所有生动的艺术现象都与对比有关，这是人类普遍的美学观点。它虽源于现实自然，但其经过人类长期的总结、发展之后已形成了永恒不变的普适性规律。再如交响音乐，指挥家富有激情的指挥，各种乐器相互间的配合，其旋律一会儿像高山流水；一会儿如小雨霏霏；一会儿似惊涛拍岸；一会儿又像丽日和风。很显然这种跌宕起伏的场景描述大大增加了音乐的感召力。绘画面中运用对比的手法去塑造形象司空见惯，画面中的不同因素都是如此。如：远近对比、大小对比、色彩冷暖对比等等。与绘画艺术近似。版面设计研究的是版面的形式规律，对比手法在设计中属于最起码的表现方式。前面所研究的几种形式法则，实际上都离不开对比。在对形式法则的研究中，若把对比作为一个专门的训练课题，那么就必须强调对比的最典型特征。如：大和小、高和低、粗和细、宽和窄、曲和直、竖和横、直和斜、上和下、单和双、多和少、线和面、左和右、动和静、黑和白、正和反、刚和柔以及虚和实等等。通过这样有目的的训练，初学者可以在一定单位量的时间内有一个迅速的提高，更重要的是对设计者的版面美感意识有一个明确的培养（参见图 1-114～图 1-122）。

图 1 - 117

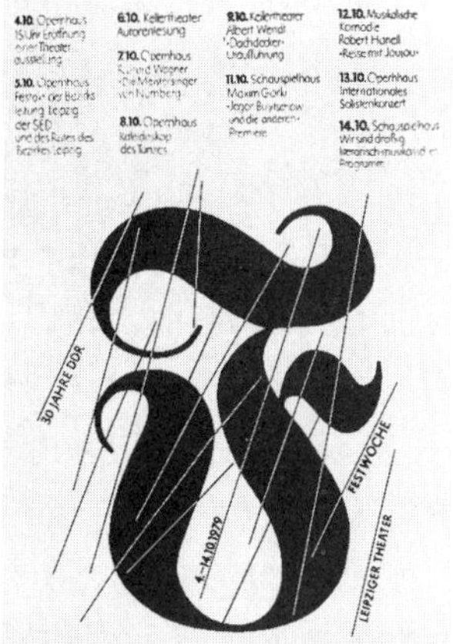

图 1 - 118

图 1 - 119

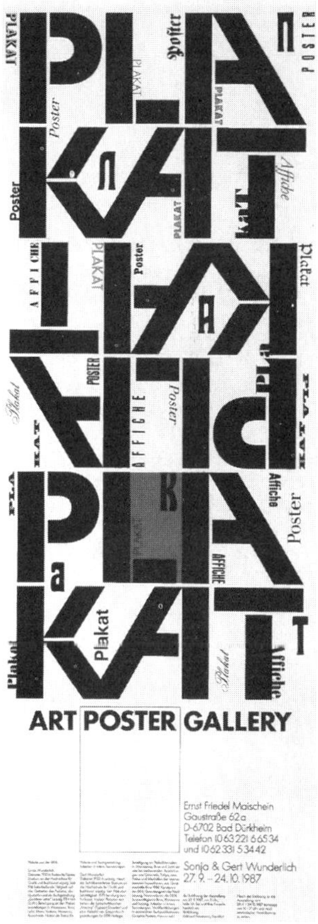

图 1 - 120

图 1 - 121

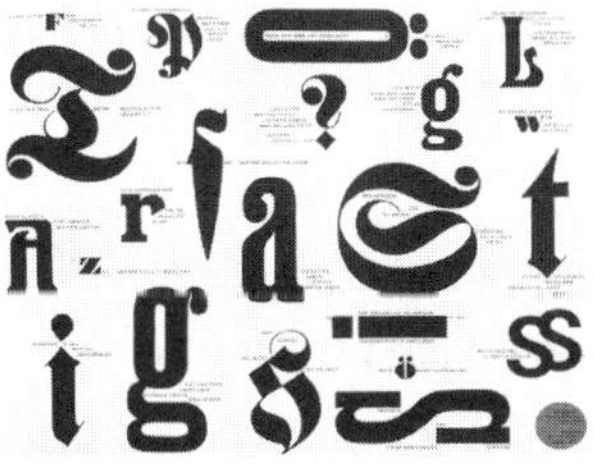

图 1 - 122

图 1 - 117　运用专门的字体设计，倾斜后作为版面的主体内容穿插小字，使之产生大、小、正、斜对比。

图 1 - 118　用粗黑硕大的图形置于版面中下方，图形以柔美的曲线为主。为了增加对比，设计者特意用一组由文字组成的直线叠加其上，使之产生直、曲对比，同时，下方粗黑的图形与上方理性秩序的网格小字产生对比。

图 1 - 119　将硕大的“K”字作为整个版面的主要图形，使之与一排小字形成对比。

图 1 - 120　主要部分运用粗黑的大字，其间再穿插字体形态不同的小字。版面精美、准确，变化丰富，既理性又富于秩序感。

图 1 - 121　同图 1 - 120 设计手法一致。

图 1 - 122　同图 1 - 120 设计手法一致。

第九节　分　割

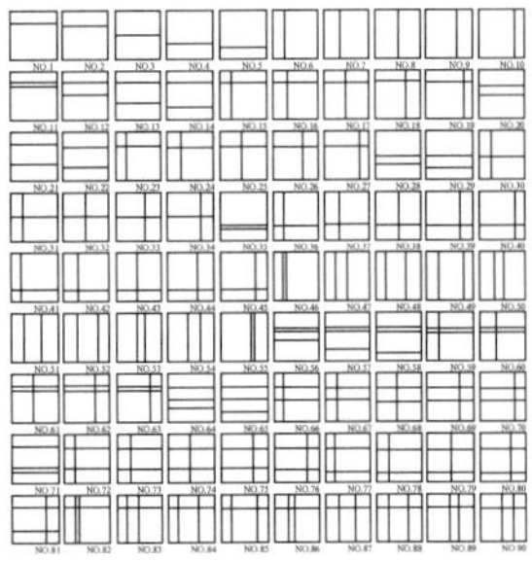

图 1－123　资料来源:《艺术·设计的平面构成》。

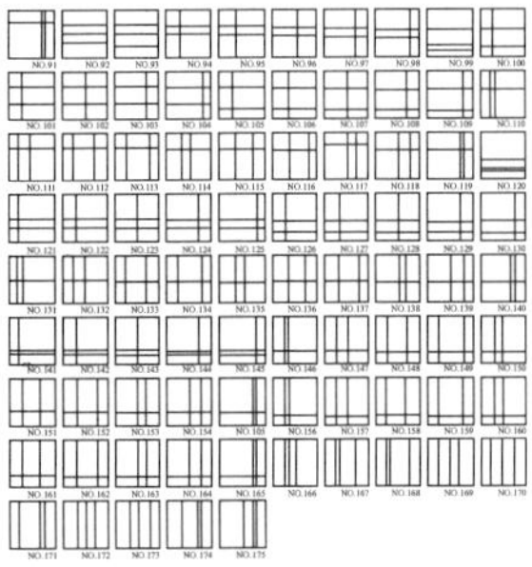

图 1－124　资料来源:《艺术·设计的平面构成》。

既是整体也是部分,整体和部分是相对的也是绝对的。对于一个版面的全部来说,整体是相对的,整体由多个部分组成,部分又可以无限划分下去变成无数个更小的部分,因此它又是绝对的,自然界存在着无止境的可分割性。然而,版面设计与整个自然界的范围相比,能够表现的空间非常有限,而且也不可能无止境地分割版面。版面设计能够表现的空间也只限于二元与三元维度。或是将之与书籍、杂志、海报性质相同或相似的户外广告、电脑网页的有限空间作为版面的表现平台。因此,人类所涉及的版面分割在空间上具有相对性。从这种概念出发,分割其实只是一种重要的构成方式,它是把整体版面中的各个部分进行合理的配置,使之具有层次分明、风格新颖的特征。例如:在书籍的版面设计中如何把文字、图片合理配置在一定的空间中,这便是设计师首先要考虑的问题。通常的做法主要是把版面分为行组,行组分为字行,字行又分为文字、笔画和标点符号等。对于图片和文字的混合排版,可多运用网格原理设计,版面划出垂直、水平交叉规则的方形格子,将图片、文字分割在不同的区域内有序地排列。空白部分可分为天头、地脚、内外白边与行组之间的空距,行组内既可以找到行距和字距,也可以找到行距与图片的间距。科普希哀在总结了欧洲设计师研究成果的基础上,提出了利用正方形空间的各边的二等分点,三等分点,四等分点,使空间尽可能多地出现垂直、水平方向的分割(图 1－123、图 1－124)。版面的划分虽然可以任意地分割,且可形成多种分割方法,但若过多的分割,版面必然会杂乱无章。

原因一:版面的划分不是无止境的,必须根据设计师设定的基本数比单位作为划分的依据,而这种基础单位不是任意的,也不是无限的细分,它必须通过计算,依据一定的数比关系来确定版面的数值,这样才具有依据。

原因二:版面划分应体现审美价值,任何合理的数值划分,若不具备美感,那么划分便无意义,所谓过多的分割必然会杂乱无章,就是这一道理。

原因三:版面划分必须具备功能,即:形式＋功能。

如果符合上述三个条件,版面必然合理有序。若将基础数值划分得太细,形成不了级数韵律关系,便失去了划分的意义,故此确定基础数值显得尤为重要。此外,版面分割除了上述的最基本分割外，还进一步包括了等形分割、等量分割、瓷砖式分割、具象形分割、非具象形分割、渐变分割、等比分割以及自由分割等等，这些分割手法虽然在风格主义、构成主义以及包豪斯时期作出过极其重要的探索，但是现今人们对之总结、完善、乃至创新仍具有现实意义。

图 1－127　资料来源：《艺术·设计的平面构成》。

一、等形分割

所谓的等形分割就是指图形分割之后版面形态所形成的等量、等形。如图 1－125～图 1－128，这是学生的习作，每幅作品都按照上述原理安排版面，这些作品不但同形同量而且色彩也十分相像，作品给人以十分整齐、明快的感觉，富有一定的节奏感。但缺点是：如处理不当，会造成版面呆板、机械之感。

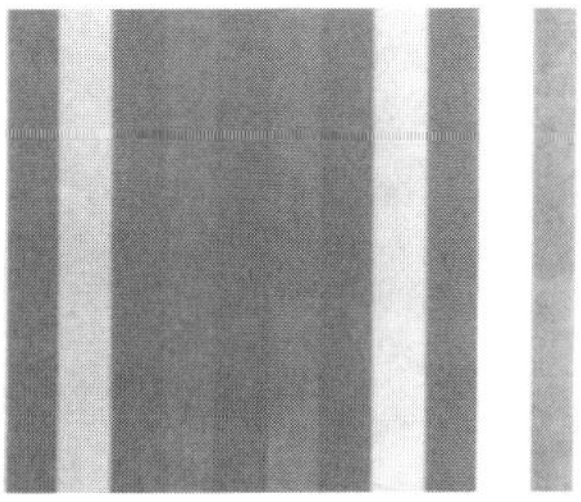

图 1－125　1 个和 4 个相等的群体（资料来源：《艺术·设计的平面构成》）。

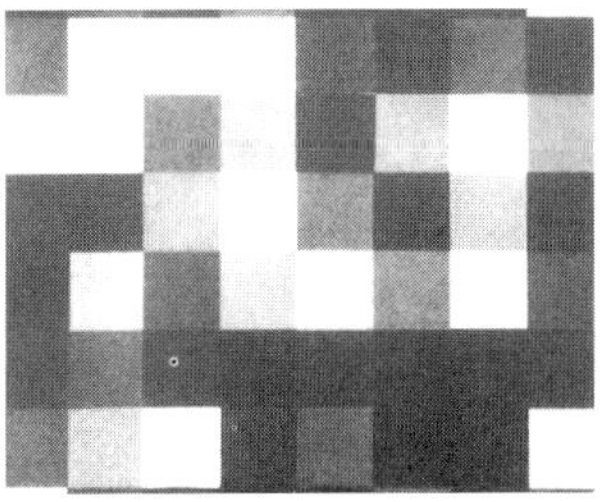

图 1－126　64 格等形分割（资料来源：《艺术·设计的平面构成》）。

图 1－128　资料来源：《艺术·设计的平面构成》。

二、瓷砖式分割

瓷砖式分割原理类似于传统的四方连续图案。唯一与四方连续图案不同的是：这种图形分割是以方形的马赛克瓷砖为基本单位，在空间上形成连续的不间断的组合，每一单位都具有一定的独立性，组合起来便能形成完整的图形。瓷砖式分割实质上是由等形分割发展而来（参见图 1－129、图 1－130）。

图 1－129　异形同色瓷砖的反复出现（资料来源：《艺术·设计的平面构成》）。

图 1－130　单位内图片的切割通过连续的拼贴来组成完整的版面（资料来源：《艺术·设计的平面构成》）。

图 1－131　资料来源：《艺术·设计的平面构成》。

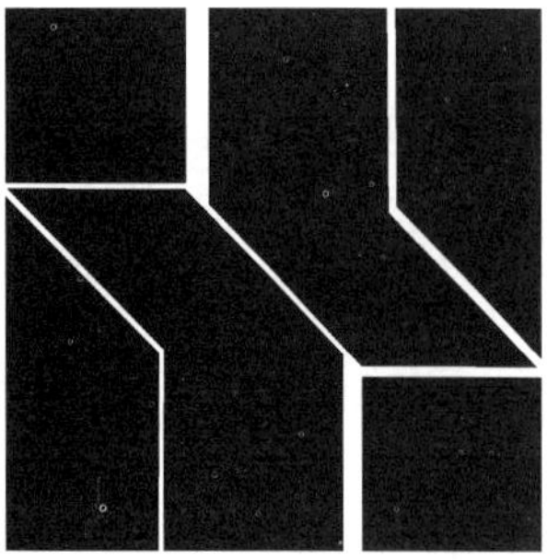

图 1－132　资料来源:《艺术·设计的平面构成》。

三、等量分割

和等形分割相比,等量分割具有一定的灵活性,等量分割可运用丰富的分割手法。如:将版面进行二等分分割、对角线分割、垂直平分线分割,以版面中心点为中心的任意斜线分割等,这些手法的运用不但可以增加版面形态的自由度,而且还可以使版面的形态更理性,更富有秩序感、连续感。其特点是:分割之后版面的形状虽然互不相同,但面积一致;视觉上均衡、稳定(参见图 1－131～图 1－136)。

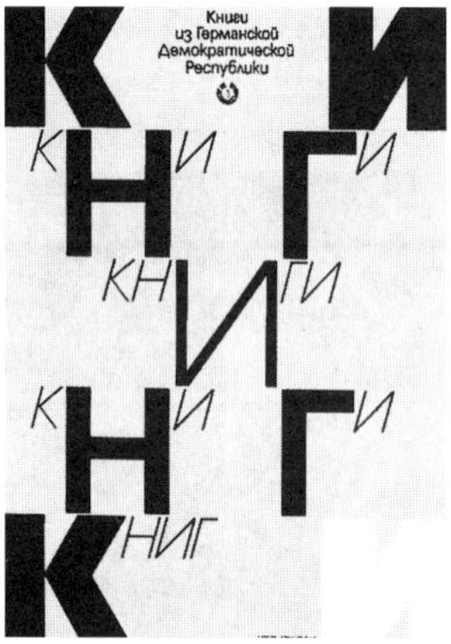

图 1－133　作品采用的是等量分割方式。版面分为三个层次:第一层次为前景的粗大黑字,第二层次为背景小字,第三层次为弱化了的中号字。

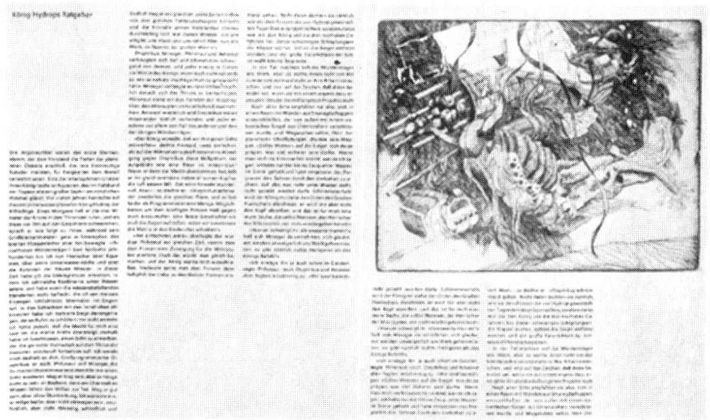

图 1－135　版面采用等量分割法,图片与文字按照不同的比例关系,严格地配置于网格内,使得版面理性、秩序。

图 1－134　作品采用的是等量分割方式,将"M"通过不同的位移、剪切,使得版面出现生动的韵律感。

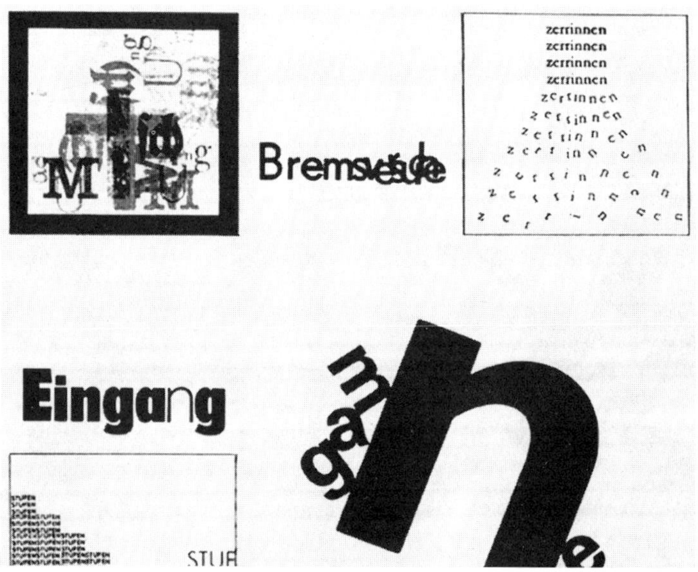

图 1－136　运用等量分割的方式划分版面,局部图形通过突破网格的手法排列,使得版面活泼、生动。

四、等比分割

等比分割主要是根据几何级数的等比倍率来分割版面。这种分割版面的方式简单，易于操作，特别是当今已步入电脑时代，用此手法去进行图形设计，其程序十分简单，效果也很明显。但如果版面处理不当，会给人造成臃肿累赘的感觉。等比分割的原理是：通过设定一个基本差别单位，进行等比增加放大所形成的分割倍率（参见图 1－137～图 1－143）。

图 1－141　运用网格设计原理，按照不同的数比关系划分版面，使得版面呈现出秩序、变化、和谐的关系。

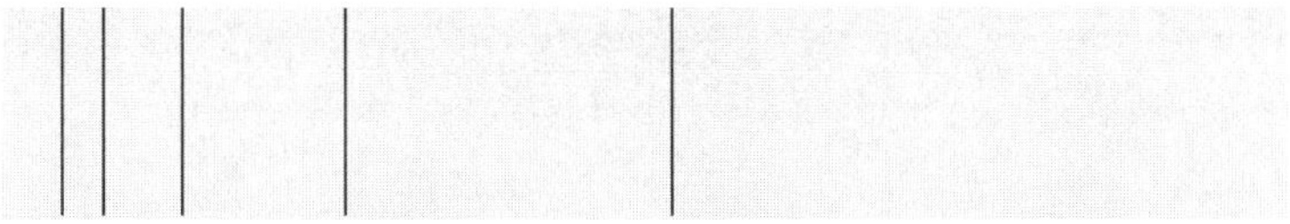

图 1－137　$1 \cdot a \cdot a^2 \cdot a^{n-1}$。

图 1－142　将版面按照数比关系分割成三个区域，通过文字不同的比例配置，使得版面秩序生动。

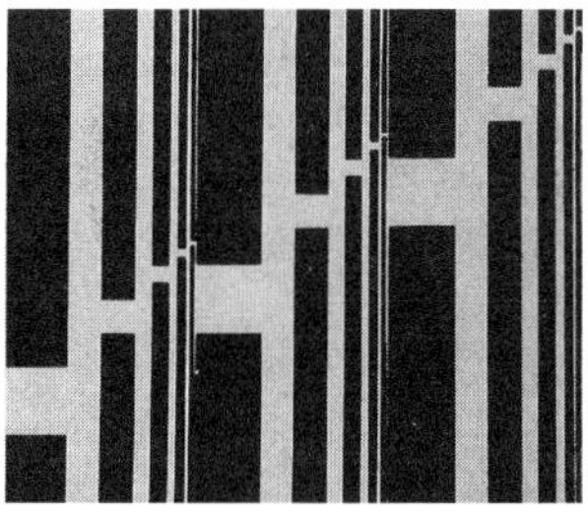

图 1－138　利用等比分割所形成的分割形式（资料来源：《艺术·设计的平面构成》）。

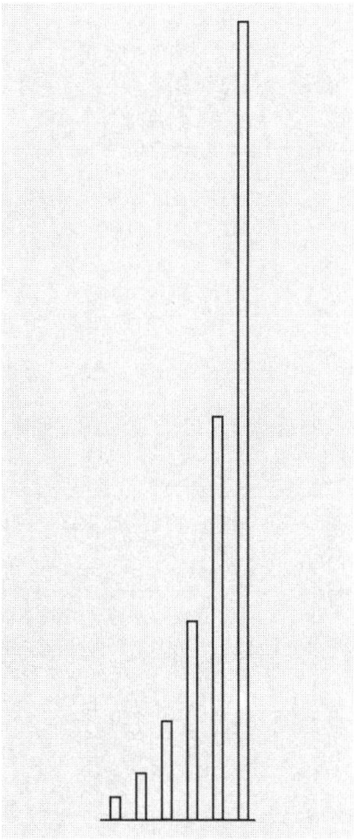

图 1－139　等比数列。

图 1－140　运用等比分割手法分割版面，使得版面在数比控制下理性、秩序。

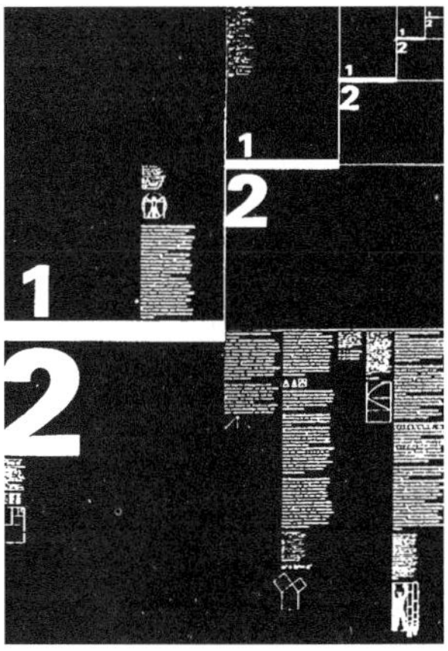

图 1－143　作品采用二等比分割。设计者根据黄金分割原理，按照二等比数值使版面分为不同等次的区域。

图 1－145

五、等差分割

等差分割是通过一个基本的等差单位，再通过设定一个固定不变的常量单位，二者组成有规律的分割就是等差分割。常量单位数量增加得多少，版面的区域就多大，等差分割的好处在于分割所形成的变化是渐进式的并不会出现大起大落的倍率突变（参见图 1－144～图 1－148）。

图 1－144　a、a＋r、a＋2r……a＋(n－1)r。

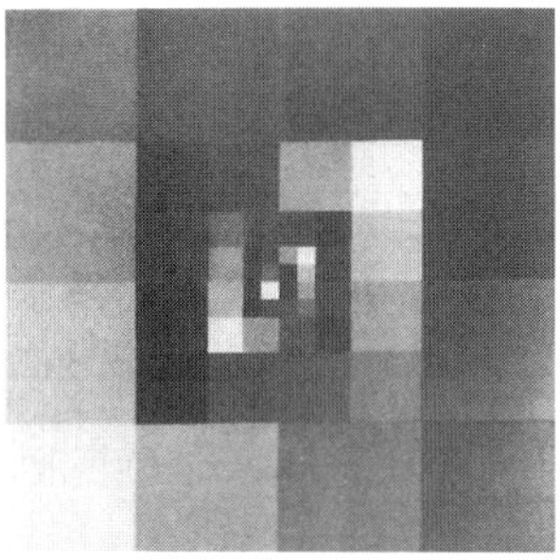

图 1－146

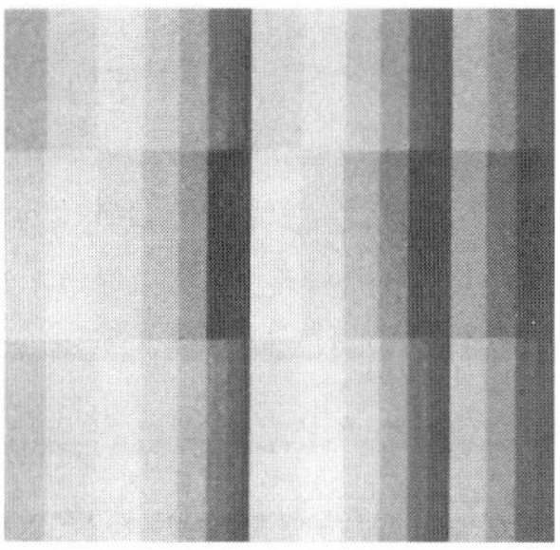

图 1－147　利用等差数列所形成的版面分割形式（资料来源：《艺术·设计的平面构成》）。

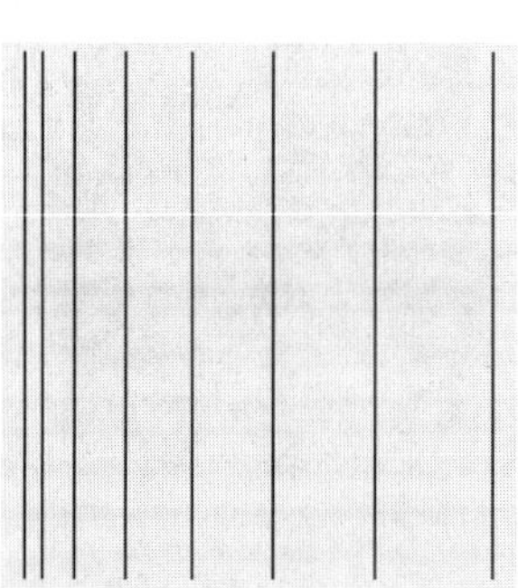

图 1－148　利用等差数列所形成的的版面分割形式（资料来源：《艺术·设计的平面构成》）。

六、费班纳赛数列

费班纳赛数列与等比数列相比，具有自己的特点和优势，级数的增长不像等比数列那样出现倍增的突变，而是较为缓和的增长，体现出级数的增加（参见图 1－149～图 1－153）。

图 1－149　1、2、3、5、8、13……p、q、(p＋q)。

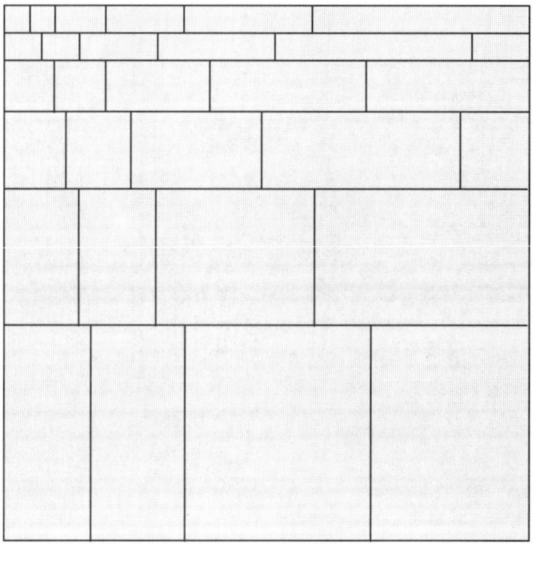

图 1－150

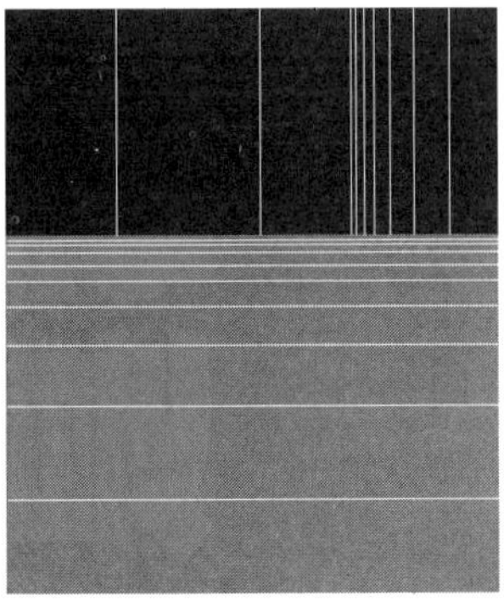

图 1-151　利用费班纳赛形成的分割(资料来源:《艺术·设计的平面构成》)。

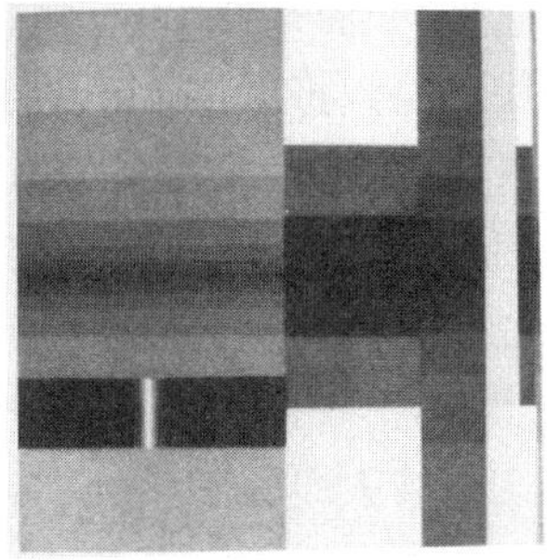

图 1-152

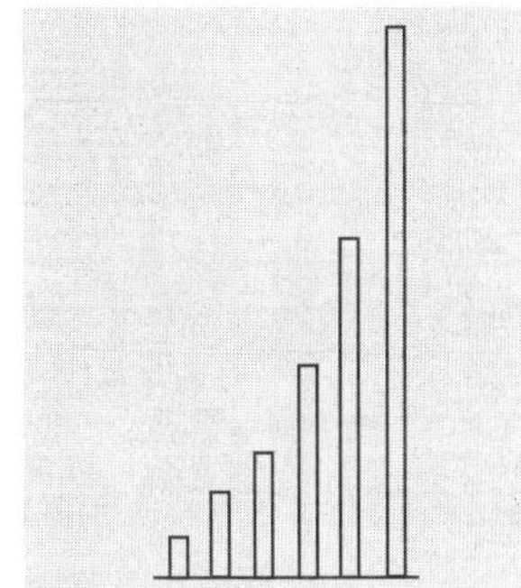

图 1-153　(资料来源:《艺术·设计的平面构成》)。

七、调和数列

与等差数列相比,调和数列是等差数列的倒数形式,越往后面其项数值越来越小,直至接近某一数值,如:1、1/2、1/3、1/4……1/n。然而,调和数列分数往往有小数点较难处理,若将分数换成小数便是 1、0.5、0.33、0.25、0.2、0.16、0.14、0.12、0.11、0.1……为了方便,可以将顺序颠倒并将之增加十倍使之形成 1、1.1、1.2、1.4、1.6、2.0、2.5、3.3、5.0、10(参见图 1-154～图 1-156)。

图 1-155　利用调和数列形成的分割构成。

图 1-154　调和数列(资料来源:《艺术·设计的平面构成》)。

八、自由分割

现代理性主义设计的特征是根据理性与秩序的原理来分配版面。运用数学精确的等量数比划分和确定版面的秩序感、比例感,这种方法易于操作,程式化倾向严重。它的优点在于:整齐、标准、工业化特征浓厚。进入电脑时代,人们为了追求自由灵活的版面分割,许多设计师梦想不受任何约束的自由自在的设计方式,部分设计师摒弃了以往那种以数理原则为设计模式的版面形式,朝着“非理性”的方向发展

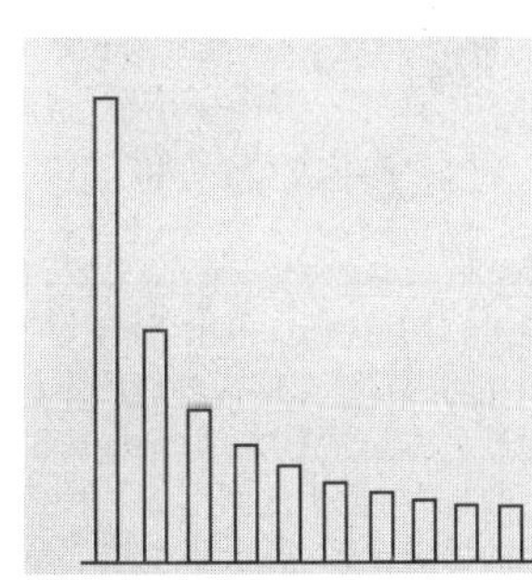

图 1-156　调和数列。

图 1－157　作品采用了自由分割的方式分割版面。根据内容需要，设计者将版面划分为若干个不规则区域将文字内容置于其中，使版面形成自由、和谐、特殊的构成形式。

图 1－158　版面主要部分通过强烈的明暗对比以凸显主题，因而在划分上所占比例明显要大于处于次要部分的小字，版面所形成的分割形态自然有序。

图 1－159　这是一幅图形与文字相互间巧妙呼应的代表作。作者通过手动扳子将文字“production”中的“O”与扳子之间形成一种逻辑的呼应关系，点出了生产必须通过劳动来获得的道理。

（参见图 1－157、图 1－158，另见第六章“自由版面设计”）。

此外，版面设计中分割的原理有时也类似于绘画中分割的三分法。绘画将虚化柔和的部分作为远景，大关系描写部分作为中景，对比强烈的主要细节刻画作为近景。这种将二维的平面空间用虚拟现实的三个层次表现，使得只有二度空间的平面取得层次分明的空间效果，使相关的各个部分有机地统一在一个整体中。运用纯文字编排，同样要求版面具有三个层次。由于纯文字的版面所使用的元素是文字，不像绘画那样可以通过绘画素材表现对象。故此，纯文字的版面在表现元素的层次关系上必须根据自身的规律与特点方可实现。纯文字的前景表现主要通过强烈的明暗对比获得；运用中和的黑白对比表现中景；用柔和轻弱的对比表现远景。版面中字体的大小、形状和比例关系是表现这三个层次的关键。实践证明，凡是以纯文字形式设计出的优秀版面都具有上述特性。这种设计方式不但可以提高版面的艺术效果，而且其简单的分割法往往比复杂的设计方式更可取。

总之，无论是纯文字的版面，还是纯图形的版面或是文与图相结合的形式，要想吸引读者，它必须具备清晰与和谐的特征。只有在层次清晰、主题明确、一目了然的情况下，版面才能真正达到吸引读者的目的。

第十节　呼　　应

所谓呼应是指：版面中相关元素之间的内在联系。呼应作为一种设计手段表现在设计的各个方面，其内在联系性，在于将版面中诸多繁杂的因素相互榫合成一个完善的整体，从而使得元素不可随意地增加或减少。现实中低劣的设计往往是字图分离，互不联系。其实，这样的设计实质上并无设计含量，充其量不过是图文相配的“看图说话”而已。相反，优秀的设计，不但在思想创意上有着深刻的认识，而且在形态创意上也有着内在的逻辑性，视觉上给人以愉悦之感。呼应的范围较广，主要分为：图形与图形之间的呼应，图形与文字之间的呼应，文字与文字之间的呼应。下面将通过具体的图例逐一分析（参见图 1－159～图 1－169）。

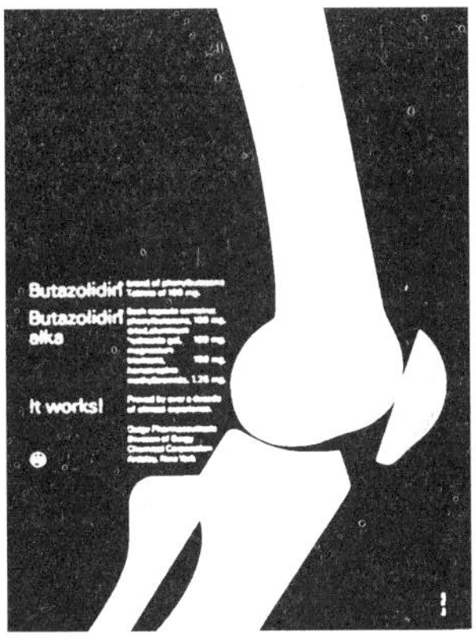

图 1－160　作品本身的图形与文字各自按照自己的排列方式进行，但仔细揣摸便会发现，文字与骨骼的关节部分形成了受力关系，似乎骨骼的弯曲必须通过肌腱的拉动、伸展才能够进行，这里文字隐喻肌腱神经。

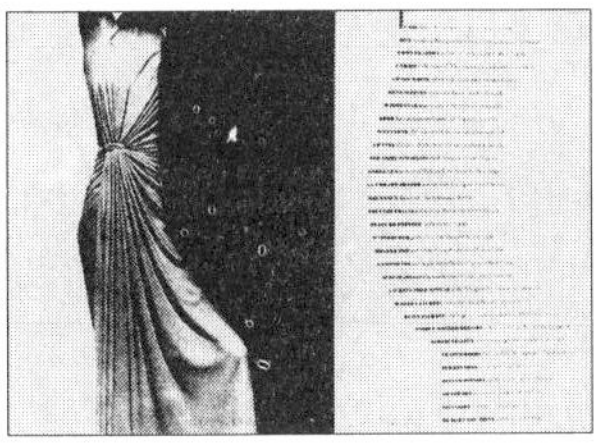

图 1－161　作品左右两个版面，左版放置图片，右版配置文字。按照常规做法，右版的文字应直排，但本作品妙就妙在右版文字形态与左版人体姿势存在形态上的呼应关系。

图 1－162　如何使“Milka”与牛之间形成巧妙的关联性，设计师将“Milka”一词图形化并使其形态上与奶牛身上的花纹一致，形成一个统一的整体。

图 1－163　反映一个城市整体风貌的作品，通常的做法仅为放置一张图片，再配上几个字便告结束。但本图并未如是草率从之，而是考虑如何将文字与城市街景巧妙地结合在一起，使各部分相互关联。作者将文字通过扭曲和透视化表现字与街景的转折起伏关系，使文字与图形形成一个有机的整体，并很巧妙地点明了作品想要表达的创意。

图 1－164　作品的绝妙之处在于，玫瑰花后的点阵阴影完全可以用圆点逐渐过渡。但作者为了使点阵墨点与主体标题相互呼应，因而采取了将点用文字的形式表现，通过文字的疏密关系，衬托出玫瑰花。同时也告诉读者，这本书所反映的内容与浪漫故事有关。

图 1－165　通过人物的立姿，使人物与所要表达的字母之间形成一个受力关系，从而使得文字与图形产生交流，形成呼应。

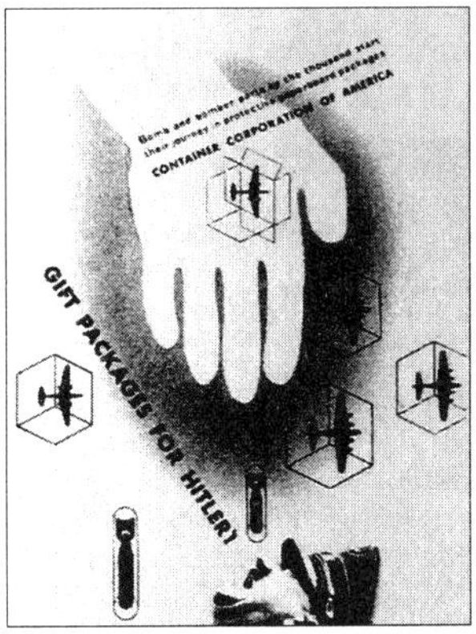

图 1－166　这是二战期间的反战海报。海报不同于影视动画，其静止的特性规定了版面的静态属性，若想获得动态效应只能通过特定的版面造型来达到。该作品的设计元素有飞机、人手、炸弹、张口的希特勒以及相关文字等，如何将这一大堆元素合理地配置，作者下了一番工夫。文字与张口的人物形成幽默的动态画面。将人手与飞机、文字合理地配置在主要位置，使手与下泻的炸弹、人物相呼应，暗喻为：用正义的炸弹回应希特勒的狂啸。

图 1－167 这是一幅关于轮胎销售的商业广告。作者将扭曲的波浪形文字拟为崎岖不平的道路，透视所形成的文字远端放置一只轮胎，告诉人们以上的道路是轮压所致，轮胎坚固结实，从而使得文字图形化所形成的道路与轮胎产生巧妙的呼应关系。

图 1－168 在体育宣传画中，有关跳高的画面很多，但这幅作品所表现的运动员飞身越杆的动作不同于一般的宣传海报。作者在表现运动感时，借助于运动员夸张的动势，以增强动感效应。这种通过添加元素的手法在日常设计中可屡试不厌。

图 1－169 杂志封面设计的特点是，主要图形不能受到破坏。本作品的巧妙之处在于设计师通过大小不等的文字穿插，使图形与文字产生自然的呼应关系。

图 1－167

图 1－168

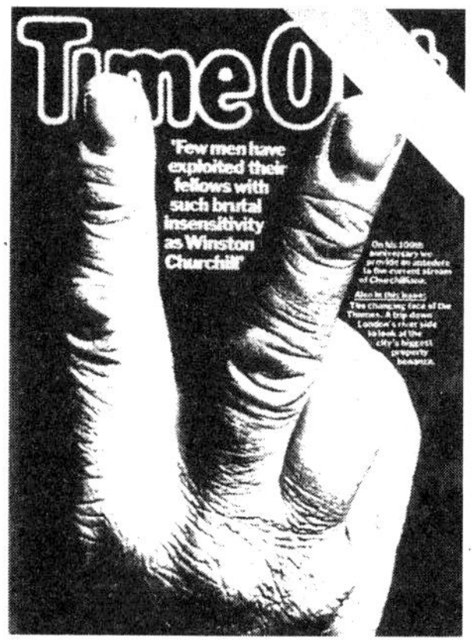

图 1－169

[教学目的]

1. 从形式法则的角度认识和理解编排的普适性规律。

2. 通过对纯文本和纯粹元素的正确理解，合理编排版面，使之抽象、理性、秩序，从而提高版面的综合构成能力。

[教学内容]

1. 形式法则：对于正形与负形、力场、中心、方向、对称、均衡、韵律、对比、分割、呼应作具体深入的讲解。

2. 通过对具体案例的分析，帮助理解有关形式法则的规律及其实际运用。

[课题练习]

1. 正确理解和阐述十大形式法则的概念与意义。

2. 通过对十大形式法则的正确理解，分别进行编排练习。

具体要求如下：

A：将十大形式法则：正形与负形、力场、中心、方向、对称、均衡、韵律、对比、分割、呼应等分别用中文和拉丁文各做 1 张作业（A4 纸，黑白电脑打印稿）。

B：要求创意新颖，形式独特。

C：作业的内容与形式相统一。内容可从书籍、杂志、报刊中直接引用或自己创编，形式必须能够说明内容，必须有合理的功能。

第二章　设 计 要 素

第一节　点、线、面

一、点

康定斯基认为:“在几何学上,点是一种看不见的实体,因此它必被界定为一种非物质的存在”(引自《点·线·面》,(俄)瓦西里·康定斯基著 罗世平译)。从几何意义出发,点实际上仅是线与线相交后所形成的交点,这个交点的位置便被界定为“点”,因此,在几何学的定义里,点只有位置而没有大小之分。点所代表的意义是“静止”和“沉默”。康定斯基将点看成是“非物质”,仅仅是存在于人头脑中的一种概念,一种“零”的概念,这个“零”也就是始发或终止的意思。在几何学中,点也是最简单的元素,尽管简单,在它的深处却包含着伟大的“雄辩”,它必须和“独特”结合,最终才能形成物质的形式。考虑到上述因素,几何学上的点“在书本上最初被设想为物质的形式”也就合乎逻辑了。现实中人们说话时的停顿,表现为点的概念和一种结束,同时它又是从语言的一端到另一端实体“桥梁”的端头,在语言表述上这便是点。点虽然表现为静止的概念,但如果将它激活,使之成为运动的物质,“使点从它通常活动的狭窄范围中分离出去,那么它内在的、至今仍然沉默的特性就会发出越来越有力的声音”,“于是点便生出无数个生命体,并赋予生命新的意义”。

现实生活中,很多事物都是这样,康定斯基曾举出这样一个例子:

“今天我准备去看电影”;

“今天我准备去。看电影”;

“今天我。准备去看电影”。

第一句话将点放在最后,表明说话的人今天有着自己的打算;第二句话表明说话人为了强调自己的打算而有意停顿一下以引起听话人的注意;而第三句话表明说话的人有意强调自我的重要性,特意停顿下来是为了炫耀自己。从上述三处不同的停顿来看，由于点的位置不同，所表现出的意思也就不同。

从几何概念上讲，点没有大小之分，只有位置的存在。绘画上点的外形概念是不确定的，几何学上被称之为点的形态一旦被物化，就必然会有大小之分，并在画面上占据一定的空间，绘画者手握画笔蘸上颜料，落笔于画面时，首先形成的形态必然是点，当越来越多的点聚集后，面的形态便出现了，因此点是面的基础。在版面设计中，点的意义不同于几何学上点的概念，因为版面设计中的点同样被物质化，它是造型的基础元素，具有与环境分离开的轮廓范围。点作为视觉表现的形态，必然具有大小、面积之分，也必然具有形态之分。当然，点的大小和形状可根据需要加以改变。从表面上看，虽然点是最小的元素单位，但是要十分准确地划分它的界线往往是困难的。我们在电脑上可以做一个点的缩放试验，将点缩至极小到几乎眼睛无法辨认的地步，点仍然存在，若将这个小点放大至投影屏幕的中央与钱币大小相当，和屏幕相比它依旧是点，若与小点相比它就是面了。将这个点放大充满整个屏幕，此时的点，不再是点而完全是面，因为它的参照物此时已被它完全占据。由此可见，点的概念是相对的，它必然有自己界定的范围。首先，点与版面的大小关系，即点的大小比例；第二，点必须与版面中其它形态保持一定的比例关系；第三，点的界定与人脑中的视觉经验有关。例如：在一个版面上，如果白色的纸面中只有一个黑色块，与版面相比它是一个点，但当版面上出现一条极细的黑线时，这个点既可以理解为点也可以理解为面。这样的理解仅仅依视觉经验判定，它与数学上的测量无关，判定点的概念只能依靠视觉经验来估计点的大小。当这些点达到一定数量时，点的概念开始消失，面的形态便开始显现。

从点的形状来看，决定点的形态因素是它的外轮廓。就人的生活经验而言，人们在想像中总是将点视为圆形的小圆点。然而从视觉传达角度出发，版面中点的概念是由外轮廓不同的形态决定的。事实上点具有无比多样的形状，它的外形可以是三角形、带锯齿的形、方形、圆形、不规则多边形，以及星形等等。版面设计中，单个字体的出现也被视为点，所以点很难界定它是什么形态，什么形态一定是点。在人的潜意识中，越小且是圆的形态就越被认定为点。即使是将这个点放大若干倍，人们仍然会这样认为，这是约定俗成的概念。设计师必须要牢牢地根据人的这一特性去处理版面。

康定斯基认为，“点本质上是最简洁的形”，它具有向心的张力，即使处于运动离心的状态下，依然具有这样的特点。表面上看，点只是一个微小的元素，在版面上每一边大致相等，并且与周围的形态完全隔离，环境对它吸纳兼容的程度很小。如果它已经形成正度圆形时，这种吸纳几乎不可能，在版面上稳定地占有一方空间，左右上下十分平稳，这一切都是由于其内在的张力使之凝聚成固定的形态。由于这一特性，点在版面设计中成为无可争议的最基本的元素。当然，点作为一种版面基本元素可以用外在与内在的概念来理解。就外在的概念来说，即使是一个微小的符号和图形也是一种元素。内在概念则不同，它不是这种形的本身，而是处在这个形内部的富有生命的张力才是内在元素。从这种意义出发，任何一个版面形态所聚集成的深刻内涵都不是它外在的形，而是其内在的张力。如果一旦这种张力消失或死亡，那么作品也就失去了生气和光芒。如果将一些抽象的形有目的地组合在版面上，使其内容得以充分展现，往往版面上会出现令人惊奇的效果，这就是张力的作用。中国画常常讲究气韵生动，讲究画的“精气”和笔墨的“韵味”，用上述观点来解释的话，实际上就是内部张力的作用。一位国画大师，他的作品非常吸引人，有着很好的观感，除了画面本身的视觉传达元素有着很好的形态外，更重要的在于其内在的张力。虽然，持这样观点的人仅是一部分，并非所有的人都赞同这一看法。但是从视觉艺术诞生的那天起，就存在着这样的争论。一类人认为：艺术只包含物质元素，除此以外其它成分完全不存在；另一类人认为：艺术不但具备物质元素同时更存在着精神因素。

版面上任何一个极其微弱的刺激，都可以用时间的长短来表示，点在版面上所占有的时间量虽然短暂，却包含着无限的因素。康定斯基认为：“点是在时间上最简短的形”。然而，若从纯理论的角度出发，点又是最复杂的结合体，它不仅具有鲜明的外切轮廓，而且其本身就可以独立成为一件视觉传达作品。确切地说，任何版面上的元素最终都是由点组成的。对此探索，早在19世纪就已有之，例如后期印象派大师修拉根据牛顿光谱原理认为：太阳光是由赤、橙、黄、绿、青、蓝、紫七种基本颜色组成，曾用色点的并置来表现色彩的混合效应(人们所看到的太阳光却是白中偏黄，这是因为光粒子的混合所致)。在当时，为了表现光的这一原理，修拉将色彩变成一个个色点去再现自然。事实证明，这种理论完全有其科学依据，与现代印刷工程原理相同(参见彩图3)。当然，修拉的研究仅限于色点相互关系的分析，而对于点在平面中的视觉心理的探索则主要出现在19世纪末20世纪初的欧洲。

点在版面结构上有着特殊的意义，当一个点接触到版面的瞬间，版面结构便发生了变化。点处在版面交叉对角线的中央

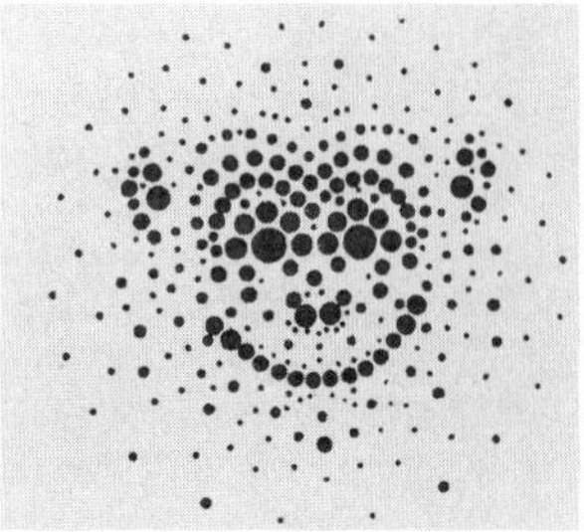
图 2-1 由点组成的猴面图形。

图 2-2 紫禁城角楼的转角，体现出点在中国建筑上的作用。

图 2-3 宝塔转角同样反映了点的功能特点。

图 2-4 中国的武术历来讲究桩点功夫。

时，版面是最稳定的，若游离于版面结构线，版面便开始产生相对运动的变化。假如在版面上还有另一个形态元素，那么版面所形成的视觉感受便会越来越复杂。康定斯基曾做过下例试验，条件是两个点和一个面，其结果给人的想像空间是：

(1) 一个点本身个体的表现；

(2) 一个点本身的自我复制；

(3) 第一个点个体的再表现；

(4) 第二个点本身的自我再复制；

(5) 构成版面的复合表现。

就一个点本身而言，它是一个大的复杂整体，人们可以将它看成是个体的复制，也可以将之看成是不同个体的表现。如果这种点积聚形成一定的量之后，版面必然会产生新的视觉感受。如果这些点本身的形态千差万别，那么版面上所形成的视觉自然差别就会进一步增强(图 2-1)。故此，点的复杂就如同宇宙中的星辰，在没有时间和空间范围的太空里，星点是真实的物质颗粒，漂浮在宇宙间如尘埃。每一个星球都是一个自我封闭而庞大的结构体，构成这个庞大天体的基本原子便是点。科学研究表明：不论从微观世界还是宏观世界，点是宇宙中永恒的概念，它是组成宇宙最基本的元素单位。浩瀚的沙漠是由点点沙粒构成，无垠的大海是滴滴水滴组成，各种化学分子结构也是由点凝聚所致。自然形态如此，人工形态也一样。测绘中所运用的测量技术，采用的是定点测量法，建筑中每个空间的转角点，能够表明建筑的空间形态，同时也是面的起点，中国古典建筑的宝塔以及楼宇的檐角都是点在实际运用中的具体体现，建筑的地桩就更能反映点在建筑力学上的作用(图 2-2、图 2-3)。

中国的武术历来讲究练桩，数根直立的木桩形成有规律的桩点，习武者站在木桩上，通过小面积的桩点来达到训练武步的目的。开始的练桩是通过静止的形态出现，之后，随着功夫的加深，步伐的稳定性加强，习武者从静止开始向运动转化。习武者来回在桩点上蹦来跳去不摔下，那是对落点的准确把握。习武者的高级阶段，通过二人或数人在桩点上的打斗而不落地，那更体现了桩点对武功训练的重要性。通过稳定静止的桩点训练，点在这里包含了从静止—运动—静止(稳定)的螺旋形上升的过程，习武者训练桩点最终的目的，是通过稳定和灵活的步伐择机寻找对手的薄弱环节击打，战而胜之(图 2-4)。

乒乓球被称为中国的“国球”。由于长期的训练，中国教练掌握了克敌制胜的办法，因此长盛不衰。其中一个致胜的原因就是对运动员步点的专门训练，通过正步点、侧步点、滑步点以及混合步点的训练达到控制球台范围的目的，这是所称的下三路。而台面上击球手对球落点的选择就更为重要，击球不同的落点对选手所形成的威胁是不同的，运动员所掌握的近台快攻和拉弧圈球，不论是长胶还是短胶，也不论是正手还是反手，归结到一点都是为不同力度的落点服务。只有选择正确且强有力的落点，才能最终击败对手(图 2-5)。武术和乒乓球对点的训练和选择是为了战胜对手，而舞蹈者对于步点的选择则是为了美观，这一点在造型艺术上是相通的。芭蕾舞演员舞蹈时，用足尖着地，时而疾跑，时而旋转，在舞台上形成有规律的步点。国际标准舞比赛，舞池中一对对男女相拥，闻乐起舞。音乐响起，舞蹈者根据不同音乐的节奏选择不同的步点，是节奏强烈的步点，还是节奏舒缓的步点，舞者的脚步必须完全跟上音乐的节奏，否则就会出现混乱的场面。

图 2-5 乒乓球运动员利用球的落点来控制比赛。

打击乐是以鼓点的疏密和节奏的强弱变化来达到吸引听众的日的，击鼓手必须掌握好鼓点的滞空时间和鼓点的密度，乐曲的形成源自鼓点密度的并置与连续性的创造。白居易在《琵琶行》中的对“大珠小珠落玉盘”的场景描写，所产生的丰富想像指的就是乐点的连续性(图 2-6)。上述类似于发生在日常生活中的例证举不胜举。

图 2-6 打击乐的特点是利用鼓点的疏密关系来体现韵律。

点在版面中的实际运用是一种技巧，研究此问题，对学习版面设计具有十分重要的意义，它会让我们知道哪些点在视觉上强劲有力具有美感，哪些点由于位置的变化而显得特别的衰弱，下面我们就此问题做一些具体的探讨。

1. 网点

前文提到，后期印象派画家修拉所发明的点彩派，依据的是色点的混合效应，同理，印刷中由于印刷网点疏密的不同和重叠的缘故，运用红、黄、蓝、黑四色可以印刷出千变万化的彩色图片来(彩图 3)。若将这些网点错位，版面则会出现图形模糊而无法获得清晰的印刷图版，这就是所称的波纹。如果我们利用这一原理，将网点放大，点距加宽，所出现的版面效果会因为网点的大小变化而使得版面富有一定的秩序感和起伏变化，因而产生一定的律动性。从德国平面设计师托马斯·拜乐的作品中就可以看出，托马斯·拜乐运用细胞组织学说和印刷网点的原理，将整个版面图形用点来组成，而点的本身实际上就是缩小了的图形，或者说缩小了的图形本身就是点。在纯文本的版面设计中，文字可以运用网点原理组成版面图形(图 7-46)。运用文字(点)组成人的形态，文字既是点又是内容。文本是关于人的身高问题，同时又是组成图形的网点，此手法既准确地表达了文字的表述内容，又形象地反映了文章的主题(图 2-7、图 2-8)。

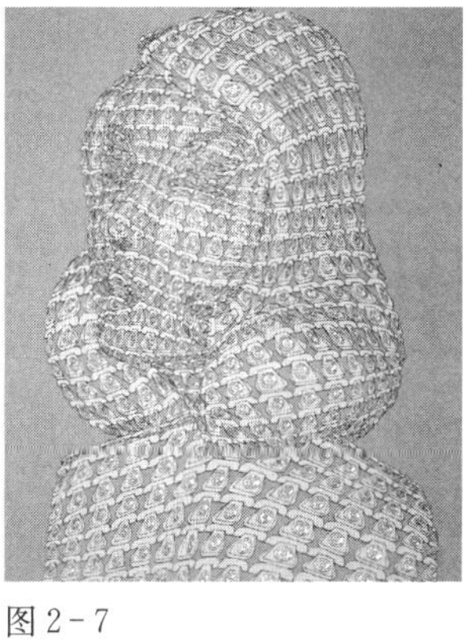

图 2-7

图 2-8

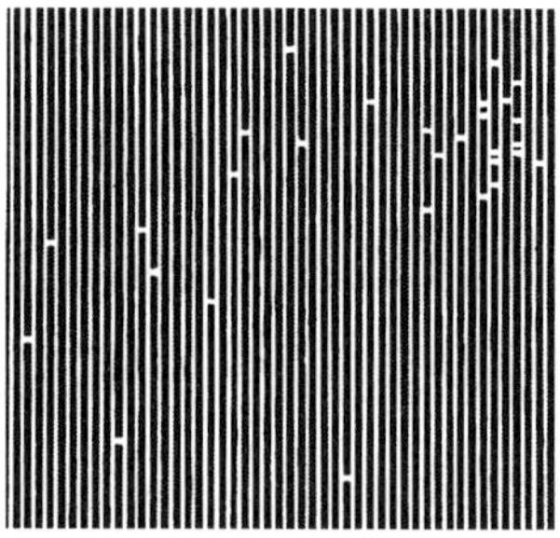

图 2-9　将文字或图形切断后留下的空隙。

图 2-10　由点化线构成的版面(资料来源:《艺术·设计的平面构成》)。

2. 空位

所谓的空位,就是将主要表达的内容运用点的形式来表现,只不过这个点是由四周的图形或文字包围后,所留下的空白的点状而已。如果将此方法延伸下去,可以有以下几种情况出现:

(1) 将文字的行、组切断后留下的空隙;

(2) 用文字或图形组成的面空位后所留下的点状空白;

(3) 运用镂空的方式将版面打上小孔,用此方法可以表现时代的某些特征(参见图 2-9、图 2-10)。

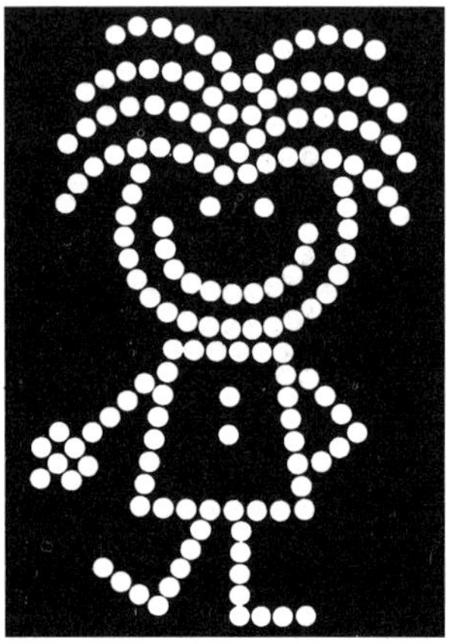

图 2-11　由点形成的线化图形。

3. 点的线化作用

点是静止的,点的移动或连续地重复便会形成线。如果单个点之间位移,并加大点与点之间的空隙,在视觉上点仍然是点,所组成的图形,便称为点化线,如果将点与点之间的空隙缩短,那么距离较近的点之间引力会增强,从而更容易形成点化了的线,反之,线的感觉将会减弱。通常看到的某些版面将文字变成一个个点组成的线化图形,就是运用了这样的手法。其次,在点与点之间,如果点的大小不同,体量小的点会被体量大的点吸引过去,若要在两维空间中表现一定视错觉,那么将由点的大小或疏密来实现(图 2-11、图 2-12)。

4. 点的面化作用

点是组成线和面的最基本的元素,点的移动产生线,点的聚集又形成面,由于点的这一特性,若用 100%的黑度来设计图形的话,那么可以通过点的大小与疏密进行面化处理,使版面形成一定的凹凸感,也可以通过这一手法表现图形的立体感,胶版印刷就是通过网点的面化处理来实现的(图 2-13～图 2-16)。

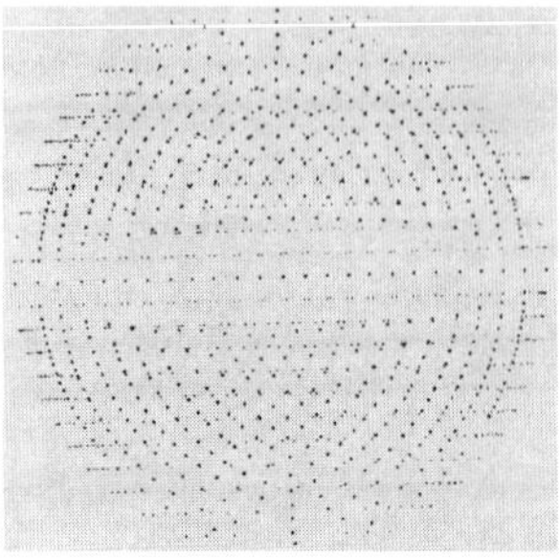

图 2-12　由点形成的弧线。

5. 点的光化作用

在此单独讨论这一问题,主要是因为现实中,人们常常遇到此类现象。例如:电视荧光屏上许多闪现的光斑,雨后太阳折射的光圈,照相机镜头对焦不准使某些物体虚化成光点,摄影使用十字滤镜拍摄之后,画面所形成的十字光点等等,所有这些现象

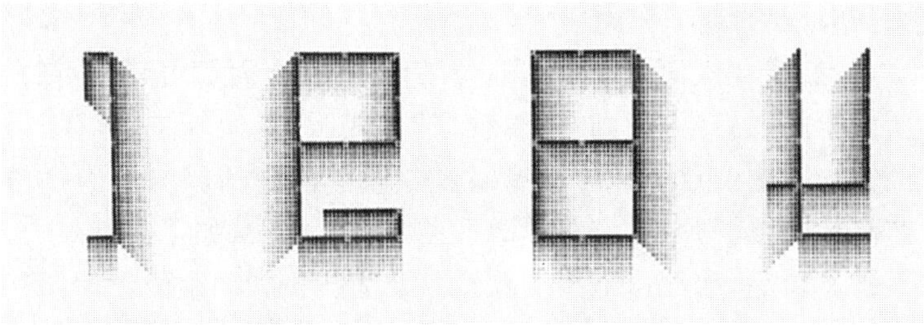

图 2－13 用点的面化设计贺年卡。

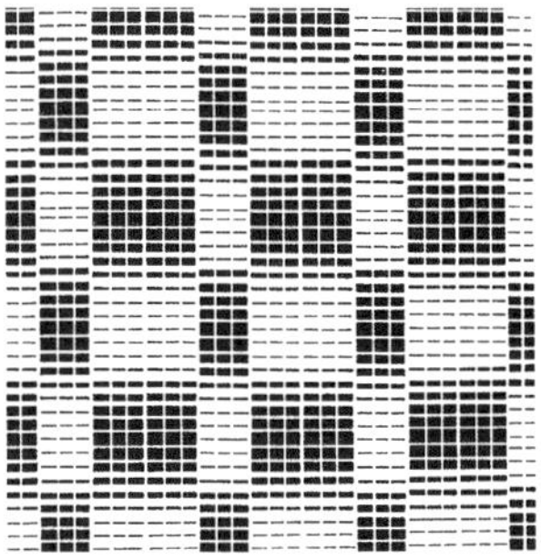

图 2－16 由点形成的渐变效果具有金属反光质感。

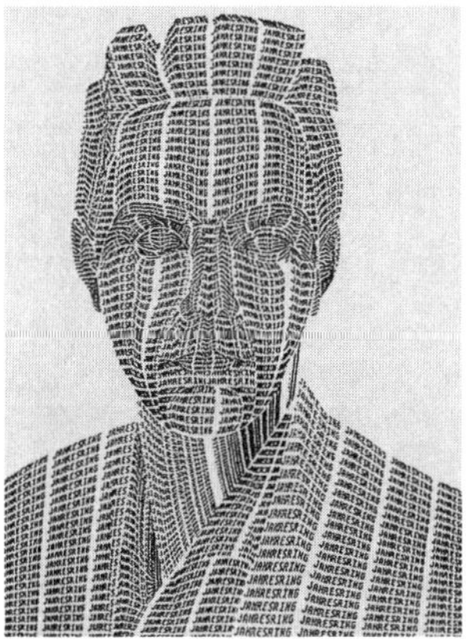

图 2－14 点的面化形成曲面。

图 2－15 由点形成的曲面效果。

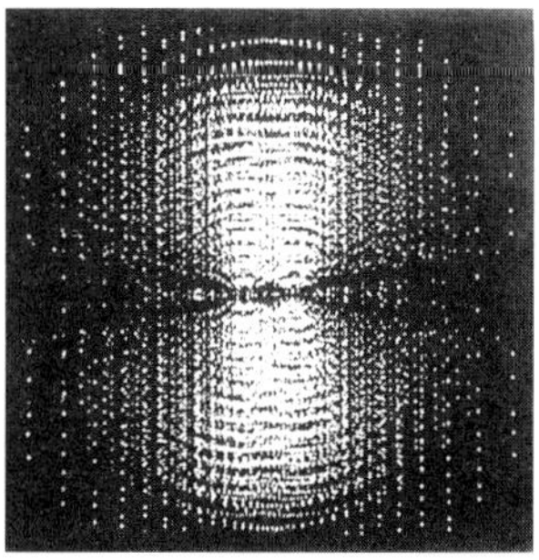

图 2－19 由密集的光构置而成的规则圆形（资料来源：《艺术・设计的平面构成》）。

都有一个共同的特点，几乎每一个点都是发光体。将点作为发光体用于版面上，主要是在图形设计方面，纯文字的版面设计多体现在自由版面设计中，例如：戴维・卡森的许多作品大量采用这种手法，认为最大的好处在于使版面层次丰富，具有现代感。以往由于排版技术的限制，这种设计手法具有很大的局限性。到了电脑时代，由于实现手段的改进，这一手法的运用有了可能（参见图 2－17～图 2－20）。

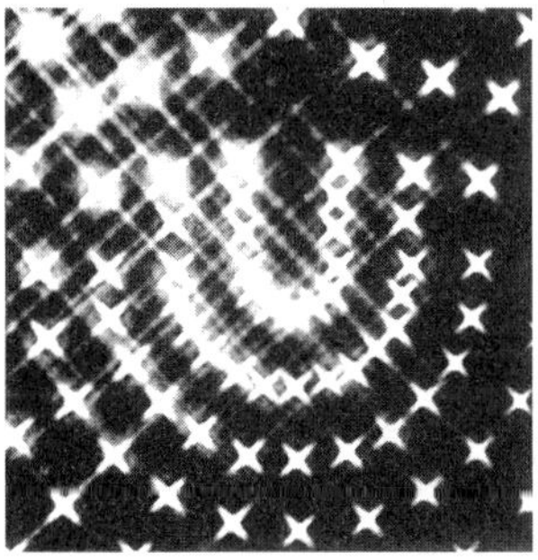

图 2－17 由十字滤镜构成的光的斑点效果（资料来源：《艺术・设计的平面构成》）。

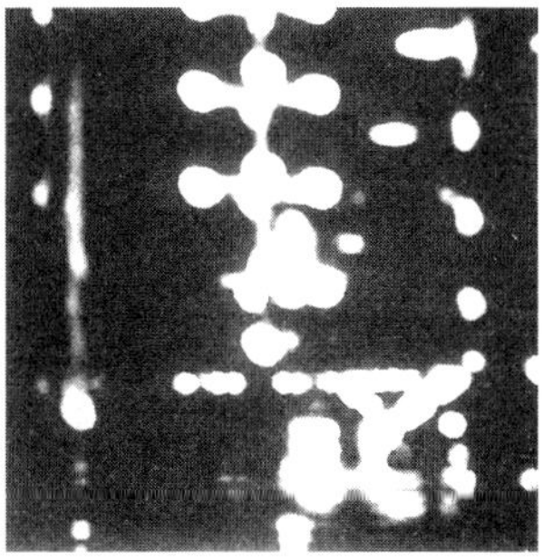

图 2－18 灯光的斑点效果（资料来源：《艺术・设计的平面构成》）。

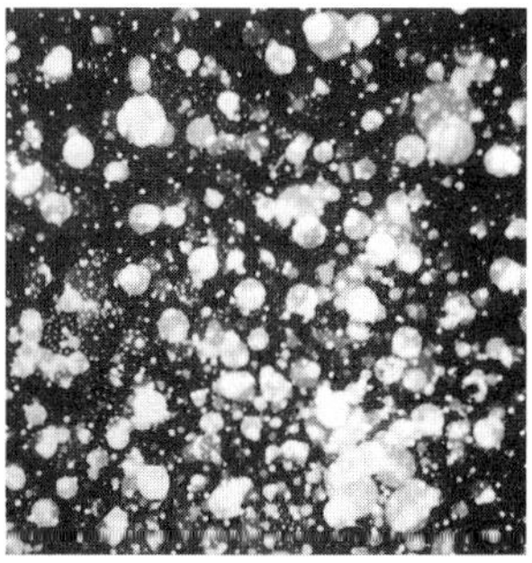

图 2－20 不规则光点的自由构成（资料来源：《艺术・设计的平面构成》）。

6. 点的趣味作用

点、线在版面设计中的地位与作用，一方面是由其实用功能所决定的；另一方面则在于突出的形式因素；尤其是点，在此方面尤为突出。点的趣味性有时就如同烹调中的调味品，一位技艺高超的烹饪师，必定善于掌握调味品的妙用，如果菜肴中少了某种调料品，那么这道菜的味道就要大打折扣。版面设计，若仅仅有面而缺少对点的运用，版面必然会出现枯燥乏味之感。当然，在此强调点的重要性，并不意味着所有的版面设计均一概不加区分地滥用点，而是应根据具体情况适当选用。这就像海鲜本身就足够鲜美了，若再加上很多味精，势必会适得其反、画蛇添足。点的趣味性主要表现在对点的形式感的把握上，点在版面中的形态可不界定为圆形，它可以各种各样的形态出现，诸如三角形、圆形、五角星形、六边形以及以单个字体的方式出现等等。任何形态只要在版面中具有一定点的体量因素皆可视作点并加以运用。

二、线

康定斯基认为："在几何学上，线是一个看不见的实体，它是点在移动中留下的轨迹。"(图 2－21、图 2－22)如果说点是静止的，那么线则是点运动的结果，它是由点的沉默走向爆发而形成的。线是由静到动的过程。线是版面设计的基本元素，它是点相对的结果，因而也是与点相比较的第二基本元素。线条形态的种种变化其真正的动力来源于由点变成线的外部力量，由于受力的不同，所出现的线条特征也不一样。如果某种来自外部的力量使点朝着一个方向运动，那么线条所产生的结果，必然按照直线方向运动，于是直线产生了。直线不同于点，点只有张力，而没有方向性。线则不然，线不但具有一定的张力，同时其内部还具有方向性，这种方向性体现出简洁形态运动的无限性。

通常直线表现为三种不同的形式，即：垂直线、水平线和对角斜线。从线形的视觉心理来看，水平线具有安静、平稳和冷峻

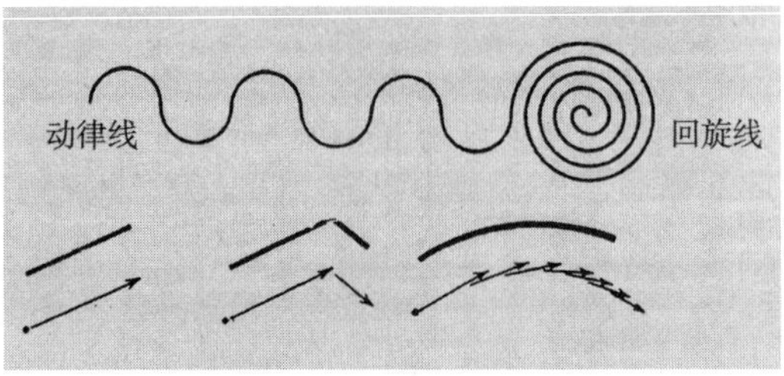

图 2－21 点移动成直线、曲线、曲折线的图例(资料来源：《商业设计入门》，何耀宗著)。

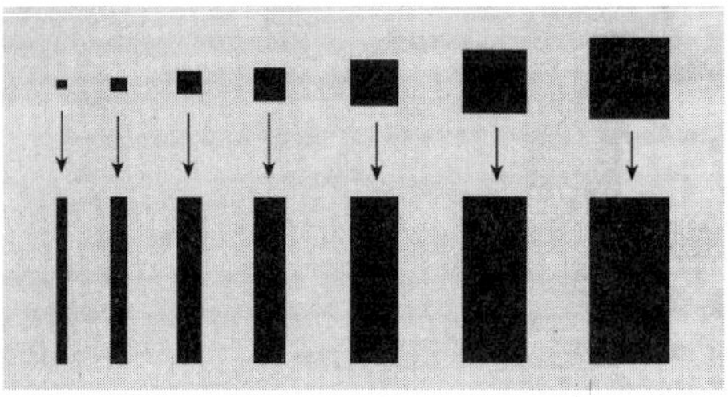

图 2－22 点移动成直线图例。

的特征。垂直线代表着庄严与神圣的心理感受,斜线则表现为动荡不安与热烈的象征,其它角度的直线都是以上述三种直线作为基础的变体。假设以水平线和垂直线相交并复制、旋转、移动,以此无限下去就会发现,随着线的密度加大,一个新的圆形面就会出现(图 2-23)。线的另外一种情况表现为任意性,设计中遇到的情形也大部分以此方式居多。任意直线在一个假定的平面上表现为多变性,它体现出一种力的不均衡,如果将这些线按照任意方向来交叉重叠的话,在一个平面上分为不可能穿过同一个中心或可能穿过同一个中心两种,即:离心与同心(图 2-24、图 2-25)。就离心来说,任意直线与版面的关系较为密切,活跃性强,似乎总想突破并离开版面;至于同心的任意直线却具有着相对的稳定性,尤其是水平、垂直和对角线方向的任意直线,其内在的张力只表现在版面上而并没有表示欲离开版面的倾向。无论同心的任意直线还是离心的任意直线,都有一个共同点,只表现运动而不表现静止。总之,在有限的版面中,只要随意的直线向外作无限延伸,其版面就可能表现为活跃的结构关系。线具有一定的视觉思维的象征属性,这种象征属性主要来自现实生活的视觉经验,就线本身来说并不具备这样的象征意义,它是人为的联想与人的行为体态相对应。从视觉经验来看,水平线的确具有"平躺"的特征,而垂直线似乎具有"站立"的特性,如果将这种属性扩展开去,与人的想像发生联系,那么,将会具有更广泛的象征性。如:斜线象征着人的行走、钟的摆臂,垂直线象征着力的承载,水平线象征着被动与挤压等。这种象征性在线型家族中仅仅是最基本的一个组成部分,而更复杂的部分则表现在由这三种基本线型综合成的千变万化的线的形态上。例如:当在一个受力点上,有一根直线的受力交替作用于这个点,其结果线型必然呈一定角度的锯齿形线。如果同样在一个受力点上,线的两端同时受力这根线必然呈弧状的曲形。图 2-26 所形成的锯齿形由于受力的角度不同,表现为三种主要角度:即 45°锐角、90°直角和 135°钝角。除此之外所形成的角度属于不规则的锐角和钝角,是对这三种角度的偏离,正是这种偏离才形成了丰富多彩的新形态,人们对此称之为任意角。与任意角相比,直角的形态固定、规范,但形的变化较少,两个直角形成 180 度的半圆,而四个角则可以形成一个圆。如果将其分开的边相接,便会形成一个最为规则的正方形。

构成锯齿形的两根线与任意直线相连时,锯齿形立刻由简单变为复杂,由于受力点的增多,加上线段的长短不同,最终形成了这类复杂的锯齿形(图 2-27)。当然如果由长度相等的线

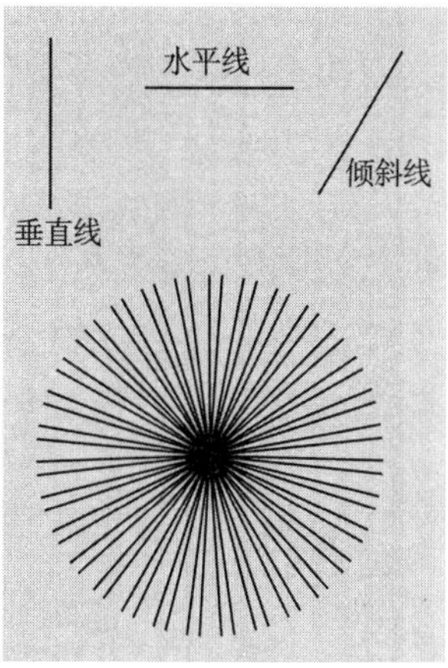

图 2-23 由线的密集围绕同心点所形成的圆形。

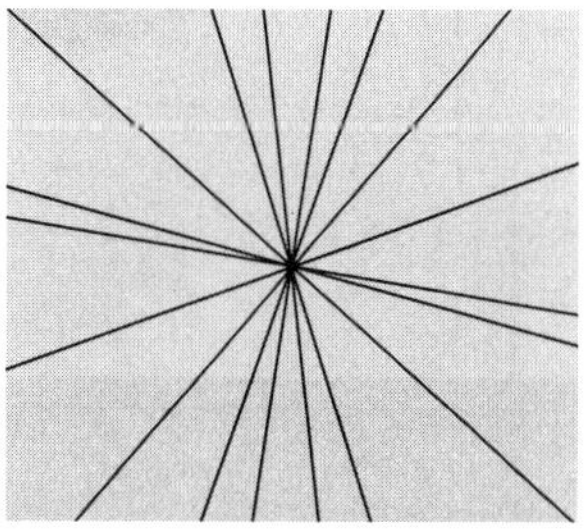
图 2-24 同心点的任意直线。

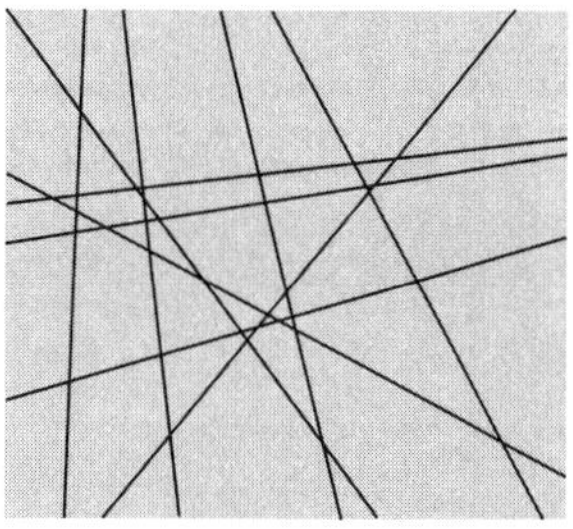
图 2-25 离心点的任意直线。

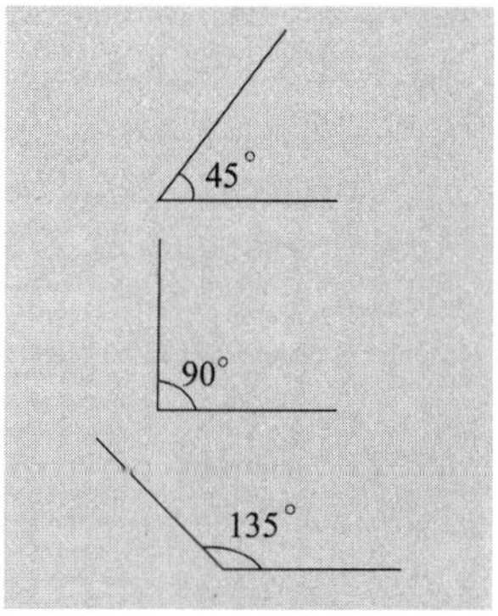

图 2-26

段组成的复合锯齿形，加上受力相等的支点，其形态必然是规则的。然而一个由有规则的形态过渡到不规则的形态，必然会受到两个方面的限制，即：角度和线段长度的制约。

上面所提到的曲线问题，实际上是同一种力对于线端不断施压的结果，如果将这种力持续下去，线端相交就会形成面，尤其最易形成圆形。由线形成的锐角、弧线和圆相互间的特性类似，不是外表的现象，而是其本身内在的特性所致。如钝角的特性，易于变成圆形。根据上述两种力同时加压的状态下，作用于直线两端的力使一条直线弯成曲线，必然会产生二种方式：即简单的曲线和复杂的曲线。

简单的曲线是由直线两端受力后两个端点相交的结果。曲线之所以是曲线，在于其内在的张力区别于直线的张力所致。直线具有两种基本张力，即：向前与向后。曲线的张力不仅具有这一特性，还具有其弧形反弹的张力，这种反弹的弧形张力必须压倒另外两种张力才能体现出它的存在(图 2-28)。曲线这种弹性明显的特征，使得直线与曲线变成了一对最基本的对立线，由直线演变成的锯齿线则成为这两种对立线之间的中间过渡线(图 2-29)。如果把线与面相比较的话，那么，直线否定圆面，直线内在的张力决定了它的两端永远不可能闭合成圆，而形成圆面的要素就是线的两端必须闭合。从这种意义上说，曲线是圆面的基本要素，曲线内在的张力不断向前，最终必然会导致起点和终点的会合，从而形成稳定的圆形。

直线可以产生面，这是毋庸置疑的，直线产生面的前提必须给直线一定的受力点，使线的方向发生变化。与弧线不同的是，只有两种以上的力才能使直线变成一个封闭的平面，只有这种新的平面图形产生时，线头两端的起点和终点才能连接闭合。直线和角线由于线的端头按相反的方向伸展，故此，类似于这种状况的直线永远不能形成面，由此看来直线只要条件允许，它可以形成三角形、方形，六边形以及不规则的多边形。作用于直线上的不同点由于受力的支点数量不同，受力的程度不同，故此，其方向也就不同。一根锯齿形的线由于其线段的长短不一，所形成的平面就会出现较为复杂的局面，此类图形千变万化没有穷尽。

复杂的曲线在形成方式上由于受力程度的不同，会出现千变万化的形态，但概括起来不外乎有以下这么几种情况。即：a. 有规律的几何学曲线；b. 任意曲线；c. 有规律的几何学曲线与任意曲线的组合。这三种曲线形式几乎涵盖了所有曲线的形式。下面让我们进一步探讨这三种线的形式。

1. 有规律的几何学曲线

图 2-27　任意折线所形成的锯齿形(资料来源：康定斯基)。

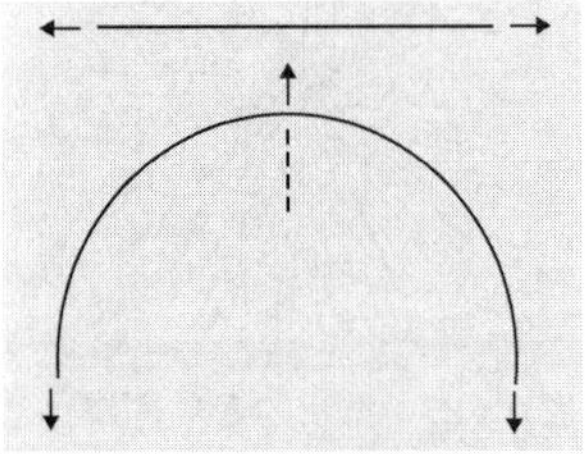

图 2-28　资料来源：康定斯基。

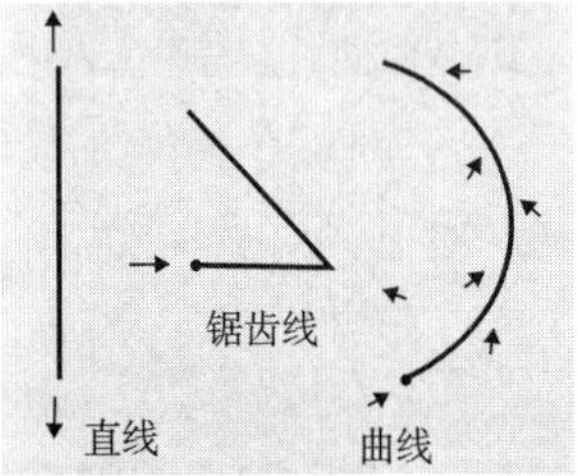

图 2-29　直线、锯齿线、曲线(资料来源：康定斯基)。

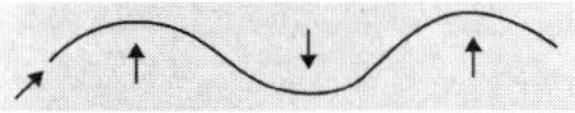

图 2-30　有规律的几何学曲线(资料来源：康定斯基)。

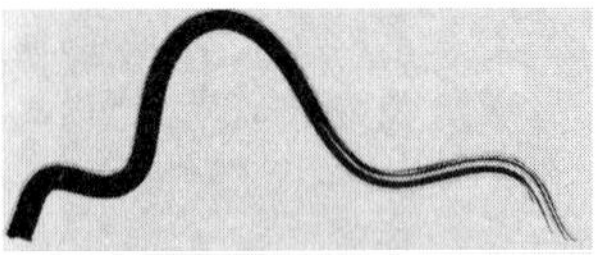

图 2-31　任意曲线。

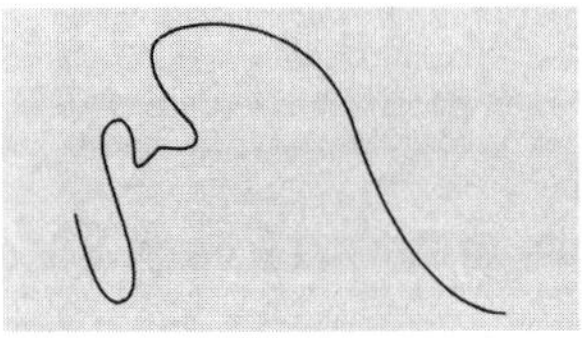

图 2-32　康定斯基的任意曲线。

实际上根据几何学有规律的求曲线的方法，通过圆心利用等距半径曲线将曲线交替重复倒置，并将线与线的端点相连接，可形成有规律的起伏变化的波状线。类似几何学曲线，在版面设计中能够体现版面的理性与秩序感(图 2－30)。

2. 任意曲线

任意曲线是在几何学曲线基础上的变形，由于两种力之间的激烈竞争，从而导致线形的变化。任意曲线形态的优美与否，往往决定着版面结构。并不是所有的曲线都具有美感，如果对于曲线的角度形态不作多次的反复修正以取得最佳的视觉效果，那么这根曲线将会显得杂乱(图 2－31、图 2－32)。

3. 有规律的几何学曲线与任意曲线的组合

这类曲线本质上与前两者没有多大的差别，只不过在使用的过程中将这二类线综合起来运用，以产生一定的对比关系。例如，当线的一端为几何学曲线时随着线体内在张力的驱动，所上升的线的前端逐渐开始变形，于是任意曲线便产生了(如图 2－33)。这种组合一般来说，有三种组合方式：

(1) 有规律的几何学线体的组合方式(图 2－30)；

(2) 几何学线体与任意曲线之间的组合方式(图 2－34)；

(3) 任意曲线之间的组合方式(图 2－33)。

所有曲线的形态除了内在的张力起作用外，每种线体的来源都离不开外力驱动，外力的强弱对线起着很大的支配作用。

上文所讨论的每一种线形不论是直线还是曲线，可以用数学计算来实现。做这样的工作应耐心，哪怕一个微小的距离都应以数的形式出现，只有这样才能使版面设计富有严谨的逻辑感。用数字来表现版面的线型轮廓和版面结构并非是现代的事，事实上，古代早已有之。现在强调的数学概念，主要在于现实的需要。版面设计的最终目的不是数学计算，而是视觉感受。线段哪怕计算得再精确，再有逻辑，如果不符合设计目的，理性的计算也必须让位于纯自然的流露。设计中经常遇到线的重复问题，每一种线在重复时，由于间距的不同常常导致版面形态发生变化。最常见的情形是直线等距离间隔的复制，这种重复给版面带来的效果较为庄重，其原理在于：一方面强调数量的积累，另一方面则强调其重要。如果过多的滥用则会给版面造成呆板的机械感，如图 2－35。如果将重复的线段按照一定间隔作倍数不等的变化，那么版面的结构则显得活泼丰富如图 2－36。这类重复，除了量的增加外，还会导致版面质的变化，并能使版面产生韵律感。

第三类的重复，表现为线段之间不等距离的多变性，它比第二类的重复更为复杂，从变化的特性来看，较为丰富。如果在使

图 2－33 任意曲线之间的组合方式。

图 2－34 等距半径 有规律的几何学曲线与任意曲线组合。

图 2－35

图 2－36

图 2－37

图 2 - 38　舞蹈。

图 2 - 39　用法国具有代表性建筑元素构成的埃菲尔铁塔形态，其底座为真实的埃菲尔铁塔局部。

图 2 - 40　南京长江大桥。

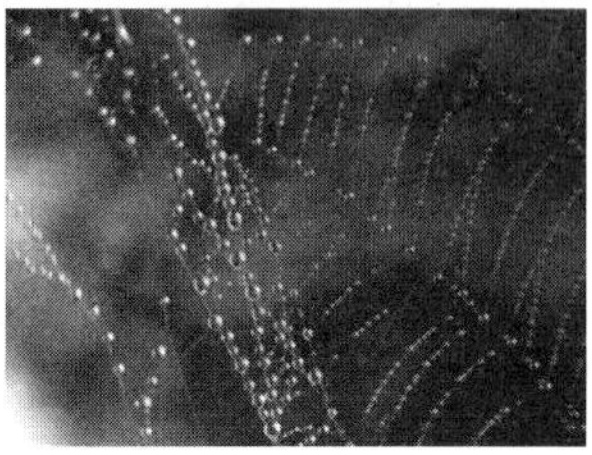

图 2 - 41　带露珠的蜘蛛网。

用过程中能够正确把握，可使版面灵活生动，相反，则会出现版面混乱的局面(图 2 - 37)。

曲线的运用中，复合曲线出现的频率较高，它具有某种柔软、温润的特性，无论量和质的增加与否均是如此，故此曲线常代表女性和抒情性。与之对立的直线、锯齿形则具有棱角分明、钢性坚硬的特点。这二种性质完全对立的线体，有时候可以混合使用，使之达到意想不到的戏剧性效果。

时间的长短体现在线的因素上要远远大于点，因为线的内在特性决定了它的自身属性。曲线反映时间的行程远远大于直线，如果按直线距离来划分的话，那么由于曲线蜿蜒起伏的距离，使之增加了线长，从而所延续的时间也就相应地加长。相对于水平直线与垂直线来说，即使它们的长度相等，由于内在的特性不同，看上去视觉心理相异，从而导致视觉长度也有所不同。对于线的运用和探索，在人为形态的艺术领域早已有着绝妙的体现。舞蹈艺术所要展现的是舞蹈本身的节律，运用直线和曲线去表现具有波动和节奏强烈的变化特征，舞蹈表演不仅要体现舞蹈者本身体形的曲线美，更要表现线形在运动中的韵律感(图 2 - 38)。

建筑艺术对于线的使用与版面设计对于线的要求极为近似，二者最大的区别在于二维与三维的关系，较为典型的实例为早期的埃菲尔铁塔。建造者对这一建筑最初的设想，是用一种现代材料和设计形式去体现工业革命的成果，因而决定运用线型表现，结合线结构体上的接点和铆点，达到三维空间上的点、线结构的统一(图 2 - 39)。南京长江大桥对于线型的运用也是一个非常典型的案例。长江大桥跨江主桥设计采用的是线型纯钢梁框架结构，分铁路和公路两层，框架部分与埃菲尔铁塔一样采用的也是点—线—点的焊铆连接。这两个实例所运用的线，不仅体现在平面思维上，更是存在于三维空间中，其原理与平面设计中线的特性一致(图 2 - 40)。

人工形态如此，自然形态也同样反映出这一普适性原理，设计师的任务就是要揭示这一现象中的规律。如：自然界中隐藏着哪些设计的基本元素？这些基本元素的性质如何？怎样使之组合运用等？这些需靠设计师来解决。具体来说，如植物生长的全部过程，从种子开始—发芽—生根是一个由点到线的运动过程；蜘蛛织网以其身体的中心开始(点)逐渐向外辐射，由线变成一张大网(线)(图 2 - 41)；足球比赛，运动员相互配合，以脚下球(点)开始传给同伴(线运动的过程)最终完成射门，是一个由点—线—点的过程(图 2 - 42)。由点到线的基本法则，无论是设计还是自然界其规律都一样，唯一的区别是，自然界的元素往往经由细胞(点),一直处于不显著的运动的状态到显著的运动状态,最终形成线。而设计的元素(点)却是从静止的状态下开始运动。

设计对线的运用,自从诞生的那天起,就一直离不开自然界的启发,它在版面中的作用似乎已变成了各元素间的纽带,它能使版面处于结构紧密的完形整体。少之,似乎元素间的血脉将被切断。有之,形与形之间洋溢着生命的活力。线在版面中的运用,有明线和暗线之分。线的好坏并不依据线形一定要凸现,而在于要形成合理的脉络。版面设计尤其是现代版面设计,因受现代工业的影响,线的作用与地位,似乎已变成了"能量输送管道或是发动机的电子传输线路",触一点动全局。线已变成了元素间的网络联结(图 2-43),明线似乎为能够看得见的"电子线路",而暗线仿佛是看不见的"无线波段",它们都具有着负载的输导功能。线在机械大工业时代连接着机器部件的相互传输、运转,轴承的滚动,齿轮的飞转磨合等功用。无线的线型功能体现在信息化产品上,电脑的发明、卫星传感技术的运用,昭示着版面设计进入了一个新的历史纪元。在电子产品的设计上,明线的运用不但普及广泛而且已使之上升到了一个新的高度,暗线的运用也同样引起了设计师的重视(图 2-44)。

下面就线的特性及其在版面中的具体运用,归纳如下:

A. 种类

从线的种类划分来看,不外乎分直线与曲线两大类,在此基础上细分下去则可以延伸出更多线的形态。

- 线
  - 直线
    - • 直线、平行直线、垂直线
    - • 折线、锯齿折线、不规则折线
  - 曲线
    - • 正交格子线、斜交格子线
    - • 曲线、弧线、漩涡线、正弦曲线、波形曲线、抛物线、双曲线、圆曲线、椭圆曲线、各种不规则曲线

图 2-42 足球比赛的站位目的,是为了控制球的线路运行方向,是点—线—点的过程。

图 2-43 在足球比赛中,线的作用与地位往往决定比赛的最终结果,它是"能量输送管线"。

图 2-44

图 2-48 锯齿线的重复。(图 2-48~图 2-51,选自《点· 线· 面》,(俄)瓦西里·康定斯基著)

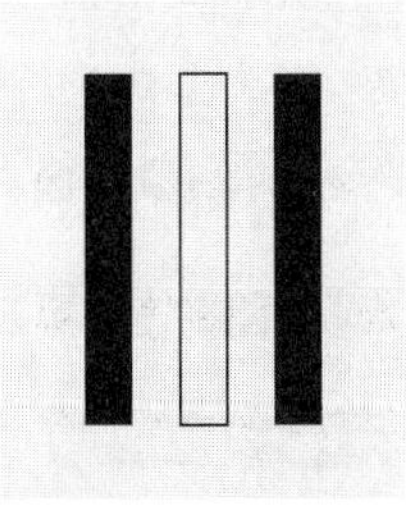

图 2-45 直线重复的间隔强调。

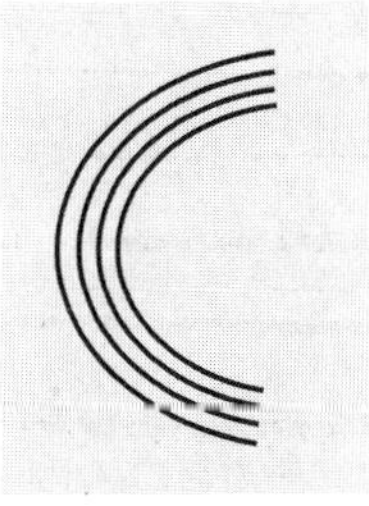

图 2-46 曲线的重复。

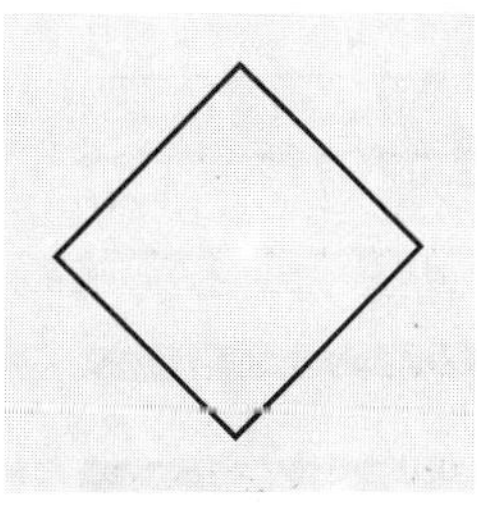

图 2-47 锯齿线相向地重复形成面。

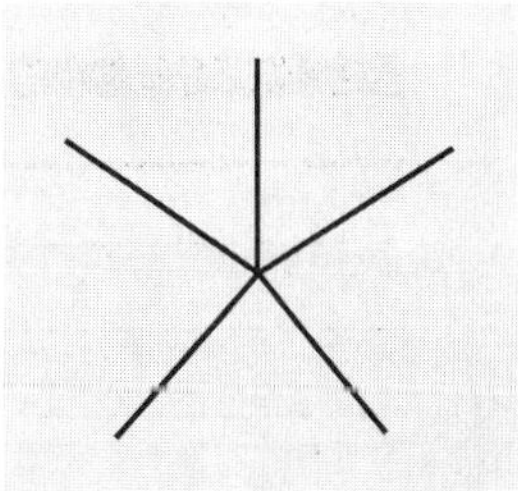

图 2-49 直线向心的有节奏的重复。

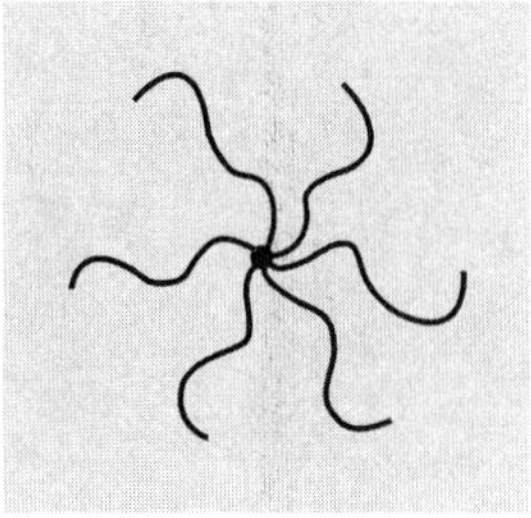

图 2－50　曲线向心的有节奏的重复。

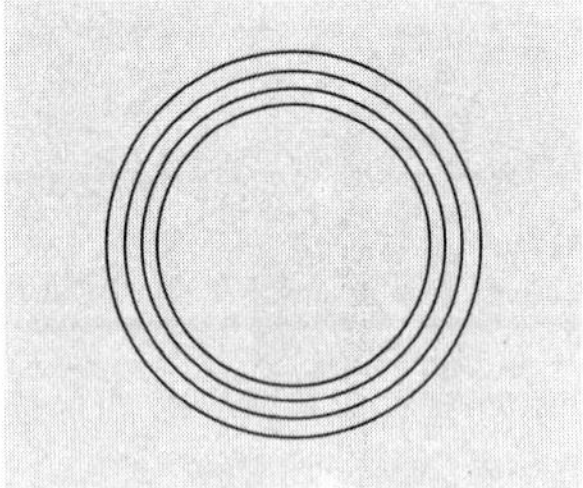

图 2－51　曲线的对称重复，复现一个平面图形。

前文就线的特性作了相应的分析与描述，在具体实践中，设计者还应根据不同的设计内容选择线形。如：科技类出版物，所选用的线形多为几何型，人文类设计多为富于人性化的随意性线形，这是一般的规律。设计的特点在于出奇制胜，标新立异，在功能完善的基础上达到新、奇、特的用线标准，不可一成不变的概念化。

B. 肌理

有形线是元素的物化过程，因此线的表现具有肌理特征。线的表现有多种多样，其主要因素在于制造线的工具，工具的不同所带来的视觉特性也不一样。从物理角度来看，线的肌理特性的确存在，这不光只存在于视觉心理中。例如：表面光滑的等粗线具有质地紧密、坚实的特性，俗称"铁线"，这类线在实际中用得最多，对于表现版面的秩序感与数理特征有着很好的视觉感受。然而用毛笔画出的线，表面肌理粗糙并有飞白出现，具有一定的随意性，而用木工线斗弹出的线则具有中间实外围虚的特点等。总之，用不同的材料画出的线具有不同的肌理特点。这些线的运用很难用统一的标准去界定它的适用范围，只能依据设计需要适时选择，虽然如此，这并非等于线的应用范围无规律可循，设计师在平日的设计活动中应善于总结(图 2－52)。

C. 隐形线

所谓隐形线指的是版面中所出现的文字或图形，运用不直接画线的方法将图形、文字采用断笔、扭曲等手法，使线条隐含在版面中以增加版面形态的丰富性。

D. 点化线

点有间隔的连续复制所形成的轨迹就是点化线。点化线在

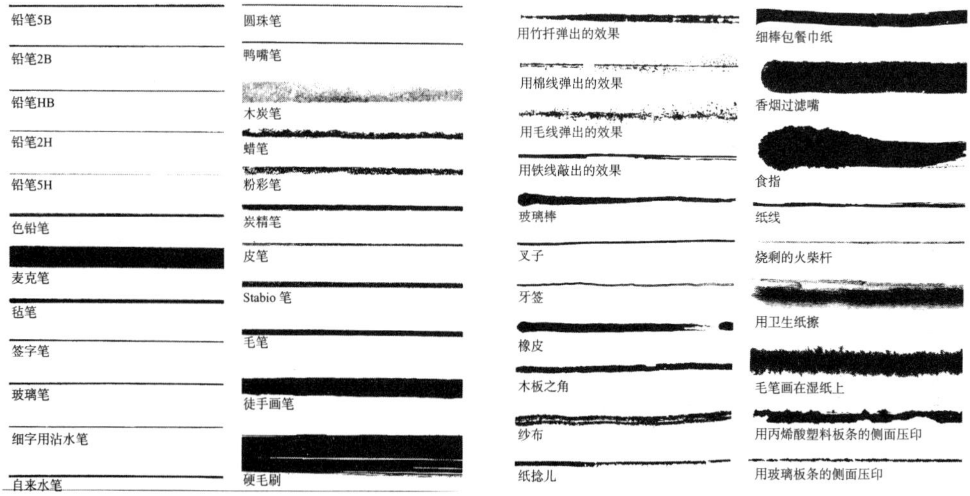

图 2－52　图片来源：朝仓直已。

设计中属于虚线。有时为了使线条富有层次和变化，需要使用这样的线条去增加版面内在的设计含量。点化线实际上与实线一样有直线和曲线之分，点化线常出现大小头变化，这样的变化可依据点的特性由大到小，或由小到大进行。实践中有人认为点化线可由文字组成，从这种意义出发，似乎所有版面上出现的文字、行、组都应算是点化线，这一认识显然合乎逻辑。然而，真正意义上的文字点化线常有所特指，并主要用于特殊目的文字点化线型。根据版面需要，可以通过路径将文字进行随图走形处理(图 2－53)。

E. 线的面化

线与线之间有间隔的密集处理能够导致线化了的面。这种大量密集使用线条的方法，会使形体形成层次丰富的灰色调子，进而形成空间(参见图 2－54～图 2－60，另见彩图 4)。

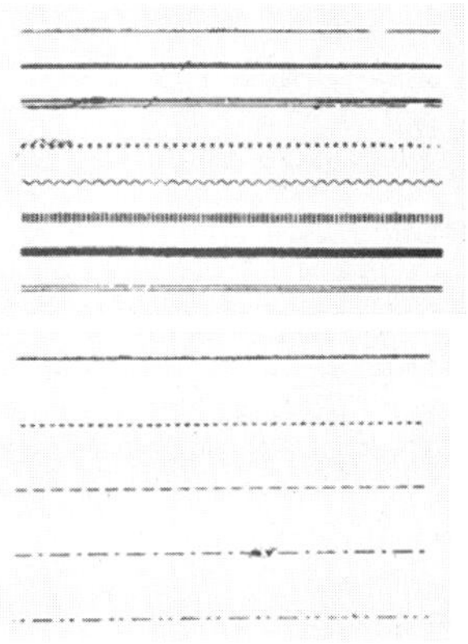

图 2－53 各种类型的点化线。

图 2－54 线的疏密组合构成空间错觉。

图 2－57 直线有规律的空间构成。

图 2－58 由直线密集形成的曲面。

图 2－55 曲线有规律的空间构成。

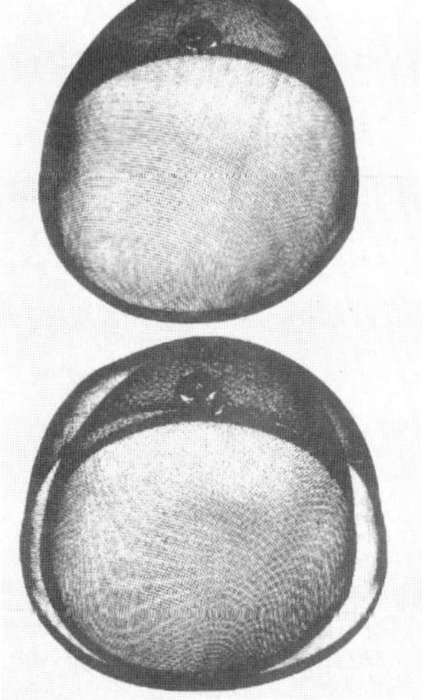

图 2－60 由金属网线构成的面罩。

图 2－59 线的起伏变化形成面。

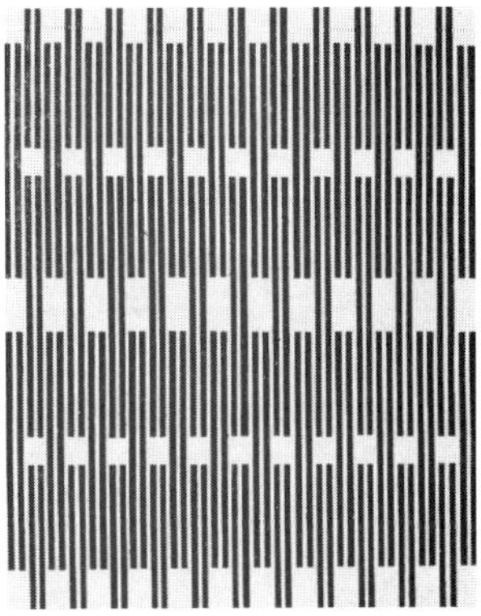

图 2－56 有规律的直线组合，若处理不好，容易造成僵硬感。

图 2 - 61

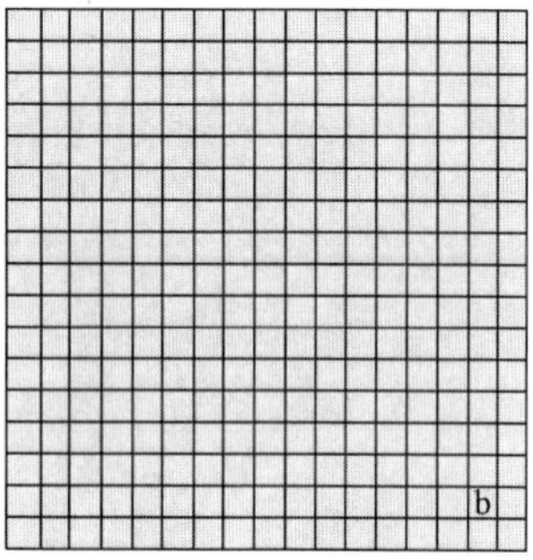

图 2 - 62

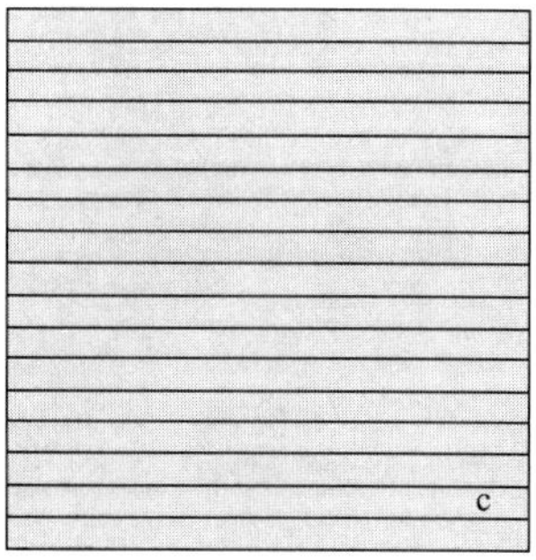

图 2 - 63

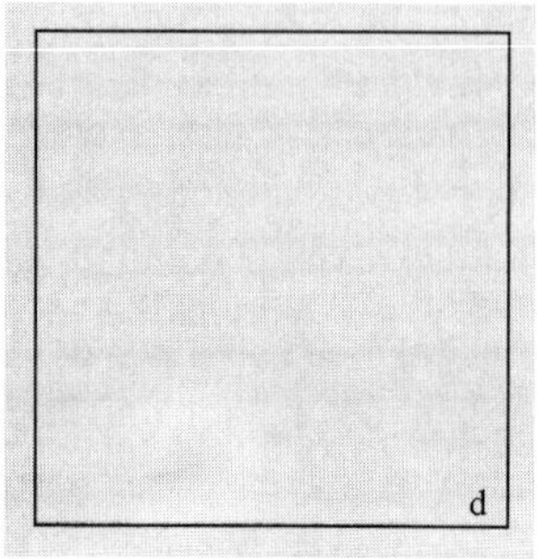

图 2 - 64

三、面

在二维空间中，由闭合的线围绕成的物质平面被称为面。通常所说的版面分别由两条水平与垂直线围合构成，并在这个框定的空间内独立绘制形态。根据面的这一特性，面最基本的特点变得逐渐清晰起来。两组线控制着版面的宽度和高度，决定着内在形态的性质，同时决定着构图的种类。最简洁的版面和最常用的版面形式均是方形，圆形、椭圆、三角形以及种类繁多的不规则形都是在此基础上派生形成的面。版面中每一个富有生命的形态都必然停留在某一个位置，或“上”或“下”或“左”或“右”。形态的本身乃是一个活的“生命”。这个生命具有两重含意，一方面，产生活的因素来自读者的心理联想，另一方面，其形态本身富含着生命，生命体必须通过设计师的培育，并懂得如何合理地将这一因素按一定的形式去容纳。这些得到认可的元素，若处理得好，将会使版面变成真正活的有机体。

版面中处于上部的图形，具有一种轻松感，一种飘忽的自由感，这两种特性决定了图形的性质。处于这一位置的图形，面积越小越接近顶部边缘，特性就越强。当组成面的单体颗粒处于微小且离的较开时，易引发形态的飘忽感。若这些微粒间距紧凑，密度加大，其稳定性将随之而增强。从这一特性出发，凡是较重的形，处于版面的上部时，其重心会随着分量的加重而变得自由轻松并会产生运动的视觉心理，张力易被消除。形态处于版面的下方，情况则相反。由于引力的作用，处于下方的面往往给人以下坠、沉重与束缚的感觉。越是靠近版面的下半部分，沉重感就变得越强，面的微粒间距越紧密，它便能够承受住更大更重的负荷。随着这些形态重量的加强，上升感也就变得越来越困难。若想使版面位置的这种特性趋于平衡，或者说变得模糊，必须通过相反、对比的手段才能达到。上部的形重一些，下部的形轻一些，使其张力朝着相反的方向运动，于是均衡产生了。

上述形态在版面中的这些规律，实际上在前面章节中的力场部分已涉及到。如处于版面左边的形态有轻松、愉快和开始之感；而处于版面右边的形态则有结束、压抑的心理体验，在此不再赘述。

至于圆形的面，最接近于无声安静的状态，在力的分布中，它永远是相等作用力的结果。

1. 面的含义

面的形成是由线的移动轨迹所产生的。自然状态下，面的形成归纳起来不外乎有以下几种情况：

(1) 由点的移动在平面中反复集合而成(参见图 2 - 61～图

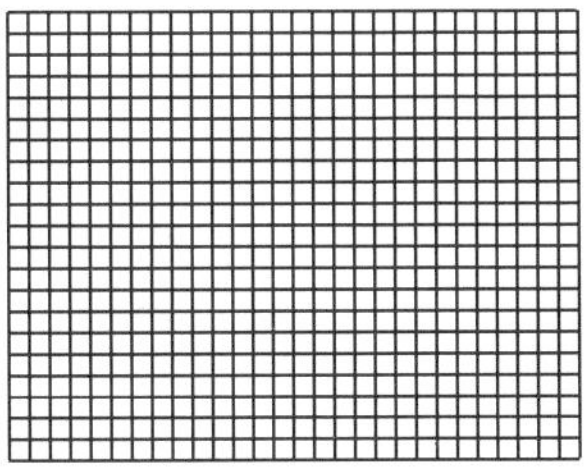

图 2-70 线的复制集合，纵横交错所形成的面。

图 2-71 轮廓线以内所表示的面。

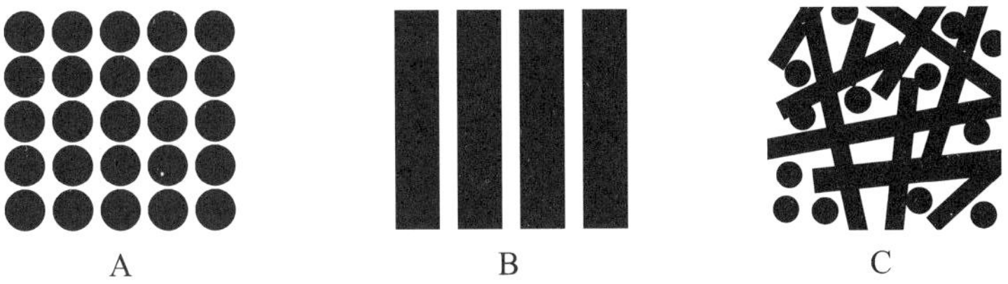

图 2-72 点的重复移动密集而形成的面(资料来源:《商业设计入门》)。

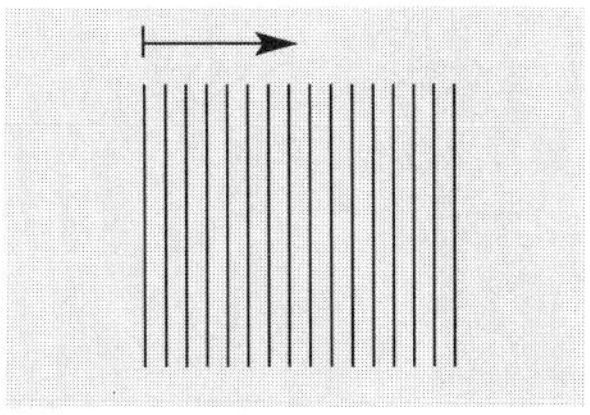

图 2-65 直线按同一方向的平行密集移动便形成了面。

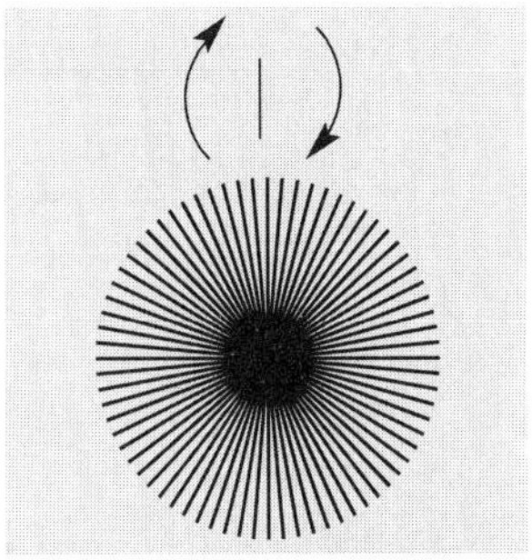

图 2-66 直线按照球体作环形旋转移动便形成了圆形面。

图 2-67 直线的倾斜密集移动便形成了菱形的面。

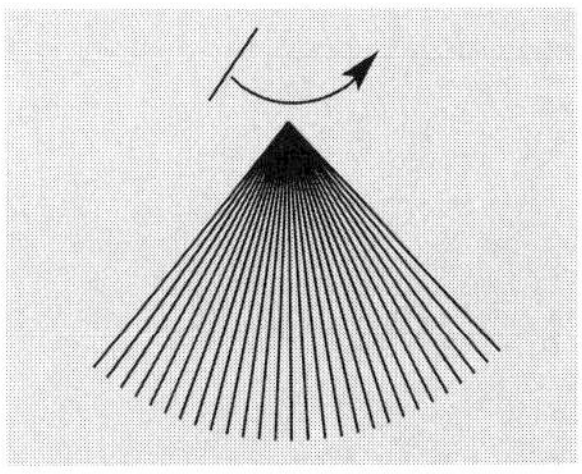

图 2-68 直线按照锥体作环状密集移动便形成了锥体面。

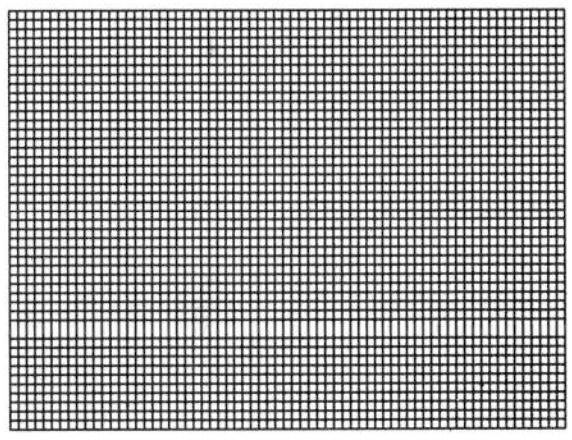

图 2-69 线的复制集合靠近所形成的面。

2-64)；

(2) 由密集复制的线在平面中集合靠近或纵横交错排列形成；

(3) 形态的立体转折界限或断面，横线或竖线移动而形成的轨迹；

(4) 由微小的点和细弱的线扩大而成，具有一定相对视觉疆域的面。

从上述对面的归纳情况来看，可以将面再分为积极与消极两大类：积极的面为点的扩大、线的移动、线的宽度增加(如图 2-65～图 2-68)；由点的密集、线的复制、集合靠近、线条环绕所形成的面则被称为消极的面(如图 2-69～图 2-72)。

点与线的密集或者扩大可以形成面，当它们形成面之后点或线的本身作用便会失去，代之将以集合而成的各类几何平面，或各式曲线的面，这部分面的界定被称为消极的面。

2. 面的切割

将完整的纯粹形态切断分割，使之产生另类的形态是版面设计中常用的手法，它可以使版面产生丰富的变化。实际上任何复杂的形体变化都离不开这一方法(如图 2-73～图 2-78)。

3. 面的分割

版面设计或是与版面相关的设计形式都离不开对面的分割，从早期荷兰的风格主义、俄国的构成主义以及德国的包豪斯为代表的现代设计，尤为重视对版面的形态分割。其中最具代表性的，如建筑学家勒·柯布希耶。科氏根据人体比例所创立

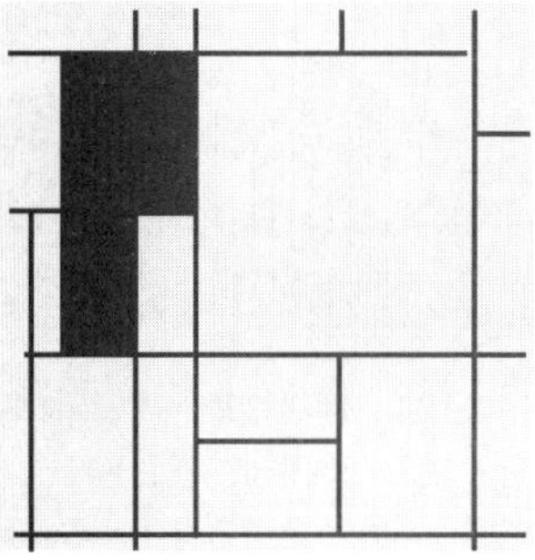

图 2-80 蒙德里安的版面分割。

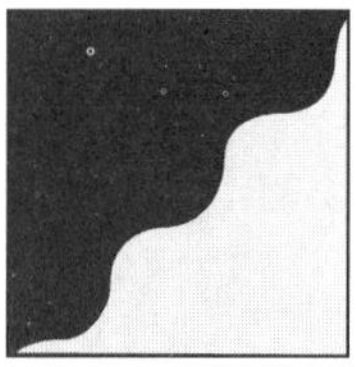

图 2-73 将正方形用曲线的方式，按对角线的方向切割成具有动感的波状面。

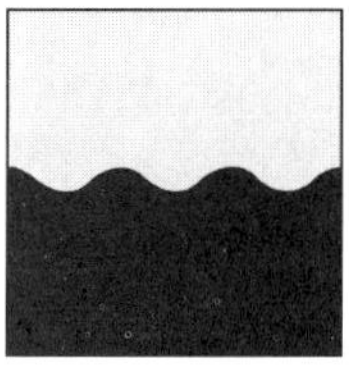

图 2-74 将正方形用曲线的方式，按水平面方向切割成具有动感的波状面。

图 2-75 将正方形用直线的方式切割成三角形的面。

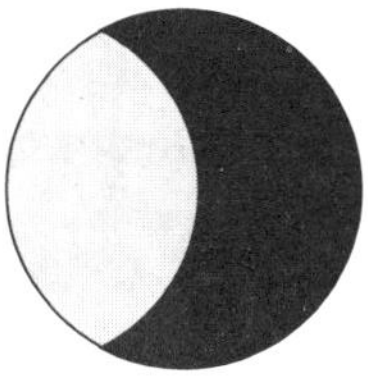

图 2-76 将正圆用弧形的方式切割成半圆形的面。

图 2-77 将正圆用波形线按水平方向切割成波状动感的面。

图 2-78 将正圆切割成正三角形面。

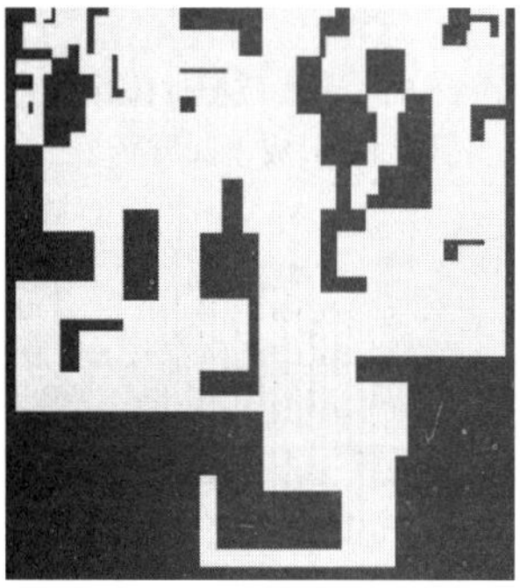

图 2-81 不同比例面的组合。

的模数体系，是面的分割原理最具代表性的体现(图 2-79)。日常生活中人们所接触到的出版物，诸如：书籍杂志、样本宣传、广告、网页界面等无不以面的分割形式出现。荷兰风格主义奠基人之一的蒙德里安(P. Mondrian，1872—1944)是典型的用纵、横直线相交分割画面的抽象派画家，其画面分割以几何数学原理为依据，用严格的数学推理来分割画面，并以单纯的三原色和相应的黑、白、灰分置版面，使面的分割，达到了很高的艺术境界，某种程度上，其分割版面的设计原理影响了世界工业设计的发展思路(图 2-80)。

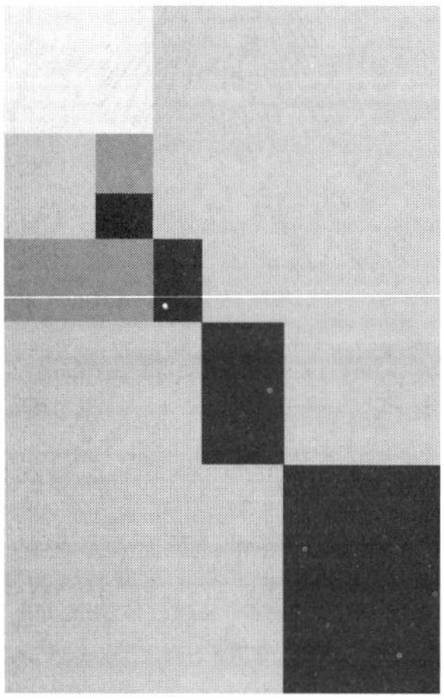

图 2-82 有规律的面的组合。

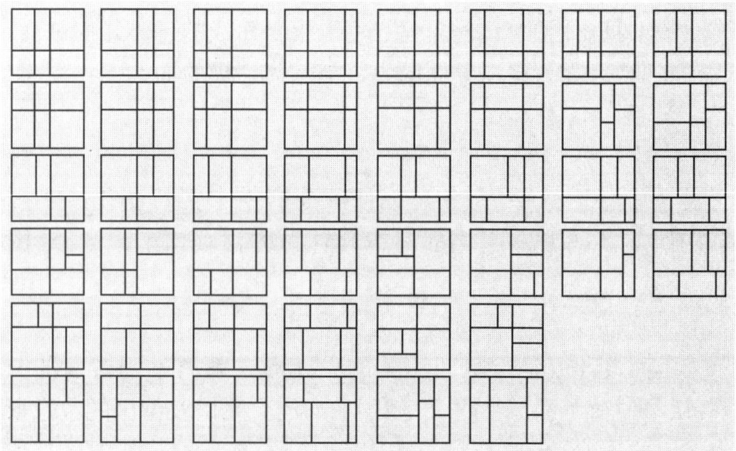

图 2-79 勒·柯布希耶用模数原理分割 44 个普通长方形。

4. 面的组合

版面分割总是以有规则地配置图块得以体现,图块(面)组合的好坏直接影响版面的最终效果。设计中常常应用组合的方式,以同形单位作相应的移动,并在此基础上运用回转、变形等手段进行复合构成组合版面(参见图 2-81～图 2-83)。

图 2-83 有规律的不同形态面的组合。

5. 面的图与底

前文中已详述了图与底的关系,在此不再赘述,但作为对一个问题的进一步讨论,有必要补充三点。首先,图与底的关系是相对的,它的转换常常取决于面的强弱和色彩的对比度,对比处在等形等量时,色彩起着关键的作用。视觉对于色彩饱和度有着特别的敏感性,越是高彩度、高饱和度的面,越易于引起目光的重视。色彩高度饱和的面在图与底的关系中更易于凸现出来。其次,组成图形的点状密度具有重要作用,深色且密度大,由点组成的面具有引起视觉注意的特性。第三,人的视觉在处理图与底的关系时,总是首先寻找日常生活中最熟悉的形态。若正形为人物,背景为花坛,人们最先关注的是人物而不是花坛。图与底的关系,在一般人看来是一个很简单的问题,但实际上却包含许多复杂的美学原理。人的视觉不是孤立的,它受到周围环境事物的影响,若要认识某一形象,必然会依靠"地"的关系而存在。这种关系是相互的,各以对方的存在作为自己存在的前提。它是以一方的"面"引起另一方"面"视觉反映的有趣现象,现实自然形态中这种绝对的现象几乎看不到(请参见第一章)。

第二节 字 体

一、字体的功能

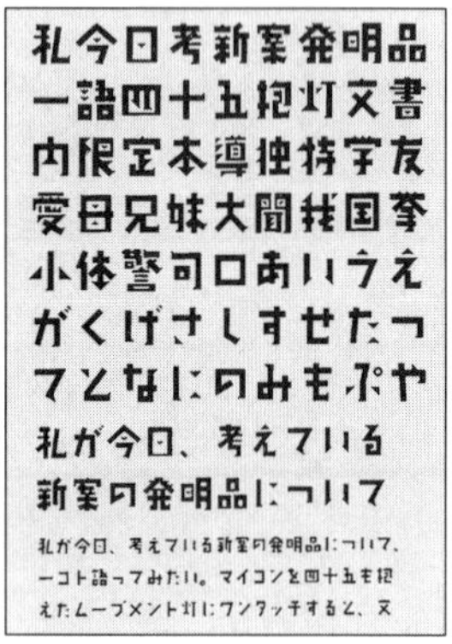

图 2-84

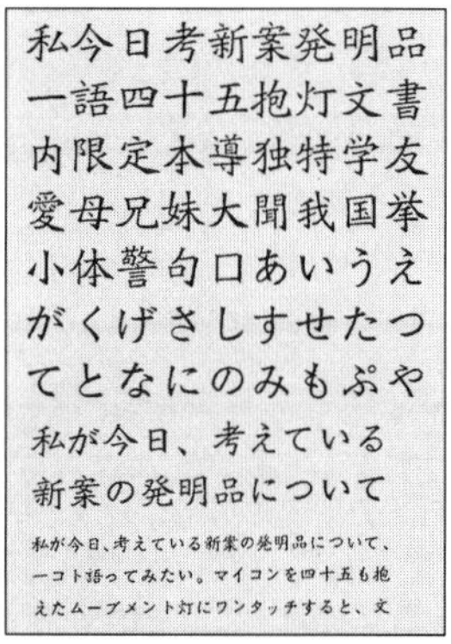

图 2-85

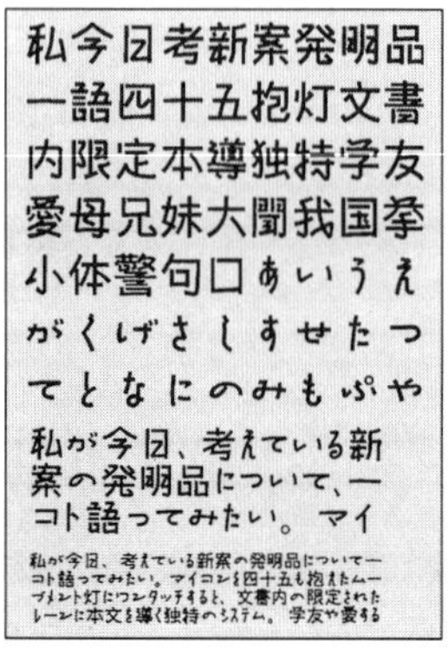

图 2-86

整个人类文字的发展历史就是一部文明发展史，文字承担着与文明相关的一切活动，其每一历史发展时期都印记着人类文明的足迹。在平面设计领域，版面编排究其形成的根源来说，就是与文字相关的一切元素之间的设计活动。

字体指的是文字的形态，它的优劣直接影响并制约着平面设计的发展。从世界范围来看，一个国家平面设计水平的高低，很大程度上取决于字体的设计水平。可以毫不夸张地说，当今没有哪一个国家因字体设计水平低下，平面设计是先进的。相反，字体设计水平高的国家，其设计在国际舞台上必定有着相应的地位。就编排而言，若指之承担起传播信息的作用，它好似建筑中起着基础性围合作用的砖、石；若指美化作用，好似环境设计中的装饰材料，其笔画与风格直接影响着版面的最终效果。

对于一个民族来说，字体设计水平的高低与工业化程度有关，与工业化发展速度有关。它存在与否，必然受工业化下的市场竞争制约。单纯的字体设计是不存在的，字体设计发展的每一步每一个阶段都直接服务于市场，大工业化下的市场能准确反映字体设计业的供需关系。毫不夸张地说，在市场经济时代，字体设计是衡量该国设计市场发育是否完善的一个标尺杆。从现代设计发展的历史进程来看，无论是早期的风格主义、构成主义还是德国的包豪斯，每一阶段、每一过程，都印记下了字体设计发展的历史足迹，对平面设计产生过的巨大影响。

二、字体的时代性

字的形态是一个时代全部精神文化的缩影，它反映了该时代人们的社会生产力水平与整体审美意识，如此这般评价字体的地位本质上并不过分。从人类文明的发展历程来看，早期苏美尔人的楔形文字、埃及的象形文字以及中国的甲骨文，无不反映了当时的生产力发展水平，单从中国古文字发展的阶段性来考证也无例外。当西方进入资本主义之后，字体反映生产力水平的特征尤为明显。如果把 19 世纪上半叶的字体与下半叶的字体相比较的话，其形态已发生了相当显著的变化。进一步比较，若把 19 世纪下半叶的商品包装、书籍设计与 20 世纪上半叶相对照，两者之间所形成的时代差异更是泾渭分明，其重要因素便是字体。

中国的平面设计业在现代平面设计史上还是一个发展中国家。外强入侵和本身社会体制的缺陷，使古老的中华民族至今还没有形成自己特有的完整的现代设计体系，这是中华民族现代设计事业的不幸。即便这样，如果把中国早期 20 世纪 20—30 年代的商品包装与今天的设计作一个类比的话，将会发现，字体的形态已明显地发生了变化，并深深地打上了时代的烙印。

日本是当今世界的经济强国，其设计整体水平在全世界虽算不上一流，但也算得上是发达国家。日本设计最大的优点在于向他国学习（古代学中国，现代学西方），在于日本设计师勤奋的工作态度，从而造就了日本字体设计整体上的时代先进性。

汉字设计与拉丁文相比，其形体构造要复杂得多。拉丁文只有 26 个字母，只要将这 26 个字母设计好了便诞生了一套新字体。而汉字只能逐字逐划地单独设计，汉字的构造特点决定了它不可能像拉丁文那样每年推出成千上万的新字体。然而，日本设计师在日文设计方面功绩显著（参见图 2 - 84～图 2 - 87），日本人的市场竞争意识，使日本设计界每年都能设计出大量的新型印刷字体投放市场，使日本的产品包装、出版、广告等相关产业在世界上具有强大的竞争力，无疑，字体设计起了相当大的促进作用。反观我国的字体设计，无论是资金投入，还是重视程度上都远逊于日本。如果说资金投入少的话，只要有关部门引起重视就可以立竿见影地得到改变，但作为设计水平的提升并非一朝一夕、一触而蹴之事，它是一项长期的事业，有一个逐步渐进的过程（参见图 2 - 88～图 2 - 99）。目前，从国内设计界的种种迹象来看，由于电脑的普及，创新字体的设计整体水平在下降，除了清华美院等少数设计院校还在孤守阵地外，大部分院校已不重视字体课（至少这门课开了之后，没有多少人感兴趣），这种现象对平面设计业来说是一个很危险的信号。自改革

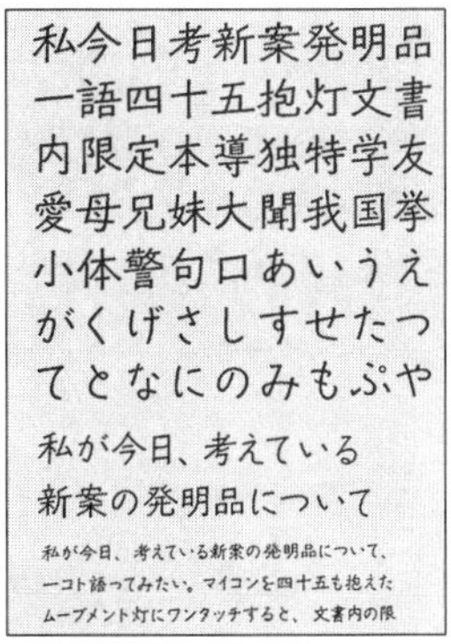

图 2 - 87

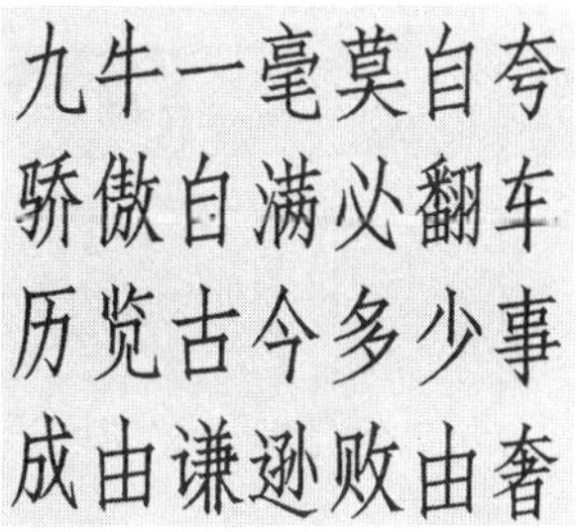

图 2 - 88

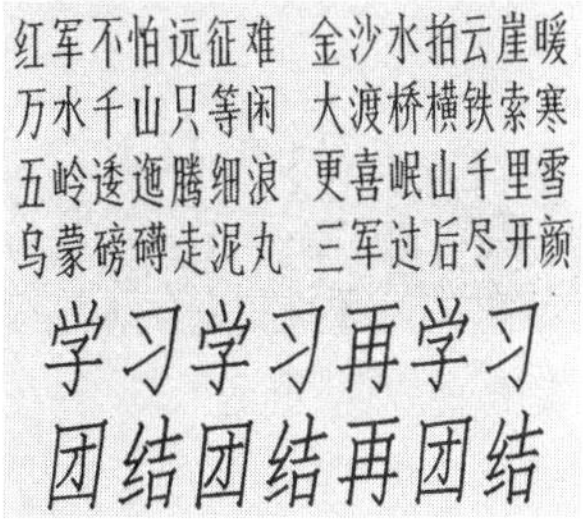

图 2 - 89

图 2 - 90

图 2 - 91

图 2 - 92

图 2-93　标准黑体

开放以来，虽然我国的一些电脑软件公司也开发了一些新字体，但数量少得很，它严重制约了中国设计事业的发展，要想使中国的设计水平真正能赶上世界发达国家，新字体的推出是一个重要因素，每年只有在各级设计部门，都能推出大量的新型印刷字体的状况下，中国的平面设计事业才能真正适应时代的竞争要求。

三、字体的种类

拉丁文的造字结构简单、抽象，便于设计出新型字体，这就决定了汉字在造字速度上永远与拉丁文无可比性。欧美有条件的出书人甚至对某一重点书就能专门设计一套字体，这种情况用于汉字完全是不可能做到的，只有像《毛泽东选集》那样的特殊时代下的特例书才有这样的可能性。

图 2-94　老宋体

从目前我国的汉字字库中所拥有的汉字种类来看，大体可分为有装饰脚、无装饰脚以及装饰性字体三大系列。其它的字体均为在此基础上发展起来的变种字体，常用数量约有一百多种，现将几个最常用的字体分别举例。

1. 宋体

这种起源于宋代、成熟于明代的字体称为明体字，又称老宋。宋体的形成与发展直到最后的完善，经历了数百乃至上千年的历史。它是在刻书的基础上发展而来的古典字体。宋体字发展到今天已形成了一个庞大的家族。如书宋（宋一体、宋二体）、大宋、粗宋、细宋、仿宋等等，其中还分为繁体、简体等，以及大陆内地版、港台版以及日本版等等。宋体字无论怎样变化，它的基本特征是字形方正、结构紧凑、笔画带有装饰脚，横细竖粗、对比鲜明。

图 2-95　仿宋体

老宋体：老宋体在排版中主要用于大标题或二级标题。由于老宋体笔画对比反差较大，作为正文易使小号的字引起笔画的墨色混合、字迹不清，故此，老宋体仅适合作标题或大字号的正文。

书宋：这类宋体字在笔画的粗细对比上弱于上一级，字体形态均称，阅读效果佳，是书籍正文最常用的排版字体。书宋是一种中性字体，它适用于任何一种出版物，无论是商品包装、产品说明书，还是书卷气浓厚的古典文学均可使用。

图 2-96　长宋体

仿宋体：仿宋体最初的形成，是通过模仿宋版书的字体而得名。仿宋体的字形特征是：字形偏长、笔画粗细大致相同，没有宋体字那样的粗细对比明确的特征，由于仿宋体字形优美、挺拔，具有一定的抒情韵味，因此，出版界常使用该字体作为诗歌、散文、短文的常用类型。此外，仿宋体还多用于版面中的序、跋、注释、图片说明以及小标题等。由于仿宋体在长时间的阅读效果上不如普通宋体节省视力，易造成视觉疲劳，故此，它不适宜作为长篇文字的正文使用。

长宋体：与其它宋体字相比，长宋体的开发，很大程度上用于广告宣传、包装设计等商业目的。长宋体在企业小册子中的使用，主要是为了突出版面文字的宣传力度，如标题、重点介绍等。长宋体在书籍中不常使用，即使使用也主要出现在小标题上，正文中除了引言和强调语句外，几乎难觅其踪迹，并非该种字体本身有多少弊病，而是人们的阅读习惯所致。如果整本书都使用长宋字体，最终必将导致视觉舒适度的降低。

图 2 - 97　粗宋体

楷体：楷体最初来源于书法楷书，印刷楷体通过对楷书笔画的规范整合，形成了这种非常实用的字体。印刷用楷体的运笔方法与手写楷体很接近，只不过印刷楷体比书法楷体更加规范。楷体的笔画圆润柔和，字形容易辨认，因此，它常用于低幼儿读物、小学课本。此外楷体还有字形偏小，笔画和间架不够方正整齐的特点，书籍的长篇正文不适宜用此字体，而大多数读物也仅将之用作短文和分级标题使用。

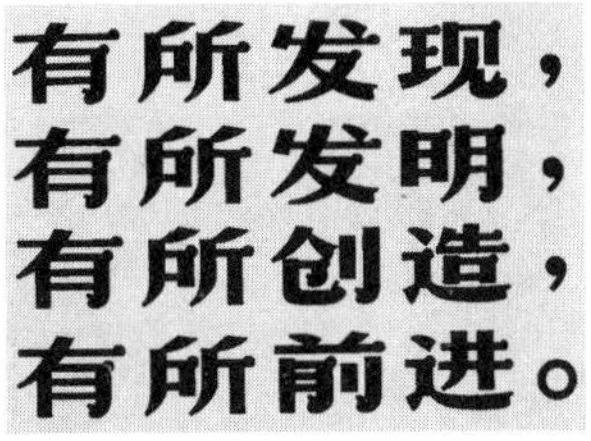

图 2 - 98　扁宋变体

2. 黑体

与宋体相比，黑体的历史要短得多，但黑体家族同样是一个庞大的大家庭。黑体种类繁多，约有粗黑、大黑、中黑、细黑以及中等线体、细等线体等。版本同样分大陆内地版、港台版等，每个版本笔画的写法均有自己的个性。黑体的特点是笔画方正，与宋体相比，其横、竖笔画在视觉上不但粗细一致，而且点、撇、捺、挑、勾也都为方头形。由于没有装饰脚，黑体看上去更显得庄重有力、朴素大方。在使用范围上，粗黑体由于笔画粗壮，它的使用范围仅局限于文章的大标题、广告宣传以及企业名称等。由于黑体的黑度太高，阅读时易损目力，且小字不易印刷清晰，故此黑体尤其是粗黑体不适合作为正文排版，但常用于文章的分级标题，或文章中的某一段重点短文。

图 2 - 99　长宋变体。资料来源：《美术字》，余秉楠编绘。

等线体：等线体是一种笔画纤细、体态秀美的字体。它是黑体的一个分支。由于等线体字形理性，习惯上人们很少将之用于文学类的正文，而在科学、设计、自然等书籍中则经常使用。等线体用于理工类书，看上去显得理性与现代，与书的气质相一致。

综艺体：这种起源于港台的字体，在字的形态上更加方正，笔画多以直线的形式出现。综艺体具有强烈的商业性，用于版面的编排仅限于产品说明书、产品包装、广告宣传等。由于该字形黑度大，缩小后易造成笔画的混淆，故此不适合大面积使用，即便局部使用，也会造成版面商业气浓厚的特征。

圆头体：将此字体归为黑体系列，其实一点都不过分，因为除了笔画的两端为圆形外，其它部分并未产生明显的结构变化，与黑体相比字形略大。圆头体现已形成一个较大的字体系列，从粗圆体到细圆体各级都有，使用范围也不仅仅局限于某一类特定的商品，适用宽容度大。除了文史类的正文排版不适用该体之外，其它出版物均可使用，尤其是工程类书籍以及产品包装更是如此。

图 2 - 101

图 2 - 102

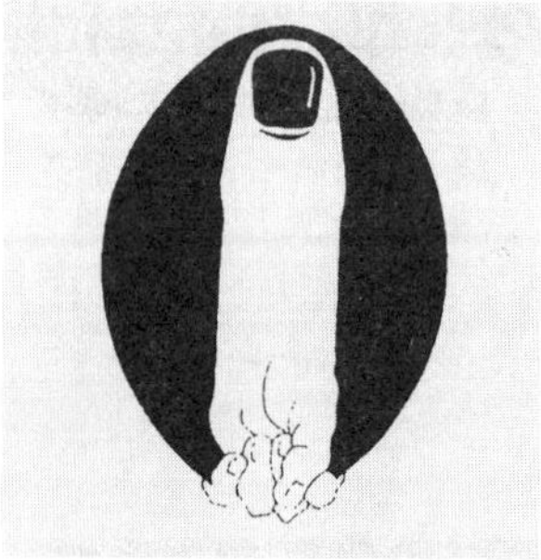

图 2 - 103

图 2 - 104

图 2 - 100

琥珀体:类似于琥珀体之类的印刷体,似乎只能在商业宣传中使用,除部分儿童读物用之装饰大标题外,几乎很难在学术书籍中找到这种字体的使用踪迹。琥珀体笔画粗壮,黑度浓烈且笔画易叠加,用白色边框线隔开可以避免字体混为一团,日常生活中有些店主将此字体用于餐饮商店的招牌以博取良好的视觉效果。儿童食品包装也常使用琥珀体作为产品的名称,用于此,可使得字体定位准确、认知度高。由于琥珀体字形丰厚夸张,转角圆润,给人以亲近之感,故此很受消费者欢迎。

上述对于字体种类的介绍,仅限于几种较常使用的范例,除此之外其它种类的字体在使用频率上相对要少一些,如火柴体、雪峰体、水滴体等新型字体。对于字体种类的使用,要有一个准确的定位,应本着不同的设计对象使用不同的字体原则,这样才有利于对版面创意的把握。从字体使用的范围来看,虽然版面上并没有确切的人为规定,但随着时间的推移,这些新字体在使用过程中,逐渐被人们接受并形成了一种自然使用规律,在人们头脑中最终定格于某种固定格式,这就是字体的定位。设计师自身水平的体现必须具备二点:一是要有创新意识,其次要有准确把握市场的能力。创新与遵循市场规律往往是一对矛盾,也是一个难点,如何解决这一矛盾,那将是设计师真正值得思考的地方,字体使用只是一个因素,仅仅是其中的一个要素,很多固定的规律不能被随意打破,如果谁要违背这一规律,那就要先做市场调查,问问市场答不答应,倘若不去做这样的市场调查和市场预测,倒头来必然会造成经济损失。试想如果一本《红楼梦》的版面设计,若使用自由版面设计的手法,再加上琥珀体作为正文,可否?(参见图 2-93～图 2-100)

图 2-105

图 2-106 资料来源:《汉字装饰》,潘鲁生编著。

图 2-107 资料来源:《汉字装饰》,潘鲁生编著。

图 2-108 资料来源:《汉字装饰》,潘鲁生编著。

四、字号、行距

不同种类的书有着不同的字号规格。字号的使用没有特别的规定,一切皆根据出版物的需要来安排字号的大小。通常词典、字典等工具书的字号相对来说较小,一般为 5p—7p,低幼儿读物的字号必须放大至 18p 以上,32 开本小说的字号则为 12p,报纸、杂志的字号多为 7p。字号大小的确定,主要依据读者对象和出版物的性质来决定。市场上也有个别的小说,整本书的字号巨大,约为 20p。此类用于特殊目的的书虽不常见,但只要设计得好,读者认可,有条件的设计师应多做些这样的尝试。当然,盲目改变出版物字号的做法,不但会增加成本,而且还会造成比例失调。如何把握好这个尺度,对字号的选定至关重要。

行距指的是:版面中行与行之间文字的空白距离,它与字

图 2－109　资料来源:《包装与设计》,2000 年增刊。

图 2－110　资料来源:《包装与设计》,2000 年增刊。

图 2－111　资料来源:《包装与设计》,2000 年增刊。

图 2－112　资料来源:《包装与设计》,2000 年增刊。

图 2－113　资料来源:《包装与设计》,2000 年增刊。

号、开本大小有着密切的联系。行距的宽窄不但关系到版面的美观,而且还会直接影响到阅读的流畅。恰当的行距不仅可增加美感,且能阅读畅快。字行长,行距必须加宽,否则容易窜行。字号大,行距更要加宽,不然会造成目力减弱,产生厌烦的阅读心理。宁可加宽行距,缩小字号也比占同样面积的字号大、行距窄的编排效果要好。当然,行距的宽度不可随意增加,若这样,会造成纸张的浪费,且会使文字不能很好地形成连片块状形态,从而影响美观。合理的行距(宋体与黑体)一般为一个字距,1/2 字距,或 3/4 字距,若超过此数值范围,对阅读必会产生一定的心理影响。特例字体或字体的变形,行距的确定应根据实际情况酌情处理。此外,行距的确定同样会左右版面的层次感。

虽然形成版面层次的因素复杂,然而,各种字体的差异以及字号、行距的不同会给版面带来层次上的变化。如果版面中有正文、注释、主标题、分标题等不同的字体、字号,加上行距因素,必然会形成不同的灰度,由此产生的层次感将为版面带来丰富的变化。(参见图 7－44～图 7－58)

五、字行的起落与变化

单个文字组成行,行组成段落,段落的起伏形成版面的节奏变化。早在欧洲古典版面设计时期,对于字行的起落变化,欧洲人早已做了许多研究。如:把文中首写字母变成大字并装饰复杂的图案,其目的在于体现文章起始的重要性,丰富版面的形式感。这种设计方式直到今天有些设计师仍经常使用,只不过开头大写的字母不再用图案装饰罢了。字行的起落与变化在编排中占有重要的位置,文章的思想内容和主人公思绪在各个阶段的心理变化,如果仅仅通过普通的排版方式则很难表现出来。现代版面设计讲究版面元素的拟态化,文章中某种含意的表达,常需通过相应的方式形象地表现出来的。这种变化在散文、诗歌中最为明显,设计师在理解文章的基础上,可以通过相关的形式,运用字行的起落,形象地表达文章的思想内容,把抽象的字行变成活的仿佛会说话的人、运动的车轮、静止的建筑,以及弯弯曲曲的小路等具体生动的形象,这种具体形象的产生离不开读者的联想。此类变化一般用聚散、缩格、重点强调以及行组中部分字符的变化来实现。纯文字行组形式的变化,其目的在于增加版面的美感,从而吸引读者的注意力,并帮助读者产生丰富的想像。

大部分出版物的字行无须有过多的变化,变得越多,版面越不稳定。“变”是在固定静止的基础上体现出来的,因此,变化与固定是相对的，变化必须依据版面的实际需要进行。通常文章的开头总是先空两个字作为缩格处理，其目的是为了引起读者的注意，或是告诉读者新的段落已经开始，这种处理手法带有普遍性，读者对这一手法早已熟知并将之视为文章的正规排列格式。段落结尾部分，若按电脑正常的排版程序进行，也许结尾的文字只有一个字或两个字，这样，必然会影响版面的美感。此时，只有通过疏松上段文字，使更多的文字转入行尾，行尾文字的多寡在大 16 开二栏的情况下不得少于 5 个字，这些例行的排版在小说中不能随意地改变。对于诗歌、散文，可不必拘泥于此。当今有些设计类书籍对于字行的起落作了尝试性的变化，如将整段文字一律齐排，段与段之间的间隔通过空行的方式解决，设计手法显得整体。字行的起落变化，对于某些书来说可以不拘泥固定的形式，可以大胆地作各种变化的尝试，变化的结果必须有助于读者的阅读和提升书的审美价值。此外，字行的起落与长短还可组成图形。（参见第六章“自由版面设计”）

图 2 - 114　资料来源:《包装与设计》,2000 年增刊。

图 2 - 115　资料来源:《包装与设计》,2000 年增刊。

六、字体的图形化设计

字体的产生与图形密不可分，字与图本身有着天然的联系。中国人历来讲究书画同源的美学思想，它表明了汉文化在文字本源上的一致性。当然，字体与图形这种源发上的同根性，并不代表它们与今天字体的图形化设计是一回事。

图 2 - 116　资料来源:《包装与设计》,2000 年增刊。

字体虽由图形发展而来，但最初的图形在造字之初，人们并非视之为图形，而是将之视为记录历史、传播文明、互通信息的专门符号。传说中的炎帝神农氏时代，人们用结绳记事的方法治理社会，《易经·系辞》中曰：“上古结绳而治，后世圣人易之以书契。”此句话的意思为“易之以书契”，“之”显然是指结绳，指用书契替代结绳以治理国家。显而易见，尽管结绳的视觉形态在当代人的眼里是以图形的方式出现，但在当时的文明水平下，结绳所生图形就是文字。再如：甲骨文时代的象形文字，字形直接来源于图画，或是将图画进一步规整化、抽象化，借此记录宗教拜神、占卜等活动。这类图形更进一步说明了在当时仅起文字的作用，而非现代设计中文字图形化的概念。

图 2 - 117　资料来源:《包装与设计》,2000 年增刊。

对现代文字图形化概念的解释和理解在于，首先将文字理解为图形，与人类造字之初对图形的理解正好形成鲜明的对比。现代文字的图形化处理，总是建立在设计师为了达到某种设计意图而采取的一种设计手段，在不破坏认知度的前提下，赋予字体某种特殊的变像处理。相对来说，抽象的文字内涵小外延大，有着较大的宽容度，反之，则宽容度小（参见图 2 - 101～图 2 - 118）。

图 2 - 118　资料来源:《包装与设计》,2000 年增刊。

第三节　图　　形

图 2－119

构成版面形态的另一个重要元素是图形。与字体不同的是，图形在版面中的作用具有二重性：其一，图形在版面形态中扮演着基本构造的角色，与字体相互间的榫合配置形成了完整的版面形态；其二，图形本身的结构与版面形态的关系具有相对的独立性，它可以在版面中形成自我完善的体系。

现代图形具有广泛的意义，就其形式来说，除摄影以外，通过艺术家手绘、刻写、印制等方式产生的图像和记号均可称为图形。与绘画相比，图形具有明确的自身特征。首先，前者的价值体现在原作的材料肌理上，只有在原作材料的真实性得以充分反映的前提下，绘画的价值才能最终得以实现。后者价值的体现，则是表现在形态的功能及其美感上。图形是介于文字、绘画与摄影之间的视觉传播形式，其价值的实现并非依赖于绘画材料，而是通过印刷机的印制得以实现的。通过印刷机第一次对图形的实现，而非翻版印制，称之为图形的印刷原作。图形本身结构及其版面形态的构成方式一般常有如下几种情况：

图 2－120　B变像。

一、重像

数种不同的形态，依其内在的相关性与逻辑关系，相互重合形成新的形态被称为重像。重像关系在自然界中时常出现，如马与驴杂交后，产下骡子；老虎与狮子杂交，其后代则为虎狮兽。再如植物界中的嫁接法、转基因食品等，都是产生新品种、新生命的创造形式。这种综合所产生的生命体往往具有诸多方面的优越性。

图 2－121　用蛇的形态与梯子组成美元符号，很形象地表现了金融界的风险。

植物的嫁接必须依赖于科学规律，新的生命体的形成意味着科学的进步。同理，在造型艺术中将已有的形态依照一定的目的加以巧妙的组合，便会产生与原来完全不同的新形态、新功能与新的版面形式，这就是重像。例如德国设计师克里斯坦，(Kristahn)为德国柏林市储蓄银行作的音乐会海报《第二回林阴道音乐会》(图 2－119)，鲜明地反映了这一重像原理。作者将一只小提琴与蝴蝶、五线谱相互重合同构，创造了一个新颖、有力的图形，抒情地传达了音乐会的主题，优美地诉说了乐曲好似彩蝶在美好的自然中翩翩起舞，将人们的思绪带入了田园诗般的胜境中去。作品之所以成功，完全在于对小提琴、蝴蝶、五线谱的正确选择与版面形态组合关系的正确定位上，这种重合具有新的含义与新的功能，并激起了人们美好的联想与共鸣。

再如德国设计大师皮尔・门德尔(P. Mendell)所设计的巴伐利亚州歌剧院《5号屠宰场》招贴画，作者将二战时期的飞机螺旋桨与纳粹的“卍”字符号相重合，“卍”字符号在这里既是飞机的螺旋桨又是纳粹的标志，作者巧妙地借用了本来毫不相干的两个形态，使其形态产生了既优美又和谐的视觉效果(图2－120)。

从上述例子中不难发现重像结构的基本方法，是建立在形体的相互重合，互借互用基础上的一种图形设计方式。它以图形的共用性为纽带，极大地抒发了现实与幻想、真实与虚拟的创作形式，无论从哪个角度揣摩图形的内在关系，诸如：整体与局部，全部共用与局部共用，乃至分界线的共用，都为形态的创造找到了内在联系的契机。重像的设计手法，一般多以外形的共性、内形结构的相似性作为构思的突破口，在取得形态的共用或创意的共生上达到某种临界点，奇特、妙趣横生的重像便出现了。重像利用了视错觉和形的巧合偶遇，使形态发生了转换，进而演化成新的形态(参见图2－121～图2－133，另见彩图5、彩图6、彩图7)。

图2－125　由无生命的锁链与有生命的人物发型配置，形成巧妙的新图形是重像表现手法的一大特征。

图2－122　用面包、香肠与船体重合形成绝妙的新图形。

图2－123　由中西方具有典型的文化形态相互重合配置构成了新的形态。

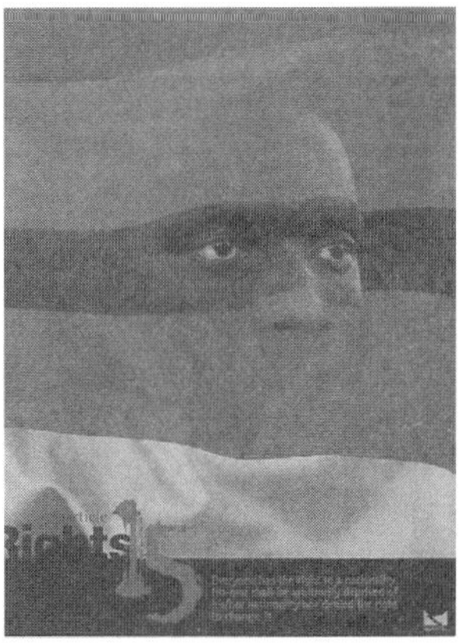

图2－126　将人物主要局部与要表现的图形组合在一起，既不破坏原有的形态又能起到表达主题的作用。

图2－124　将文字内容制成容器的形态，通过火的燃烧形成新的图形。

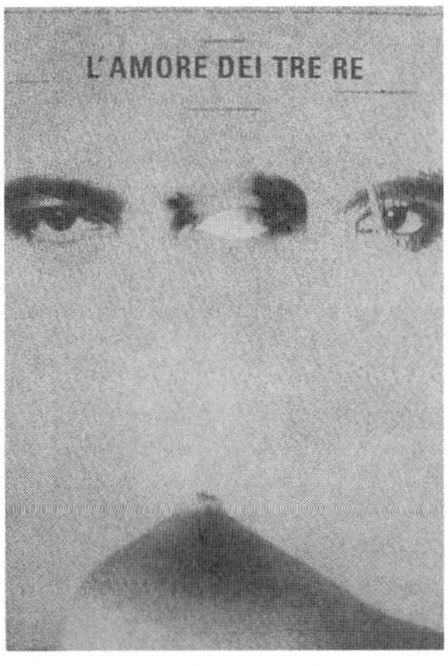

图2－127　同彩图6构思一致。

图 2-128

图 2-129

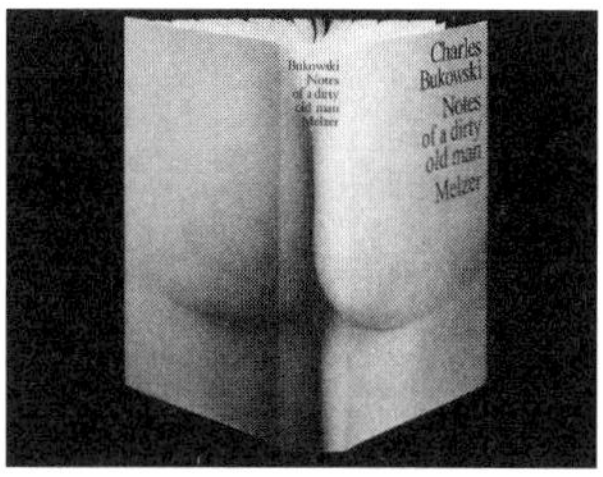

图 2-130

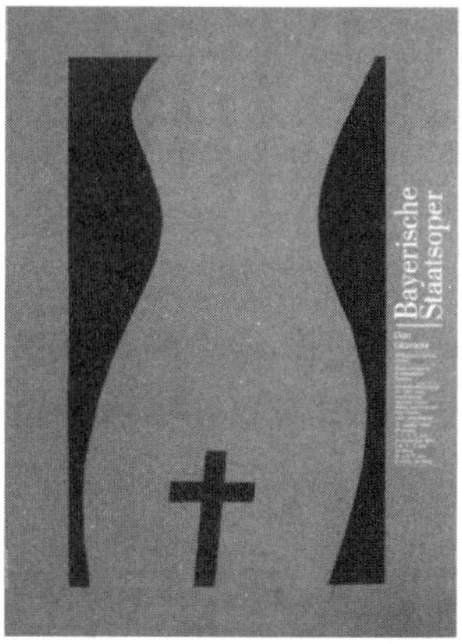

图 2-131

图 2-128　用人物手臂握书的形态与书籍封面的图形重合一致，形成了空间混淆的新图形。

图 2-129　与彩图 5 构思一致。

图 2-130　与图 2-126 构思一致。

图 2-131　用十字架表示艾滋病与乱性活动有关，警示人们要洁身自爱。

图 2-132　将无数个汉字“森林”组织在一起来，构成了森林的形态。

图 2-133　与彩图 5 构思一致。

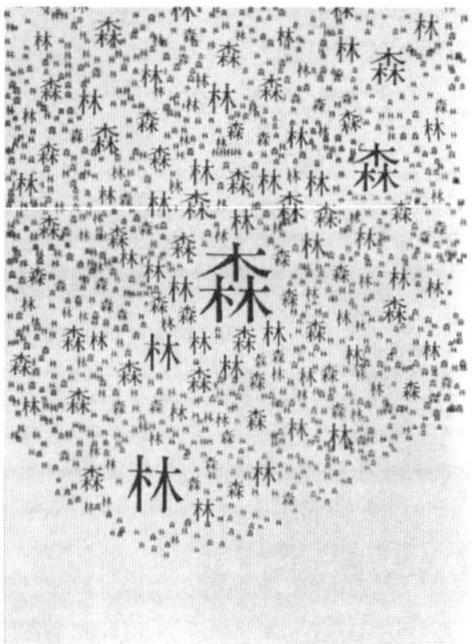

图 2-132

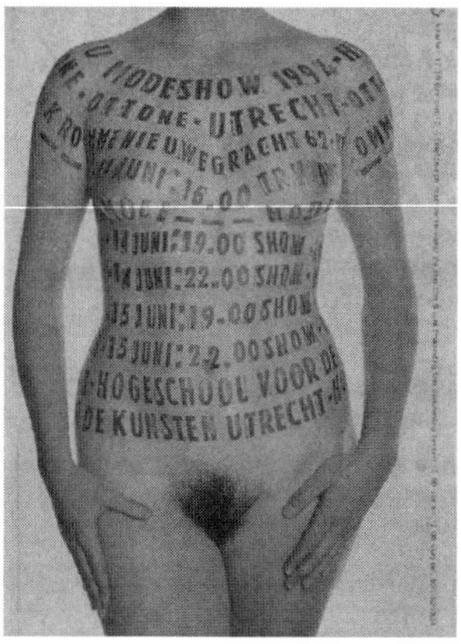

图 2-133

二、变像

卵、蝌蚪、青蛙的蜕变过程代表了生物界奇特的变像方式，它是渐变，又是突变。利用形的近似性，将一种形态通过其内在的相关性，渐渐演变为另一种形象的设计手法被称为变像。变像之美在于变的过程，变像的价值在于形态之间的相互转化。例如：荷兰著名的图形设计师埃舍尔曾设计过大量的变像图形，其代表作之一的游鱼逐渐变成飞翔的野鸭，构思奇妙，变化自然，没有丝毫的形象蜕变僵硬之感。埃舍尔的另一幅作品《海鸥与大海》，运用上述同样的设计手法，将海鸥的形态通过变像处理逐渐变成海水的形态，使版面产生了新的意义和新的秩序。变像作为图形的一种设计手法，它的难点在于两形之间的过渡形处理，若处理不够巧妙，图形将会出现生硬之感，好的设计师总能够找出二者之间合理的渐变关系。当然中间过渡形往往是一种抽象的相似形，非甲非乙，与具象的双方相互联系、互为依存。抽象的相似性，将彼此毫不相干的形态联系起来，从而诞生出新的形态。类似于上述的例子，自然界这种渐变的现象很多。变化有渐变与突变之分，有量变到质变的转化，再如蚕、蛹、蛾的渐变过程等。万物的生长总是处在轮回的变化中，宇宙就是在这纷繁的变化中生生不息、奔流不止。

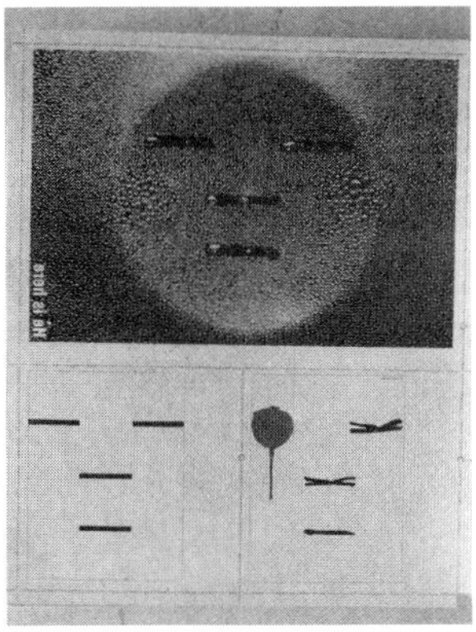

图 2－134　用水滴的形态经变像后形成太阳式脸形。

变像中最绝妙的变化结构乃为矛盾着的空间，它通过虚形与实形的相互变化给人的心理造成矛盾的形态空间感受。矛盾空间总是由甲方的虚形渐变为乙方的实形，再由乙方的实形反转为甲方的虚形(参见图 1－2、图 1－7、图 1－11、图 1－13)。从视觉心理来看，甲、乙双方的虚实关系可以相互转化，转化的依据有赖于读者的心理感受。这类图形的共同特点是阴阳相互榫合，最终形成一个共生的现象。日本的福田繁雄、荷兰的埃舍尔等图形大师都曾设计过这类大量的作品。(另见彩图 8、图 2－134)

三、残像

偶发性与破坏性在造形艺术中，往往能够充分体现出艺术家最富浪漫的想像力与创造力。所谓的“随形就象，适形塑型”的理论，便是将偶发的“形”通过艺术家适时加工而成的新形象。奇石艺术家与根雕艺术家，能够根据自己的理解与修养对自然物进行再加工，进而形成巧夺天工、鬼斧神工的艺术作品。达到这样的艺术境界需要艺术家长期的知识积累，练就内功、厚积而薄发。图形设计中的残像原理就是根据这一艺术规律，通过各种有意识的破坏手段而诞生出的新形象，这样做不但可以理顺思维，从多个角度引发联想，而且能够从已破坏的形体中感觉到

图 2－135　运用麻将牌的自由组合，使麻将牌组成的破碎画面凸现出人物形象。

图 2－136　运用动物组合间的残破影像，很巧妙地将残破影像变成不同的动物。

图 2－138　将印刷品页边做残缺处理，很巧妙地变成人物剪影。

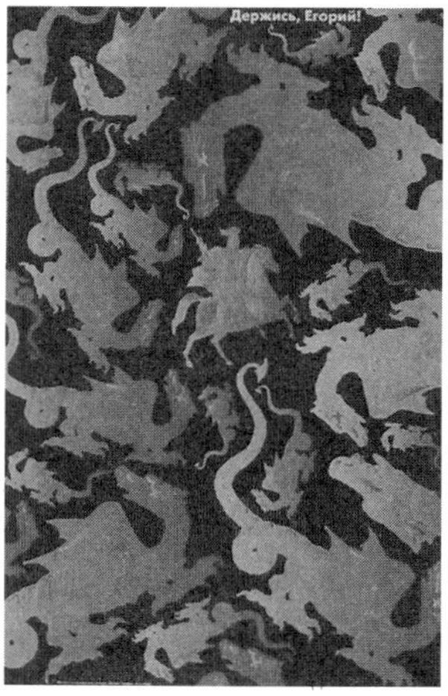

图 2－139　运用底与图的矛盾反转关系，使本来残破的底与图很巧妙地变成有具体内容的图形。

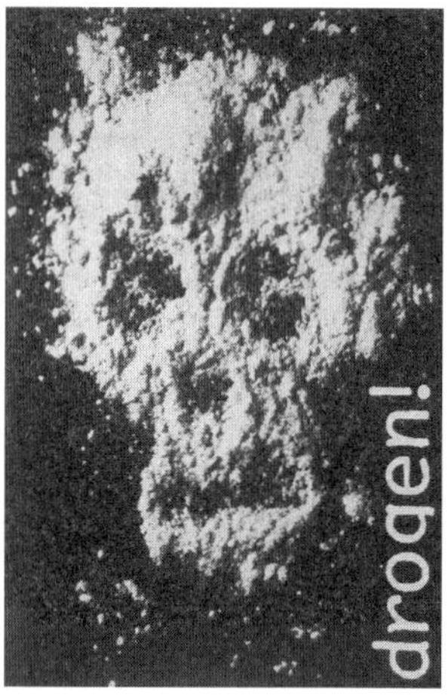

图 2－137　用海洛因毒品组合成残破的"骷髅"形象。

新的认识和捕捉新的图形。艺术的魅力正是建立在这种超常观念，破坏旧有秩序的基础上保持生命力的。例如由德国巴伐利亚国家芭蕾舞歌剧院出品的招贴画"夏夜之梦"，作者通过简洁的五块抽象形态，经过巧妙的破坏和精心安排，使之成为一个形态生动翩翩起舞的芭蕾舞演员，优美而抽象的舞姿使人对之产生丰富的联想，图形简洁，语言恰当，构思巧妙。形、意、功能均达到了出神入化的境界(参见图 2－135～图 2－139)。

四、符号

符号学是一项专门的学科。这里所涉及的符号，仅是视觉传达中组成版面结构的一个视觉元素。视觉符号属于图形的范畴，在版面构成中与图形有着同样重要的地位。与一般的图形和图像比较，视觉符号有着更为简洁的特性，它在尺度大小、结构比例等方面具有更强的适变能力，日常生活中扮演着分辨和识别作用，较少受到背景的干扰。就符号的结构和形状而言，具体的特征表现是通过构形线条的连续、分断、交叉以及会聚等形式反映出来，同时，部分在整体中的分置、安排等方面也是构成符号的主要因素。在这一前提下，形状的作用在于服务于结构，因此，某些多余的装饰会对符号的结构产生影响，从而导致相关意义的误导。在文字的进化过程中，作为表形文字的原发形态，象形符号对于某些意义标记的有效性，依其线条的外形与描述对象的相似性而存在。当某一构成方式成为习惯用法时，其自身的结构与它所要表达的内容之间的关系，便被永久地固定下来形成确定的文字含义。符号在表达某种确切的含义时具有非

图 2-140

常强的简化倾向，它不仅能抓住事物的特点，而且所表达的意义多以醒目明了的形式出现，以至于不必借助任何语言知识就能够让人得以理解。现代社会如机场、车站、码头、地铁、医院、超市等公共场合，人们将数不清的视觉符号作为交通导示，并频繁地使用国际化通用标志符号。由此而知，视觉符号已成为现代社会公共设施不可缺少的组成部分，为现代化社会机器的正常运转，提供了必要的识别保证。在外观形态方面，由于符号具有简洁，易于识别的特征，对于版面构成往往能够起到导向性、抽象化、理性化、秩序化的作用(参见图 2-140)。

［教学目的］

1. 总体把握设计中的各项基本构成要素，从而使各种元素合理地配置。

2. 弄清点、线、面的基本构成原理，使之在版面中正确发挥一定的功能作用。

3. 充分认识字体在编排中的实际作用，正确掌握其构成原理。

［教学框架］

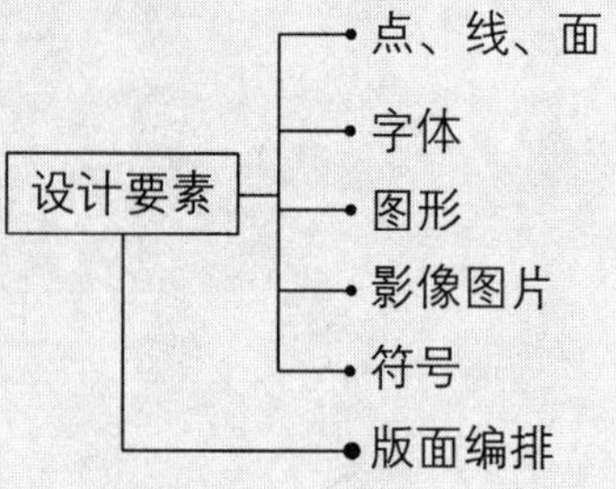

［教学内容］

1. 点、线、面的基本构成原理及其作用。

2. 字体的功能、时代性、种类、字号、行距、作用、特征等。

3. 图形、符号的基本概念、特征及其作用。

［课题练习］

1. 正确理解点、线、面的不同特征、作用，分别做 10 张不同的练习（A4 纸黑白电脑打印稿）

2. 运用字体图形化原理分别做 6 张不同的练习。

3. 运用图形的基本构成原理（重像、变像、残像）分别做 6 张不同的练习。

4. 通过对符号的正确理解，运用纯粹符号元素做 5 张不同的练习。

第三章　编排体系之一
——古典构成方法

第一节　中国远古时期的文字排列方式

我国现存最早的“书籍”形式，首推河南安阳小屯村殷王朝都城遗址上发现的甲骨文。这个于1899年发现的遗存是距今约3400年前的卜辞，上面记载着狩猎所得的猎获物和记录帝王大臣之名的内容，分兆辞、纪事刻辞、甲子表和习刻文字等。所谓的甲骨文，是以乌龟的腹甲和牛马的肩胛骨等动物的骨骼为原材料，经过打磨平滑整齐后，作为书写文字的基质，将文字镂刻上去的一种文字形式。这种文字以象形形态出现，以刻字的方式书写，其版面自然形成一种特殊的雕刻字体（图3-1）。

图3-1

甲骨文的发现实属偶然，早在清代河南省安阳县一带就广泛流传着用“龙骨”煎药治病的方法，此法起始于何年并无人知晓，但它的止步是由一位清末小吏王懿荣引起的。王懿荣通晓金文、小篆，是一位颇有学识的满清官员。一次，他偶然从中药的处方中发现刻有文字叫做“龙骨”的药引，引起了他的兴趣。从文字的书写方式和版式分布来看，他断定这是一种比金文更早的古老文字。经过挖掘寻找，这种叫做龙骨的药引，在河南一带很普遍，农民耕地时经常能够找到。当属于文物的甲骨文被发现后，大批寻宝者蜂拥而至。为了牟取暴利许多不法商人大肆收集，待闻讯赶来的中外考古学家到达时，许多“龙骨”已被哄抢一空。经过艰苦的考察，终于在商代的都城——殷的所在地小屯村一带发现了它的踪迹。甲骨文以文字的形式出现，其称谓实质上是一种文字学概念。考古学家经过考证，在同时期也发现了以甲骨文的字体书写方式出现在青铜器、石器和陶器上。

图3-2　甲骨文。

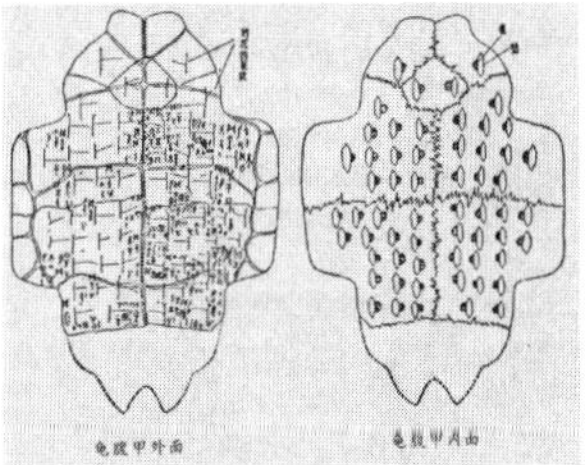
图3-3　龟甲的内、外侧示意图。内侧为刻镂的凹形，外侧为文字的布局部位。

从世界范围来看，甲骨文作为世界公认的五大自源文字，它的形成与发展经历了漫长的演化过程，从而使现行汉字经过了甲骨文、金文、大篆、小篆、隶书、楷书、老宋等几个阶段。由此可

图 3-4　钟鼎文。

图 3-5　石鼓文。

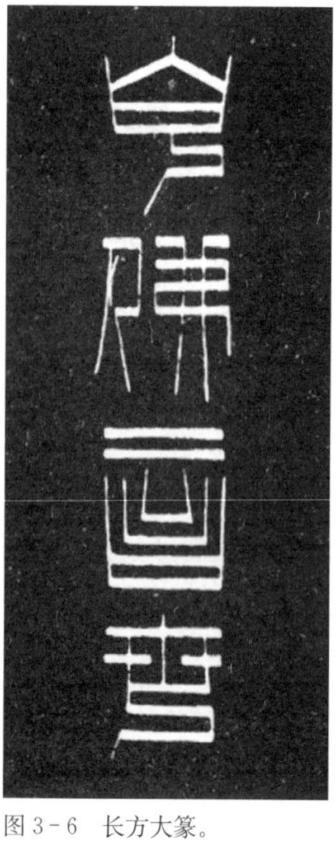

图 3-6　长方大篆。

见，今天的汉字是由甲骨文逐渐演变而来，是现代汉字的祖先，其存在与发展自身有着必然的内在的逻辑性和科学性。它顽强的生命力，是以字体结构和书写方式的合理作为存在的基本前提，其特殊的版面形态对中国历代文化乃至整个汉文化圈，诸如：日本、韩国等周边国家均有着极其深远的影响。

一、文字的形式

1. 甲骨文

距今三千余年的甲骨文，虽然不是中国最古老的文字，但却是可以辨认的最早的文字形式之一。甲骨文的形成多与占卜有关，字体结构具有符号性强、象形性弱的特点。甲骨文对于自然的记录不以纯自然的形态出现，而是依靠感觉的抽象，它将符号化的语言记录与物象的抽象化缩写相结合，是描述性的写意符号。在版面的排列特征上，甲骨文开创了从右手竖排的汉字特有的书写排版方式，字与字之间的密度约为半个或三分之一个字的大小，行距为 1—2 个字距左右。甲骨文的版面形态没有统一的标准格式，行文大多居于甲骨的中部，有的则依甲骨的走势顺形刻制，呈不规则形态，有的则将文字规划在某一区域内，有一定的秩序性。甲骨文的字体骨架坚实有力、结构均称，字的笔画线条流畅，已初步具备了对称、方正的雏形，正逐步朝着汉字所谓的“顶盖”、“覆盖”、“向背”、“朝揖”等构字法则的方向发展。甲骨文在汉字的演化过程中起着源创的作用，以至于后来汉字发展的各个时期，都未离开其基本母形的构字结构并起着重要的参照作用，它是汉字方块化最初的构形，同时也为历代汉字的书写版式，提供了最基本的版面范例(参见图 3-1～图 3-3)。

2. 金文

金文的出现，约在比甲骨文稍晚的商代。金文亦称铭文、钟鼎文，铸于青铜器之上的铭辞就属于此类文字(参见图 3-4)。早期的奴隶社会，青铜器常常记载着器物主的族氏和姓名，或记载祭祀先人的称号，常刻有“子孙永宝”之类的铭辞。商代中期，青铜器上的铭文较少，一般只有二三个字。到了西周晚期铭文较多，其中长篇的铭文有：毛公鼎的刻辞就长达 497 字之多。这些文字内容作为王权思想昭示众人，将之刻铸于鼎、彝器之上，目的在于宣传王权与神权的至高无上。这一时期统治者欲反映其重要的思想和重大的活动，唯有依靠此类传播途径。另外一些铭文的内容与国王的赏赐有关，或者是宣扬“受天之命、安民保国”之类等等。从铭文的版式特征来看，其排列方式与甲骨文一样，都是从右手起始，竖排。文字的间距不像甲骨文那样随意，有着较为严格的限定，一般多为 1/3 个字距。行距紧凑，与字距差别不大，有的仅为半个字距，有的则与字距完全一致。版面安排由于受材料因素的制约，显得很有秩序。

3. 石刻

石鼓文也称大篆、籀书，是将文字镌刻在磨光的石面上的一种文字。最早的石鼓文约在公元前700年的周宣王时期，秦始皇统一中国后，经李斯对文字的统一整理，最终发展成小篆，并在笔画的书写方式上作了规范化的统一(参见图3-5～图3-8)。

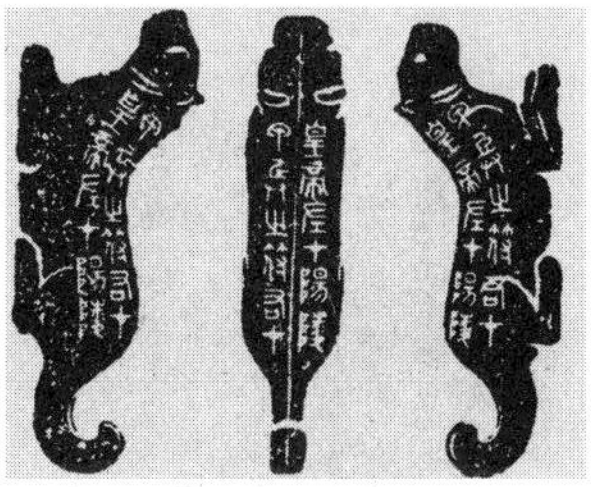

图3-7　小篆(阳陵虎符)。

秦始皇在位期间，秦国为了歌颂始皇帝的功德伟绩，将石鼓文刻于石头之上。康有为曾对石鼓文有过这样一段论述："秦分(即小篆)，以李斯为宗，今琅琊、秦山、会稽、芝罘诸山刻石是也。相斯之笔画，如铁石，体若飞动，为书家宗法。若石鼓文则金钿落地，芝草团云，不烦整截，自有奇采。体稍方扁，统观虫籀，气体相近。石鼓既为中国第一古物，亦当为书家第一法则也。"

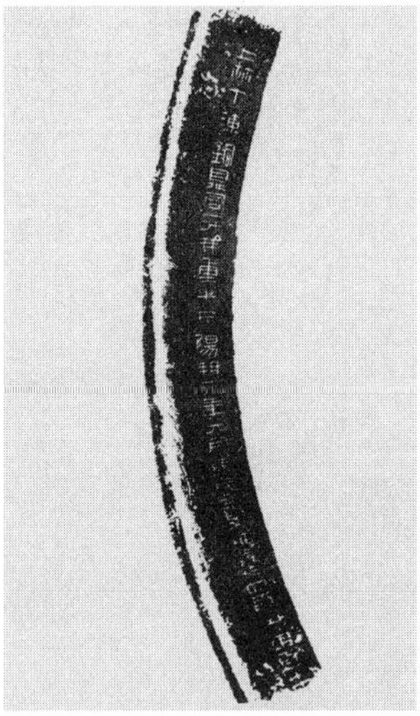

图3-8　古隶(上林鼎铭文)。

在中国的石刻文史上，最著名的石经是汉灵帝熹平四年(公元175年)开始，历经数年刻制的"七经"碑最具有影响力。该碑共有46块，高一丈，宽四尺，立于洛阳太学堂前。镌刻的文字均为隶书，故又称一字石经。该石经从其排版来看，字体已相当成熟，与现今的汉字本质上并无多大区别，且笔画规范工整，字距与行距并无太大的差距，纵向与横向较为均匀，文字的起始与先前的金文书写习惯一致。

石刻作为传达信息的手段具有很大的局限性，人们不可能将又大又笨重的石书用于日常随身携带。在功能上，石刻显然与甲骨文、金文一样，都属于人类传播文明的初级阶段，要想使华夏文明进一步得到发展，必须找到一种便于携带同时成本较低，可以推广的书写材料(参见图3-9～图3-12)。

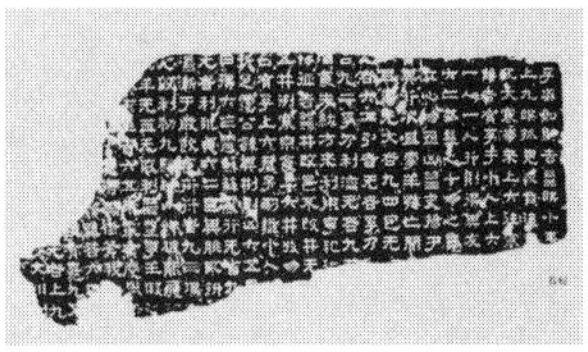

图3-9　石经。

4. 简策

简策作为书籍形式用于传播文化，在中国的文明史上有着极其重要的地位。简策制度也叫简牍制度，以竹木为材料作为书写基质，少数帝王将相也用金玉为材料书写国家的重要法典。

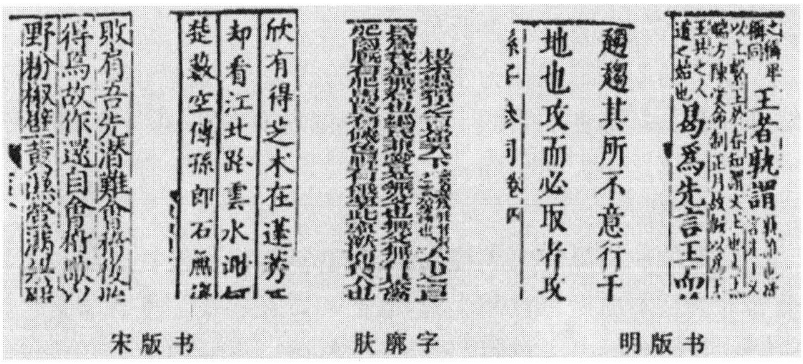

图3-11

图3-10　今隶　汉石经周易文言说卦。

图 3-12 行书 定武本兰亭序(独孤长老本)。

据有关史料记载,简策始于周代,至秦汉时期尤为盛行。据《左氏传序疏》记载:“单执一扎谓之简,连编诸简乃名为策”,意为:简策必须以装订的形式出现才可以谓之“书”。单片的简一般只写一行字,也有少数单片简上写数行小字的情况。成片的简装订成策后,便有了编排的形式,按照这一历史的传承关系,“策”与“册”逐渐发展为同一相通语义。据蔡邕《独断》载文曰:“策简也,其制长者一尺,短者半之,其次一长一短,两编下附扎牒也。次曰简编次简也,次简者,竹简长短相间排比之,比绳横联之,上下各一道,一简容字无多,故必比次编之,乃容多字。”由于简策在书写的过程中,先是在单片的简上书写文字,书写者无法用精确的控制线来测定其书写区域,只能凭目测或经验控制版面的位置,将单片的简装订成策后,就会发现版心是自由随意的,虽然有一些粗略的控制,但并不十分精密,有的依旧上顶头、下撑脚或成片的文字都是按此方式书写,故所现形态不足为奇。当然这也不可一概而论,有的书写者注意掌握大的版面格局,控制得好,有一种节奏感且自由洒脱。简策版面的排列沿用了甲骨文的竖排格式,自右向左。其实从汉字及简策的装订方式来看,排版方式完全有机会有条件实行自左向右的横排,但为何未出现这样的现象?有两点理由值得思考。首先,古汉字作为自源文化的一种,在发展上从未中断其历史的传承性。既然自甲骨文以来先人们所创立的书写方式已成为一种阅读习惯,后人则无需再去改变。其次,中国的汉字以方块形见长,方块字的特点犹如砖块,可任意组合,(拉丁文无此特点),尤其是毛笔的书写方式,自上而下有一种书写的顺势流畅之感。可见,简策的排版方式必然与汉字的书写笔势有关。简策的好处还在于易于修改,谬误之语可随意更换简片,或以清水拂去。单片竹简之间天然所形成的隔线,可以有效地控制行距,书写者无需再去为行距的大小劳神。通常竹简上的字距多以 1/3 字居多,少数略疏。行距以自然的竹简隔缝为界线,界内的字迹可大可小,但不能突破界线,故此行距的确定并无十分严格的数据来控制,一切均以眼睛所看到的视宽舒适度为标准。

简策的版面形式作为中国古籍的代表,为日后书装版面的编排提供了基础性的模式。从此,中国所有的古典书籍版面形式均未脱离这一大的格局。

5. 帛书

简策的使用虽然大大提高了普及范围,但由于其体积过大,十分笨重且不易携带。基于此,人们一直在寻找一种既薄又轻,能够代替简策的书写材料。此时,绢早已广泛使用,它为书写材料的改进提供了现实的可能。缣帛是一种质地细密的绢,《书林清话》中曰："帛之为书便于舒卷，故一书谓之几卷。凡古书，以一篇作一卷，《汉书·艺文志》，有称若干篇者，竹也。有称若干卷者，帛也。"早期的帛书在雕版印刷术未发明前多为手工抄写，其版面文字的排列方式沿用了简策的书写规律，所书文字分有框线和无框线两种。文字均自右手起始竖排，用手工抄写的帛书称为"手卷"或"卷子"。书写的方法，则根据帛的长短大小而定，若每帛书完需继续抄写者，可再续书直至完工，然后将单个的帛粘成一个整体，加一根木轴作为书的卷心。帛书因其材料昂贵，易损坏，难保存，故此它难以在民间大范围使用。正如《装潢志》所曰："圣人立言教化，后人抄卷雕版，广布海宇，家户颂习，以至万世不泯，上士才人竭精灵于书画，仅赖楮素以传，而楮质素丝之力有限，其经传接非人，以至兵火丧乱，霉烂蠹蚀，豪夺计赚种种恶劫，百不传一"。帛书在版面形态上，远不及汉简对后世的影响大，但作为从原始笨重的传播方式过渡到以便捷的书写形态来看，不啻是一个历史性的进步，同时也为后人对书写材料乃至新型版式的探索，提供了一个历史的传承依据。

上述五种书的形式及其版面形态，均属于中华民族古文明幼年阶段的"原始"书籍，每一形式的形成都离不开当时社会生产力的发展水平，人们的审美意识以及对版面功能的认识。作为早期书籍的版面形式，从今天的眼光来看虽然其设计变化不多，但作为人类迈向更高阶段的社会形态来看却是极其关键的一步。版面形式与书籍的形态始终是密不可分的骨肉关系，研究版面形式必须要搞清书籍的形态。下面我们着重了解一下公元 4 世纪以后的书籍发展及其版面形式。

二、中国古典时期的版面形式

作为自源文明的中国古典书籍，在其形态及版面设计上有着伟大的创造。其形态之丰富，功能考虑之周全，与同期古代文明相比堪称世界一流。

在中国的书籍史上，任何一种新型书籍形态的产生与更迭，不曾出现以一种新形态突变的方式完全代替另一种形态的现象，而是以自然交替逐渐更进的方式演变。例如简策的书籍形式，始于公元前 10 世纪左右，而沿用时间至东汉末年。在此期间，帛书早已在周代出现，简策并未因帛书的产生而突然消失，只是到了东汉末年造纸术的发明才被完全取代。同时期的帛书也并未因纸的运用而消亡，相反，帛书一直延用至唐代。这说明书籍形式的更替发展不仅是交错的，而且还是各种形式的共存多用。

图 3-13 《大般若波罗蜜多经》卷 139。

1. 卷轴装

书被谓以卷轴装的形式始于汉代，由帛书发展而来，主要流行于魏晋南北朝至隋唐年间。卷轴装所使用的材料分帛、纸两种。用帛造价昂贵且不易保存，故逐渐被纸所取代。纸的发明在世界文明史上是一个划时代的重大事件，它改变了整个人类文明的历史进程(图 3-13)。

我国是造纸术的发源地。早在西汉年间，造纸术已在民间广为流传，具体何时开始流行，现无法考证，但据有关考古资料显示，造纸术实际上要远早于西汉。然而，作为有系统、有历史记载的造纸术却始于东汉和帝元兴元年，即公元 105 年，由宦官蔡伦总结并改进了民间的造纸技术。蔡伦运用树皮、麻头、敝布、渔网等纤维为原料，经捣烂后制成纸浆造出质量较高的植物纤维纸。虽然在蔡伦之前也有将缣帛之类谓以纸称，但却与蔡伦的造纸术根本不是一回事。据《后汉书·蔡伦传》中记载："自古书契多编以竹简，其用缣帛者谓之纸"。可以看出，在《后汉书》中所指的"纸"实际上就是"帛"，所以在东汉发明纸以后的许多年里，一直是以缣帛与纸并用，直到晋代纸才真正全面使用(图 3-14)。

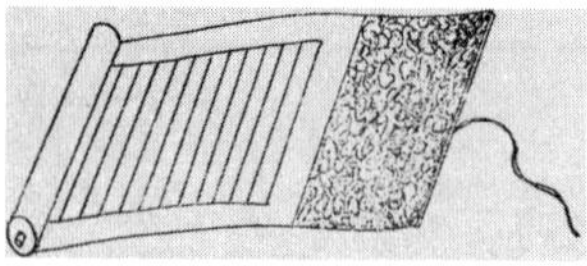

图 3-14

卷轴装是在帛书基础上的进一步发展，其特点与帛书很类似。关于其样式与作用，古书中也多有记载。《隋书·经籍志》曰："炀帝即位，秘阁之书，限写五十副本，分为三品：上品红琉璃轴，中品绀琉璃轴，下品漆轴。"《玉海》又曰："唐开元时两京各聚书四部，列经史子集，四库皆以益州麻纸写，其本有正有副，轴带帙签皆异色，以别之；经库钿白牙轴，黄带，红牙签；史库钿青牙轴，褾带，绿牙签；子库雕紫檀轴，紫带，碧牙签；集库绿牙轴，朱带，白牙签。"(图 3-15)

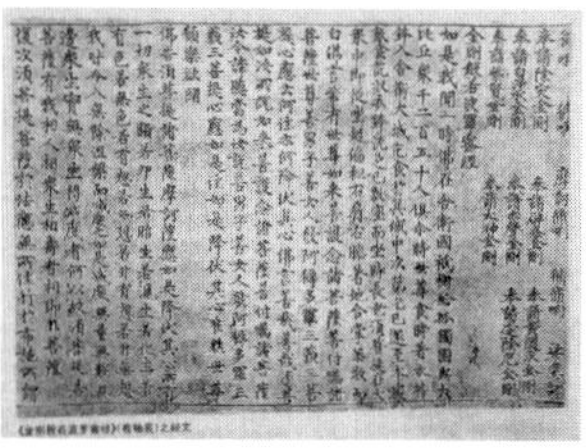

图 3-15 《金刚般若波罗密经》经文版面形式。

徐氏《法书记》曰："先后阅法书数轴，将榻以赐藩邸，时见宫人出六十余函于亿岁殿曝之，多装以镂牙轴，紫罗褾，云是太宗时所装。其中有青绫褾，玳瑁轴者，云是梁朝旧迹"。米芾《画史》曰："檀香辟湿气，画必用檀轴有益，开匣有香而无糊气，又避蠹也。"从各种文献记载来看，卷轴装与当今中国画的装裱十分近似，主要有四个部分组成，即卷、轴、褾、带。

由于材料的易损性，最早的卷轴装几乎全部毁坏殆尽，未留下任何形式的版本。但从现存发现的一批经书来看，它的版面形式继承了汉简的排版风格，卷子的前面部分一般留两行空白，卷末留一行，记录抄写的起讫时间。《书仪》中记载："隋时修文舒书写，卷末间一行留空纸，每一卷毕，记名空处。"文字书写自右手起始竖排，书名与内文方向相反，内文展开后，文字的版心居整个版面的中心位置，若将版心上下白边用 X 来设定的话，一般文字的开头距右手带的尺寸为 15X—20X。版心高度为 8X—9X。版面分有栏框线和无栏框线两种。《国史补》曰:“宋亳间有织成界道绢素,谓之乌丝栏、朱丝栏,又有茧纸”。《书史》记载:“黄素黄庭经是六朝人书,上下是乌丝织成栏,其间以朱墨界行。”由此可见,卷轴装的栏线在版面中具有“界行”的作用。这种栏框线随着古装书的演变,发展到后来则变成了一种装饰线而不光具有功能的作用。现今流行的唐宋抄本,大多有这样的特点。这种形式一方面是为了书写的工整,另一方面则继承了简策制度的版面特征,体现了中国古籍在其传承史上的一致性。此外,卷轴装的书色泽多为黄色,主要是为了避蠹所致。据《齐民要术》记载:“凡打纸欲生,生则坚厚,特宜入潢。凡潢纸,灭白便是,不宜太深,深则年久色暗也。入浸蘗熟,即弃渣,直用纯汁,费而无益。蘗熟漉汁,捣而煮之,布囊压讫,复捣煮之,三捣三煮,添和纯汁者,费省功倍,又弥明净。写书经夏热后入潢,缝不绽解。其新写者,须以熨斗缝缝,熨而潢之。不尔久则零落矣,豆黄特不宜裛,裛者全不入潢矣。”将纸用潢水染黄,其目的是为了防蛀,到后来则变成了一种装饰风格,而不光是为了功能上的作用。现今室内设计中,常用的“装潢”一词,最初就是从这里而来。虽然这样的用法不很贴切,但至少可以说明用潢水染书,已经考虑到了它的功能与美观的结合。由于卷轴装在功能的实用性上不便于查检,若查阅内容每次必须将整卷书全部打开,既烦琐又不方便,于是功能优于卷轴制度的旋风装便出现了。

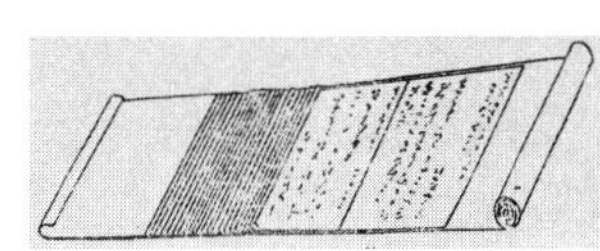

图 3 - 16

2. 旋风装

旋风装是在卷轴装的底纸上,将写好的书页按顺序自右向左先后错落叠粘,因舒卷时宛如旋风,故得此名。这种装帧样式展开后形似龙鳞,故又称龙鳞装,或旋风叶、旋风叶卷子(图 3 - 16、图 3 - 17)。

图 3 - 17

旋风装虽然来源于卷轴装的母形,但在尺寸和功能上却有了一定的进步,它不但保留了卷轴装某些有利于保护书叶的长处,而且还使得版面的长度得到了缩短,翻阅便捷。旋风装的出现大约在唐代。这之后历代士大夫阶级多沿用这种书写方式,至南宋时期市井阶层已普遍将之称为“旋风叶”(图 3 - 18)。

图 3 - 18

从版面形式来看,旋风装开头的文字一般要空一段,右手起自上而下,文字的天头地脚空隙较小,主要考虑到页面与底部衬纸还有段距离。所粘页面为双面书写文字,与卷轴装排版很近似。旋风装分前期与后期两个阶段,前期版本多为手抄本,而后期则以雕版印刷见长。北京图书馆藏宋刻本《经律异相》卷第二十一便属于雕版印刷,版面第二页折缝处印有字、卷、页码以及刻工的名字。这些文字既是版面的序列号,发挥着一定的功能,又是版面中的装饰元素,观感上起着某种装饰构成的作用,部分书有栏框线,有的则无。这一时期栏框线的作用主要在于装饰,其实用价值已不如手抄本的卷轴装那么显著,因为雕版印刷,以刻字作为制书的工艺手段,文字在雕制过程中已在木板上画过定位的栏线,刻工在刻制时一般将这种刻线去掉,如需装饰,完工后再用铅制框线印制。此类线因是铅质材料,故,使用起来比较方便,且印制后墨色均匀。

旋风装的版面形式,虽与卷轴装在很多地方一致,但从其丰富性来看已超越了卷轴装。外观形态上,旋风装也比卷轴装丰富,它是由卷轴装过渡到册叶制度的桥梁。由于外观形式上发生了一系列变化,导致版面形态的变化将是必然的。旋风装作为书的过渡形式能做到这一步,在其功能和审美上已很好地满足了当时人们的需要。

3. 经折装

经折装因受卷轴装和旋风装的影响,将一张张纸粘接成长条,将纸卷一反一正地反复折叠,在纸的前、后分别用硬纸板或薄木板作封面,以保护内文不受损坏。经折装与旋风装的区别在于:旋风装是双面书写,但仍保留卷子的形式,而经折装虽然单面书写却已将单页化为折子形式,敦煌石窟中所发现的经折装经书便能说明这一点。据英国的盗掠者斯坦因赴敦煌探险寻宝所著的《敦煌取书记》中有一段描写说:“又有一册佛经,印刷简陋,然颇足见自旧型转移以至新式书籍之迹。书非卷子本,而为折叠而成,盖此种形式之第一部也……折叠本书籍,长幅接连不断,加以折叠,最后将其它一端悉行粘稳。于是展开之后,甚似近世书籍。”也有学者认为经折装书籍形态在很大程度上受梵夹装的影响,这种说法仅仅是一派的学术观点,很难找到其传承的因果关系,虽然佛教自尼泊尔、印度传入中国,但并不能说这种书籍形式肯定来自印度。从中国自源文明的特征来看,存在这种可能性,但并不十分确定。梵夹装又叫贝叶装,其书籍的特征是用生长在南亚次大陆上的一种贝罗树的树叶加工制成,文字是用一种针在长条形的书叶上刺划,之后,在书叶的表面涂以颜料,待颜料渗入针孔的划痕后,便形成了永久不褪的文字。将许多写好后的书页叠放在一起,前后用一块木板夹住,再用绳索将整部书页串起来则变为了一部书。这种装订方式从其材料和装订手法来看,要远落后于中国的古典书籍(图 3-19、图 3-20)。

图 3-19

图 3-20

如果说经折装在某些形态上与梵夹装类似的话,也许说明不同文明的偶合性。经折装在阅读时很方便，虽然单面书写，页页相折相连，翻阅与查找均十分便捷，阅完之后，可用厚纸板左右叠在经折之上，再用象牙插上书签，既可做封面又可发挥类似于现今的函套作用，方便实用。现藏于北京图书馆的明万历四十三年(1615 年)手抄本《九天应元雷声普化天尊玉枢经》，版面形式具有一定的代表性。书的外观华丽，为绛丝材料，金黄色，蓝色签条，金字。此书共两套，版面形态与《经律异相》卷第二十一大同小异。不同之处在于书的外套下部外侧有一条宽约 6cm—8cm，长约 60cm 的飘带，用于书的缚扎之用。飘带为金色并点缀着蓝、绿、红三色碎点小花。整部经书高约 30cm，宽约 18cm，外封套绣有福、禄、寿，正面绣有龙纹，背面绣有鹤纹及日月乾坤，图形神态肃穆，所用纸张为青色麻纸。内文居版心中央，上下有文武线双栏边框。所书文字皆为手抄，段落标题与正文部分，在字的大小形态上有着较明显的级数区分。版面文字节奏感强，封套的经折外，附有红木制经签一支，形如宝剑，饰有曲线形边纹，上书“大明万历四十三年岁次乙卯四月吉日造”，与外封正面的纹样在版式特征上产生呼应关系。在泛青麻纸上用金字书写并有“广运之宝”的印章。整部书精致高雅，做工考究，以金、橘黄、朱、蓝为主色调，这四种颜色也是宗教的常用色，使书的气质与宗教特性有着紧密的联系，体现了书的整体一致性。

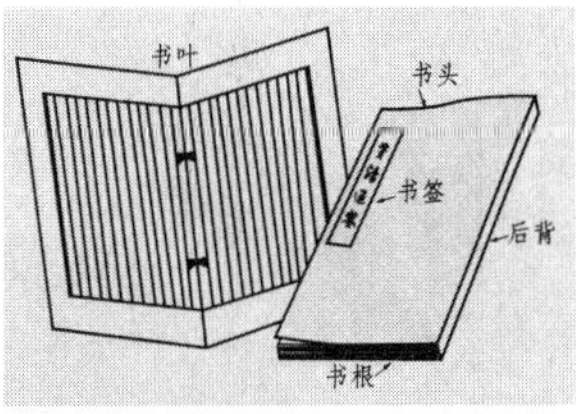

图 3-21

4. 蝴蝶装

蝴蝶装又称蝶装，因书叶展开形似蝴蝶而得名。蝴蝶装的装法是将每一印页由书口向内对折，使有字的版面对折起来。与线装书相比较，其方向正好相反，而且一个印版就是一页。此装订法的优点在于：版心向内，有文字的地方，文字版面不易损坏，即使页边有破损也可裁去，不伤内文。如果版面中有跨页的整版插图，翻阅时也较为方便。蝴蝶装的装裱较为实用，每一书页背面的中缝粘在一张裹背纸上，书页折叠以后，再装上硬纸封面，书衣可选用各种纸、布、麻布、绫、锦裱褙，从封底、脊背一直包到封面。从外观上看，蝴蝶装与现代西式的平装书很相似。在装订接合剂的使用方式上，多用楮树汁、飞面、白芨末三种材料按一定配比进行调和，调得如糨糊状用以粘纸，牢固度类似现今的强力胶。整部书不用线锁钉，虽经数百年也不会自行散落。孙毓修《雕版源流考》曰：“按清季发内阁藏书，宋本多作蝴蝶装，直立架中，如西书式，糊浆极坚牢。”

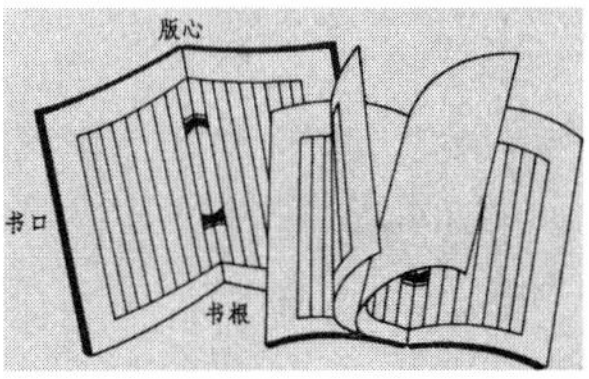

图 3-22 蝴蝶装结构形式。

从以上的描述来看，蝴蝶装应盛行于宋代，是宋代的主要书籍形式(参见图 3-21～图 3-23)。

图 3-23 《欧阳文忠公集》。

纵观中国的古代发展史，宋代多兵事，中原常遭外族侵扰，与唐代相比宋代在政治上并无多少作为。然而，自唐代衰亡之后，经五代短短 52 年（公元 907—959 年）的发展，中国的雕版印刷却得到了长足的进步。进入宋代之后，雕版印刷更是空前繁盛。据《中国印刷术源流史》考证："以雕版精善而言，中国历朝印刷，殆无能超过宋代。其书写端正，雕刻精准，实可为后此印刻之楷模。宋人刻书之注意楷法，可于其题注作者地方证之。往往以刻书之人名与作者之姓名，并置一处，印刷之技术，至宋而益形改善，活字之发明，亦为宋人"。从现存宋代雕版印刷的蝴蝶装来看，每卷书的起首，常用各色小绢条粘在书口外以备检阅之用。整体设计开始比较考究，或者说精雕细琢。版式常以单栏居多，四周为单边，栏外有用作辨认篇名的耳子。耳子始于宋代，也有人认为起源于元刻，但从现存的资料来看，至少能说明宋代使用得最为广泛。版面常使用墨钉作为装饰之用，其实，在墨钉形成之初，其作用仅为缺字待补留下未刻的黑色方块，在称谓上亦称墨等、等字。版面中也常留白框称为"空白"。书的开头与结尾、序与目录之后皆有一墨图或牌记，被称为"墨围"或"碑牌"。《书林清话》曰："大抵双线白口多宋版，单线黑口南宋末麻沙本多有之"。宋版书版面多为印制完成，因而有常用的格式如边栏、界行、书耳、版心、鱼尾、象鼻、白口、黑口、天头、地脚、行款等。据《版本通义》记载："宋版款式大抵以白口单边或细黑口者为多。口以中缝言，边以四匡言，中缝折页不见一线墨者，为白口；而鱼尾上下有一线墨者为黑口"。（武陵赵慎畛遵路《榆巢杂识》曰："书中开缝，每画，名鱼尾，象形也，始于唐太宗。"）"天地四匡，界画粗墨线者，为单边；而匡内有细墨线者为双边。"从上述的记载来看，宋版书的版面设计已日趋成熟且功能完善。在此，有必要对有关主要的版面术语及形态做进一步解释（参见图 3－24、图 3－25）。

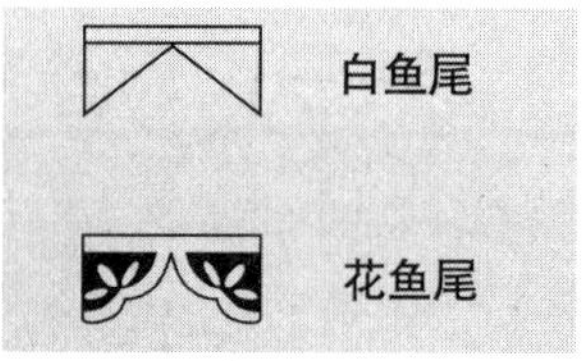

图 3－24

（1）版框：即边栏，又称栏线。常用于整幅版面四周，分单边线与双边线两种，呈黑色。双边黑线为一粗一细。粗线居外细线在内，又曰"文武边栏"；分上下单线，左右双边线。此外，边框线还以某种符号的连续重复形成线型。如："卍"字符号组成的线栏以及竹节栏、博古栏等等。这些纹饰总称为花边，在版面中主要是起装饰作用。如：竹节栏是以竹节组成四周的框线，博古栏是以多种乐器组成的装饰图案等等，类似于这样的边框图案举不胜举。

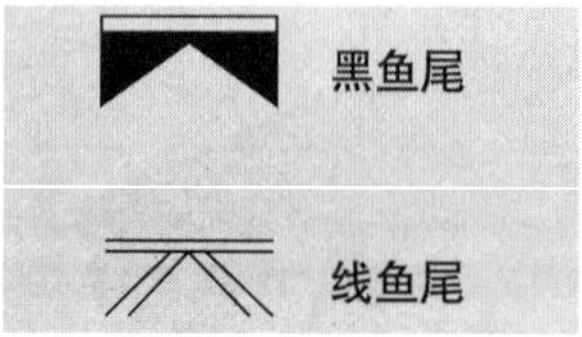

图 3－25

（2）界行：又名边准，版面内分行的直线，由帛书中的朱丝栏与乌丝栏演变而来。界行的运用，从根源上讲来源于简策制度的版面形式，界行的使用，使得版面的文字规整且有一定的秩序性与统一感，宋代经雕版印刷的书几乎全部采用这样的形式。

（3）天头、地脚：实是指文字之外的部分，其上空白称天头，其下者称地脚，左右空白则称为"边"。天头一般较地脚尺寸要宽，其功能在于批注之用。古人读书每当遇有一些心得想法常记录下来，或遇到一些名词解释也将注释写于其上。宋版书版面文字部分小，四周白边大，主要就是为了批注之功用。

（4）版心：指书叶左右两页对折所形成的中心一行，即中缝中折行。古人将蝴蝶装改为包背装之后，由于版面对折使文字朝外，对折中缝便成为书口。

（5）鱼尾：鱼尾在宋版书中是一大特色，最初的作用仅为折叠书叶所做的标记，但经过漫长的演变之后，它已变成了一种装饰符号。宋代的蝴蝶装在版面上使用鱼尾的现象极为广泛。元代虽也使用鱼尾，但不像宋代那样具有代表性和突出性。鱼尾的作用主要是为折叠书叶之用，版心距上边约四分之一处印有一个鱼尾图形，便叫鱼尾。鱼尾的种类主要有四种，即花鱼尾、黑鱼尾、白鱼尾、线鱼尾。花鱼尾多用于宋代，其图形有曲线花纹；黑鱼尾则将图形涂黑；线鱼尾是由平行线构成；白鱼尾采用的图形与黑鱼尾相同，但不涂黑色仅用线形。鱼尾在使用时，分单鱼尾和双鱼尾，双鱼尾是在单鱼尾的下方对称的位置再增加一个鱼尾。鱼尾方向也有讲究，反方向的鱼尾叫逆鱼尾，而方向相同的则称顺鱼尾。鱼尾的运用使得版面构成发生形态上的变化，它将版心自然地划分为三个部分，中间部分常用来题写书名、卷次、页码，上面部分印字，下面部分多印刻工的姓名、出版家、斋堂名号或丛书总名。鱼尾部分的字号同正文字号相比略小，但却有大小变化，与正文形成对比并产生一定的节奏关系。

（6）象鼻：象鼻指版心中上下鱼尾到板框之间的部分。象鼻一词在日常生活中很少使用。其称谓的来历有两种说法：一派专家认为：是黑口本鱼尾上下到栏边为止的黑线；另一派学者则认为：象鼻的称谓来源于象鼻形态的拟似性，它看上去类似于大象的鼻子，故得此称谓。从象鼻所处的位置来看，这两种说法都有一定的道理，象鼻中印有黑线的称为黑口，黑线较细者称细黑口，或小黑口，黑线较粗者或全黑者称粗黑口或大黑口。仅有空白而没有黑线的被称为"白口"，也有部分印有文字的被称为"口题"或称为"花口"等，总之，象鼻中黑口的作用同鱼尾一样都是为了折叠书叶所做的标记。

（7）书耳：指在版框线左右两边栏外的上角所印的一个小方格。书耳的功能主要是用来记篇名，其功用常常是为了查检方便而设计的。书耳位于版面的左边称为左耳题，右边称为右耳提。书耳的设立不但对于丰富版面的功能起到了一定的作用，同时，在审美意义上也别具一格。

（8）行款或称行格：专指版面文字的行数和字数，常以半版来计数，如：半页几行，行有多少字等。如果有双行小字，那么一

图 3-26

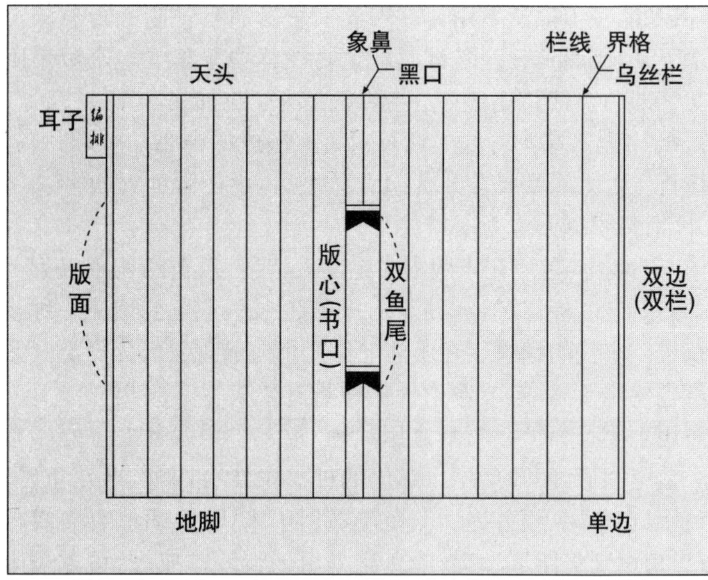

行中字数与大字大体相当。行款按现代排版的说法就是指行组的排列及相关的密度。《书林清话》记载："萧山王端履重论文斋笔录五云：有人说，宋人刻书，每行字数与它的行数一样，如每页二十行，每行就是二十个字，每页二十二行，每行就是二十二字，其实也不尽然。"从上述的描述至少可以判断出，宋版书对于版面文字的排列已具有一定的规律（参见图 3-24～图 3-26）。

5. 包背装

虽然宋代蝴蝶装已很成熟但仍有缺点，它必须连翻两页才能连续阅读，十分不便且令人生厌，暴露出的纸背也很不美观，在装订方式上也有缺陷。宋人认为用糊粘，省时省力，若用线反倒费时费工。事实上却相反，用线缝的书不仅牢固，而且省时省工。经考证真正用糊粘的原因在于有利于装订。由于书口的内缝线易将文字挡住，若缝线太少书不坚固，缝线过多书又摊展不开，最终会影响阅读。由此看来造成这种装订方式的真正成因是折纸方式所致。经实验证明，这种折页方式易于糊粘而不易用线锁钉。由于蝴蝶装有如此多的缺陷，古人于南宋末年便开始尝试用新的装订方式来设计图书。新型书籍的产生首先从折页开始，人们将书页有字的一面向外对折，使版心成为书口。将原来书口部分的余幅用纸加糊裹背，左边没有切口，只对上下裁切，右边裁齐，打上眼用绵性纸捻穿订后再用书衣粘贴。成书外观上颇似现代平装书，这就是包背装（图 3-27）。

图 3-27

包背装多流行于元、明两代，到了明末逐渐被线装书所取代。元代的包背装，多用黄纸，所刻字体为元体字，字形要比宋代的刻字小一些。《藏书纪要》曰："元刻不用对勘，其字脚、行款、黑口一见便知。"元体字是一个笼统的说法，其实主要以书法家赵孟頫的字作为范本。据《版本通义》记载："元以降赵松雪之字盛行，刻书多仿其体。"又据《书林清话》曰："元刻书多用赵松雪体。吾藏元张伯颜刻《文选》，大德本《绘图列女传》，字体流动而沉厚之气，溢于行间；《列女传》绘图尤精，确为松雪家法，字含钟繇笔意。"这里指的雪松体就是元体字。（赵孟頫，字子昂，自号"松雪道人"，我国古代伟大的书法家，其书法对整个元代的雕版印刷有着深远的影响）。包背装中最具代表性的书是明代的《永乐大典》，书高约一尺七寸，宽约一尺，原书共有 11095 册，后因八国联军攻陷北京，被西方列强焚毁，只有少数幸存下来的 100 多册，现为北京故宫博物院收藏。该书以黄绫为书衣，宣纸硬封，朱丝栏，每页为八栏，每栏为双行小字，每行小字为 30 个，大字为 15 个，占一栏。小字版面开头之首常用大号字起始，与版面产生一定的对比。版面右侧栏外常有印章，书口部分有鱼尾并辅以小字。再如：清代乾隆年间的《四库全书》，用绫作书衣，共分四种颜色：红、绿、蓝、灰，盛书用的是木函，函面刻写书名。

从包背装的版面结构来看并没有脱离蝴蝶装的版面特征，包背装除了在装订方式上有了一定的进步和字体有了某些改进外，版面设计并无多少突破，其整体结构依旧沿用蝴蝶装的模式。

6. 线装书

线装书来源于包背装，其折叠书叶，穿纸捻的方法与包背装一致，但不再用纸裹背，而是改用前后各加一张书衣作封面的方式出现，书脊露出内页纸边，打眼穿线后装订成册。

线装书具体出现的年代暂无法考证，但从时间上可以推断，是在包背装的基础上演变而来，它起源于元代末年，盛行于明末清初，或更早。从敦煌所发现的古写本中，就已有线装书的雏形。据《墨庄漫录》中记载："予性喜传书，他日得奇书，不复作缝缋也。"这里所说的"缝缋"，指的就是线装的形式，与后来明清年间流行的线装书未必是一回事，不过至少可以肯定，用线装的形式来装订书籍，其年代必定有一个渐进演化的过程，线装形式的出现不会以突现的方式流行明末清初。从这种意义出发，线装出现的年代应早于明末清初(图 3－28)。

线装书作为中国古典书籍最重要的形式之一，其装订的方法也必然有其独到之处，线装的锁眼是有讲究的，并非胡乱用针线穿孔，线眼的数量上有着严格的规范标准，多以四、六、八眼的线孔为订法，精装书还辅以绫绢包角，以此保护订口上下的书

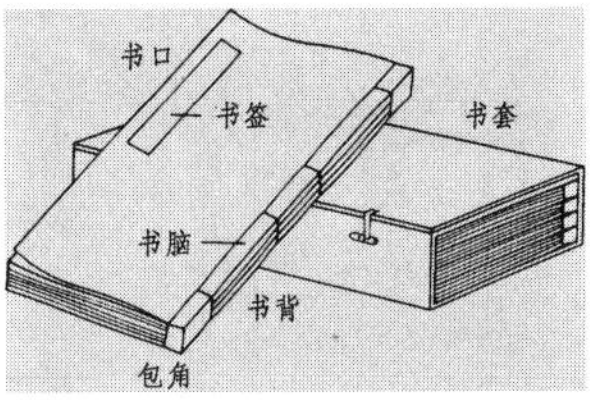

图 3－28

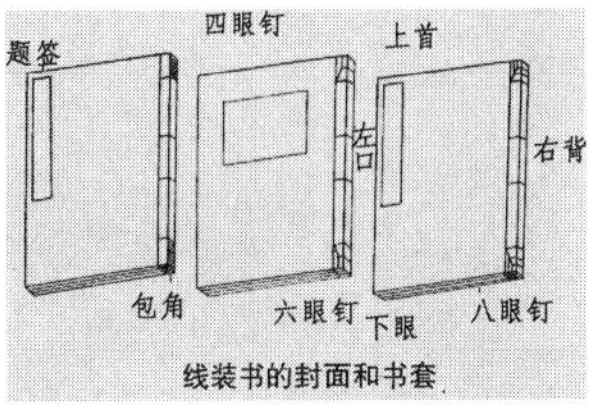

图 3－29 线装书的封面和书套。

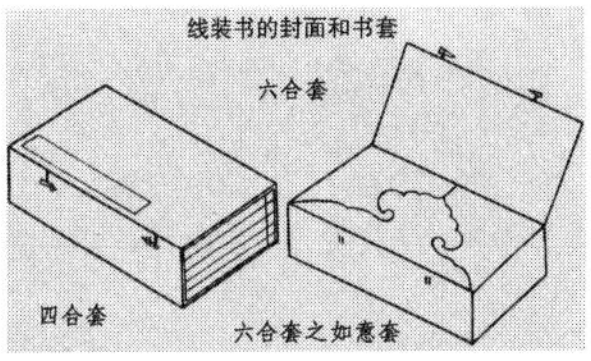

图 3－30

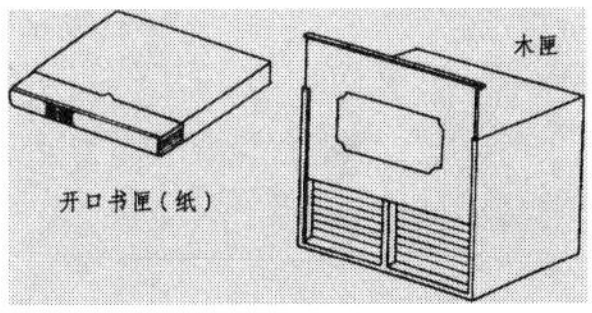

图 3－31

图 3－32

图 3－33

图 3－34　书箱。

图 3－35　书盒。

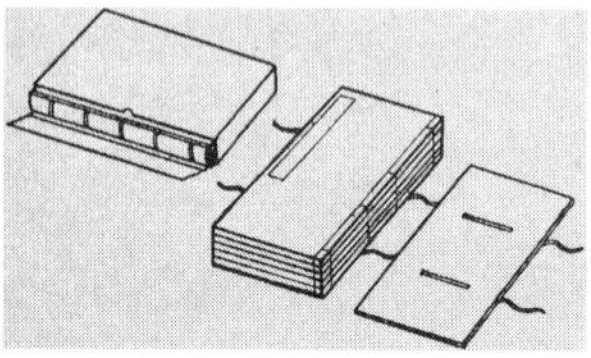

图 3－36

图 3－37　(唐)《金刚般若波罗密经》卷首语。

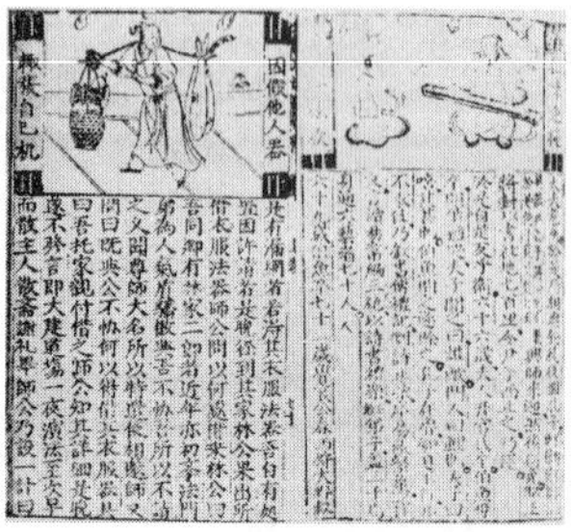

图 3－38　(元)《全相平话五种》。

角。简装书亦称毛装，此法即用书页折齐，装订后不加裁切，其目的在于书用旧之后可裁切，看上去仍如新书。

线装书多有函套，以保护书的封面不受损毁，同时也便于存放在书架上，函套的种类很多，归纳起来不外乎有纸装与木装两大类(参见图 3－28～图 3－30)。

(1) 四合套

此种函套的特点是将书装订成册，外套用硬纸板裱上绫或织金锦缎，把书摞在一起再将四周围合起来，书的上下为开放式样以便露出书的上下两端，围合后书的开启处用象牙签做别插固定，这就是被称为的“四合套”。精装书与其配套的函套则在开启处将书套挖成各种形态，如云形、月牙形等。如果用此法把书的六个面全部围合，则被称为“六合套”(图 3－31～图 3－33)。

(2) 木匣套

古代中国是一个产木大国，崇山峻岭到处都有取之不尽的参天大树，顺应自然造化，器具多以木质结构出现。故此，用木质材料做书的函套也就顺理成章。木质书匣的开启方式与外观形态易于变化，一般以抽开的形式最甚，大小则因书的厚薄体积而异。木匣的材料较为考究，大多用金丝楠木或紫檀木为主，书匣的色泽取自木质的天然本色，既坚固耐用又典雅古朴，体现出书的内在书卷气。书匣上常雕刻文字，匣内除留有放书的位置外，还预设放置防潮防蛀的樟木板(图 3－34、图 3－35)。

(3) 夹板套

平板函套是用与书的大小完全一致的木板，置于书的前后用于保护图书，并用丝带穿孔过木板用以围合。这种函套被称为“版装”，分二版装、三版装等，板上的文字和书衣一样常贴上签条作为书名(图 3－36)。

(4) 纸盒装

其实，纸盒装与四合套有着一定的联系，形式变化丰富，制作也相对简便实用。通常有一个单体纸盒，也有在单体纸盒的开口处外加一个纸盒成为双纸盒，此组合方式决定用单体还是双体，主要是依据书的开本、大小、数量多寡而定。

上述四种函套形式，仅为大的分类。从现存的古籍形式来看，所有函套形式均以此为基础发展演化而来。编排方式上，古籍函套相对简洁，程式化倾向严重，并无特别的文字组合排列，文字竖排雕刻或书写一个标签。可以看出，古人在书籍函套设计方面，主要是从保护书的角度出发，而非现代书籍有着多功能的宣传效用，这是封建社会以自然经济为主要特征的社会现象在文化领域里的反映，本质上有别于以商品经济为主导的市场竞争在书籍形态上的体现。

7. 版面形式

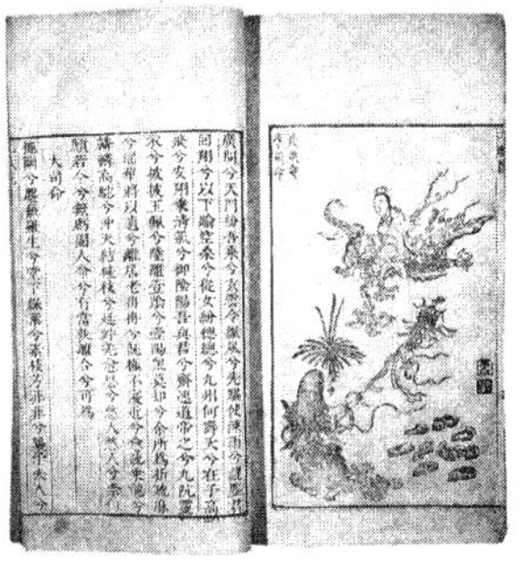
图 3－39　(明)陈洪绶《九歌图》。

自明代起,中国的文人喜好在书籍的天头地脚间书写心得,加注批语。故而线装书的形式大多具有版心小,天头、地脚大的特点,尤其是天头之大更是如此。直接在书上进行批注圈点已是明代文人的时尚,似乎不在书上注解、批释,一本书的版面就不够完整。如钟惺、谭元春、汤显祖、徐渭、李贽、茅坤、陈继儒等一代大家无不如此。当这种批注形式出现之后,版面形态便发生了变化,成为中国古籍版面编排的一大特色。这些文人所批注的内容极为广泛,文笔自由活泼,书写方式也各具特色,实际上是古代文学、史学及其相关学术观点的一种表述形式,其思辨多于考证,重逻辑、轻考证,文风纵横恣意,大胆发表自己的学术观点,学术上具有独特的一面。到了清代,书籍的批注以及所发表的学术观点一反明人的学风,变成了重考证,轻思辨,大多数清人的批注要么是阐述本旨,要么探源发微,或是增补辑佚,严格地说仅是一种学术研究和整理工作。例如清代著名学者邵懿辰,其案头常置《四库全书简明目录》一部,所见宋元旧本书,辄手记于各条之下,最终撰成一部极有价值的《四库简明目录标注》。

图 3－40　(明)《历代名公画谱》。

古人的这种治学读书方式,为中国古典版面形态的形成创造了一个独特的艺术形式,它在世界古典版面编排史上独树一帜。一本书印刷排版完工后并不等于版面编排工作已告结束,只能说版面编排仅进行了大半,另一小半则由读者完成。包背装尤其是线装书的版面编排的完工,必须依靠刻字印刷工与读者共同完成,才能算得上真正意义上的版面编排,这种方式在世界排版史上和版本学上也是绝无仅有的文化现象。

图 3－41　(明)《十竹斋画册》。

8. 插图版面

《书林清话》曰:“吾谓古人以图书并称,凡有书必有图。”中国古典书籍的一大特色就是插图,尤其是明清之后的小说更是如此。有书必有图,有图才称得上完整的书,“图”、“书”自古不分家,“图”、“书”发展至今成为书的代名词。明代之后中国的古籍书多有插图,插图在书籍中用以传达信息的作用不言而喻,是倍加的文字量。插图的地位即使到了今天,也无法用其它方式来取代。在古代,由于出版资讯很不发达,能够用于大规模传播知识文化的唯一方式仅限于图书,因此,充分发挥书籍的优势是插图存在的时代所需。

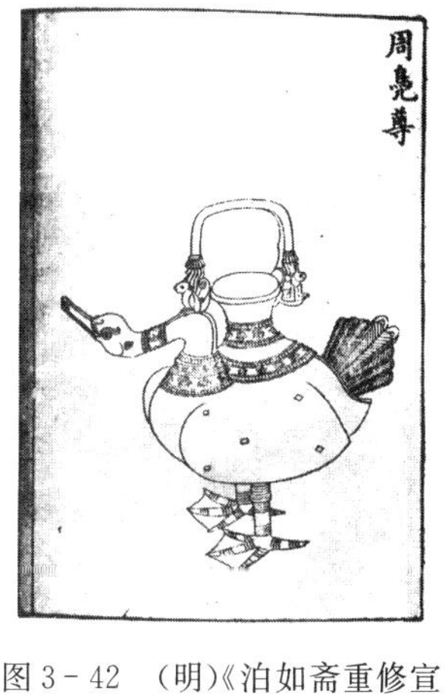

图 3－42　(明)《泊如斋重修宣和博古图录》刻本。

插图的特性决定其地位必须从属于文字,为文字服务是插图的使命。然而,插图的这种属性并不影响作为一门独立的艺术而存在。插图的优劣好坏对文字内容有着直接的影响,故此,

图 3-43 (明)《程氏墨苑》刻本。

图 3-44 (清)《芥子图画谱》。

图 3-45 (清)《太平山水图画》。

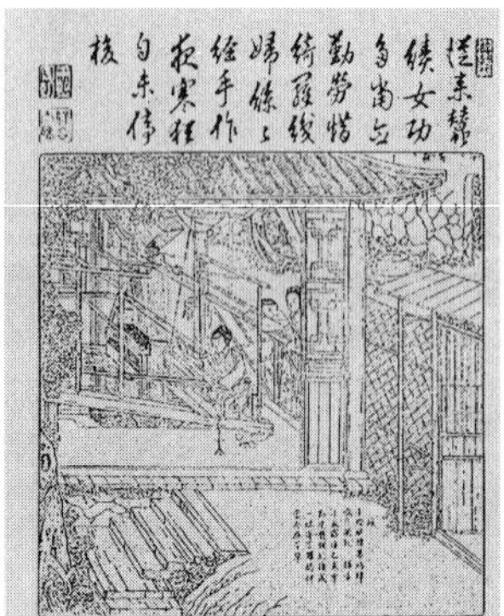
图 3-46 (清)《耕织图》。

古人对书籍的插图极为重视，它既不是与文字内容毫不相关的一般性绘画，也不是味同嚼蜡的简单图解，而是具有相对独立性的二次创造。从某种意义上讲，它好比是词曲作家与演唱家之间的关系。音乐制作人在词曲制作完毕后并不等于有一首好听的歌，作品的成功与否必须借助于演唱家的二次创作才得以最终实现。书籍文字与插图的关系也是一样，作为一个好的插图家，首先必须对文字内容有一个深刻的理解，只有在准确把握文字内容的基础上，最终才能真正实现插图的功用。当然，插图的作用并不等于连环画，连环画的功能在于对文字图解的连续性上，具有直观、生动、形象的特点。而插图仅在于弥补文字功能的不足和对内容进行形象直观的概括总结，以此突出主题。显然，这一功能仅靠文字是无法做到的。叶德辉的《书林清话》曾这样评价古籍插图的特点：“吾谓古人以图书并称，凡有书必有图”。古籍手抄本插图，大多由画家直接绘于书本之上，最早以印刷的方式出现的插图是石刻画像，如武氏祠《孔子七十二弟子像》、《孟母断机》等。之后古人发明了雕版印刷，使插图才有了大批量生产的可能，这些插图的内容主要是宗教经书佛像。

最早发现的雕版印刷插图是《金刚般若波罗密经》(参见图 3-37)的扉页插画。这幅最早的印本插画，用七张纸粘成一卷以卷轴的形式珍藏，全画长 16 尺，高 1 尺，(原作被英国人掠去，现藏于大英博物馆)其内容主要是讲述释迦牟尼在给孤独园长老须菩提说法的场面，人物大小比例关系完全按照佛教内容的需要而设计，主要人物释迦牟尼端坐在画面中央，处于最为显要的位置因而最大，其它次要人物相对较小。在人物位置的安排上，除了飞天与长老须菩提居左，其余人物都处于画面右边，插图通过人物目光的调度，使得版面趋于平衡。可以看出画家在处理版面构图时，充分考虑到了力的方向性，以及扉页同长卷文字之间的搭配协调关系。这幅作品从版面的构成方式上看，线条的疏密与雕版文字走刀的韵味浑然一体，版面相关元素布局严谨，结构紧凑、工艺精良。虽然此插画是所发现现存最早的插画，但根据其版面的艺术成就与成熟的版面风格去推断中国的雕版插图艺术所存在的年限，可以肯定，这幅作品的发现只是其中的一个断代产物。

宋代的插图艺术在中国的书籍史上有着很高的成就。宋徽宗赵佶本人在绘画方面有着极高的天赋，其爱好书画的个性，必然影响着绘画的兴衰。两宋时期，皇帝设立画院，通过严格的考试制度选拔人才，这种举措必然大大推动宋代插图艺术的发展。徽宗时期曾编著大观、政和《本草》二本，皇佑元年(约公元

1049)所雕印的《三朝训鉴图》等，都是宋代具有一定代表性的作品，可惜这些作品现在已很难见到。

南宋灭亡之后，元代继承了宋代雕版插图的风格特点并日渐成熟。现存的《全相平话五种》插图便是其中的精品(参见图3-38)，此作品人物造型生动，个性鲜明，所有的字体均为横细竖粗的宋体字，插图的外框线条与其两侧的对称式条幅文字相统一，辅以黑色装饰块，使得版面庄重、秩序。中缝部分用小字装饰，增加了文字编排的丰富性与字体级数的层次感，整幅插图居于版面的上半部，因而显得十分整齐、稳定。

明代插图是中国古典书籍插图发展的一个黄金年代，发展初期虽然有些粗糙，但普及程度与前代相比却显略甚。至明代中期这种粗糙的工艺有了很大的改观，精致程度丝毫不亚于以往任何一个朝代，现存《御世仁风》便属此例，每页均绘有插图，精美雅致。在插图方面，明末清初最为有名的画家应为陈洪绶(1598—1652，字章侯，号老莲，别号老迟)，陈洪绶一生创作颇丰，在插图上尤以《九歌图》、《西厢记》(参见图3-39)为代表，所绘插图加上名刻工的精心雕制，作品风格对后人产生了深远的影响。

明代插图在版面的构成方式上与以往相比有某些突破，主要体现在跨页与整版独幅插图上，如刘龙田的《西厢记》、汪廷讷的《人镜阳秋》以及《历代名公画谱》(参见图3-40～图3-43)等均属此类。插图版面的另一个特点是在正文中刻印小幅插图，与文字结合后版面内涵丰富生动，排列格式依旧，并无任何改变，体现了自源文化的一致性。插图版面皆用阳线刻制，画面上不曾出现大片的黑色块，所有插图与文字浑然统一，没有大起大落和强烈的黑白反差，版面显得温文尔雅，富寓文化内涵，体现着浓浓的书卷气。

到了清代，书籍插图逐渐演变成精细富丽的格调，代之以明代的粗犷洒脱之风。清代的插图分前、中、后期三个阶段，每个阶段的特点也不尽相同。前期以陈老莲所代表的明风遗韵依旧盛行，中期逐步演变成精雕细琢的皇家气息。其中以《耕织图》、《万寿圣典》、《红楼梦》为代表。晚期因受西洋文化的影响而留有欧式印迹。在此期间无论是插图的观念还是插图的表现手法都发生了深刻的变化，从中国本土文化的自源性来看，无疑受到了极大的挑战(参见图3-44～图3-49)。

纵观中国古籍的版面特征，虽然各个时期不尽相同，但它的内涵却始终一致，都具有恬淡悠远的诗韵。插图与内容在审美意识上有着缜密的统一性、协调性。那种清淡、雅致、秀美的风格自始至终贯穿如一，形成了中华民族文化的总体特征与总体

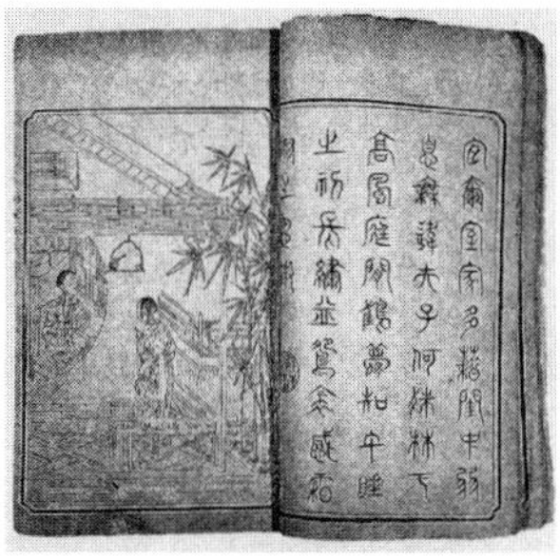

图3-47　(清)《红楼梦》。

图3-48　(清)《点石斋画报》。

图3-49　《茶花女遗事》1899年版(铅印)。这一时期因受西方文化的影响，中国古籍编排形式开始逐渐演变。

美学精神，从而在世界文明史上独树一帜。

第二节 西方早期的版面特征及编排

一、早期文字

人类自创字起便诞生了文字排列，编排始终伴随着人类文明的发生而发展。

历史学家认为：古代巴比伦和古代埃及是整个欧洲文明的摇篮。地域划分上，虽然古巴比伦地处西亚，古埃及处于北非，与欧洲并不在同一地区，但从世界文明发展的结果来看，他们却都属于地中海文化。由于古巴比伦与古埃及的文明对西方的影响深远，故在此统称为西方。

西方历史上最早有记载的版面形式，出现在约公元前 3000 年的古巴比伦，历史学家认为位于美索不达米亚地区（Mesopotamia），即两河流域的苏美尔人（Sumerian）最先创造了原始版面的排版形式。最初，苏美尔人将湿泥做成块状泥版，后用木片刻画其上形成具有凹槽的文字，这就是所谓的楔形文字。契形文字按照一定的规律进行排列，形成了西方最早的编排形式。那时，人类尚处在幼年阶段，所出现的文字皆是些象形文，编排规整，文字按照整齐的格子书写，字体也很规范。这种文字在公元前 2000 年左右发展成熟，人们可从现存于世的遗存中看到这一特征（参见 3－50、图 3－51）。

图 3－50

与美索不达米亚文化处在前后期的古埃及是文字的重要发源地之一。埃及古文化的产生与养育着古埃及人的尼罗河是分不开的。长长 6600 余公里的尼罗河每年都要泛滥，四溢的河水虽然给两岸的人民带来了许多灾难，但同时也促成了肥沃的土地与高产的农田。埃及人在这块土地上辛勤地耕耘着，逐渐建立起了自己的文明，尤以尼罗河三角洲地区最为发达。公元前 3100 年左右埃及人建立起自己的国家，史称第一王朝。与此同时，美索不达米亚文化与苏美尔文化对古埃及也形成了影响，并推动着埃及文化的发展，其主要表现集中在文字的创造上。

图 3－51

虽然巴比伦文明影响了古埃及，但埃及人并没有在文字的书写方式上受多少干扰，他们依然沿用早已形成的自源象形文字。文字进化史上，象形文字落后于抽象形态的字母文字，然而，埃及人并没有吸取苏美尔文字的优点。古代埃及的象形文字极为具象，基本为图画式，落后的象形文字在埃及历史上使用了漫长的时间。从公元前的 3100 年到公元 394 年从未间断过，这种局面直到古罗马人攻入埃及并实行了殖民统治也未见完全改变。那时，“神的文字”被广泛使用，反映在雕塑、石刻中的这一现象屡见不鲜，尤其运用在纸草书上更是极为普遍。纸草上常有精美的插图与文字相配合，使得版面形式甚为丰富，有人称这一现象是现代平面设计发展的最早依据，其特点在于利用版面已有的区域给予综合布局。文字本身虽是象形形态与插图配合，但并未显得版面累赘、重复，相反，却是图、文呼应有序，精美绝伦。

版面中的基本编排元素因是象形文字，字与字之间的形态并没有实质上的笔画因果联系，故此，排列中便出现了非常自由的倾向，可竖排也可横排，具有高度的装饰性，编排方式完全根据实际需要而定。例如，公元前593—568年间所修建的埃塞俄比亚王阿法塔古石碑就是最具有代表性的一例(图3－52)。这幅作品虽然只是一幅壁画，却具有书的功能，版面编排完全按照书的形态来设计。上半部分绘有类似于题目的主体文字与小幅插图，中间配以大幅对比强烈的主题插图，小字作为说明，左右竖排配置并加装饰线相辅，主体插图顶部用横式文字排列。编排上，这种相互矛盾的方式在此却能兼容协调，不能不说古埃及图画字体有着绝妙的装饰性。类似于阿法塔古石碑的编排方式很普遍，常出现在石碑、墓室壁画中，而莎草纸书的排列则以手卷式的横向方式展开，文字竖排并配以插图。如最具有编排特点的书籍是古埃及著名的《死亡书》。在古埃及的宗教传说中，人们相信来世，认为现世的人只是人全部生命的一个部分，人的死亡只是人以生命的另一种方式进入到另外一个世界和国度，所以人的死亡是一件大事，不能草草了事，而应对死者进行厚葬。死者入葬时常伴有《死亡书》相随，书的内容多为回顾死者生前的业绩和经历，并描述如何去与神相会面的场景。《死亡书》的设计十分讲究，插图制作精美，文字编排严密，显然就是一件艺术品。当然，不同等级的人其死亡书的艺术价值是不同的。无疑，法老的《死亡书》等级最高，代表着同类设计艺术的最高成就。公元前1250年尼克特的《死亡书》(Vignett from the papyrus of Nekht, C. 1250 B. C.)记载了尼克特的显赫战功并绘有他与妻子站在神面前的场景，版面中的主要人物个性突出、神态安详，插图与文字相混合，文字呈竖排式，整体版面结构严谨，组织有序(参见图3－53、图3－54)。

图3－52　阿法塔古石碑。

图3－53　古埃及“纸草”书。

图3－54　古埃及公元前的《死亡书》。

从苏美尔人的楔形文字和埃及的象形文字来看，这类文字版面本身都具有完整的结构单字，各成体系。编排有其自由的地方，无论横排还是竖排均可成立，不会影响阅读。然而，上述两种文字皆具有形态复杂、记忆难度大的缺憾，普通人不易掌握

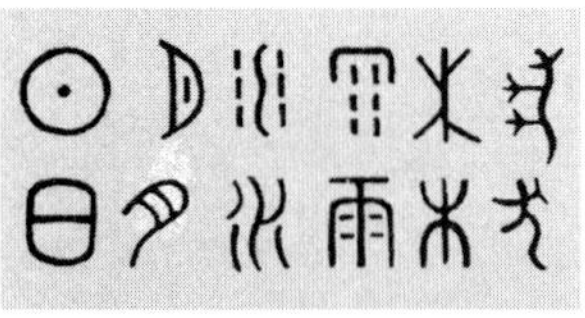

图 3-55 中国自源文字的演化,虽经历了数千年的历程,但其基本创字体系未曾改变,一直沿用至今。

和使用,这对文化的传播带来很大的障碍。

探根寻源,从世界四大文明古国的自源文化来看,无论是埃及、巴比伦、印度还是中国,最终都没有完成从象形文字进化到字母文字的演变。埃及的象形文字与巴比伦的契形文字虽然经过数千年的使用,最终却被淘汰。古印度的文字湮没的至今连影子都找不到,可见这类文字的消亡是因为其本身就存在着很大的弊病。只有中国的古文字自创立以来,其构字法不曾改变,历经数千年沧桑至今依然在使用,自源文明从未中断,可见其造字的合理性(图 3-55)。

二、古希腊文字

西方文明的起源是建立在古埃及与古巴伦文化既有成果的基础上的。然而,最早的欧洲文明却直接诞生于古希腊的克里特岛,史称米诺亚文明(The Minoan Civilization)。克里特岛位于地中海的中部,与希腊半岛有着数百海里的航距。由于地域关系,这个地区自古以来就与埃及、巴比伦的联系密切并受其影响,古称腓尼基文化的北非地区就出现在离它不远的地方。此期间,腓尼基地区首先出现了子音字母,这些字母有些反转或倒写,与今天的文字相像但不太一样。在腓尼基文化的影响下,公元前 2800 年左右,米诺亚地区出现了文字符号,最终在公元前 1700 年左右被拼音符号取代。米诺亚文明的出现是人类文明的一个重大进步,这一文明直接影响了欧洲文明的进步和世界文明的进程。米诺亚文字不以象形符号为特征,而是以拼音字母的形式出现。古希腊文明自米诺亚文明之后开始全面走向兴盛,公元前 500 年左右是其黄金鼎盛期,这一期间,在各领域都出现了一大批杰出的人才,如哲学家、诗人、数学家、艺术家等。文学作品层出不穷,其中具有代表性的著作是荷马史诗《奥德赛》和《伊里亚特》。希腊国家的政体在同期也进行了改革,使国家的治理更趋合理性。在这个文明的兴盛期中,帝国的版图扩大到地中海沿岸许多地区,使希腊文明得到了进一步的传播。在希腊人逐渐改进文字结构、文字日趋合理、形态更加完美之时,发达的希腊仍然沿用古老的莎草纸和羊皮作为书写材料,对版面形式起到了相当大的制约作用,从而延缓了希腊文明的进一步传播。

三、罗马字体

自米诺亚文明之后,希腊全面走向繁荣,但随着罗马人的攻入,这一文明又很快被摧毁。罗马人所到之处,力图将希腊所有的文明成果全部搬走。他们不但将文学、艺术、诗歌、音乐、哲学、宗教等成果整个搬到罗马，而且还将相关的文学家、艺术家等各领域的杰出人才掠走，强迫他们为罗马效力，希腊所剩下的只是一座座孤零零的空城。至此，希腊文明开始全面走向衰败，罗马文明取而代之。

集希腊文明之大成的罗马人并没有在希腊文明成果的金山上坐吃山空，而是在此基础上进一步向前发展。从文字的演化上可以看出，最初传入罗马的拼音文字其实并不完整，罗马人将希腊文字经过改良后变成了接近今天的拉丁文字母(图 3 - 56)。

图 3 - 56　古希腊字母表。欧洲文字诞生于古希腊，这里所展示的字母表客观说明了从古希腊到现代英文字母的发展全过程。

强大的罗马帝国在鼎盛时期其版图幅员辽阔，北至整个南欧，南至北非，东至西亚，乃至整个地中海地区都在它的统治范围内。此时的罗马人开始大量修建纪念性建筑，建筑上多刻有建筑性铭文，字体则被称作罗马建筑铭刻体。字体设计上，字母开始用饰线装饰，每个字母相对独立，字母内的笔画讲究空间的疏密配置。单独看，每个字母都是独立的单元，若将其拼成一篇文章，则有着几何化连续性、完整性的特点，使读者能享受到字母节奏的快感。

图 3－57

罗马字母时代最重要的阶段为公元一至二世纪，在此期间与罗马建筑同时产生的纪念性建筑，如凯旋门、胜利柱和相关的碑文，均具有庄严、典雅、工整匀称的外观特点。罗马大写字体此时正逐步走向成熟，其字体的特点是“方体”，在公元二世纪普遍使用。书写方式为横细、竖粗，有装饰线，笔画均称优美。刻工事先用一把扁笔形的金属或骨制薄片写在石头上再进行精雕细刻。具有最典型特征的代表作是古罗马帝国图拉真纪念柱上的碑文，这个碑文直到今天，人们依然将之视为最完美、最理想的古典形式(参见图 3－57)。

由于罗马字体的成熟，罗马人的书写方式已完全变成了自左向右的横式排列。此期间，由于羊皮纸的大量使用，加上价格十分昂贵，版面编排的空间相对狭小，字行密度大、字体小，多为对称式，甚为庄严。有时部分插图与文字相配倒也增加了一些活泼的气氛，使版面编排有几分轻松的感觉。

公元 4 世纪，由于北方蛮族的入侵，罗马帝国终于结束了长达数个世纪的辉煌，开始逐步走向衰败。公元 395 年罗马帝国分解为东罗马与西罗马两个部分。西方逐步进入到漫长的由基督教统治的中世纪。

四、中世纪的版面编排

西方进入中世纪以后，基督教成为官方最大的垄断性的宗教组织，教会控制着一切，人们的一切活动都必须按照宗教的标准去做。在神的教诲下，人们以最大的限度泯灭人性，提倡神性，倡导禁欲。僧侣们为了表达对神的虔诚，他们将古典时期的许多文化成果均付之一炬。黑暗的中世纪使西方文明倒退数千年。然而，中世纪虽然反动，但并非一点文化都未留下来。当时，人们聚会的场所是教堂，出于对神的敬仰，人的一切活动都必须围绕着神来进行，教堂是人与神对话的唯一场所，故此欧洲所有国家的教堂都修建得极其豪华、威严。为了达到宗教统治的目的，《圣经》手抄本是唯一得以广泛传抄的文献，那是盛纳上帝“灵魂”的“容器”。抄书者均为传教士，他们终生躲在修道院昏暗的地下室里，仔细认真一丝不苟地抄写教义。圣经的质量堪称精品，无论从圣经的封面、函套还是内页版式都体现了当时西方的最高水平(图 3－58，另见彩图 9)。这些手抄本圣经具有三个特征：第一，整部书重点采用插图。插图在圣经上的比重，虽然没有文字那么大却也精美。插图的方式与文字相统一，与书的整体气质浑然一体，没有丝毫添加或生硬的痕迹，文字与插图结构结合得自然巧妙。第二，广泛使用装饰字体。由于圣经必须体现对神的虔诚，圣经的每一个角落，都必须经过仔细的设计与装饰，文字尤为突出。在主要文字上，重要的大标题仔细反复修饰，正文内容采用的字体均有装饰脚的字母。第三，整个版面使用华贵材料装饰。出于对神的恭敬，圣经封面常常使用钻石、珠宝、金、银、珐琅等贵重材料装饰，这类手抄本往往象征性超过实用性。

图 3－58

虽然中世纪的宗教统治极为黑暗，泯灭了人类的许多创造性，但中世纪毕竟脱胎于古典时期。中世纪人量极有价值的国家法典、宗教圣经的设计制作不免带有古典时期的烙印，排版方式吸收了许多古典风格的精华，装订方式也有了很大的改进。具体做法是：将古希腊、古埃及时期传存的手卷式装订改用页码平放装订；书写材料以质地柔软、宜于保存的羊皮代替莎草纸。从现存最早保存完好的手抄本《梵蒂冈维吉尔》诗集来看(图 3－59、图 3－60)，便有以上特点。整部书用羊皮材料制作，字体工整，插图辅以红色边框作为装饰边，插图的宽度与文字等同，编排时将其整齐地置于文字的上方、中间，或者于每页文字的下端，插图的绘制手法带有典型的古典罗马时代的特征。在整个漫长的中世纪，版面编排也分为数个发展阶段，每一时期的变化虽然缓慢，但也并非铁板一块，尤其到了中世纪后期其版面变化开始加快。

图 3－59　书写较快的“维吉尔体”系列中的“拉斯提克体”。

图 3－60

1. 凯尔特时期

凯尔特人居住于英伦三岛，其本身并非英国本土人，凯尔特人的祖先最早于公元前 1000 年左右生活在中欧、西欧等部落，罗马帝国衰亡时，凯尔特人已陆续迁居英伦三岛上。公元 5 世纪左右，圣·圣帕特里克(St. Patrick)将基督教教义传播到凯尔特人中。在这之前，凯尔特人也有自己的宗教和自己的文化特点。当基督教与凯尔特人的文化融合后，产生了新的凯尔特人文化。例如：凯尔特人的手抄书籍具有装饰性强、色彩艳丽的个性。编排时常常将书中首写字母加以特别的装饰，因而使得首写字母尤为华丽。书中的插图也多以图案化的风格出现，与罗马时期的写实风格完全不同，并且每幅插图都有一定的装饰花边环绕。书的每一面都可成为独立的艺术品，例如公元 680 年

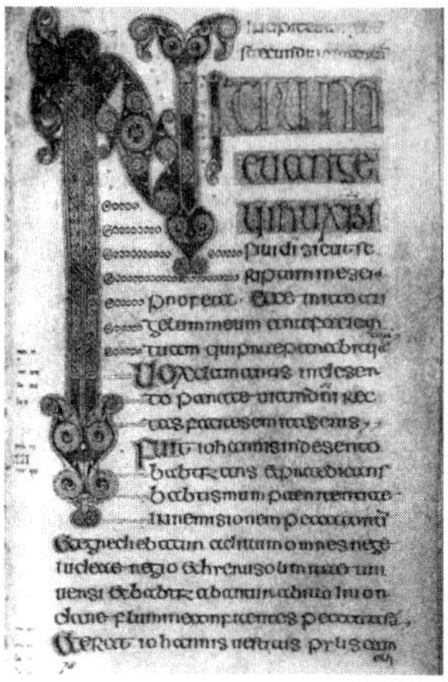
图 3 - 61

凯尔特人设计的《都罗之书》(图 3 - 61),公元 698 年设计的《林迪斯法恩圣诗》以及公元 795—806 年间设计的《凯尔斯之书》都具有这样的特征。凯尔特人在英伦三岛上所创造的特有的设计风格,最终影响了欧洲大陆,其精妙的插图与文字相统一的编排形式,华丽的图案装饰等为欧洲诸国留下了大量可借鉴的宝贵财富。

2. 卡罗林时代

从罗马帝国崩溃至公元 8 世纪的数百年间,是欧洲历史上战争最为频繁的阶段,年年的征战使得欧洲文化遭到了极大的破坏。公元 8 世纪末至 9 世纪战争初步结束,法兰克皇帝查里曼(Charlemagne,742—814)终于统一了欧洲,并实现了政教合一的政治体制,查里曼皇帝具有至高无上的权力。他希望建立一个以日耳曼人为核心,与基督教联盟的新的帝国形式。他认识到中世纪社会制度是反文化、反人类、与历史发展背道而驰的社会形态,因此,查里曼决心推行新的文化制度。他邀请英国学者阿尔昆(Alcuin)赴德国的阿享(Aachen)筹建宫廷学校,以此来振兴欧洲的文化。阿尔昆接受了邀请并倾力投入。然而,在数百年的战乱中,欧洲原有的文化遭到了巨大的破坏,书籍不但种类较少且凌乱不堪,大部分地区的书籍设计极为简陋,字体繁杂,制作工艺原始,致使欧洲人的文盲比例增加。公元 789 年,查里曼发布法令,颁布统一的皇家标准文书,强行要求欧洲所有地区都按这一法令执行。其目的在于提高整个欧洲的文字和手抄书籍的出版水平。有了皇帝的支持,阿尔昆首先对文字进行了一系列改革,其中卡罗林小写体便是这一时期的杰出代表,它比以前的字体更易于阅读,且特别适合于书籍的抄写发行。查里曼皇帝要求用这种新型字体进行统一编排,装饰上也制定了统一的标准。这种统一化、标准化的出版制度,在欧洲以往任何一个时代都不曾有过,它对于后来的标准化印刷起到了很大的参照促进作用。

3. 西班牙图画表现主义版面特征

位于南部欧洲的西班牙,历史上曾是罗马人、西班牙人与北非摩尔人相互争夺的地方,其人种有很多是北非摩尔人的后裔。在查里曼大帝统一欧洲时期,西班牙则由摩尔人长期占领。由于这一缘故,同一时期西班牙的手抄本完全没有受查里曼大帝统一标准文书的统合,而是走一条自己的道路。由于地缘关系,西班牙文化长期以来一直受来自东方阿拉伯文化和欧洲本土文化的双重影响。在书籍设计方面,手抄本的色彩艳丽,书的四边常有图案装饰,具有浓厚的阿拉伯异国情调。公元 945—1000 年间出现了以装饰图案为主的扉页设计,图案的编排大部分以几何形态为主色。手抄本书的内容都是些与基督教相关的宗教宣传读物，其中具有代表性的手抄本为《工作评论》、《比修斯评约翰启示录文书》等，后者还配有大量的插图。这些插图色彩明丽，形象生动，与文字编排在一起，显得版面十分生动活泼。此类作品个性较强，有插图画家强烈的个人表现性。类似于西班牙风格的书籍设计在欧洲历史上还从未出现过，故此，历史学家们普遍认为这一时期的作品带有早期的表现主义意识。

4. 中世纪末期的手抄本的版面特征

公元 1000—1150 年间，史称“罗马化时期”，这一时期欧洲各国全面进入封建社会。由于宗教狂热，欧洲诸国开始组建十字军对异教徒进行东征，他们的目标是以圣地耶路撒冷为中心的泛伊斯兰国家，目的在于收复圣地。为了宣传基督教教义，教皇下令加大力度全面促进宗教手抄本的出版。在此期间，由于宗教的需要，手抄本进入了一个高速发展的黄金期。手抄本大部分为精装本，小部分为简装本，它包括《新约》的四部福音，《圣经》中的《诗篇》等。这些手抄本被基督教狂热分子带到中亚各地广泛撒播，此时的读者群已不再局限于寺庙中的僧侣，而是广大民间的普通百姓。为了满足人们对于《圣经》日益增长的需要，书籍设计与版面编排发生了一系列变化，如：手抄本进一步强化标准化模式，原有的写实插图因制作缓慢而被简单的线描插图取代，线描人物大多没有复杂的背景，而以金色替代。插图为了适应文字编排，常常做变形处理，以凸现文字内容的重要性。这种以文字为主图形为辅的编排方式，是这一时期宗教书籍的一大特色。

从公元 1150 年起，欧洲进入歌德时期，这个时期共持续了近 200 年，此时欧洲的封建社会开始逐步走下坡路。经济上，随着国际贸易的扩大，商品交易日益频繁，封建制度所带来的弊病大大阻碍了工商业的发展。在思想意识形态方面，很多欧洲人发现原有的“上帝”不能拯救世人，要想摆脱苦难只有自己拯救自己。一场“以人为本”的人文主义思想孕育而生，从而导致整个欧洲价值观的转变。这个变化预示着反人类的基督教文化的结束，欧洲迅速从神权思想向人权思想转变。

当时的法国和英国在社会的变革中走在最前面，两个国家都实行了君主制，贵族阶级掌握着国家政权，教会已失去了对国家的控制，经济开始稳定发展，经济生活也逐渐走向繁荣。在文化方面；此时的欧洲已出现了大学，教育需求导致对书籍的需要量激增。当时巴黎人口只有 10 万人，而学生则高达 2 万，学生比例占总人口的 20%，从而使得全民整体素质提高。公元 1200

年前后，英国和法国兴办教育，增加了对于《新约》中《启示录》的需求。当时的出版界虽然仍停留在手抄本阶段，但其数量却因教育的扩大而激增。《启示录》的版面编排，一般以图文并茂的形式出现，版面工整，分上、下两个部分，上半部分为插图，下半部分为文字，字体为哥德时期的特克斯体（Texturum），这种字体在今天看来似乎比较花哨，但在当时却是很正统的现代字体，具有一定的进步性，特克斯体后来逐渐演变成一个庞大的字体家族。

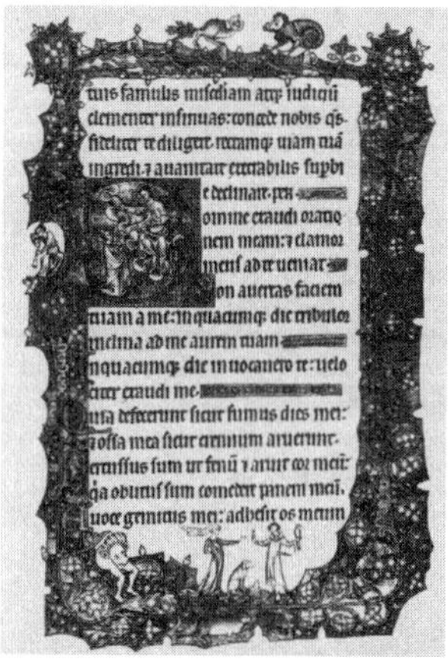

图 3-62 《奥米斯比诗篇》。

在《启示录》的所有的版本中，以 1265 年版的《杜斯启示录》最具有代表性。这本书共 100 页，几乎每一页都有一幅插图，文字分两栏编排，书的装饰比中世纪前期简洁，文字编排和插图都没有以往那么繁琐，版面呈现单纯清静、干净利落的风格，令人耳目一新。这期间还有一本重要的出版物《奥米斯比诗篇》（the Ormesby Psalter）（图 3-62），其风格不同于《杜斯启示录》，此书装饰极为豪华精美，开本高达 33.6cm，是同类书中的巨篇，该书由于开本较大，书的设计者安排了相当面积的插图作为装饰，书中的文字形态是随着插图形态的变化而有所调整。编排上，字体、插图装饰风格一致，插图造型与文字楔合为一体，使人感到无论缺少了那一部分都将使版面变得残缺不全。此外，能够代表中世纪末期版面编排最高水平的书，还有 14 世纪末 15 世纪初的法国。由法王查尔斯五世（King Charles V）支持的手抄本出版作坊，成为当时欧洲最优秀的出版作坊之一，其主持人是一对来自荷兰的林堡兄弟（the Limbourg brothers-Paul，Herman and Jean Limbaourg）。该出版作坊按照今天的观念，实际上就是一个平面设计公司。林堡兄弟不但设计、抄写、编排宗教书籍，而且还设计诸如年历、年鉴之类的出版物。在编排上，所设计的书籍大多采用首写装饰字母并使之图形化，类似于插图置于版面中，与文字搭配以增加版面的丰富性与生动性。

上述我们对西方早期的版面形式作了一个简略的回顾，虽然这类版面设计尚处于人类的幼年阶段，但它毕竟是人类走向现代文明最关键的一步。每一阶段，每一过程，不能用现代版面编排的标准去要求之，也不能用现代的设计意识去衡量之。而只能站在历史的角度去了解、发现、研究和挖掘其中真正具有价值的东西，搞清楚人类设计的历史脚印及其逻辑关系，从中吸取精华以便于开拓未来。当然，真正对现代设计产生直接影响的阶段，是欧洲步入文艺复兴之后的工业化革命时期。

五、文艺复兴时期的印刷及版面设计

1. 文艺复兴

文艺复兴是欧洲历史上一次文化思想大解放、大发展时期（14—16 世纪），最初始于意大利，后逐步扩展到德、法、英、荷兰等欧洲其它国家。14—15 世纪，由于城市商品经济的发展，资本主义关系在欧洲封建制度内已逐渐形成，文化上开始要求反映新兴资产阶级利益的呼声此起彼伏。资产阶级在当时的历史条件下，打着“人文主义”、“以人为本”的大旗，以“人权”对抗“神权”，并彻底否定中世纪，以旧时代终结者的身份出现在历史的舞台上，扮演着反对中世纪的禁欲主义和宗教观的叛逆角色，力图摆脱教会对于人的思想的束缚，打倒作为神学和经院哲学为基础的一切权威和教条。在自然科学方面也有极大的发展；哥白尼的日心说对几千年来上帝创造世界的宗教传说给予了致命的打击。哥伦布和麦哲伦等人在地理方面的新发现，为地圆说提供了无可反驳的证据。伽利略在数学、物理学方面的发现与发明，使人类对宇宙有了新的认识。在政治上；封建割据已引起社会普遍不满，民族意识开始觉醒，欧洲各国人民表现出要求民族统一的强烈愿望。在民族意识形成的过程中，逐渐产生带有民族特点的新文化，从此各国逐步建立起民族统一的新语言。文艺复兴所表现出来的虽然是普遍科学、文学和绘画的高涨，但由于各国的社会和历史条件不同，文艺复兴运动在各个国家却带有自己的特征。意大利作为文艺复兴运动的发源地，其主要成就表现在诗歌、绘画、雕刻、建筑、音乐等方面，代表人物有诗人但丁和彼特拉克，作家薄加丘，建筑师伯鲁涅列斯基，画家乔托、波提切利、达·芬奇、拉斐尔、提香，雕刻家米开朗基罗，音乐家帕莱斯特里那、拉索等。在德国，文艺复兴表现在宗教改革、农民战争、讽刺文学以及科技发明等方面。其中古腾堡的活字印刷具有划时代的意义。在法国，自由思想和怀疑思想相当发达，代表人物有散文家蒙田和小说家拉伯雷等。在英国，诗歌和戏剧达到空前的繁荣，主要代表有莎士比亚、《乌托邦》的作者莫尔等。

2. 版面编排设计一词的来源

欧洲文化的大发展导致印刷技术必须有所突破，只有解决了从手工抄书到机械化大生产的印刷革命，欧洲才能真正走向文化繁荣。

印刷与造纸都是中国人发明的，造纸术在中国已广泛使用了 1000 多年之后，才于公元 13 世纪从中国经阿拉伯国家传入欧洲，印刷术也是如此，直到 15 世纪欧洲人也未能掌握这种技术。进入文艺复兴之后，整个欧洲为了解决印刷给文化造成的滞后现象，各国都花大力气进行开发研制，其中最具有代表性的是德国人古腾堡所发明的金属活字印刷术。金属活字印刷术的发明，不仅使德国的文化教育水平急剧提高，同时也推动了整个欧洲的出版印刷水平。从 1450—1490 年的短短 40 载，欧洲各大城市的印刷厂如雨后春笋般地涌现，所印图书堆积如山，印刷业全面进入到了一个空前繁盛时期。对于版面设计，此时人们已有了一个新的认识与新的定位。旧式雕版印刷首先是由刻工将文字和图画刻在一块块与书页等大的木板上，然后再由印刷工人逐张印制，而新式印刷则大不相同。首先是将文字与插图混装拼合成一个版面，插图由过去的木刻发展成金属腐蚀版与文字拼装后形成一个整体。新式印刷在于用不同活的单体组合形成一个完整的印刷版，旧式的印刷只是将文字和插图全部刻在一块木板上进行印制。由于新式印刷是由不同的版面进行组合编排，这就为设计的发挥提供了很大的灵活性(图 3 - 63)。

从现有的资料来看，欧洲最早对版面进行现代意义上编排设计的国家，应是 15 世纪中叶的德国(图 3 - 64)。由于金属活

图 3 - 63

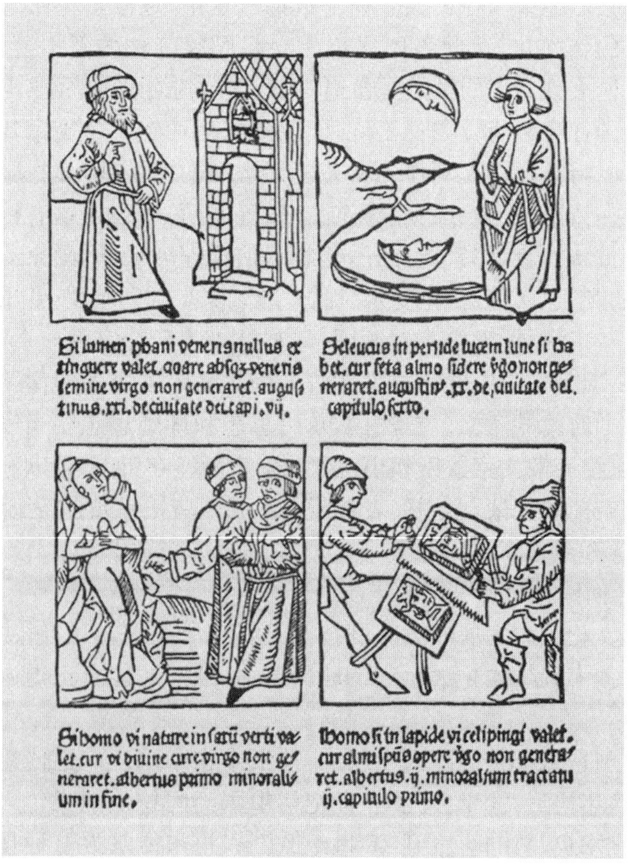

字印刷首先产生于德国，客观上，德国人有条件进行这样的设计活动。“版面设计”(Topography)或版面“编排设计”一词究其实质来看，具有以下几种解释：

(1) 利用活版印刷的艺术和技术；

(2) 利用活版印刷材料的组合；

(3) 印刷物的安排、布局和最后的视觉面貌。

以上这三种解释基本上概括了版面设计或版面编排设计的全部含义。三点概括起来告诉人们：版面编排必须建立在可移动的活的印刷模具上，无论金属字体、腐蚀版插图还是相关的线条、色块都必须如此，这是指技术层面的因素。此外，版面的安排必须发挥人的创造性——即艺术通过人的主观能动性，将现有视觉元素加以合理的美化组合，形成符合人们审美习惯的版面，最后通过机器加以印制实现。由此可以看出“版面设计”或“版面编排设计”一词产生于文艺复兴时期，它的出现是由当时的科技水平所决定的。虽然它的诞生离今天已相距数百年时间，但这一词的含义并未发生本质的改变。相反，到了21世纪的信息化时代，印刷技术已发生了翻天覆地的变化，这一词非但没有被淘汰反而用得越来越多并被赋予了更多的含义。

图3-64　古腾堡活字印刷的工作流程及其相关的工种演示。

图 3 - 65

3. 德国早期的版面设计

15 世纪下半叶和 16 世纪初期，是德国印刷业飞速发展的时期，德国人对于技术的精益求精刺激了印刷业朝着更高的水准发展。从德国现存的印刷品中可以看出，精美的排版与生动严谨的插图，体现了当时的时代精神和最高水准，受到了读者广泛的欢迎。在当时，出版业的收入已成为德国经济的重要来源，由于行业竞争的加剧，竞争对书籍设计提出了更高的要求，为此，德国的出版界诞生了一大批杰出的设计师，书籍设计大师安东·科伯克(Anton Koberger，C. 1440—1513)便是其中之一。1493 年科伯克为《纽伦堡年鉴》做的书籍设计在当时可以算得上是一部“百科全书”(图 3 - 65)，鸿篇巨制，内容丰富。该巨著最大的特点是：已流露出现代版面的编排意识，整部书编排严谨，图与文字混合排列，版面富于变化，编排的手段多样，文字的浓淡疏密以及字体大小和结构穿插具有合理优美的组合。不过，在此期间体现最高设计水平，对于书籍研究最为深刻的插图艺术家和书籍设计家则是阿伯里奇·丢勒(Albrecht Durer，1471—1528)。丢勒是科伯克的学生，受科伯克影响深刻。1498 年丢勒为《启示录》所做的 15 幅精美的插图是德国文艺复兴时期最杰出的书籍插图作品，在绘画史上同样具有崇高的地位。出于对书籍设计的研究，丢勒写了一本《运用尺度设计艺术的课程》(Underweisung der Messung mit dem Zirckel und Richtscheyt))的书。丢勒在书中对于版面的开本比例、几何图形的实际运用范围作了详细的描述(图 3 - 66～图 3 - 69)。指出了几何比例与建筑、装饰、书籍设计、字体设计的相关性。版面设计形式上，丢勒不仅继承了科伯克的编排技艺，而且还对字体进行了改革，他采用模数设计手段来统一字体，从而使字体设计趋于理性化、秩序化。这种科学的、富于现代气息的设计方式大大影响了数百年后的欧洲设计界(图 3 - 70)。

图 3 - 66

图 3 - 67

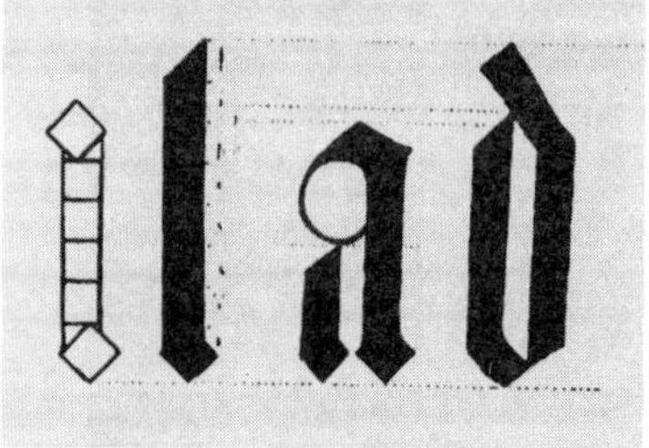

图 3 - 68

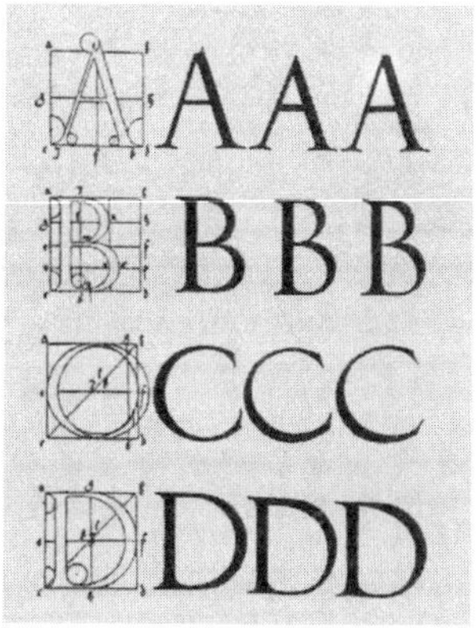

图 3 - 69

4. 意大利小开本书籍设计

意大利是文艺复兴的发源地，其最大的贡献是在诗歌、绘画、雕塑、建筑方面，然而随着德国印刷技术的传入，意大利人在书籍设计与版面编排方面也体现出了拉丁民族高超的艺术天赋，其中著名的设计大师阿杜斯·玛努提斯便是其中之一(Aldus Manutius 1450—1515 年)。玛努提斯本人是一位印刷厂主，有着自己的出版实体，并雇佣了一大批版面编排技师、字体设计师为其工厂工作。所出版的书，版面编排有别于欧洲其他国家，书中很少使用插图，强调使用纯文字的组合编排，版面讲究工整、简洁，运用文字组合时，常根据版面的需要做相应的形态排列。如用文字组成三角形、锥形，或是文字组成的几何形并与插图混合穿插编排。每一页的版面设计都不同，但从总体上看又是一个完整的整体。玛努提斯另一大贡献是于 1501 年首创的小开本书籍。创设小开本书籍的目的在于有利于普通百姓的阅读，在此之前，书籍尤其是圣经，开本都非常大，原因是这类书主要放在教堂中不常搬动，来做礼拜的教徒只要听主教布道即可，无须亲自翻动，主教布道也不可能将如此沉重的书随身携带，类似于这样的书籍仅为少数人阅读。到了文艺复兴时期这种现象有了彻底的改变，市民阶层对图书的需求不但数量激增，而且人们希望在工作之余，可以有书随身携带。为了适应市场的需要，玛努提斯将书的尺寸由原来的大开本缩小到可以放在口袋中的小开本书，在合乎纸张裁切的情况下，书的尺寸一般为 7.7cm×15.4cm。玛努提斯所设计的第一本小开本书，是他为罗马诗人维吉尔(Virgil)的《歌剧》所作的设计，诗集的排版全部采用浪漫的斜体字，目的在于突出内容的抒情性，这种排列方式在当时是一个创举。

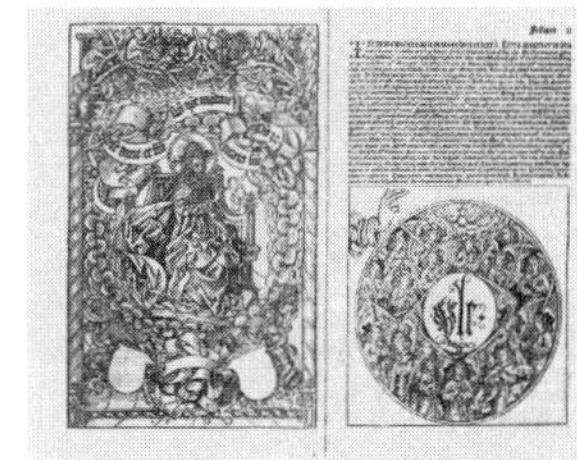

图 3-70　15 世纪末，德国出版的书籍版面，已呈现出极高的编排艺术造诣。

此外，欧洲其它国家如法国、荷兰等国，在书籍出版与版面设计方面也有着突出的成就，但相比较德国在世界书籍史上的地位来说还是略逊一筹。

图 3-71　托利设计的首字装饰字母。

5. 法国的版面设计

文艺复兴时期的法国，曾涌现出许多杰出的平面设计家，其中具有代表性的设计家为乔佛雷·托利(Geoffroy Tory，1480—1533)。其作品典雅与雍容华贵的气质在当时享有盛誉。托利对于法国平面设计的贡献在于：采用严格的数学计算方式去探索字母的比例关系，试图采用富有秩序的设计手法去设计相关的书籍。他的作品虽然大多采用精美的装饰手法赋予印刷品以一定的文化内涵，但更重要的是，这些装饰过的字母并不是孤立的符号，而是有着深刻的时代背景。此外，对于秩序的探索似乎也越来越显得更具有明确的研究方式(图 3-71～图 3-73)。

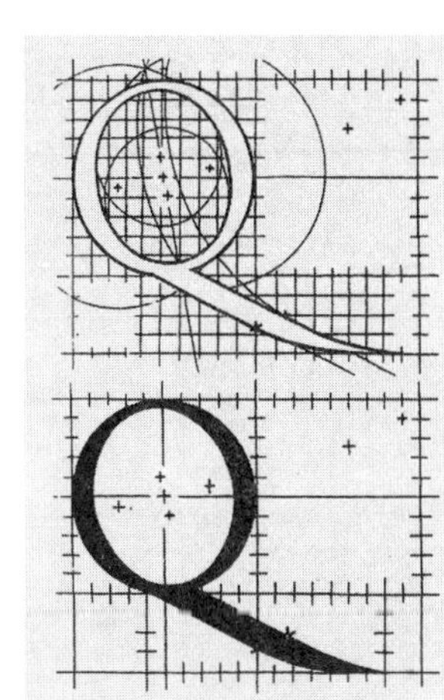

图 3-72　托利采用数学计算方式设计字体。

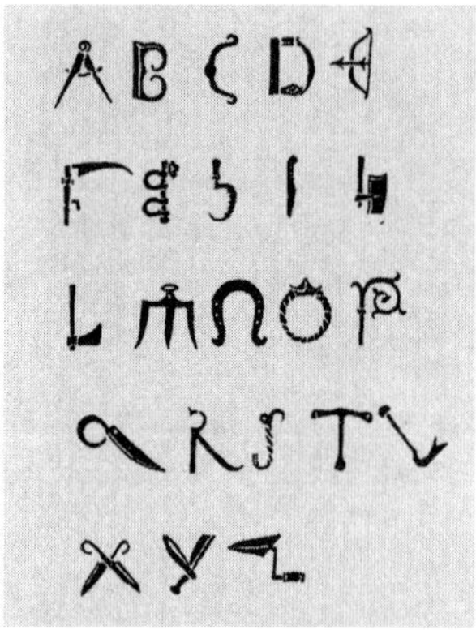

图 3-73　艾斯坦纳运用拟态手法设计字体。

18 世纪的法国是欧洲封建社会最强盛的国家，法国皇帝从路易十三至路易十六都是追求奢华的君主，从现存的罗可可风格上就可以看出这一点。

罗可可风格原先是建筑上一种追求典雅、富于女性温柔特征的装饰手段，路易十五时期曾达到过鼎盛。它主要强调从自然形态、东方古典装饰以及中世纪装饰中吸取创作灵感，这种矫揉造作的风格曾引起过争议，但不管怎么说它毕竟是历史长河中人类智慧的结晶。将建筑上的这种设计风格运用到版面设计上，是法国 18 世纪在书籍设计艺术领域最突出的贡献。在当时，首先将这种风格引入书籍设计的人物是皮埃尔·西蒙·方涅·勒让（Pierre Simon Fournier Le Jeune，1712—1768）。他将罗可可的曲线花纹装饰用于书籍设计上，版面采用大量的罗马体，尽量不受旧的编排模式的影响，而是采用纵横方向的几何模式，布局工整，许多方面接近现代排版方式且易于阅读，装饰上虽然有罗可可的花哨特点，但并不足以影响简洁的版面功能。

除了将罗可可风格引入版面设计以外，皮埃尔还对当时欧洲印刷业中字体尺寸混乱的局面作出了规范性的调整。1737 年，他出版了规范的字体尺寸《比例表格》，在书中他运用了法国度量单位“普斯”（the pouce）作为基本单位来设计新字体。这一规范的运用，开创了欧洲后来几个世纪对于版面设计相关标准化问题的探索，为步入工业化时代，书籍的大规模、标准化排版与生产打下了一个坚实的基础。

此外，从世界书籍出版和版面设计的历史来看，整个 17—18 世纪是一个发展相对平静的时期，其成就却无法与 16 世纪相比，这一时期除了法国国力的强盛，加上国王的重视，版面设计有过一段时期的辉煌外，其它国家在此行业的发展却显得并不那么突出。不过，英国在此期间也曾出现过许多开创英国印刷业的杰出人物，如：威廉·卡斯隆（William Caslon，1692—1766）等设计师。卡斯隆于 18 世纪所设计的卡斯隆字体体系一直沿用到今天，可见其在英国和世界的影响力。

六、工业革命时代的版面设计

工业革命是指：从 1760—1840 年的一场以能源革新为中心的技术大变革，其核心国为英国等欧洲工业化国家。工业革命由于采用新能源作为革新生产力的手段，从而引发了技术和相关工业的一连串革新，使生产力的发展有了长足的进步，从本质上彻底动摇了以手工劳动为基础的欧洲封建社会，这场革命也使欧洲真正步入到资本主义社会。当欧洲国家登上了资本主义这趟快车以后，社会进步以超过人类全部文明总和的速度向前飞奔。在这场运动中，新材料、新机器的发明层出不穷，如钢铁、混凝土、玻璃、建筑材料、蒸汽机、内燃机等都是工业革命的直接成果。

在书籍设计与出版方面，随着工业革命的发展，极大推动了印刷业的繁荣。工业化革命带来的另一项成果就是推动了教育的发展。由于社会化大生产需要高素质的建设人才，欧洲各国必须对国民教育下大力气进行改革才能适应这一发展的需要。在此期间，各国普遍实行了中小学义务教育制度，教育的发展对书籍的需求量猛增。同时，传媒业也得到了相应的发展，人们获取新闻必然依赖于报纸、杂志，这已成为社会日常生活中的一个重要内容。其次，海报、广告业、路牌制造业等也得到了相应的发展。至此，工业革命为出版业、版面编排设计提供了物质上、技术上以及社会需求上的一切准备。

1. 英国的字体设计

工业革命的中心——英国，自古腾堡发明金属活字印刷以来，其出版业在欧洲并没有多少作为。进入工业革命之后，英国的出版业随之发生了巨大的变化，雄厚的工业实力使其很快赶上欧洲其它国家。在出版方面，英国的突出成就首先体现在以威廉·卡斯隆(William Caslon)为代表的字体设计家身上。在当时，卡斯隆深感18世纪字体设计的落后，与当时英国社会的需求不相吻合。于是他尝试着对荷兰17世纪末的常用字体进行了大胆的改革，从而成功地创造出以自己的名字命名的卡斯隆体。他的这项创造，不仅影响了整个英国的出版业，而且还影响了整个世界，直到今天我们仍在使用卡斯隆体。威廉·卡斯隆的另一个重要贡献，还表现在无装饰线体的发明与应用上。在此前的许多世纪里，字体均有装饰线脚，无脚线字体的发明与应用，无疑打破了这种陈规陋习，使字体设计在新时代里被赋予了新的含义，字体具有流线型、简单明了、朴实无华、传达信息能力强的特点。虽然该字体在整个19世纪上半叶并不引人注目，而且公众对之也并无多少好感。然而，许多字体设计师意识到了新字体将含有很大的市场潜力，并相继对这类字体进行开发，各字体公司为本公司所设计的新字体起了五花八门的名字，如多里克体、布莱克体、哥德体等。总之，此类字体最大的特点是形式新颖，个性突出，印在版面上可给人以视觉强烈的感觉。

卡斯隆在字体方面的创造与改革不仅仅是他个人，还有他的家庭成员与一批追随者也参与了这项运动。其中成就最大的两位设计师就是他的徒弟——约瑟夫·杰克逊(Joseph Jackson，1733—1792)和托马斯·科特列尔(Thomas Cotterel)(参

图3-74　科特列尔设计的12线皮卡体。

图3-75　“胖体”。

图3-76　古董体。

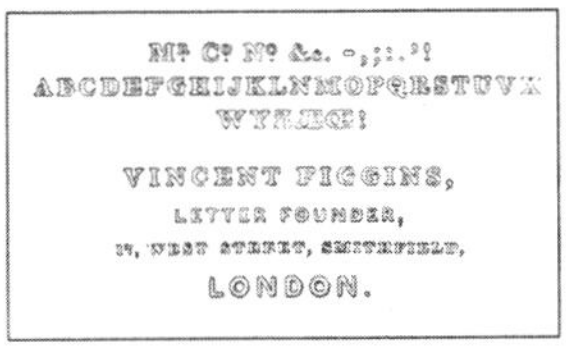

图3-77　2线珍珠体。

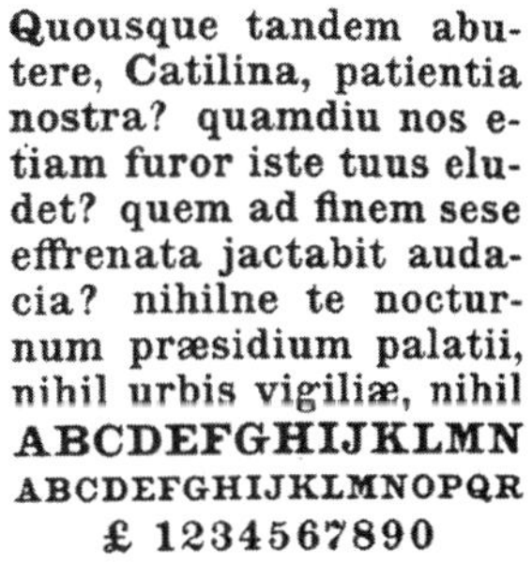

图3-78　卡斯隆体早期特征。

图 3－79 带有装饰风格的“古典图斯坎体”。

图 3－80 6 线反埃及斜体。

图 3－81 花体美术体。

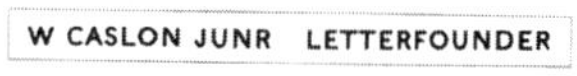

图 3－82 2 线埃及体，此体是最早的无脚线字体。

图 3－83

见图 3－74～图 3－78），他们两人的贡献在于对卡斯隆旧体进行了深入的改革并发展了卡斯隆字体体系，使之成为一个庞大的字体家族。之后，托马斯·科特列尔创办了自己的字体设计公司，并于 1765 年创造了 12 线皮卡体，这种字体方正且粗壮有力，故被称为“胖体”。继科特列尔之后另几家字体设计公司凡恩街铸字公司（Fann Street Foundry）、威廉·卡斯隆四世（William Caslon IV，）、以及约瑟夫·杰克逊的学生文森特·菲金斯（Vincent Figgins）字体公司等，在字体设计上均有一定的建树，这几家公司之间也进行了激烈的竞争。相比较其它几家公司，菲金斯字体铸造公司在英国的声誉较高，其公司不仅设计发行了新的罗马体而且还从事比较现代的新字体，如“古董体”、“埃及体”等的开发。这些字体虽然被冠以古典名称，但实质上，却具有工业革命的影子——机械性、理性化的成分。这在当时是最现代的字体，这两种字体也是被后人评为 19 世纪初期最重要的字体发明之一。将上述二种字体进一步发展的人是亨利·卡斯隆（Henry Caslon），他于 1830 年前后，在原有埃及体的基础上，又设计出了新的埃及体，其做法是在字体上加装饰线使字的形态略呈弧形，加大了字的粗细对比，因此，这种新埃及体也被称为爱奥尼克体（Ionic），这个名称的来源取自罗马时期的建筑。1845 年卡斯隆进一步设计爱奥尼克体，使原来的埃及体无装饰线的做法又恢复过来，重新加上装饰线，但做法有了很大的改进，并赋予了新的含义。此外，为了适应出版的需要，菲金斯于 1815 年出版了字体手册，其中将古希腊早期阶段的“图斯坎”体（Tuscan-style）进行了改进（参见图 3－79～图 3－83）。原有的“图斯坎”体比较繁琐，不太适合出版的要求，菲金斯在保留字体原有特色的基础上，对字体进行了大胆的修改，他把已有的装饰和复杂的图案进行了统一规划，使之典雅、稳重。菲金斯还对字体的立体手法作了大胆的尝试，试图利用字体的阴影效果造成字的立体感觉，他的这一做法，很快赢得了顾客的青睐。这些变化多端的立体字，其主要特点是虚拟字的阴暗面错位，利用字的长宽等手法形成对比，有的立体字则被新的装饰纹样所修饰。

纵观 19 世纪上半叶英国的字体设计，可谓是大繁荣、大爆炸期，英国人所开发的新字体，对欧洲版面设计起到了巨大的推动作用，由此引发了设计领域的一系列重大变革。

2. 印刷与排版设备的革命

任何一个国家设计业的振兴，首先必须振兴该国的工业，工业发展所带来的商业需求，最终才能导致整体设计水平的提高。反过来设计又促进了工业进一步的发展。从西方发达的资本主义社会所走过的道路来看，这似乎是一条不争的真理。自古腾堡发明金属活字印刷机以来，欧洲的印刷业就掀起了一场革命，从而使平面设计进入到了一个新的历史时期。进入 19 世纪以后，由于英国的工业化水平领先于欧洲其它国家，英国有实力在研制新机器的过程中投入更多的资金。导致这场技术革命的先驱则是德国人弗里德利克·康尼格(Friedrich Koenig)。初期，康尼格因缺乏资金难以研制这样的新机器，于是他在 1804 年来到伦敦，求助于伦敦的印刷业，并详细介绍了他的发明构想。1807 年，他得到了资助并于 1810 年 3 月终于研制出第一台蒸汽印刷机，使印刷速度较手工印刷机快了近一倍以上，从而使生产效率大大得到了提高。

康尼格的另一项重大发明是一种新的双滚筒蒸汽印刷机，该机器使报纸印刷较以往有了长足的进步。此后英国的威廉·考帕(William Cowper)对印刷机制作了进一步的改进，使印刷速度一下子提高到每小时 2400 张。之后，他又与合伙人一起将印刷速度提高到每小时 4000 张双面印。由于印刷设备的高速发展，19 世纪上半叶各种印刷品开始大量出版，从而刺激了版面设计水平的提高。此外，导致出版和编排水平提高的另一个重要因素是排版技术的改进。实际上，长期以来影响出版速度的因素不仅仅是印刷机的问题，印前排版的速度难点往往比印刷机所存在的问题更难以解决。为了提高排版速度，从 19 世纪中期开始，欧洲各国都投以巨资进行研究。其中首先取得突破的仍是德国人。1886 年奥托·麦坚索勒(Ottmar Mergenthaler 1854—1899)在美国发明了排版机，这部机器采用类似于电脑打字键盘的方式进行排字，在当时这种排字法速度异常快捷，它的原理是采用 90 个黄铜字型片，用打字的方法带动黄铜字型片，打完之后再用铅铸造成金属字版上机器印刷。这是人类印刷史上的一个划时代的创举，它为新时代的出版业做出巨大的贡献，也为新的编排设计提供了良好的技术保证(参见图 3-84、图 3-85)。

图 3-84　麦坚索勒发明的键盘式排版机。

图 3-85　19 世纪末期出现的较为先进的第五型键盘排字机。

3. 维多利亚时期的版面设计

亚历山大利娜·维多利亚(Alexandrina Victoria 1819—1901)是英国历史上最伟大的女王之一。在她长达半个多世纪的统治期间，英国的国力曾达到了世界鼎盛，加之当时的英殖民地遍布全球，故号称“日不落帝国”。维多利亚时期并非单指英国，而是泛指所有讲英语的国家。由于国富民安，物质丰足，经济的调整发展进一步推动了出版业的进步。从总体上看，维多利亚时期所有的设计，最显著的特点是：崇尚复古，追求繁琐的装饰，尤其是对中世纪哥德风格的追求，在建筑上这一倾向尤为

图 3-86

明显。这种复古的倾向最终使所有的设计均朝着繁琐、复杂的方向发展，平面设计也不例外。人们可以通过版面编排和字体设计感觉到该时代的审美意识和美学品味。在平面设计领域，这种倾向主要表现在追求奢华和复杂的装饰上，字体花哨且广泛使用阴影，编排上讲究复杂的装饰与花体美术字混合构成，版面令人眼花缭乱(图 3-86)。

字体设计方面：维多利亚时期几乎所有的字体都是在追求繁杂的装饰中完成的，这类字体不但繁琐而且数量也达到了登峰造极的地步。这一风格具有突出成就的设计师为美籍德国人赫恩·依廉伯格(Hern Ihlenburg)，他所设计的维多利亚风格的字体在当时最具代表性(图 3-87、图 3-88)。

维多利亚时代的版面设计，其成就并不十分突出。从历史地位来看，它仅仅是中世纪哥德风格的进一步深化和延续，并不能体现时代特征和适应工业发展的需要，要想使得这一风格跟上时代潮流，还需日后新的设计运动来推动。

图 3-87

七、英国的“工艺美术”运动及其版面设计

由于跟不上时代潮流的需要，维多利亚时期的设计越来越遭到人们的指责，由新的艺术形式取代已在所难免。引发“工艺美术”运动的直接起因，源于 1851 年在英国伦敦举办的首届世界博览会。英国皇室开始举办这个展览会的目的是为了充分展示英国在当时的工业实力。虽然展览会举办得相当成功，达到了预期的目的，但也暴露出了许多问题。其中工业产品设计跟不上工业化发展的速度，产品设计丑陋、观念落后等一系列问题引起了人们广泛的注意。在当时，以英国的威廉·莫里斯为代表的一批思想敏锐的青年设计师意识到了问题的严重性，立志使这一设计运动从开始阶段就处于自觉状态以去改变这一状况。这个运动的开始是以莫里斯于 1864 开设的设计事务所为标志，但实际上前期思想的探索准备工作则大大早于这一时间。在理论指导方面：以英国著名的美术评论家约翰·拉斯金(John Ruskin)为首的一批艺术界重要人物给予舆论上的支援。使这一设计运动从开始阶段就处于自觉状态(图 3-89、图 3-90)。工艺美术运动究其实质来看，是一场反对自工业革命以来，工业产品在设计上的简陋，工艺上的粗制滥造和维多利亚时期设计上的繁琐、复杂的一场设计运动。这一运动从一开始就带有浓烈的反对工业化生产，主张恢复中世纪手工工场的生产方式，强调通过复兴中世纪的手工艺的传统，从自然形态中汲取精华，重视向日本装饰风格学习等一系列的实践，力图振兴当时的设计业。以莫里斯为首的设计师认为：造成当时设计水平落后的原

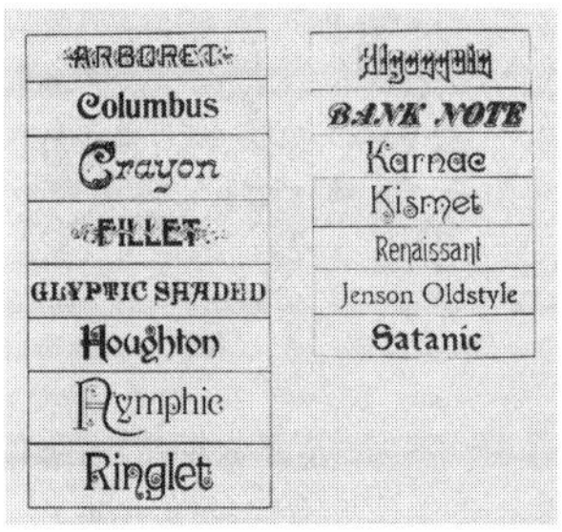

图 3-88

因是工业化带来的恶果，要想真正振兴设计业，只有完全抛弃现代工业思想，走一条中世纪复古的设计之路才能拯救英国的现代设计。由此可见，这场运动的产生不是孤立的而是有其深刻的社会原因和对工业社会的偏见所致。虽然工艺美术运动有其落后的一面，但毕竟这一运动是由一批有思想的设计家们对于家具、室内产品、建筑、平面设计等进行全方位的共同探索。它的成果尽管不能立刻被后来的现代工业直接带来裨益，但它却为向现代设计的过渡作了一次深刻的思考和具体的实践，并且它的部分具有复古风格的设计有着很高的审美欣赏价值。在工艺美术运动发起、形成与发展的过程中，虽然最先从室内设计、家具、工业产品等方面开始，但这个运动对于平面设计的关注从未放松过。在莫里斯看来，书籍设计及其相关的平面设计从本质上与建筑设计有着非常相似的地方，其核心在于将设计有关的因素，通过一定的规律使之构造结合。反映在版面设计上就是将字体、文本、插图通过版面的编排形式，以合理美观的比例组合起来，再通过一定外观形态的实现，使之呈现于读者面前。其原理如同建筑物将各种相关材料和建筑构件通过一定的形式组合在一起一样，唯一的差别就在于二维平面与三维空间的功能之别。从 1888 年起，莫里斯本人开始研究书籍设计并投入大量的精力。莫里斯对于书籍设计的探索，首先是从字体入手。在此之前，他曾收集过许多中世纪手抄本，将其中认为有价值的字体加以整理并放大修饰，经过对各种字体的分析比较后，吸收有价值的部分，接下来再对其进行改良设计，继而发展成新字体。同时莫里斯还投入巨资建造自己的印刷厂，招募铸字工人，将自己设计的新字体铸成铅字用于书籍的设计实践。在此期间，他与画家克莱因合作设计出版书籍《呼啸平原的故事》就是其中的代表(图 3－91～图 3－94)。这本书从整体风格来看与中世纪时期的书并无多大差别，唯一的差别是机器印刷，但做工

图 3－89

图 3－90

图 3－91　《呼啸平原的故事》扉页设计。

Chapter XIII. Hallblithe beholdeth the woman who loveth him

BUT on the morrow the men arose, & the Sea-eagle and his damsel came to Hallblithe; for the other two damsels were departed, and the

Sea-eagle said to him: "Here am I well honoured and measurelessly happy; and I have a message for thee from the King". "What is it?" said Hallblithe; but he deemed that he knew what it would be, and he reddened for the joy of his assured hope. Said the Sea-eagle: "Joy to thee, O shipmate! I am to take thee to the place where thy beloved abideth, & there shalt thou see her, but not so as she can see thee; & thereafter shalt thou go to the King, that thou mayst tell him if she shall accomplish thy desire". Then was Hallblithe glad beyond measure, & his heart danced within him, & he deemed it but meet that the others should be so joyous and blithe with him, for they led him along without any delay, and were glad at his rejoicing: and words failed him to tell of his gladness.

BUT as he went, the thoughts of his coming converse with his beloved curled sweetly round his heart, so that scarce anything had seemed so sweet to him before; & he fell a-pondering what they twain, he and the Hostage, should do when they came together again; whether they should abide on the Glittering Plain, or go back again to Cleveland by the Sea and dwell in the House of the Kindred; and for his part he yearned to behold the roof of his fathers and to tread the meadow which his scythe had swept, and the acres where his hook had smitten the wheat. But he said to himself: "I will wait till I hear her desire hereon". Now they went into the wood at the back of the King's pavilion and through it, and so over the hill, and beyond it came into a land of hills and dales exceeding fair and lovely; and a river wound about the dales, lap-

g 3 85

图 3－92 《呼啸平原的故事》内页版面设计。

极为精良，版面上采用繁琐的植物纹样做底纹，文字采用莫里斯本人新设计的带有哥德时期风格的字体，编排上讲究对称，局部穿插字母插图。这部英国传说故事原本打算只印 6 册纸装本，后因社会需求增加，故扩印至 200 册，另外再额外加印 6 册羊皮纸本。

英国“工艺美术”运动另外一个代表人物则是书籍设计师兼建筑设计师查尔斯·阿什比（Charles R. Ashbee，1863—1942）。阿什比在版面设计上的成就，主要体现在他把原有工艺美术运动中仅对中世纪哥德风格的吸收，扩大为把古埃及和古罗马时期的设计融为一体的改革上，强调对于古典时期书法的运用，故此，所设计的字体均带有书法韵味。版面上，阿什比讲究设计的简洁性，其作品不同于莫里斯对于装饰的精心关注，而是在保留古典传统韵味的前提下，尽量减少装饰。不过，书中文字每行开头部分依然有树叶纹样点缀，这种设计方式的运用同样也是一种复古的装饰手法（图 3－95）。

英国的“工艺美术”运动，随着阿什比在 20 世纪初对这一运动的反思和重新认识而最终结束。运动虽已结束，但它对世界其它国家的影响依然巨大。如德国的书籍设计家阿道夫·科什（Adolf Koch）所设计的一系列作品便能说明这一运动影响的深远（图 3－96～图 3－98）。当然，阿道夫·科什对这一运动的借鉴并不是一味地模仿，而是吸收了这一运动的理念和精神，他的版面设计虽然也吸收中世纪哥德体的某些设计手法，却很不一样，已带有明显的工业化影子。

图 3-93˙　莫里斯于 1896 年设计的《乔叟集》扉页。

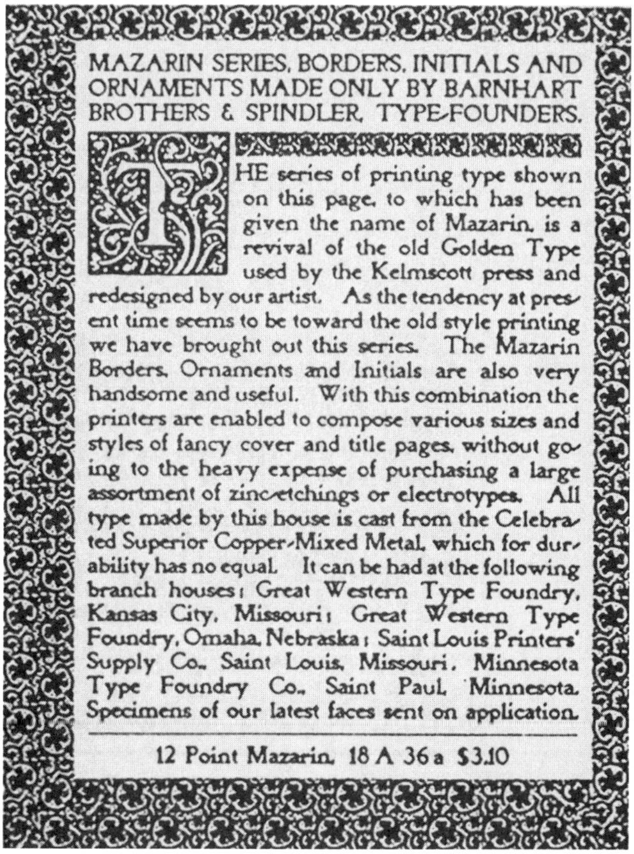

MAZARIN SERIES, BORDERS, INITIALS AND ORNAMENTS MADE ONLY BY BARNHART BROTHERS & SPINDLER, TYPE-FOUNDERS.

THE series of printing type shown on this page, to which has been given the name of Mazarin, is a revival of the old Golden Type used by the Kelmscott press and redesigned by our artist. As the tendency at present time seems to be toward the old style printing we have brought out this series. The Mazarin Borders, Ornaments and Initials are also very handsome and useful. With this combination the printers are enabled to compose various sizes and styles of fancy cover and title pages, without going to the heavy expense of purchasing a large assortment of zinc-etchings or electrotypes. All type made by this house is cast from the Celebrated Superior Copper-Mixed Metal, which for durability has no equal. It can be had at the following branch houses: Great Western Type Foundry, Kansas City, Missouri; Great Western Type Foundry, Omaha, Nebraska; Saint Louis Printers' Supply Co., Saint Louis, Missouri, Minnesota Type Foundry Co., Saint Paul, Minnesota. Specimens of our latest faces sent on application.

12 Point Mazarin. 18 A 36 a $3.10

图 3-94　在 19 世纪末期，莫里斯的设计风格影响了许多设计师。这幅作品由哈特兄弟于 1985 年设计，版面风格明显受莫里斯影响。

PSALME XCVIII.
CANTATE DOMINO.
A PSALME FOR DAUID.

O SYNGE VNTO the Lord a new songe, for he hath done maruelous thyngs. With hys awne ryght hande & wyth his holy arme hath he gotten hymselfe the victory. The Lord declared hys saluacyon, his ryghteousnes hath he openly shewed in the syght of the Heathen. He hath remembred hys mercy and trueth towarde the house of Israel: and all the endes of the worlde haue sene the saluacyon of oure God. Shewe youre selues ioyfull vnto the Lorde all ye landes, synge, reioyse, and geue thankes. Prayse the Lorde vpon the harpe, synge to the harpe wyth a psalme of thanckesgeuyng. With trompettes also and shawmes: O shewe youre selues ioyfull before the Lorde the kynge. Let the see make a noyse and all that therin is, the rounde worlde, and they that dwell therin. Let the floudes clappe their handes, and let the hylles be ioyfull together Before the Lord, for he is come to iudge the earth. Wyth ryghteousnes shall he iudge the worlde, and the people with equite.

58

PSALME XCIX.
DOMINVS REGNAVIT.
OF DAUID.

THE Lorde is kyng, be the people neuer so vnpacient: he sitteth betwene the Cherubins, be the earth neuer so vnquiet. The Lorde is greate in Sion, and hye aboue all people. They shall geue thankes vnto thy name, which is great, wonderfull & holy. The kynges power loueth iudgement, thou hast prepared equyte, thou hast executed iudgment and ryghteousnes in Iacob. O magnifye the Lorde oure God, and fall downe before his fote stole, for he is holy. Moses & Aaron among his preastes, and Samuel amonge soche as call vpon hys name: these called vpon the Lorde, & he hearde them. He spake vnto them out of the cloudy pyller, for they kepte hys testimonyes, & the lawe that he gaue them. Thou heardest them, O Lord oure God, thou forgauest them O God, and punyshedst theyr awne inuencyons. O magnifye the Lorde oure God, and worshippe him vpon his holy hyll, for the Lorde oure God is holy.

PSALME C.
IVBILATE DEO.
A PSALME FOR THANKESGEUYNGE.

O BE be ioyfull in the Lorde, all ye landes, serue the Lorde with gladnes, and come before hys presence with a songe. Be ye sure, that the Lorde he is God: It is he that

图 3－95　阿什比的作品明显减少了装饰，向着更加简洁的方向发展。

PAN. SIVE NATVRA.

ANTIQVI VNIVERSAM NATVRAM SVB PERSONA PANIS DILIGENTISSIME DESCRIPSERVNT. HVIVS GENERATIONEM IN DVBIO RELINQVVNT. ALII ENIM ASSERVNT EVM A MERCVRIO GENITVM: ALII LONGE ALIAM GENERATIONIS FORMAM EI TRIBVVNT; AIVNT ENIM PROCOS VNIVERSOS CVM PENELOPE REM HABVISSE. EX QVO PROMISCVO CONCVBITV PANA COMMVNEM FILIVM ORTVM ESSE. ATQVE IN HAC POSTERIORE NARRATIONE. PROCVLDVBIO, ALIQVI EX RECENTIORIBVS VETERI FABVLÆ NOMEN PENELOPES IMPOSVERE, QVOD ET FREQVENTER FACIVNT, CVM NARRATIONES ANTIQVIORES AD PERSONAS ET NOMINA IVNIORA TRADVCVNT, IDQVE QVANDOQVE ABSVRDE ET INSVLSE: VT HIC CERNERE EST; CVM PAN EX ANTIQVISSIMIS DIIS, ET LONGE ANTE TEMPORA VLYSSIS FVERIT. ATQVE INSVPER PENELOPE OB MATRONALEM CASTITATEM ANTIQVITATI VENERABILIS HABERETVR. NEQVE PRÆTERMITTENDA EST TERTIA ILLA GENERATIONIS EXPLICATIO: QVIDAM ENIM PRODIDERVNT EVM IOVIS

图 3－97　布鲁斯·罗杰斯的作品具有复古的倾向。

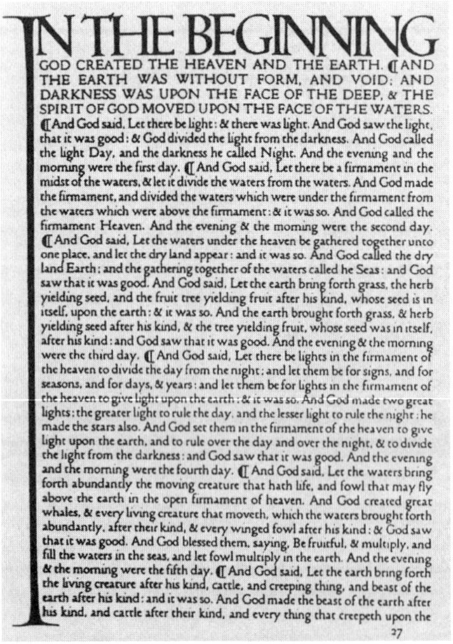

IN THE BEGINNING GOD CREATED THE HEAVEN AND THE EARTH. ¶ AND THE EARTH WAS WITHOUT FORM, AND VOID; AND DARKNESS WAS UPON THE FACE OF THE DEEP, & THE SPIRIT OF GOD MOVED UPON THE FACE OF THE WATERS. ¶ And God said, Let there be light: & there was light. And God saw the light, that it was good: & God divided the light from the darkness. And God called the light Day, and the darkness he called Night. And the evening and the morning were the first day. ¶ And God said, Let there be a firmament in the midst of the waters, & let it divide the waters from the waters. And God made the firmament, and divided the waters which were under the firmament from the waters which were above the firmament: & it was so. And God called the firmament Heaven. And the evening & the morning were the second day. ¶ And God said, Let the waters under the heaven be gathered together unto one place, and let the dry land appear: and it was so. And God called the dry land Earth; and the gathering together of the waters called he Seas: and God saw that it was good. And God said, Let the earth bring forth grass, the herb yielding seed, and the fruit tree yielding fruit after his kind, whose seed is in itself, upon the earth: & it was so. And the earth brought forth grass, & herb yielding seed after his kind, & the tree yielding fruit, whose seed was in itself, after his kind: and God saw that it was good. And the evening & the morning were the third day. ¶ And God said, Let there be lights in the firmament of the heaven to divide the day from the night; and let them be for signs, and for seasons, and for days, & years: and let them be for lights in the firmament of the heaven to give light upon the earth: & it was so. And God made two great lights; the greater light to rule the day, and the lesser light to rule the night: he made the stars also. And God set them in the firmament of the heaven to give light upon the earth, and to rule over the day and over the night, & to divide the light from the darkness: and God saw that it was good. And the evening and the morning were the fourth day. ¶ And God said, Let the waters bring forth abundantly the moving creature that hath life, and fowl that may fly above the earth in the open firmament of heaven. And God created great whales, & every living creature that moveth, which the waters brought forth abundantly, after their kind, & every winged fowl after his kind: & God saw that it was good. And God blessed them, saying, Be fruitful, & multiply, and fill the waters in the seas, and let fowl multiply in the earth. And the evening & the morning were the fifth day. ¶ And God said, Let the earth bring forth the living creature after his kind, cattle, and creeping thing, and beast of the earth after his kind: and it was so. And God made the beast of the earth after his kind, and cattle after their kind, and every thing that creepeth upon the

27

图 3－96　晚期的平面设计已开始显露出现代设计的痕迹。

DENN EINE JEGLICHE KUNST
ODER WERK WIE KLEIN
SIE SEIEN DAS SIND ALLE
SAMT GNADEN UND WIR
KET SIE ALLESAMT DER HEI+
LIGE GEIST ZU NUTZ UND
ZU FRUCHT DER MENSCHEN
+WÄRE ICH NICHT EIN PRIE
STER UND WÄRE UNTER
EINER VERSAMMLUNG+ICH
NÄHME ES FÜR EIN GROSSES
DING DASS ICH SCHUHE MA
CHEN KÖNNTE UND ICH
WOLLTE AUCH GERNE MEIN
BROT MIT MEINEN HÄN
DEN VERDIENEN KINDER
DER FUSS NOCH DIE HAND
DIE SOLLEN NICHT DAS AUGE
SEIN WOLLEN EIN JEGLI
CHER SOLL SEIN AMT TUN
DAS IHM GOTT ZUGEFÜGT.

图 3－98　科什的作品越来越显得简洁与现代。

八、法国“新艺术”运动的版面设计

法国的“新艺术”运动是继“工艺美术”运动之后，新兴起的一次影响深远的设计艺术运动，这个运动所涉及的范围极为广泛，包括建筑、家具、工业产品、服饰、平面设计、绘画等，几乎涵盖了所有的视觉艺术。这一运动产生的根源与“工艺美术”运动一样，都是为了反对维多利亚时期繁琐和矫饰风格的艺术。基于这一缘由，运动从一开始就主张完全放弃任何一种传统风格的设计，强调自然风格的重要性，因此自然主义倾向是它最主要的形式，同时否认自然界中直线的存在。今天我们所见到的这一流派的作品，具有曲线和植物纹样的大量存在也就不足为奇了。这一影响巨大的艺术运动，从 1890—1910 年先后共持续了约 20 年左右，它首先起源于法国，之后波及英国、荷兰、比利时、德国、奥地利、斯堪的纳维亚、意大利等欧洲主要国家。因起源于法国，故此，人们称之为法国的“新艺术”运动。从设计史的角度来看，“新艺术”运动仅仅是从维多利亚时期向 20 世纪新艺术的过渡，它具有承上启下的作用。“新艺术”运动最大的成就之一，就是体现在装饰艺术方面，其代表人物为法国的朱利斯·谢列特（Jules Cheret，1836—1933）和尤金·格拉谢特（Eugene Grasset，1841—1917）。前者擅长于海报设计（图 3-99、图 3-100），后者则精于插图、书籍设计和版面编排。1841 年尤金·格拉谢特出生于瑞士，早年在苏黎世学习建筑，然而他一生中大部分的时间都是在法国渡过的。格拉谢特对设计的兴趣十分广泛，成就卓著，尤其是在书籍设计、字体设计和版面编排方面更为突出。他早期曾经设计过《基督教的节日》（Les Fetes Chretiennes，1880）一书，从这部书的设计来看，格拉谢特在编排方面已凸现出很高的设计才能。然而，真正能够代表其设计水平的作品，是他于 1883 年设计的《阿芒四个儿子的历史》（L'Histoire des Quatre Fils Aymon）（图 3-101、图 3-102），这部书的封面设计最突出的特点，不仅表现在插图的各个相关部分有着密切的结构契合关系，而且文字与插图所形成的受力方式也极为合理。内文的版面设计更是精彩，版面形态并不是按照正常的方形来设计的，而是依据不同的异形结构去分割版面，使之出现若干个不同的形态，并将植物图案和人物场景很巧妙地安排在相关形态中，一页一段都经过精心设计。文字结构均做到随形走字，这在手工排版印刷时代确为不易，它必须克服许多技术上的难题，同时还需要得到印刷制作工艺的支持才能得以完成。版面中黑白线条及其疏密分布体现出了很高的艺术境界。这本书是插图、字体设计、版面编排的高度统一，完全能够代表当时

图 3-99　海报　谢列特作于 1866。

图 3-100　海报　谢列特作于 1896。

图 3-101　《阿芒四个儿子的历史》书籍封面设计，格拉谢特作于 1883。

最高的设计水准。“新艺术”运动虽然诞生于法国，但她的影响力已远远超出其国界。值得一提的是：作为法国后期印象派重要人物的图卢兹-劳德累克（Henri de Toulouse-Lautre，1864—1901）也是这一运动的代表人物，劳德累克虽然长期从事绘画事业，但他对设计的贡献丝毫不亚于他在绘画史上的地位，尤其在海报设计方面，其作品《红磨坊》被设计史公认为开创了近代海报设计的新风格、新理念（图 3－103）。

与此同时，比利时的“新艺术”运动和类似“新艺术”运动的德国“青年风格”艺术运动也颇具影响力，其名声仅次于法国。然而这些运动仅仅是支流。

图 3－102　格拉谢特设计的书籍内页版面。

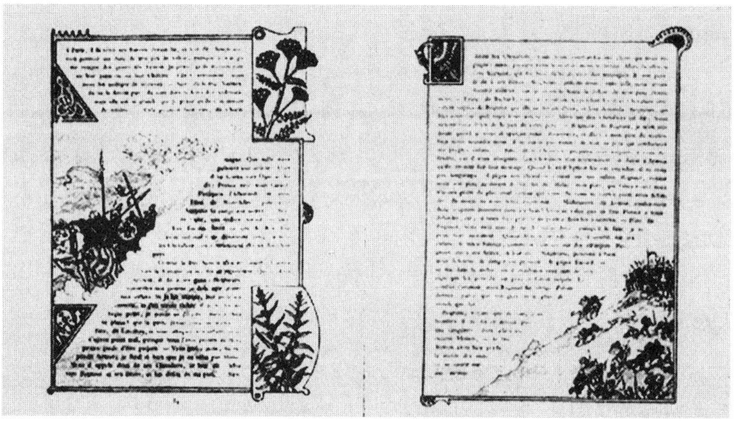

图 3－103　劳德累克的石版画海报。

“新艺术”运动对20世纪现代设计的直接影响已超出了法国，运动的实质是对维多利亚时期设计和“工艺”运动的一次反叛。虽然这样的反叛是出于艺术的创新，但它不可能完全背离时代的特征，在许多方面“新艺术”运动依然保留着旧艺术的痕迹。当“新艺术”影响比利时与德国时，这种旧的艺术痕迹正明显地消退，开始露出现代设计的一缕曙光。

图3-104

比利时是西欧小国，历史上曾在艺术方面有过杰出的成就，诞生过诸如鲁本斯等一批杰出的绘画大师。在“新艺术”运动波及比利时之前，比利时就已经出现了一批思想意识超前的艺术家、建筑家，他们公开提出艺术与设计应为广大普通百姓服务的口号，艺术上的理想主义和民主主义思想是他们现代设计思想的基础。在这场运动中，最杰出的代表人物，也是世界现代设计先驱之一的设计师亨利·凡·德·威尔德(Henry Van De Velde)(图3-104、图3-105)，威尔德对于现代设计最大的贡献在于他在教育方面的突出成就，他最早提出了现代设计的核心理论，并于1906年在德国的魏玛开设了工艺美术学校，该校日后成为包豪斯的前身。在平面设计实践方面，威尔德曾设计过大量的书籍，1893他所设计的名为《礼》的书籍封面在版面编排上具有新艺术的某些特征。如版面大量采用曲线形式，字体的形状类似于“蚯蚓”等，个性非常鲜明。然而到了1908年他的设计思想发生了重大的转变，所设计的版面风格完全按照自己提出的“功能第一”的原则进行，版面中的装饰形式已不再出现，编排采用的是纵横方向的直线与理性的几何排列。这一艺术观显然与法国的“新艺术”思想有着明显的区别。

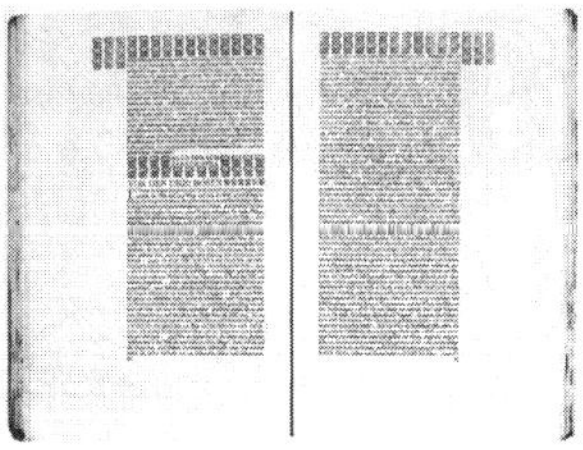

图3-105

英国在“新艺术”运动中，最具有影响力的代表人物之一为奥伯利·比亚兹莱(Aubrey Beardsley，1872—1898)。比亚兹莱对“新艺术”运动的贡献主要表现在插图方面，同时，对于版面设计也有着自己独到之处，其版面常将文字设计成插图结构的一部分，使插图很难将文字割裂开来，虽然采用大量的植物、花卉装饰，但由于版面本身结构紧凑、构图严谨，故此并不感到杂乱和繁琐，却给人以雍容华贵、富丽堂皇之感，具有“贵族”之气。比亚兹莱虽才华横溢，却英年早逝，因病只活了26岁，在他短暂的一生中，为世界设计界贡献了极其珍贵的艺术作品。

图3-106 艾克曼为“AES”德国电器公司设计的小册子封面。

德国类似于法国“新艺术”运动的开展是以一本名为《青年》的杂志而发起的，故此这一运动也被称为“青年风格”(The Jugendstil movement)运动。在这个运动中有两位重要的代表人物，他们是奥托·艾克曼(Otto Eckmann，，1865—1902)和彼德·贝伦斯(Peter Behrens，1868—1940)。艾克曼在版面设计中最突出的成就表现在字体设计方面，他曾在1900年前后为德国

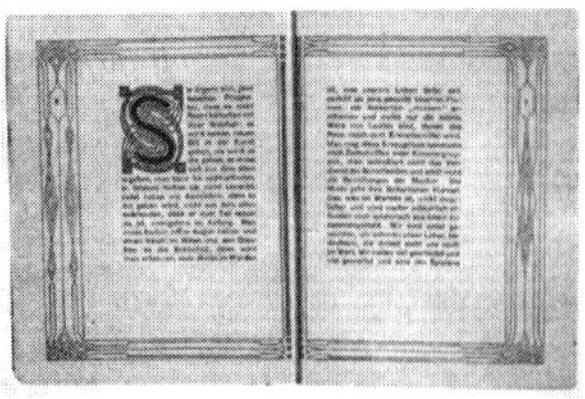

图 3－107 贝伦斯早期所设计的书籍版面。

图 3－108

图 3－109

图 3－110 贝伦斯为德国电器杂志设计的封面和产品目录一页。

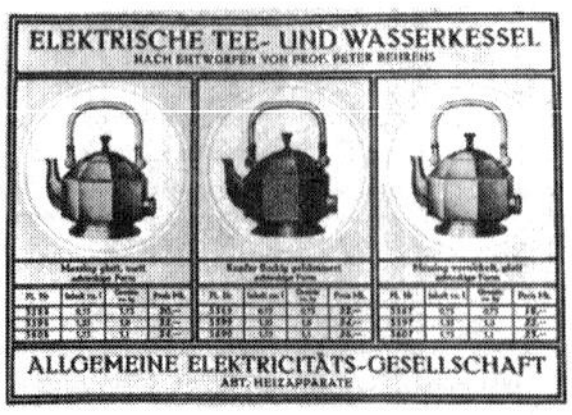

图 3－111 贝伦斯在为德国电器公司设计的产品宣传小册子时，已开始使用网格设计，版面富于理性秩序。

的字体铸造工厂设计过一系列新字体，被称为“艾克曼体”(Eckmannschrift)。这种字体吸收了“新艺术”风格和日本装饰艺术风格的某些特点，具体运用中有着浓重的个性倾向，为当时死气沉沉的德国设计界带来了一股新风，横扫了设计界多年的陈渣烂叶(图 3－106)。艾克曼的版面编排多采用对称的构成方式，版面常配以曲线式或水纹式的插图，图和文字在风格上较为统一，但构成缺少变化，版面显得过于凝重。

“青年风格”的另一个重要代表人为彼德·贝伦斯，也是德国现代设计的奠基人之一，被称为“德国现代设计之父”(参见图 3－107～图 3－111)。贝伦斯一生在建筑设计、平面设计、工业产品设计方面成就卓著。他既是上一时代“新艺术”运动(即德国“青年风格”)的组织者，也是新世纪(20 世纪)现代设计的开创者。1900 年贝伦斯在他自己的书籍中设计了一种无装饰线的新字体，用于一本叫做《庆祝艺术与生活——作为文化最高象征的演艺事业的审视》(Celebration of life and Art:A Consideration of the Theater as the Highest Symbol of a Culture)。这本书全部采用无脚字体印刷，这在当时还是有史以来第一次。版面上除了有少量简单的装饰纹样外，其它部分没有多余的装饰，从而显得朴素简洁，体现了与以往任何一个时代都不同的全新的编排方式。新字体的使用，开创了 20 世纪版面设计风格的新纪元。贝伦斯除了设计无装饰线体外，还设计出了以他名字命名的“贝伦斯体”。这种字体实际上是介于“青年风格”和现代风格之间的一种折衷字体，存有中世纪哥德体的痕迹，且带有书法体的笔势，虽然取消了装饰线但仍然显得有些模棱两可。这种字体在当时并没有得到社会广泛的认可，推行起来具有一定的难度，不过贝伦斯仍希望能够得到广泛运用，因此，他利用自己的影响力强行将之运用到《曼弗雷德》等著作中。编排时他利用飞鹰作为图形与字体相搭配，力图使之产生一定的相互关系，由于这一手法的运用，使得版面自由、轻松，而不像以往德国版面设计所出现的呆板、僵硬的弊病。实际上贝伦斯并没有一直从事“青年风格”的相关组织活动，他于 1902 年左右就已经离开了该组织并从事着与现代工业相关的设计活动。贝伦斯现代设计之父地位的真正确定是在 1907 年，他为德国电器工业公司(AEG)所进行的企业形象设计。德国电器工业公司原有标志的设计已跟不上时代的要求，显得既陈旧又花哨，与产品形象很不吻合，在 AEG 总裁艾米·拉斯劳的力邀下，贝伦斯欣然接受了这一设计任务。贝伦斯根据电器公司的特点，对企业进行了从整体到局部的全方位设计，经过多次反复的讨论与修改，他终于设计出形象简洁、明了，具有大工业特点的企业形象，同时还充分考虑到了它的应用范围以及相应的组合方式，如办公系列、室外环境系列、产品外观系列等。这一设计的完成，昭示着全世界第一个完整的现代企业形象设计的诞生。此后的许多年里，贝伦斯被聘长期担任德国电器工业公司的设计工作，他不仅设计电器产品，而且还设计了大量的企业海报、样本、产品目录等相关的平面设计。所有这些平面设计，均采用了网格形式来统一编排。贝伦斯的版面设计在当时就已具有现代大工业设计的一切特征。版面中所有相关构成元素如：文字、图形、装饰图案等皆整齐有序地排列在网格中，编排富于理性，让读者看了一目了然。这一设计形式成为 20 世纪 50 年代流行于世界主要工业化国家的国际主义风格。

［教学目的］

1. 从中文、拉丁文的起源、发展、演化的各个历史时期认识和理解中、西文字的不同发展规律及其构造特征。

2. 了解中、西方早期版面编排的种类及其特征。

3. 通过对人类历史上不同阶段编排规律的认识，借鉴、吸收、发展民族的编排设计。

［教学框架］

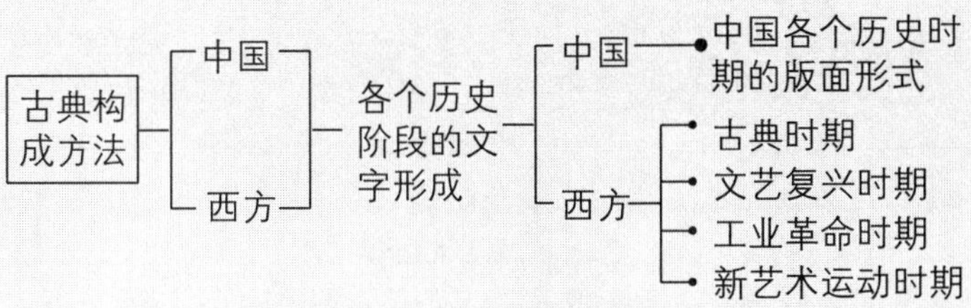

［教学内容］

1. 中国各个历史阶段的文字形式。

2. 中国古典时期的版面形式及特征。

3. 西方早期文字的形成、发展、演变。

4. 欧洲古典时期的版面编排。

5. 欧洲文艺复兴时期、工业革命时期的版面设计。

6. 欧洲工艺美术运动、新艺术运动时期的版面设计及其特征。

［课题练习］

1. 将中国古典版面元素融入到具有现代意识的版面设计中去，做 8 张不同的练习（A4 纸黑白电脑打印稿。内容可选自中国古典小说、诗词或近现代小说、散文）。

2. 采用欧洲古典主义版面设计方法，分别设计 8 张不同的版面作业（内容选自同时期欧洲古典小说、散文、诗歌）。

第四章　编排体系之二
——现代主义的诞生

第一节　构 成 主 义

现代设计的基础理论与思维方式的形成，是以俄国的构成主义、荷兰的风格派以及德国的包豪斯为核心的理性主义设计思想为代表的主流设计。其中尤以俄国的构成主义设计运动具有源发的影响力。构成主义一词最早来自于塔特林（V. Tatlin. 1885—1953）等人的设计作品，其特点和理念在于歌颂工业材料如金属、玻璃、砖石等在现代工业中的作用。设计手法上力图从自然中发现和提取几何抽象形态，以纯粹的基本元素为造型手段，通过感觉性、自由性和均衡性的手法进行创作。

图 4 - 1　招贴，1920 年。设计者：弗拉基米尔・莱博德夫。

构成主义设计运动（Constructivism）在设计史上，主要是由俄国十月革命前后的一群具有前卫意识的先进文化分子所组成。从其影响力来看，无论是研究的深度，还是探索的广度均与德国的包豪斯、荷兰的"风格主义"并驾齐驱。

俄国十月革命胜利以后，以弗拉基米尔・列宁为首的苏共领导人宣布成立了世界上第一个社会主义国家——苏联。新政权创立之前，列宁就已在 1917 年 10 月撰写了一本名叫《国家与革命》一书作为建国的基本纲领。在这部书中列宁强调了社会主义制度必须要实行生产资料公有制，准确地阐述了阶级的含义，客观地分析了各阶级在国家中的地位和作用，并指出：新型的无产阶级专政的国家必须彻底砸碎旧世界建立新世界，应建立以无产阶级为主导的、以工农联盟为基础的新型国家。革命成功后的一段时间内，很快便遭到了西方老牌帝国主义国家的直接干预，他们挑起内战，实行经济封锁，企图采用一切高压手段将年轻的苏维埃政权扼杀在摇篮中。当时的新政权尚未完全巩固，人民的生活处在极其困难的境地。此时，年轻的苏维埃政权并没有被西方列强的挑衅所吓倒。相反，却唤起了一批有革命理想的青年志士，为振兴国家的经济而投入到火热的革命工作中去，他们希望通过自己的辛勤工作能够帮助苏维埃政权渡过危机，为建立起一个富强、繁荣、民主的新社会而

图 4 - 2　招贴，1920 年。设计者：弗拉基米尔・马雅可夫斯基。

图 4－3　招贴，1920 年。设计者：卡西米尔·马勒维奇。

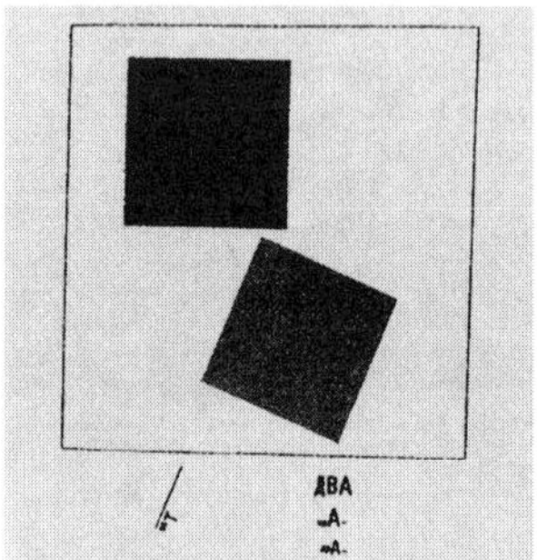

图 4－4　书籍内页版面设计，1922 年。设计者：李西斯基。

图 4－5　杂志设计，1922 年。设计者：罗钦科。

贡献自己全部的力量。这批人中，有许多艺术家利用各种各样的艺术形式来支持革命，宣传革命，鼓舞人民的斗志。

从 1918 年到 1921 年之间，俄国实行了“战时共产主义”政策，国家机器完全掌握在苏维埃手中，任何敢违反苏维埃法律的社会团体或个人，都将被坚决地予以镇压。在这个高度集权的国家里，本来各种艺术形式都会受到审查和干预，但列宁并没有这么做，他认为只有在混乱的局面中，才能形成新的为无产阶级服务的艺术形式。在这种大背景下，俄国的各种艺术团体相继诞生，其中较为著名的要数由李西斯基（E. Lissitzky）、伊莫拉耶娃（Ermolaeva）、马列维奇（K. Malevich）等人在离莫斯科不远的城市维特别斯克（Vitebsk）市所创建的激进艺术家团体“宇诺维斯”（UNOVIS）。从那时起，李西斯基便开始了构成主义的探索并把绘画中的构成主义元素运用到建筑设计中去。1920 年“宇诺维斯”在荷兰和德国相继展出了自己的作品，立即对荷兰的设计界产生了直接的影响。而在早于“宇诺维斯”一年创建的另一个前卫设计团体“因库克”（INKHUK），为构成主义在俄国的形成提供了强大的人才基础。这个著名的团体，有从德国归来的瓦西里·康定斯基（Vasily Kandinsky）、罗钦科（Rodchenko）等一批前卫派精英。同期，对构成主义全力研究的还有建筑师亚历山大·维斯宁（Alesander Vesnin）。从上述几位重量级大师的组成情况来看，构成主义在俄国已形成了一个规模相当可观的阵营，每位大师的身后都拥有无数的追随者。一个规模庞大的研究群体已诞生，他们探索讨论的中心便是结构本身。

构成主义在其鼎盛时期，最有代表性的人物要数李西斯基。他是构成主义设计集大成者，对构成主义有着深刻的理解和认识。李西斯基对版面设计的研究，可以从他一系列具有划时代的代表性作品中找到答案。李西斯基本人是俄国的犹太人，早年立志报考圣彼得堡高等美术学院，由于其特殊的犹太人身份，被校方拒之门外，这对他的心灵造成了莫大的伤害。之后，转而投考德国的达姆斯塔德工程和建筑学院（the Darmstadt School of Engineering and Architecture）学习建筑。在此期间，他潜心研究数学和工程结构并将之作为艺术设计研究的核心。1917 年俄国的十月革命取得成功之后，李西斯基带着对俄国旧有传统美术教育体系的憎恶和对新社会的向往，毅然回到了祖国，决定将自己的才华和学识贡献给年轻的苏维埃。他决心从设计入手，改造现有的设计体系，为无产阶级广大劳动群众服务。回国以后他立即被时任维特别斯克市的美术学校校长马克·夏加尔（Marc Chagall）邀请去任教。当时在这个城市中已有马列维奇、伊莫拉耶娃等艺术家正进行新艺术的探索。李西斯基来到该市以后立刻与这批艺术家取得了联系，并融入到他们集体中参加构成主义的试验，共同的理想和志同道合的设计观使他们很快地组建成了自己的学术小团体——“宇诺维斯”。

“宇诺维斯”对构成主义的研究从本质上看是俄国十月革命取得成功之后，无产阶级所倡导的以一种新的艺术形式为无产阶级政治服务，对艺术和设计进行探索的新设计运动。在指导思想上受到了共产主义思想的直接影响，是艺术设计师希望探索出一种全新的、能够代表苏维埃政权的视觉新形象的结果。当然，构成主义的出现也并非是凭空“捏造”的结果，它同样是在借鉴继承其它艺术形式的基础上而产生的设计新形式。从版面设计的承接性上看，构成主义汲取了立体主义和未来主义的营养，版面编排的设计手法采用了丰富多变的组合构成方式。与以往古典主义版面设计相比，其设计更为理性，更富有创造性。它虽然吸收了未来主义版面设计的某些表现手法，但它与未来主义版面设计却有着本质的区别。首先，在指导思想上，构成主义明确地提出：艺术为无产阶级政治服务，反对为艺术而艺术；反对无内容的艺术形式，强调设计的实用性，反对浪费，主张简洁；反对烦琐，主张设计形式的多变；反对版面形式的杂乱，它现实地为现代理性主义设计打下了一定的思想理论基础。与构成主义相比较，处在同一时期的未来主义版面设计更注重的是形式，至于版面是否实用，完全不予考虑，它强调艺术家自我个性的表露。这种完全不考虑实用的设计方式，在俄国十月革命以后的早期阶段，人民生活处于极其困苦的境况下，显然不可能实施。构成主义版面设计除了设计手法上的实用性外，对印刷材料的使用也颇具特色。由于考虑到节省和体现无产阶级艰苦朴素的精神，构成主义印刷品的版面多为粗糙的纸张。这类材料的使用，一是为了强调无产阶级朴素无华的阶级特征，二是由于当时的经济状况不允许选用更好的印刷材料。

反映构成主义上述思想最具有代表性的人物依旧是李西斯基。李西斯基虽然热爱绘画，但他认为纯形式的绘画并无多大意义，艺术家对社会的贡献应体现其实用精神。他反复主张应放弃绘画，放弃纯形式的绘画游戏，应从事设计；认为只有设计才能为社会创造经济效益。李西斯基对于自己的艺术主张，从来都是身体力行，他把绘画上的构成主义因素不仅运用到建筑上，而且还运用到版面设计上。最能体现其上述思想的一幅设计作品是著名的《用红色的楔子打击白军》(Beat the whites wit the Red Wedge)的招贴画(见彩图 10)。在这幅作品中，李西斯基运用白色块代表反动势力克伦斯基一伙，运用红色的三角楔形象征着布尔什维克的革命力量。原作的标语口号为“用红色打击白色”，红色代表革命力量，白色则象征着反动势力。海报具有抽象理性、言简意赅的特点，使广大群众看了之后一目了然，因此很实用，所

图 4－6　《主题》杂志封面，1922 年。设计者：李西斯基。杂志封面集中反映了构成主义设计的特点。

图 4－7　《扫把》杂志封面设计，1922 年。设计者：李西斯基。

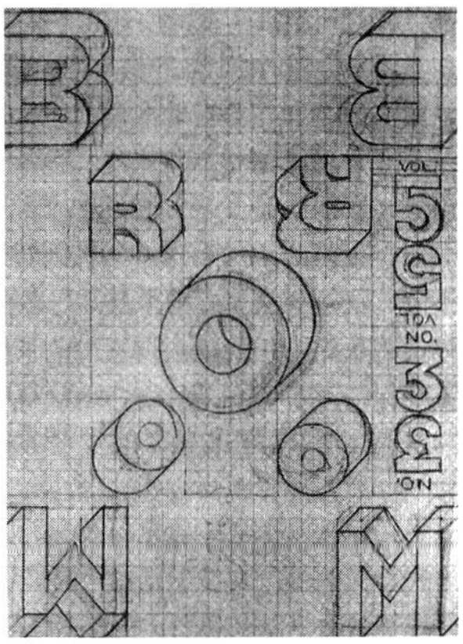

图 4－8　设计者：李西斯基，1922 年。

图 4-9　封面设计《为马雅可夫斯基的声音》，1923 年。设计者：李西斯基。

图 4-10　内页版式《艺术的主义》，1923 年。设计者：李西斯基。

图 4-11　图 4-11～图 4-13 为杂志《左翼艺术》1-3 期设计的封面，1923 年。设计者：罗钦科。

传达的信息非常明确，艺术形式也很受欢迎，具有强烈的宣传作用，普通人民看了之后备受鼓舞。由于作品具有强大的震憾力，独特的设计方式迅速在全国传播开来，成为年轻设计师效仿的对象。

“宇诺维斯”对构成主义的探索和运用产生了丰硕的艺术成果，为社会创造了可观的经济效益。1920 年新成立的苏维埃政府不但不阻挠，反而采取积极鼓励的姿态。在此期间，李西斯基为了进一步扩大构成主义的设计思想，他积极主动为官方创办杂志《主题》(Veshch)并亲自设计版面。这是一份三种语言合并的杂志，他与杂志的编辑伊里亚·厄伦堡(Ilya Ehrenburg)合作，经过深思熟虑的思考为杂志取名为俄文“Veshch”，德文为“Gegenstand”，法文为“Objet”，取此名称的真正含义是为了表明其艺术设计的观点。在他们看来，艺术的目的是创造新的主题和新的国际风格，通过青年设计家的创造把不同，新的艺术观点和设计理念充分表达出来。

李西斯基为《主题》杂志所作的版面设计，集中体现了构成主义设计的特点。从全部作品的特征来看，他运用了理性抽象的几何形态作为版面的基本组织元素，通过圆形、方形和三角形的分割处理，运用穿插、连接、旋转、复加等设计手法将文字赋予全部的功能特征。这些文字的安排不是简单任意的堆砌，而是表现出了生动、活力和富含生命的特征，似乎一个字、一个符号都会说话。字的动态走势具有一定的方向感，好似语言者，能直接和读者交谈。整体版面简洁、明确，字体多为无装饰线的黑体。版面交叉的方向性不定，纵横排列、直排、竖排或混合穿插。点、线、面的位置不像古典版面那样，有固定的约束和设计程式。故此，构成主义的设计具有灵活、生动、设计构思难度大等特征。

构成主义的版面设计究其设计的内因而言，属于理性主义设计的范畴，它讲究版面设计的形式感，古典传统意义上的装饰性绝对被禁止使用，自诞生的那天起，其艺术宗旨就坚决地对之予以排斥，并始终坚持认为装饰是设计的累赘。构成主义只重视对结构本身的研究，而围绕结构研究的目的也仅仅是为了主题。主题中所反映出来的设计形式，在功能完备的基础上能够体现创新和唯美主义的思想。从现存大量的构成主义设计作品来看，虽然构成主义强调理性、简洁的设计思路，但每幅作品均具有自己独立的设计含义，绝无雷同的设计思维。从而使得张张版面新颖，幅幅编排独特，充分反映了构成主义版面设计的实用性、功能性和独创性。例如从李西斯基 1923 年为《艺术的主义》一书所设计的版面形式就可以看出，设计师运用倾斜的直线加上网状的细线方格，使版面产生较强的粗细对比效果，字母与相应抽象的直线元素相组合，形成平整中有起伏，安静中有运动，稳定中有不安的艺术感受。另一张为《马雅可夫斯基》所做的封面设计则运用了纯字母间的排列组合，通过大写“M”作为内容中心，形成纵横排列的直线方向，再辅以抽象的圆形，使版面产生直线与曲线的矛盾对比，布局平衡，形态多变、统一。

把李西斯基1920年前后所作的版面设计与其早年的设计相比，他不但坚持了过去所倡导的设计理念，而且更丰富了所追求的设计理想。这批作品的问世，对世界平面设计史产生了深远的影响，奠定了现代版面设计体系朝着更理性、更秩序的方向发展。从《艺术的主义》一书的内文排列中还可以看出，这一时期他的作品已明显地朝着方格网络化方向发展。文字排列日趋规范、规整；横排、竖排各有三栏；封面与内文格局统一、手法一致。插图与文字的搭配关系排列有序，规整中富有大、小穿插变化，图与图之间存有合理的尺度比例，每页的章、页、名称均易于检索，是一本设计完整、形式丰富、思想明晰、能够代表完善的构成主义版面设计体系的书。此书的完成，标志着构成主义向国际主义风格的发展迈出了坚实的一步。由此可见，李西斯基对现代版面设计体系的创立，以及对后来国际上所形成的设计体系有着巨大的贡献，他所开创的现代版面设计的新风格影响了整个世界，也整整影响了几代人。

图4－12

图4－13

与李西斯基同时代的另一位构成主义设计大师亚历山大·罗钦科也是一位现代版面设计史上的重要人物。罗钦科本人是一位坚定的马克思主义者，带着对新社会的美好向往，毅然加入了共产党。日常生活中，他总是非常勤勉地努力工作，对版面设计的研究从来都是一丝不苟。其探索的内容包括字体形态、组织构成、版面编排、图片剪辑、图片组合等。虽然罗钦科对现代平面设计的贡献远没有李西斯基影响那么大，但他的设计水准与研究设计的深度丝毫不逊色于李西斯基。与大多数现代主义设计师一样，罗钦科早年也是一位画家，绘画风格极为理性，完全没有类似于未来主义的狂野与豪放。由于其沉稳的个性，独特的艺术思考，画风理性且具有构成主义风格的特点，这一切对日后版面设计风格的最终形成有着至关重要的作用。罗钦科对于绘画和设计的态度始终坚持着功能至上的原则。他认为绘画应为无产阶级政治服务，少数人享受绘画艺术只能助长其资产阶级的生活倾向，是个人享乐主义和权贵思想在作怪。他还认为，要想彻底杜绝个人的这种资产阶级的艺术思想，只有放弃绘画去从事能直接为人民服务的，具有实用价值的设计工作。罗钦科这一艺术观的转变，对其实用主义版面设计风格的形成起到了至关重要的作用。罗钦科有着良好的人际关系，无论在政府部门还是在日常生活中都有着良好的口碑。他善于广交朋友，尤其是和诗人马雅可夫斯基的关系最为密切，虽与马雅可夫斯基所从事的事业不同，但在许多重要的艺术观点上却是一致的，尤其对于构成主义版面

图4－14　报纸广告，1923年。设计者：罗钦科。

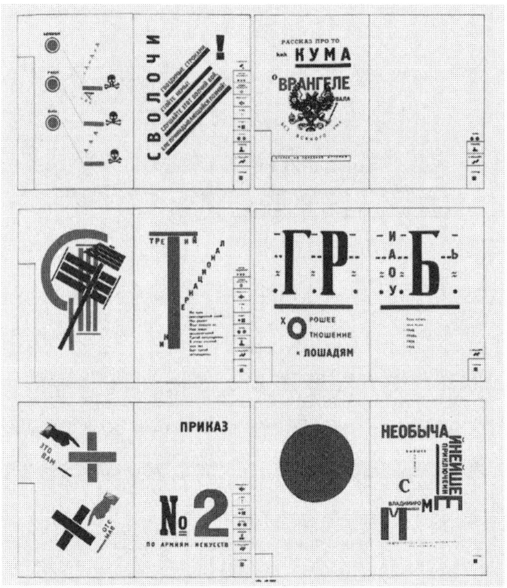

图 4－15　书籍版面设计，1923 年。设计者：李西斯基。

设计的态度有着极为相似的观念。1923 年罗钦科运用构成主义设计手法为《左翼艺术》设计封面，设计风格简洁明了，字体由罗钦科亲自为杂志专门设计。字体的形态类似于无装饰的色块组合，风格理性，雄壮有力，丝毫没有矫揉造作之感，一眼看上去就能够体现出作者的理性风格。从第一期到最后一期，每一期都显得规整、秩序，仔细揣摸便会发现，几乎每一期的细节处理都不同且一丝不苟，大小位置得当，字体、图形穿插合理，形式感强，很能吸引读者。罗钦科所设计的无脚字体（无装饰线体）受到了当时的苏联政府认可，他自己本人也坚持使用这类字体，在经过一段时间的广泛传播后，这种风格的字体很快在全国流行起来。

罗钦科对构成主义的贡献还包括在对图片的处理上。他常常运用裁剪和拼贴图片的方式将版面中相关的内容组合在一起，加上他所擅长的无脚字体的设计，版面往往形成强烈的对比效果。和李西斯基相比，运用图片剪辑是罗钦科作品的一大特色，李西斯基的多数作品属于无图片的纯粹元素间的组合，而罗钦科却相反，也许这和两人对设计的理解不同有关，尽管都是构成主义设计大师，但在具体风格上差异明显。

经过短短几年的发展，构成主义设计体系开始形成，但尚未走向大发展，此时却开始逐渐走向衰落。那时，有些极左路线的人常常无端指责构成主义是资产阶级的一套东西，不适合俄国社会主义文艺路线。列宁在世时，这些论调仅仅被当作设计界不同艺术观点的争鸣，设计师人身并未受到攻击、迫害。但 1924 年列宁因旧伤复发逝世之后，情况开始急转直下。斯大林上台伊始，便在全国范围内进行红色清洗，大批艺术工作者、设计家不断受到批判和迫害。构成主义虽然为国家的经济作出了巨大的贡献，但仍然被视为资产

图 4－16　广告，1923 年。设计者：罗钦科。

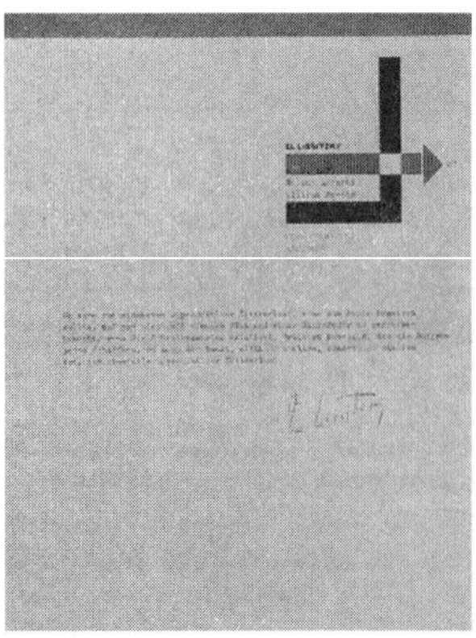

图 4－17　设计师个人的信笺设计，1923 年。设计者：李西斯基。

阶级腐朽没落的东西。为了肃清资产阶级思想,纯洁革命队伍,大批艺术设计人才相继被送往西伯利亚劳动改造,他们中有许多优秀分子因此英年早逝。而以康定斯基、李西斯基为代表的艺术家、设计师被迫离开自己的祖国投奔西方。同时,他们也把构成主义的精神带到了西方。轰轰烈烈的构成主义设计运动在俄国终于走向了衰弱,但这并不意味着灭亡,构成主义曾为俄国劳动人民所创造的艺术形式、艺术精神却依然留在了各地,并不断地发扬光大。

值得一提的是,早在 1920 年李西斯基前往俄国的近邻国家波兰进行讲学时,他带去了大量有关构成主义版面设计的作品和理论,这对波兰设计界影响很大,其中对波兰设计师亨利克·伯利维(Henryk Berlewi 1894—1967)的影响最大。从此,伯利维决心投身到构成主义设计的大潮中去。经过实践研究,他以构成主义版面设计形式为基础,明确提出自己的设计理念,即"麦查诺-法克图拉理论"(Mechano-faktura theory)。这一理论内在的精神实质与构成主义如出一辙,显然是受到了构成主义设计的影响,只不过伯利维的这一理论深化了理性、简洁、秩序的设计思路,更加具体地将数学计算和几何构成的特点运用到版面设计中去。他曾极端地提出:在版面设计中,应将绘画中三维幻象的版面完全放弃,应以二维版面编排作为设计的核心。尽管伯利维提出了上述理论,但人们从他现存的作品中找不出有任何突破李西斯基所倡导的构成主义精神的内容。伯利维在构成主义设计史上的作用和地位也算得上是一位重量级人物,虽然对构成主义的原创贡献远不如李西斯基,但他为构成主义版面设计向波兰乃至整个东欧的传播作出了自己的贡献,其作品和理论也丰富了构成主义的基本精神。构成主义在向波兰传播的同时,其它东欧国家如捷克斯洛伐克、匈牙利相继对构成主义版面设计进行了广泛的研究,他们中涌现出许多世界级伟大的设计家,如拉斯拉夫·苏特纳(Laislav sutnar,1897—1976)、莫霍里·拉吉(Laszlo Moholy-Nagy,1895—1946)等。(参阅图 4-1～图 4-73,另见彩图 11)

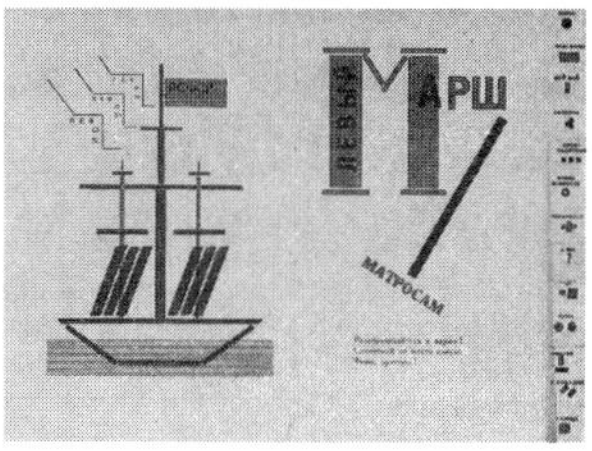

图 4-18　书籍内页设计,1923 年。设计者:李西斯基。

图 4-19　《普隆》装置设计,1923 年。设计者:李西斯基。李西斯基用构成主义的设计手法设计该作品,集中反映了构成主义的形式特征。

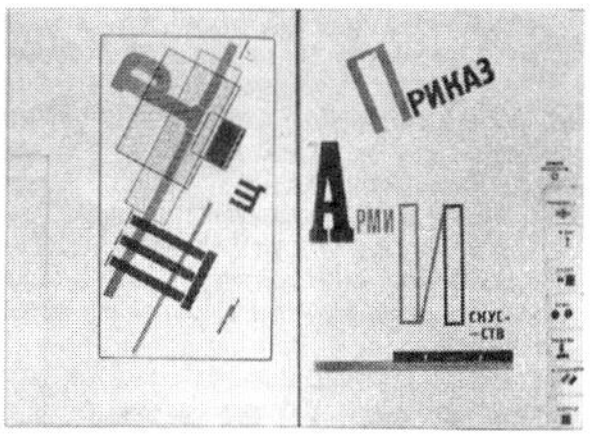

图 4-20　《艺术的主义》封面设计,1923 年。设计者:李西斯基。

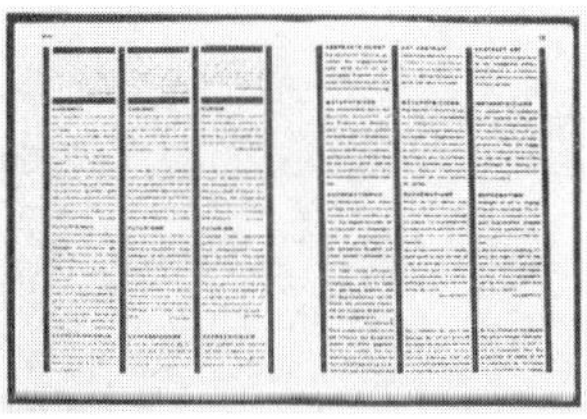
图 4-22　《艺术的主义》内页版面设计,1923 年。设计者:李西斯基。

图 4-23　报纸广告,1923 年。设计者:罗钦科。

图 4-21　广告设计,1923 年。设计者:罗钦科。

图 4 - 24 广告。设计者:佚名。

图 4 - 25 广告。设计者:佚名。

图 4 - 26 轮胎广告,1929 年。设计者:D. 科拉夫琴科(D. Kravchenko)。

图 4 - 27 (左图)罗钦科 1924 年为马雅可夫斯基拍摄的照片;(右图)为罗钦科本人身穿自己亲手设计的服装照片。

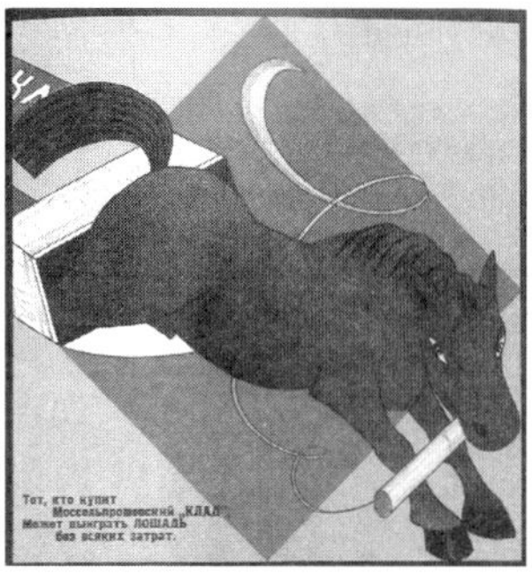

图 4 - 28 香烟广告,1924 年。设计者:莱温斯基(A. Lavinakii)。

图 4 - 29 同图 4 - 28。

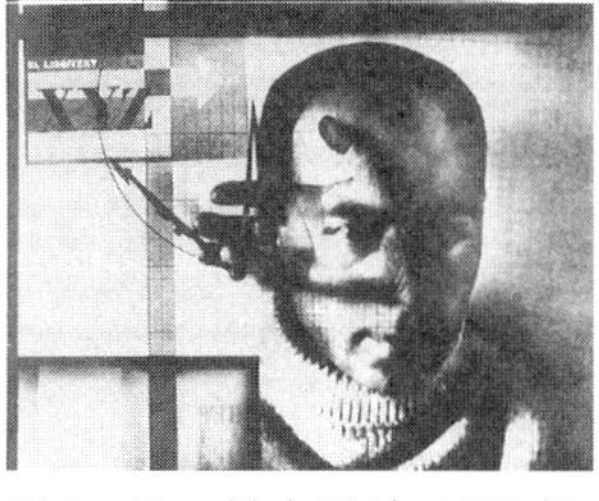

图 4 - 30 样本设计,1924 年。设计者:李西斯基。

图 4 - 31 书籍封面,1924 年。设计者:罗钦科。

图 4 - 32 广告。设计者:佚名。

图 4 - 33 广告,1925 年。设计者:罗钦科。

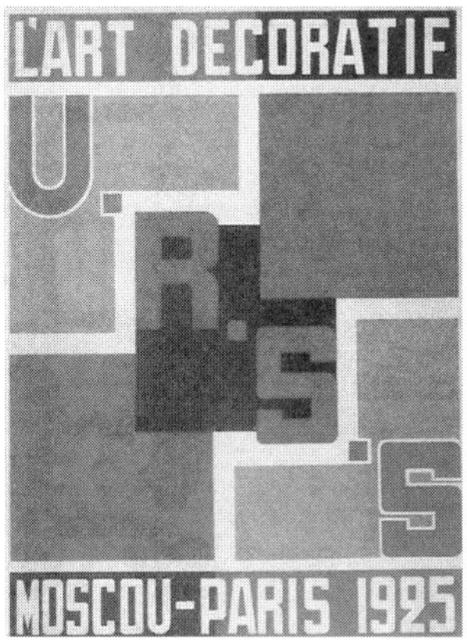

图 4 - 34　封面设计，1925 年。设计者：罗钦科。

图 4 - 35　广告，1926 年。设计者：佚名。

图 4 - 36　广告，1926 年。设计者：佚名。

图 4 - 37　广告。设计者：佚名。

图 4 - 38

图 4 - 39　广告，1926 年。设计者：佚名。

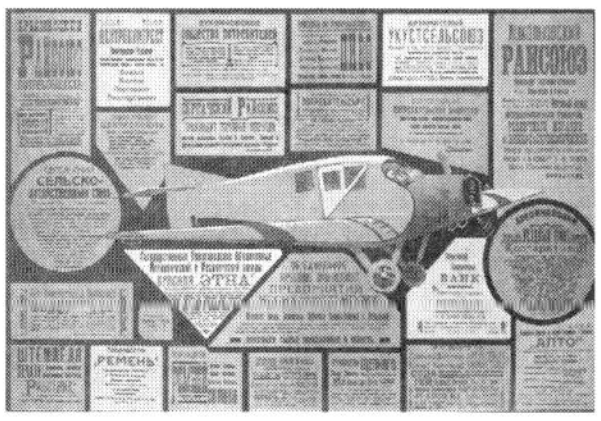

图 4 - 40　广告，1929 年。设计者：佚名。

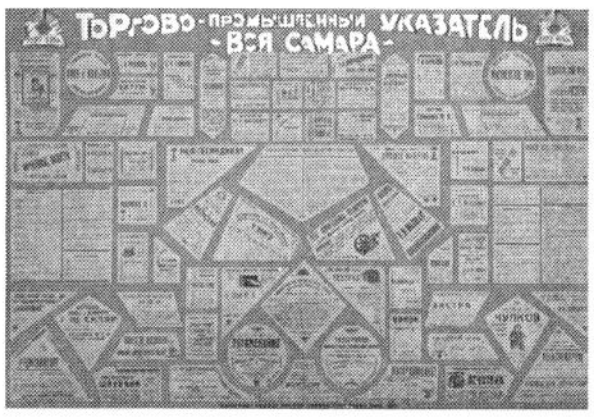

图 4 - 41　报纸广告，1927 年。设计者：佚名。

图 4 - 42　报纸广告，1927 年。设计者：佚名。

图 4 - 43　杂志封面设计，1927 年。设计者：罗钦科。

图 4 - 44　广告。设计者：佚名。

图 4－45　展览设计，1928 年。设计者：李西斯基。

图 4－46　展览设计，1928 年。设计者：李西斯基。

图 4－47　展览目录设计，1928 年。设计者：李西斯基。

图 4－48　广告，1928 年。设计者：佚名。

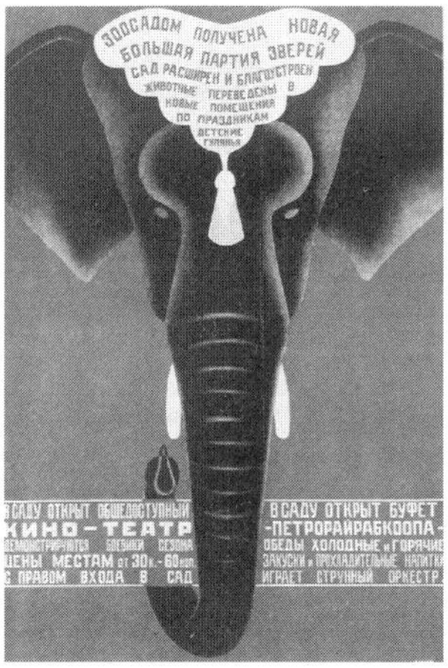

图 4－49　动物园广告，1927 年。设计者：迪米垂·布拉罗夫/莱宁格拉德（Dmitrii Bulanov，Leningrad）。

图 4－50　香烟广告，1928 年。设计者：S. 阿拉德哈罗夫（S. Aladzhalov）。

图 4－51　书籍广告标签设计。设计者：佚名。

图 4－52　电影海报，1928 年。设计者：米克海尔·德拉盖奇。

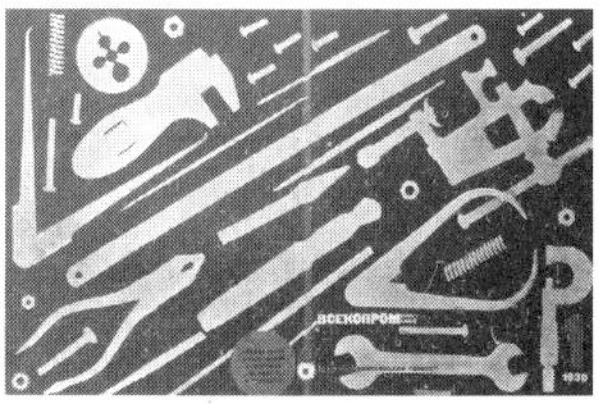

图 4－53　广告，1930 年。设计者：所罗门·泰宁格特（Salomon Telingater）。

图 4－54　交通发展的五年计划，1929 年。设计者：古斯塔夫·科罗西斯。

图 4 - 55　电影海报，1929 年。设计者：弗拉基米尔/基奥基·斯坦伯格。

图 4 - 56　海报设计，1922 年。设计者：李西斯基。作品采用了构成主义与未来主义的混合手法设计，在当时显得极为前卫。

图 4 - 57　书籍封面，1930 年。设计者：李科莱·塞德尼科夫（Nikolai Sedelnikov）。

图 4 - 58　书籍封面，1928 年。设计者：亚历克赛·甘（Alexei Gan）。

图 4 - 59

图 4 - 60　构成主义杂志的版面设计，1933 年。设计者：李西斯基。

图 4 - 61　书籍版面设计。设计者：所罗门·泰宁格特。

图 4 - 62　海报，1937 年。设计者：罗钦科。

图 4 - 63　广告设计，1923 年。设计者：罗钦科。

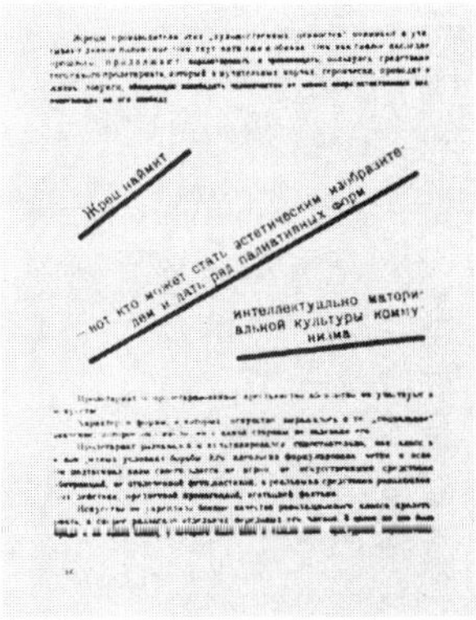

图 4 - 64　书籍内页设计，1922 年。设计者：亚历克塞·甘。

图 4－65 广告。设计者:罗钦科。

图 4－68 巧克力生产推销目录,1925 年。设计者:伯利维。

图 4－71 杂志封面,1929 年。设计者:苏特纳。

图 4－66 报纸广告。设计者:佚名。

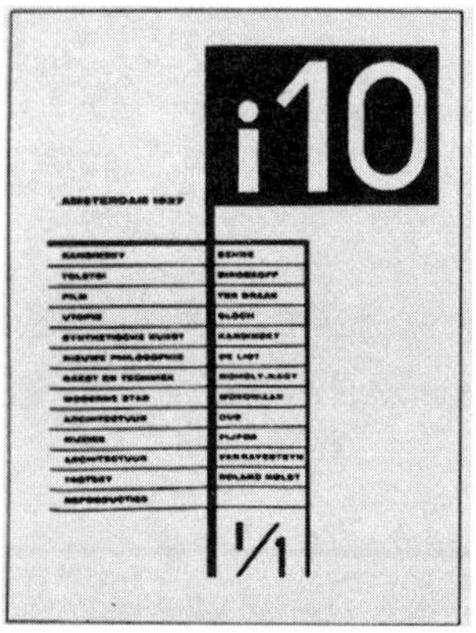

图 4－69 书籍封面设计。设计者:莫霍里·纳吉。

图 4－72 报纸广告,1923 年。设计者:罗钦科。

图 4－67 海报设计,1925 年。设计者:伯利维。

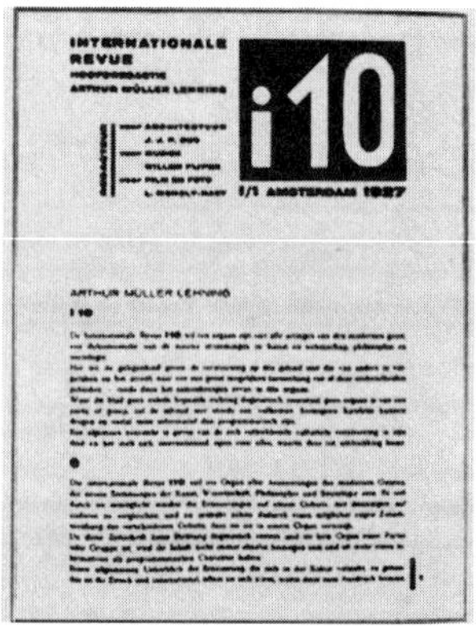

图 4－70 *ilo* 诗集内页设计,1927 年。设计者:施威特。

图 4－73 佚名,日期不详。

第二节　风 格 主 义

几乎与构成主义同时存在的另一个重要设计流派是荷兰的风格主义(De Stiji)。风格主义的产生首先源自荷兰独特的地理位置和良好的人文环境。荷兰地处西北欧,人口密集,土地狭小,自古以来一直以围海造田著称于世,兴修水利是荷兰人的传统,国家以设计和兴建水利设施作为民族生存的一部分,同其它欧洲国家相比,对于设计似乎有着更为深刻的认识。历史上荷兰曾是古尼德兰的一部分,无论是古典艺术还是现代绘画都有着极其辉煌的记录。绘画史上荷兰曾出现过世界顶尖的绘画大师,其中有维米尔、伦伯朗、凡·高、蒙德里安以及德孔宁等一批世界一流的画家。优良的文化传统和悠久的绘画史,使少数荷兰人自信地认为他们不需要和外界有太多的联系,认为他们的设计和绘画本身就是世界上最好的艺术。而实际上,荷兰小国与外界交往十分频繁,海上贸易促使荷兰拥有欧洲最大的海港码头,这就决定了荷兰是一个国际化的都市型国家,整个国家就是一座城市。荷兰人工作勤奋、礼貌谦和,做事一丝不苟,兢兢业业。人们的日常生活十分悠闲,并不像少数岛国那样有着强烈的危机感。在这种背景下所诞生的风格主义设计便有着自己独到的特征。风格主义诞生的根源与构成主义一样,都是受立体主义影响并在此基础上发展起来的新型的设计流派。起初人员的组成十分松散,各个设计家之间也并无多少往来,它不像其它艺术流派那样拥有自己独立的组织结构和组织宣言,而是由荷兰的画家、设计师、建筑师自由组织起来的一个松散的团体。

风格主义设计流派的形成,在思想和形式上最初起源于蒙德里安对于绘画的探索。蒙德里安早期的绘画形式受象征主义绘画和立体主义绘画的直接影响,一度也曾对凡高的绘画艺术有着深刻的研究。然而,从其绘画风格上看,蒙德里安的绘画技巧完全没有凡高的影子,却有着立体派绘画的格调。人们从他的系列作品《树》中可以看出他对绘画作品的解析探索。《树》是蒙德里安绘画观形成最能说明问题的代表作之一,蒙德里安把《树》作为解析的对象,从一棵具象的树开始,到一棵完全抽象几何化了的树结束,每一步骤都作了深刻的分析。蒙德里安绘画风格的形成、发展和最终完善经历了一个漫长的演化过程。1912 年,年轻的蒙德里安迁居法国巴黎,将立体主义绘画精神引入自己的绘画作品中。在他看来,立体派绘画并不能完全表

图 4-74　范·杜伯格肖像,1924 年。拍摄者:露西娅·莫霍利。

图 4-75　大厅入口处写有标题的地板,1898 年。设计者:H. P. 伯纳吉(H. P. Berlage)。

图 4-76　《风格》杂志封面,1917 年。设计者:维尔模斯·胡扎(Vilmos Huzar)。

图 4-77　《风格》杂志标签版面,1921 年。设计者:杜斯伯格。

图 4－78　明信片设计，1919 年。设计者：杜斯伯格。

图 4－79　杂志封面，1919 年。设计者：杜斯伯格。

图 4－80　《稻草人》内页版面，1925 年。设计者：杜斯伯格。

图 4－81　艺术和工业展览海报，1923 年。设计者：海伦道恩(J. Hellendoorn)。

达物象的内在实质，认为绘画的真正本源在于对其实质的探索。在他徘徊和痛苦中接触到了哲学家逊马克(M. H. J. schoenmakers)的哲学思想。逊马克认为，客观自然是由纵横两种结构组成的，构成世界本源的色彩只有红色、黄色、蓝色三种原色。此外，1914 年由于第一次世界大战的爆发，同盟国与协约国的恶战，使法国陷入了战争中，当时的荷兰是一个中立国，为躲避战争，蒙德里安回到了自己的祖国。由于不受战争的影响，蒙德里安对逊马克的哲学思想进行了深入的思考和反复的实验，他把绘画完全变成了一种纯粹纵向和横向的直线，色彩也由丰富的灰色调转而变成了在白色画布上构置红色、黄色和蓝色的三原色，这种绘画方式从本质上说是对逊马克哲学思想的直接翻译和诠释，本身的艺术价值则体现在他对绘画观的认识上。这是原发性的艺术创造，为日后风格主义的形成打开了一扇通往成功之路的大门。

蒙德里安的绘画艺术发展至此已完全走向了成熟，走向了理性。他之所以没有重走立体主义的老路，在于他对立体主义的新认识。他认为："立体主义并没有在自己创造的成功上扩大和发展，缺乏逻辑的发展和补充。"他还认为："真正的视觉艺术应该是通过有序的运动而达到高度的平衡，在不平均但是平衡的对抗之中找到平衡，在弹性的艺术中廓清出平衡点，对于人类来说具有重要的意义，这是艺术表现真实的关键等等"(引自王受之：《世界现代平面设计史 1864—1997》)。蒙德里安的上述观点，客观地指出了立体主义绘画在发展中所存在的不足，同时也明确地阐明了自己的观点，他认为：视觉艺术应在现实中找到规律和秩序，应该在无序的世界中找出节奏和视觉上的平衡点，通过一定有逻辑关系的级数变化，达到愉悦人们视觉的平衡点。这一理论为未来的绘画艺术，尤其是为实用美术进一步的探索奠定了基础性的理论，对后来形成的网格主义、国际主义设计风格产生了深远的影响。

蒙德里安的绘画观形成之后，他的绘画风格影响了身边的几位友人，这几位朋友在一些重大的绘画问题上与他保持一致。其中导致风格主义真正形成的核心人物是西奥·范·杜斯伯格(Theo Van Doesburg，1883—1931)。杜斯伯格本人是一位诗人、画家和建筑师，其职业和个人气质最终决定了他是一位性格非常复杂的人物。一方面，他具备诗人、画家的气质，不拘一格，自由洒脱；另一方面，又具有擅长逻辑思维、严谨、精益求精、一丝不苟的作风。杜斯伯格这种矛盾的性格最终导致了他的艺术观必然具有一定的矛盾性，他是那个多变时代的具有典型特征的代表性人物。

"风格主义"一词首先来自于风格派几位艺术家所创办的

《风格》杂志，在这份发行量非常有限的杂志上，他们常常发表自己的学术见解。“风格”(De Stijl)是荷兰语“木衬子”的意思，具有“支撑”的含义。这个词常常用于木工打家具时所使用的木方子，同时又暗指“独立”的意思，许多木方子的组合便形成了家具。杜斯伯格运用这个词是为了表示他所倡导的艺术风格是独立单体的自由组合，同时又具有一定的逻辑性和合理性。

“风格”一词最早的使用，是杜斯伯格于 1917 年编辑出版的一本名叫《风格》的杂志，封面的设计者是维尔摩斯 · 胡扎.(Vilmos Huszar)。胡扎在设计封面时完全领会了风格的含义，运用大小不等的方块图形穿插组合在一起，形成大小对比，疏密有序的块状图形，为了配合主要图形的形态特征，几个字母也用块状方形组合，而最下方的文字说明则采用粗壮的无脚字体相配合，整个封面图形与文字既相互联系，又相互区别，完整体现了风格主义所追求的风格特征和艺术宗旨。胡扎除了设计第一期的封面外，另外还设计了几期。而杜斯伯格本人也于 1922 年用同样的设计手法设计了几期，设计方法和胡扎的思路完全一致。风格主义成员除了少数几位骨干分子平时有一定的来往外，其它成员相互间很少往来甚至根本不认识。随着杜斯伯格的宣传和突出的组织能力，之后，在荷兰又相继加入了不少成员，他们中有画家、建筑师、雕塑家以及城市规划师。这批成员的艺术特点虽然不尽相同，但或多或少都受蒙德里安的影响。杜斯伯格和巴特 · 凡 · 德 · 列克(Bart Van De Leck，1876—1958)对蒙德里安追随得最为紧密。杜斯伯格的部分作品后来甚至和蒙德里安的作品都无法区分开来。版面到处都是纵横的黑色条块，条块间再嵌上各种整齐的方形色块，版面已完全不讲究激情发挥，而是纯理性的数字计算。采用这种设计方式的版面必然会出现理性与秩序的效果。把这种高度理性化的设计方法运用到排版上，使版面编排简单、高效，具有强烈的视觉冲击力。

风格主义形成以后，所有的成员都以蒙德里安的绘画思路作为设计的原动力。在蒙德里安讲究理性与秩序的观点上，许多成员干脆就把设计变成了纯粹运用数字计算的手段，版面形态越来越富有逻辑性，越来越理性化。他们认为：这是大工业时代下的新的视觉形式，它能够代表时代的总体设计精神。甚至还认为：这种简洁、理性、数字计算化的纵横直线版面设计形式是放之四海而皆准的形式法则规律，这种规律的获得，必须通过整合事物表面杂乱无章下的形式才能得到。那么同样，城市生活、科学实验、工业机械化大生产等能够代表现代工业文明的一切事物都能够从中获得，其规律同样可为这些领域服务。上述理论皆是有案可稽，早已形成理论刊登在《风格》杂志上的核心

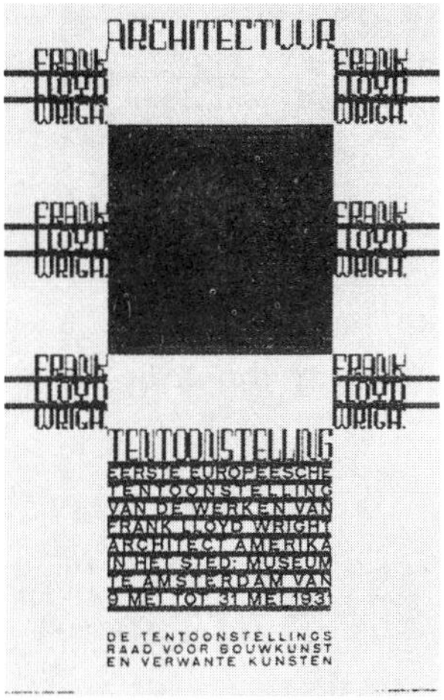

图 4 - 82　建筑展览海报，1931 年。设计者：H. Th. 魏德维得(H. Th. Wijdeveld)。

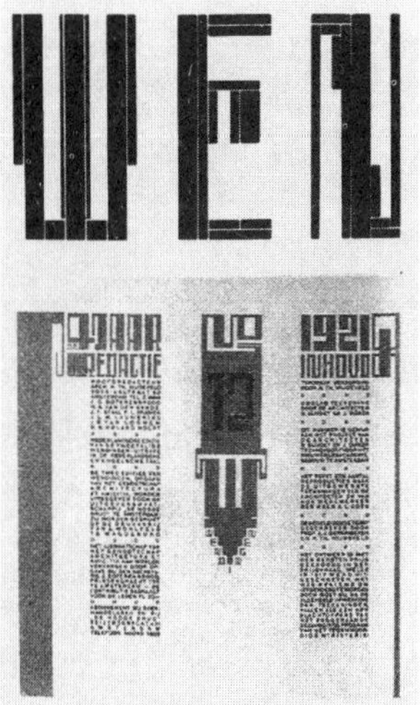

图 4 - 83　字母建造服从于印刷规则和杂志版面。设计者：H. Th. 魏德维得(H. Th. Wijdeveld)。

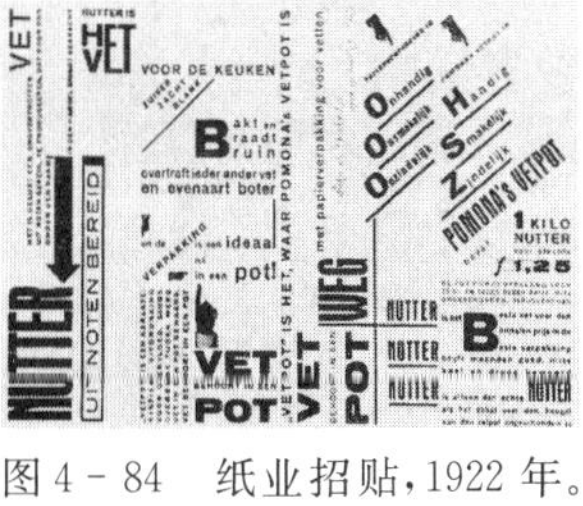

图 4 - 84　纸业招贴，1922 年。设计者：彼德 · 施瓦特(Piet Zwart)。

图 4－85 根据一个 25 等分的正方形设计的字母表，1919 年。设计者：范·杜斯伯格。

思想。今天当人们回顾这段历史，再看看现今欧洲文明的发展现状和所取得的成绩，完全是沿着风格主义早年所倡导的设计思想发展起来的现实体现。当年风格主义虽然没有像构成主义那样明确提出为无产阶级服务，但实质上却静静地按部就班地实践着既定的理想——为社会工业服务。风格主义版面设计的最大特点在于：将单体几何结构通过一定的形式规则地进行结构组合，而其结构的独立性依旧保持完整，运用纵横直线寻求版面的平衡性，通过数理计算使版面趋于逻辑性、秩序性。对于色彩的使用，除了蒙德里安本人常运用红、黄、蓝三原色以及黑色的纵横直线外，其它设计师更注重的是版面本身的结构。

图 4－86 广告，1922 年。设计者：彼德·施瓦特

当风格主义在荷兰产生并风行于国内时，第一次世界大战正残酷地进行着，其它欧洲国家无暇顾及荷兰所发生的这场设计运动，这段时期荷兰本身也没有受到外来文化的影响，风格主义的形成和发展基本上是在一个相对封闭的环境中产生的。

1918 年当风格主义形成完整的设计体系之后，一次大战的硝烟也刚刚熄灭。杜斯伯格带着他的风格主义设计思想到欧洲各国巡回演讲，四处传播几何版面设计理念。1921 年他来到德国柏林，遇到了包豪斯首任校长格罗佩斯。格氏听了他的学术演讲之后，对杜斯伯格立刻产生了浓厚的兴趣，并邀请杜斯伯格访问包豪斯。第二年杜斯伯格在魏玛租了一个工作室，吃、住均在那里，他免费为包豪斯学生授课，宣传他的设计理念，这对当时的包豪斯产生了巨大冲击，之后他便被格罗佩斯正式聘为教员。上任伊始，杜斯伯格在包豪斯的教学中就暴露出他人生的两面性：一方面，宣传风格主义的理想，力图把风格引向更加理性、秩序的一面，并赞同密斯·凡·德·罗“少即多”的理论；另一方面，他又鼓吹达达主义的艺术论调。达达主义的版面设计本身就带有无政府主义的色彩，版面的无序和非理性是这一派别最显著的特点。杜斯伯格在学校课堂内不但宣传达达的设计思想，而且自己还不断地进行着这方面的设计实践，如 1925 年他为《稻草人》所作的版面设计就是一例（图 4－80）。他的这些不同且矛盾的艺术观所产生的怪异行为使教学往往陷入混乱，可以说他在包豪斯的教学是很不成功的，这与格罗佩斯的办学思想大相径庭，最后格罗佩斯忍痛将其解聘。

图 4－87 《风格》杂志封面。设计者：杜斯伯格。

1931 年杜斯伯格因病英年早逝，轰轰烈烈的风格主义运动作为一个学术团体逐渐走下坡路并很快结束，然而杜斯伯格所宣扬的风格主义设计精神并没有因为他的早夭而结束，相反，由于参加风格主义运动的成员均来自全国各地，它的精神早已深入人心。他们把风格主义的设计理念四处传播，最终成为一股影响世界设计史的重要潮流。（参见图 4－74～图 4－100，另见彩图 12～彩图 14）

图 4－88 展览海报，1917 年。设计者：杜斯伯格。

图 4－89　《风格》杂志封面。设计者:杜斯伯格。

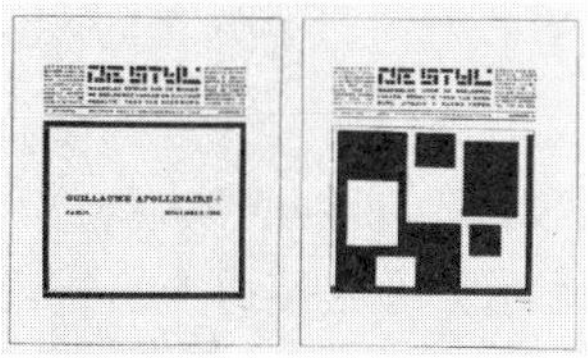

图 4－90　《风格》杂志封面。设计者:胡扎。

图 4－91　美术学院海报设计,1932 年。

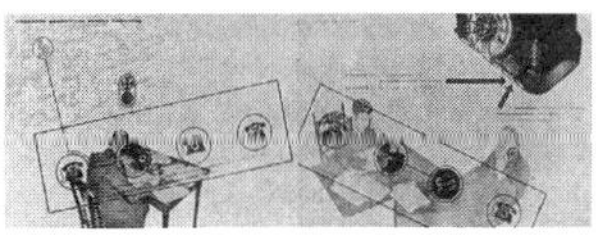

图 4－92　PTT 宣传单。设计者:哈德·科健(Gerard Kiljan)。

图 4－93　样本设计,1930 年。设计者:保罗·施威特玛(Paul Schuitema)。

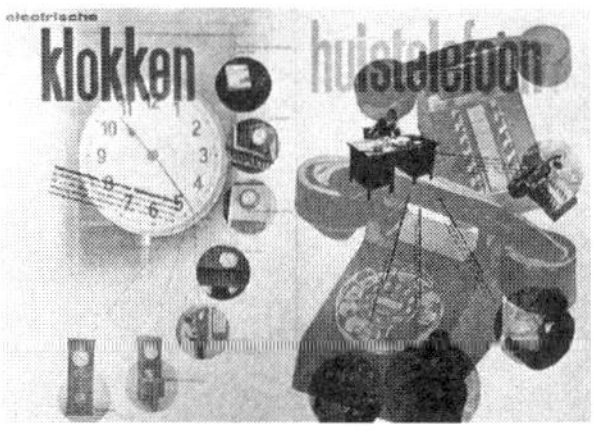

图 4－94　荷兰电信样本设计,1938 年。设计者:汉尼·卡恩(Henny Cahn)。

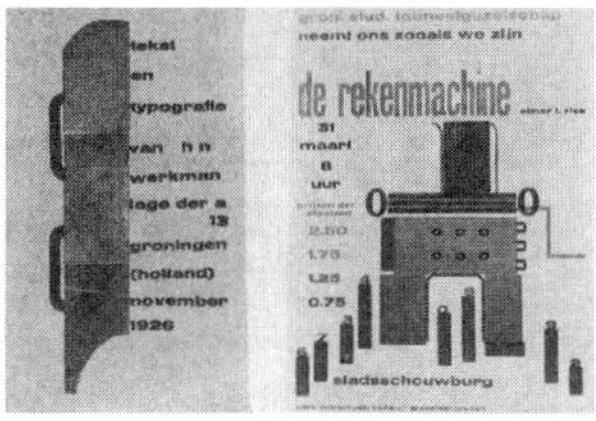

图 4－95　杂志封面。设计者:H. N. 魏克曼(H. N. Werkman)。

图 4－96　招贴设计,1937 年。设计者:威廉·纪事鹏(Willem Gispen)。

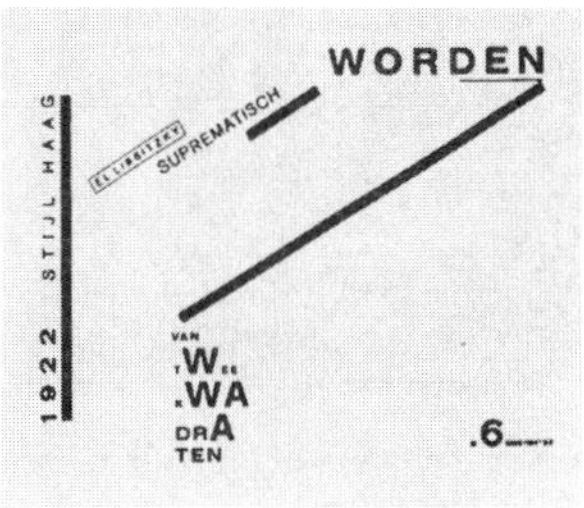

图 4－97　书籍标题设计,1922 年。设计者:李西斯基。

图 4－98　广告设计,1923—1926 年。设计者:施瓦特。

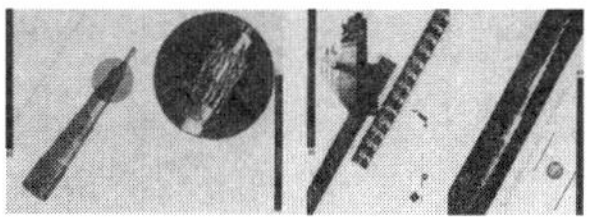

图 4－99　样本设计,1927—1928 年。设计者:施瓦特。

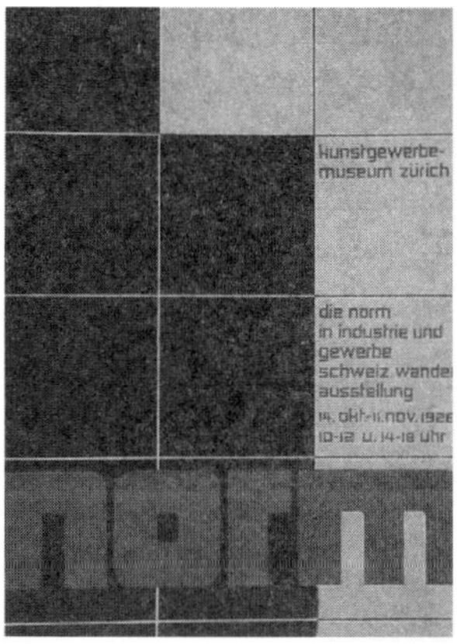

图 4－100　海报设计,1929 年。设计者:胡扎。

图 4 - 101　亨利·凡·德·威尔德(Henri Van De Velde)。

图 4 - 102　格罗佩斯。

图 4 - 103　木刻,包豪斯宣言,1919 年。设计者:费宁格。

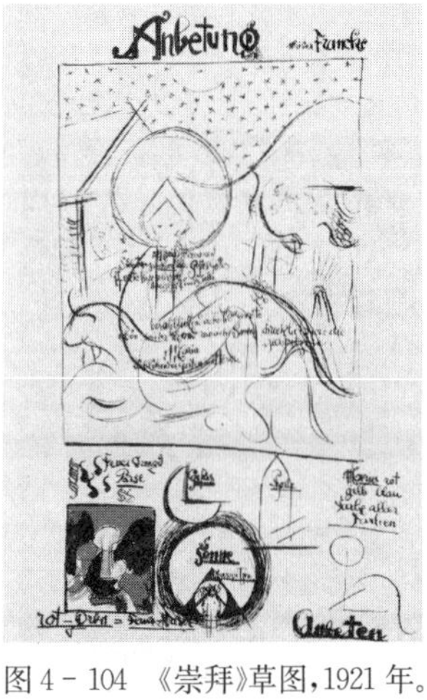

图 4 - 104　《崇拜》草图,1921 年。设计者:约翰·伊顿。伊顿善于用分析的手法破解前辈大师的绘画作品,并将此作为教学辅助手段。

第三节　包　豪　斯

包豪斯作为现代设计最为重要的教学与研究机构,1919 年创立于德国的魏玛,与同时期的构成主义、风格主义一道构筑了现代主义的设计基础。由于前两者因国内各种具体的原因,都没能像包豪斯那样进行大规模的试验、探索和实践,也没能像包豪斯那样把欧洲各国的设计精英招至自己的麾下,包豪斯是彻头彻尾的欧洲现代主义集大成的核心。它完成了欧洲长期以来对于现代设计的探索与试验,最终形成了自己独立完善的设计体系。直到今天它依旧有着强大的生命力。现今虽然人类已经步入到了电脑信息时代,信息数字化设计手段已使得当今的版面设计比以往任何一个时代都迅速、快捷、自由。然而,八十年前所诞生的包豪斯设计学院所带来的设计理念,依然体现在人们生活的方方面面,版面设计也不例外。鉴于此,有必要对包豪斯的历史作一个简略的回顾,并对其版面设计作相应的分析。

包豪斯作为一个集设计教学、设计研究、设计试验和设计实践为一体的学院。其前身是由比利时设计家亨利·凡·德·威尔德于 1903 年在魏玛创立的工艺美术学校和萨克森大公国立工艺美术学校合并基础上的结果。第一次世界大战期间,由于当时的德国盛行国家主义,对于外国人在本国从事的一切活动都怀有一定的敌意,凡·德·威尔德决心辞去校长的职务。同时,决定向内阁推荐沃尔特·格罗佩斯、奥布里斯特以及思德尔作为下任校长。起初魏玛政府采取保守的态度将这一提案否决。格罗佩斯经过自己不懈的努力终于在战争一结束,于 1919 年 4 月正式被魏玛政府任命为首任校长。格罗佩斯上任伊始对原有的工艺美术学校进行了彻底的改革,并将学校命名为包豪斯。包豪斯一词的来源是由格罗佩斯本人所独创,他把中世纪具有建筑工匠组织含意的“包乎特”(Bauhutte)一词进行了改进,增加了“建筑之家”的含意,构思中含有一定前卫的成分。

1919 年 4 月 1 日包豪斯正式开学,全称“国立包豪斯”,格罗佩斯发表包豪斯宣言。宣言的内容全文如下:

视觉艺术的最终目的是由完整的建筑物所实现,美化建筑是艺术家最至高无上的职责,视觉艺术曾经是建筑艺术不可分割的部分,今天他们各自彼此地孤立地分离着,只有通过所有工艺技术人员的自觉合作,才能将它们从孤立的状态中拯救出来。建筑家、画家和雕塑家必须对整体和局部的关系以及对一栋建筑是各种美观因素共同组成的认识,只有这样,才能使他们的作品充满曾经在沙龙艺术中流失的建筑精神。

旧有的美术学校在思想上是不可能产生统一的。因为他们连起码的艺术都不能够很好地传授,学校应该成为工艺美术家描绘敷彩的车间,应该最终成为建筑世界。真诚热爱视觉艺术的青年,若是他们能像过去那样从传统手工艺学习开始,走自己的道路,那么那些纯艺术家们也不能指责他们缺乏技艺了,因为他所掌握的手工艺就是他发挥技艺的地方。建筑师、雕塑家和画家们,我们都应该转向实用艺术。所谓的纯艺术是不存在的,艺术家和手工艺师本质上并没有什么区别,艺术家只是手工艺更高超一些的工艺师,虽然在灵感闪现并超越意志的瞬间,艺术家带着上帝的赏赐,使他们手中的作品变成艺术的花朵。然而,熟练的技术对于一个艺术家来说,是必不可少的基础。那是真正孕育创造、想像力的源泉。

让我们建立起一个新型的手工艺师的组织。在这个新组织里面,不存在艺术家与手工艺师之间树起妄自尊大的职业等级观念。同时,让我们建立起一幢将建筑、雕塑、绘画三位一体的新大厦,用千百万艺术工作者的双手将它托向云霄,作为未来新信仰的纯洁象征。

图 4-105　包豪斯的第一个标志设计,1919 年。设计者:约翰·奥巴赫

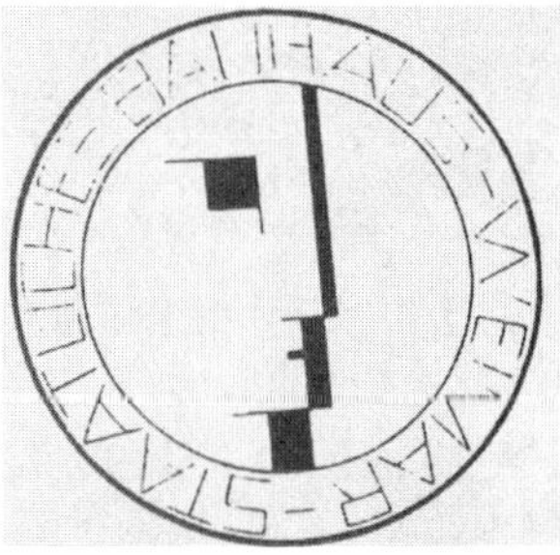

图 4-106　包豪斯第二个标志设计,1922 年。设计者奥斯卡·施莱莫。此标志最终被确定为包豪斯正式标志。

格罗佩斯发表这个宣言有两个指导理念:其一是综合全部造型艺术的活动,应在建筑艺术中综合绘画、雕塑、手工艺技术并将他们汇集为一体;其二是一切造型艺术都应以手工艺技术作为基础。从这个理念上看,格罗佩斯早期现代设计教育思想和现代设计活动,非常注重对于动手能力的培养。同时,他的思想在某种程度上还残留艺术家必须重新回到手工艺(或手工)劳动的思想上,这种思想在上个世纪的威廉·莫里斯(Wilhelm Morris)时代早已倡导过,在此根本不是什么新鲜的观念。实质上,这种思想带有一定中世纪手工行会的性质,多少带有些复古的成分。然而,随着包豪斯的发展,格罗佩斯的办学理念逐渐发生了巨大的变化。

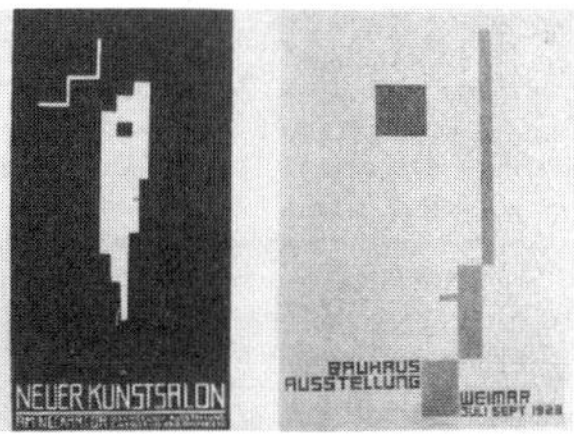

图 4-107　新艺术沙龙海报,1914 年。设计者:奥斯卡·施莱莫(Oskar Schlemmer)。

一、魏玛包豪斯

包豪斯自建立以来共经历过三个时期。第一个时期是魏玛的创立探索期(1919—1924);第二个时期是迪索的发展成熟期(1925—1930);第三个时期是柏林的惨淡衰亡期(1931—1933)。

包豪斯自创立起,其兴衰荣辱无不与格罗佩斯存有极其密切的关系,他时刻关切着包豪斯的发展、成长。就格罗佩斯个人思想而言,他是一位典型的理想主义者,对社会怀有极大的责任,早期创立包豪斯,他试图通过手工行会模式将艺术家、手工艺技师团结在一起,组成一个温馨的乌托邦式的微型社团组织,通过建立一所设计学院达到对某个人理想进行试验的目的,他将包豪斯作为一个教学实践、艺术研究、促进艺术家手工技师三

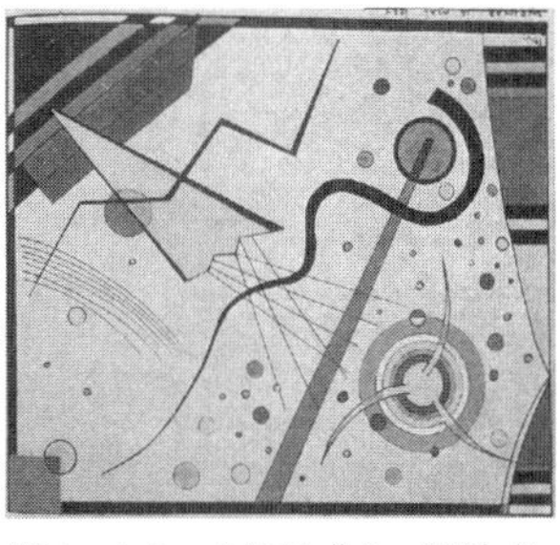

图 4-108　《变奏Ⅱ》。设计者:瓦西里·康定斯基。这幅作品是康定斯基为格罗佩斯 45 岁生日而作的贺卡,用墨水和水粉颜料绘制。

图 4－109　《包豪斯》一书内页版面设计，1925 年。设计者：莫霍里·拉吉。

图 4－110　包豪斯宣传手册设计。设计者：莫霍里·拉吉。

图 4－111　《扫把》杂志封面设计。设计者：莫霍里·拉吉。

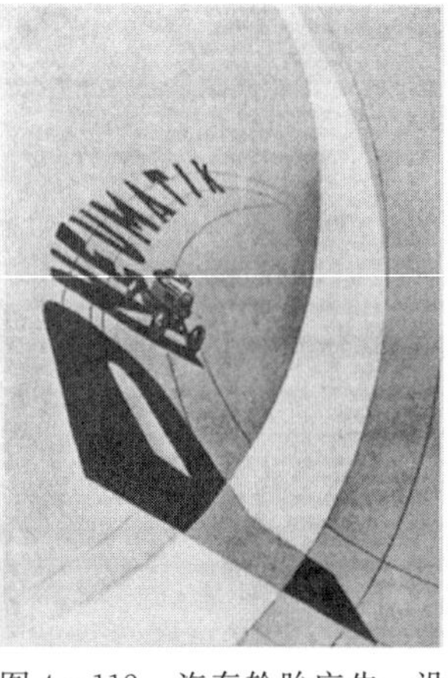

图 4－112　汽车轮胎广告。设计者：莫霍里·拉吉。

者交流的理想王国。然而，实践证明，这只不过是其个人的美好愿望而已，因而他的理想破灭了。在学术集团中人员背景复杂，各艺术家均持有不同的学术观点，每个人都怀有不同的政治目标和政治野心。在那个动荡的年代，包豪斯必然会打上时代的烙印。人们从包豪斯的创立到衰亡前后迁址三次就可以看出那个时代是一个不安宁多事的年代。在这样一个大背景下产生的包豪斯注定它的发展思想不可能是一劳永逸、一成不变的。格罗佩斯早期对现代工业建筑很有研究，并于 1911 年在莱茵河畔阿尔费尔特郊区设计并建造了他的处女作。这是一个生产鞋楦的工厂，全部建筑均为现代的钢骨结构，采用玻璃幕墙，这在当时很有影响，也很现代并透出浓浓的工业气息。然而，随着格罗佩斯在一次大战的战场上看到无数条生命被现代工业化革命的产物——机器所吞噬后，他内心深处对机器产生了强烈的反感，他试图通过恢复古代中世纪行会式的手工艺劳动来改变这个社会。随着时代的发展，当时的魏玛政府对此持消极反对态度，加上工业化的进程，学院教员的引进所带来的新思想，最终使他的理想破灭了。经过反复的思考和对当前社会的认识，格罗佩斯的思想发生了根本性的转变。而正是这种转变，才使得学院真正走上了一条符合时代发展的潮流，即科学与理性的艺术教育与设计实践之路。

包豪斯成立之初其办学思想的核心是将艺术与手工艺结合成为一个整体，而不是将这二者的特点对立起来。格罗佩斯希望通过自己的努力使它们得到一个良好的教学环境并和谐地成长。为了实现这一愿望，他对教学进行了试验性的探索，探索的中心是将手工艺作为基础对学生进行训练，通过艺术实践培养他们的理想思维。具体地说使他们对于材料、结构、肌理、色彩有一个科学、技术的认识。格罗佩斯强调技术性基础教育，认为艺术创造必须将技术性、逻辑性与理性教育进行综合，这也是早期魏玛包豪斯的教学中心。在这里人们通过格罗佩斯所选择的教师人选就可以看出他的办学思想。1919 年，格罗佩斯通过各种渠道共招聘到第一批三名教师，这些教员大体上符合他所强调的技术性、逻辑性和理性的教学精神，他们是教授形式的雕塑家杰哈德·马尔克斯(Gerhard Marcks)，教授绘画的利仰·费宁格(Lyonel Feininger)，以及教育家兼画家约翰·伊顿(Johannes Itten)。对于格罗佩斯来说，伊顿是一个陌生的名字，他的来到主要是由格罗佩斯的妻子阿尔玛(Alma)推荐，而早期包豪斯教学的核心基本上是围绕着伊顿展开的。

约翰·伊顿(1888—1967 年)早年是一位小学教师，后成为一名画家，1913—1916 年在斯图加特跟随阿道夫·赫尔茨尔

(Adolf Hoelzel)学习色彩论和构图论,毕业后在维也纳创办私立美术学校,在这个期间认识了阿尔玛。伊顿的才华和美术教育才能很受阿尔玛的青睐,这为日后阿尔玛向格罗佩斯的推荐留下了良好的印象。格罗佩斯决定聘请伊顿作为造型导师。伊顿经过再三考虑最终接受了聘请,与他在维也纳的 14 名学生一同来到包豪斯。

伊顿来到包豪斯一下子就成为风云人物,他是一位狂热的宗教极端分子,有着怪异的性格,个性极强。但正是因为这一性格使他能全身心地投入到教学工作中去。在教学中他带来了许多积极的东西,但同时也带来了许多宗教消极的成分。他对于基础形式教育有着独到的见解,并亲自试验,在教学中他常常将科学与宗教混为一谈,对学生来说,无疑具有一定的双重影响。伊顿的讲学方法怪异、特殊,初期很难让人理解,但上了一段时间,他所讲授的课程,学生们马上就会被深深地吸引,从抵制变为狂热。伊顿平时几乎所有时间都和学生们在 起,他认为设计基础教学课应区别于绘画的基础教学,所以他自己特地设计了一系列新的以平面设计为中心的基础教学。这一课程的设计,为包豪斯的设计教学打下了坚实的基础,并产生了深远的影响。伊顿的教学成为包豪斯的教育中心,不仅仅是因为他继承了赫尔茨尔的教学理念,更多的是伊顿个人对宗教的探索,他热衷于研究东方哲学。在教学上,伊顿强调学生对自然材料的研究,并将色彩学引进了教学中,他认为学生应通过色彩的科学构成去了解和揭示色彩的本来世界,只有这样才能理性和自由地运用色彩。那时现代色彩学才刚刚开始建立,伊顿就对色彩理论领会得非常透彻,伊顿的色彩理论虽然来自约翰·哥德,但他却将这一理论完美地与设计教学结合起来。伊顿认为:色彩与简单的纯粹元素有着一定的直接关联,方、圆、三角形与色彩必然存在着一定的内在联系。伊顿的基础课在某种程度上是对老式的学院派教学的一次革命,他通过视觉的理性思维,将学生过去以往观察事物的方法用现代崭新的理性的设计思维来替代。运用这种思维方式来启发调动学生内在的才能和想像力。虽然他的基础课在某些方面还缺乏科学性,但是从总体上看依然属于理性思维和分析的范畴,而不是仅凭艺术家个人的感性发挥和任意盲目的自由表现。他所采用的手段和训练方法都是最终为设计服务的,基本手段训练仅仅是一个学习的环节和过程并非最终的目的。伊顿在包豪斯由于其狂热的宗教信仰和强烈的个性,最终与格罗佩斯对立起来,他不得不离开包豪斯回到瑞士去进行宗教研究。从 1920 年到 1922 年间包豪斯先后又聘请了几位教师,他们是德国的表现主义画家瓦西里·康

图 4－113　明信片设计,1925 年。设计者:赫伯特·拜耶。

图 4－114　迪绍包豪斯校舍,1925 年。格罗佩斯等集体设计。

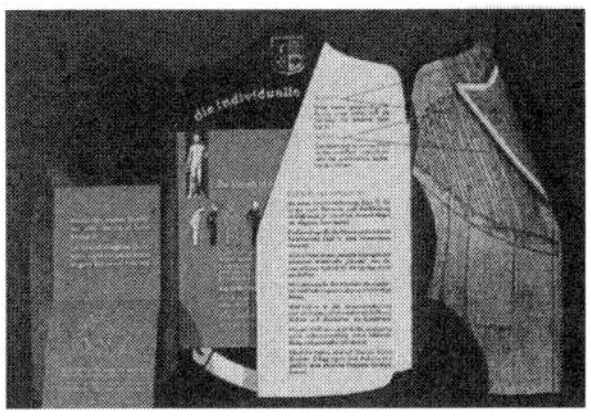
图 4－115　宣传手册设计,1923 年。

图 4－116　纸币设计,1923 年。设计者:赫伯特·拜耶。这组系列设计是由拜耶于 1923 年为当时的魏玛共和国图林几亚政府设计的货币,作品简洁抽象,采用全新的编排形式。

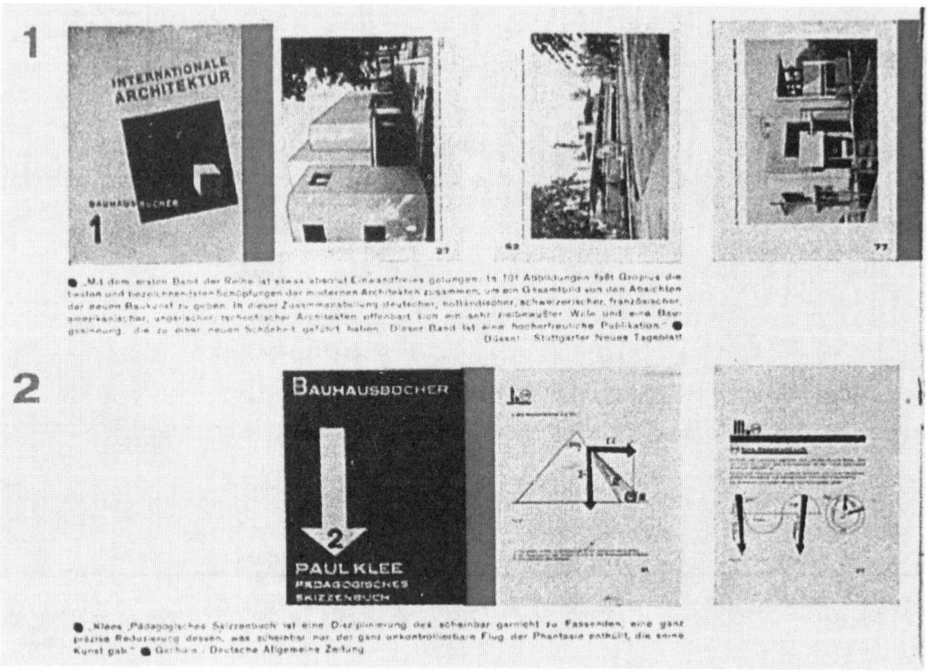

图 4-117 《包豪斯》宣传品设计。设计者:第 1 期/法克斯·莫纳;第 2、10、11 期/莫霍里·拉吉;第 3 期/ 阿道夫·迈耶(Adolf Meyer);第 4 期/奥斯卡·施莱莫;第 9 期/赫伯特·拜耶。

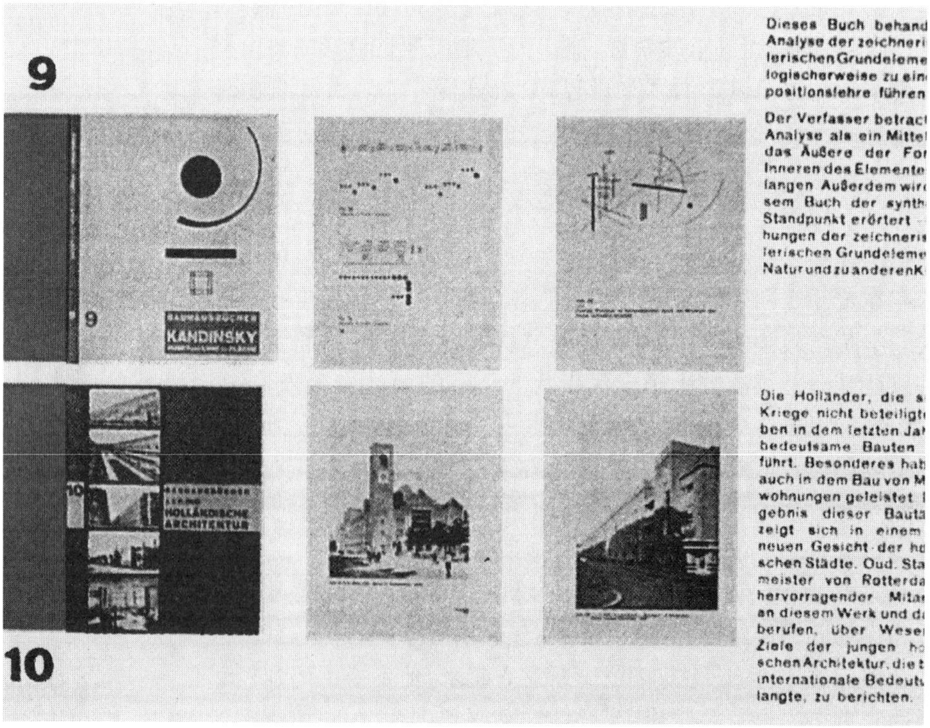

图 4-118

定斯基(Vasilly Kandinsky)、画家保罗·克利(Paul Klee)以及乔治·蒙克(Georg Muche)等。这批教师的到来无疑大大缓解了包豪斯教师的不足,同时,也带进了一些先进的设计理念。

康定斯基受聘于包豪斯的任教年龄正值其创作的鼎盛时期。在俄国,他所进行的构成主义艺术实践活动曾遭到过排挤,他因此失去了对俄国文化建设的兴趣,转而回到了德国。在格罗佩斯竭力邀请下来到了包豪斯,对包豪斯设计体系的深化起到了积极的促进作用。康定斯基在包豪斯期间一直担任基础教学任务,从未离开过这一岗位。他的设计基础课严格地建立在科学、理性、秩序的基础上。人们从他所撰写的著名的《点、线、面》的著作中就可以看出他的这一基本思路。康定斯基来到包豪斯之后,主要接替伊顿留下的课程空缺。对基础教学,康定斯基与伊顿有着共同的观点,而唯一不同的是康定斯基对形式的细化具体到设计项目中去。他要求学生对设计色彩的研究应当将具体形态和设计色彩做分别的练习,然后再将他们综合起来重新组合,以此方式研究不同形态与色彩结合后所产生的视觉感受。康定斯基在基础设计教学方面对于包豪斯的贡献主要表现在两个方面:其一,对绘画的研究分析;其二对形态与色彩的探索性理论研究。教学中康定斯基往往从完全抽象的色彩和形态理论出发,经过举例分析后,再逐渐过渡到与具体的内容、具体的设计结合起来。例如色彩温度与形态的关系;色彩和人的心理变化的关系以及不同色彩的色相、明度、纯度之间的关系等。在今天,这些理论似乎很简单并没有多少深奥的道理,但在当时现代设计基础理论还没有完全建立的时候,此观点显得尤为重要。

早期的包豪斯真正对平面设计产生直接和重大影响的两个人是:荷兰风格主义的奠基人西奥·杜斯伯格和匈牙利的莫霍里·拉吉(Laszlo Moholy-Nagy,1895—1946)。包豪斯创办的初期,杜斯伯格在某些方面对之持有怀疑和批评的态度,他认为包豪斯的创立实质上并没有什么新意,只不过是对中世纪的手工艺行会模式来一次现代的复古,而且英国的威廉·莫里斯已搞过这样的运动。这种背离时代精神的模仿在他看来并没有什么价值,但他依旧对包豪斯怀有极大的兴趣。在他看来,荷兰是个小国,虽然第一次大战幸逃战火的洗劫,但其综合国力远不如邻近的德国。风格主义在荷兰的实验只能通过平面设计和少数的建筑设计达到目的,但更大规模的实践活动必须依托大国才能得以实现。而在德国有这么一个以集团团体式的可以实现其理想的基地,对杜斯伯格来说机会实在难得。他来到魏玛,在包豪斯附近租了一所房子,开始在那里讲授他的风格主义理论,起

图 4-119

图 4-120　样本内页版面设计,1931 年。设计者:赫伯特·拜耶。

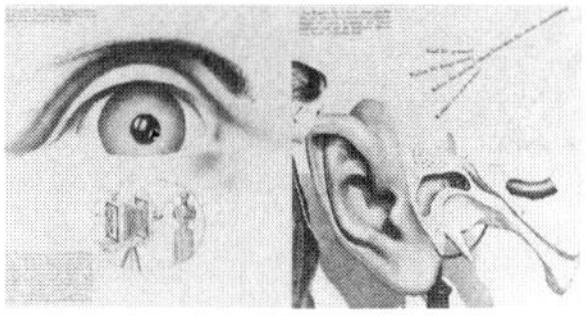

图 4-121　展览目录设计,1935 年。设计者:赫伯特·拜耶。

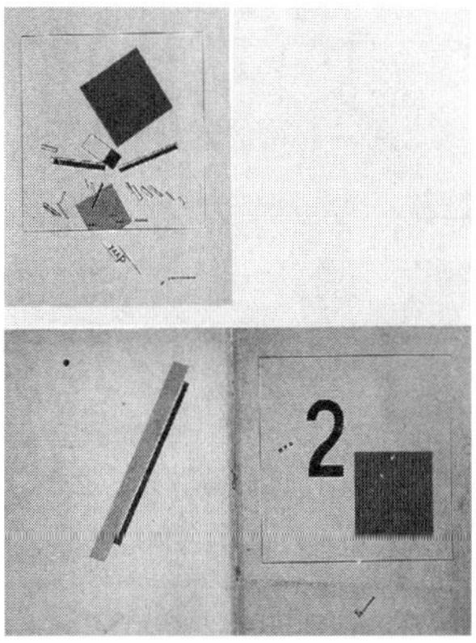

图 4-122　封面设计,1925 年。设计者:赫伯特·拜耶。

图 4－123 海报设计。设计者：赫伯特·拜耶。这幅作品是拜耶为祝贺康定斯基 60 岁寿辰而设计的户外宣传海报。

图 4－124 封面设计，1926 年。设计者：赫伯特·拜耶。

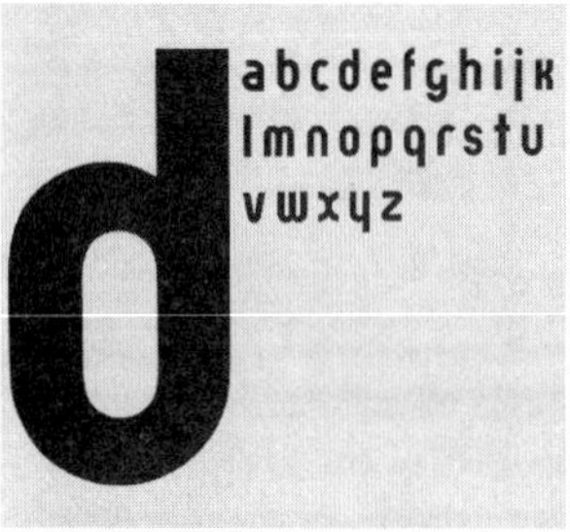

图 4－125 尤斯夫·埃尔博斯（Josef Albers 1888—1976）1925 年设计。埃尔博斯从 1923 年开始至 1933 年包豪斯关闭，一直担任字体设计教师，设计手法多采用几何网格的模版设计。

初来的学生并不多，但由于他的风格主义理论很新颖且具有相当大的煽动性，很快就有越来越多的听众前来听课。他虽然反感包豪斯的教学内容，但他很赞赏格罗佩斯创办学院，把学院作为一个集教学、科研与社会实践于一体的新型的办学模式。通过费宁格的推荐，格罗佩斯经过再三考虑，终于将杜斯伯格接纳下来任教。在杜斯伯格教学的日子里，他频频将风格主义其它成员引见给校方并传播他的现代设计理念。

杜斯伯格在教学中一方面主张理性、秩序与科学的设计观，强调试验性的教学应为市场实际设计服务。另一方面，由于其浪漫的性格，加上他对达达主义情有独钟，在教学中常常给学生灌输达达主义的艺术理论，在某种程度上，一度给教学带来了目标不明确的思路。人们今天从杜斯伯格的作品以及他的风格主义设计理论来看，他的这种达达主义的设计精神在当时具有一定的超时代性。虽然，当时的人们并不理解他的思想，但从现代设计史的角度上来看，杜斯伯格不愧为一代大师，那时他已意识到，虽然理性、秩序的设计方式能够给人们带来大工业化革命、大批量标准化的生产程序，也能给人带来秩序化、级数化的理性美，但毕竟这种程式化的设计方法在风靡全球之后，将会造成无性格、无特点、呆板、冷漠的设计弊病。杜斯伯格虽然意识到了这一点，可是当时的人们，甚至连格罗佩斯本人也不能理解他的这一教学思路。在杜斯伯格看来：设计应理性、秩序，只有在这一前提下，才能强调设计的艺术性。而艺术性的获得必须通过一定无约束的感性宣泄和丰富的想像力来实现，只有这样，在理性主义的前提下设计才能表现出丰富的多样性。可见杜斯伯格的艺术观有其矛盾的一面，但本质上具有跨时代的意义。

对包豪斯版面设计形成重大影响的另一个关键性人物是莫霍里·拉吉。拉吉出生于匈牙利，早年的政治思想受俄国十月革命的影响，他信仰共产主义，对苏维埃政权持赞同的态度。拉吉没有受过系统专业的设计教育，他的成才完全是依靠其聪颖的天资和刻苦努力的结果。为了谋生，他只有通过绘画和平面设计来维持自己的生计。当俄国的十月革命成功以后，以塔特林、李西斯基为代表的构成主义运动如火如荼地进行时，拉吉被构成主义的成果深深地震撼，并立志追随构成主义的思想。经过不懈的努力，最终成为匈牙利最有影响的构成主义设计家。1921 年拉吉来到了柏林与范·杜斯伯格、李西斯基以及捷克斯洛伐克构成主义代表人物莱斯拉夫·苏特纳（Laislav Sutnar，1897—1976）等人密切来往，他们在一起经常讨论和研究相关的设计问题。这个期间经人引见结识了格罗佩斯，在与其谈话间，拉吉对事物的分析能力和敏锐的洞察力，以及他的真诚与朴实所表现出来的人格魅力深受格罗佩斯的欣赏。格罗佩斯决定聘请拉吉为包豪斯的教师。

拉吉来到包豪斯之后，其朴实的工作作风明显受到构成主义的影响。他力图在各个方面都把包豪斯改造成为构成主义的第二个试验场。他强调的设计是一种劳动过程，不应该过分表现个人的个性，而应该务实地去解决实际问题，把解决设计问题当作是一项社会活动来完成。为实现上述目标，拉吉勤奋地工作着，并身体力行地地从事设计活动，曾为包豪斯和社会上的许多企业设计过大量的平面项目，尤其是书籍设计最为广泛，这就为包豪斯版面风格的形成打下了坚实的基础。和其它包豪斯大师一样，拉吉自始至终都刻意追求理性与秩序的设计理念，尤其和杜斯伯格的思想甚为接近。拉吉的版面设计强调几何结构的非对称性，认为现实世界是一个多元复杂的载体，对称只能增加版面的呆板与僵硬，而非对称性则能表达出设计的丰富性与理性秩序的审美意识。他的版面设计，结构严谨，从不采用装饰手法去表现对象。在此期间，拉吉的作品常常采用摄影图片与文字编排巧妙地组合在一起的设计方法，这一方法的使用，使包豪斯对于版面设计有了新的认识，使原来对于绘画的依赖，转向了运用摄影手法来替代绘画的全新的版面设计方式，从而使包豪斯成为世界平面设计史上第一次鲜明地重视并将摄影技术运用于版面设计的学院。

拉吉的设计方向，从某种程度上代表了格罗佩斯的设计思想。自从拉吉到了包豪斯之后，格罗佩斯的思想便发生了根本性的转变。他从这时候起意识到拉吉思想的重要性。因而坚定地将科学、理性与秩序的设计理念贯彻到包豪斯的各个设计领域，版面设计也不例外，人们从拉吉 1927 年设计的书籍封面、书籍内文版式就可以看出，包豪斯已真正完成了从传统手工艺作坊的教育模式，转向了现代理性的工业化设计教育思路上来。

图 4 - 126　包豪斯展览目录设计，1923 年。设计者：赫伯特·拜耶。

图 4 - 127　字体设计，1925 年。设计者：赫伯特·拜耶。拜耶长期以来对字体设计尤为重视，包豪斯期间他先后设计了一系列无脚衬线字体，并将之广泛用于包豪斯的出版物上。

二、迪绍包豪斯

1924 年由于德国国内极右势力的猖獗，包豪斯终因政治因素受到了越来越大的压力，德国魏玛共和国的图林几亚政府作出了决定，将包豪斯的费用削减一半并只提供 6 个月的费用，给养停止实际上等于宣布关闭包豪斯。在这种境况下，格罗佩斯下令关闭学院，并重新择址继续办学。在他的努力下，当时迪绍市长给予包豪斯极大的支持，非常慷慨地对艺术教育提供资金帮助，并采取自由宽松的态度。在这种优良的条件下，格罗佩斯立刻将包豪斯搬迁到了迪绍。开始阶段学生们只能住在临时的建筑内，为了缩短学生们这种不稳定的教学状态，从 1925 年开

图 4-128 《包豪斯》校刊封面设计，1928 年。设计者：赫伯特·拜耶。

图 4-129 《包豪斯》校刊封面设计，1929 年。设计者：朱斯特·史密斯。

图 4-130 包豪斯展览目录设计。设计者：莫霍里·拉吉。

始，格罗佩斯亲自主持设计新校舍，他必须在最短的时间内为学们提供校舍。新的校舍建设应体现格罗佩斯新的设计思想，用简洁、流畅、理性、秩序的设计手段设计。这个校舍是一个综合性的建筑群体，它包括教室、工作室、办公室、宿舍、体育馆等等。在材料的选用中，格罗佩斯尽量使用非常现代化的材料，能够体现现代工业文明精神的材料，提高建筑的整体使用功能，建筑形态高低错落有致，采用非对称性的结构并运用预制构件组装，整个建筑没有任何多余的修饰。建筑内部装修也都采用和建筑外部一致的设计理念，因此这个建筑成为当时现代主义最成功的作品之一(参见图 4-114)。

包豪斯迁到迪绍之后，学院的名称也作了相应的变动，正式改为“包豪斯设计学院”(德文 Hochschule fur gestaltung)，教学体系也作了进一步的改革，与魏玛包豪斯不同的是，迪绍时期在平面设计方面投入了更大的教学力量，主要课程包括：版面设计、字体设计、广告设计等，课程设置更加合理，专业的目的性也更加明确。迪绍教师的来源主要分为两部分：除了原有的教师外，又在学生当中选拔了 6 位优秀毕业生作为新的设计教员。这部分学生都是魏玛时期包豪斯自己培养出来的学生，格罗佩斯希望通过这种方式来实现其教学思想。在这批人当中赫伯特·拜耶(Herbert Bayer)具有全面且多才多艺的能力，他所担任的课程种类较多，有基础课也有专业课，其中他所承担的最重要的一块教学任务就是版面设计。

1900 年拜耶出生于奥地利，来包豪斯求学前，已学了几年绘画，但很不系统。1921 年赴包豪斯求学时，其指导教师主要是由康定斯基和拉吉负责。他在平面设计、摄影、环境设计以及建筑设计方面具有很高的悟性，很快得到了任课教师的赏识和鼓励，拜耶尤其对平面设计最感兴趣，学生时代就为企业设计过大量的商业产品，其中包括广告、招贴画、书籍样本、企业标志等。在版面设计方面，其作品的风格主要受荷兰的风格主义和他的老师拉吉的影响，版面编排注重字体的设计与运用。在担任字体设计和版面设计两门专业课期间，拜耶对字体设计倾注了大量的精力，亲自动手做各种版面设计的试验，所设计的版面均体现出简洁、理性、秩序的包豪斯风格。他所设计的字体也同样存在这一特点。

在 19 世纪末 20 世纪初的德国很盛行古老的哥德体，在这之前的数百年间，德国的印刷界一直未对其作出大的改动，故而印刷品的版面效果十分陈旧、繁琐且功能性差。印刷排版中如遇到专有名词，每个句子第一个字母的大写以及所有名词第一个字母的大写问题都必须专门排版，排版工人在排版过程中所遇困难可想而知，加上德国当时的字体设计水平不要说体现当代大工业革命成果的水准，就是连当时邻近国家的水平都不如。看到这一情况拜耶十分着急，决心亲自动手去改变这一状况。拜耶的字体创新主要是从小写字母开始，且均为无装饰脚的黑等线体。这种新字体的创造一是体现了拜耶的设计思想，二是考虑到了当时的铸造成本，从这一点来看，多少能体现出老师拉吉的构成主义设计思想。1925 年拜耶设计了通用体（universal）。这套字体粗细分别为一个系列，字体的特点是在以纸面为背景的前提下黑白对比强烈、粗壮有力，转角圆润无装饰线。这套字体虽然来源于构成主义的设计思想，但形式上却对构成主义有了很大的改进。主要体现在字体的转角更趋于弧线型，结构上常常有断笔出现，这套字体目前仍在世界各地使用，我国国内各设计单位的苹果电脑字库也均安装了这套字体。这套字体被德国的字体铸造公司生产出来之后，拜耶又在此基础上设计了新的更加精炼的“拜耶体（Bayer Type）”。拜耶的创新精神自始至终都不是一帆风顺的，来自社会与校内的反对呼声不绝于耳。在这种巨大的阻力面前，拜耶毫不退缩，他依然担负起了版面设计的改革任务，在他看来，要想使包豪斯的版面设计形成一个富有前瞻性的阵地，必须坚持自己的观点，通过实际运用向社会传播其理念，并引领时代的潮流向既定的目标前进。虽然困难重重，拜耶却得到了校长格罗佩斯的全力支持，校内所有的刊物均由拜耶亲自设计，因而使得包豪斯的版面设计、字体设计成为当时最为现代的刊物。拜耶在包豪斯的成就不仅仅体现在平面设计、版面设计与字体设计方面，他在展览展示与建筑设计领域也很有成就。但总的来说，拜耶的贡献在于他把风格主义、构成主义的现代设计思想，经过综合之后形成了一整套包豪斯自己独有的平面设计体系与版面设计思想。可以说，包豪斯在迪绍时期的版面设计具有高度理性化、几何化的特点，版面中所形成的简洁与减少主义的设计方式是包豪斯功能主义的最终体现。从此，包豪斯的版面设计以及相关的设计理念在功能主义设计思想的指引下影响了一代又一代人。

1928 年，格罗佩斯在奋斗了 9 个春秋之后，终于感到应该离开包豪斯，该去从事自己的设计事务了，自己的理想经过多年的努力终于变成了现实。然而，格罗佩斯的离去却给学院带来了巨大的损失，紧接着拜耶和拉吉也相继离开了包豪斯。值得庆幸的是在拜耶和拉吉离开之前，他们已将接替自己教学任务的教师人选安排好，由朱斯特·史密特（Joost Schmidt）接任拜耶的工作，承担起包豪斯的版面设计、字体设计等印刷课程的教学任务。朱斯特·史密特在来包豪斯读书之前，已是一位很有

图 4-131　密斯·凡·德·罗为包豪斯最后一任校长。

成就的画家，来包豪斯学习的主要目的是平面设计，学习期间他对版面编排和字体有着相当深的造诣，他在拜耶的基础上，进一步将版面设计推向理性化，并运用网格技术对版面进行划分，包豪斯的版面设计体系到朱斯特阶段其脉络已非常清晰地表现出来，版面所形成的秩序化和严格化为后来瑞士网格主义的最终形成打下了坚实的基础。包豪斯在版面设计发展史上到朱斯特·史密特阶段已完成了风格主义、构成主义版面设计体系的大融合。

格罗佩斯辞职之后，包豪斯的第二位校长经格罗佩斯的推荐由汉斯·迈耶主持。然而迈耶的上任对包豪斯的发展来说是一个灾难。他是一位坚定的共产主义者，在包豪斯校园内公开发展学生党员，对于学术的研究却投入很少的精力。上任之后，他虽然也做了一系列改革的措施，使学校的经费来源比以往有了更灵活的创收渠道，但是他的泛政治化倾向使得包豪斯遭受了来自学校内部和社会的强大压力。迪绍市长不得不下令包豪斯进行整顿，并强迫迈耶辞职。迈耶离开包豪斯之后，此时的包豪斯实际上已不再是往日的包豪斯，校内学术气氛低落，与往日不可同日而语。校内的核心教师也离开了许多，剩下的教师其工作热情与以往相比也大打折扣。在这种内忧外困的艰难时期，格罗佩斯提请密斯·凡·德·罗(1886—1969)接任校长。密斯从此开始了他在包豪斯最为困难最为惨淡经营的阶段，他的任期直到1933年4月被纳粹强行关闭为止。

三、柏林包豪斯

密斯·凡·德·罗出生于1886年3月27日，位于德国阿亨(Aachen)市的一位石匠家里，与格罗佩斯一样早年曾在德国建筑大师彼得·贝伦斯设计事务所工作过，并受其很深的影响。密斯从不涉足政治，一生非常勤奋，经过长期不懈的努力，在德国建筑界具有很高的声望，但最终确定其大师地位的作品还是在1929年为巴塞罗那世界博览会所设计的德国展馆。

密斯对于政治从不感兴趣，更未表现过自己的立场，对他来说只有建筑才是他唯一的钟爱。

密斯刚上台之初，便遭到了同迈耶一样的命运：校内学生反对他，教员也对他持有怀疑的态度，个别极端的学生公开要求密斯把作品拿出来展览一下，看其到底是否有设计能力。对密斯的怀疑主要是因为他强调设计中形式的重要性，而不考虑德国劳动大众居所的实用性。基于这一原因，密斯被扣上“形式主义”的帽子便不足为奇了。迫于现实的压力和政治气候非正常，密斯采取了一系列措施净化校园气氛。首先，他开除了五名迈耶时期政治倾向明显的核心学生，所有 170 名学生都必须重新登记，并且签字认可学校刚通过的新校规，不许学生参加政治集会，甚至连抽烟都不允许。而专业方面，密斯将所有的学科都并成一个大的学科，主要是建筑设计，其它艺术类的课程全部停止教授。密斯上台后不久，因其采取的改革措施导致教师纷纷离去，就连克利也离开了包豪斯，康定斯基勉强留下来协助密斯的工作。密斯的改革很彻底，就连康定斯基都没有课可上。到这时，包豪斯设计学院同以往那个包豪斯实际上已有了很大的区别，这时的包豪斯实际上仅仅是个建筑学院。

由于包豪斯所存在的左倾政治化思想，密斯虽然作了各项改革，但德国当时的右翼势力仍然把包豪斯视为眼中钉、肉中刺。迪绍政府在选举中的失败，导致纳粹完全控制了迪绍议会，至此迪绍政府已成为过去，再也不可能支持包豪斯了，包豪斯生存得不到政府的资助，实际上也就宣布了包豪斯的解散。1932 年 9 月，迪绍政府终于通知包豪斯关闭。9 月 30 日纳粹分子冲进学校翻箱倒柜，大肆搜查，他们将学校的一切教学设备全部扔到大街上，至此，迪绍时代的包豪斯在纳粹的扫荡下就此结束了辉煌的历程。

迪绍包豪斯关闭之后，虽然密斯带着所剩无几的教员来到柏林一个叫斯提格利茨（the Birkbuschstrasse in steqlitz）的地方，利用了一个废弃不用的旧电话公司的建筑继续办学，学校的名称改为“包豪斯独立教育与研究学院”（Bauhuas Independent Teaching and Research Institue），然而，纳粹就连这种苟延残喘的办学机会都不给。

1933 年 1 月纳粹政府上台，阿道夫 · 希特勒成为国家元首，开始其罪恶的统治。他把包豪斯视为“庇护犹太人和马克思主义分子，威胁帝国的温床”，必须立刻彻底铲除。

1933 年 8 月 10 日密斯 · 凡 · 德 · 罗痛苦地通知大家：因经济困难，包豪斯永远地解散。包豪斯经过 14 年的探索、争论、斗争，历经种种磨难之后，对世界现代设计产生了极其深远的影响，开创了一个新的时代。

包豪斯解散之后，为了躲避战争，集团绝大部分成员来到了美国，同时也把包豪斯的精神带到了美国，从此揭开了现代设计史上新的一页。（参见图 4－101～图 4－131）

［教学目的］

1. 欧洲是现代设计的发源地，通过对构成主义、风格主义、包豪斯的产生、发展及其演变史的了解，认识现代设计的地位及重要性。

2. 了解现代设计三大体系的艺术风格、相互关系对当代设计的影响。

3. 掌握相关的具体设计手法，认识三大体系的设计核心。

［教学框架］

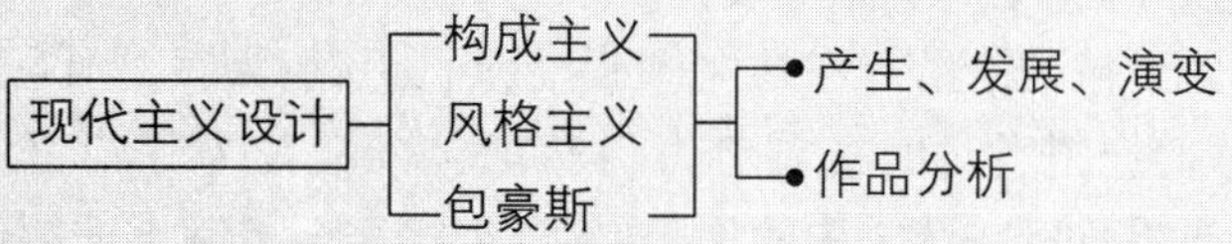

［教学内容］

1. 构成主义在俄国的产生、发展、衰亡以及对现代设计的影响。

2. 风格主义产生的根源、艺术主张以及与构成主义的相互关系。

3. 包豪斯是集构成主义、风格主义之大成者，是现代设计教学、实验、实践的中心。它为现代设计的最终形成奠定了最根本的基础。

［课题练习］

1. 根据一段具体的故事情节，用构成主义的设计手法设计八张不同的作业，要求形式抽象、理性、符号化。设计的主题为：小说、散文、诗歌或自编一段故事。

2. 用文字、符号、纯粹元素设计 9 张不同的作业，设计主题自定。

3. 根据包豪斯时期平面设计的特点，设计八张不同内容的作业。设计的主题为：商业宣传小册子的版面设计。

第五章　网 格 设 计

第一节　网格设计的本质

本质上讲，设计的功能性离不开秩序性。功能是秩序形成、完善的最终目标。同时，秩序的形成必须依托于功能，秩序通过功能验证，证明其是否能够成为富有美学价值的载体。秩序的实现必须经由网格计算，网格成为通往秩序的桥梁。三者之间的关系依次为：网格—秩序—功能。由此看来，网格设计是这三者关系中的基础。秩序性属于审美的评判范畴，网格则属于为实现这一审美目的所采取的方式，秩序的性质决定了设计的相关元素之间本身所含有的标准化、系列化、级数化内容，它与网格设计的数理特性天然地紧密联系在一起，是设计美感的重要核心。网格设计是以纵横方向线条交织而成的网状格子而得名，这种网状格子必须随作品内容的不同，呈现出千变万化的组合方式。秩序则以有条理、不混乱的状态出现，它体现出设计的韵律美。在平面设计中，网格与秩序是一对紧密联系的两个因素，秩序体现着设计者对于形式的追求，网格则为达到这一目的而使用的相应手段，其作用旨在参照、辅助和约束视觉元素，它的划分终为秩序服务。相反，秩序的形成离不开网格的限定，二者为设计环节上紧密联系不可分割的整体。网格显示着设计的秩序美，秩序则必须滤经与网格相关的方法才能得以彰显。

网格设计体系对于秩序的探索虽是现代文明的产物，但它却经过了数百年的历程，其存在与人类的社会秩序、文化背景、网格的数理级数有着紧密的联系。

一、社会秩序与设计秩序的一致性

从表象上看，这一问题似乎与设计秩序并无直接关联，更谈不上与网格有何联系，但就其本质而言，其深层的根源却与设计的秩序性有着天然的联系。

已知的地球生命，几乎所有的动物都有着自己的生存法则。

非洲原野上，鬣狗在追击羚羊、分享食物、养育后代、迎击天敌方面有着严格的分工和等级秩序。狮子家族则以雄狮负责保卫领地，雌狮担当集体狩猎、共同哺育后代为己任。一旦这样的生存秩序被破坏，这群狮子必遭厄运。动物如是，况乎人类？在人类社会尚处于幼年的蒙昧状态时，人类的祖先就有了以母系社会为特征的氏族社会。由于生产力水平十分低下，人类社会只能选择以原始群居，共同狩猎、共同分配的方式生存，用原始的社会秩序来抗击自然。

当人类文明步入阶级社会后，其性质便发生了根本的变化。社会的发展已进入到了一个人为治理的时代，发展的结构如同一张井然有序的巨网。同科学一样，社会进步必须以符合事物的成长规律为前提，在这一精神的指引下，社会进步所需要的军队、法律、监狱、警察等国家机器与上层建筑、意识形态、社会教育等一系列维护人类自身生存与发展的社会秩序孕育而生。此时，人类社会变迭到了一个有序的管理时代，维护社会秩序是每个社会形态所必须遵守的基本法则，无论是奴隶社会、封建社会还是以大工业生产为特征的资本主义社会无一例外，而每一次社会形态的更迭都体现出更高要求的社会秩序以维护社会进步的需要。由此看来，民主与法制以及在此基础上的各项社会保障系统都是在秩序的前提下制定出来的，民主国家正是在这样的社会秩序下向前发展。就世界范围来看，无论哪个民族、哪个社会，一旦国家的秩序遭到破坏，这个国家必将陷入混乱的境地。就设计而言，设计所追求的秩序在本质上与社会秩序一致。古希腊时期，当城邦中的民主制度形成以后，国家机器以及国家相关的各项事务均以法律与秩序的尺度来衡量一切(这一体制的形成本身就以数理与秩序为基础)，社会朝着有序的方向发展，秩序意识已深入人心并体现在城邦的建造中，其中黄金率最具有代表性，从审美的标准来看，黄金比不仅仅是一个比例问题，更重要的是人们从这一比例中发现了比例的秩序性，如正度五角星形中同样存在着黄金比(1∶1.618)，这种标准化的比例反复出现于五角星形中体现出强烈的秩序性。黄金比最先出现于古希腊卫城和巴特农神殿，当人们发现这一审美的秩序化后，便迅速波及到各相关领域。

二、对秩序的需要出自人的本能

这个问题具有两层含义。第一，自然秩序。从宏观的角度说，宇宙中所有的事物都是按照一定的秩序在运转着，从大到宇宙天体，小到原子、中子，万物都是按照自己的运行轨迹进行着有秩序的运动。作为智人来说，人是地球生物圈的主宰，任何一处生灵在人的面前都显得极为弱小，人类完全可凭借手中现有的各种武器涂炭地球上所有的生命，然而，若如是，其后果必然是自取毁灭，那是地球真正的末日。倘若地球的生物链遭到了破坏，环境秩序被损毁，最终必将殃及自身并遭到自然的惩罚。出于人类本能自身保护的需要，人类必须尽最大的努力保护自己生存的自然秩序。第二，生活秩序。设计是一门说理的艺术，每一件设计作品都必须遵循着生活的自然规律，即：秩序。设计一旦离开了这一前提，所产生的设计作品必然会有所缺憾，甚至失去生存的价值。此外，人的生活是按照一定的时间秩序运转着。人每天干什么？什么时候做何工作？都有时间的秩序控制着。如，一天生活的起居安排，从早晨开始直到傍晚工作的结束，都有着严格的生活作息秩序，一旦这种秩序被严重破坏，人将会感到无所适从。

就居住环境来说，人对秩序的向往是一个永恒的话题，对环境秩序的追求是人的本能。秩序与美往往可以划等号。人创造财富的目的很大程度上是为了自身环境秩序的改善，它包括精神秩序与物质秩序，现实人的自然秩序的确逃不出这两大因素。相关机构出资修建公园、清理河道、栽花种树，美化公共设施，其目的就是为了改善社会的环境秩序。一座新型城市的建设，首先要求有完善与功能齐全的城市规划等等。在个人生活环境方面，人对自己住宅的居室、私家花园等周边环境，往往不能忍受其无序，个人无论是否有无经济条件，总希望身边的屋子井然有序。秩序始终伴随着人的生活，人类一刻也离不开秩序。

三、西方文化对于秩序的探索

在人类早期的幼年阶段，由于地理环境的差异，其发展的经历大为不同，因而导致不同地域不同民族整体宇宙观的差异。西方文化对于设计艺术实体的探究是形式法则，其核心是秩序，形式是设计实体的具体化、丰富化、精确化的反映，网格设计则为获取这一形式的具体手段。

历史上古希腊唯物主义哲学家德谟克利特用原子结构的构成方式，来诠释宇宙实体的内在形式，指出：原子以不同秩序和位置结合起来产生物体。毕达哥拉斯则以数理描述宇宙的外在形式，认为“凡物皆数”，意即：数是事物的原型，也是构成宇宙的“秩序”，并从奇偶相生而成数的原则出发，强调“和谐”是对立面的“协含”或“和解”。他的这一学派从对数学、天文学以及宇宙天空星辰的布局中悟出许多有关点、线、面的几何关系，从而把数推为宇宙的本体（宇宙这个词本身在古希腊就含有和谐、数量、秩序等意义)。欧洲早期的哲学思想自建立的那天起,数理与秩序就成为西方整体社会精神的思想依据。如欧洲的军队、监狱、警察等国家机器均建立在这一思想基础上。对于自然科学的探索,国家的治理以及国家法律的制定无不闪现出这样的宇宙观,由此可见,数理与秩序是西方一切社会形态治理国家的基础。从现实的直接例子来看,西方对设计秩序的探索经历了黄金分割(1∶1.618)、德国标准比例、正方形求黄金分割长方形、草席形、立体主义风格、螺旋形、模数等等阶段,这些方法的产生是网格体系出现之前的必要铺垫,最终皆为求得设计的秩序感。因此,欧洲的设计思想是沿着重数理分析和体现比例感、秩序感的道路前进的,它的存在说明其本身内在所具有的联系性、合理性与必然性。

四、秩序存于网格的数理级数中

既然秩序与人的关系如此的密切,那么设计对于网格形式的探索必然合乎人类对于秩序的自然追求,网格设计正顺应了秩序性的这一普遍功能要求而诞生。设计作为一门说理的艺术,任何形式的产生都必须建立在功能的基础上,只有功能完善的形式才具有说服性,才有理。功能的合理性本身就包含着完善的秩序性,功能与秩序之间有着天然的联系。秩序性的形成离不开网格的数理级差分析,网格设计体系的建立正是抓住了事物的这一核心,才形成了从20世纪50年代网格体系诞生完善之后,迅速风靡全球的真正动因。

就人类本身而言,秩序与数理概念始终存在于人的潜意识之中,人们对秩序和数的反应表现在诸多方面,这种反应往往是无意识的,并没有表现出刻意的思考。无意识的秩序感首先表现在距离意识上,对距离数字的判断出于人的本能,这种现象最为明显的是登高试验,当人们远离大地向高处攀登,随着高度的增加,恐惧就会逐渐增强,显然恐惧来自于对距离的判断。日常生活中,人们对行驶车辆的距离判断,球类比赛中传接球的落点判断都体现出这种潜意识。对秩序的追求是出自人的本能,当人们看到一件设计品时,总是下意识自动寻找这样的秩序。无论观赏者是否经过专业训练,都会出于本能用眼睛这把尺子去衡量设计品中各个相关元素之间的距离,以便找出它们之间的相关性,并启动潜意识中秩序测量的对应程序。如:设计师安排版面时,每个元素都符合版面网格的级数倍率,即使将网格线去掉,版面给人的视觉感受依旧很有秩序,这种隐藏的网格线通过人的视觉寻找程序,很快便能发现。相反,如果版面中的相关元素没有按照网格的要求去经营,那么版面必然会出现无序性，未经过专业训练的人虽能感受到，但说不出原因。若用网格的方法去计算、衡量版面的话，就会发现，版面元素一定与网格的数学倍率有着某种联系，它说明设计师眼睛的这把“尺子”很精确。

如果说人的大脑对于秩序和数理概念有着天然的追求和潜在的寻找程序的话，那么秩序一定会以某种形式表现出来，它常以数学的倍率形式出现。如在一幅版面中，主要元素的基本单位为 5mm，它的倍率将是 10/20，或 10/20/30，或 15/30/45 等。形成这样的秩序倍率必须确定倍率的基数。如果基数太小、太细在视觉上不能形成明显的级数差别，太大、太粗不利于版面元素的配置，故此，确定级数的基础是关键的第一步。由此看来，级数的基本单位必须以恰当的比例才能为秩序的形成创造条件。

综上所述，对网格设计秩序性的探讨是一个大的美学概念，近现代西方的学者们已为整个人类留下了大量的可借鉴的研究成果，甚至在某些方面其基础性研究已告结束，但仅为这一主题的未来，打下一个阶段性基础。反观中国的设计现状，由于历史的原因，并未像西方世界那样用科学分析的方法，对此作专门深入的分析探究。毋庸置疑，整个一部中国古代设计史讲述的内容同网格秩序虽有出入，但并非矛盾，且常常体现出这样的设计观，只不过没有用专门的系统理论对之总结而已。对于设计秩序的探索是一个永恒的话题，对这一问题的思考也必将永远伴随着人类的未来，设计中有关这一主题未知的领域将有待于进一步研究，或是这一主题以新的形式、新的面貌出现，未来将等待人类去探知。

第二节　网格设计形成的历史轨迹

作为人类平面设计发展史上，最重要的设计方法之一的网格设计体系，自诞生起发展到今天已整整过去了半个多世纪，这种体现工业化特征的版面设计手法，直到今天仍是世界平面设计界使用最多的方法。网格设计体系从它的萌芽、诞生、发展和最后形成完整的设计体系，经历了数百乃至千年以上的时间。在这漫长的演化过程中，它经过了几个重要的历史发展阶段。从现有的资料来看，最早探索这一方法的具体先人已无法考证，但根据史料记载，有案可查的大约是从古希腊文明之初便开始了这一探索。

图 5－1　古希腊的城邦规划。

图 5－2　巴特农神殿。

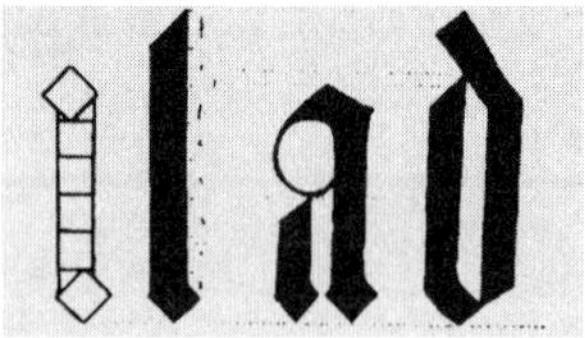

图 5－3

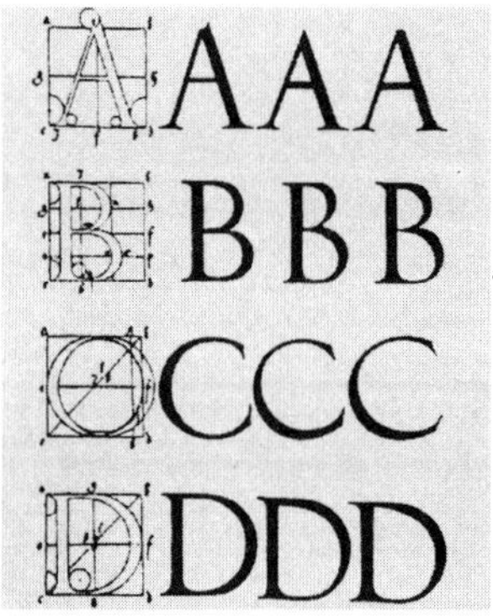

图 5－4

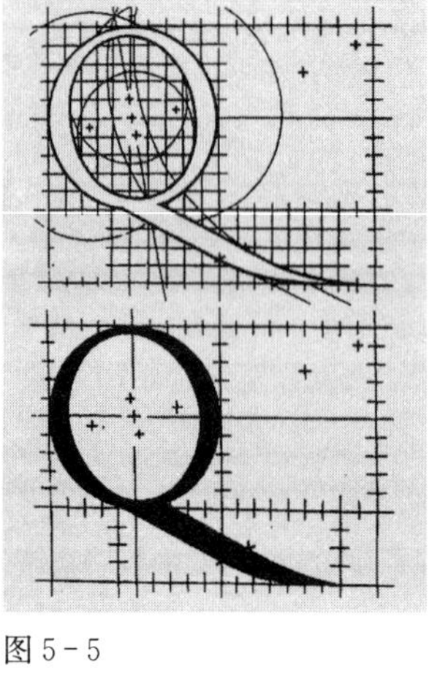

图 5－5

第一阶段，网格设计的萌芽，约始于公元前六世纪的古典时期，其中以黄金分割(Golden Section)的发现和建造古希腊巴特农神殿为代表(图 5－1、图 5－2)。

第二阶段，约在 15 世纪末，以德国书籍设计家、插图家阿伯里奇·丢勒(Albrecht Durer, 1471—1528)所撰写的一本名叫《运用尺度设计艺术的课程》(Underweisung der Messung mit dem Zirckel und Richtscheyt)的为代表，从此用几何级数设计版面的方法便开始逐渐产生。在这本书中，丢勒阐述了设计的几何形式和比例关系，并详细解释了如何将几何比例、几何图形运用到书籍设计、字体设计、建筑设计等领域。该书演示和图解了在字体设计中的具体方法，例如，他本人所设计的字体比例，采用的笔画宽度和高度为 1∶10，并利用这个比例作为字体的基本模数(图 5－3、图 5－4)。另一位文艺复兴时期的设计家，最早探索采用数学网格设计的人为法国的乔佛雷·托利(Geoffroy Tory, 1480—1533)。托利是一位知识渊博的学者，他在出版和书籍设计方面有着突出的成就。1529 年托利对字体设计的传统方法进行了改进，采用了严格的数学级数比例关系设计。之后，又将这一方法逐步固定下来并一直贯彻下去(图 5－5、图 5－6)。丢勒和托利使用数学和网格进行设计字体的方法，仅仅处在早期的探索阶段。根据现有的文献资料来看，运用这一方法设计的设计家在当时远不止他们两人，他们仅是该时代众多设计家中的代表。

第三阶段，以 19 世纪末和 20 世纪初，德国现代设计之父彼得·贝伦斯为代表的设计师。经过几个世纪的发展演变，到了贝伦斯时代，网格设计体系已初见端倪。贝伦斯为德国电器工业公司设计的所有宣传品的版面，采用的均为这一设计手法。然而，贝伦斯对网格设计的探索也仅仅停留在表面阶段，并没有上升到完整的理论体系(图 5－7)。

第四阶段，西方国家进入现代工业化社会之后，商业发展激发起大批设计师共同对网格设计探索的激情，合力促成网格体系的形成，并使得这一体系最终得以完善。真正创造和完善这一设计体系基础理论的设计师是由 20 世纪前 30 年的欧洲主要工业化国家的一批设计师。

一、黄金分割

欧洲自古希腊起，审美的比例标准就已形成，希腊人将希腊卫城和巴特农神殿划分成外顶与中顶的比例关系。这种用于空间分割的比例手法，在当时被证明为最美的比例，千百年来欧洲人一直将这一尺度视为最合理、最精确、最美观的形式，这就是

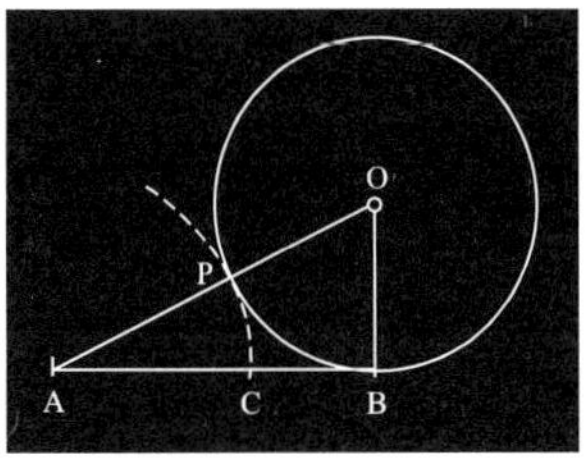

图 5－8

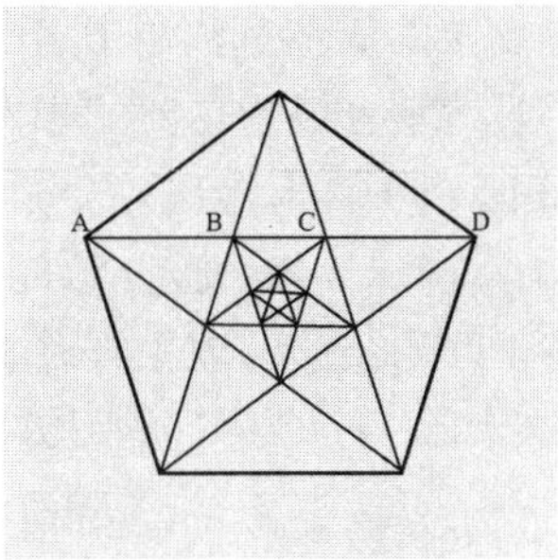

图 5－9

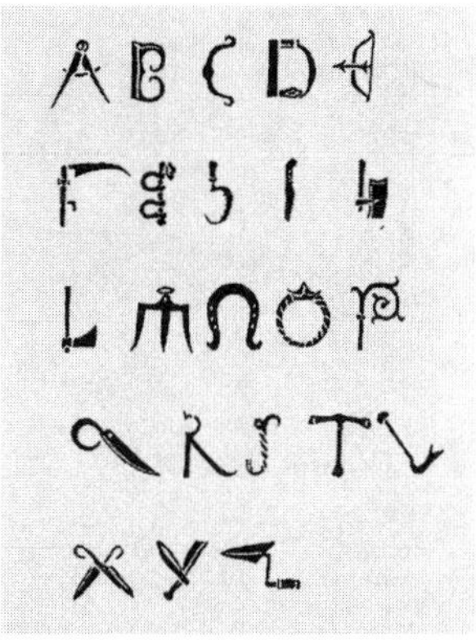

图 5－6

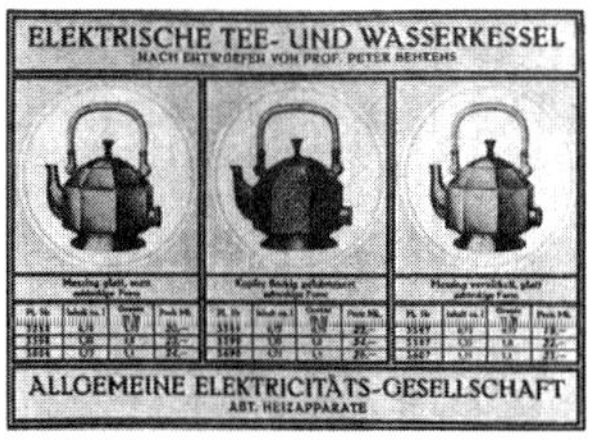

图 5－7

黄金分割。黄金分割的具体尺寸为 1∶1.618(宽:高或高:宽)，它的特征在于能够将这一比例进一步分割成一系列面积，能使整体关系得以协调。黄金分割的求法是：取 AB 线长的二分之一于 B 端画垂直线 BO，以此作为半径围绕 O 点画圆，得到在 AO 线上与圆相交的 P，把 AP 线移到 AB 线上得到 AC。把 AB 作为长边，AC 即为短边。把 AB 作为短边，AB＋AC 即为长边(参见图 5－8)。(参见《版面设计》，余秉楠著)黄金比的准确尺寸在标准的五角星形中可以体现出来。如：正五边形的五角星形的 AB∶BD，或 AC∶AD，或 BC∶CD 等(图 5－9)。对于黄金比在具体实践中的运用，人们还可以追溯到文艺复兴时期，当时很多伟大的艺术家都使用这一标准比例，并在这一比例的基础上分割画面。

二、德国标准比例

德国标准比例也是网格设计基础理论的重要组成部分之一，德国标准比例的使用并不是否定黄金分割，而是在黄金分割的基础上，对于版面比例级数数比化、秩序化的进一步探索和求证，是在此基础上形式多样化的演进。德国标准比例是在简单正方形基础上的版面分割组合，它的求法是以正方形的对角线作为长边，以正方形的一边作为短边，具体作图即：以正方形对角线的一个端点为圆心，以正方形对角线为半径再画圆，当圆弧与正方形一边延长线相切时，标准比例的长方形便完成。这种建立在简单正方形基础上的版面比例划分，在分割版面时具有重要的作用，它可以为黄金长方形的分割提供依据，也可为$\sqrt{2}$长方形德国标准比例提供基准线。现今流行的 A 系纸张的标准化尺寸，就是以德国标准比例为依据的(图 5－10)。

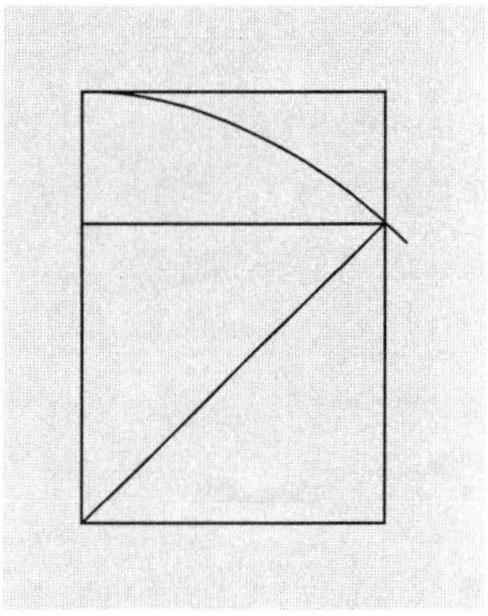

图 5－10

三、正方形求黄金分割长方形

正方形是所有方形中最为简单的形态，也是最基础的形态之一，同正圆形、正三角形一样都是形态中的纯粹元素，因此所

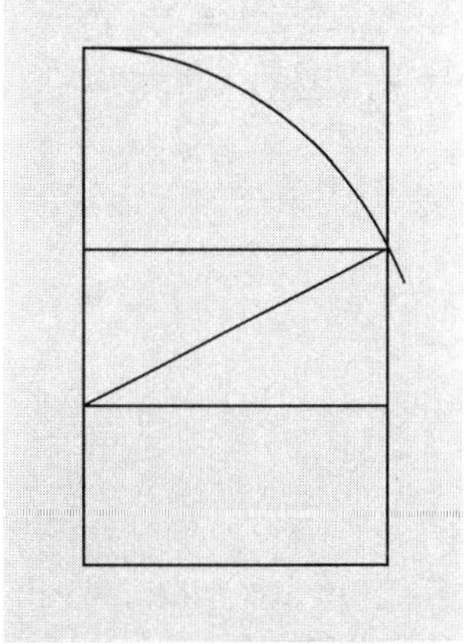

图 5－11

图 5－12

有复杂的矩形都离不开正方形。同黄金分割长方形相比，正方形显然带有最为重要的根本性。正方形求黄金分割的具体作法如下：将正方形等比一分为二划分界线，以分界线的一个端点为圆心，以二分之一正方形的对角线为半径画弧线，弧线的两个端点正好与矩形长边相等并相切，相切后画连接方形的直基线，至此，形成了一个标准的正方形求黄金分割长方形（图 5－11）。

四、草席形

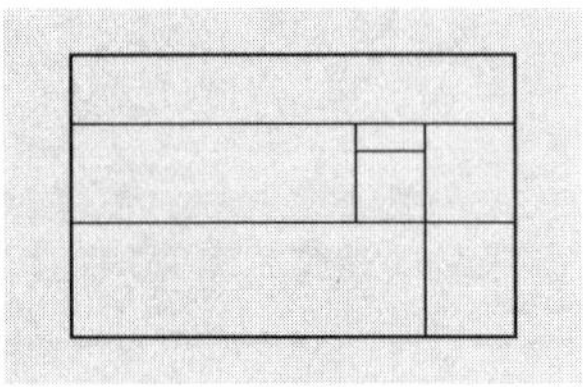

图 5－13

草席形是指来源于日本传统居室中，榻榻米上所铺设的蒲草席子，这种席子的基本单位为双正方形，按照横排竖列的格式将地板划分成各种各样不对称的形式。草席形的排列方式启发了许多设计师，使之成为早期版面设计最基本的方法之一，这种纵横的构成方式也影响了荷兰风格主义的代表人物皮特·蒙德里安（Piet Mondrian）（图 5－12）。

五、立体主义风格

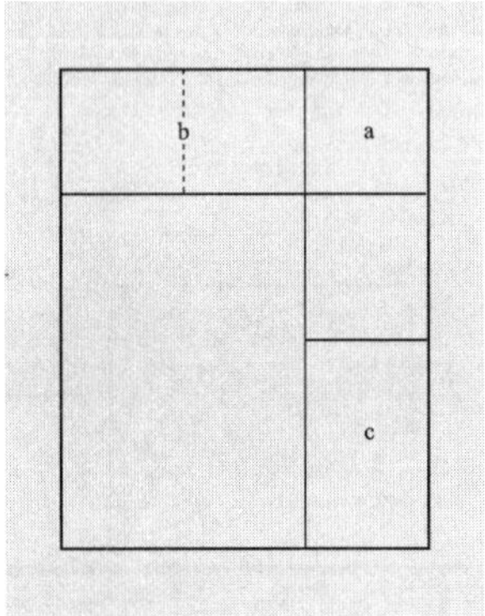

图 5－14

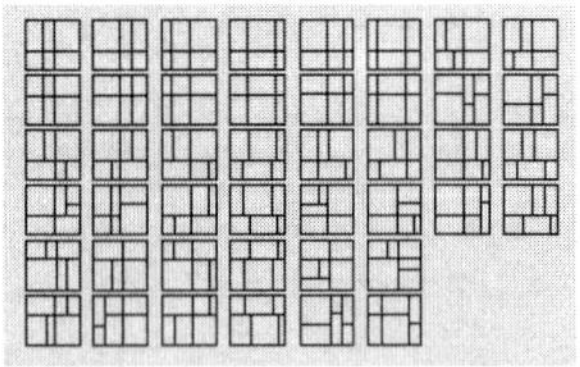

图 5－15　44 个普通长方形。

立体主义是现代艺术中最重要的艺术运动之一，它在第一次世界大战前后影响了欧美许多艺术家。立体主义运动究其核心而言，是一次对传统绘画艺术最为彻底的反叛，它打破了人们对于传统绘画的观念，强调“自我”意识的再创造。从绘画史的角度看，立体主义绘画精神虽然逐渐分离衍生成不同的艺术形式，但总的来说这个运动的理性主义精神逐渐得到了大发展，最终成为强调理性、强调秩序以及强调纵横形态组合的规律化运动，其中最杰出的代表人物就是皮特·蒙德里安。蒙德里安是立体主义的响应者、参与者，也是后来风格主义的创立者之一，他深受哲学家逊马克（M. H. J. Schoenmakers）哲学思想的影响，同时又接受了立体派理性的艺术观，使其绘画思想朝着理性、分析和逻辑的方向发展，加上受日本榻榻米中草席形的启发，最终形成了自己的绘画风格。蒙德里安的绘画形式是以纵横方向的格子划分版面，这种运用简单数学级数来划分版面的方法，使得版面富于秩序、理性。如图中 a 为正方形，b 为双正方形，

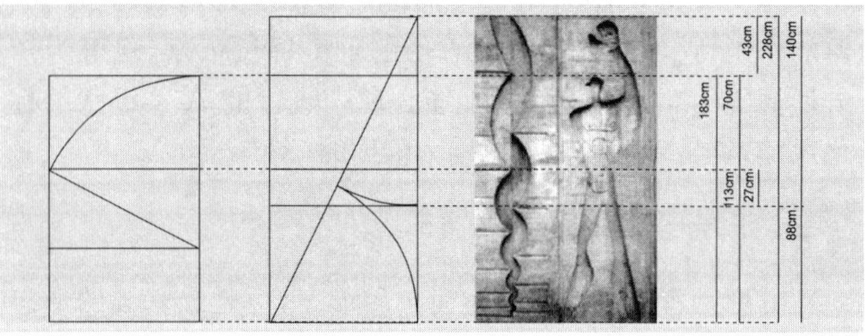

图 5－16　柯布希耶以希腊神话中的太阳神雕像为依据，划分出了黄金分割的比例。

c 为黄金长方形。蒙德里安的绘画风格最终导致了风格主义的诞生，并促进了网格体系的进一步完善(图 5－13、图 5－14)。

图 5－17　萨瓦伊别墅。

六、模数

现代平面设计中的很多基础理论均来自于建筑设计，其中模数体系的建立就是一例。模数体系最初是由建筑设计大师勒·柯布希耶所创立。柯布希耶对于现代大工业极为崇拜，在他看来，工业上的生产流水线所实行的标准化是涉及到能否提高生产效率的关键。他一直热衷于探索将工业生产的标准化思维用于建筑设计，因此创立了“模数”体系。勒·柯布希耶最初的灵感来自人体比例：他将人体按照一定的比例进行黄金分割，所形成的基础理论对现代建筑、现代平面设计有着极其重要的贡献，并且成为日后网格设计体系最重要的理论根据之一。这一设计体系深化了黄金分割的原理，将人体解剖学与比例原则完美地结合在一起，使得这一体系有了客观的数量比例依据，使之更符合人的审美标准。模数理论共有三个方面的要素，柯布希耶以希腊神话中的太阳神雕像为依据，并将太阳神的左手抬起，便于准确地划分人体比例，他以太阳神高高举起手臂的指尖、头顶以及经丛作为这一比例的基线，使之产生了黄金分割。例如，从太阳神的头顶到经丛为中距离分割，从地面到经丛为长距离分割，从头顶到指尖为短距离分割等等(见图 5－15)。并将图中所示的一系列比例，按照一定规律进行组合，使之成为从对称到不对称的设计体系，图例中所示的 44 个矩形，为柯布希耶所创立的模数分割体系最基本的组合方式。设计者可根据这一理论进行无限的组合，直至将最满意的组合方案用于设计(参见图 5－15～图 5－19)。

图 5－18　马赛公寓－1。

图 5－19　马赛公寓－2。

七、螺旋形

勒-柯布希耶在创立模数体系之前，曾对螺旋形进行过探索，这一理论的基本思想是：通过一个原始点由八个定位的黄金长方形螺旋向外扩大后形成的螺旋形轨迹。从今天的观点来看，这一理论虽然并不复杂，但对于后来现代主义设计思想的产生影响深远。当然，螺旋形理论最初来源同样出自立体主义运动，并非是柯布希耶的首创。此理论的建立为柯布希耶模数体系的创立奠定了相当重要的基础(图 5－20)。

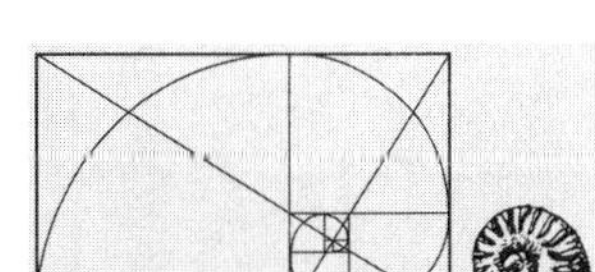
图 5－20　螺旋形。

上述几点是网格设计体系理论的最直接来源。然而，真正促成网格体系的完善也许不止于上述所谈到的几个方面，整个 20 世纪前 30 年西欧各国许多设计师都对这一体系进行过研究，网格体系的形成是一种合力的结果。最终使这一结果变成书本上的理论还是在20世纪50年代的瑞士，由巴塞尔美术学院的权威埃米尔·鲁德尔教授与他的学生们经过长期坚持不懈的努力，并通过反复试验使得这一体系得以完善。可见，网格设计体系的诞生并非一朝一夕的产物，而是一个长期渐进的深化过程，它所走过的每一步都成为迈向完整体系链上的重要一环。（详见第五章第五节“网格设计与国际主义的形成”）

网格设计体系自诞生以来，已有半个世纪的历史，它在西方工业化国家早已普及，并逐渐演变成国际主义设计风格，成为欧美、日本及亚洲部分国家和地区设计院校学习平面设计必不可少的课程内容。我国由于历史的原因，对于这一体系的学习借鉴与研究开展较晚，直到上世纪80年代末期，才由原中央工艺美术学院引进，并专门开设课程。至此，网格设计教育才逐步与国际接轨。

第三节 网格设计的特点及设计方法

一、网格设计的特点

网格设计字面释意为：安排均匀的水平线与垂直线的网状物，将事先设计好的网状格子，按照一定的间距均匀地分布在版面上，并根据形式法则合理地配置图片、文字。网格设计的优点在于能够为版面带来规矩与约束，使版面空间能够得到一个结构严谨、形式统一、理性多变的视觉形式，而不会出现版面混乱的现象。仅有这些并不等于能够设计好版面，它必须将设计者的技巧、修养和网格三者结合融为一体方能胜任，整体上才会给人以理性、完整、流畅的视觉印象。可见，网格设计就是巧妙处理字体、图形、图片并和审美意识相互协调一致的手段，是将秩序感引入版面中的设计方法。当然，任何事物都具有两面性，优点之处往往容易形成缺点之所在。网格设计容易入手也易掌握，一旦掌握了这种设计方法，初学者若只是机械地将图片、文字堆砌到网格中，版面必然会暴露出呆板、僵硬、枯燥的弊病。用网格的方法进行版面设计并不难，而真正能够掌握这一方法，并始终如一地贯彻下去并非那么“简单”。似网格本身的基本含义一样，它貌似“简单”却并非“简单”，“简单”与“复杂”是相对的。在这里“简单”仅为表象，而“复杂”却是真正的审美内因，其结果是为了追求良好的视觉秩序。几乎每一个有经验的设计师都曾碰到过难以处理和意想不到的设计难题，网格设计成功的关键在于能够合理地统配好版面中诸多复杂的设计关系。当然，只有灵活和富有创造性地运用网格原理，才能够创造出优秀的设计作品。值得注意的是，网格设计的好坏，最终必须通过设计者的审美意识来进行直觉评判，而非依照逻辑分析的原理进行照本宣科的机械罗列。现实中，无论多么合理的网格配置，最终都必须通过视觉经验这一关，只有视觉经验才是最终检验设计品是否合乎审美规律的评判者，任何编排理论都必须服务于这一终极目标。视觉经验包含着设计师个人的艺术修养、知识范围、审美情趣等相关的总体艺术价值观。

二、网格设计方法

网格设计虽然是以纵、横方向的线条交织而成的网状格子得名，但这种网状格子必须随作品内容的不同，体现出千变万化的组合方式。因此，网格设计必须具有创意性，它并非被界定为一成不变的僵死的格子。如何将看上去僵死的网格变成活的、有生命的艺术，这就要发挥设计师创造性的想像力，通常的做法表现在以下几个方面：

步骤 1：设计师在创作之前，必须充分了解作品的内容，至少要搞清楚作品的内容概要，预计到作品完成之后，读者的潜在反应、最终的艺术效果，以及能否为市场带来一定的经济效益。在保证实用性的前提下，努力探索设计的前瞻性，当市场效益与艺术性难以统一时，必须果断地做出选择。

步骤 2：设计师对作品做出选择后，下一步应具体考虑用那一种模数形式去划分网格，其中特别要考虑强制约束因素对版面整体所造成的影响。设计者必须要有一个精密的计算，对于图与图之间的间距以及图与文字之间的距离，应有一个准确的把握并做效果预测。这一过程不仅仅是对图形与文字在技术方面的把关，更重要的是要体现网格约束下的艺术效果。

步骤 3：将考虑好的网格形式付诸实施。通常设计方案至少有三种以上，在操作中应反复调整和及时修改不合理的部分，此阶段对设计者来说应做好不厌其烦的思想准备，必须耐心细致、精致入微。只有这样，安排内容时才不会出现粗糙低劣的方案。

网格必须精密设计，应有多种多样的形式，形式的多样化是网格设计的属性之一。除了对文字和图片有规定的栏目宽度限制外，还可为其它版面内容提供复杂多变的结构。如注释、图表、小幅说明性照片等相关元素。因此，这就要求版面的网格结构为复合类型。网格的产生是建立在水平线和垂直线的基础上的，垂直线决定网格的宽度，水平线则控制着网格的高度，它要求水平线与垂直线的尺寸必须是标准化、程序化，只有这样，网格才能起到控制文字行距的宽窄和字距大小的作用。在手工排版时代，版面文字的多少、大小以及字距往往决定着栏宽，对于不同类型的书有着严格的字体尺寸，否则手工无法在规定的网格中排版。时至今日，由于电脑技术的广泛使用，只要将网格设计好，文字则可以在网格中通过电脑排版手段，任意安排字号不等的字体，且行距字距也可任意调整，根本不存在烦琐的字数计算问题。

1. 正方形网格

在点、线、面中，正方形是最基本的纯粹形态之一，它的使用也最具有根本性，因此，正方形的网格形式是网格体系中最普遍、最基础的部分，它不仅是比例原则和模数结构的起点，也是在此基础上所诞生的 1×2、2×3、3×4 长方形比例的基本形式。它比黄金比长方形以及相应的其它比例的矩形体系更为重要，具有广泛的使用空间。不过，在实际设计中，完全的正方形很少使用，这是因为现实的具体设计项目，很少有 100%的正方形标准网格让设计师发挥，即使设计者设计出这种标准的正方形网格，要么不符合版面比例原则，要么形态僵硬而不得不放弃。即使如此，标准正方形网格仍较多地应用于画册、摄影图库等方面，它依然有着较为宽广的使用空间。(参见图 5－21～图 5－47)

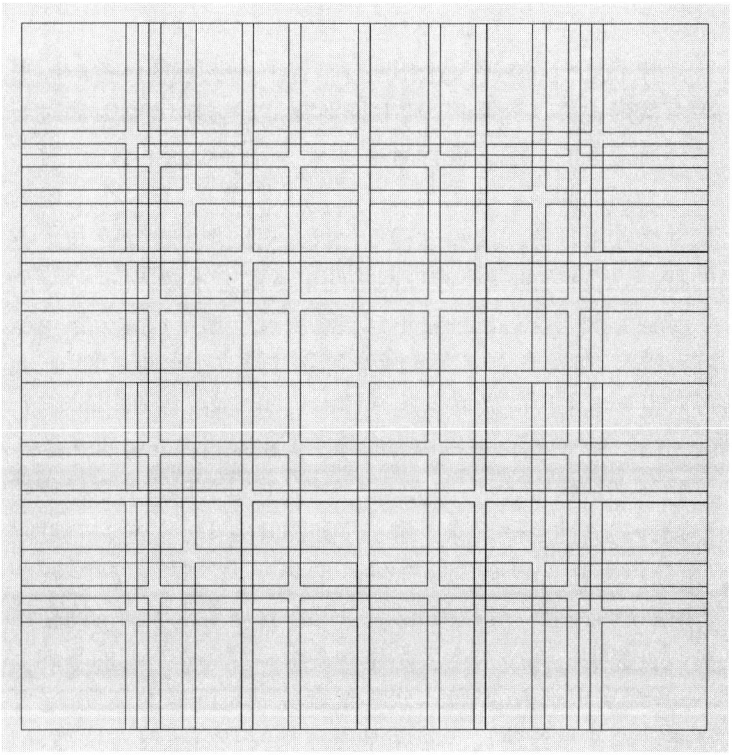

图 5－21　版面采用费班纳赛数列，由 4、9、16、25 的级数模块组成。(资料来源：图 5－21～图 5－59，选自《版面设计网格构成》)

图 5-22　根据版面的需要按照不同的级数比例选择模数单位，并可分成 2、3、4、6 格，取整数，若出现小数点将分成 5 格。

图 5-23　格子与间隔比例均匀。

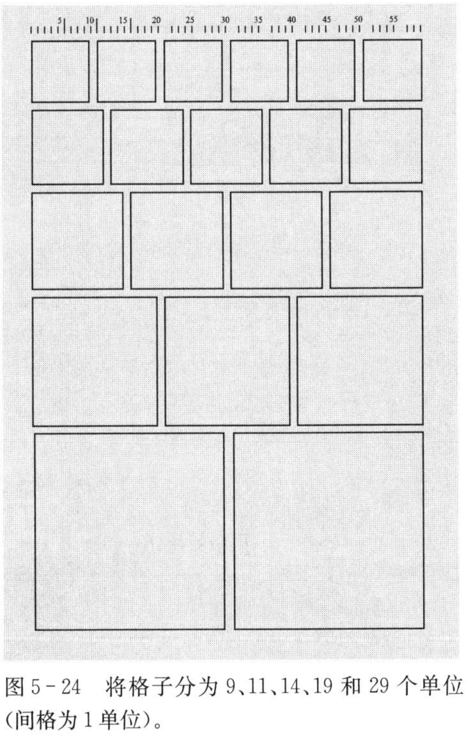

图 5-24　将格子分为 9、11、14、19 和 29 个单位(间格为 1 单位)。

图 5-25　扉页的比例。

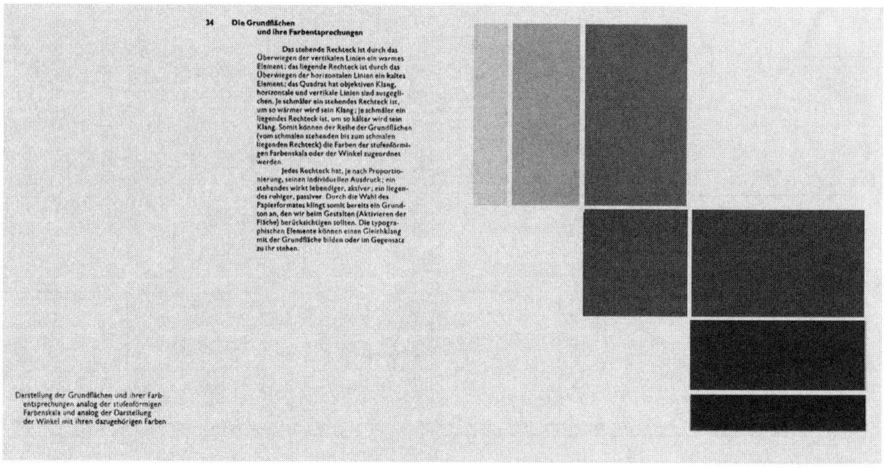

34　Die Grundflächen
und ihre Farbentsprechungen

Das stehende Rechteck ist durch das Überwiegen der vertikalen Linien ein warmes Element; das liegende Rechteck ist durch das Überwiegen der horizontalen Linien ein kaltes Element; das Quadrat hat objektiven Klang, horizontale und vertikale Linien sind ausgeglichen. Je schmäler ein stehendes Rechteck ist, um so wärmer wird sein Klang; je schmäler ein liegendes Rechteck ist, um so kälter wird sein Klang. Somit können der Reihe der Grundflächen (vom schmalen stehenden bis zum schmalen liegenden Rechteck) die Farben der stufenförmigen Farbenskala oder der Winkel zugeordnet werden.

Jedes Rechteck hat, je nach Proportionierung, seinen individuellen Ausdruck; ein stehendes wirkt lebendiger, aktiver; ein liegendes ruhiger, passiver. Durch die Wahl des Papierformates klingt somit bereits ein Grundton an, den wir beim Gestalten (Aktivieren der Fläche) berücksichtigen sollten. Die typographischen Elemente können einen Gleichklang mit der Grundfläche bilden oder im Gegensatz zu ihr stehen.

Darstellung der Grundflächen und ihrer Farbentsprechungen analog der stufenförmigen Farbenskala und analog der Darstellung der Winkel mit ihren dazugehörigen Farben

图 5－26　彩色格子采用 25X 并在此基础上进行级数变化。图块部分为第一层网格。

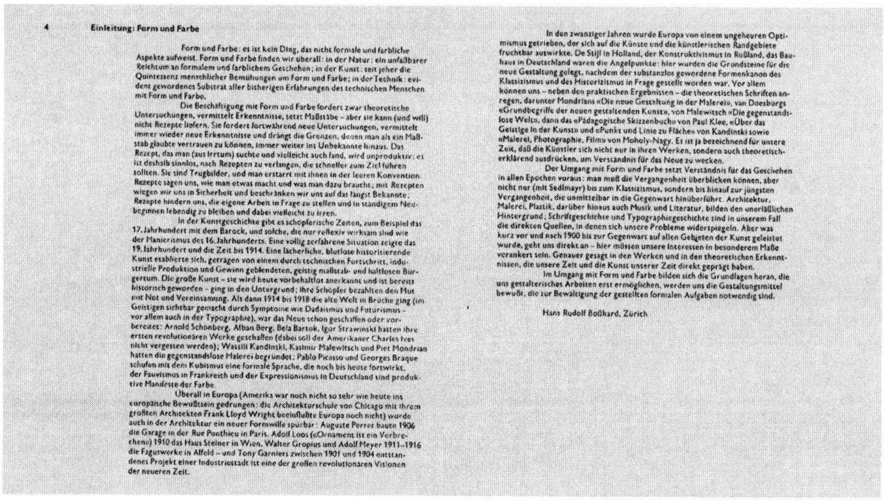

4　Einleitung: Form und Farbe

Form und Farbe: es ist kein Ding, das nicht formale und farbliche Aspekte aufweist. Form und Farbe finden wir überall: in der Natur: ein unfaßbarer Reichtum an formalem und farblichem Geschehen; in der Kunst: seit jeher die Quintessenz menschlicher Bemühungen um Form und Farbe; in der Technik: evident gewordenes Substrat aller bisherigen Erfahrungen des technischen Menschen mit Form und Farbe.

Die Beschäftigung mit Form und Farbe fordert zwar theoretische Untersuchungen, vermittelt Erkenntnisse, setzt Maßstäbe – aber sie kann (und will) nicht Rezepte liefern. Sie fordert fortwährend neue Untersuchungen, vermittelt immer wieder neue Erkenntnisse und drängt die Grenzen, denen man als ein Maßstab glaubte vertrauen zu können, immer weiter ins Unbekannte hinaus. Das Rezept, das man (aus Irrtum) suchte und vielleicht auch fand, wird unproduktiv; es ist deshalb sinnlos, nach Rezepten zu verlangen, die schneller zum Ziel führen sollten. Sie sind Trugbilder, und man erstarrt mit ihnen in der leeren Konvention. Rezepte sagen uns, wie man etwas macht und was man dazu braucht; mit Rezepten wiegen wir uns in Sicherheit und beschränken wir uns auf das längst Bekannte; Rezepte hindern uns, die eigene Arbeit in Frage zu stellen und in ständigem Neubeginnen lebendig zu bleiben und dabei vielleicht zu irren.

In der Kunstgeschichte gibt es schöpferische Zeiten, zum Beispiel das 17. Jahrhundert mit dem Barock, und solche, die nur reflexiv wirksam sind wie der Manierismus des 16. Jahrhunderts. Eine völlig zerfahrene Situation zeigte das 19. Jahrhundert und die Zeit bis 1914. Eine lächerliche, blutlose historisierende Kunst etablierte sich, getragen von einem durch technischen Fortschritt, industrielle Produktion und Gewinn geblendeten, geistig maßstab- und haltlosen Bürgertum. Die große Kunst – sie wird heute vorbehaltlos anerkannt und ist bereits historisch geworden – ging in den Untergrund; ihre Schöpfer bezahlten den Mut mit Not und Vereinsamung. Als dann 1914 bis 1918 die alte Welt in Brüche ging (im Geistigen sichtbar gemacht durch Symptome wie Dadaismus und Futurismus – vor allem auch in der Typographie), war das Neue schon geschaffen oder vorbereitet: Arnold Schönberg, Alban Berg, Bela Bartok, Igor Strawinski hatten ihre ersten revolutionären Werke geschaffen (dabei soll der Amerikaner Charles Ives nicht vergessen werden); Wassili Kandinski, Kasimir Malewitsch und Piet Mondrian hatten die gegenstandslose Malerei begründet; Pablo Picasso und Georges Braque schufen mit dem Kubismus eine formale Sprache, die noch bis heute fortwirkt, der Fauvismus in Frankreich und der Expressionismus in Deutschland sind produktive Manifeste der Farbe.

Überall in Europa (Amerika war noch nicht so sehr wie heute ins europäische Bewußtsein gedrungen: die Architekturschule von Chicago mit ihrem größten Architekten Frank Lloyd Wright beeinflußte Europa noch nicht) wurde auch in der Architektur ein neuer Formwille spürbar: Auguste Perret baute 1906 die Garage in der Rue Ponthieu in Paris, Adolf Loos («Ornament ist ein Verbrechen») 1910 das Haus Steiner in Wien, Walter Gropius und Adolf Meyer 1911–1916 die Faguswerke in Alfeld – und Tony Garniers zwischen 1901 und 1904 entstandenes Projekt einer Industriestadt ist eine der großen revolutionären Visionen der neueren Zeit.

In den zwanziger Jahren wurde Europa von einem ungeheuren Optimismus getrieben, der sich auf die Künste und die künstlerischen Randgebiete fruchtbar auswirkte. De Stijl in Holland, der Konstruktivismus in Rußland, das Bauhaus in Deutschland waren die Angelpunkte: hier wurden die Grundsteine für die neue Gestaltung gelegt, nachdem der substanzlos gewordene Formenkanon des Klassizismus und des Historizismus in Frage gestellt worden war. Vor allem können uns – neben den praktischen Ergebnissen – die theoretischen Schriften anregen, darunter Mondrians «Die neue Gestaltung in der Malerei», van Doesburgs «Grundbegriffe der neuen gestaltenden Kunst», von Malewitsch «Die gegenstandslose Welt», dann das «Pädagogische Skizzenbuch» von Paul Klee, «Über das Geistige in der Kunst» und «Punkt und Linie zu Fläche» von Kandinski sowie «Malerei, Photographie, Film» von Moholy-Nagy. Es ist ja bezeichnend für unsere Zeit, daß die Künstler sich nicht nur in ihren Werken, sondern auch theoretisch-erklärend ausdrücken, um Verständnis für das Neue zu wecken.

Der Umgang mit Form und Farbe setzt Verständnis für das Geschehen in allen Epochen voraus: man muß die Vergangenheit überblicken können, aber nicht nur (mit Sedlmayr) bis zum Klassizismus, sondern bis hinauf zur jüngsten Vergangenheit, die unmittelbar in die Gegenwart hinüberführt. Architektur, Malerei, Plastik, darüber hinaus auch Musik und Literatur, bilden den unerläßlichen Hintergrund; Schriftgeschichte und Typographiegeschichte sind in unserem Fall die direkten Quellen, in denen sich unsere Probleme widerspiegeln. Aber was kurz vor und nach 1900 bis zur Gegenwart auf allen Gebieten der Kunst geleistet wurde, geht uns direkt an – hier müssen unsere Interessen in besonderem Maße verankert sein. Genauer gesagt in den Werken und in den theoretischen Erkenntnissen, die unsere Zeit und die Kunst unserer Zeit direkt geprägt haben.

Im Umgang mit Form und Farbe bilden sich die Grundlagen heran, die uns gestalterisches Arbeiten erst ermöglichen, werden uns die Gestaltungsmittel bewußt, die zur Bewältigung der gestellten formalen Aufgaben notwendig sind.

Hans Rudolf Boßhard, Zürich

图 5－27　正文部分占三格，为第二层网格。

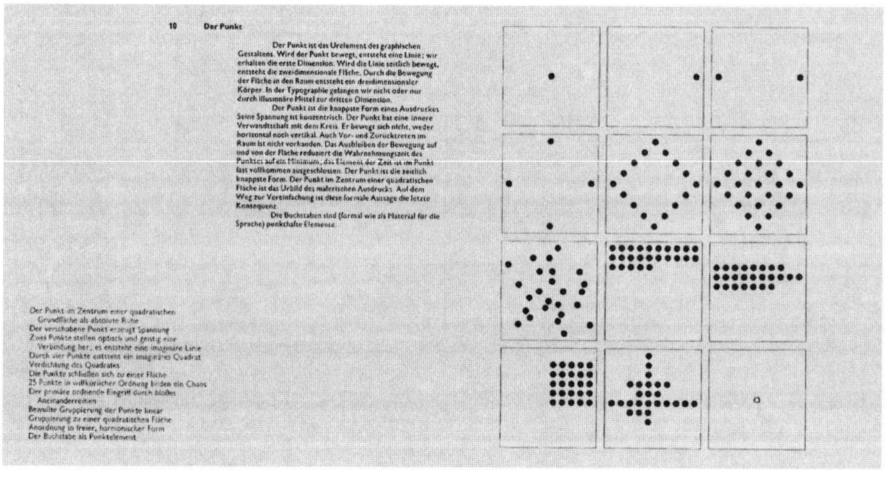

10　Der Punkt

Der Punkt ist das Urelement des graphischen Gestaltens. Wird der Punkt bewegt, entsteht eine Linie; wir erhalten die erste Dimension. Wird die Linie seitlich bewegt, entsteht die zweidimensionale Fläche. Durch die Bewegung der Fläche in den Raum entsteht ein dreidimensionaler Körper. In der Typographie gelangen wir nicht oder nur durch illusionäre Mittel zur dritten Dimension.

Der Punkt ist die knappste Form eines Ausdruckes. Seine Spannung ist konzentrisch. Der Punkt hat eine innere Verwandtschaft mit dem Kreis. Er bewegt sich nicht, weder horizontal noch vertikal. Auch Vor- und Zurücktreten im Raum ist nicht vorhanden. Das Ausbleiben der Bewegung auf und von der Fläche reduziert die Wahrnehmungszeit des Punktes auf ein Minimum; das Element der Zeit ist im Punkt fast vollkommen ausgeschlossen. Der Punkt ist die zeitlich knappste Form. Der Punkt im Zentrum einer quadratischen Fläche ist das Urbild des malerischen Ausdrucks. Auf dem Weg zur Vereinfachung ist diese formale Aussage die letzte Konsequenz.

Die Buchstaben sind (formal wie als Material für die Sprache) punkthafte Elemente.

Der Punkt im Zentrum einer quadratischen Grundfläche als absolute Ruhe
Der verschobene Punkt erzeugt Spannung
Zwei Punkte stellen optisch und geistig eine Verbindung her; es entsteht eine imaginäre Linie
Durch vier Punkte entsteht ein imaginäres Quadrat
Verdichtung des Quadrates
Die Punkte schließen sich zu einer Fläche
25 Punkte in willkürlicher Ordnung bilden ein Chaos
Der primäre ordnende Eingriff durch bloßes Aneinanderreihen
Bewußte Gruppierung der Punkte linear
Gruppierung zu einer quadratischen Fläche
Anordnung in freier, harmonischer Form
Der Buchstabe als Punktelement

图 5－28　图表可占据正文网格。

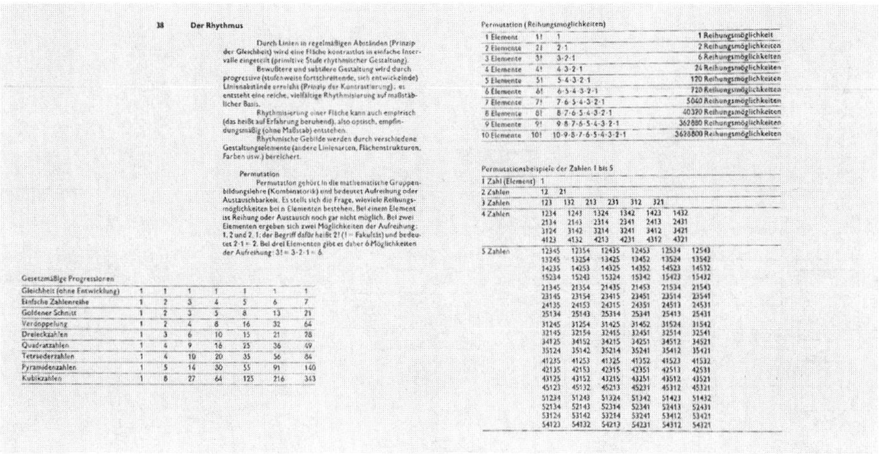

图 5-29 图表占据正文网格。

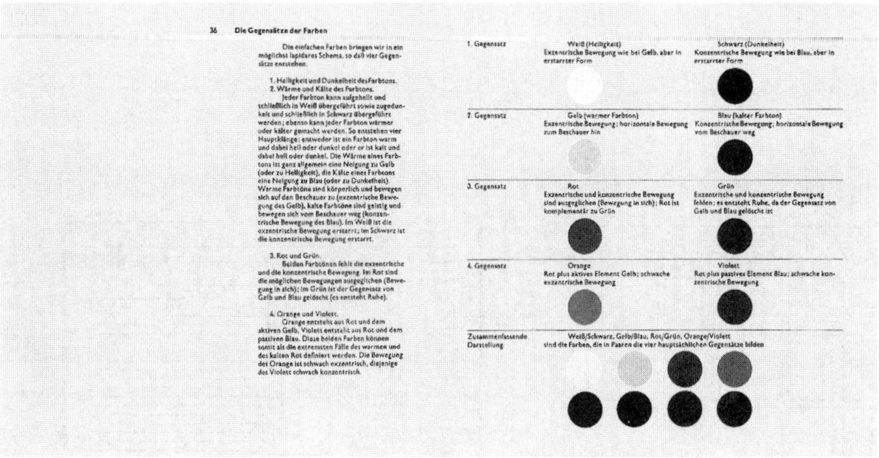

图 5-30 图表占据第一层网格。

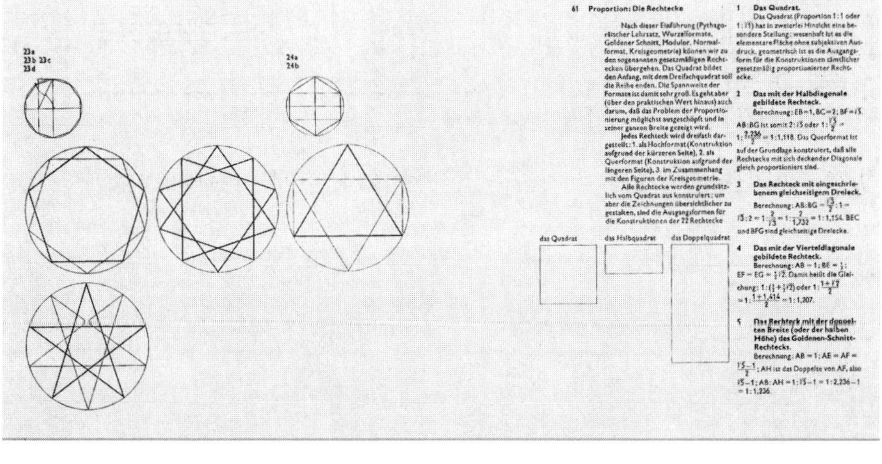

图 5-31 图表占据第一层网格的形态变化。

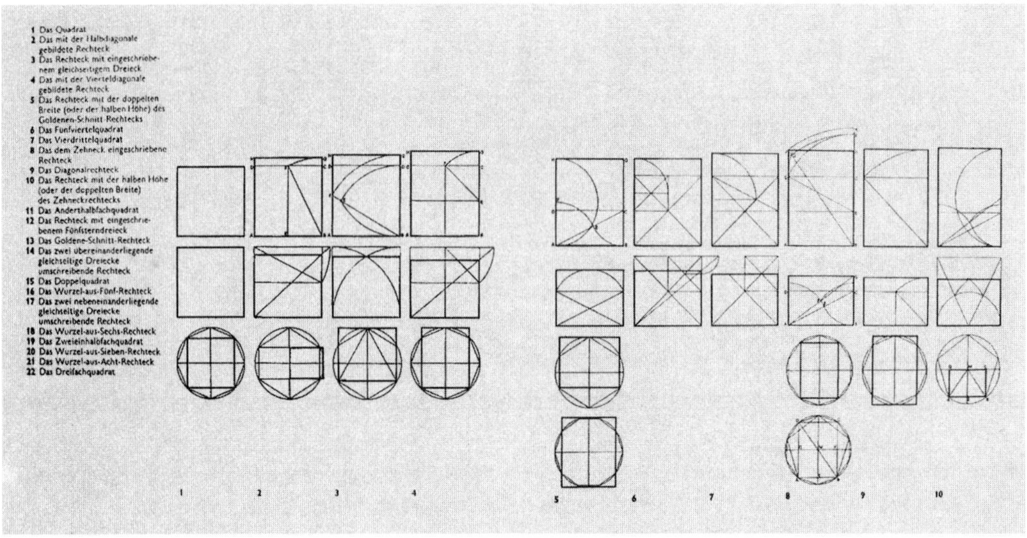

图 5 - 32　从图 5 - 26～图 5 - 32 的版面分别采用 9X 格、16X 格、25X 格、36X 格，虽然版面所用模块不同，但版面间的模数有着内在的联系。

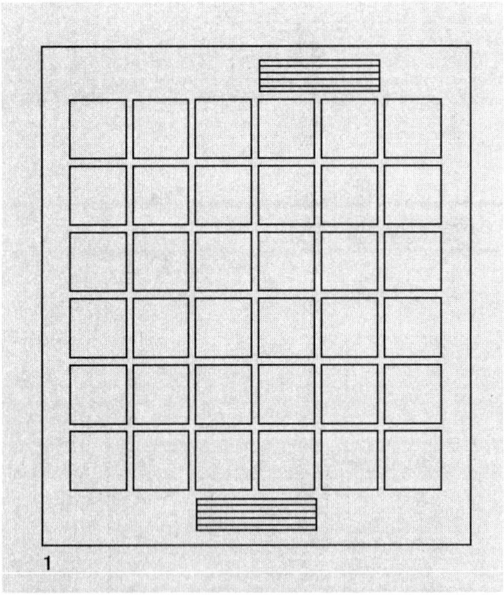

图 5 - 33　将版面用 36X 正方形网格均匀地分布。

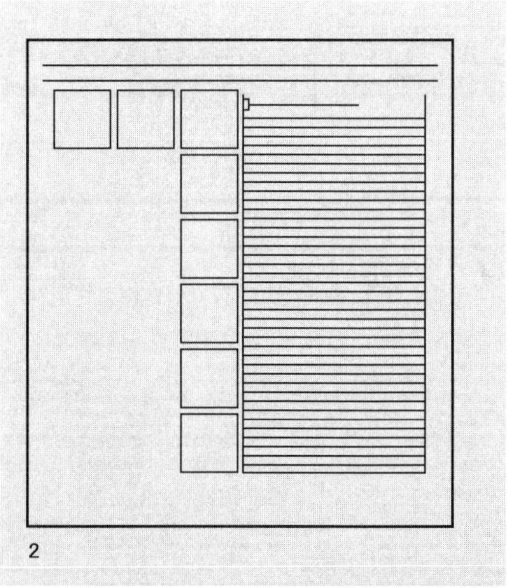

图 5 - 34　将文字版心与图片版心明确地划分。

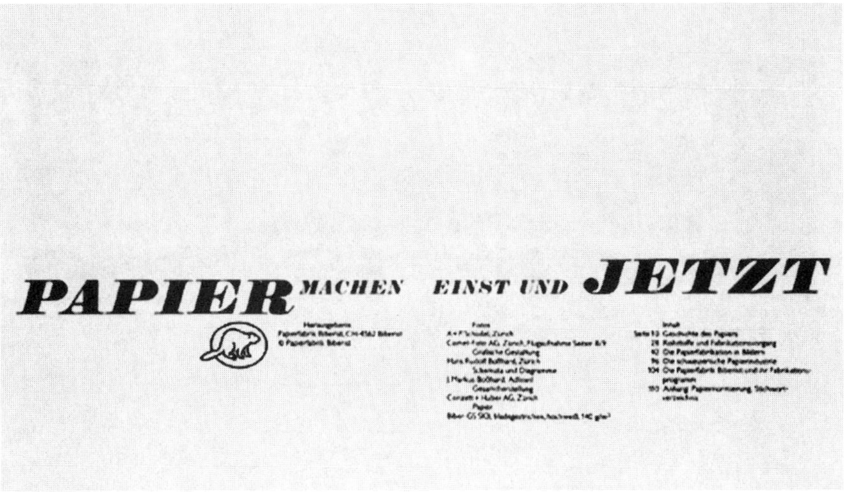

图5-35 扉页同样遵守严格的网格秩序。

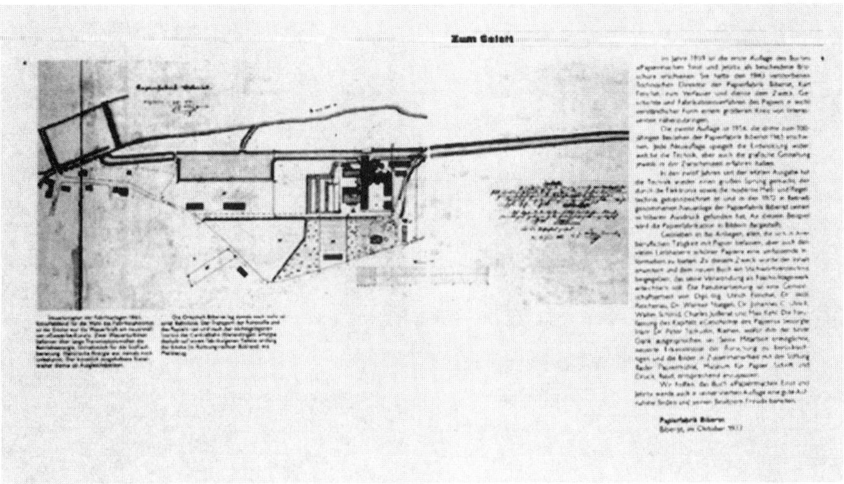

图5-36 图片、正文、说明文处在严格的区域内。

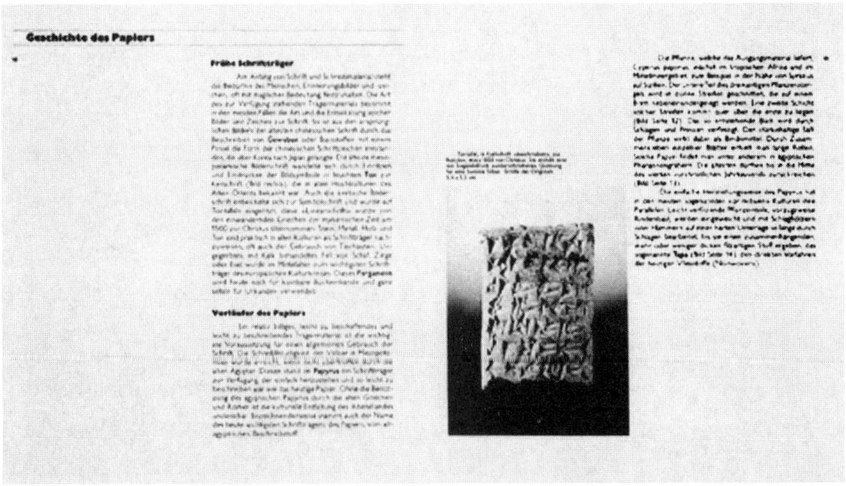

图5-37 利用网格自由地分布图、文。

图 5-38　使图、文处在一个整体的空间中。

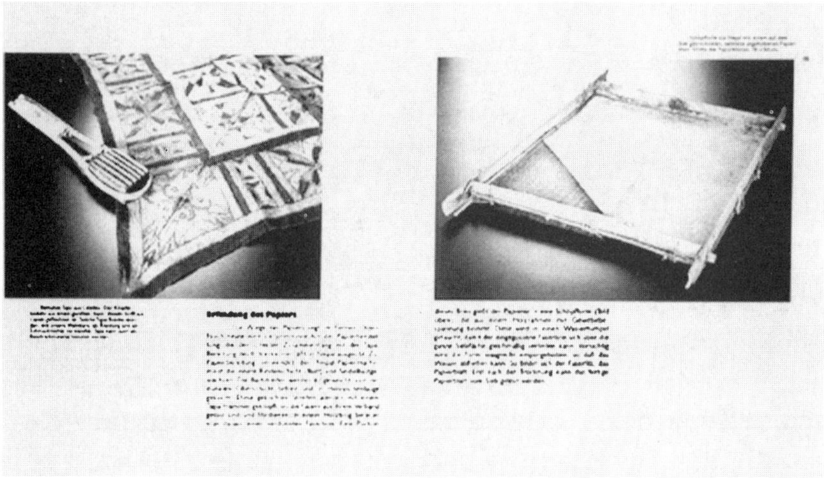

图 5-39　图与图之间须有起伏变化，通过各种不同的比例关系，使之产生节奏。

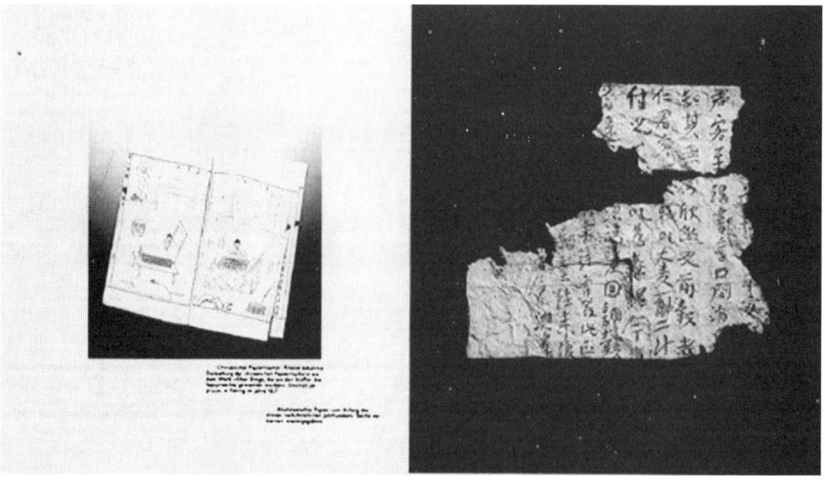

图 5-40　分布良好的图、文将产生秩序感、韵律感。

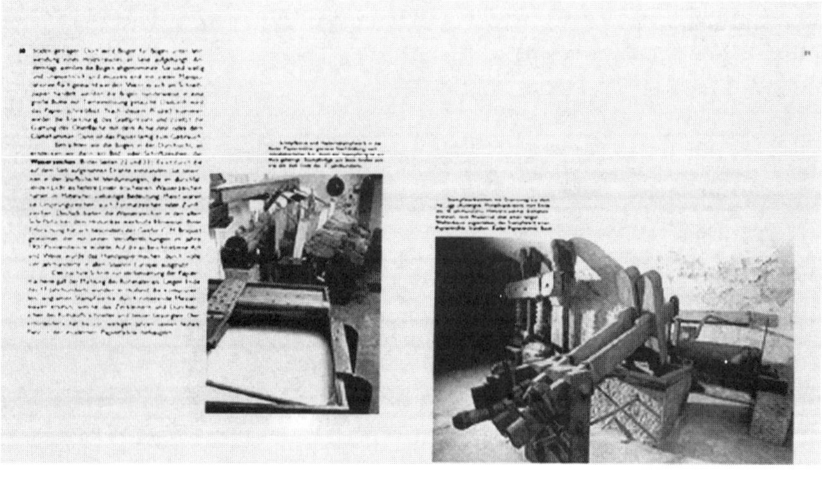

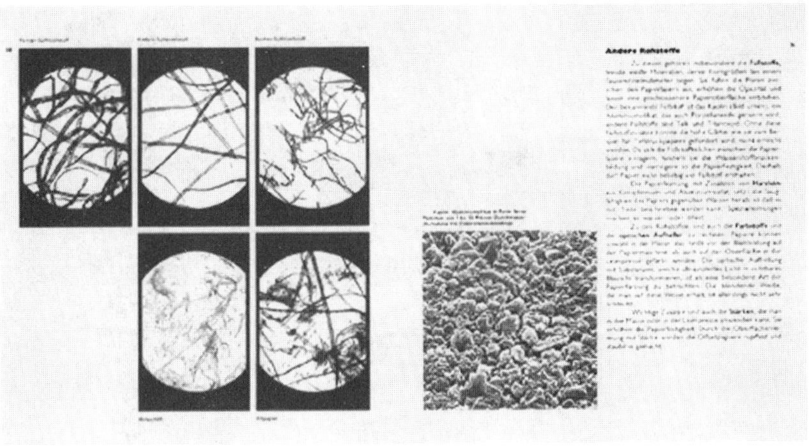

图 5 - 41　统一中应有变化。

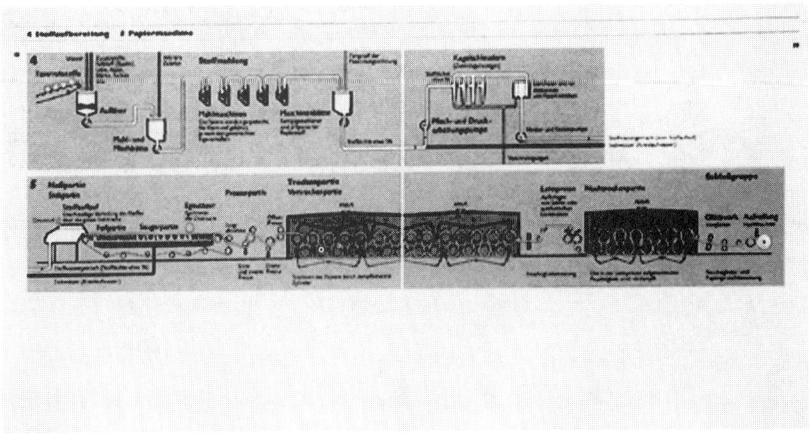

图 5 - 42　即使个别图片处在一个特殊的区域内，但整体链上必然有其特殊的变化。

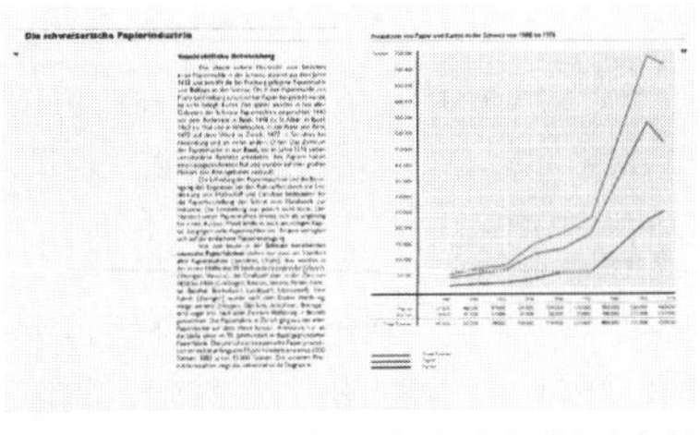

图 5 - 43　版面的灰度变化应根据图片的面积来统一考虑。

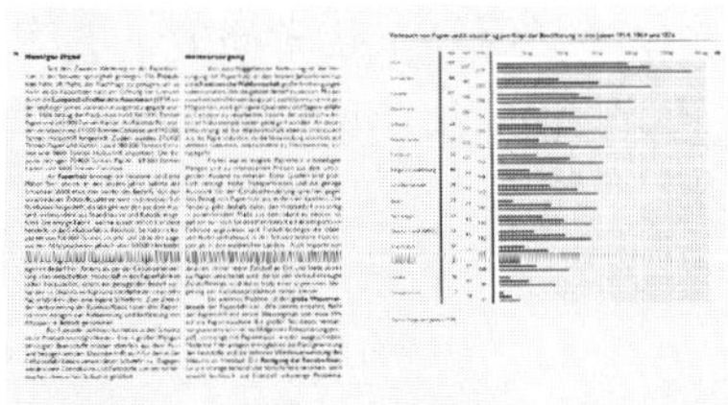

图 5 - 44　设计原理同上图。

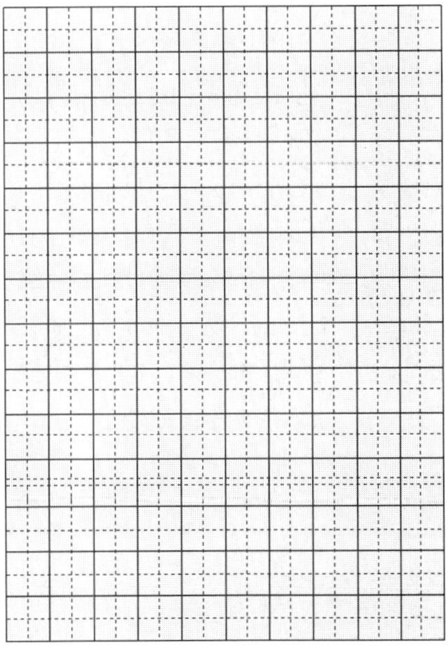

图 5 - 45　横向采用 90.5×10 格，纵向采 90.5×90.5×(10.5+3.5)格。

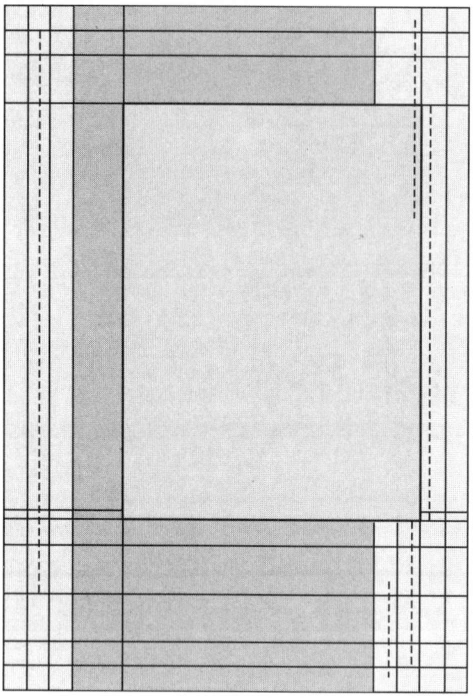

图 5 - 46　利用网格的特性，合理地将版面划分成不同的区域，形成看不见的级数模块，却能感觉秩序的存在。

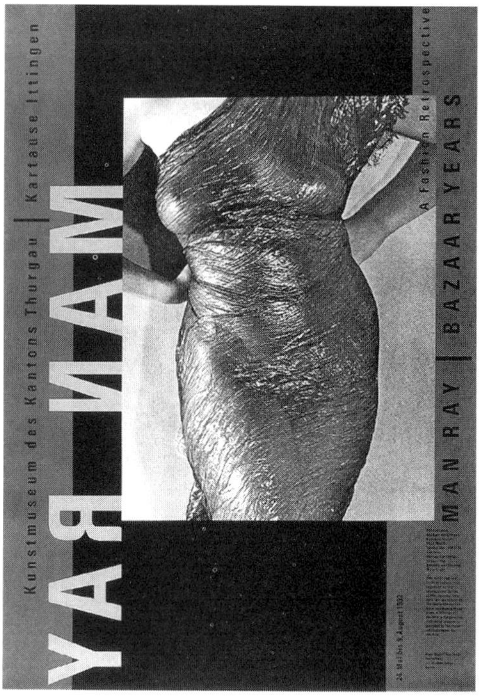

图 5 - 47　将文字与图形按照预先划分好的区域配置。网格线去掉后，版面依然合理秩序，具有很强的逻辑性与内在联系性。

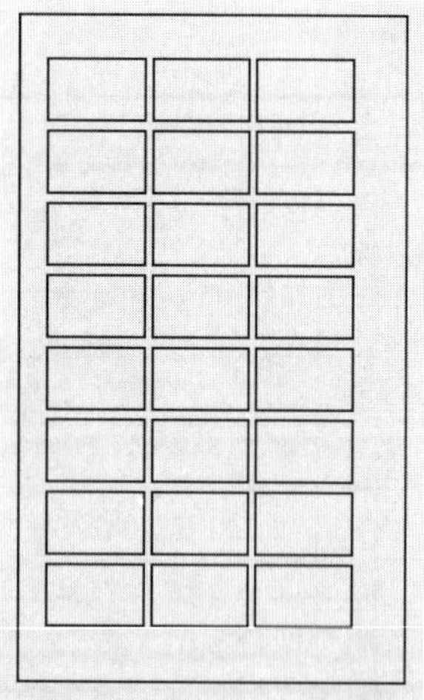

图 5 - 48　简单的长方形网格。

2. 长方形网格

相对于标准正方形网格而言，纵横水平线与垂直线相交所形成的方形都可称为长方形，长方形网格是完全正方形网格的形态延伸，它具有适应版面、开本灵活的优点。现实中确定一本读物开本大小的出版尺寸不是由设计师来决定的，它常常取决于出版商、出资方或某位主编的态度，设计师仅是根据实际需要“依山造屋”的建造者，对于开本的选择只有建议权，因此设计师必须具备“依据山势地形，适势造屋”的能力。好的设计师可以做到具体情况具体分析，灵活运用规则范围内的一切手段去实现最佳的目标。为了满足版面形态的种种需要，长方形网格的使用能够为设计师提供这种灵活多变的手段。对于所有不确定的因素，大多数设计师在实际操作中，均能凭借个人直观的比例感得到解决，这种运用简单数学计算又不等于数学研究的艺术，长方形模数必须通过相应的约束来确定。（参见图 5 - 48～图 5 - 61）

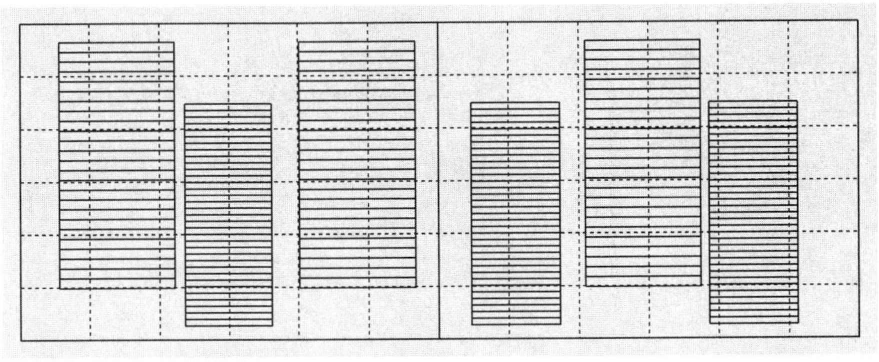

图 5-49 设计时应根据内容的需要，精心构思版心与栏目。

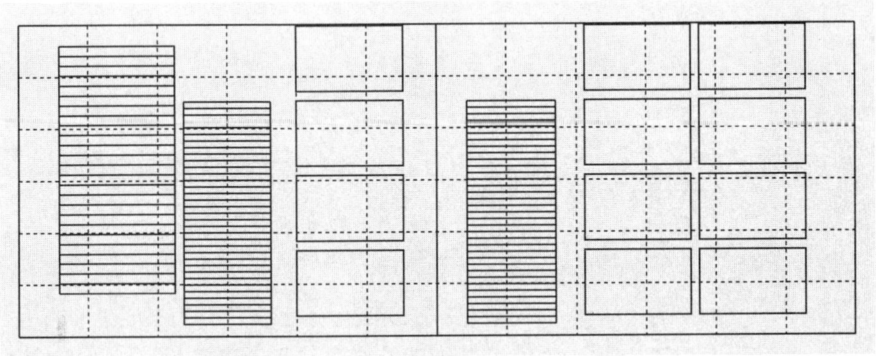

图 5-50 将文字与图片区域预先设计好。

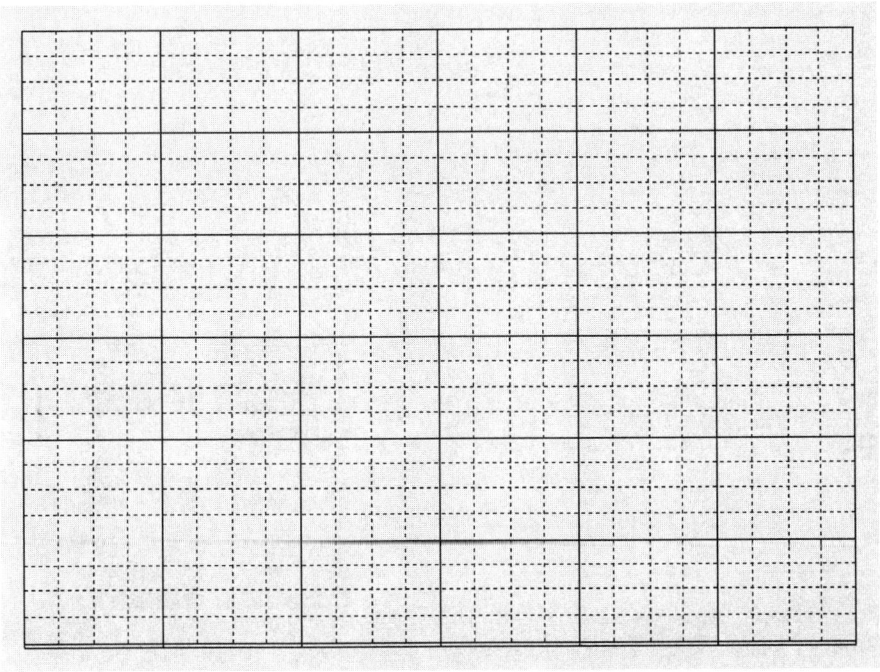

图 5-51 通过 36 个模块将版面均匀地划分。

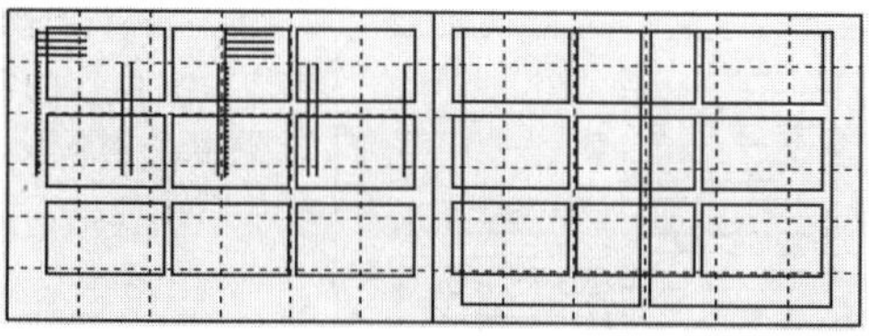

图 5－52　进一步细化不同区域的内容，使之处于良好的比例关系。

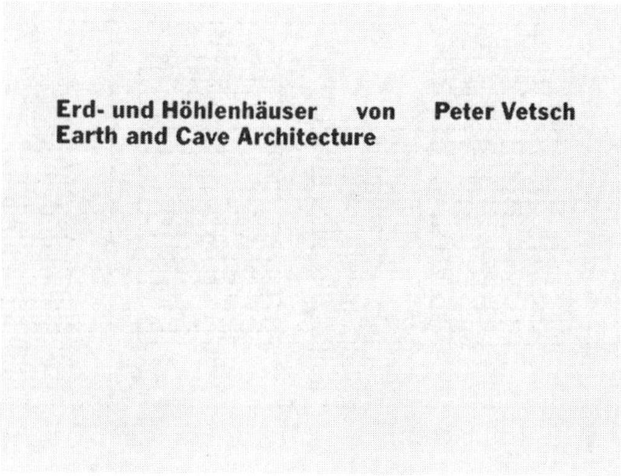

图 5－53　扉页与目录也同样用严格的网格控制。

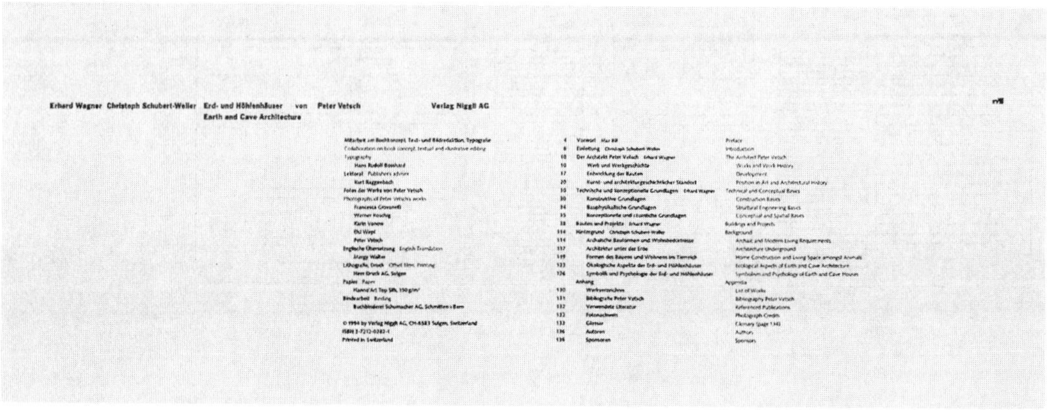

图 5－54　目录页的栏目划分必须严格遵循统一的网格规范。

图 5－55　正文与说明文的字体应有所区别，图片排列时应根据大小主次有节奏地分布在网格内。

图 5 - 56

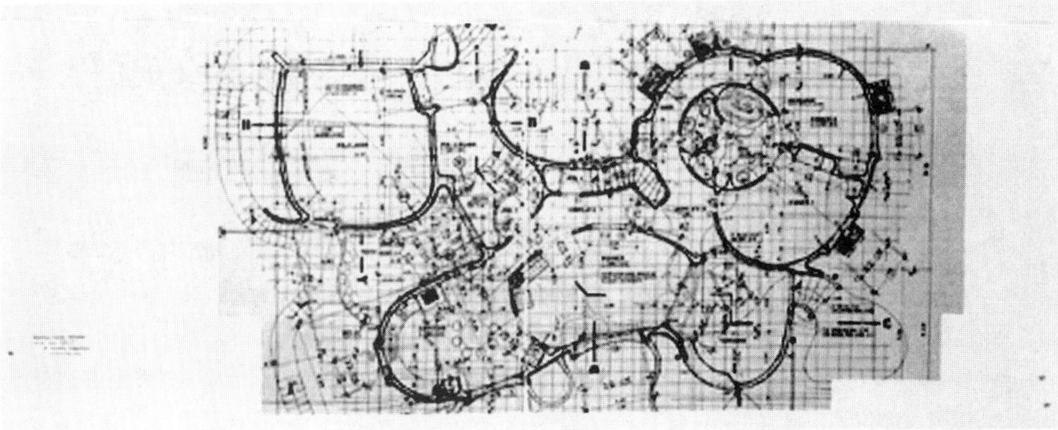

图 5 - 57

图 5 - 58

图 5－59

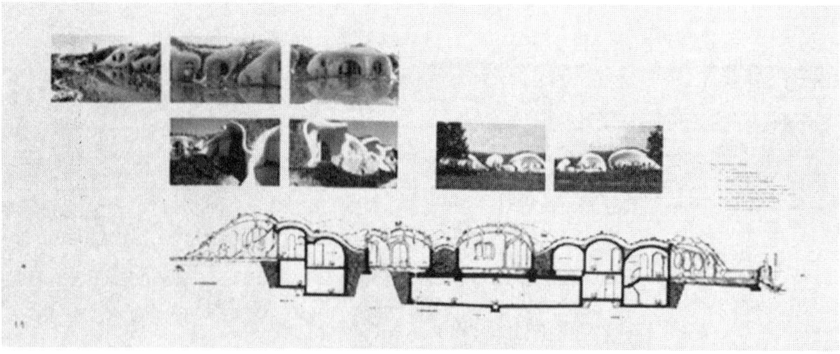

图 5－60

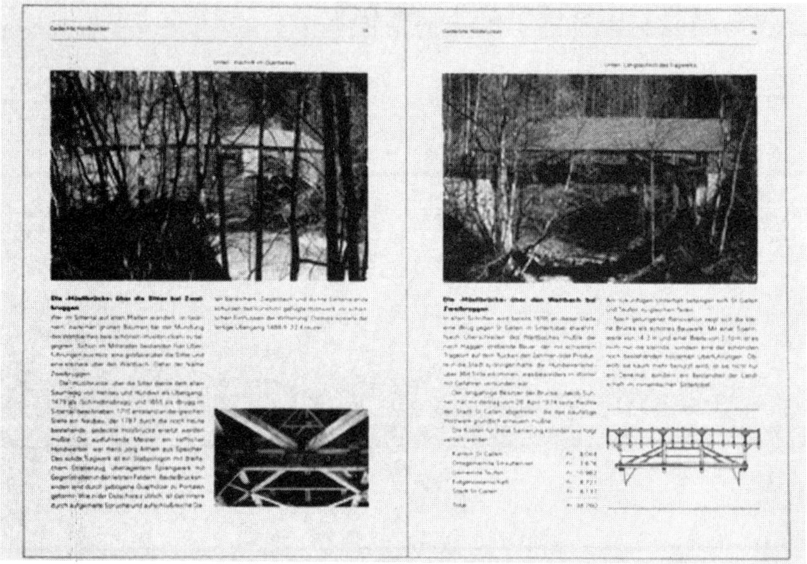

图 5－61　设计时必须用严格的网格数据控制着版面的相关要素，使之处于良好的比例中。

3. 复合型网格

所谓“复合型网格”，指的是在设计大型画册或者较大型的书籍报刊、杂志时，因涉及的内容多、范围广，有时运用简单网格不足以反映出全部内容，此时，为了内容的需要必须有二层、三层甚至四层网格才能够解决。复合型网格首先必须突出重点，避免出现平均主义的现象，只有解决好重点突出与平均对待这一对矛盾，复合型版面才能够凸现出丰富性与独特性，才能真正做到百看不厌、引人入胜。复合网格设计，不能因为版面内容多、图片杂而盲目增加网格的层数。这类网格设计最好不要超过三层网格，局部出现四层网格的现象也在宽容的范围内，但大面积的叠加往往会造成版面的复杂化，反而会降低网格的作用。一张组合良好的复合网格，可以满足版面全部内容的要求。标准开本的杂志上，设计师不可能用纵向十二栏网格去设计十二栏版式，而是以四组网格为一栏去编排，也可以三组网格为一栏，这是一种简单的复合网格。较复杂的复合网格第一层次可用尺寸较宽的网格控制整个版面，第二层次可控制版心，第三层次可控制小图片及其说明文，第四层次可在第一和第二层次的基础上作局部补充。

此外，设计中还必须增加一些纵向、横向、水平方向、垂直方向的线并依据预先设定好的、具有良好比例的数据进行大小栏目宽度不等的设计。这类设计通常出现在产品说明书、企业小册子、企业信纸、产品目录、交通价格表、报价单、财务报表等方面。因此，必须正确掌握栏目大小宽度不等的比例。这类设计往往比较枯燥，其说明性和数据性较强。有部分人误以为这类设计不易发挥设计师的艺术创造力，事实上这是一种错误的认识，若严格掌握网格设计的规律，在不影响信息传达和不影响主题功能的情况下，用得好，同样可以发挥设计师天才的创造力，别有一番味道，它会给人带来数据感强的优点。在设计文学杂志、时装杂志、画刊、家具以及科普类读物等图文并茂的综合性杂志时，由于注释多、图片杂，运用栏目宽度不同的网格便于整体统一，有利于信息的传达，并会给人以版面清晰、爽快的秩序感。(参见图 5-62～图 5-71)

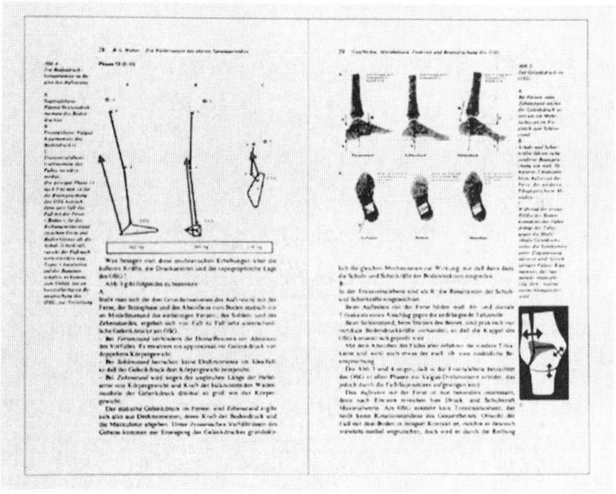

图 5－62　用三层宽度不等的网格控制图片、内文、说明文以及眉题。

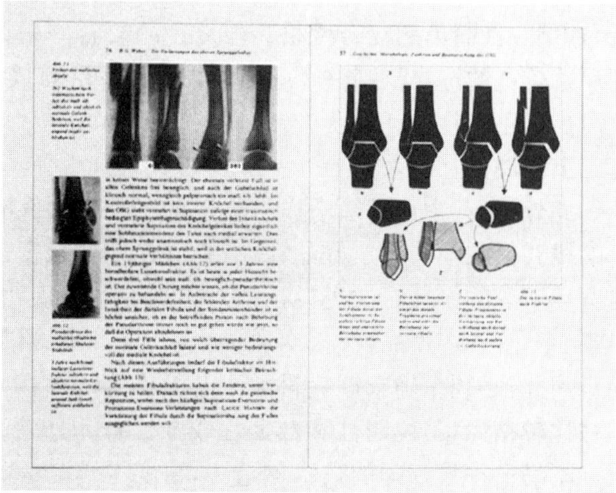

图 5－63

图 5－64　将图片、正文说明分别用不同的栏宽排列。

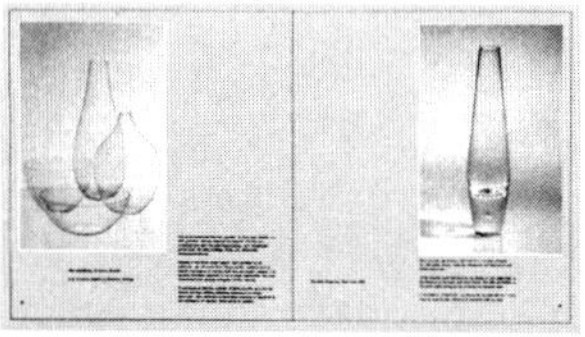

图 5－65　将图片、正文、说明文用不同的网格控制其高度。

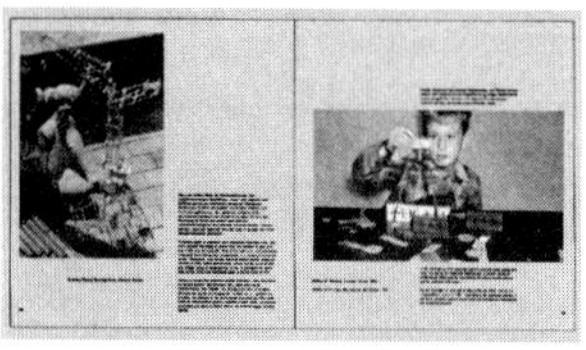

图 5－66　设计者：马克斯·比尔(Max Bill)。

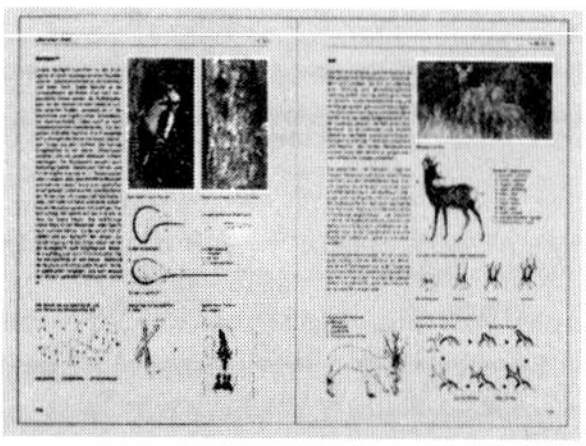

图 5－67　科普类读物由于其内容复杂，设计时必须用复合网格控制，使之处于良好的秩序中。

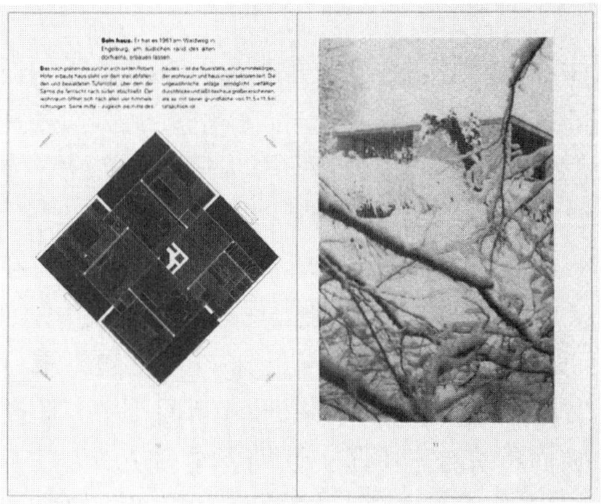

图 5－68 第一层网格控制着整个图片版心。

图 5－69 第二层网格分两栏控制文字。

图 5－70 第三层网格控制说明文并可占用整个版心。

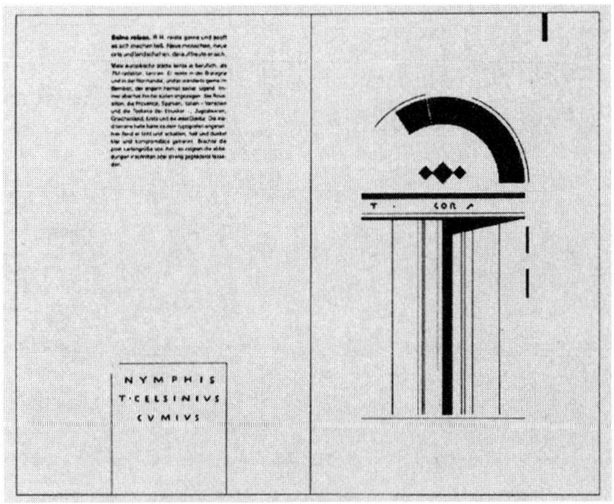

图 5－71 第四层网格可控制中心说明文。

4. 重点网格

所有的网格设计,都必须围绕着一个重点主题来展开。但这里所指的重点网格,不仅仅是围绕着一个主题的问题,而是特指为避免单调的布局和较差的比例所使用的一种网格设计方式。设计重点网格通常的做法是:在保持统一的垂直线基础上,使得水平线有一定的变化,反之,亦可成立。另一种情况是:在保持统一方向的网格中可使得主要部分出现方向上的变化,如倾斜、向心、发散等,或通过次要部分的变化来衬托主题。重点网格的使用范围常出现在画册、摄影作品、科教新闻等中。此类照片由于需要保持画面的完整性、真实性而不能随意裁剪、变形,但有时又必须突出内容。使用这一方法可以很好地解决此类难题,同时还可使得版面灵活、生动。(参见图 5－72～图 5－80)

图 5－72　在文字与图片均保持统一垂直的前提下,使部分重点突出的图片处于水平状态。

图 5－73　处于整体链中的水平网格,为了突出局部,可通过面积大小的变化垂直竖排。

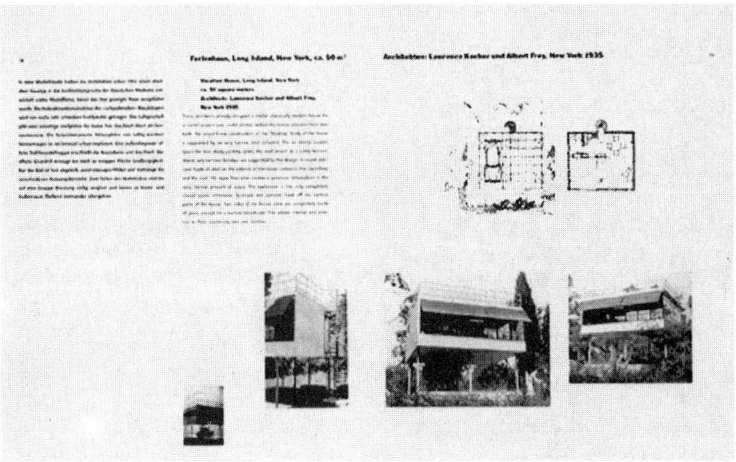

图 5－74　由于摄影图片不能随意剪切，为了突出重点只能改变图片的方向，以此强调重点部分。

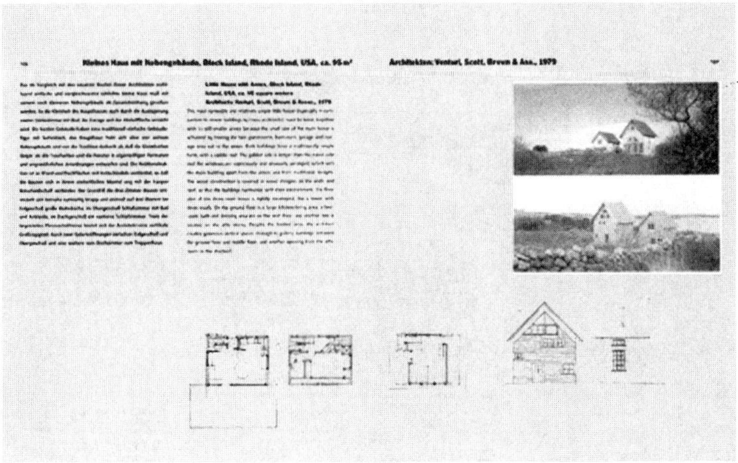

图 5－75　即使绝大部分图片处于水平状况下，也应突出重点。

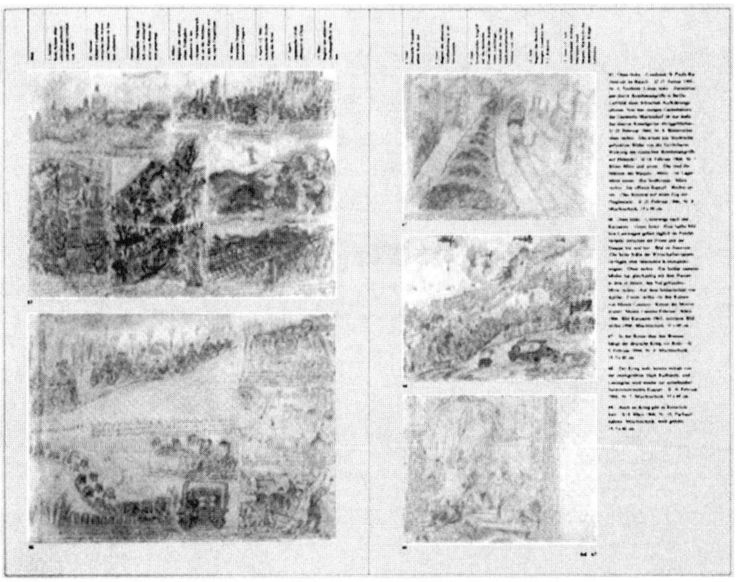

图 5－76　处在整体统一方向网格中的图片，为了突出重点可将局部内容垂直竖排。

图5-77　处于整体链中的水平面网格，为了突出局部，可通过面积大小的变化垂直竖排。

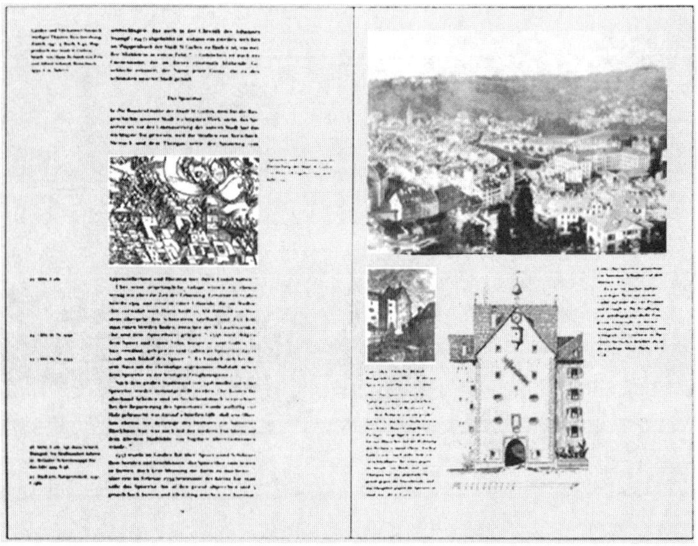

图5-78　对于内容复杂的版面，在保持整体网格统一的前提下，可使局部倾斜，或改变图片方向以使重点突出。

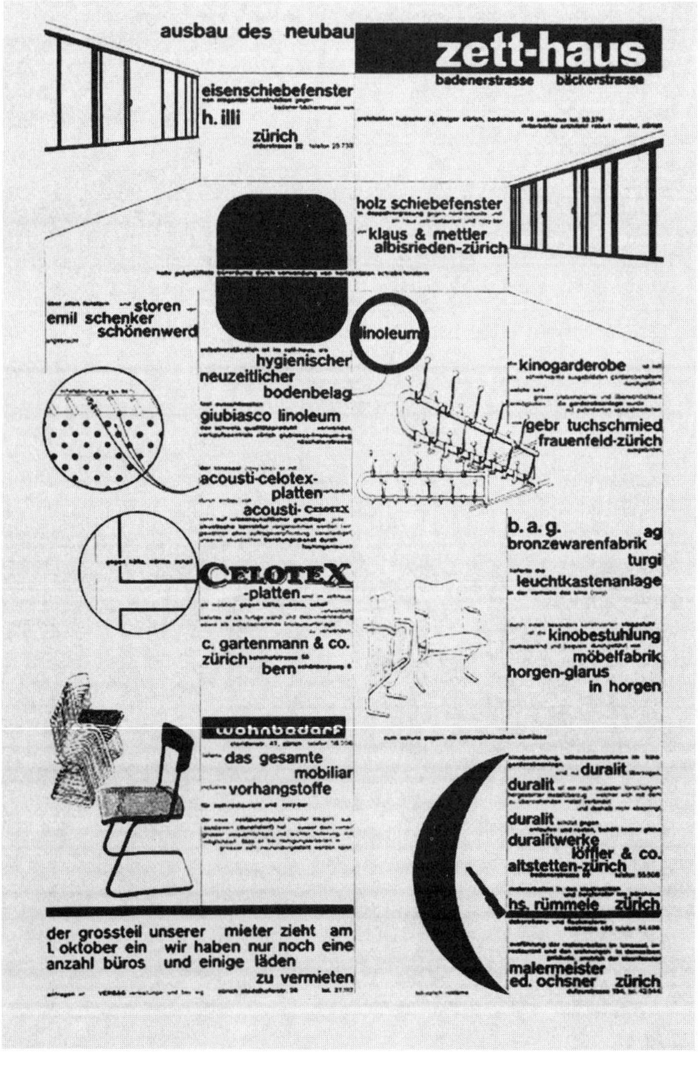

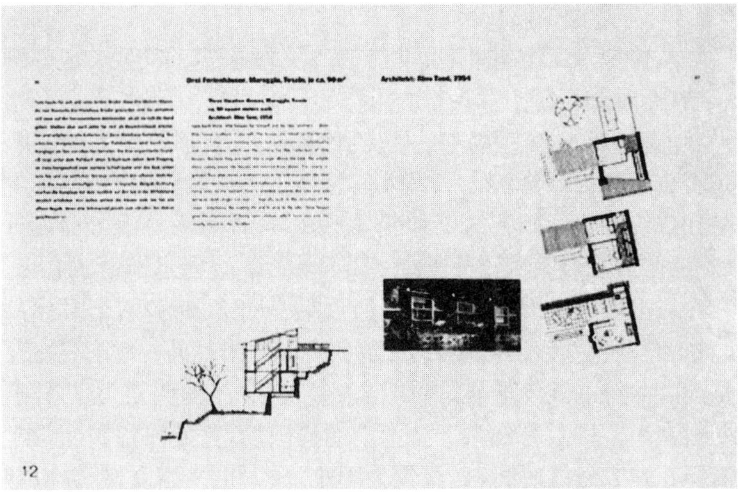

图 5－79 通过对部分图片的倾斜处理，以达到突出重点的目的。

St.Gallen. Stadtveränderung und Stadterlebnis im 19. Jahrhundert

Eine eng umgürtete Stadt durchbricht ihre bisherigen geistigen und räumlichen Grenzen. St. Gallen wird eine Stickereistadt mit Weltruf. Liberaler Geist, Maschine, Eisenbahn, Photographie halten Einzug. Stadttore, Torhüterdienst und alter Stadtsinn verschwinden. Mit der neuen Zeit wechseln Sitten, Moden, Sprache, Strassen- und Stadtbilder, Stadtgefühl. Typische Stationen und Auseinandersetzungen liefern ein vielschichtiges Panorama des Stadtlebens. In Zeitungsausschnitten, Feuilletons, Inseraten und Karikaturen kommen Herrschaftsleute, Bauern, Fabrikler, Grossstadtträumer und Chronikschreiber zu Wort. Häuser, Strassen, Quartier- und andere Stadtbilder illustrieren die äussere Veränderung des Erlebnisraumes Stadt.

Stadt zwischen Heimat und Fremde, Tradition und Fortschritt

von PETER RÖLLIN

V·G·S

Zeitgeist und Zeitstimmung sind ebenso Teil der Geschichte wie die äusseren Fakten und Erscheinungen der Veränderung. In dieser breiten kulturgeschichtlichen Arbeit erweitert der Autor das Beobachtungsfeld und stellt städtische Veränderungen und Erlebnisberichte in ihre ursprünglichen Beziehungen zurück. Die Stadt St. Gallen dient als Beispiel für viele

图 5－80 在网格整体统一的前提下，可通过抽象的纯粹元素装饰，使部分重点突出。

5. 异形网格结构

从传统意义上讲，网格设计是以水平、垂直的交线构成的网状结构，对文字与图片具有约束作用。根据这一定义，若以非水平、垂直的线条相交构成的网状结构，且具有同样的约束作用，是否也可称为网格设计值得人们思考。不过，这种情形实际上是在传统网格基础上的一种变异形式，可视之为自由版面设计的一种方式，对其探索尚无统一的认识，而这类设计现象却广泛存在。虽然这类网格形式可以通过纵横网格来解决，但具体的艺术细节还有赖于异形结构才能实现。常出现的一些形式主要是高度简练的纯粹形态，诸如三角形、菱形、六边形之类。异形网格在手工排版时代由于技术上的局限性，完成一幅版面常常需要花费大量的时间，显得较为困难，成本也相当高，但在电脑排版时代，这些问题均可迎刃而解。由于异形网格往往违反了人的阅读习惯，它具有形式上的局限性，少量和局部用之可增加版面的丰富性与活跃性，在运用过程中与纵横网格混合编排，可作为网格“突破”手法的一个补充(参见图 5－81～图 5－87，另见彩图 15)。

图 5－81　将第一层网格旋转成 45°角，变成菱形，主要形象仍以纵横水平、垂直方向使之与第一层网格形成对比。

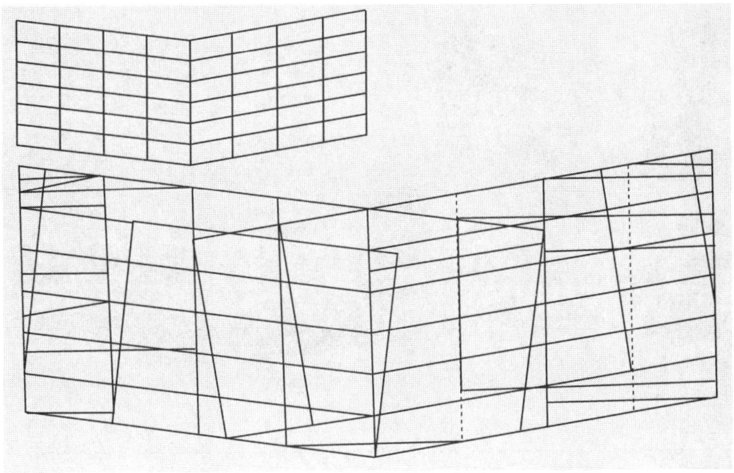

图 5－82 将版面设计成统一的平行四边形网格，图片的规线与格子吻合。（资料来源：图 5－82～图 5－87，选自《版面设计网格构成》）

图 5－83 图 5－83～图 5－85 通过异形设计，使不同的版面处于一个整体律动中，似波浪起伏，富有诗意。

图 5－84

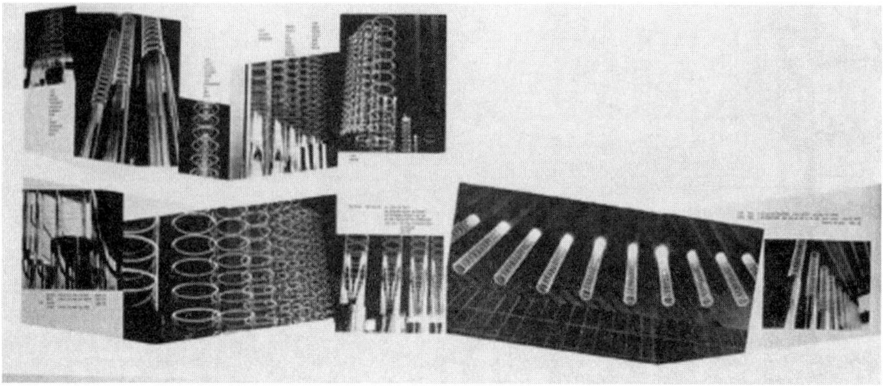

图 5 - 85

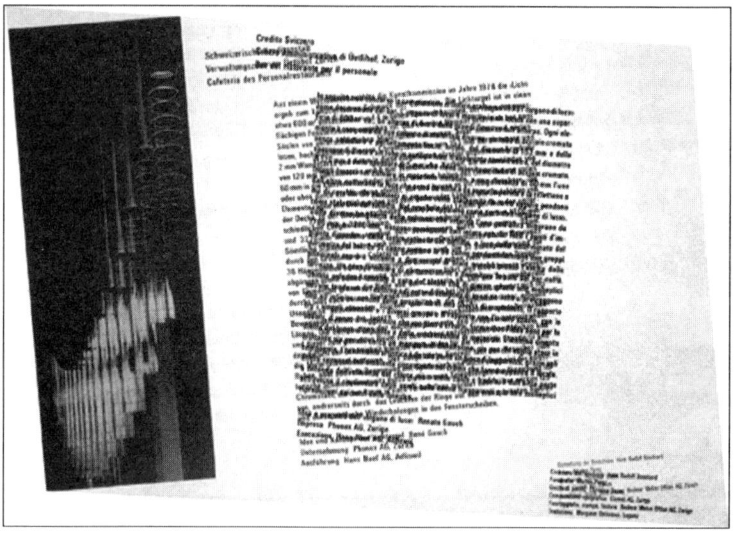

图 5 - 86　图 5 - 86 与图 5 - 87 倾斜的版面与交错的文字具有"丝绸"的特殊韵味。

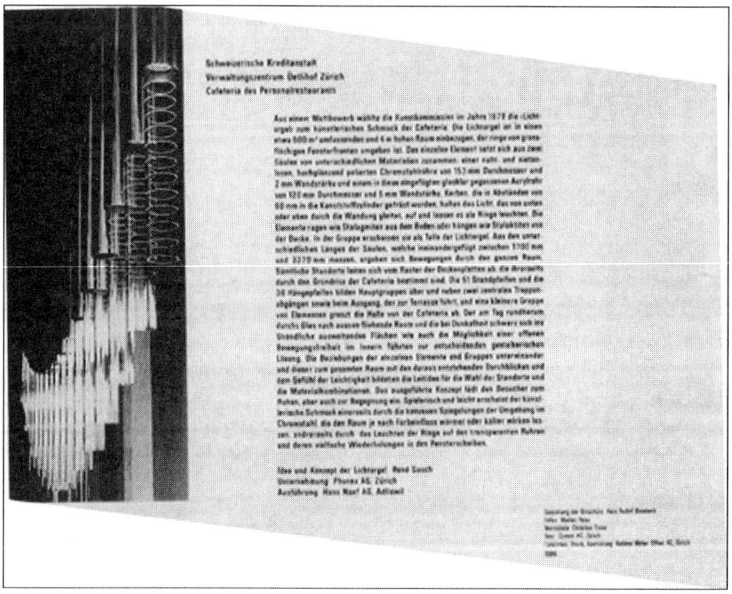

图 5 - 87

6. 突破网格

网格设计以理性、秩序和规整性为优点，若处理不当也会成为一大缺点。设计是一门艺术，艺术本身就富含很深很复杂的知识背景与思维创造。网格设计以公式化、条理化、数据化见长，这就容易使版面出现呆板、僵硬的弊病。如何避免网格此类现象的发生，这就要求版面必须通过某些突破手段来实现。即：以不规则变化的形态去改变网格固定不变的格局。作为一门专业课在高等院校内设置，一方面，网格设计有着系统的基础理论作指导，另一方面，网格设计学起来门槛低，易于掌握，但这种容易也仅仅局限于初级阶段静止的、机械的图文排列，还并未真正深入到网格的实质内在深处。若网格设计仅仅是划划格子、放放图片、排排文字，岂不过于简单？事实上，一个从事设计事业的人，若想成为一名真正的职业能手，不仅需要掌握网格设计，而且更需要具有打破网格设计的能力，天才般的设计也正体现于此。突破的方法从理论上并无多少玄念，也就是想办法打破版面过于平稳的格局而已。如某个图片脱离方格的约束向外移动，使之成为游离于网格之外不确定的元素，造成一种具有方向、力场等动态的效果；也可以不受网格的限制自由地放大缩小，使版面出现自由、生动、活跃的变化。

当然，一位没有设计经验的初学者，最初接触设计时最好使用网格方法。此法易学，一上手，设计出来的版面就有模有样，虽会出现呆板、僵硬的弊病，但不致于出现混乱无序的局面。始初阶段可使用简单网格设计，熟练掌握后再使用复合网格。此法对于一位有着多年设计经验的高级设计师来说，不必担心，他完全可以根据实际情况，灵活安排设计程序，规划不同的网格，配置相关的图片。只要能够设计出与实际内容相符合的艺术形式即可，不但可避免呆板的倾向，而且还可以突破网格约束，使内容变得精彩生动。（参见图 5－88～图 5－113）

图 5－88　图形突破网格的约束，使得版面张弛有度。

图 5－89　主图依然按照栏目的网格区域分布，为了突破网格的束缚，将图片的某些局部作特殊的形态处理，使得图形与文字形成内在的联系，并成功突破网格的束缚。

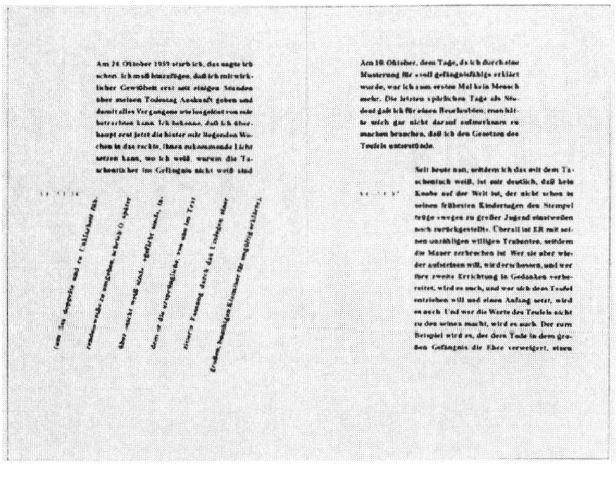

图 5－90　为了打破版面的呆板，局部采用倾斜、错位的方式突破网格。

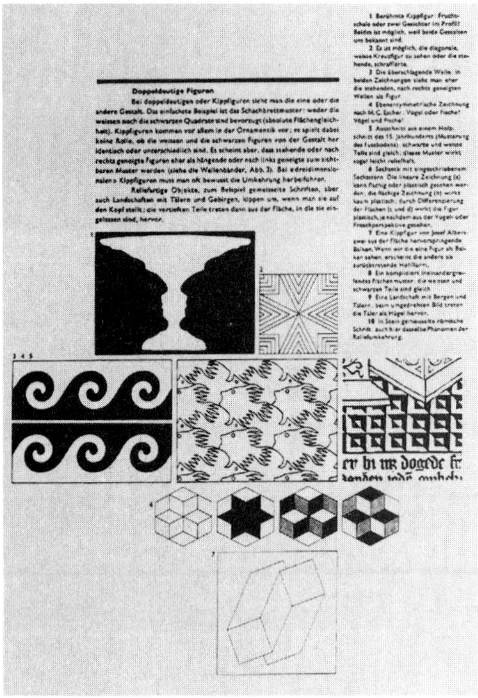

图 5－91　版面严格地按预先划分好的区域分布图片，为了使版面避免过于平均与呆板，将部分图片通过错位和按级数比放大、缩小以突破统一的网格束缚。

图 5－93　文字与文字之间存在着严格的数比关系，但主要图片与文字通过倾斜角度的变化，使得版面灵活多变。

图 5－92　设计原理同图 5－91。

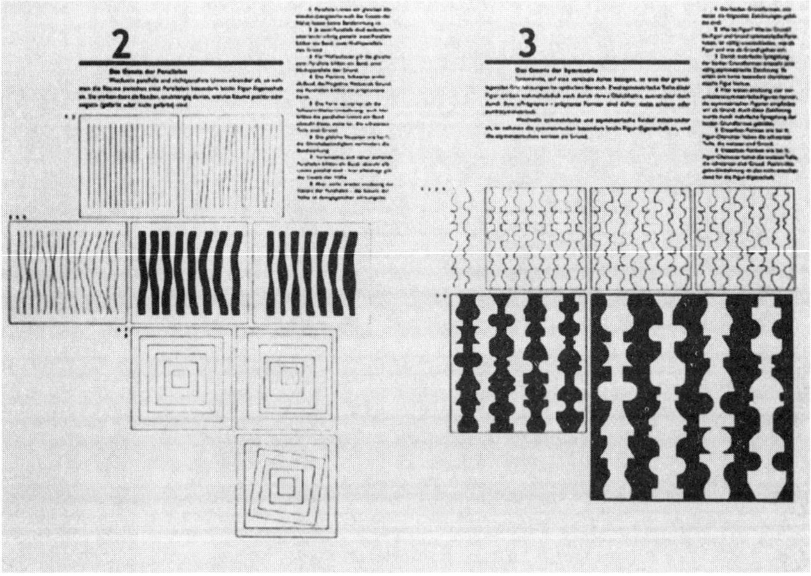

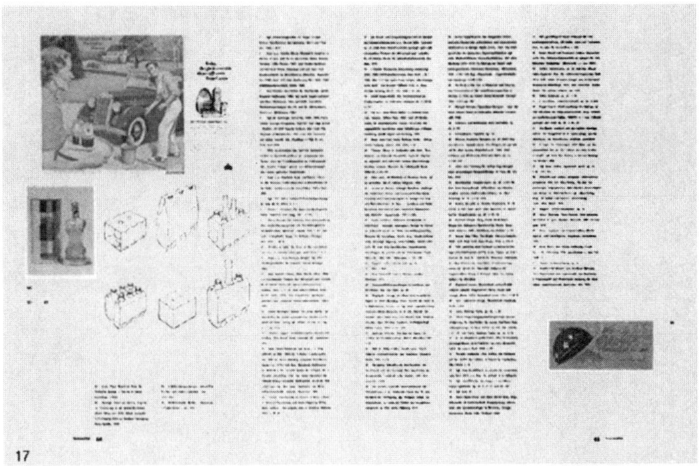

图 5－94 版面按照网格设计的基本原理，严格地划分栏目，图片为了打破网格的束缚，在统一的级数变化下做破网处理。

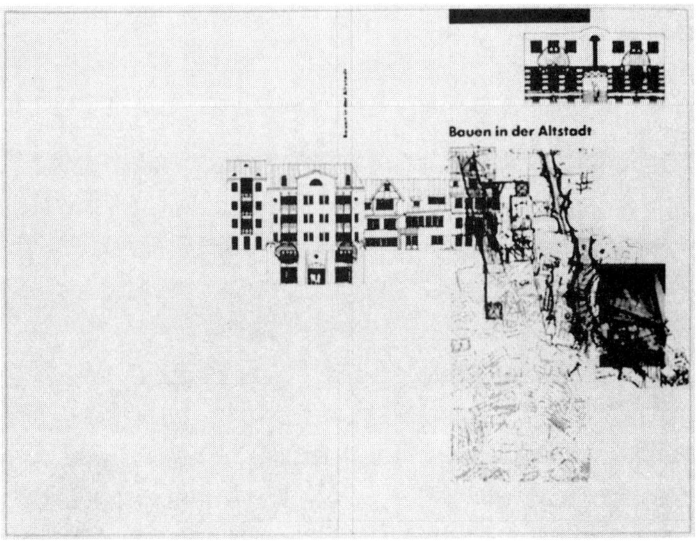

图 5－95 版面中虽然并未出现规整的文字栏目和明显的网格痕迹，但图片组合依旧秩序与理性，通过数比之间的差值变化，使版面有着丰富的层次关系。

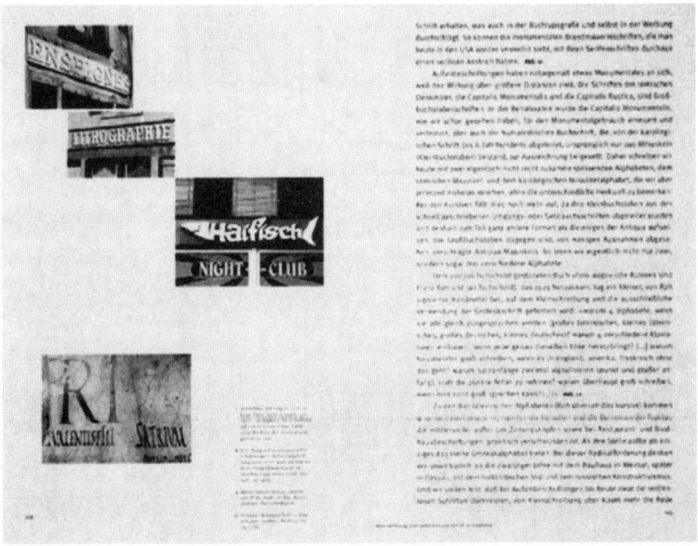

图 5－96 将图片按照疏密、大小的变化进行级数分配，使版面在网格的约束下作自由组合。

图 5－97 设计原理同图 5－95 一致。

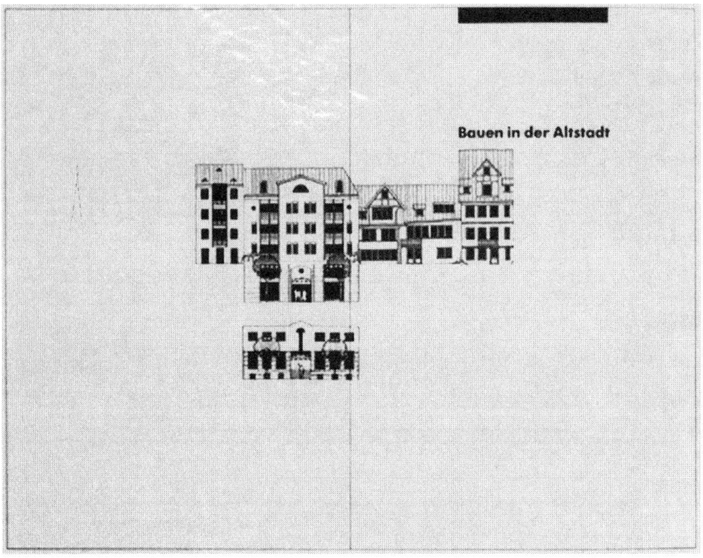

图 5－98 在文字版心内，图片尽量作各种方向的变化，以使版面活泼。

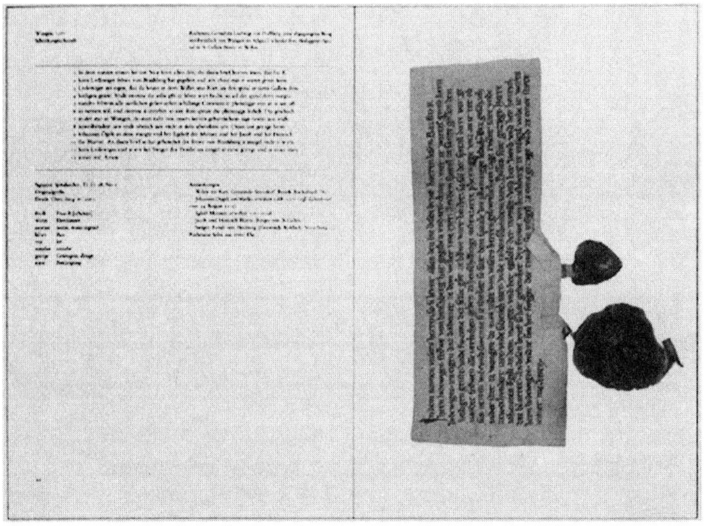

图 5－99 图形部分已完全不受网格的约束，作自由组合变化，但文字部分依旧严格地分布在网格内。

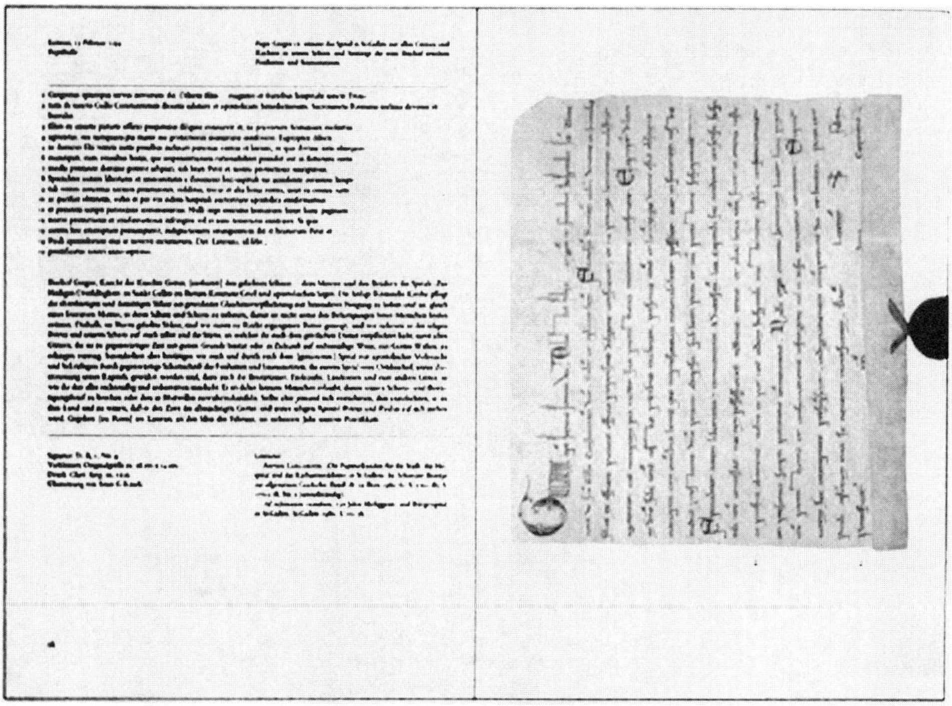

图 5 - 100　在文字版心内，图片尽量作各种方向的变化，以使版面活泼。

图 5 - 101　图形与文字均严格地分布在网格内，因过于呆板，可将文字图形化后，使之自由地作破网布局。

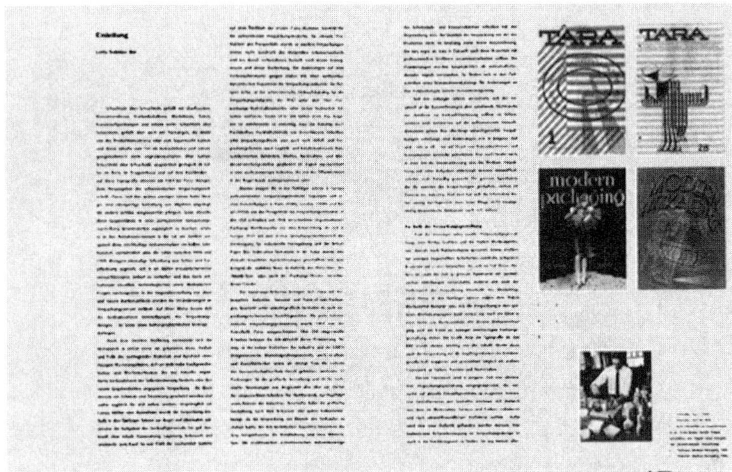

图 5-102　整体看上去每一部分都严格地遵守网格秩序，但局部游离于整体网格。

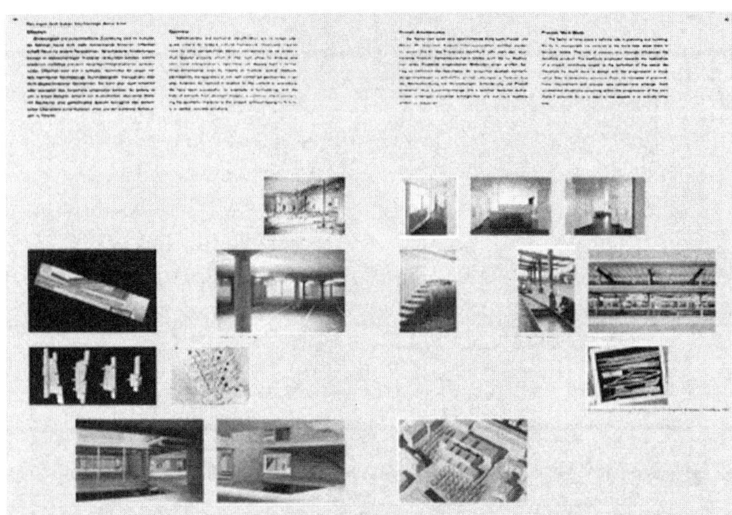

图 5-103　图片部分按照级数间的等比变化规则自由组合，以使得版面变化丰富。

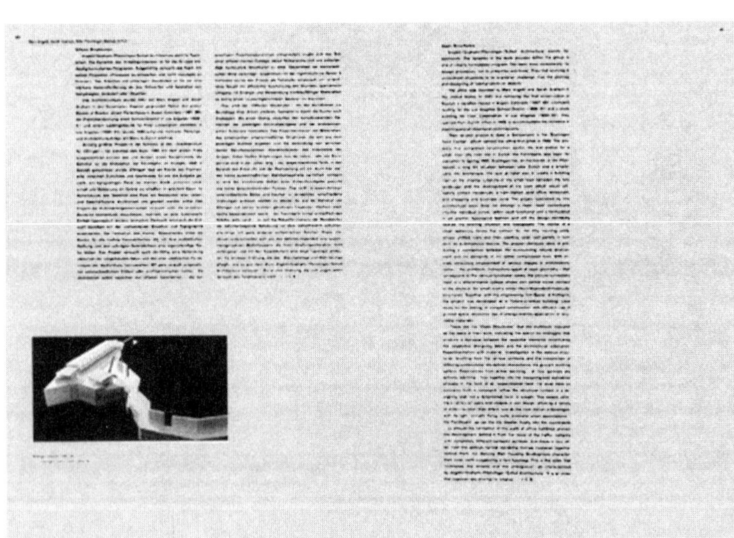

图 5-104　图片分布在网格内，根据形式法则规律，合理地配置图文相互关系。

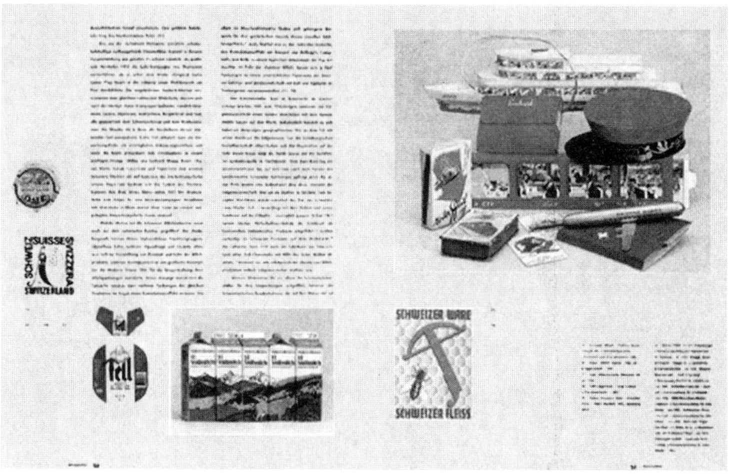

图 5－105　设计原理同图 5－111 一致。

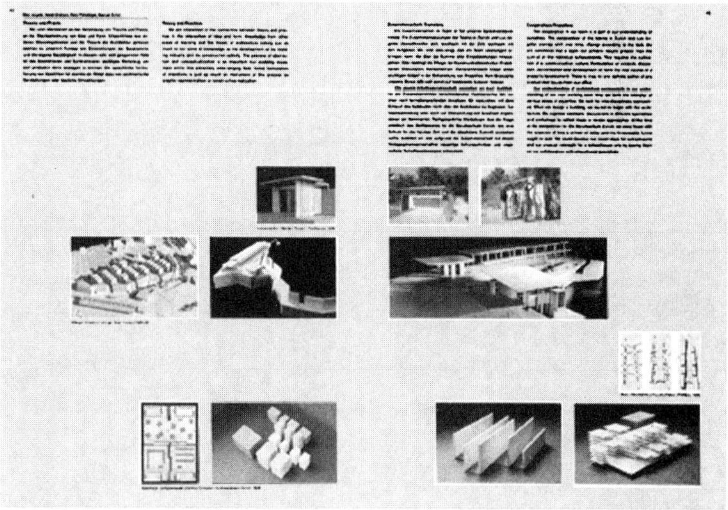

图 5－106　图片部分按照级数间的等比变化规则自由组合，以使得版面变化丰富。

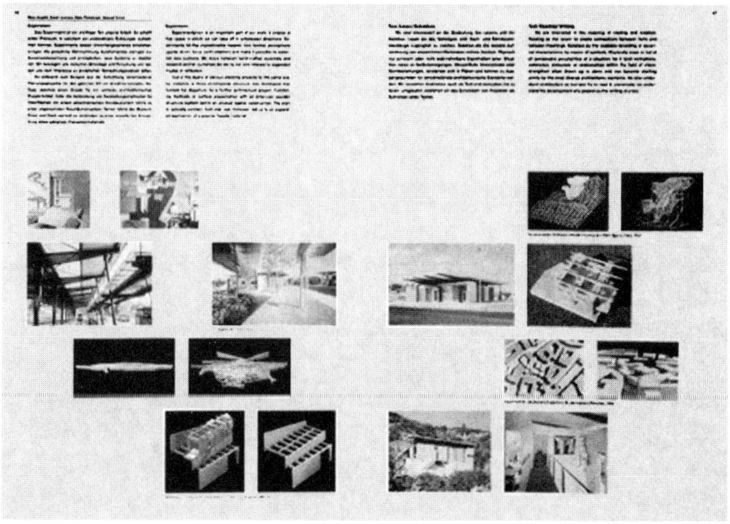

图 5－107　设计原理同上图。

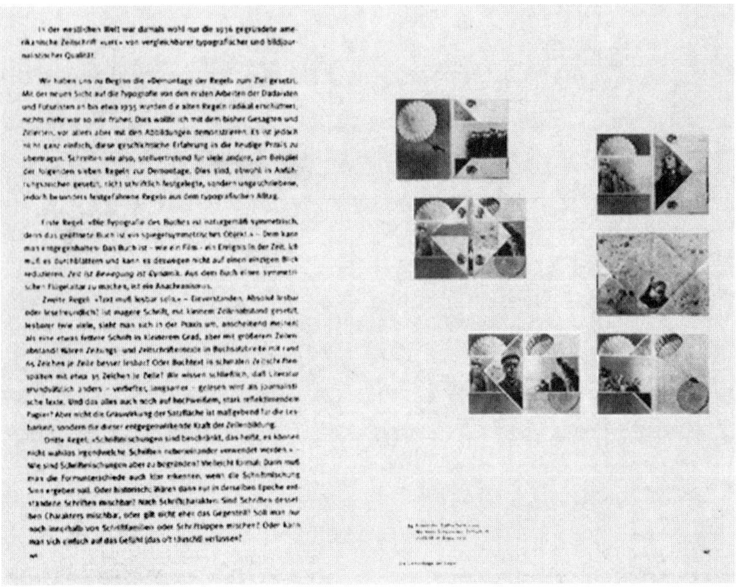

图 5－108　图片按照级数间等比变化，自由地组合，并使局部破网。

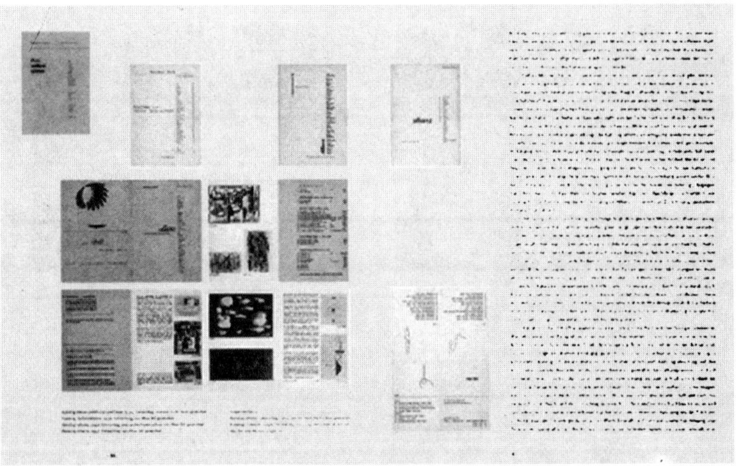

图 5－109　设计原理同上图。

图 5－110　主要内容严格地按整体网格的要求布局，其余部分均通过图形与文字的变化自由组合。

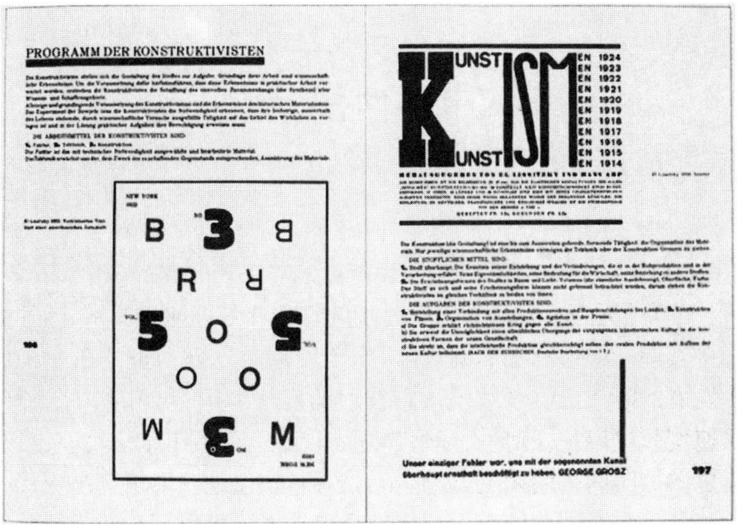

图 5 - 111　每一部分都严格地遵守网格的预先安排。为了破网，通过大、小、疏、密的变化，以达到视觉上破网的目的。

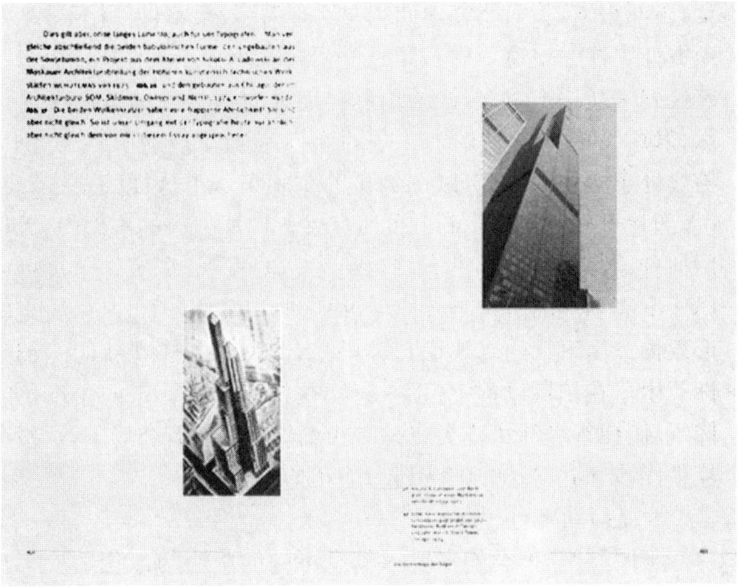

图 5 - 112　图片分布在网格内根据形式法则规律，合理地配置图文。

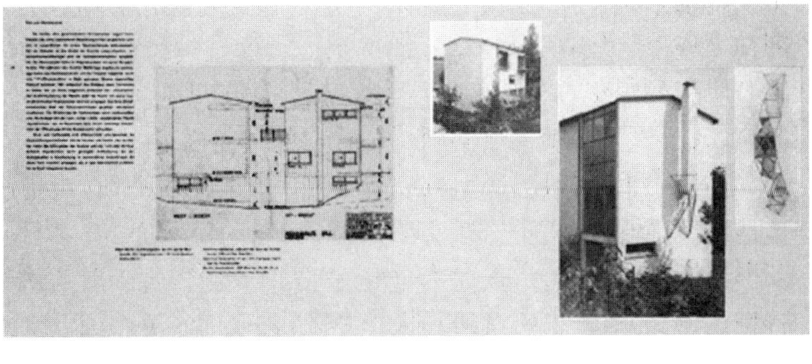

图 5 - 113　图片部分通过大小之间的对比，达到破网的目的。

第四节　网格设计实例

一、图片编排

网格程序完成之后，下一步的任务便是如何将文字、图片编排其中。应市场发展的需要，当今图片类出版物正处在一个大发展的时代。由于数码摄影技术的广泛运用，人们获取图片的速度超过以往任何一个时代，加上快节奏的城市生活，读者没有更多的时间去阅读文字类杂志，然而，快速地获取信息是当代的特征，因此，图片的运用越来越显得重要。摄影图片的优越性主要表现在以下几个方面：首先，图片是倍加的文字量和高度的信息浓缩。计划经济体制下，一些主流媒体往往有很多纪实性文章、新闻报道，长篇累牍地使用文字，往往效果不佳。相反，某些地方性媒体在报道一件新闻时，主要版块大量使用摄影图片，文字仅处于从属地位，这样的出版物使人对所发生的事件一目了然，发挥了新闻传播快捷、直观的优势，因此，它们在市场竞争中始终处于有利的位置，以图为主的杂志满足了这样的要求。其次，图片可充分显现是新闻的真实性。在所发生的事件中，无论用何种语言去描述都没有图片所表达的直观、真实。图片可以抓住事物刹那间所发生的典型场景、典型案例，通过某一特定的形象揭示出事物的真实面目。第三，图片也能体现新闻的趣味性。由于在拍摄过程中，拍摄者往往精心选择特定的角度，如：仰视、俯视等个性化镜头或是一些意想不到的有趣场景，这些图片被媒体刊载后，常常会引起人们的极大兴趣。

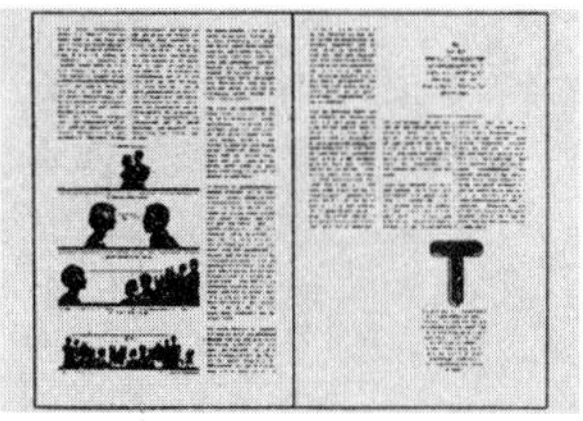

图 5－114

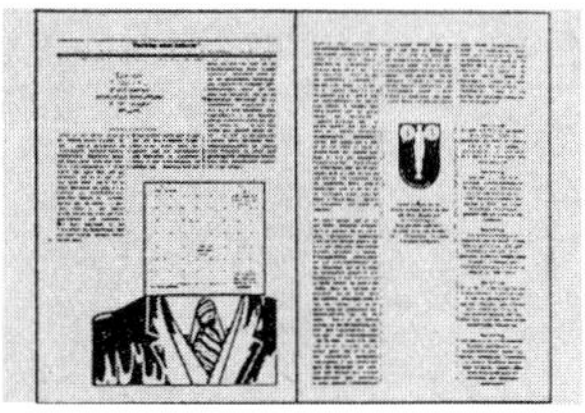

图 5－115

图 5－116

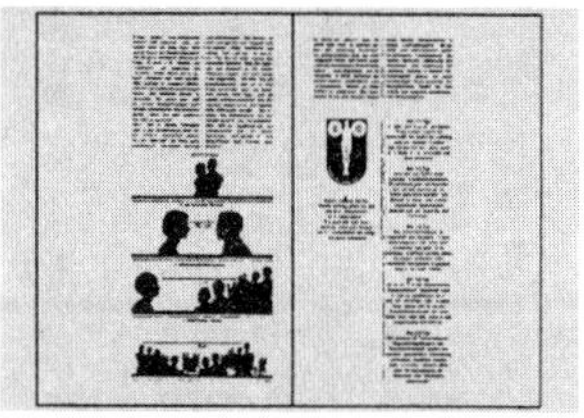

图 5－117

图 5－118

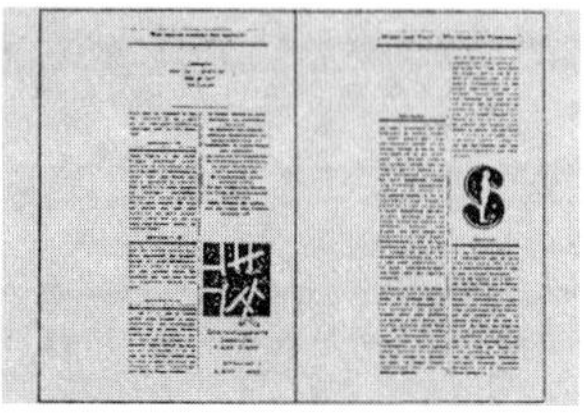

图 5－119　图 5－114～图 5－119 来源于：《版面设计》，余秉楠著。

1. 版心的位置

不同开本、种类的书要求具有不同的版心与之相适应。这是书籍设计的特性所在。文学类书籍多为大 32 开的版心，四周一般常留有 20mm—25mm 宽的白边，主要在于保护版心内容不受环境干扰，便于阅读之用，同时也可起到美观之功能。书中即使有插图，也不会对编排格局产生太大的影响。文学类读物因其定位的限定，必须以文为主排版，插图只占其中很少一部分，这就决定了文学书籍必须符合特定的版面要求。

与文本书籍相比，画册则完全不同，画册是以图片作为信息传播手段，图片比文字有着更为直观、生动的说服力，文字只起辅助说明的作用，这一点尤为重要，设计时必须考虑画册的这一特性。例如，对于摄影画册和摄影杂志，普通读者总希望看到大幅图片，并不希望因版心的存在而将图片的尺寸缩小。版面有图片覆盖的地方可以采取超版心乃至出血的方法设计，版心部分可图可文，文字只能在规定的版心内移动，绝不能超出该范围。画册的基本版心可比文学类书籍的版心大些，版心之外的白边应视画册开本的大小而定。正方形大十二开画册，其周围的白边一般有 8mm—10mm，而八开大型画册则在 15mm—20mm 之间。当然，这个数据可根据具体情况而变，也可将画册的文字版心放在版面的切口方向，图片可依网格的约束区域作相应的放大缩小，穿插编排。

图 5－120　人物。

版心处于版面中的位置，归纳起来常有以下几种：

A. 对称结构

a. 版心位于版面的上方，下部分则留出大片的空白（图 5－114）；

b. 版心位于版面的下方，上部分则留出大片的空白（图 5－115）；

c. 版心位于版面的中部，上、下部分则留出大片的空白（图 5－116）；

d. 版心位于版面的订口部分，左右两页则留出大片的空白（图 5－117）。

B. 均衡结构

a. 版心位于版面的左侧，右侧部分则留出大片的空白（图 5－118）；

b. 版心位于版面的右侧，左侧部分则留出大片的空白（图 5－119）。

图 5－121　动物。

有关画册版面设计的方法，可谓千变万化，设计最忌讳的就是千篇一律。上述所有的规则，仅仅是为了说明普遍性的设计方法，初学者不可拘泥于此，而应将之视为理解问题的一种方法。

2. 图片的选择与处理

网格设计好之后，图片质量则是设计师常常面临的主要问题，选择什么样的图片是作品成功与否的关键。一般来说，图片除了完整的全景照外，大部分照片都是以单独的特写镜头居多。版面中只有那些视角独特、动态诱人、造型罕见的图片才能打动读者，而那些场景平庸的图片，可是又不得不刊登者，必须经过设计师的处理才可付印，否则，必会影响版面的观赏性。

图 5－122　静物。

在处理图片的程序中，首先，图片应剪切处理，如剪切后效果仍不理想，必须利用电脑技术进行特技制作，将那些不符合视觉审美习惯且无关大局的内容删除掉，通过添加、位移、增加光感等处理手法，使得图片质量有所提高。其次，图片视觉冲击力

图 5-123 风景。

图 5-124 脸部。

图 5-125 头部。

图 5-126 胸部。

的强弱与人的视觉习惯有关，凡是与人的生活习性紧密联系的图片最易吸引人的注意，而远离人的自然风光相对来说则较弱。一般顺序如下：人物—动物—静物—风景（图 5-120～图 5-123）。

设计师在了解了上述图片的审美规律之后，应有意识地将这类图片做一个先后次序的排列，以避免图片安排的无序性。当然，图片的先后次序还应以当时的具体情况灵活掌握。就同一内容的图片而言，由于其动态因素的不同也会造成次序的差异。如一张人物图片，视觉首先关注的顺序是：脸部—头部—上半身—全身—身后背景（图 5-124～图 5-127）。但如果这个人物具有某一个特写动作，如跳高运动员的起跳、跨栏运动员的上栏、网球运动员的挥拍击球等（图 5-128），此时的情况已发生了变化，设计时考虑的则是如何利用这些图片的动态并和相应的文字配合。另外，挖版也是一种处理图片的常用手法。摄影画册一般以尊重原作为前提，版面通常不轻易修改摄影师拍摄的实物效果，而有些商业性宣传画册，如服装、纺织、机械、电子、通信等方面的图片必须作相应的处理。其中挖版手法就是常用的手段之一。挖版的目的主要是为了除去背景，修正图形，使重要的影像能够凸现出来并以此增加版面的生动性。挖版后所出现的影像，不可能与同一版面的网格正好吻合，设计师应以图形的外轮廓作适合网格距离的计算，以视觉的舒适度为准，不必拘泥于网格的约束。

3. 图片的编排

图片经过选择与处理之后，接下来的工作便是如何将这部分图片进行编排组合。

第一，要根据内容所需，把主要具有表现力的图片放在一起进行整体编排，将横、竖构图按照大小不同的秩序进行有变化的排列（图 5-129）。

第二，根据图片的方向性，把经剪切的图片依其形象的方向进行排列，这些图片将与版面的文字、空白以及其它版面元素产生一定的联系（具体参考形式法则部分）（图 5-130）

第三，处理好图片的力场关系。由于图片的内容不同，部分图片因受透视、物体牵引、物体运动等因素的影响，必然与画面产生一定的受力关系，遇到此类情况，可将运动方向引向对页的中间。有透视角的画面应尽量放在左右两页中间，与人的视线保持一致，仰视的图片应置于版面的上方，反之亦然（图 5-131）。

第四，跨页处理。图片编排应讲究节奏变化，如果一本画册从头至尾全是零碎的组合，即使每一个具体版面排列得再好，从

图 5－131 图片的方向性应与人的视线保持一致，以使读者与图片场景产生共鸣。

图 5－132 跨页处理可以突出版面的主题性。

图 5－127 全身。

图 5－133 跨页处理，一是为了强调图片的重要性，二是为了使整本书的节奏产生变化。

图 5－134 版面必须具有层次性，版面的层次可通过字体、图片的大小、强弱等手法实现。

图 5－128 跨栏。体育类图片应强调人物动态与文字的受力关系。

整体上看也会有琐碎之感。所以整本画册必须有跨页处理。当然，选择跨页的图片必须是重要的，具有一定的美学价值（图 5－132）。

第五，出血处理。画册仅有跨页不足以表现整体层次的丰富性，还必须拥有整版图片的出血处理。出血版的数量要根据实际需要来规划，如果一本画册页码有限，而图片的数量又比较多，那么应精选那些具有代表性的重要图片。处理时不能连续几页都出血，应隔几页处理一次，以体现版面的连续变化和层次的丰富性。出血的版面可以单幅的形式出现，也可以数幅大小不等的方式排列（图 5－133）。

第六，版面的层次。中国画论有："密不透风，疏可跑马"、"尽精微，致广大"的精辟论断，强调的是二维画面层次的丰富性。属于二次元的版面设计，对于层次的要求丝毫不逊于绘画，只是表现的方式不同而已。就版面设计而言，层次的丰富性首要表现在不同版面的整体感上，其次，才是具体版面上的大小、虚实、浓淡的变化。第三，体现在图片编排的连续性上，这种连续性的图片，往往比单张的图片，在表现事物的性质方面要具体、清晰和详实得多，其表现可以是几张等比同尺寸大小，也可以是其中主要图片的放大，与图片同时放在一起的说明文字也应反映出层次性，可通过字体变化、大小穿插与图片相匹配，籍此达到丰富版面层次的目的（图 5－134）。此外，版面中符号与

图 5－129 图片经过挑选后，根据大小不同的方向将表现力强者放在一起编排。

图 5－130 根据图片的内容，将方向强的图片与其它相关图片编排在一起形成内在的受力关系。

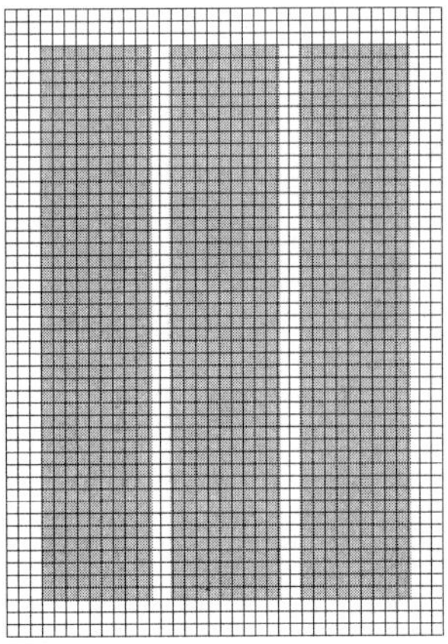

图 5 - 135　文字在版面中的位置分三栏(47×3+7×2)。由于是杂志,文字版心四周的白边均为 15 mm。这样可以尽量利用版面的有效空间。若杂志文字所占空间较大,图片较少,版心可缩小,并视情况白边多留。

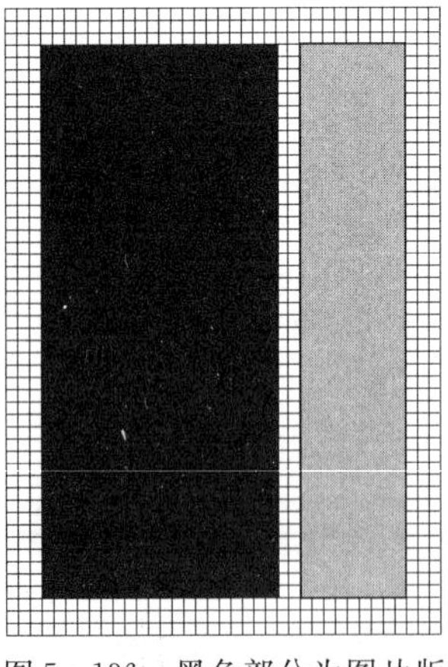

图 5 - 136　黑色部分为图片版心。图片也可占据整个文字版心,灰色部分为说明文,占据文字版心一栏,说明文应专门设计固定的位置。此外,图与图之间的距离应为级数倍率。

线的使用也是增加版面的层次感的因素之一。一段折线,一个符号,甚至一个页码看上去很不起眼,但版面设计讲究的就是这些细节的处理,细节可以左右版面的设计品味,与面化的图片配置在一起,可形成丰富多变的层次感。

第七,网格的计算方式(详见第一章形式法则/九、分割,第五章网格设计)。网格控制着版面中相关的设计元素,对于图片的控制尤为严格。图片的放大与缩小必须在网格线以内,图与图之间的距离,由成倍数的网格控制。如简单网格,一个网格的基本单位为 5.0mm×5.0mm,图与图之间的距离即为 5n 的网格数。此外,如果画册的尺寸为 185mm×260mm,每一层网格为 5.0mm×5.0mm 铺满整个版面,横向为 37 格,纵向为 52 格,文字版心为 3 栏,栏与栏之间的间隔为 7mm,那么栏宽为 47mm×3+7mm×2,即总长为 155mm,书口与订口白边各为 15mm,栏高为 230mm,天头与地脚各为 15mm。当文字版心的位置与尺寸确定之后,文字只能在这一区域排列,而不能超出这一范围,图片则可以在文字版心内走动,图片可将文字版心作为固定的版心,也可以超出这一版心,或出血处理。图片的说明文字,应该放在固定的说明文网格内,图与图的间距由网格控制,如 5mm、10mm、15mm、20mm 等呈级数变化。说明文应事先划定网格,说明文一般比正文的字号要小,不过这里的说明文网格尺寸仍设为 2.5mm×2.5mm,栏宽为 47mm。网格的计算方式可根据需要自由设定,但必须有严格统一的数据,且文字与图片应在数据控制的范围内排列。其间距不能随意改动,否则将失去网格的意义(图 5 - 135、图 5 - 136)。

二、开本

书籍作为实际使用的载体,很大程度上取决于手和眼睛对其比例的确立才得以成立。严格地说,它是建立在对于书的上下端开本的控制上(包括书的重量与书的厚度)。开本的确定本应由该书的使用目的、使用性质所决定的,或受抑于传统与流行的趋势,它决不应该由纸的大小和印刷技术来确定。但是,由于考虑到成本核算,开本必然会受到相关因素制约。

纯文字类方面的书,诸如小说、散文等文学著作,可用标准开本表达书的内容,再配上一些少量的插图便足以体现书的功能。一方面,对这类书的开本要求有限制,它必须符合人的阅读习惯和便于携带的特性,因此,其开本必须具有瘦长、份量轻、厚度薄的特点。另一方面,插图应具有一个适当的比例,它不仅需要有大小恰当的尺寸,而且还需要有整体与局部度量的比例,如插图的跨页、折页处理等,在经济允许的情况下可采用异形体来设计。对于文教、科技、电子信息等方面的出版物来说，确定开本尺寸尤为重要，因为这类书所传达的内容信息往往比文学书来得更精确。当今，插图的价值对某些书而言，所占的空间上已显得并不十分重要，它们仅起着某些参考作用。而对于一些随意阅读的小开本书来说，大幅插图显得昂贵，此类插图虽没失去其原有的价值，但市场份额已大不如前，如果将这些插图缩小一定的比例，可能更具市场潜力。对于诸如规划、工程以及科学图表等方面的书，用真实特别的绘画方式描绘，将会具有很高的实用、欣赏价值。

一本感觉良好的书不仅靠它的尺寸，且有赖于恰当的比例。人们通过比较发现，一本放在书桌上阅读的书与一本握在手上阅读的书相比，由于功能的差异，其尺寸必然不同。放在书桌上的书因其厚而沉重，故开本的尺度必然远宽于握在手中阅读的书。

对于用精确数值控制的开本，要远比那些任意的开本看上去舒服得多。下列一组开本比例将证明这一切。

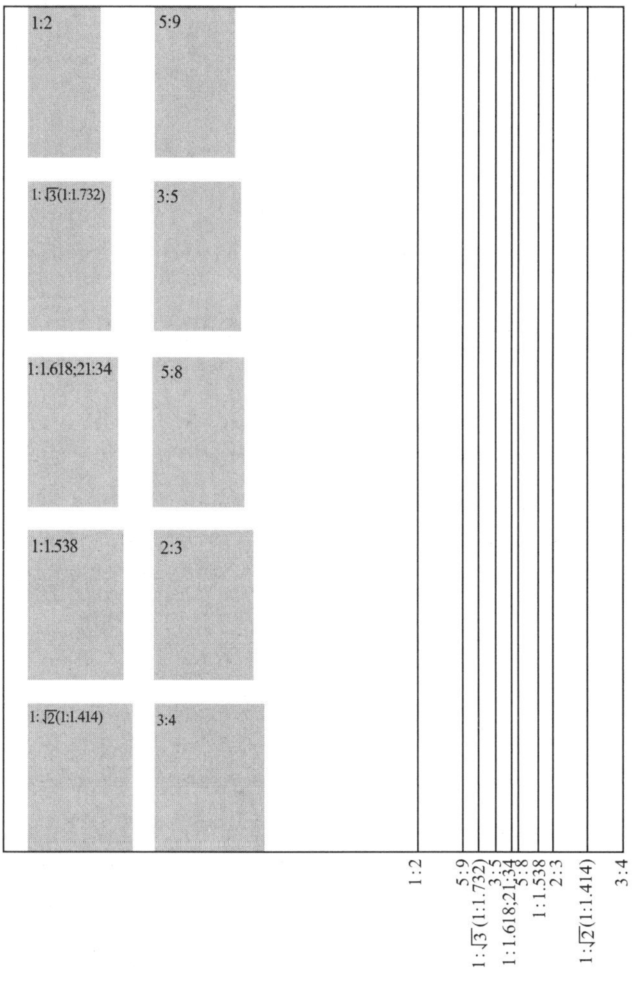

图 5-137 契肖德求书的比例和双页展开尺寸。

图 5-138 《编排》，标准 16 开。设计者：蔡顺兴。

图 5-139 《边防纪实丛书》，大 32 开。设计者：蔡顺兴。

图 5-140 《新工艺文化论》，大 32 开。设计者：蔡顺兴。

图 5-141 《开放大潮下的生活方式》。设计者：蔡顺兴。

图 5-142 《实验心理学》，大 16 开。设计者：蔡顺兴。

图 5-143 《丝绸古道行》。设计者：蔡顺兴。

费波那希（Fibonacci-serier proportions）系列比例：1∶2，2∶3，3∶5，5∶8（理性的数值近似地黄金分割）；理性的比例为了 3∶4（用于大开本书）和 5∶9；无理数的比例为 1∶$\sqrt{2}$（1∶1.414），1∶$\sqrt{3}$（1∶1.732）矩形的比例可以从五角星形（1∶1.538）中获得，黄金分割（1∶1.618）就属于这样的长方形。一本书展开后左右两页的文字区域是所有书籍实际使用版面的出发点（版心）。这一区域与版心外框（白边）的比例对一本书的气质显得极为重要。由契肖德（Tschichold）（参见图 5-137）、鲁纳（Renner）等人出版的图表多次出现在专业出版物上，没有人怀疑和否认这些已被证明的令人愉快的开本比例可以用于各种目的。至于笨重的插图类书籍、画册以及科学类书籍的开本比例设计应审慎从之，在这类书上必须重新设计新的更合适的文字版面。对设计师而言，他们既是书的设计者又是书的使用者，因而对开本大小尤为敏感，设计好这类书似乎具有更大的挑战性。总之，不管设计哪类书，不管运用什么样比例的开本，版心的位置始终是一个不容忽视的重要因素。版面的文字由左右两条边线控制着，版心部分有着宽阔的区域，但常常要求必须留有宽大的白边以保护阅读不受干扰，版心具体尺寸到底有多大，可根据设计要求来划定。

1. 书籍开本

确定开本的大小主要有三个方面的因素决定。首先；是由于书籍的性质和内容决定的，这是因为不同开本的高和宽能够决定书的用途。其次；是读者群。第三；成本核算。不同类型的书，其开本的形成是一个长期渐变的过程，日积月累便造就了约定俗成的格式。例如诗集，由于过去人们经常随身携带阅读，此类书的大小必须能够放进衣袋，故此，它的开本必然是狭长形的小开本。另外，由于诗歌本身富于浪漫的个性，加上语言简练的特点，用瘦长型的开本能够给人以美的享受。当然，这种开本并非一成不变，由于诗集的内容便于设计师想像力的发挥，在经济允许的情况下，设计师可以尝试着去设计一些异形开本，如果配上相应的精美插图，相信一定能使诗集增辉不少。辞海、字典、词典、大百科全书等相关的工具类书，由于使用者多将它们放在书桌上查阅，因此，这类书的形态具有开本大、份量重，不易携带的特征，其版心常分成两栏或三栏；四周的白边窄；字号小等特点。高等院校的教科书、经典专著、社会科学、自然科学等方面的理论书籍，一般多放在书桌上阅读，开本可根据实际需要稍大一些，不过最好不要超过大 16 开（185mm×260mm），若大于此尺寸，人的视觉长时间停留在此类开本上，会造成视神经疲劳，损耗目力，不便于阅读。小学生的教科书，由于使用者的年龄幼小，书的开本不宜太大。12 开(170mm×240mm)最为合适。长篇小说、短篇小说集等文学类读物，因大部分读者具有随身携带和捧在手上阅读的习惯，书的尺寸通常为标准 32 开、大 32 开(140mm×202mm)等。少儿读物因儿童视力发育不完善，读本上常配有相关的插图，图像与文字相组合需要较大的开本，这类书的开本形式可多样化，正方形和扁方形的开本最为常见。摄影画册、美术画册、设计类画册等，由于以图版为主、文字为辅的特点，故此，在选用相关开本时，应具有较大的灵活性。重点书或有一定市场开发价值的书可以选择 12 开(251mm×260mm)，甚至 8 开(267mm×381mm)的尺寸(参见图 5-138～图 5-143，另见彩图 17、彩图 18)。

当然，决定书籍开本大小的另一个因素还有文字数量的问题，如果一本书本身的文字较少，设计师希望赋予这本书以厚重敦实的形态，唯一的办法只能缩小书的开本增加书脊的厚度。相反，一本字数多且又不够分卷出版的书，若不增大开本，过厚必然显得愚笨，翻阅时易造成阅读困难，不但手感差，而且拿在手上好似一块沉重的砖石，给读者造成阅读心理上的不悦，若想改变这种使用缺陷，增大开本才是最好的解决办法。当然，增大开本必须根据书的分类来进行，盲目改变开本往往适得其反。对于学术专著，改变开本的尺寸显得简便易行，因这类书置于书桌上阅读，对尺寸的要求并不十分苛刻。而文学、散文、诗歌等书若要增大开本则需慎重考虑，相反，缩小开本则易于行之。

2. 杂志开本

与书籍相似但又不同于书籍的杂志，在开本的选择上有着自己的个性。杂志一般分为月刊、双月刊、季刊三类，也有类似于《半月谈》杂志的半月刊。杂志因其时效性，它的内容绝大多数是以中短篇文章为主，即使有长篇文章也以连载的方式出现。阅读上，杂志似乎更像"快餐"，开本以 16 开或大 16 开居多。也有少数介于杂志与报纸之间的出版物，如微型小说或类似于《东方周刊》之类的。除此之外，还有 8 开本。由于杂志的开本大、厚度薄，因而大部分杂志均无书脊设计(图 5-144～图 5-155)。

图 5-144 《音乐学刊》，标准 16 开。设计者：蔡顺兴。

图 5-145 《音乐学刊》，标准 16 开。设计者：蔡顺兴。

图 5-146 《音乐学刊》，标准 16 开。设计者：蔡顺兴。

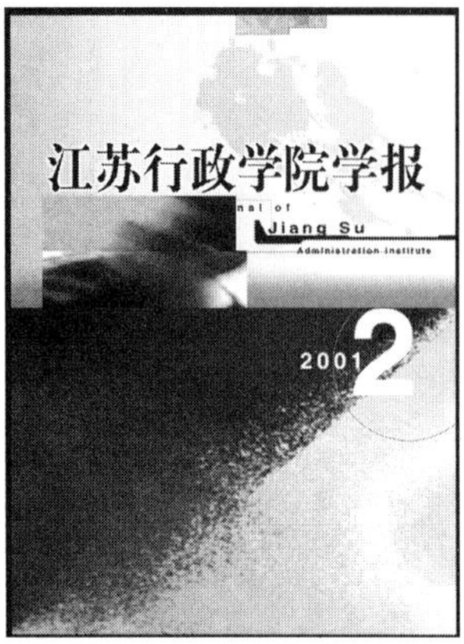

图 5－147　《江苏行政学院学报》，大 16 开。设计者：蔡顺兴。

图 5－148　《音乐学刊》，标准 16 开。设计者：蔡顺兴。

图 5－149　《音乐学刊》，标准 16 开。设计者：蔡顺兴。

图 5－150　《音乐学刊》，标准 16 开。设计者：蔡顺兴。

图 5－151　《数据采集与处理》，大 16 开。设计者：蔡顺兴。

图 5－152　《江苏民进》，大 16 开。设计者：蔡顺兴。

图 5－153　《江苏民进》，大 16 开。设计者：蔡顺兴。

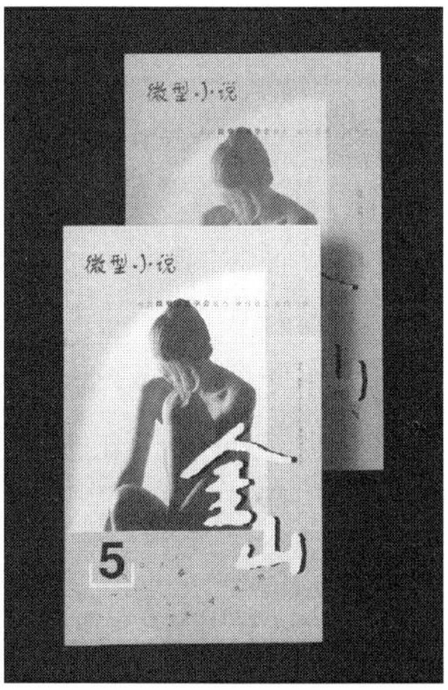

图 5－154　《金山》，32 开。设计者：蔡顺兴。

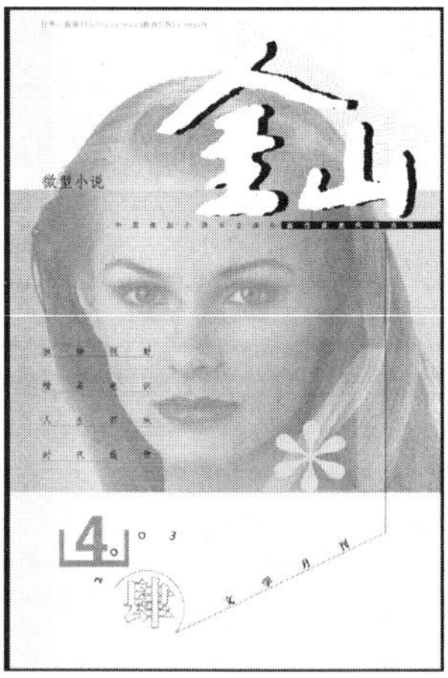

图 5－155　《金山》，32 开。设计者：蔡顺兴。

3. 异形开本

相对于出版界传统、固定、标准的方形尺寸，书籍以非比例裁切的形式都可称为异形书。异形书最突出的优点在于形态的个性化，如果异形书设计得好，很有品味，也很有特点，销售时很容易打动读者的购买欲。缺陷在于：开本的异形化，易使纸张浪费，而且在裁切、装订等工艺上对技术也有一定的特殊要求。故此，设计这类书，只有在经费保证的前提下，设计方案才有可能被正式采纳。但作为平时的日常教学，比较强调对异形书的探索，它有利于扩大学生们的想像力，有利于培养平面形态的创新意识。

图 5－156　设计者：吕敬人

异形书，本身并没有固定的形式可寻，它要求设计者根据书的内容，在生产技术与加工手段完全能够保证的前提下作各种尝试。目前在设计界，特别是个别从事行为艺术的“行为艺术家”，对书的开本形式已提出了新的挑战，他们将书的传统开本概念已完全抛弃，采取完全不同于普通意义上的书的开本形式来进行实验性探索。如有人用油纸裹好的菲林片置于福尔马林药水中，用瓶子封好，读者只能从瓶子外面看到若隐若现的字迹。再如用泥土烧制而成类似于书的形态，此物表面有文字并可阅读。对于这类所谓的创新，作为装置艺术品是允许的，但赋予其书的含义实为勉强。其一，这类书没有足够传播信息的功能，即使有些文字能够阅读，但并不符合书籍具有广泛传播信息的意义。其二，无法制作，即使少部分可以制作，但成本太高，因而失去了它的存在价值。类似于这样的书，我们只能将其视为一种“艺术品”。

图 5－157　设计者：冯德里希

虽然异形开本的书没有固定的形式可寻，但它作为“传统概念”上的书必须具有几个不可逾越的条件，否则不可称之为书。首先，材料上必须有类似于纸的廉价书写基质，可以大规模推广和使用的材料。第二，以印刷的方式出现并能够长期保存。第三，具有广泛传播信息的功能。当然，在此基础上所附加的某些材料，作为装饰或起保护作用的次要部分，并不妨碍作为书的概念存在。如以金属、塑料、木材等辅助材料作为书籍的封面、函套等。有时为突出异形书的个性，还特别在这些方面下一番工夫，以体现其特有的魅力。（参见图 5－156、图 5－157，第八章“编排的空间知觉”图片部分）

4. 纸张的裁切

随着现代造纸业的发展，尤其是西方发达国家的纸张输入，目前我国的纸张市场上，纸张的种类真可谓名目繁多，名称也五花八门，尤其是在所谓的“艺术纸”方面更是如此。各厂家之间纸张的尺寸也没有完全统一的规格，而且纸的品种也在不断更新，许多纸业公司每年都要推出新的品种以适应市场的需要。

纸张的开切方法，大致可以分为三类：

第一类：几何级数开切法。这种开切法的最大优点是适合纸的出厂尺寸，一点不浪费。每一次开切均是上一级尺寸的一半，印刷和装订均很方便(图 5－158、图 5－159)。

第二类：直线开切法。直线开切法切出的尺寸，虽然不像几何开切法那样完全按几何级数来开切，但开出的纸张尺寸也一点不浪费，这种开切法的特点是依纸张的纵向和横向直线开切(图 5－160)。

第三类：纵横混合开切法。与前两种开切方法不同的是，纵横混合开切法的特点是依纸张的纵向和横向开切而并不沿直线开切，即一部分以纵向开切，另一部分则以横向开切，这种开切方法是在保证开本所需纸张大小尺寸的同时，最大限度地节约纸张，即使如此，仍有少量的纸边会被废弃。设计时应尽量避免选用这样的开切法(图 5－161～图 5－164)。

上述常见的纸张开本裁切法，其宗旨都是在保证开本美观、合理的基础上，以最大限度节省纸张为目的。企业小册子、年度报告之类反映企业成果的宣传资料，有时为了达到某种特殊的宣传效果而经常使用不合开的现象，造成的浪费也时常在所难免，遇到这类特殊需求，设计师不必担心成本核算。

当然，上述所裁出的纸张尺寸，在除去天头、地脚以及书口部分的切边后，成书的实际尺寸都将略小于所开出的纸张尺寸。例如：850mm×1168mm 的纸张，其大 16 开的尺寸为 376mm×

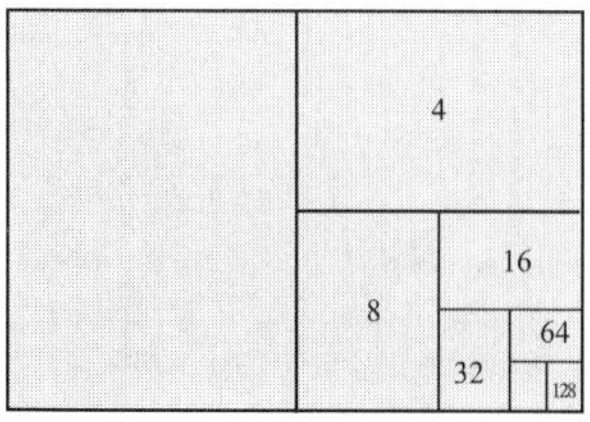

图 5－158 几何级数开切法(对开)。

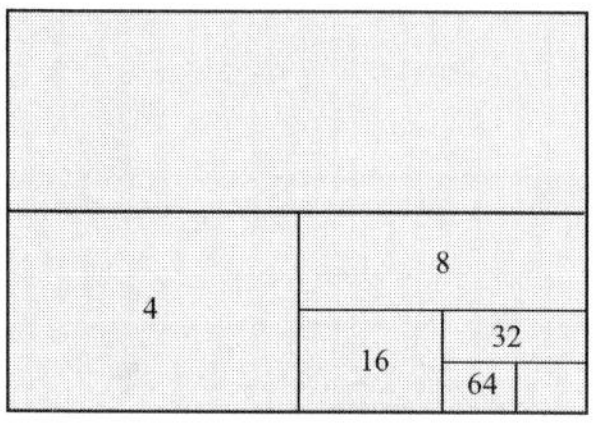

图 5－159 几何级数开切法(长对开)。

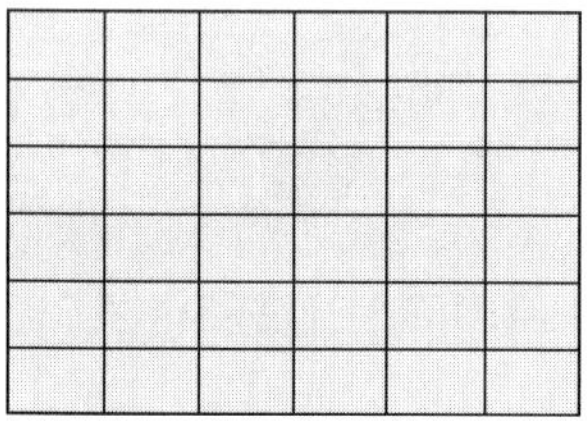
图 5－160 直线开切法。

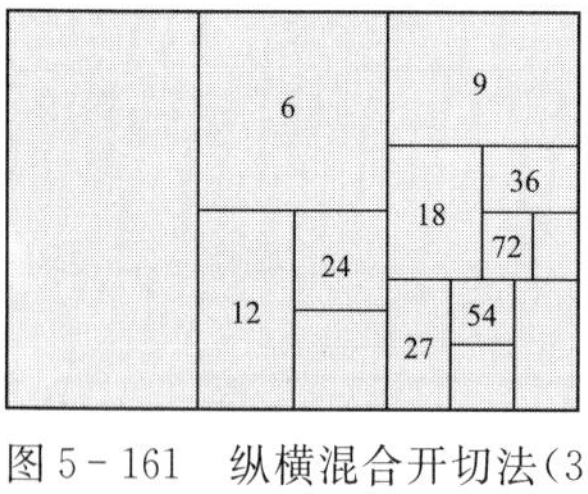

图 5－161 纵横混合开切法(3 开)。

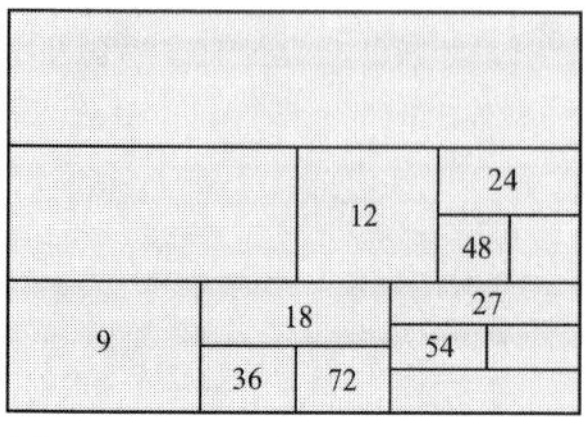

图 5－162 纵横混合开切法(长 3 开)。

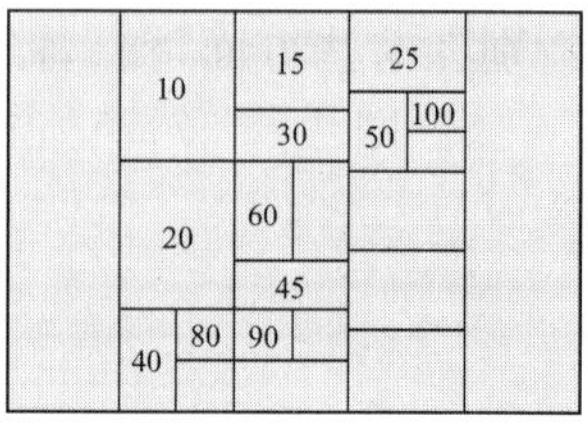

图 5－163 纵横混合开切法(5 开)。

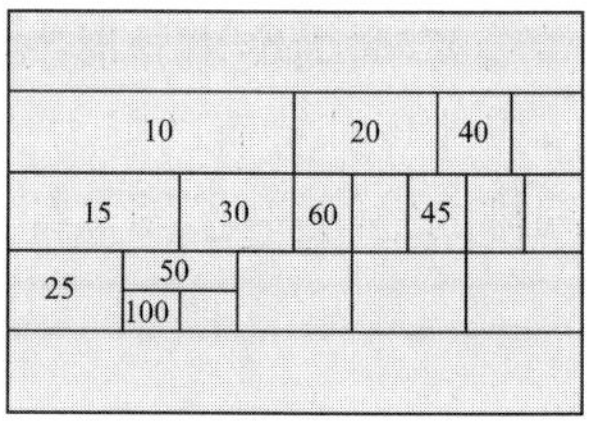

图 5－164 纵横混合开切法(长 5 开)。

266mm，但实际尺寸在除去了 3mm 切边后剩下的只有 370mm×260mm。

5. 求版心的方法

版心是指一本书或杂志打开后，左右两页被印刷的文字或图片部分，它通常设有固定不变的栏框，栏框以内称为版心，栏框以外称为白边。就同一内容而言，版心的位置和大小不可随意改动。版心设计对一本书的气质有着很大的影响，它的面积往往决定着出版物的使用效能。一般来说，杂志的版心较大，版心四周的白边留得很少，其目的在于使这类短期读物最大限度地发挥版面功能。书籍相对于杂志来说版心较小，白边宽大。然而，这种宽与窄的比例并不是随意划分的，而是依据一定的版面比例系统地配置。

A. 契肯德版心设计划分法

约翰·契肯德(Tschichold)根据对圣经研究的结果，得出了开本与版心的比例为 2∶3，指出版心的高度等于开本的宽度。具体的比例为：订口 2、天头 3、书口 4、地脚 6 等一系列比例。(见图 5－165～图 5－172)

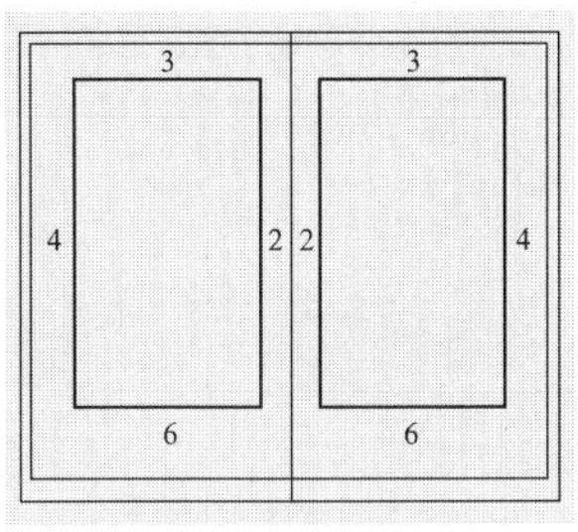

图 5－165　不裁切书的页边空白比例为 2∶3∶4∶6。

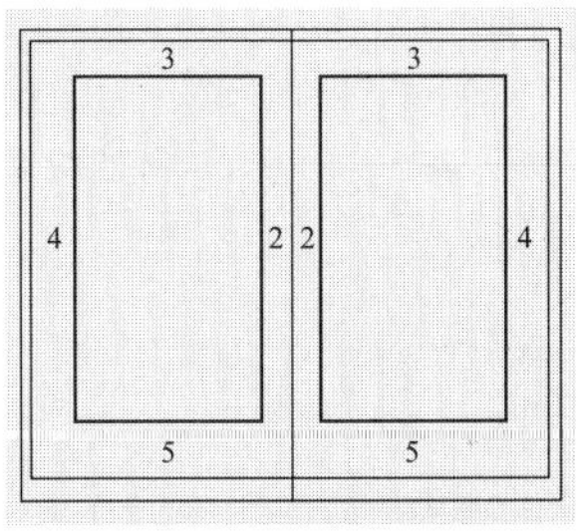

图 5－166　页边空白比例为 2∶3∶4∶5，页面与文字之比为 8∶5。

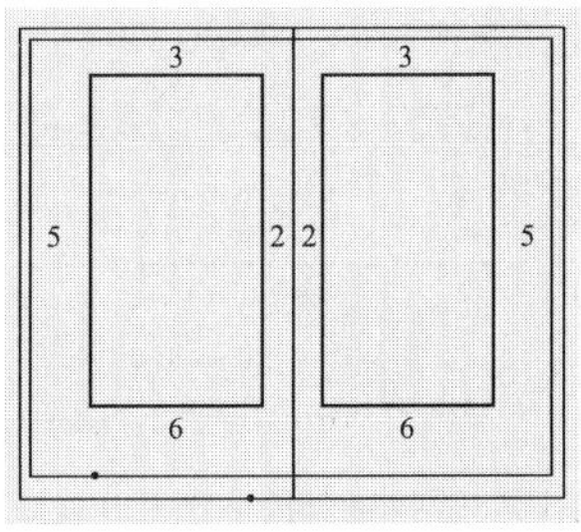

图 5－167　页边空白比例为 2∶3∶5∶6，页面与文字之比为 8∶4。

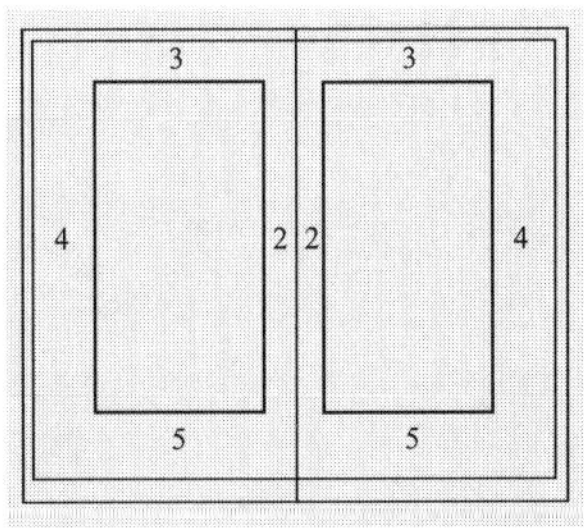

图 5－168　页边空白比例为 2∶3∶4∶5，页面与文字之比为 8∶4。

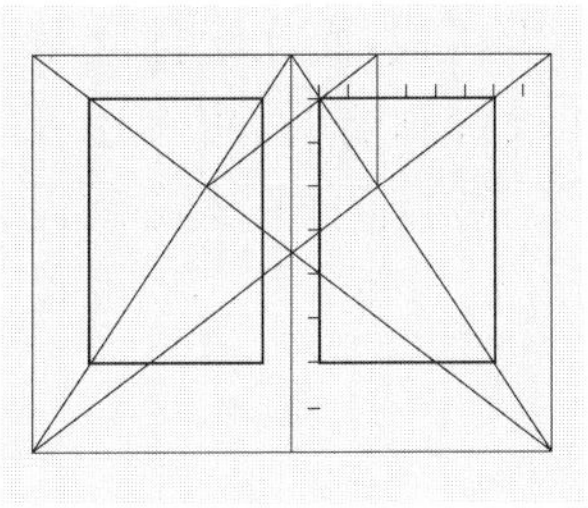

图 5－169　页边与文字的比例为 2∶3，九段划分高与宽。

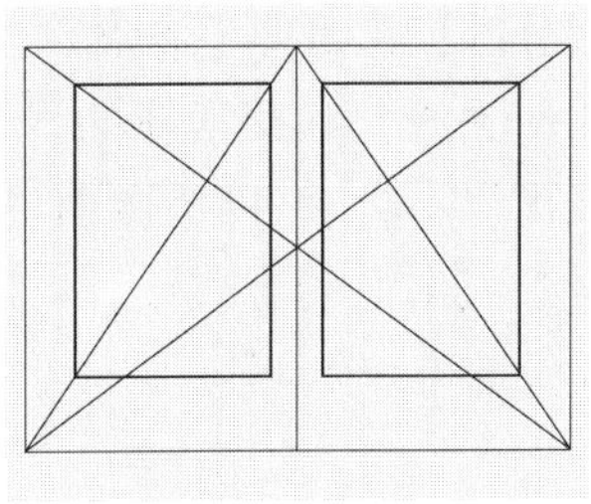

图 5－170　页边与文字的比例为 2∶3，但页边较窄。

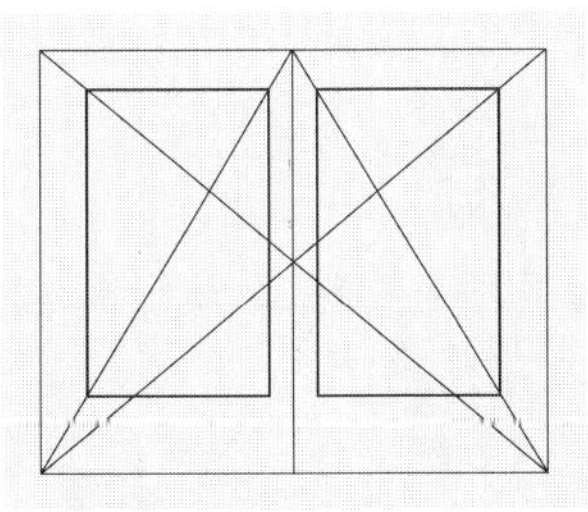

图 5－171　页边与文字的比例为 21∶34，页边较窄。

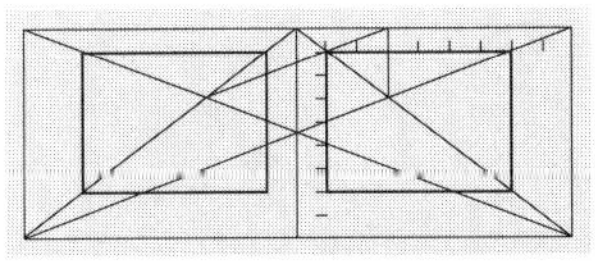

图 5－172　页面与文字的比例为 4∶3，使用了九段划分法。

B. 宽度为 3 份的版心设计法

将开本的宽度分为 3 份，版心为 2 份，剩下的 1 份再将之分为 3 份，其中 1/3 为订口，2/3 为书口，1/2 为天头，3 为地脚(图 5－173)。

C. 罗尔·罗塞利奥的九段划分法

这种方法是将开本的对角线分为 9 份，取其中的第 3—8 份为版心，天头为 1 份，地脚为 2 份，画水平与垂直线。九段划分法为罗尔·罗塞利奥(Raul Rossariro)所创造，它有力地证明了契肖德版心划分法的科学性与严密性(图 5－174)。

D. 任意划分法(蛇腹式划分法)

任意划分求版心的方法是由凡·德·格拉夫(Joh. A. Van De Graf)于 1946 年，根据九段划分法的原理所创造的自由求版心的方法。任意划分法的原理是：在单页和双页的交叉对角线上任意选取一点，以此为标准尺寸，再分为许多同样的等分，这种方法最大的好处在于可根据设计师的需要任意划分版面，而不像九段划分法那样具有限定性(图 5－175)。

上述求版心的方法，在网格设计成为设计界的主流方法之后，尤其是当今的电脑排版时代，人们对这类方法使用得越来越少，只是在传统的古典书籍中偶尔用之。所以，了解上述的版心划分的方法并不意味着一定要将之用于实践，而在于据此基础如何去深化和探索新的设计方法。如设计画册时，用上述方法就显得不合理，因为画册的功能特点，决定了版面形式必须以大版心或出血的方式设计。所以设计者在针对每一个不同的设计任务时，必须具体问题具体分析。

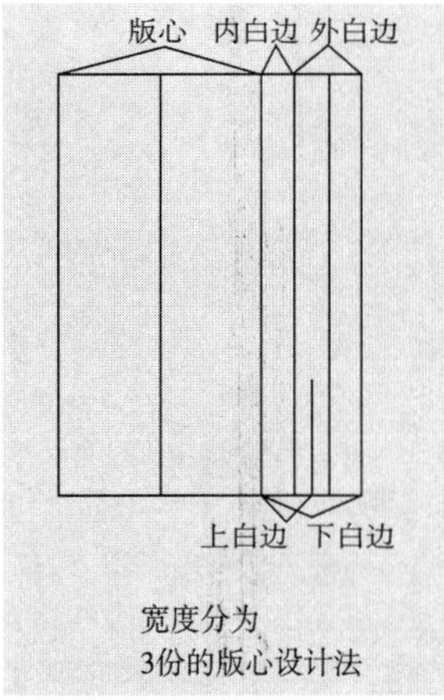

图 5－173 宽度为 3 份的版心划分法。

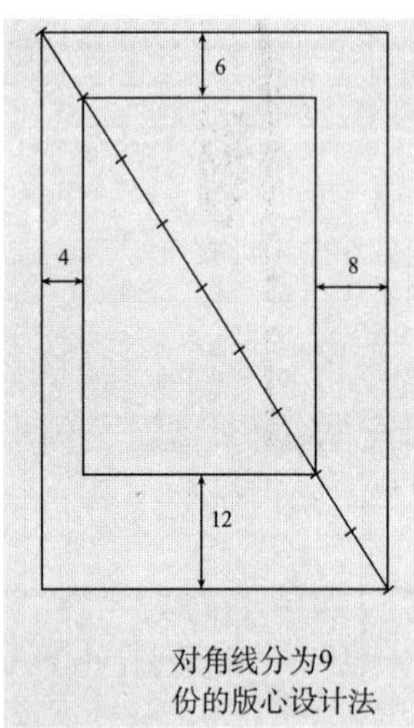

图 5－174 对角线分为 9 份的版心分法。

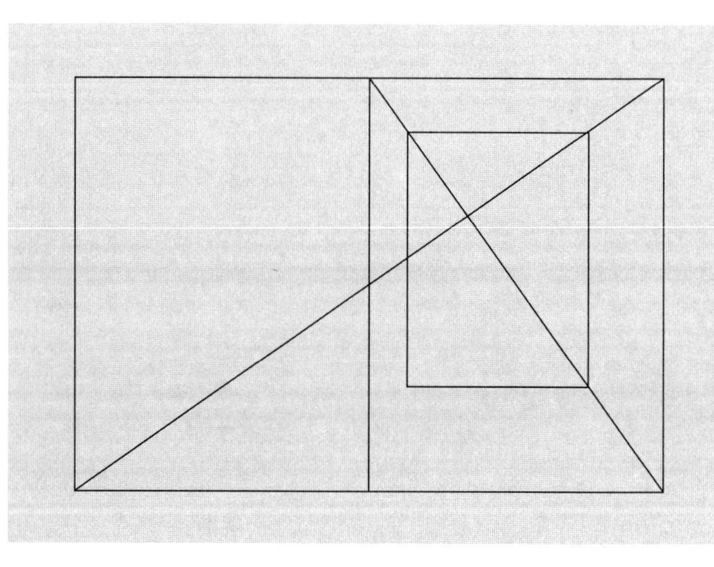

图 5－175 任意划分法(蛇腹式划分法)

第五节 网格设计与国际主义的形成

如果说风格主义、构成主义及包豪斯奠定了现代设计基础的话，那么，现代网格设计则是在此基础上，由许多设计师合力进行长期探索、试验、整合而成的现代设计标准化、理性化的国际主义的代表。网格设计体系作为至今仍然使用最多的版面设计手法，它的形成和发展经历了一个极其漫长的演化过程。很难确定这个体系到底是由谁最先开始对之进行研究的，国际上没有一个统一的说法，也很难去考证，从现今的资料来看，它是由欧洲工业化国家集体智慧的结晶。荷兰登巴设计工作室(Studio Dumbar)的海尔特·登巴教授(Gert Dumbar)认为："现代网格设计的最初探索应在20世纪初叶的欧洲，如荷兰、德国、瑞士等国，其中最具说服力和最具有影响力的理论是来自于风格主义、构成主义和德国的包豪斯"。从现有的资料来看，网格设计最初的产生与风格主义的关系最为密切。包豪斯阶段，其设计手法经过由迪绍时期的总结运用已粗具雏形。由于包豪斯的短暂命运，加上第二次世界大战的爆发，网格设计体系在荷兰与德国这两个最重要的现代设计的发源地并未形成完善的体系。二战爆发后，包豪斯的许多成员为躲避战争大部分来到了美国，另一部分则逃到了当时的中立国瑞士。去美国的大部分人经过数年的发展将包豪斯的精神进一步发扬光大，在瑞士的少部分成员则主要潜心于网格设计的研究，其代表人物为西奥·巴尔莫(Theo Ballmer)、马科斯·比尔(Max Bill)等。

巴尔莫和比尔本身都是瑞士人，二次大战之前来到迪绍包豪斯，从他们二人的经历来看，巴尔莫初期师从于保罗·克利、格罗佩斯和杜斯伯格，后期则主要师从于汉斯·迈耶。学生时代巴尔莫就对杜斯伯格的风格主义表现出了极大的兴趣，平日的学习中，他经常尝试着将风格主义的版面设计引进到自己的作品中去，对这种做法作为教师的汉斯·迈耶大加鼓励和支持。从巴尔莫的作品特征来看，学习风格主义的目的，很大程度上是因为对版面设计中有关运用纵横简单数学计算方式去规范编排感兴趣。这一时期，巴尔莫的试验性版面常在一张张图纸上进行。他事先用铅笔将规整的网格画好，然后再将图片与文字排进网格中，通过大小网格间的比例关系，使版面产生有规律性的节奏变化。无论大网格还是小网格，它们之间的数比关系必然成为一定的倍数，从他1928年前后设计的海报中就可以看出这一版面形式。

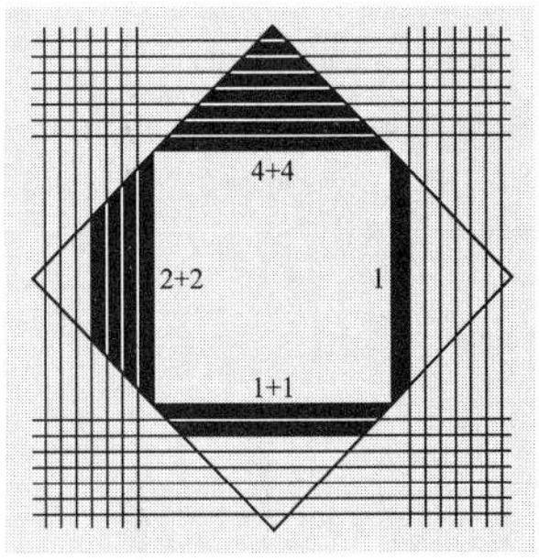

图5-176 马科斯·比尔(Max Bill)的绘画图表分析，1957年。设计者：考尔·简斯特勒(Karl Gerstner)。

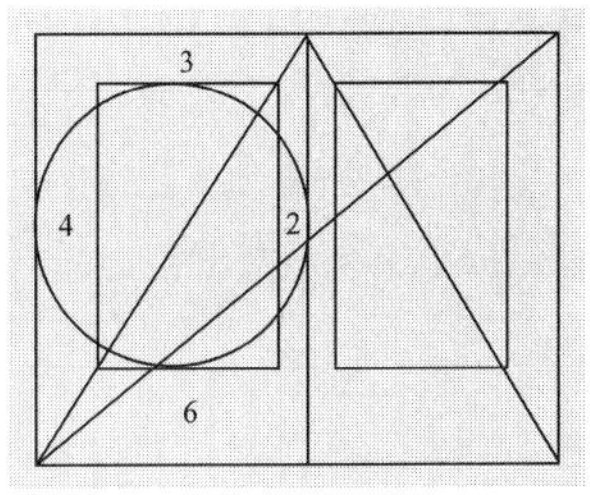

图5-177 1953年简·契肖德为探索版心比例所作的几何分析法。

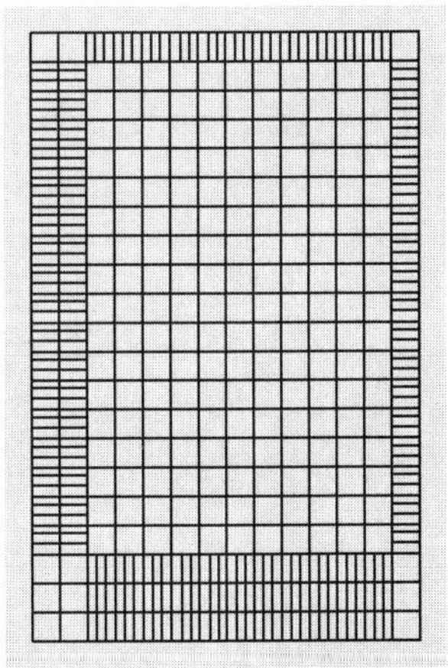

图5-178 1957年简·斯特勒为一本名为*Schiff Nach Europa*的书专门设计的网格。

图 5 - 179　广告“所有的道路皆通往瑞士”,“开车去瑞士”,1934 年。设计者:赫伯特·玛特(Herbert Matter)。

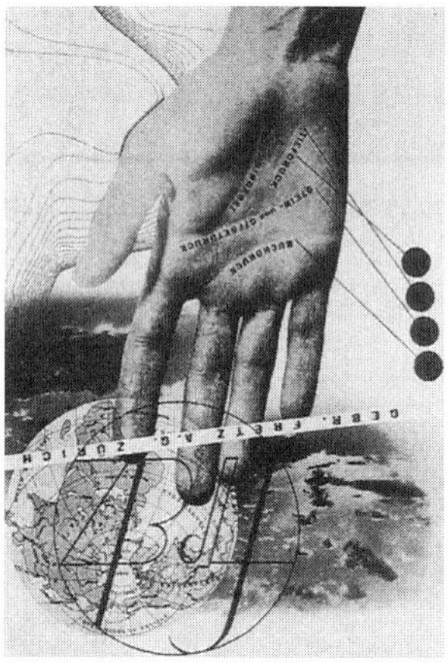

图 5 - 180　弗兰兹兄弟的印刷小册子封面设计,1934 年。设计者:赫伯特·玛特。

图 5 - 181　广告。设计者:佚名。

巴尔莫利用网格排列文字、图片,其方式在当时显得十分现代。作品很注重功能性,对信息的传播方式和所达到的效果十分在意。为了传播信息,他很重视版面中字体与图形的人情味,这一点显然吸收了范·杜斯伯格作品中具有争议的地方,而正是这种矛盾性,才使得巴尔莫的作品不像后来国际主义所造成的缺乏人情味的冷漠。可见,巴尔莫是最早探索网格设计并完全采用数学计算、抽象和理性的版面编排的设计家之一。

包豪斯期间版面设计开拓者之一的马科斯·比尔,从 1927 年—1929 年的学习期间,先后师从于康定斯基、格罗佩斯、莫霍里·拉吉、迈耶和阿尔伯斯(Albers)。比尔的艺术生涯很复杂,他是一个多才多艺的艺术家和设计家,所涉足的领域有绘画、雕塑、建筑、平面设计。今天看来,他在平面设计方面对世界设计界贡献尤为突出,其他艺术领域所取得的成绩也同样斐然。正是由于全面的艺术修养和十分突出的设计才思,比尔在校期间,便取得了非常优秀的成绩。比尔在包豪斯期间的努力学习和谦虚的性格是他日后成功的重要因素,也为今后人生所取得的成绩打下了十分坚实的基础。比尔善于总结和吸收包豪斯各位大师所教授的设计思想和设计方法,努力找出其中的精华与不足。无疑,比尔是对包豪斯版面设计思想理解最深刻的学生之一,在所有教师中,对比尔影响最深刻的是杜斯伯格。

作为平面设计史上思想矛盾,而影响又极为深远的人物是杜斯伯格,他在包豪斯任教的后半阶段是痛苦的。他得不到格罗佩斯的支持,其思想也未能在包豪斯全部实现,最终的离开实际上是迫于无奈才回到荷兰。杜斯伯格于 1930 年 4 月写了一篇文章,题为《坚实艺术宣言》(Manifesto of Art Concret)。在文章中杜斯伯格明确指出版面设计应以简单的数学计算作为版面比例的基础,应以纯粹几何元素作为版面设计中的基本要素,并以此安排版面结构。同时,杜斯伯格还强调了艺术的象征性和表现的重要性。这些观点可以说概括了杜斯伯格一生的艺术追求。在某些评论家看来,杜斯伯格的艺术观反映在平面设计中似乎有些自相矛盾,但另一部分人并不赞同这一观点。杜斯伯格提出的象征性与表现性指的是:版面设计在理性指导下艺术的灵活性与观赏性,秩序与理性化的版面编排在现实版面设计中如果解决不好,将会导致版面设计的呆板与僵化,水平高超的设计师必须正确把握这一设计尺度。比尔从杜斯伯格这篇宣言中得到了启示,并深刻地领会到它的内在精神。

比尔的版面设计从其创新的角度来看,并没有什么大的突破,然而他却向着高度秩序化、理性化、规范化的版面设计之路迈进,并逐步完善了这一体系。在字体的使用方面,也与前辈包豪斯大师们一致,多用无装饰线体。比尔的版面设计除了将图片与文字安排在工整的方形网格中外,还经常在版面中有意设计出一些无秩序、粗糙的对比来,版面中常常出现这样的情形:如工整的一边与无序粗糙的另一边的对比;规整的水平直线与倾倒的斜线之间的对比。版面分割上,他非常注重实形空间与虚形空间的形态关系,设计中并没有因为网格的使用而忽视了形式法则规律。比尔的网格设计方法为其在现代平面设计界奠定了大师的地位。1950 年比尔应邀参加组建联邦德国乌尔姆设计学院(the Hochschule fur Gestaltung in Ulm)。由于他在平面设计界卓越的成绩和对网格设计体系的贡献,最终被推选为乌尔姆设计学院首任校长。

对网格体系直接贡献的另一个重要人物为简·契肖德(Jan Tschichold)。20 世纪上半叶的欧洲是一个兵结祸连的动荡时代,同时也是学术思想活跃的年代。战争显然放慢了人类文明进步的脚步,但并不能阻止人类文明的向前发展,全部 20 世纪上半叶人类文明的成果超过以往人类历史的总和。这一阶段所创立的各种学术思想、流派对后来的发展迈出了至关重要的一步。简·契肖德就出生在这个战火纷飞的年代里,他于 1902 年生于德国的莱比锡,父亲是一位普通且地位卑微的石匠,这并未影响契肖德对于字体设计和绘画艺术的兴趣。虽然其父的家庭并不殷实,不过父母对他的教育却甚为重视,并寄予莫大的希望,因此契肖德从小就受过良好的教育。契肖德成人之后来到了莱比锡学院(the Leipzig Academy)求学。这里的学习环境使年轻的契肖德对设计着迷,他将所有的精力都花在了学习上。1923 年魏玛包豪斯举办了第一届展览,契肖德被展览中新颖的设计形式所吸引,并最终影响了其艺术观。在所从事的平面设计日常工作中,契肖德十分注意将俄国的构成主义和包豪斯的版面设计相结合,力图通过二者间的相互融合走出一条适合自己设计特点的道路。首先,他从字体入手,力图通过简约的字体替代过去以往陈旧的老式字体,所有的字体都无装饰线(无脚字),版面多采取包豪斯似的非对称性设计。1925 年 10 月契肖德在《版面传达设计》(Typographische Mittelungen)杂志上发表了一篇题为《版面的元素》的文章(elementare typographie),在这篇多达 24 页的文章中,契肖德系统地阐述了他对版面设计的认识,指出:新型的版面设计应彻底地抛弃旧式中世纪的印刷字体,字体应紧跟时代,设计家的任务就是设计富有时代感、适应新时代潮流的字体。在什么是非对称性版面设计的问题上,契肖德也做出了精辟的论述。这篇文章图文并茂,观点新颖,对当时的出版界具有很大的震动作用。紧接着契肖德于 1928 年

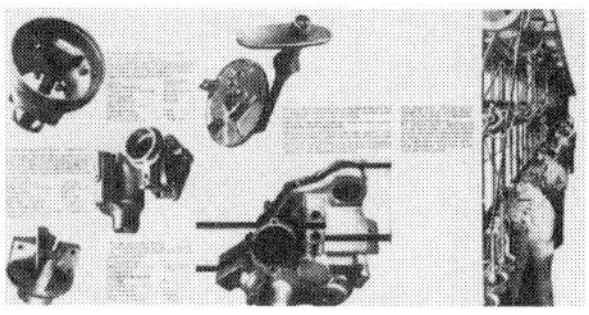
图 5-182 样本设计,1932 年。设计者:安通·斯坦科斯基(Anton Stankowski)。

图 5-183 招贴,1934 年。设计者:安通·斯坦科斯基。

图 5-184 《专业摄影师》作品展海报,1938 年。设计者:简·契肖德。

图 5-185 海报,1913 年。设计者:马科斯·比尔(Max Bill)。

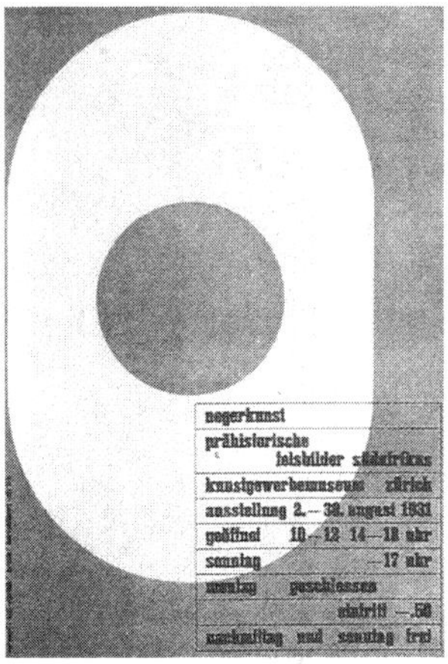

图 5 - 186 《黑人艺术:南非史前岩画展》海报,1931 年。设计者:马科斯 · 比尔。

图 5 - 187 设计展,1936 年。设计者:马科斯 · 比尔。

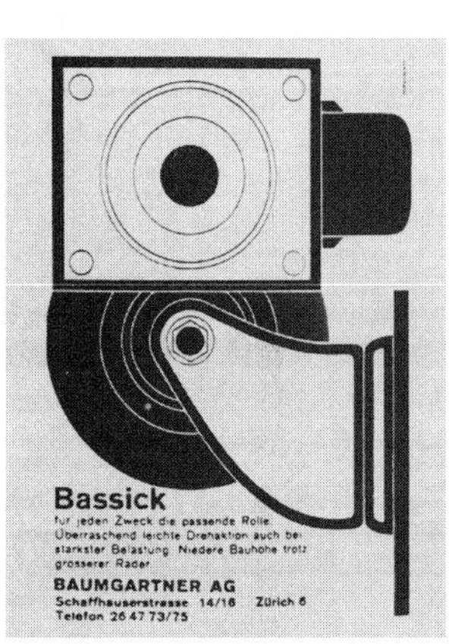

图 5 - 188 广告,1957 年。设计者:西格 · 弗雷德 · 奥德玛特。

又出版了一部题为《新版面设计》(Die Neue Typographie)的专著。在这本书中契肖德进一步阐述了版面设计的目的,指出:"平面设计首先是要解决信息传达的问题,新型的版面设计应走简洁、理性、秩序化的道路,只有这样才能更准确更有效地传达信息。老式传统的版面设计装饰繁琐,字体陈旧难辨,信息传达力差的弊病,在新时代绝不可提倡,应彻底摒弃"。这些观点就是他所主张的新型版面设计。在这本书中,契肖德对于现代设计应为机械化大工业生产服务的现实性发表了自己的观点,认为:现代设计离不开工业生产,同样,工业化生产必须由现代设计来支持,为工业化生产服务的新型版面设计应为非对称性设计,应该运用一定形式法则规律去处理版面中各种要素之间的关系;而完全对称的版面设计不能反映新时代的特征,它的使用会给人以陈旧落后的感觉。契肖德的这些观点,如果从现代的角度来评判的话,似乎略显极端,但对当时的出版界滥用对称手法去复古中世纪的版面设计的确起到了相当的影响力。

契肖德并没有进过包豪斯设计学院学习,但一生都在极大地关心着包豪斯每个阶段的学术成长。不仅如此,对于荷兰的风格主义和俄国的构成主义运动同样给予足够重视,他花费了毕生的精力去研究、分析和汲取它们的养料和精华,努力走出一条适合自己设计发展的道路。从他留下的设计作品中可以看出他对现代设计三大体系研究的透彻。版面设计上,他和同时代的设计师一样多采用纵横结构,运用非对称手法去安排文字与图形,多以纯粹的符号形态出现,充分反映出版面设计的理性主义色彩。契肖德的作品与他在《新版面设计》中的观点是一致的,字体的使用均为无脚等线黑体、无装饰线。编排所形成的韵律感主要通过字体大小的节奏变化来表现,版心有二栏和三栏,运用网格设计去划分复合网格确定版心,版心分为主要版心和次要版心,主要版心用来表现版面的重点部分,次要版心通常用来安排说明文和图片以及相关的注释、图解。契肖德对版面的色彩处理也有着自己独到的一面,版面上通常运用黑色和红色,视觉的传达力度主要依靠黑白对比来实现。当然,这种运用简单极少颜色的做法,是因为受当时印刷条件和成本的限制,非契肖德的本意,但至少可以说明,契肖德可根据当时现有的印刷条件去处理版面,而并非抛弃印刷的限定条件去追求不切经济实际的版面效果。由此而知,一个好的设计师能根据当时特定条件限制去从事设计,并且能很巧妙地利用这些限定去达到一种难以企及的版面效果。契肖德的版面设计具有新颖的地方还表现在版面的减少主义设计手法上,虽然这种设计方式来源于包豪斯的设计理念,但契肖德却能将之真正地运用于现实商业实践中并取得了良好的社会效果，这不能不说是对包豪斯理论实践性的补充。当然，这类设计手法必须建立在功能第一的基础上，只有满足了功能上的要求，才能凸现出它的现实意义，契肖德显然做到了这一点。与此同时，契肖德还设计过大量的招贴广告，其设计手法与书籍版面相比风格上并没有太大的变化，只是强化了对现代设计的认识。这些招贴画的出版、张贴、发表，对社会形成了一定审美意识的培养，与同时期第三帝国所主张的恢复古罗马帝国的设计理念背道而驰，对德国乃至整个欧洲具有深远的影响，是当时欧洲具有重要影响的设计作品。也正是由于这些设计观点同纳粹德国的文化理念不和谐，加上设计风格很大程度上受俄国构成主义的影响，因此，契肖德被纳粹视为眼中钉，终于在1933年3月的一天，纳粹党徒冲进契肖德的家中将他和妻子一同逮捕，并指控他“宣传布尔什维克主义”和推行“非德意志版面设计”。他不但丢掉了教师的工作，而且还被拘禁了42天，经过彻底地审查之后才被释放。出狱之后，契肖德闻到了独裁的空气，倍感自由的意义，在德国从事设计看来肯定是不行了，他和妻子带着自己4岁的儿子离开德国流亡到瑞士，从此开始了新的设计生涯。

来到瑞士之后，契肖德把自己的设计观点也一同带到了瑞士，并潜心于网格设计的进一步研究。这时的瑞士因受战争的影响已聚集了一批从事现代设计的设计师，他们常常聚集在一起讨论交流现代设计的走向。由于契肖德的加入和契氏本人对当时欧洲设计的影响，使瑞士的现代设计朝着更加理性化、秩序化、规范化的方向发展。契肖德一面宣传自己的学术观点，一面身体力行地对网格设计进行研究。他的一批追随者、学生和同行对其观点大加赞扬并一同参与实际试验，在当时的瑞士形成了一股强大的网格主义设计潮流。由此可见，瑞士网格主义的最终形成与契肖德是分不开的，他是无可争议的奠基人之一。

值得一提的是，作为现代建筑史上最伟大的设计师之一的瑞士人勒·柯布希耶(Le Corbusier)是现代主义建筑大师中最重视理论研究的一个，他虽然不是严格意义上的平面设计师，但对网格设计却有着巨大的贡献。柯布希耶一生著作丰富，其中最为著名的《走向新建筑》一书便是他的代表作，书中的相关文章前后跨越了几十年，内容繁杂，其中包括了他的著名的模数理论。柯布希耶根据解剖学原理，以太阳神阿波罗雕像的经丛(肚脐)、头顶和伸直手臂的指尖作为基点进行比例计算，演变出一系列接近黄金分割的定比数列，这就是他的模数理论。反映模数理论最著名的实例建筑有：1929年的萨瓦伊别墅和1945年所建造的马赛公寓。尤其是马赛公寓为这一理论最为成熟的代

图5-189 小册子封面设计，1957年。设计者：考尔·简斯特勒。

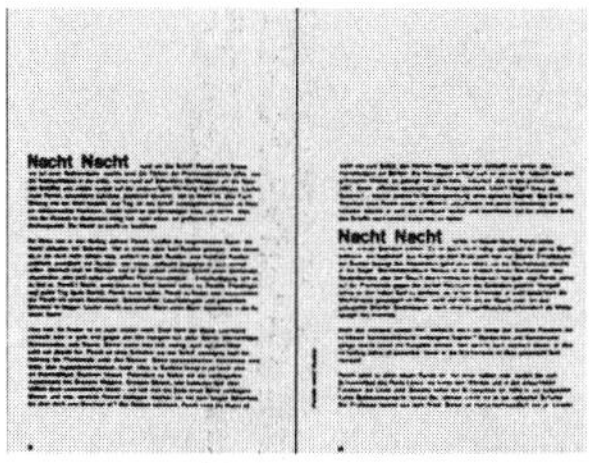

图5-190 小册子内页设计，1957年。设计者：考尔·简斯特勒。

图5-191 小册子内页设计，1957年。设计者：考尔·简斯特勒。

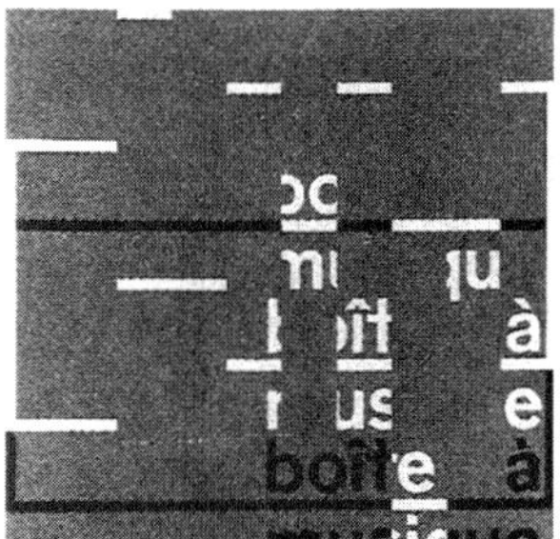

图5-192 音乐唱片封套设计，1957年。设计者：考尔·简斯特勒。

图 5－193　保险广告，1960 年。设计者：西格弗雷德 · 奥德玛特(Siegfried Odermatt)。

图 5－194　保险广告，1960 年。设计者：西格弗雷德 · 奥德玛特。

图 5－195　广告设计，1960 年。设计者：西格弗雷德 · 奥德玛特。

表。(参见柯布希耶用模数分割空间的 44 个普通长方形，参见图 5－15)。马赛公寓有“居住单元盒子”之称，意为套用统一的模数来确定建筑物的所有尺寸。整栋建筑体巨大，有 165 米长、56 米高、24 米宽，楼体通过支撑层支撑，共分 8 层，分别有 23 种不同尺寸的居住单元，337 户，底层为架空层用来停车和通风。大楼的每一部分都严格地按照模数的比例关系设计百货商店、鱼店、奶店、水果店、蔬菜店、洗衣店、饮料店等(参见图 5－17～图 5－19)。由于马赛公寓使用的是模数理论，建造完工后受到了世人的极大关注，并立刻成为欧洲青年设计师学习的范例和模仿的对象。随着时间的推移和学术地位的逐渐稳固，柯布希耶的模数理论越来越为欧洲的平面设计师，尤其是德国和瑞士的平面设计师们所接受，并激励他们加深探索，为网格体系的建立确定了现实的指导意义。

虽然上述几位设计大师对网格设计体系的形成起到了极大的推动作用，但真正进行大规模实验者却是瑞士的另一位重要的平面设计家埃米尔 · 鲁德尔(Emil Ruder 1914—1970)和他的学生们。鲁德尔早年就学于瑞士的苏黎世工艺美术学校(the Zurich School of Arts and Crafts)，对于平面设计有着自己独特的理解和看法。1947 年当战争的硝烟刚刚散去，鲁德尔便来到了巴塞尔设计学院(Allegemeine Gewerbeschule，the Basel School of Design)从事平面设计教育事业，主要承担版面设计课程的教学。在此期间，他带领学生对网格设计进行了长期的实验、探索。教学中他要求学生根据网格设计的基本理论做大量的实践性练习，其主要方法是运用纵横、垂直水平直线将版面划分为不同的区域，然后再以基本方格作为模数单位，运用等值数比关系，计算方格的间距，网格确定后再规则地安排图片文字。鲁德尔要求学生强化版面信息传达，在他看来，网格的形式最终必须为内容服务，运用网格手段仅仅是传达信息的一个环节和过程。当然，设计过程中也并未因为强调功能的重要性而忽视形式，甚至认为形式和功能永远是一对矛盾，设计师的任务就是要解决这一矛盾。对于字体设计的认识，鲁德尔同样给予足够的重视。字体是影响版面设计风格的基本元素，字体具有时代性，字体的风格、形态最终会形成版面的艺术效果，因此，设计中经常运用设计师专门设计的字体将有助于体现版面的艺术特征。空间上，鲁德尔常常告诫学生，版面的正形是传达信息的主要因素，正形如果处理不妥，不但会导致版面形态的丑陋，而且还会出现结构的不合理现象，最终必然会影响信息的传达。同样，若负形设计不给予足够的重视，仍会导致歧义的产生。由此可见，鲁德尔将正形与负形作为同等重要的视觉要素来处理，不仅体现了美学意义，更重要的是强调了功能的作用。鲁德尔在教学中很注意学生对版面中各种设计要素间的统一与和谐关系的处理。在强调有规律统一的网格作为版面设计的基本框架时，更注意将版面的组成元素，诸如文字、图形、摄影图片、标志符号等相关的视觉信息合理地安排在整个结构中，力求达到功能与形式的和谐统一。

总之，鲁德尔的版面设计体系最突出的部分就是网格设计。虽然网格设计作为版面设计的一种手段在此之前早已有之，但毕竟这种设计方法不成体系，对于网格的实验范围也不够广泛，部分设计师所涉及和研究的对象也仅限于个人对于这一体系的理解和偏好。经过大规模实验、反复测试、运用和探索，鲁德尔和他的学生们是这一体系的最终实践者、参与者和完善者(参见图5－176～图5－203)。

图5－196　《音乐万岁》音乐会海报和图表说明之一。设计者：尤斯夫·穆勒·布罗克曼(Josef Muller-Bockmann)。

图5－197　《音乐万岁》音乐会海报和图表说明之二。设计者：尤斯夫·穆勒·布罗克曼(Josef Muller-Bockmann)。

图5－198　杂志封面设计，1958年。设计者：卡罗·维阿埃丽(Carlo Virarelli)。

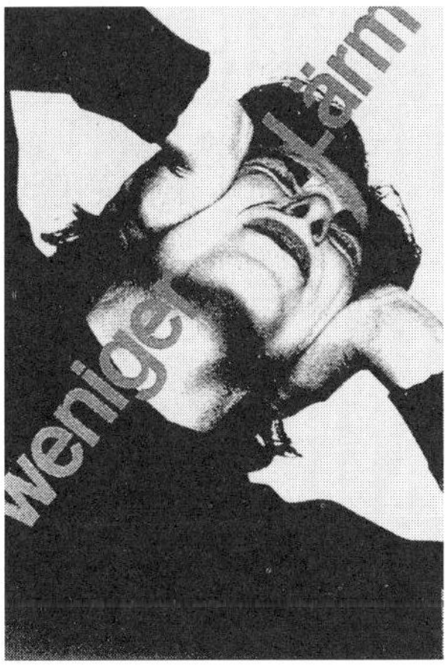

图5－199　《少些噪音》海报，1960年。设计者：尤斯夫·穆勒·布罗克曼。

图5－200　《注意孩子》海报，1953年。设计者：尤斯夫·穆勒·布罗克曼。

图5－201　《芭蕾舞》海报，1959年。设计者：阿明·霍夫曼(Armin Hofmann)。

图5－202　字体标志，1953年。设计者：阿明·霍夫曼(Armin Hofmann)。

图5－203　标志版面设计，1961年。设计者：奈丽·茹丁(Nelly Rudin)。

[教学目的]

1. 网格设计是在现代设计三大体系基础上诞生的国际化风格，是目前最普及，运用最广泛的设计手段。通过对网格设计的认识，能真正理解当代设计的本质内涵。

2. 通过学习网格设计的基本方法，真正掌握网格设计的设计步骤、设计要领。

3. 结合网格设计的特点，能够独立设计相关的出版物，如杂志、书籍、画册等。

[教学框架]

- 网格设计
  - 网格设计的本质
  - 网格设计的历史轨迹
  - 网格设计的特点及设计方法
  - 网格设计实例

[教学内容]

1. 通过相关实例分析，指出网格设计的内在实质是人类对于秩序的追求，因此，理性化、级数化是网格设计的本质。

2. 回顾网格形成的历史轨迹，客观地阐述网格形成的历史逻辑关系。

3. 现代网格设计已形成了完善的教学体系，掌握这一设计方法是学习版面设计的关键。本章要点旨在帮助读者循序渐进地完成相关内容的学习。

4. 结合实际，用所学的网格设计知识设计相关出版物。

[课题练习]

1. 在国际标准 16 开(210mm×285mm)版面上设计简单网格，复合网格各 8 张。

2. 在标准 12 开版面上设计复合网格 8 张。

3. 在标准 8 开版面上设计复合网格 8 张。

4. 在国际标准 16 开(210mm×285mm)版面上，对页设计图文并茂的版面 16 张。

第六章　自由版面设计

第一节　概　　述

自由版面设计是相对于古典主义版面设计和网格设计而言的一种新型版面设计方式，它的特点在于弥补理性主义的网格设计在感官上的不足，是朝着洒脱、自由方向发展的一种设计形式，并力图打破网格设计所带来的僵硬弊端。但这里必须要解释清楚的是，在古典版面设计出现之前，类似于现今自由版面设计手法的排版方式也曾出现过，但那仅仅是某个设计师个人才华的闪现。从世界范围来看，这种灵气的出现，多为个别现象，它并不具备普遍意义，国际上也未形成一种流行趋势，加上当时印刷制版条件的限制，它的存在也只能是星星点点。当然，一个流派要形成气候，还必须依赖于某种科学技术的突破，在古典主义出现之前，欧洲主要文献，如国家的法典、圣经等均由手工抄书人完成，而手抄本本身具有很大的局限性，它不可能形成大规模生产，更谈不上印刷排版（当时的欧洲，印刷术还未发明）。因此，自由版面设计必须和工业化生产相联系，尤其是和当今电脑排版技术相联系。

图 6－1　*Zang Tumb Tumb* 小说封面与内页设计，1914 年。设计者：马利耐蒂。马利耐蒂通过讲述 1912 年发生的巴尔干战争的真实故事，来探索自由版面设计的文字游戏。

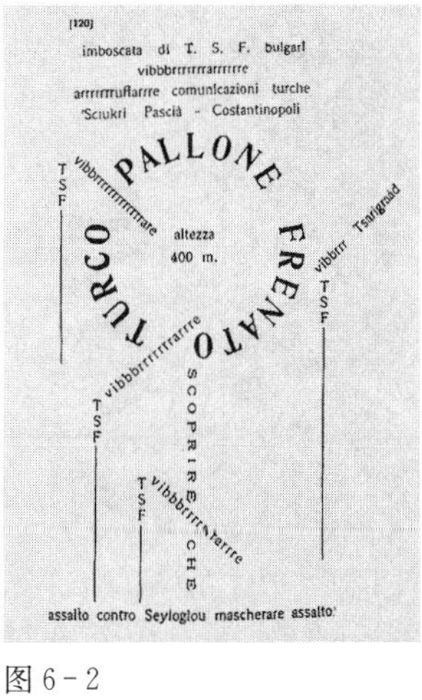

图 6－2

时至今日，自由版面设计已形成一股势不可挡的潮流，是在现代排版技术发展基础上的一种必然结果。自从电脑排版技术被发明之后，印刷业便掀起了一场革命，它彻底打败了千百年来由毕昇发明的活字印刷术，为自由版面设计形式提供了物质上、技术上的保障。

然而，任何一个流派的形成，非一朝一夕所能及，都是一个漫长的渐进过程，自由版面设计也不例外，它的发展虽然在当今欧美发达国家已形成一股强劲潮流，但在设计水平相对落后的中国则刚刚开始。如何把握住时代的发展机遇，使中国的设计水平紧跟时代潮流，这是摆在每个设计工作者面前的任务。

自由版面设计一词，最早在国内被提出是由余秉楠先生所撰写的一本名叫《版面设计》的小册子，在书中余先生对自由版面设计作了简明扼要的描述。他认为:“这种形成于美国的自由版面设计,它的被印刷部分和未印刷部分被视为同等重要的一对伙伴。如同一个用彩色颜料作画的画家,一本书的每一页可有完全不同的设计,这要取决于设计者敏锐的感觉(设计经验和艺术修养),能否使之构成活泼、变化丰富的设计品,只有那些经验丰富的设计师才能胜任,否则安排不当,就会造成版面混乱,不可收拾”。此外,1999 年 10 月,原中央工艺美术学院还邀请了德国莱比锡平面设计与书籍艺术高等学校的冯·德·里希教授来华讲授自由版面设计。冯·德·里希的讲课,主要还是从设计实践着手,所涉及的纯理论方面依然很少。

客观地说,自由版面设计目前国内还没有一部完整的书对其进行系统的介绍,人们所看到的也只是一些片言只语的解释,对自由版面设计是在什么背景条件下产生与发展的,它具有什么样的特征,它的去向如何等一系列重大问题,还有待于研究与探索。

图 6-3 《山·川·街》,杰佛里。诗歌,1915 年。设计者:马利耐蒂。这首诗歌描述了设计者本人的历程,左边描述的是关于法国的内容,右边则是有关访问画家列日的情况。

图 6-4 《诗歌》,一封来自漂亮女人给一个时尚老绅士的信,1919 年。设计者:马利耐蒂。

第二节 自由版面设计与未来主义

设计史上任何一个流派的形成,都不是偶然的,它的诞生与发展必然与这个时代的绘画艺术以及相关的文化思潮分不开,自由版面设计也不例外。自由版面设计一词最初的来源今天无法加以考证,但从历史的源发角度看,其最早起源应从 20 世纪初,诞生于意大利的未来主义绘画开始。未来主义绘画产生的时代距今已近一个世纪之遥,这一流派最早的初衷也仅为了在绘画形式上做一番探索,当时相关的人物并没有想到,它会对半个多世纪之后的世界平面设计产生深远的影响。今天当人们从历史的角度去深刻反思自由版面设计成为一股潮流,伴随并影响着人们的生活时,却惊喜地发现早在 20 世纪初这一艺术形式就早已有之。

图 6-5 《每天晚上她一遍又一遍地读着前方炮手给她的信》,1919 年。设计者:马利耐蒂。

如果说人们应该找出自由版面设计的幼年阶段,形成完整系统的依据的话,那么未来主义版面设计似乎是最具有说服力的历史文化遗产。从平面发展史形成的逻辑关系上看,未来主义在艺术史上持续的时间并不长,这主要是由于其自身的特点所致。客观而论,平面设计毕竟是一门具有实用价值的艺术,它能直接为商业市场服务。人们在消费时,首先考虑的是功能,而不是它本身所具有的艺术个性。早期未来主义的版面设计恰恰在实用性上有所欠缺。反言之,它的缺憾,也正是其优点。虽然这一流派并未形成广泛影响，但并未动摇其对版面设计探索的意义和所拥有的历史地位。

19 世纪的欧洲是一个不安宁的年代，资本主义制度经过三百多年的发展，社会物质财富的积累已远远超过了以往任何一个时代，人们快乐地享受着机器革命所带来的巨大成果，同时，资本主义制度本身也暴露出天生不可克服的矛盾。人们对旧有的价值观念产生了怀疑，在这个价值观念转换的时代里，社会上涌动着许许多多思想思潮，其中，两股思潮最为引人注目：一股是以科学社会主义理论为依据的乐观派；另一股则是带有悲观主义色彩的激进探索派。前者以卡尔·马克思为首，后者则以佛里德里奇·尼采（Friedrich Nietzsche）为代表，在这两股思潮的影响下，立体主义的创始人巴布洛·毕加索（Pablopicasso，1881—1973）接受了马克思的社会主义思想，而未来主义运动的奠基人费里波·托马斯·马利耐蒂（Filippo Tommaso Marinetti 1876—1944）则受到法国哲学家亨利·伯格森（Henri Bergson）和德国哲学家佛里德里奇·尼采哲学思想的影响，尤其是尼采的哲学思想作为当时主要哲学流派之一，对整个欧洲艺术界的思想意识带来了巨大的冲击。尼采对哲学的贡献在于：他打破了占长期统治地位的旧的道德体系以及对传统的批判，明确大胆地提出：上帝已经死了，上帝自己也要受到审判，在这个没有法规没有神的世界里人类会怎样呢？既然上帝死了，已没有善恶的法则，难道世间的人就可以为所欲为了吗？在尼采眼里人们没有信仰、没有目标，价值的标准必须重新评估。人，而且只有人才是评价者，一切价值必须先靠人自己来建立。过去，人们把上帝奉为宇宙万物唯一的创造者，人本身仅为上帝的创造物，因此所有价值都是颠倒的，人们必须重估一切价值，这就是尼采称之为的“价值翻转”。尼采另一个重要理论就是强力意志对未来主义所造成的影响。尼采的这些思想很大程度上反映了当时欧洲处在思想道德空前的大崩溃阶段，在艺术思想上同样反映出这一特征。自由版面设计的早期萌芽，就是在这样的历史背景下所出现的一股艺术思潮。

客观来说早期自由版面设计的形成，仅是一群具有无政府主义思想意识、激进的青年画家在世纪的交汇点，出于对人生和艺术迷茫的探索，人们从意大利未来主义运动的特点中就可以得出结论。

未来主义运动出现于 20 世纪初期的意大利，其奠基人为费里波·托马斯·马利耐蒂（Filippo Tommaso Marinetti）。马氏的艺术观点和尼采的哲学思想有着极其密切的联系，他曾在 1909 年 2 月法国的《费加罗报》（Le Figaro）上发表了他的《未来

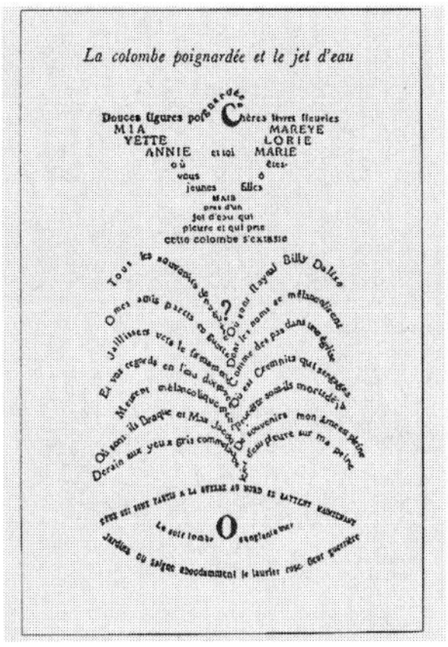

图 6－6　《书法》，诗歌版式设计，1918 年。设计者：阿波里涅（Gujlaume Apollinaire）。

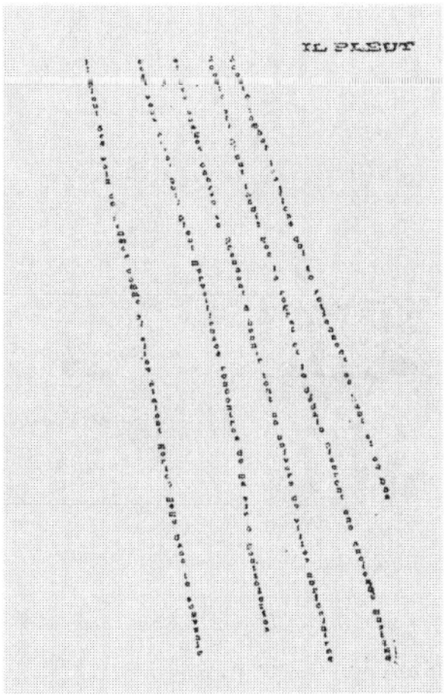

图 6－7　《书法》，诗歌版式设计，1918 年。设计者：阿波里涅（Gujlaume Apollinaire）。

图 6－8　广告，1929 年。设计者：德比罗。德比罗为“德·马林尼斯和罗利公司”设计广告。

主义宣言》，明确地提出了要砸碎一切陈旧的艺术形式，建立新的艺术秩序。艺术家需要对原有的艺术成就进行一场革命，要革命就会有破坏。欧洲应摧毁旧城市，建立新城市，应彻底捣毁图书馆、博物馆、美术学院。这些言论与尼采的“要创造就必须破坏，破坏意味着个体的灾难和毁灭”的言论如出一辙。尼采还认为：“这是(破坏)创造必要的前提，是宇宙生命规律新陈代谢的必然法则”。马利耐蒂对未来新的艺术精神解释为：“应歌颂技术之美、战争之美、现代技术和速度之美”。他毫不掩饰地对20世纪工业化、机械化为人类生产所带来的效益顶礼膜拜。在他的思想深处始终认为：欧洲旧有的艺术秩序就像一潭沉积已久的死水，在这平静的湖面上到处积满了灰尘、落叶和垃圾，湖水早已发臭，要想使这潭死水复活就必须来一场暴风骤雨，彻底荡涤这死水一潭。马利耐蒂在《宣言》中也曾狂妄地流露出了法西斯主义思想，他称：“……一辆轰鸣飞奔的汽车，看上去像是炮弹出膛，那要比任何传统绘画美得多，人类应该庆祝速度、战争和暴力，这些活动才是人类的未来”。

在总体艺术观上，未来主义从一开始就渴望打破传统，这对后来的自由版面设计必然造成直接的影响。

未来派自由版面设计的艺术实践，一开始并没有表现在版面设计活动中，而是通过绘画形式表现出来。

1910年2月11日五个志趣相投的青年艺术家，组成了一个非常团结的整体，他们是费里波·托马斯·马利耐蒂、乌比托·波菊尼(Umberto Boccioni)、吉奥克莫·巴拉(Giaomo Balla)、卡罗·卡拉(Carlo Carra)、吉诺·谢维里尼(Gimo Sererini)和卢吉·鲁索罗(Luigi Russdo)，发表了《未来主义画家宣言》(Manifesto of the Futurist Painters)。这个宣言和1909年的《未来主义宣言》本质上并无大的区别，但这次宣言却明确地提出了：“要摧毁过去的传统，充分发挥各种不同的想像力、创造力，把艺术评论家、批评家的评论当作无用的东西看待”。对于人类的生活要给予美化和支持，对科学成果为这个世界所带来的日益变化和完善予以肯定。宣言指出：在艺术创作中应对过去否定，对物体瞬间运动发生的变化予以强调和重视。在他们的一系列作品中可以看到运动艺术的特征，作品所产生的速度感、时间感、空间感，具有强烈的视觉冲击力，使人看了眼花缭乱。未来主义风格用于自由版面设计是一个逐步过程。开始他们把拼贴、堆砌的方法用于创作，常常将报纸、杂志等印刷品，撕出一定的形态，与各种杂物混合并掺上油画颜料进行拼贴处理，使画面产生混沌与秩序相矛盾的视觉感受。

最初从每位画家的创作动机来看，他们自己并没有意识到

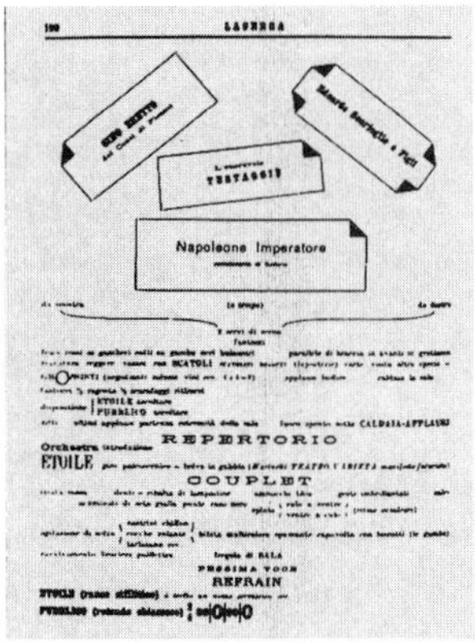
LACERBA
Napoleone Imperatore
REPERTORIO
ETOILE
COUPLET
REFRAIN

图6-9　*Lacerba*杂志内页设计，1914年。设计者：弗朗西斯科·坎杰罗(Francesco Cangiullo)。

NERE
NERE
EXCELSIOR HÔTEL
FLORIO
S. M. O.
'L MIGLIOR MARSALA
F.I.A.T.
RAZZO

图6-10　*IFSZF＋18*两个内页和封面设计，1915年。设计者：阿登哥·索菲斯(Ardengo Soffci)。

SOFFICI
FUTURIS
BÏFSZF+18
simultaneità e
Chimismi lirici
Firenze Edizioni della "Voce"

图6-11　*BIFSZF＋18*两个内页和封面设计，1915年。设计者：阿登哥·索菲斯(Ardengo Soffci)。

其独特的艺术表达方式将会对未来的版面设计产生何种影响，他们只是按照自己对事物的理解和对艺术创新的追求去创造这一艺术形式。

未来派自由版面设计的出现，究竟是由绘画形式自然过渡到版面设计中去的，还是由绘画的艺术观有意识地直接贯彻到版面设计中的具体过程，人们无法判断，但有一点可以肯定，早期的未来主义自由版面设计，是以绘画的思维方式去完成的，对此，可从体现未来主义精神的平面设计宣传品中感受到这一点。设计者首先是以绘画的组织构成方式去安排作品中的每一个文字元素，文字在这里仅仅作为绘画中的一个笔触或构图中的某一个色块，按照绘画中的黑、白、灰的关系或疏或密去排列相关元素，画面中的组织结构随意性强，所出现的黑白关系，很像是中国画的泼墨写意山水，人们从早期一些未来主义宣传品上就可以看出。马利耐蒂初期曾为未来主义进行过宣传并竭力传播其精神，他所作过的大量工作，在其撰写的文章和诗歌中便能够反映出来，深刻地体现了未来主义的内在精神实质。这些宣传品的基本组成元素，都是由杂乱的字符、混乱的词句构成，文法语句完全不通，版面的编排方式都是些随心所欲，一反常规的穿插、排列。粗看上去似乎像一个精神病人瞎涂乱写的病情诊断书，又像似儿童稚嫩随意的涂鸦。作品所体现出的无政府主义思想倾向与反常规的版面编排形式，构成了这个运动的精神核心和符号，它导致人们只要提到未来主义便会马上联想到这些作品的特征。出现这一现象，在当时的意大利并不是没有市场，而是有一批人对此津津乐道，且对这一版面设计形式进行了长期不懈的探讨，他们所讨论的阵地是由佛罗伦萨的一个出版商吉奥瓦尼·帕比尼（Giovanni Popini，1881—1856）所提供的一个名叫《拉谢巴》（Lacerba）的杂志。在这个刊物上，未来主义的设计师们常常发表自己的见解与持不同观点者展开论战。其中最著名的便是马利耐蒂于1913年6月发表的一篇文章，文中明确阐述了他对版面设计的认识，他认为："版面设计应摆脱传统形式的桎梏，应以新时代自由版面编排的方式去设计，对于旧式文字行组之间的排列必须采用非对称的穿插来解决，所有的内容均不必理会字句词组的含义，应体现新时代语言特征，而对新时代语言特征的最好解释，就是这些词语字组无规律的自由组合"。为了宣传自己的这一艺术主张，马利耐蒂还发表了自己亲自创作的诗歌，并用诗歌作为版面的编排内容，这些杂乱无章的诗句内容使人难以看懂，它既无逻辑、又无规律，文法完全不通，字组间的排列，纵横交错，字体相互铰合，文字大小不一，设计符号重叠。从这里可以看出，未来主义版面设计的混乱性，是对抗

图6-12　德比罗的未来主义金属封面设计，1927年。设计者：福特纳多·德比罗（Fortunato Depero）。

图6-13　德比罗版面设计作品，1927年。设计者：福特纳多·德比罗。

图6-14　版面设计，1923年。设计者：图里奥·德奥比索拉（Tullio D Albisola）。

图6-15　《抒情的西瓜》　金属书籍内页版面，1934年。设计者：布鲁诺·马拉瑞（Bruno Munari）。

图 6-16　海报，1930 年。设计者：德比罗。

图 6-17　《法西斯主义革命展》海报，1933 年。设计者：C. V. 泰斯第（C. V. Testi）。该海报明显带有反动的宣传法西斯主义思想的意识，可见未来主义在当时的社会背景下，其存在不是孤立的，而是有其深刻的思想根源。资料来源：《平面设计简史》(*Graphic Design-A Concise history*)。

图 6-18　《未来主义—4 月 15 日未来主义全都来自罗马》海报，设计者：林德瑞（Leandri）。资料来源：同图 6-17 一致。

理性主义设计的开始。

通过分析现有的未来主义设计作品，便可得知这一派别的创作方法。在马利耐蒂看来，文学作品本应是解放文字创作者的手段，无论诗歌，还是小说都不例外，文中的语法部分不应该成为阻碍作者创作的障碍。旧式版面编排必须由自由自在、无拘无束的编排方式取代。他甚至认为，文字本身不是用来传达信息的工具，而是作为视觉传达中的一个组成元素，应该把版面设计当成一幅绘画作品来看待，所有的点、线、面及文字符号都是创作中基本视觉形态的建造材料。

受意大利未来主义自由版面设计影响的另一位代表人物是法国作家斯蒂方·马拉美（Stephane Mallarme，1842—1898）。马拉美于 1897 年运用相同的方法出版发表了诗歌《Uncoup de Pes》，整个诗歌共有 700 个单词，约 20 页之多，版面编排混乱不堪，常常一句或一个词组会出现多种形态的字体且纵横交错，使人无法读懂。这种版面上的混乱局面，正是马拉美所追求的版面效果，他试图通过这一奇特的形式来实现版面的韵律感、节奏感，字母本身的含意并不是他要表达的主体，这些对他来说无关紧要，重要的是版面本身的艺术效果。

在这批艺术家中，法国诗人贵拉姆·阿波里涅 Guillaume Apollinaire，1880—1918）也具有很重要的代表性。他所创作的自由版面形式和 20 世纪 60 年代德国设计师所设计的作品很接近，与当今电脑排版所出现的自由度很近似，这种接近仅仅表现在形式上，而其中所含有的内容可读性并不具备。其作品充其量也仅仅停留在形式的探索上，文字所组成的版面形式，只是线与面的变种表现方式而已。如 1918 年他的个人诗集《书法语法》的出版，集中反映了这一设计特点。有些诗歌的排版用文字组成下雨状，有些则组成喷泉状，所有的版面完全不考虑内容的表达，文字的作用在这里仅仅作为一块砖、一片瓦用来建构版面形式，表现出彻头彻尾的内容为形式服务的艺术观。

早期大部分未来主义设计作品多由作家、诗人和画家完成，而以平面设计事业作为职业，全部作品都采用未来主义手法进行创作设计的人微乎其微。福特纳多·德比罗 Fortrnato Depero，1892—1963）也许是这为数不多的人中的代表。然而他所设计的大量具有未来主义风格的招贴、书籍和广告作品与马利耐蒂有所不同，他的作品由于大多直接为商家服务，不可能完全不考虑商业利益和业主的接受程度。所以，他的作品多以与常人审美习惯较贴近的方式出现，而不是自我发展、为所欲为、随心所欲地创作。作品虽然不那么极端，但依然可以看出未来主义自由版面设计的显著特征，虽不那么前卫，但他却能把未来主义版面设计风格真正运用到现实实践中，并成功地实现了设计的功能性与审美性相结合。

1928年德比罗来到了美国的纽约并为美国的一些重要杂志作设计，同时也为一些百货公司和商店从事广告设计，其作品依然采用未来主义自由版面设计理念和设计手法，这种设计方式在美国不但得到了承认，而且德比罗本人还成为将这一设计风格介绍到美国的首位传播者。德比罗将未来主义自由版面设计带入美国之后，并没能马上在美国确立自己的地位，尤其是二战结束之后，具有理性主义色彩的网格设计体系成为国际设计的主导潮流，相反，未来主义自由版面设计基本上被主流设计界所否定，使这种反理性主义的设计风格暂时得以平静下来。

从历史角度看，初期未来主义版面设计形式的出现，本身并无多少商业实用价值，它的真实意义也并不在于直接为市场提供那些服务，而在于突破了一个时代的观念，在于它对旧有传统的版面形式的否定，影响和造就了一代艺术家树立打破陈旧观念的勇气，同时也极大地影响了其他现代艺术运动的形成和发展，其中最具代表性的是达达主义和构成主义运动，这些艺术流派受未来主义运动影响，促成的直接结果便是形式上的特殊性和对传统的势不两立。（参见图6－1～图6－21）

图6－19　法西斯主义革命展“三月在罗马”于P厅展出，1933年。设计者：马瑞罗·西诺里。资料来源：同图6－17一致。

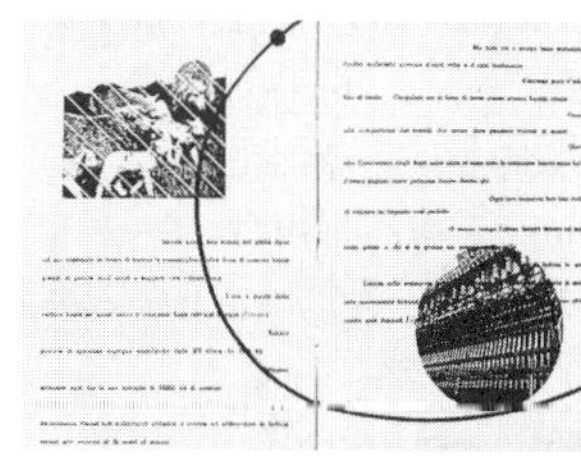

图6－20　《诗歌》小册子内文版式。设计者：布鲁诺·马拉瑞。

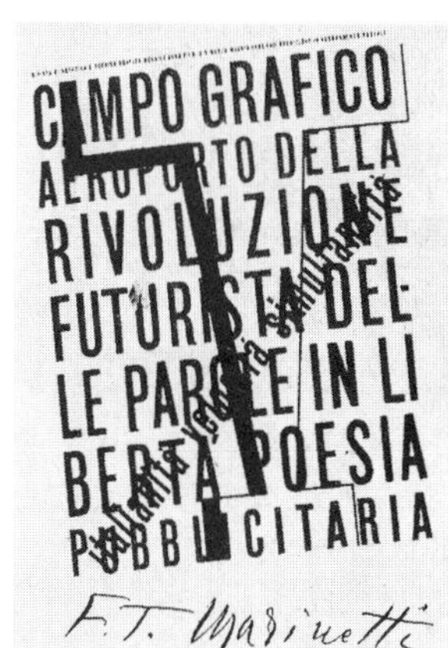

图6－21　杂志封面设计，1937年。设计者：恩瑞克·波纳（Enrico Bona）。

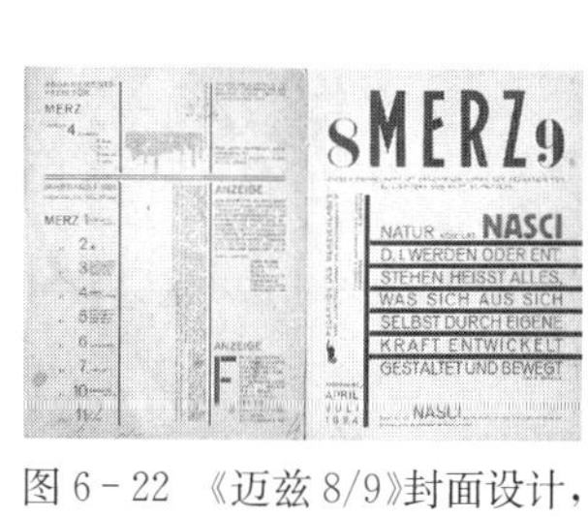

图6－22　《迈兹8/9》封面设计，1924年。设计者：库特·施威特斯。

第三节　达达主义

从本质上说，达达主义版面设计和未来主义版面设计并无多大的区别，其核心内容是一致的。与未来主义不同的是，达达主义的产生是以第一次世界大战为背景，由一批小资产阶级青年知识分子组成。一战的爆发导致轴心国与同盟国之间旷日持久的恶战，大战造成了参战国人员的极大伤亡，人力物力的消耗殆尽，民众在困苦不堪的日子中挣扎，对战争不满的情绪日益高涨，但又一时没有办法使战争停止下来，人们普遍对社会的前途感到迷茫，对未来的发展感到困惑。在这个大气候下，一批青年知识分子为躲避战争来到了中立国瑞士寻求发展。他们是德国演员雨果·巴尔（Hugo Ball）、画家兼诗人让·阿普（Jean Arp）、德国诗人里查德·赫森贝克（Richard Huelsenbeck）、罗马尼亚艺术家马谢·詹科（Marcel Janco）、罗马尼亚诗人特里斯坦·扎阿（Tristan Tzara）等。他们聚集在一起讨论组建一个学术团体，但首先要解决的问题是如何给这个组织起个名称，于

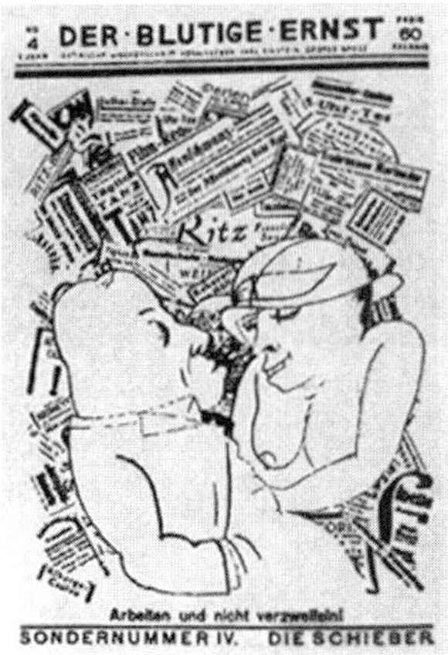

图 6-23　杂志封面设计。设计者：乔治·格罗斯（George Grosz）。作品采用拼贴手法，表现第一次世界大战后的混乱与颓败的社会状况。

图 6-24　《迈兹图画 19》，1920年。设计者：库特·施威特斯（Kurt Showitters）。作品用拼贴的方式完成。

图 6-25　海报。设计者：佚名。

是运动的组织者拿了一本德文词典随手翻了一下，从中任意挑选了一个词，这个词恰好是“达达”的意思，法语意为“玩具马”，俄文则是“是”的意思。这个词本身并无多少意义，随便从词典中选一个词做这个运动的名称，可以看出这个运动的反理性、荒诞性和虚无性。之后，他们确立了自己的活动场所，将卡巴涅特·伏尔泰剧院（The Cabaret Volaire）作为活动集会的固定场所。达达主义先期的发展虽然从瑞士开始，而后迅速向德国的柏林、法国的巴黎和美国的纽约等地传播。由此看来，这一运动虽然具有无比的荒诞性但却有着广泛的社会存在基础，所拥有的追随者也具有相当的规模，这是该运动得以生存和发展的最直接动因。

达达主义成员聚会所表演的节目常常是朗诵毫无意义的“诗歌”，演出荒诞无稽的“节目”。演唱会尽是些杂乱无章的吼叫，音乐会所演奏的乐符也都是些让人难以理解；让人精神紧张刺耳的“噪音”。音乐、诗歌如是，那么这些“狂人”的绘画也可想而知。他们常常将日常生活用品与碎纸片结合在一起任意拼贴，画面充满了狂乱与无序，充分反映出这批艺术家内心的迷茫和混乱不堪的心境。绘画中的这些表现，一方面是因为战争给人们带来的精神压力所致，另一方面，是因为受未来主义艺术的影响。

达达主义对自由版面设计的贡献，与未来主义相比有着异曲同工之处，但达达主义更强调拼贴的作用，同时，结合摄影图片进行排版，出现了无规律、自由化的特征。对版面设计贡献较大的，或者说具有典型意义者是德国人库特·施威特斯（Kurt Schwitters，1887—1948）。施威特斯曾组织了一个非政治化但具有达达主义特征的“迈兹”（Merz）集团。这个集团的名称取自德文“商业”（Kommerz）一词的最后一个音节，其作品强调商业性，与其它达达主义设计师不同之处在于，他根据需要时常利用文字和抽象符号进行编排，版面即使出现类似具象的物体也设法几何化、抽象化后再进行编排；版面形式随意性强且大部分让人难以看懂，其目的重在形式上的探索，并把视觉效果的好坏作为表现的重点。在实用性方面，施威特斯对版面的处理与其它达达主义版面设计师有所不同，集中表现在他强调的版面设计的工整性方面，并结合达达主义的象征性手法，最大限度地表达版面的目的性。施威特斯对达达主义自由版面设计的另一个重要贡献，还表现在他对利用照片拼贴、拼凑并结合文字编排的探索性上，他很注意吸收同时代其它设计流派的长处，尤其是对风格主义、构成主义、未来主义在设计形式上与达达主义相近似的地方。作为一个平面设计师，施威特斯在其事业的鼎盛期所创造的自由版面形式是非常成功的，多数作品都得到了实际运用，为数十年后在全球所形成的自由版面设计潮流提供了实用主义的经验。

总结上述自由版面设计的发展历史，就其设计手法、设计风格和设计特征而言，可归纳为以下几点：

1. 图画版面

未来主义自由版面设计一词在其早期时代并未出现，而且对于设计含义的界定也没有十分严格的定义，不过有一点可以肯定，将版面设计当作一幅绘画去自由创作是这一设计形式的主要特征。早期设计作品很多来自画家之手，且用绘画的意识来安排版面上的点、线、面以及文字的词句组合，文字仅作为编排中的一个笔触、一个色块来处理。

2. 内容服从形式

未来主义自由版面设计从它诞生的那一天起就把形式放在第一位，认为内容是无关紧要的设计元素。艺术效果的确定完全根据形式的需要，而任意增加或减少设计元素，即使是表现某个特定内容的诗歌也是如此，使读者过目后只觉得版面杂乱，却不知道表达的内容是什么，故此，具有很强烈的非理性因素。达达主义和未来主义一样，当涉及某个具体的设计师或某件具体的设计品时，根据需要有时会考虑到它的可读性，但这毕竟不是达达主义的主流特征。

3. 版面的多变性

由于以形式为主、内容为辅的艺术特性，未来主义的版面编排没有固定统一的模式，版面结构随意多变，设计手法常常是纵向排列、横向打破，文字以扭曲的形态组成不规则的曲线、直线。多变性还表现在有规律的印刷铅字和手工书法体的组合上，使版面产生严肃与活泼的对比效果。除此之外，版面中字体大小错落、形态各异的字体混杂编排均为多变性的体现(参见图 6－22～图 6－31)。

图 6－26　海报。设计者：佚名。

图 6－27 《稻草人进行曲》，1922 年。设计者：杜斯伯格(Theo Van Doesburg)。作品采用纯粹元素将字母图形化处理，并用极其自由的手法设计版面。

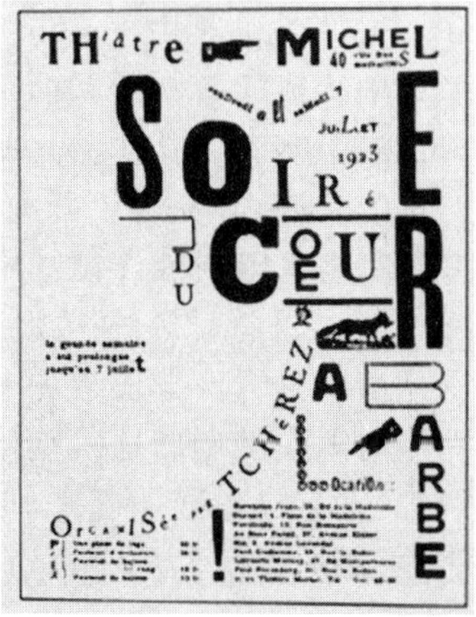

图 6－29 《长胡子的心的派对》戏剧海报，1923 年。设计者：里亚·兹丹涅维奇。

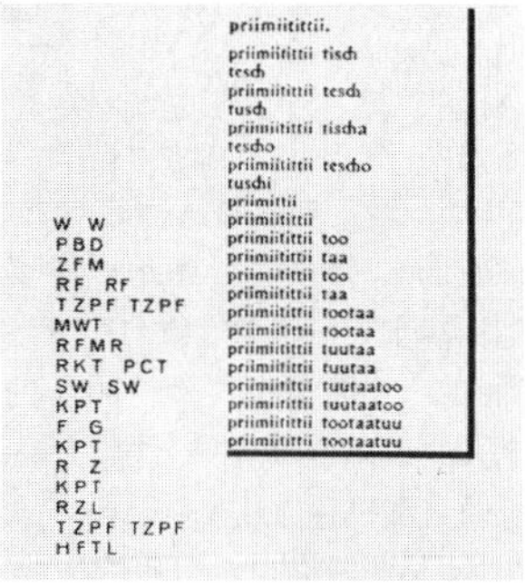

图 6－28 《W. W. 简简单单》，1920 年。设计者：库特·施威特斯。

图 6－30　*AIZ* 杂志封面设计，1934 年。设计者：约翰·哈特菲尔德。

图 6－31　《新青年》报纸版面设计，1917 年。设计者：约翰·哈特菲尔德。《新青年》报是一份激进小报，哈特菲尔德曾用达达主义设计手法尽情发挥其设计才能。

第四节　荷兰独立派自由版面设计

图 6－32　海报设计（彼德·施瓦特作品回顾展），1974 年。地点：瑞士苏黎世 Kuntgewerbe 博物馆。设计者：海尔特·登巴（Gert Dumbar）。该展览详细地回顾了施瓦特作为荷兰独立派自由设计师的一生，海报中左手持画册的老人便是施瓦特本人，画册封面上的 P 和黑色方块是施瓦特本人的个人标志，表示“印刷”之义与其名“piet”同一语义（piet 在荷兰语中释为“印刷”）。

在早期自由版面设计史上，还有一位重要的奠基人就是荷兰独立派设计大师彼德·施瓦特（Piet Zwart，1885—1977）。施瓦特早年是一位从事建筑设计的设计师，对于平面设计却有着浓厚的兴趣，尤其是在风格主义设计运动诞生之后，深受现代设计运动的影响，平日里他与风格主义成员来往密切，在经历过一段设计实践后，逐渐把平面设计作为自己主要的设计方向。施瓦特是一位富有个性和极具创造力的天才，一方面对于传统版面设计不满意，另一方面，对于风格主义的版面风格也不完全赞同，从一开始起，就致力于对新型版面设计的探索，力图走出一条与众不同的全新的设计之路。施瓦特力图从非理性、非逻辑的达达派那里吸取有用的部分并结合理性的风格主义与构成主义的版面设计形式，试图从稳定的构成元素与活跃的字体行组中找到折衷点，所设计的作品特点新颖。其作品之所以有着全新的视觉感受，与他所从事的建筑事业是分不开的，他把建筑设计中的一些设计手法合理地运用到版面设计中去，将文字、插图、版面的组织方式、字体装饰符号等统统视为可用的“建筑材料”，某些图片还采用剪切的方法按照事先考虑好的形态裁剪出来加以利用，在形与形之间利用建筑型体结构的榫合关系，把形与形、图形与文字有机地穿插起来，形成一定的受力关系并组合安装，使之变成一个完整的有机体。

施瓦特并没有受过严格的平面设计教育，从本质上讲，他的版面形式很大程度上还是属于风格主义的范畴。正是由于他在平面设计教育上的缺陷，反而成就其作为一名富于创新的自由版面设计师所应具备的素质。人们从其现存的作品来看，版面常常运用达达主义的设计理念，跳跃性强，所用文字也多以倾斜的面貌出现；文字在版面不重要的位置上，排列错落，大小参差不齐，加上天才般的形式感，即使版面上出现某些极端的形式，仍不会影响信息的传达，阅读时并不会因此而产生障碍。从这一点上来看，作为一个独立的自由版面设计师，施瓦特无疑取得了很大的成功。

施瓦特作品之所以取得成功，在于其发现了理性的风格主义版面设计所存在的不足。风格主义在秩序化、规范化的后面隐藏着机械呆板、僵硬的缺陷。这些矛盾，风格主义本身无法克服，它只能通过其它的设计方式来进行改良，以弥补设计上的不足。

本质上，虽然施瓦特大部分作品含有风格主义的影子，但他对风格主义设计的某些方面作了个性化、自由化的改进，作品体现出浓浓的诱人魅力。把他的部分作品归到自由版面设计体系中，也许有人并不赞同这一观点，但是，就施瓦特本身作品的特征来看，的确受达达主义很大的影响。施瓦特是一位了不起的矛盾的设计大师，他既对理性主义的设计观有着深远的影响，同时，也对非理性的自由版面设计起到了改良的作用(图 6 - 32～图 6 - 38)。

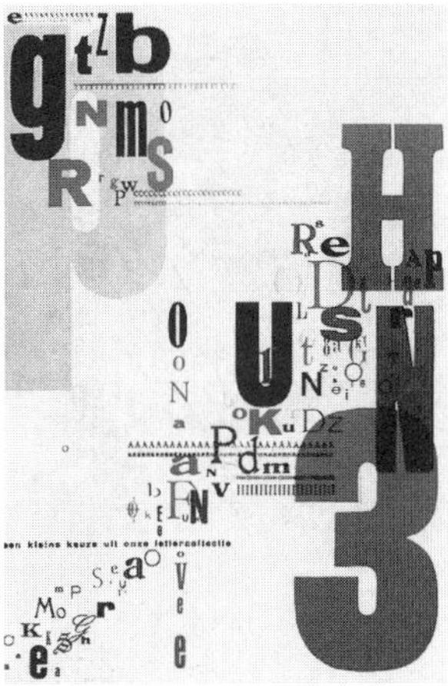

图 6 - 33　施瓦特 1930 年为荷兰“N. V. Drekrei Trio”设计的小册子，其中部分版面采用了具有达达主义自由版面设计意识，版面字体排版由大到小呈级数状，大小参差不一，变化丰富，是典型的自由版面设计作品。

图 6 - 35

图 6 - 36

图 6 - 34　图 6 - 34～图 6 - 37 为施瓦特所设计的企业小册子。版面具有浓烈的风格主义痕迹，而编排上又具有自由版面设计的特征，作品很准确地反映出了施瓦特本人的设计观，理性与自由相混合的矛盾性。

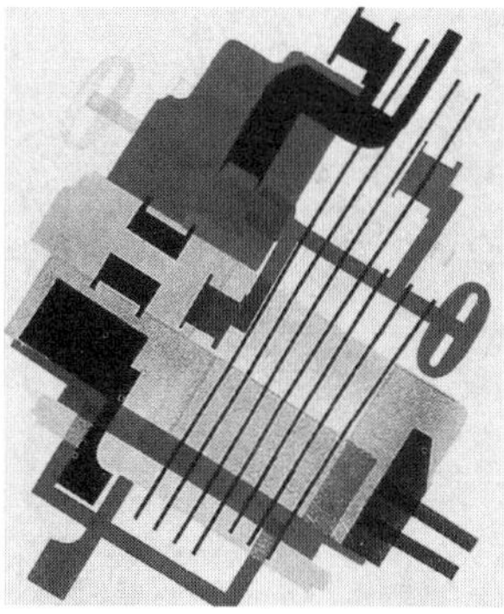

图 6－37

图 6－38　博物馆宣传手册设计，1963 年。设计者：沃尔特·桑伯格。设计者是荷兰一位很有影响力的设计师，其自由版面的设计风格具有鲜明的个性特色。

第五节　法国独立派自由版面设计

图 6－39　《秃头歌女》(*The Bald Prima Donna*)海报，1964 年。设计者：罗伯特·玛辛。版面采用强烈的黑白对比与自由的编排形式，对当时的欧洲设计界产生过很大的影响。

图 6－40　剧中的每个人物通过流动的文字排版，似乎在不停地诉说。

自由版面设计在彼德·施瓦特之后的二三十年当中，由于战争的因素，加上受主流国际主义的长期垄断，这一流派并没有形成自己的气候。到了 20 世纪 60 年代，许多设计师试图寻找新的表现形式去对抗呆板的理性主义设计潮流，其中有法国青年设计师罗伯特·玛辛(Robert Massin)。玛辛生长在艺术氛围浓厚的法兰西共和国，早年跟随父亲学习字体铸造技术，同时也学习绘画与雕塑。在平面设计上，他并没有受过学院派系统的设计教育，只通过学徒的方式获得平面设计知识。当时的法国，虽然作为世界绘画艺术中心的地位已被美国所动摇，但其丰厚的艺术底蕴在世界画坛上仍难以撼动。玛辛常常去博物馆观赏前辈大师的作品，并仔细揣摸体会这些作品的精妙之处，其中未来主义和达达主义的作品引起了玛辛的注意，并对之产生极大的兴趣，为作品中所流露出来的不拘一格、自由洒脱的版面构成方式所打动。之后，他对这类作品的艺术形式进行了总结综合，试图将之引进到自己的作品中去。为了达到与众不同的艺术形式，玛辛在歌剧《秃头歌女》中，将人物插图进行了版画特技效果尝试，力图在设计手法上，使图形语言与版面文字相统一，并且对文字的形态作了变形处理，与插图构成配置，在“力”的作用下达到文图相互关联、相互衬托的艺术境界。这样的设计手法，不但可以使插图生动活泼，而且还使得文字具有跃动、流淌的感觉，更有空气的对流之美；使人过目之后，似乎呼吸更加舒畅、轻松。作品刚一出版，版面风格所具有的独特魅力，立刻引起了同行的关注。

玛辛早期的作品由于受到当时印刷与排版技术的限制，作品在某些表现手法上与未来主义和达达主义自由版面设计并无太大的区别，所有字体的黑度都是按照一定比例同等升降，字体的边缘既不能像当今电脑排版那样进行自由的模糊和清晰处理，也不可能把字体任意作各种立体特技排列。他的版面元素虽然具有生命力的动感，但仅仅是单一层次上的疏密排列而已，这并不是由于玛辛本身设计能力所致，而是抑于技术的缘故。到了 20 世纪 80 年代末和 90 年代初，人类进入到电脑时代，玛辛进一步发展了自由版面设计的理念，他通过电脑技术克服了以往过去想表现而实现不了的难题，因而版面与早期作品明显不一样。此时，他在作品中大量运用摄影技术与电脑特技相结合进行自由组合，图文编排似乎已进入到了随心所欲的时代。玛辛在版面设计史上是一位承上启下的人物，在他之前的自由版面设计是旧时代的产物，之后，则进入到电脑排版的自由王国阶段，他是两个时代自由版面设计的实践者和参与者（图 6 - 39 ～图 6 - 45）。

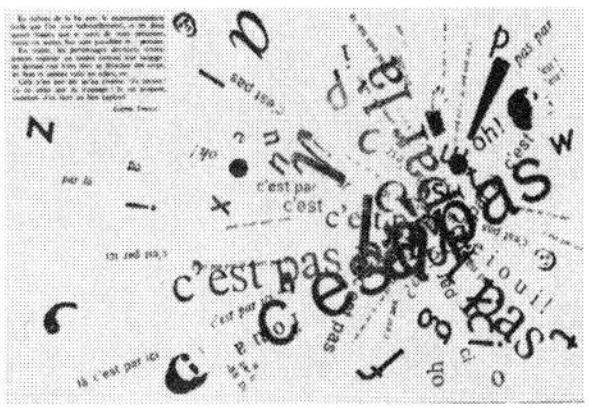

图 6 - 41　运用激荡爆发的字母排版，将剧中最震撼的内容传播出去，达到了与众不同的视觉效果。

图 6 - 42　《秃头歌女》（*The Bald Prima Donna*）版面设计。设计者：罗伯特 · 玛辛。

图 6 - 43　玛辛所设计的诗集内文版面，具有欧洲前卫意识，1966 年。

图 6 - 44

图 6 - 45

图 6 - 44　《秃头歌女》（*The Bald Prima Donna*），1964 年。设计者：罗伯特 · 玛辛（Robert Massin）。

图 6 - 45　玛辛运用图片黑白对比手法，将过渡灰色去掉，对伊利埃斯库的歌剧《秃头歌女》宣传小册子进行大胆的探索，通过人物造型与文字的排版关系，将歌剧的动感画面展现给读者，在当时起到巨大的轰动效应。

第六节　趣味自由版面设计

图 6－46　杂志内页设计。设计者：布莱德巴里·汤普森（Bradbury Thompson）。设计者采用极为有趣的排版方式设计，垂钓者所使用的工具成为排版元素，使得人、船、渔具与鱼儿之间形成和谐的整体。

图 6－47　《虚荣的美人》封面设计。设计者：保罗·加瑞托（Paolo Garretto）。

图 6－48　《妇人的日子》（*Woman's Day*），1960 年。设计者：詹尼·费德里克（Gene Federico）。

战后美国一跃成为世界设计的中心，各种艺术流派如雨后春笋般的蓬勃发展。这其中，美国带有趣味色彩的版面设计具有一定的代表意义，这与当时的排版技术的突破是分不开的，虽然此时电脑还未被用于出版业，但激光照排技术已经相当普及，通过激光照排技术，设计师可以解决很多相关的版面设计问题，比如插图、照片、文字等可通过摄影技巧任意缩放，设计师能够在版面上大胆处理各种艺术效果。与早期未来主义印刷技术相比，不再受老式铅字版面拼接的制约，设计和制作效率大大提高。趣味自由版面设计就是在这样的技术条件支持下迅速成长，成为自由版面设计大家族中的一员。

趣味版面设计产生的另一个因素在于美国国民总体的乐观性，这是美国趣味自由版面设计与众不同的原因之一。美国由于是一个移民国家，历史短暂，富裕的生活、健全的法制，把以人为本、民主自由作为建国的理念。对于历史道德观、价值观不存在太多的关心，从客观上造就了民众的自由心理。这种充满欢快性格的民族在设计上必然会反映到相应的流派中。詹尼·费德里克（Gene Federic，1919—）的作品具有这样的特征，在他的作品中，人们可以看到图形与字体的一体化，图形既是字体，字体又是图形，二者相辅相成并具有构思精妙、巧合、欢快幽默的感觉。图 6－53 把字体横向排列，自上而下，由疏到密，再通过纵向行组的倾斜与横向行组交错，在方向力的作用下，形成了有趣的韵律感。此时的字体变成了重物，将一幅作品垂直排列成俯冲下降力的感觉，垂直重物与横排行组形成受力关系，使行组文字结构变形，从而达到吸引读者兴趣的作用。趣味自由版面设计通常具有一定的拟人化作用，把版面中某些重要的文字，通过一定的象征手法将之设计成具有感情或具有动感的字体形态，从而使之与版面内容相结合，从而达到辅助传达信息的目的。当然，这类设计必须根据具体特定内容而定，设计之前一定要对作品的内容仔细揣摸，把内容的精髓吃透方可实施，力求版面新颖并达到新、奇、特的目的。这类设计还必须做到可遇不可求，如果内容不存在巧合的一面，而硬将之生搬硬套，其结果必然会弄巧成拙。图 6－48《妇人的日子》在设计上基本上反映了上述设计思想，作者把英文“go out”中的两个“o”设计成自行车的轮子。自行车与“go out”巧妙地结合在一起，加上骑车人欢快的表情，充分体现了趣味版面设计欢快、巧妙、有趣的特点（图 6－46～图 6－53）。

图 6-49 《妇人的日子》(*Woman's Day*),1960 年。设计者:詹尼·费德里克(Gene Federico)。

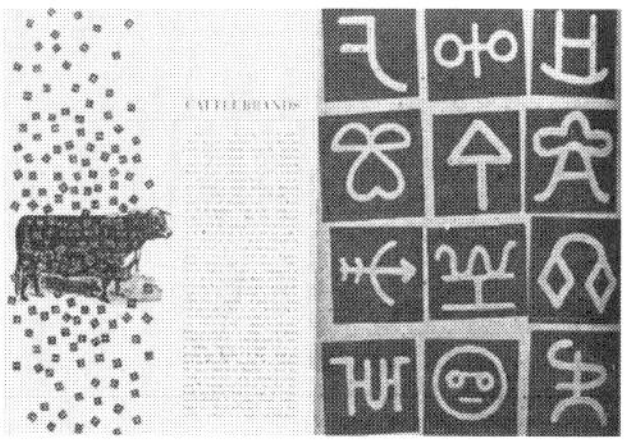

图 6-50 《宗卷》杂志版面设计,1951 年。设计者:布罗维奇。

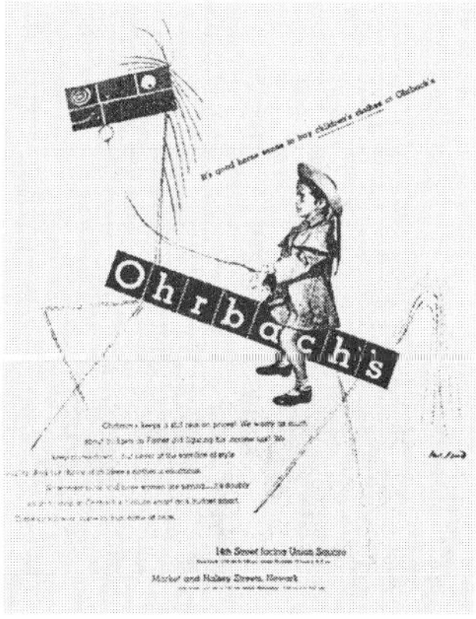

图 6-51 广告,1946 年。设计者:保罗·兰德(Paul Rand)。作品运用童话般的趣味方式,结合自由的文字排版,给人以轻松、游戏之感。

图 6-52 《哈伯市场》。设计者:布罗维奇。作品中的摄影图片经过加工后,与波浪形的文字组合浑然一体。

图 6-53 内页版面设计采用趣味游戏的版面形式。设计者:佚名,1960 年。

图 6-54

第七节 电脑时代的自由版面设计

自由版面设计虽然在铅字时代曾有过短暂的试验期,但由于技术上的局限性,这一编排方式最终并未被真正实施。少数设计家们的个别试验,也未能使这一体系的作品广泛运用于商业上,加上成本因素,铅字时代的自由版面设计似乎逐渐走向了消亡。进入战后工业化时期,由于信息产业的飞速发展,以美国为代表的西方工业化国家,研制开发的电脑技术广泛运用于社会各个领域,印前设计、排版、印刷等环节迅速电子化,古老的铅字时代从此一去不复返。编排技术上的障碍,这一曾经困扰着人类文明进程的羁绊此时被彻底地清除,编排从此进入到了一个自由王国的时代,人们不再为排版技术问题而犯愁,也不用考虑编排的成本问题。时至今日,自由版面设计再度风靡全球已是时代的必然。自由版面设计在电脑时代出现了两个最著名的标志性人物:一个是以美国人戴维·卡森为代表(参见图 6-74～图 6-110),另一个则是英国人内维尔·布罗迪(参见图 6-111～图 6-119)。前者是一个以社会学家的身份偶然进入到

图 6－57

平面设计领域的探索者，而后者则是一个对音乐有着浓厚兴趣，继而又进入英国正统印刷学院学习的天才设计师。戴维·卡森的作品，在编排上结合创新字体设计，并运用大量的摄影图片使作品充满了随意与浪漫。罗布迪的作品绝大部分以纯粹元素作为试验，从而设计出一批具有典型的纯粹元素的编排形式。商业上取得极大成功的自由版面设计，尤以老牌传统设计强国荷兰为代表，如：登巴设计工作室（Studio Dumbar）。此外，美国设计师南西·斯科罗斯和托马斯·B·韦德尔（Nancy Skolos/Thomas B. Wedell）合作设计的自由版面设计作品同样极为出色（参见图 6－158～图 6－167）。他们的作品在设计风格上采用图形摄影技术，并利用光影的自然变化使版面充满扑朔迷离的影像效果，作品在二维空间中具有三维的视觉错觉，作品每一个局部都以精湛的编排方式，将所有的图形文字纳入到统一的版面空间中，给人以极其精美的视觉感受。

图 6－58

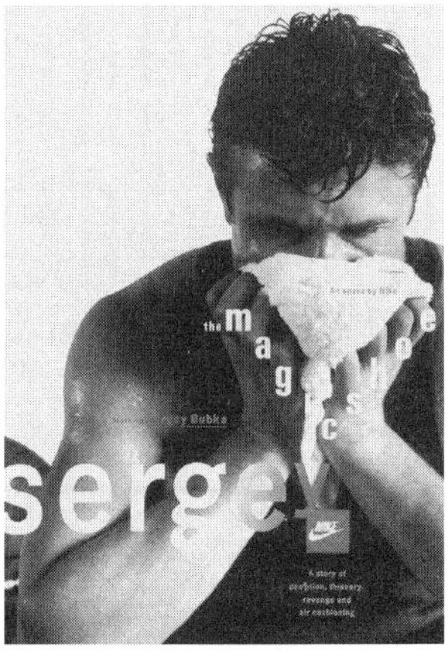

图 6－55　耐克运动产品推广系列海报。设计者：登巴设计工作室（Studio Dumbar），1992 年。作品采用单色照片加文字叠加配置，由于图、文比例不同，版面并未因文字编排而破坏了图片，相反文字的自由排列却增加了运动海报的信息传播量。

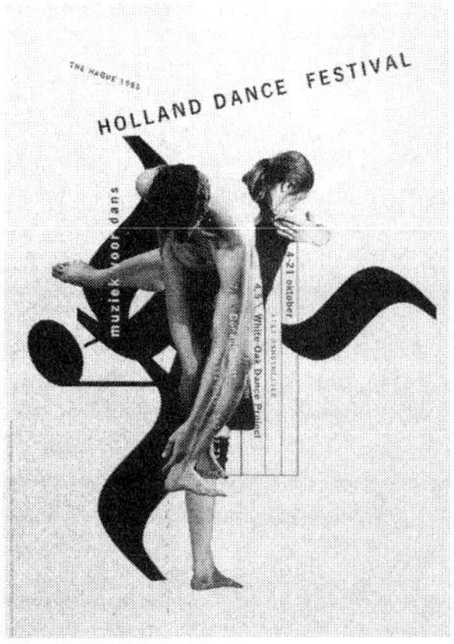

图 6－59

图 6－56　海报，1995 年。设计者：登巴设计工作室（Studio Dumbar）。作品以企业标志作为海报的宣传内容，运用摄影的方式将标志的光影效果拍摄下来，输入电脑进行特技处理，从而使得版面清新现代，并未因排版手法的自由而导致功能丧失。

图 6－56～图 6－59 系列海报出自鲍勃·凡·代克之手。作品采用统一的黑白色调，人物裁切后与音乐符号相组合，形成了个性鲜明、动感强烈的艺术效果。由于图形变化剧烈，文字部分则采用了相对平静、理性的排版方式，使整个作品张弛有度，有着良好的功能作用。

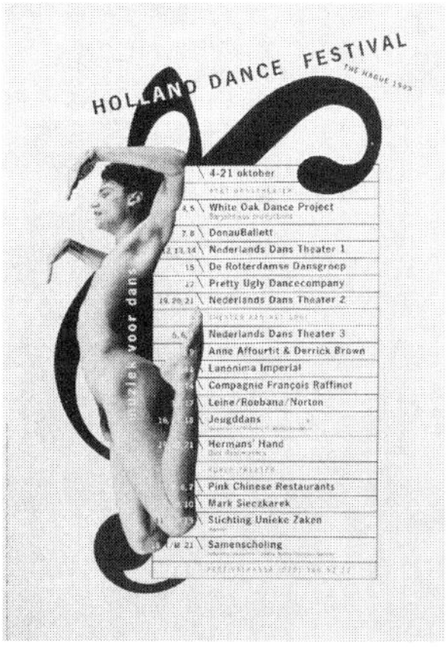

图 6－60　荷兰戏剧节系列海报。设计者：登巴设计工作室(Studio Dumbar)。

图 6－62　苏联音乐节宣传海报。设计者：登巴设计工作室(Studio Dumbar)，1989 年。这组海报运用了动感强烈的摄影图片，文字自由编排，从而使得海报有着良好的信息传播功能。

图 6－63　苏联音乐节宣传海报。

图 6－61　家具系列海报。设计者：登巴设计工作室(Studio Dumbar)。如何将家具海报设计得有特点，并代表着未来家庭陈设的明天是一个重要课题。登巴设计工作室首先从海报的外形入手，将海报设计成不规则的形态，再结合自由版面设计手法，通过反复的论证与修改，最终出品了一系列极其经典的海报作品。

图 6－64　瑞拜尔剧院招贴。设计者:登巴设计工作室(Studio Dumbar),1995 年。瑞拜尔剧院是一个自由的演艺场所,环境幽雅。演员表演时观众可饮酒,对于演出的内容也可任意发表自己的见解。因此,海报在设计的方式上,客户要求每位设计师都必须以极其自由的方式发挥个人的最大潜能,从而使得海报设计成为登巴“自由主义”盛行的阵地,每位设计师均可自由地发挥自己的特长。在这些作品的版面中,文字排列常采用有规则或无规则的手写体,或单独设计的专用字体,形式多样,手法不限,但所有的作品都遵循着能够准确传达信息,不影响阅读的准则。

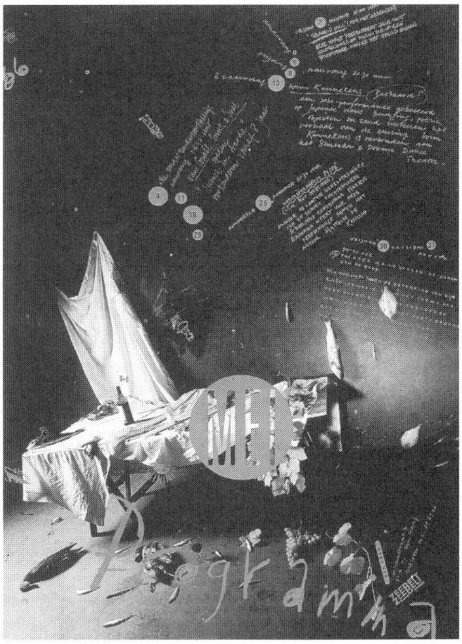

图 6－65　荷兰戏剧节节目单封面,1986 年。设计者:登巴设计工作室(Studio Dumbar)。

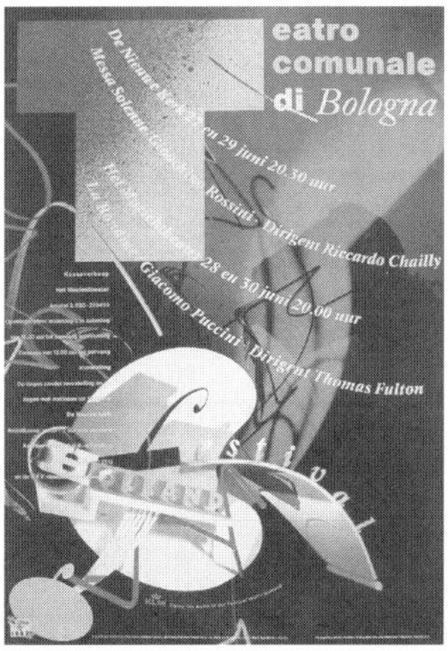

图 6－66　荷兰戏剧节歌剧海报,1987 年。设计者:登巴设计工作室(Studio Dumbar)。

图 6－67　荷兰戏剧节舞蹈海报,1987 年。设计者:登巴设计工作室(Studio Dumbar)。

图 6－68　荷兰戏剧节杂志内页版式设计,1987 年。设计者:登巴设计工作室(Studio Dumbar)。这一组荷兰戏剧节杂志内页版式设计,采用的是网格构成手法,由于杂志的封面运用的是自由版面设计手法,从而使得这两种设计手法处在一个矛盾对抗中。为了解决这一问题,设计师将封面中的设计元素,如:弧线以及某些段落的局部细节引用至内页版面中,使得杂志内页与封面有着某种必然的联系,视觉上这一手法似乎是封面整体设计的延续,使本来显得十分矛盾的设计形式圆满地得以消解。整个设计既理性秩序又自由洒脱,是自由版面设计解决功能问题十分成功的范例。

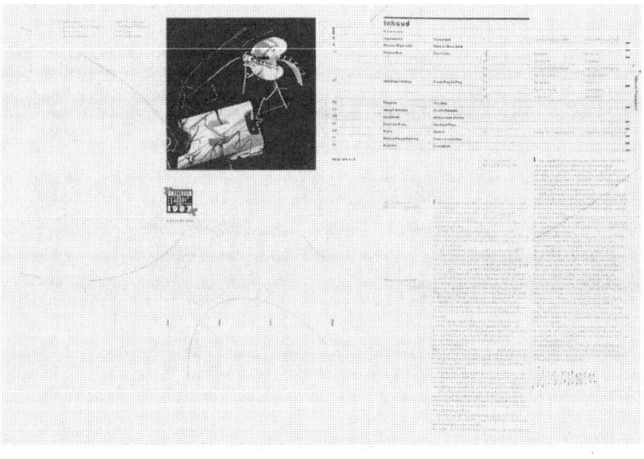

图 6 - 72　荷兰戏剧节舞蹈节目海报，1988 年。设计者：登巴设计工作室(Studio Dumbar)。

图 6 - 73　海报，1995 年。设计者：登巴设计工作室(Studio Dumbar)。这是一幅有关俄国绘画艺术展的海报，作品在形态方式上显然受构成主义的启发，将海报的外形用不规则的方式裁切。排版方式与版面形态仍属自由版式设计，并有着良好的信息传达功能。

图 6 - 69　荷兰戏剧节舞蹈节目海报，1987 年。设计者：登巴设计工作室(Studio Dumbar)。

图 6 - 70

第八节　自由版面设计的特征

从以上自由版面设计的历史轨迹和学术特点来看，自由版面设计体系有着鲜明的设计个性，它主要表现在下列几个方面。

一、功能的矛盾性

长期以来，人们一直认为自由版面设计最大的弊病在于其低劣的功能性，尤其是早期的未来主义和达达主义作品，当时的读者几乎无人接受这样的设计形式，客观上也无法去理解那种零乱、繁琐、无逻辑的视觉形态，人们只能将其归于某种绘画形式。然而，当西方社会在经过二次大战后，理性主义的设计统治着世界，冷漠与国际化的网格设计使全世界的设计师都朝着统一模式迈进，简约主义的东西越来越受到人们的怀疑，理性的国际化设计思路不再成为人们顶礼膜拜的偶像时，此时的西方对于自由版面设计开始了新的认识与评估。与 20 世纪初一样，自由版面设计恼人的功能问题，总是困扰着有意探索新设计的人们。这一问题似乎必须得到解决，只有解决了这一现实矛盾，自由版面设计才具有市场价值，对这一问题的探索不乏众多的设

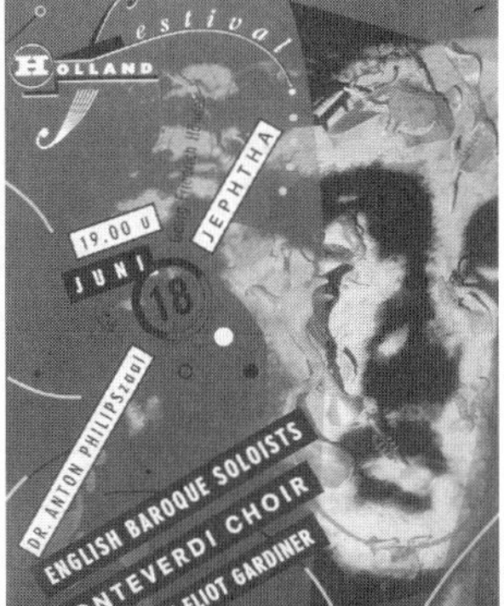

图 6 - 71　荷兰戏剧节合唱节目海报，1987 年。设计者：登巴设计工作室(Studio Dumbar)。

图 6－74 版面打散与破碎体现出解构性的一大特征，但这并不影响文字的阅读。

图 6－75 图文虽然自由排列，但版面仍处于良好的平衡状态中，个别文字的残缺破碎只需起到装饰作用即可。

图 6－76 文字对主要图形的叠压，在古典版面设计中较少使用，自由版面设计作这样的处理，可使图文一体化。

计师。在西欧小国风格主义的故乡——荷兰，一群有着丰富想像力的青年设计师一直在进行着不懈的努力，旨在向新的设计形式与功能目标冲击。以海尔特·登巴为首的设计师带领着一帮年轻人尝试这样的设计。到了 20 世纪 70—80 年代，登巴公司(Studio Dumbar)便出品了许多精美的作品。与戴维·卡森不同的是，登巴设计工作室的每一幅作品都是长时间反复试验、反复修改的结果，相反，卡森的作品则多为即兴发挥，一气呵成之作。登巴公司的自由版面设计作品，之所以有着广泛的市场认同感，主要在于其良好的认知力，他们很好地解决了形式与功能的矛盾性，如：荷兰戏剧节招贴画系列作品，看上去似乎很零乱，但仔细品味则会发现其创意深刻，点、线、面的位置恰当，文字信息传递准确、迅捷，很好地表达了戏剧节活泼、狂欢、动人的境界(请参见图 6－54～图 6－73，另见彩图 19～彩图 22)。

与登巴不同的是：戴维·卡森作品版面功能的矛盾性多体现在杂志的排版方面。许多情况下，卡森的作品并不是一味地追求版面的狂放与变化。为了达到传达信息的目的，卡森在版面上经常使用网格设计结合自由版面设计的混合编排手法以解决功能性问题。从这一点上可以看出，卡森并不是一味地死守形式的信条，当功能性受到威胁时，他会毫不犹豫地站在功能的一边。显而易见，设计上自由版面设计有其理念上矛盾性的一面。在有些人看来，这一设计方式似乎有着某种投机的成分，但现实的商业竞争与自由版面设计体系的生存出路，却召唤着这种矛盾性或者投机性的存在。可见，自由版面设计在很多情况下并非完全意义上的"自由"。

二、解构性

自由版面设计最大的特征之一在于它的解构性，解构的产生，实质上是对理性主义版面设计的反叛，是对原有古典和以数理为基础的排版秩序结构的肢解，是对正统版面的解散和破坏，它运用了不和谐的点、线、面等元素与破碎的文化符号去重组新型的版面形式。现代设计真正的思想根源是用科学的思辨与逻辑数理来探求设计的本质，是用明晰的思路与有规律的秩序去把握设计的内涵，强调标准化与批量化，最终把功能和效益作为终极目标。而现今的自由版面设计却试图打破这一界线，朝着崭新的多元化方向发展。解构性即解构主义(Deconstruction)的统称。它产生于 20 世纪 80 年代的西方，起初为一股晚期现代主义与后现代主义思潮在建筑、平面设计等诸多重要领域中的实验性反映，其代表人物有建筑师彼得·埃森曼(Peter Eissenmann)、贝马得·屈米(Bemard Tschumi)平面设计师有英国的内维尔·布罗迪(Brondy.)、美国的戴维·卡森(David Carson),他们均把法国哲学家雅克·德里达(Jacques Derrida)的解构主义作为其创作的思想基础,并将这一理论大胆地运用到现实实践中,创造出了一系列令人眼花缭乱的设计作品。作为西方当代重要哲学家的德里达曾发表过大量的哲学著作,如《声音与现象》、《书写与差异》、《论书写》等。他在学术上最大的贡献是:一方面对西方文化的形而上学基础的批判,另一方面开创了对文本的游戏姿态。他最具价值的理论核心是"解构"。在他看来,西方应彻底解构整个"存在——神学的"、"言语中心主义"传统。

解构分为两个阶段:一个是颠倒、否定古典哲学价值论和逻辑上的等级关系,另一个是改变或创造一个新的概念。在他看来,符号之所以成为符号,是因为它具有所指物的替代品,符号体现着真实物的隐蔽。故此,符号具有区分和替代的双重作用。德里达哲学理论的批判,凭客观理性思考,而对恢复世界秩序的形而上学传统不屑　顾,他试图恢复非理性和伦理性事物,由逻辑领域步入到非逻辑领域,重视异质事物,主张将封闭的结构打破为开放的结构,通过引进异质事物创造出多层次的事物,关注特殊的文本和阅读过程。拆散整体性,系统性,提倡差异性。德里达的解构思想包括在传统形而上学的一切领域,体现在一切固有的确定性,所有传统的界限、概念、范畴、等级制度在德里达看来都应予以否定。

德里达解构哲学的产生,大大地冲击了西方文化界,对于文学、社会学、伦理学、政治学等以至神学都有着各种各样以 180 度大翻转式的研究。在平面设计界,它与以往富有理性形式的国际主义设计所建立起来的版面秩序有着某种背离。当今世界发展变化快速,而脱离时代要求的理性形式却具有一定的局限性,它已不能满足发展变化了的市场要求。解构性的版面设计在某种程度上,弥合了人们对这一市场发展所造成的心理裂痕,解构性的自由版面设计从表面上看是反理性、反传统,似乎是对国际主义理性设计的否定,但从本质上看,他却是对国际主义的理性设计精神的补充或变象发展。它大胆而坚定地冲破了理性主义教条的桎梏,引入了随机、偶然的因素,珍视"机会"和"偶然性"在版面中的效果,对原有传统的版面设计理念进行破坏重组,消解、淡化过去以往不足之处,它对版面设计实际上是一次扬弃的试验,强调版面结构的不稳定性、非对称、非规律性。提出了颠到原有版面设计的主从关系,改变并建立新的版面设计观。解构性自由版面设计从某种意义上是一次破坏性的革命,旨在建立新的版面秩序,这似乎很像早期未来主义版面设计诞生的情景,当然那时的社会背景不同于现今的社会状态,生产力

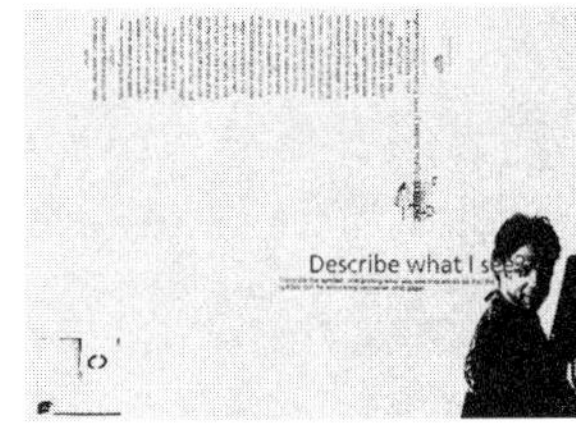

图 6-77　运用文字的倒置手法设计也是自由版面设计的一大特征。将不同方向的主体文字编排在一起,体现出自由版面设计对于传统观念的挑战。

图 6-78　将文字图形化处理,此时文字的功能已丧失部分作用,传输给读者的辨析力也只能是含糊不清的信息传达。当然,这类内容一般皆处于文章的次要地位。

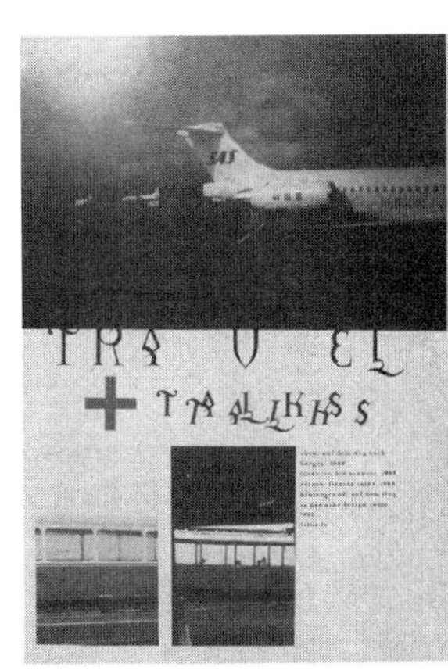

图 6-79　把不同的图片置于同一版面中,为了使图与图之间产生联系。自由版面设计常常将某些"形态怪异"的字体组合在一起,使之成为图形的一个部分,联结并能起部分的功能作用。

图 6－80　运用大块特殊处理的图片，结合叠加非等距排列的文字是自由版面设计常用的手法。

的发展也不一样，社会所积累的财富也非处于一个同量水平，从外表看上去好似一次轮回，但实际上却有着本质的区别。

平面设计界对解构主义吸收的另一个最直接的成因是电脑技术的使用，当今大规模自由版面设计形式的产生首先来自于科技的进步，由于信息时代的到来，以美国为首的西方世界通过对电脑技术的发展，把世界印刷业带向了一个前所未有的快速发展阶段。以往通过手工劳动下的印刷编排手段，在现今电脑排版系统面前不堪一击，信息化革命为版面设计带来的结果必然是高节奏、快速度，从过去繁杂约束的排版中解放出来，逐渐步入到无拘无束的自由王国之中。按照现有的排版科技水平，无论设计者有多么丰富的想像、复杂的制作、怪异的编排，电脑都能实现。在同样拥有电脑设备的前提下，硬件已不显得重要，所有的设计师都面临着如何走向突破，如何用非常规的思维方式去赢得竞争。“解构性”无疑给思考中的人们提供了一次历史的机遇。在这种背景下，戴维·卡森以社会学家的身份出现在平面设计领域，就不足为怪了。戴维·卡森 1956 年出生于美国的纽约，早年爱好绘画，少年时代梦想成为一名画家，大学期间的兴趣却是社会学教育。戴维·卡森力图对社会现象下的真实性进行深入研究，这期间他接受了德里达的哲学思想并开展了一系列实验性探索。他走上平面设计之路纯属偶然，出于职业的因素，他常常将传统版面设计和解构主义版面文字放在一起，让年轻人尝试着阅读。事实的结果使之颇为惊讶，有相当一批年轻人对传统的版面文字和排版方式并无兴趣，反之，对富有扭曲、变形、割裂的版面编排却大为欣赏，这就激发了戴维·卡森的创作热情。出于职业的敏感，他及时抓住了这一机遇，并进一步将试验继续下去，结果在社会上造成了广泛的反响，尤其是在年轻人当中。戴维·卡森作品的影响，首先来自于他为《海滩》、《枪手》杂志所作的版面设计。形式上，他运用错位、叠合、重组等创作手法，使版面生成新的机遇模式。这种典型的富有现代感的版面设计形式与过去以往版面设计的区别，在很大程度上取决于其解构性。卡森在心理试验中发现这种解构了的版面形式很适合当代西方青年人对重组解构设计的口味。

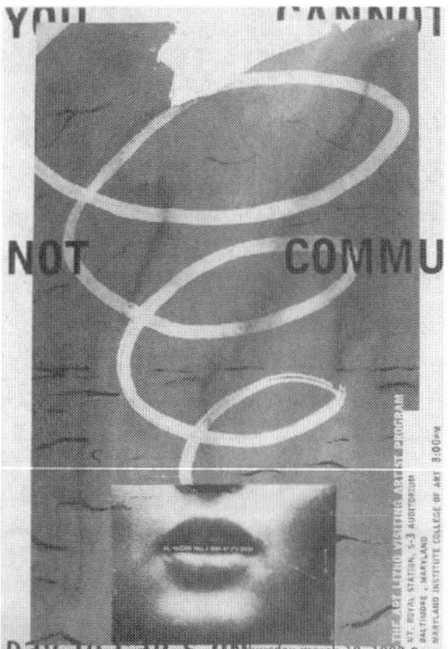

图 6－81　将图片截取局部，结合手绘线条的组合，显得幽默、诙谐。为了进一步增加这样的视觉滑稽感，设计者故意将一段文字置于人物的口中。

在卡森的解构性作品中，常常可以看到这样几种版面设计手法：任意变化的字体和字号；特殊和别有风味的字体；丰富多彩的版式；空旷无痕的页面；出错无序的字体以及聚集放大的观念性文字。这些手法的运用使版式编排出现了极大的震撼力。卡森从上世纪 80 年代开始对于更新建构标题、注释、正文以及图形与页边的关系给予了专门的重视。在常人看来这一切工作似乎仅仅是任意的偶遇，并非发自卡森的苦心经营。相反，卡森在编排时,常常反复试验并以最纯粹的效果呈现给读者。他的编排首先常以一个放大的观念性文字作为版面的起始。对文字的形式感处理不仅能美化版面和传递信息而且并不会因此表现而丧失功能。卡森的这些设计手法与大众传媒的电视广告片很接近,若仔细思考上述特征,这种风格并没有产生损害版面的不良效果。相反,卡森却为版面新气象另辟蹊径。与传统的排版方式相比,卡森的解构作品某种程度上加进了电影电视中的许多表现手法,或者说电视、电影成了他创作的参照工具,从其独创性来看,卡森的观念无疑影响了当今的设计界。

卡森的作品之所以引起这么多的争议,还在于其作品的“解构的类似性”。如果对卡森作品再作进一步分析的话,那么可以发现,似乎在他作品的许多方面历史上都曾有过相似之处。前文中我们曾分析过的未来主义、达达主义的许多设计手法,在卡森的作品中都曾大量的使用过,即使是 20 世纪 60—70 年代的后现代主义的作品特征也都集中表现过,只不过这些手法到了卡森的作品中被赋予了新的意义和新的形式罢了。这种解构的相似性还在于和 20 世纪 80 年代美国的一批先锋派艺术家以及荷兰先锋派设计师对于新的版面形式的探索上,有少数学者指责卡森的作品抄袭了上述流派的创意。直到 20 世纪 80 年代的后期,卡森的作品才被业内肯定并受到广泛的赞扬。

卡森的自由版面设计也存在着某些“颓废”与“消极”的因素。这似乎与解构性本身有着某种联系,与早期达达主义作品一样,那种扭曲和变形的字体必然会干扰和影响信息的传播,但这种“颓废”与作品本身所反映出来的怀疑、探寻、选择相比显然是微不足道的。

由此可见,卡森平面设计风格的形成主要源于解构主义,这种早期风行于文学理论界的思潮,最终解释了许多平面设计师对于平面设计探索时的迷茫、混乱与无序,卡森的作品代表了这一时期的设计潮流,作品似乎说出了许多人想说而未能说出的话,毫不夸张地说卡森是这一时期风格化的代表。进入到 90 年代后期,卡森的自由版面风格很快便成为数码变革的独特语言,但依旧未脱离解构性的特点。在卡森看来,国际互联网的使用,最终必将替代传统的纸张印刷产业,而作为现前的过渡阶段,印刷品的面貌必须以数码的形式与网络革命同步。在这种思想指导下,他的版面形态出现了无限的变化与形态的任意组合,似乎每一个页面都是一个电脑网页互动时的过程,或是静止的动画界面,当然卡森富于解构的自由版面形式也具有两面性,在他的身上反映出作为艺术家的卡森和作为商业运作者的卡森,这两种现象本不该同时出现在卡森身上,但是作为商业利益和生存

图 6-82 戴维·卡森常常选择具有强烈视觉冲击力的图片,结合长短参差不齐的文字与字号随意变化的段落一同置于版面的某个角落编排版面。

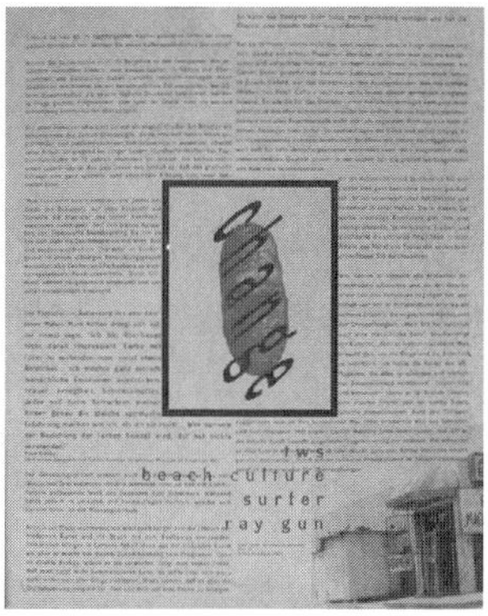

图 6-83 正文采用类似于网格设计的手法排列,而正文中间却突然穿插着游走的文字,使本来平静的版面突然增加波动。图形力图用醒目刺激的方式去吸引读者的注意力。

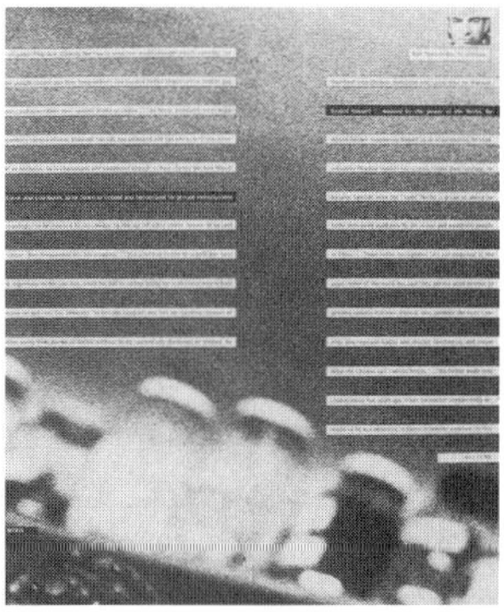

图 6-84 正文部分用特别的色块衬托排列,使得版面新颖、突出。

图 6－85　运用特殊角度的图片，再结合似乎被剪切的电影胶片去体现版面的特殊性。

的现实问题，卡森不得不面对这样的选择，在他看来，大的商机本身就带有不可回避的保守性，而卡森自身内在的思想却是向往成为一个纯粹的“表现主义”的探索者，并以最大的反叛和对抗来回击现实的阻碍与保守。卡森是成功的，作为艺术家的他开创与引领了一代国际网络自由风格的先河，而商业上的成功，使他成为平面设计服务业成功的典范。卡森富于解构性的自由版面设计就像是一部播种机，使新的版面设计观念在年青一代人中发芽生根直至变成波澜壮阔的国际设计潮流（请参见图 6－74～图 6－110，另见彩图 23）。

图 6－86　文字排列与图形在版面的受力方式上存在着内在的联系。

图 6－88　优美的海浪结合自由排列的文字，使得版面字图一体。正文部分在不影响阅读的情况下，其局部逐渐变化使之融入整个版面中。

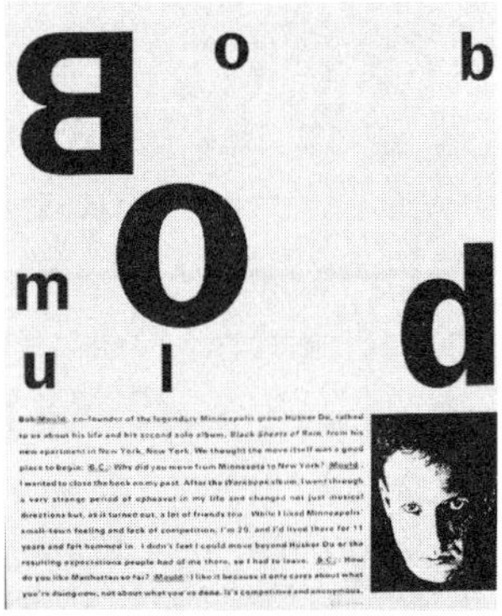

图 6－90　大字此时已成为装饰的符号，自由版面设计利用这种强烈的版面语言以体现中心内容的情绪变化。

图 6－87　用洒脱的墨水、无序的文字去随心所欲地排列，形成自由版面设计显著的特征。

图 6－89　将画面边框作残缺处理，结合对比强烈的文字，使处于和谐的版面产生不同的变化。

图 6－91　抽象的但形态优美的局部图片用于版面，使之与文字产生对比，而这样的图片多为黑白单色。

图 6-92　背景图形用绘画的方式和主体摄影图片并置，形成现实与理想之间的矛盾对比。局部文字结合欲表现的内容形态，使得版面理想与现实、现在与未来、人性与兽性之间直接对抗。

图 6-93　运用图片的特殊角度和黑白形态作为设计的主体内容，也是自由版面设计的惯用手法。

图 6-94　将左右两个版面运用正方形与正圆形绝对地并置，使之产生不和谐对比，且正方形中的人物视线方向正好与圆形中的文字内容产生视觉上的受力关系，使得整个版面产生既理性又非理智的矛盾对抗。

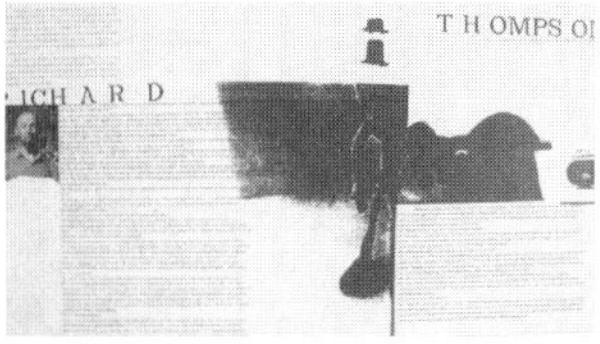

图 6-95　大面积不规则的黑块图形，加上边缘的虚实变化以及规整多变的文字版面，看上去整洁、独特。

图 6-96　运用铅字字母去充当图形的笔触，使版面图形化。

图 6-97　图片以独特的角度配上重叠的文字，使得版面具有战争的残破感。

图 6-98　选择一张残破的场景并配上变化剧烈的字母，版面显得尤为无序与脏乱。

图 6-99　《枪手》封面将文字倒置以凸现杂志的独特性。

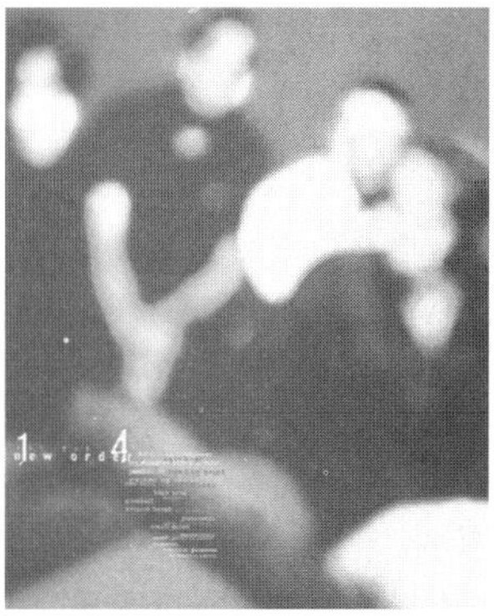

图 6-100　大面积的人物造型用虚化的方式构成版面，相反，局部文字却清晰可辨，目的在于产生强烈的反差对比。

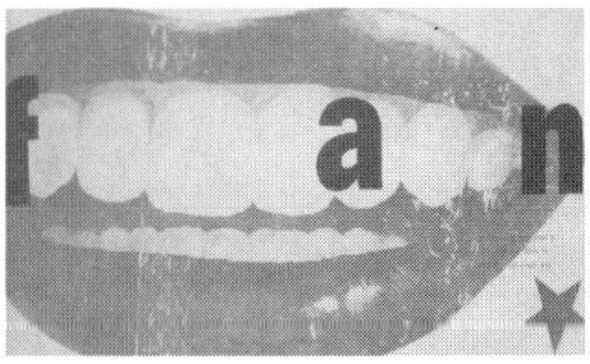

图 6-101　所选择的图形角度独特，配上粗黑的大字和几行小字，显得版面十分刺激、强烈。

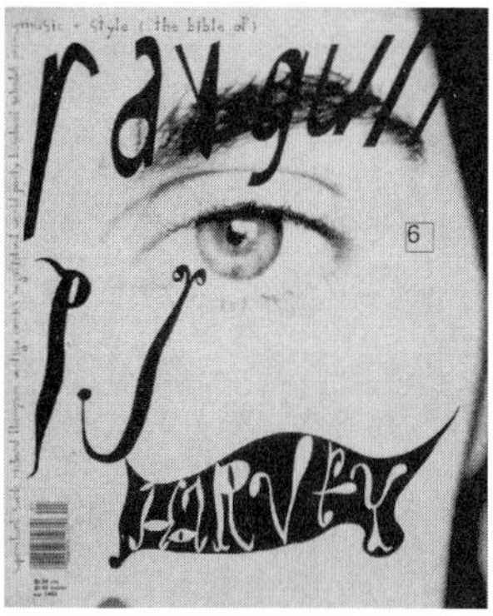

图 6 - 102 选择人脸的一个局部，配上变化剧烈的字母，使整个版面十分优美、精致。

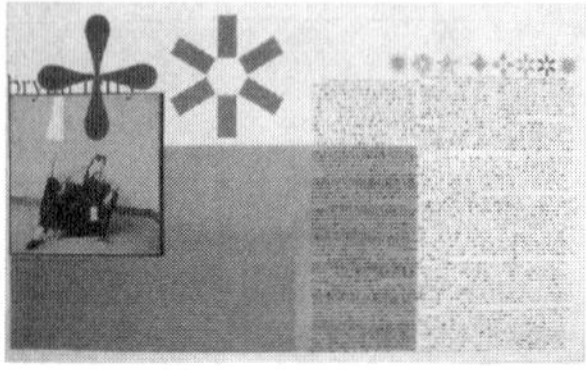

图 6 - 103 版面的小字由符号构成，此时的小字已不再具有文字功能，仅成为装饰符号。

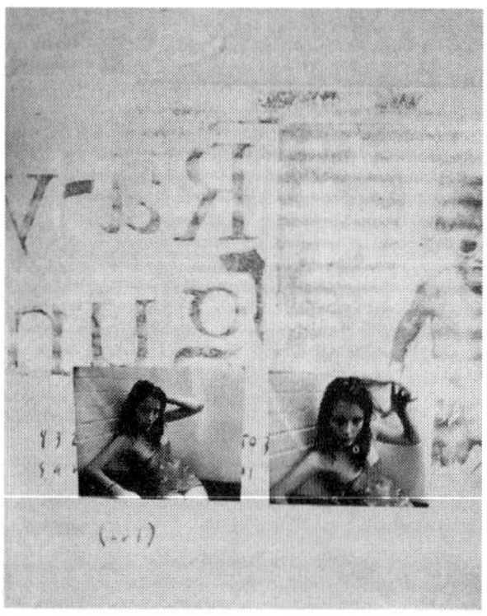

图 6 - 104 同一个人选择两张连续的动作图片，背景配上残破的文字与不洁的男性形象，显得主题内容十分的“坠落”与“萎靡”。

图 6 - 105 图片上的人物形象怪异，加上自由排列的文字，作品显得十分独特。

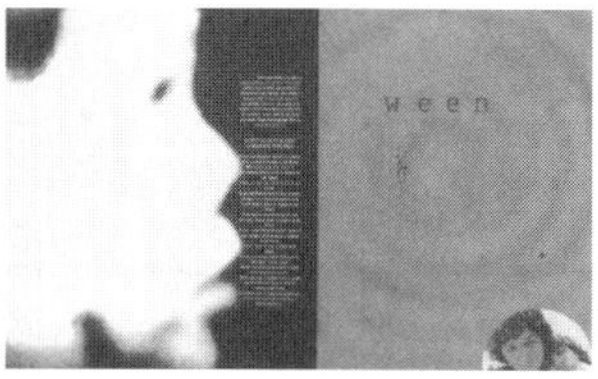

图 6 - 106 特殊角度的图形与人物朝向形成受力关系。

图 6 - 107 大段的文字有着很好的辨析力，然而，版面却突然来上一道划线，便打破了这样的宁静。

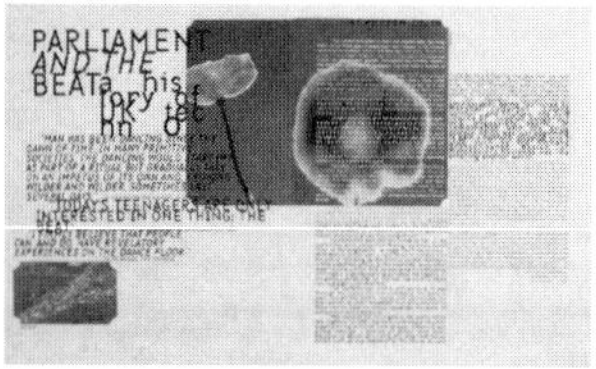

图 6 - 108 大段文字整齐地排列，然而，行与行、段落与段落却有着字体形态和虚实的变化。不清楚的文字是为了装饰，并不以读者看清为目的。

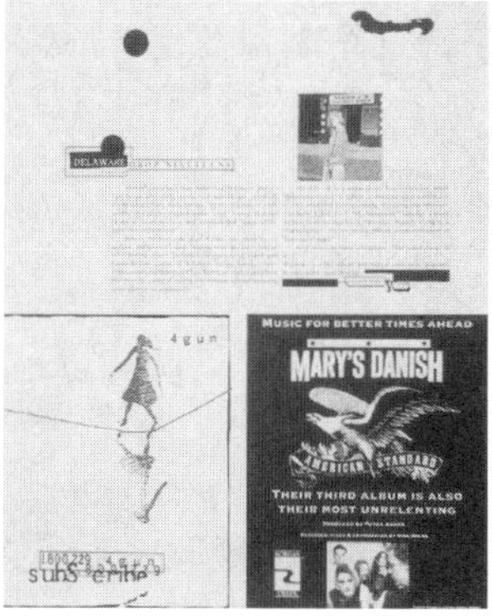

图 6 - 109 把不同的内容配置在一起，利用版面的角度分割变化以体现自由版面的韵味。

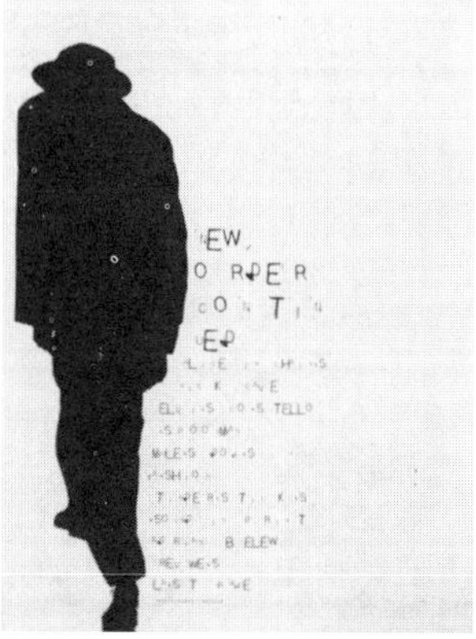

图 6 - 110 该作品运用摄影手段，选择角度特殊的剪影图片，结合变化多端、残碎、破裂的文字组合版面，表现主题内容。此时的文字具体内容已不重要，它已成为图形的一部分。

三、字图一体性

根据自由版面设计的特点，字体常常成为图形的一部分，即通常所说的字体图形。在排版中常用的“计白当黑”的设计手法，通过版面编排中的空白处理以达到“以形写意，以意达神”的目的。设计者常常把一幅版面设计当着一幅绘画作品来完成。版面的每一个字体、每一个符号都是画面中的排列元素。在字图一体的处理中运用图形的虚实手法，来达到字图融为一体的目的。字图一体在自由版面设计中，版面排列的位置常常与图形中物体运动方向联系，使之成为图形的一个关联元素。字图一体还体现在版面的编排和图片可以任意相互叠加、重合上，使版面中有无数的层次，以增加画面的空间厚度。

最能够代表字图一体性的设计师为英国人内维尔·布罗迪(Neville Brody)。内维尔·布罗迪1957年4月23日出生于英国伦敦，1975年入豪斯学院(Hornsey College)学习，次年进入伦敦印刷学院(London College of printing)学习设计。毕业后，先后为许多杂志设计封面。从1981年开始，他长期担任英文杂志《脸》(The face)的艺术指导，并从1983年起为伦敦杂志《城市极限》(City Limits)设计封面。从1987年起先后担任《Per Lui》和《Lei》杂志的艺术指导。1988年他又担任德国汉堡、柏林等地剧院的设计工作，并在此期间发表了大量的作品，其版面编排的前卫性成为欧洲新时期的代表，引领整个欧洲乃至世界自由版面设计的新潮流。布罗迪的版面设计最大的贡献在于将传统版面设计观念赋予了新的含意，并从自身的理念中解放出来，认为：字体本身已不再是纯粹的文字符号，很多情况下必须担当着图形任务。人们通过《Fuse》就可以看出，字体与图形已成为一体。1988年内维尔出版的自己第一本书名叫图形语言(The Graphic Language of Neville Brody)，充分反映了布罗迪的版面设计观。从内文的排列形式上看，布罗迪的自由版面设计，尽量减少使用摄影图片，版面形式多以单纯的字母符号作为视觉元素，在他看来拥有丰富的文本内容足以充实版面，无须再辅以更多的摄影图片，真正的版面设计应充分利用文本本身的编排方式加以实现。当然减少使用摄影图片并不意味着布罗迪排斥使用摄影图片，而是在充分合理利用文本编排的同时，使摄影图片与文本有一个内在合理的联系。同其它自由版面设计师一样，布罗迪早期作品也存在着许多商业误解，一度被商业拒绝使用，但这并未阻碍他对版面编排新形式的冒险试验，虽然许多想法在商业上很难通过，然而相比较以往那些陈旧枯燥的老式版面观念，这种冒险无疑给他带来了许多安慰和自信。由此可见，布罗迪字图一体的版面特性，为自由版面设计带来了一股清风(参见图6-111～图6-137，另见彩图24、彩图25)。

图6-111　将主要标题图形化，小字部分采用网格设计手法与主要图形形成对比(图6-111～图6-119的设计者为内维尔·布罗迪)。

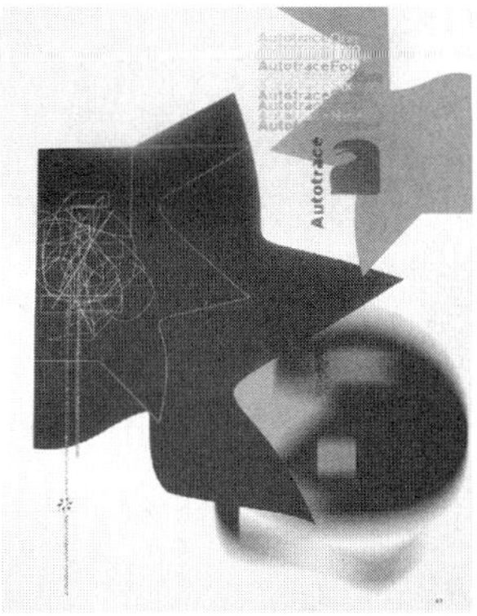

图6-112　将版面设计成不规则的抽象图形与文字相结合，形成对比强烈的版面形式。

图6-113　主要文字经过图形化处理后，置于版面的底部，使之成为背景，并随着光影的变化，具有梦幻般的意境。小字部分清晰可见，是设计者真正所要传达的信息部分。

图 6 - 114　作品设计的规整理性，在自由版面设计中可根据需要适时选择。

图 6 - 115　统一重复的字母形成块状图形，看上去没有多少变化，但作品真正追求的是字母倾斜所组成的巧妙变化。

图 6 - 116　将文字与纯粹形态组合形成有机的统一整体。

图 6 - 117　单个字母已完全成为抽象的图形，并与相关内容组合成层次分明的版面。

图 6 - 118　把字母复制重叠，挤压成一个完整的图形，再将图形的局部作细微化处理。

图 6 - 119　运用抽象的平面图块，看上去既像字母，又非字母。作品很大程度上带有象征性的意境。

图 6 - 120　荷兰 PTT 电信展海报，1960 年。设计者：彼德 • 布莱亭加(Pieter Brattinga)。把字母与人物肖像组合在一起形成新的设计观念，在 20 世纪 60 年代显得十分前卫。

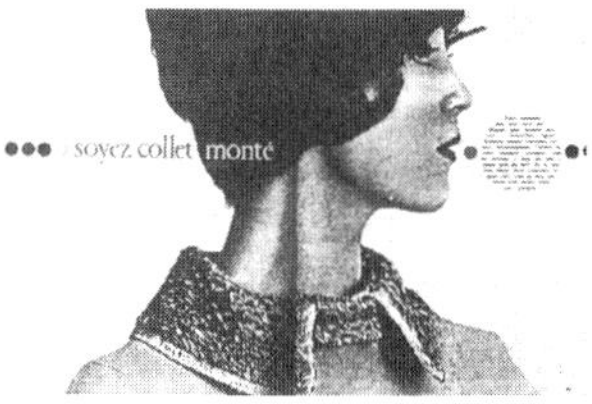

图 6 - 121　杂志内页版式，1960 年。设计者：彼德 • 纳卜(Peter Knapp)。把文字组合成动态的几何形态，使得字图一体。

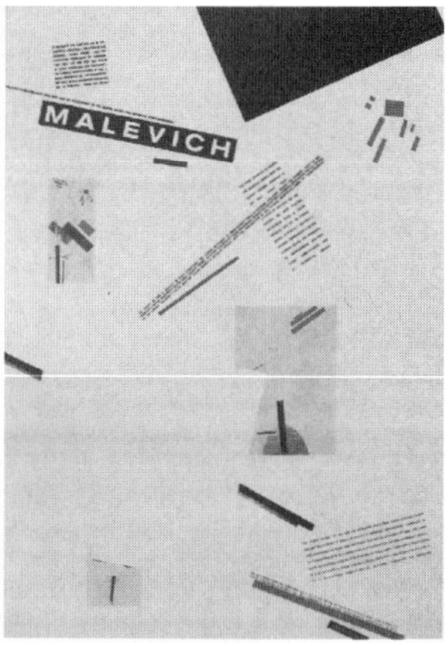

图 6 - 122　历史海报，1980 年。设计者：劳瑞 • 巴赖特(Lori Barnett)。由文字组成条块状的几何形态，成为版面的构成元素。

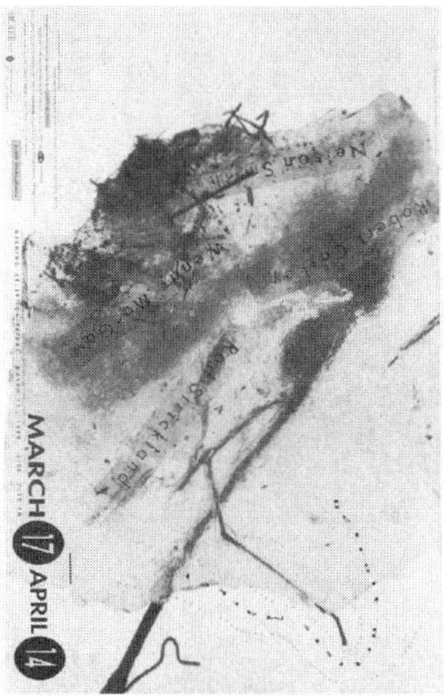

图 6-123　市场海报，1989 年。设计者：大卫·马森。

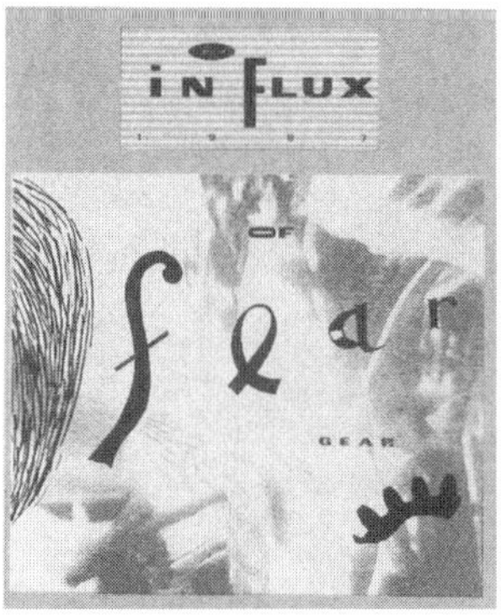

图 6-124　概念海报。设计者：大卫·福瑞(Devid Frej)。海报中的文字已成为版面中构形的一个特殊造型，它的意义已不完全传达文字信息，而是作为图形存在。

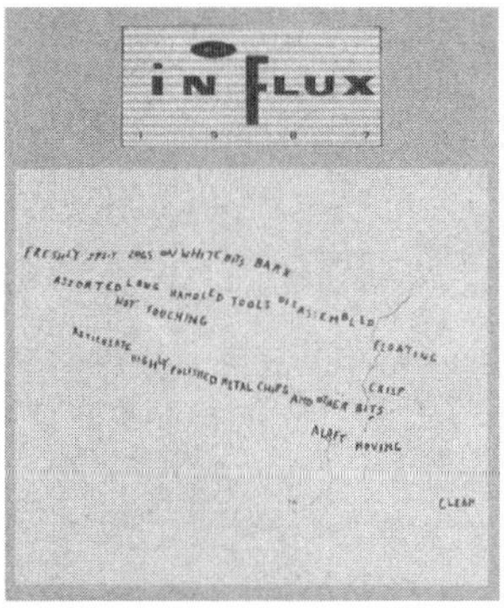

图 6-125

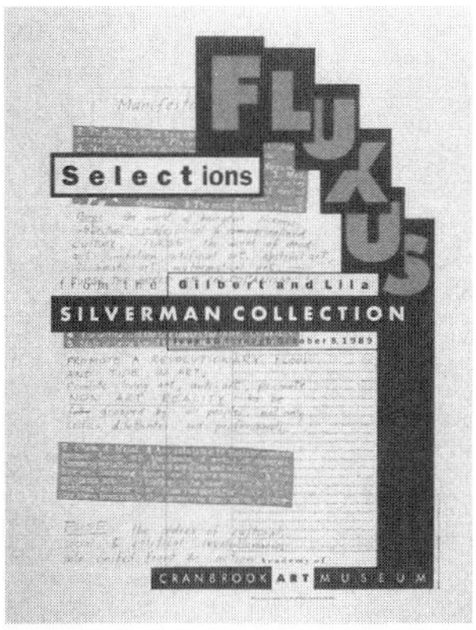

图 6-126　运用字母的自由组合，构成版面形态。

图 6-127　海报。设计者：大卫·福瑞。

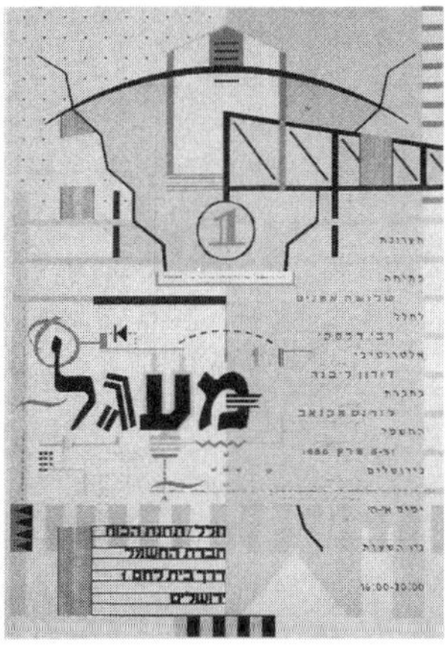

图 6-128　海报，1988 年。设计者：肯尼斯·温德梭(Kenneth Windsor)。

图 6-129　海报，1988 年。设计者：詹姆斯·马森(James Mason)。运用文字组合，构成具体的人物形态。

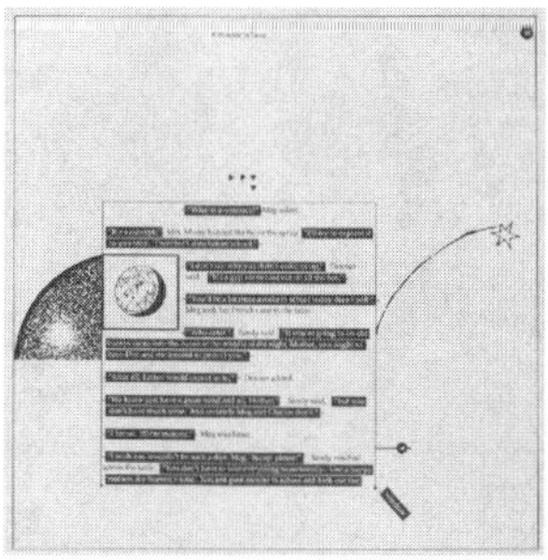

图 6-130　《及时的皱纹》版式，1988 年。设计者：塔马·罗森绍尔(Tamar Rosenthal)。正文此时已与抽象的条块几何形构成完整的图形，欲让儿童产生丰富的想像。（图 6-130～图 6-134 为系列版式设计）

图 6-131

图 6-132

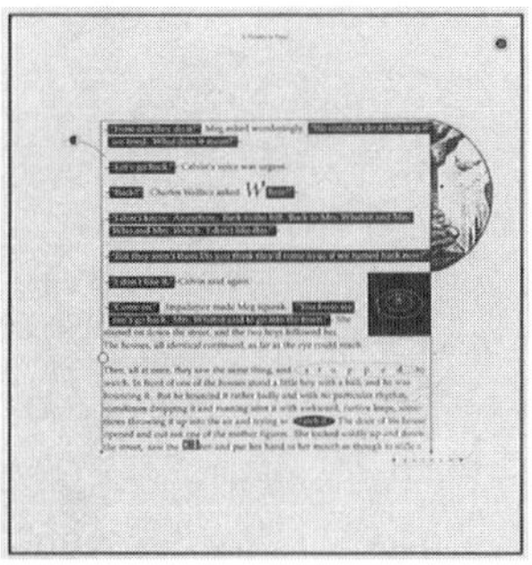

图 6-133

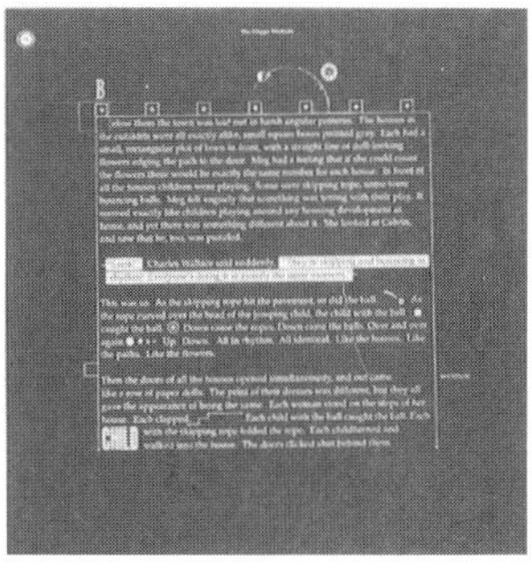

图 6-134

图 6-135　广告,1963 年。设计者:弗莱兹/福布斯/基尔(Fletcher /Forbes/Gill)。

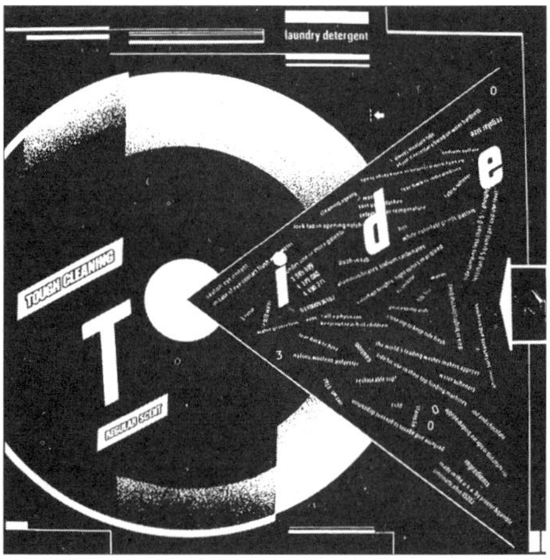

图 6-136　《潮汐》一，1987 年。设计者:安德鲁·布劳维特(Andrew Blauvelt)。

图 6-137　《潮汐》二，1987 年。设计者:安德鲁·布劳维特。

四、版心的无疆界性

自由版面设计其版心从诞生的那天起就无固定的疆界，它既不同于古典版式结构上的严谨对称，也不同于网格设计中栏目的条块分割概念，而是依照设计中字体、图形内容随心所欲地自由编排。所占实物空间与空白间隙同等重要，页面中正负形的关系均为有形空间，正形通过负形的衬托而存在，负形则以正形的存在来显现。无疆界性打破了传统页面天头、地脚、内外白边的含义，排版时文字常常冲出该区域使读者在阅读过程中产生不间断的联想。通过无疆界性设计出来的作品往往具有强烈的个性和独特性。通常一件平面作品的设计经过无疆界性的排列易于变化，使读者产生丰富的想像空间。当然，无疆界性并不等于漫无目的的盲动与乱涂瞎画，而是有其自身的形式规律。无疆界性并没有背离合理安排艺术的视觉元素以及内在的基本原则即线条、形态、色调、色彩、肌理、光线和空间因素（参见图 6－138～图 6－143，另见彩图 26、彩图 27）。

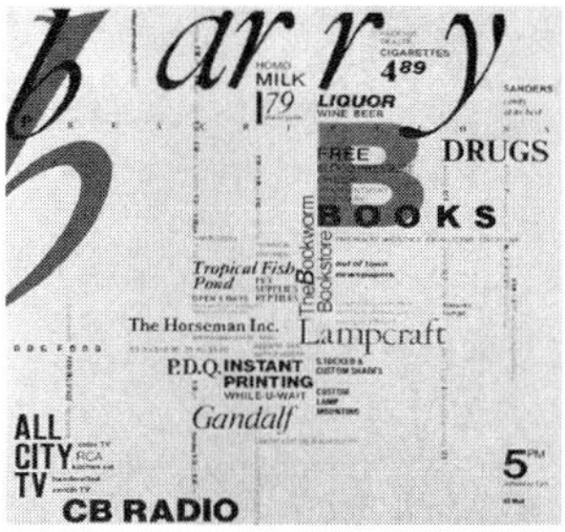

图 6－138　街道符号项目设计，1981 年。设计者：露西勒·泰纳扎斯（Lucille Tenazas）。图 6－138、图 6－139 文字经过大小组合形成街道景象，所起的作用与绘画中的笔触线条相等。相关设计元素所形成的版面没有版心的约束，可根据需要自由编排（另见彩图 26）。

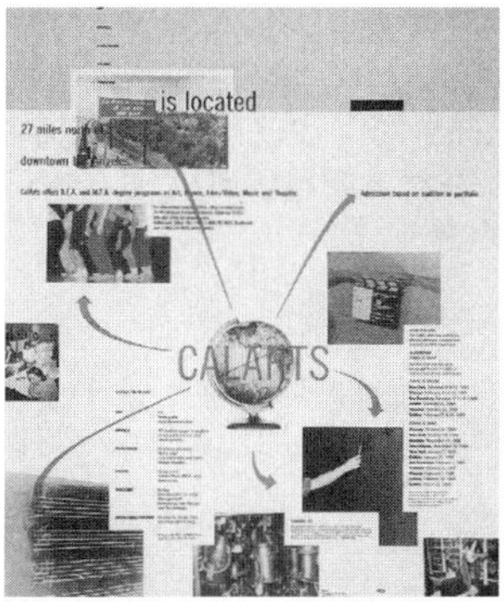

图 6－141　加利弗尼亚学院的艺术海报，1988 年。设计者：佚名。版面通过切割重组，使文字在其中自由排列不受版心的约束。

图 6－142　海报，1988 年。设计者：格兰·苏科（Glenn Suokko）。版面经过切割分解形成优美的形态，文字并没有受版心约束，可以自由排列。

图 6－139

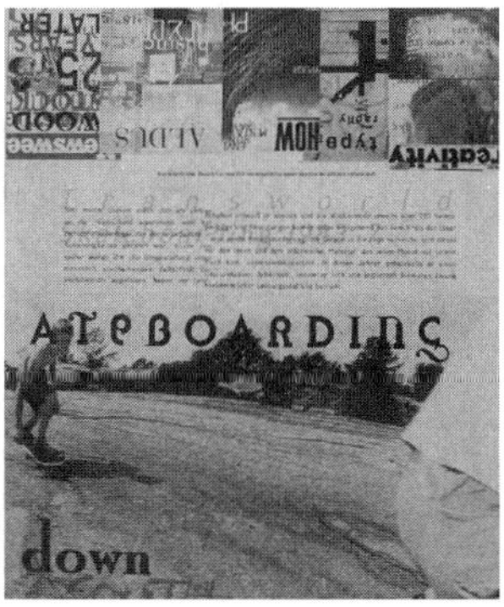

图 6－143　将不同内容的作品排列在一起，正文在不影响阅读的情况下，使之局部错位。

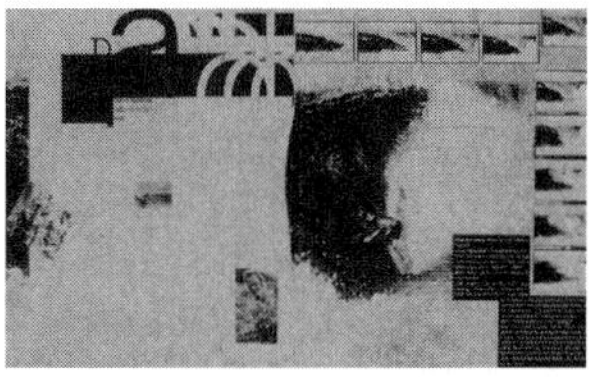

图 6－140　打散、肢解完整的内容，通过大片的空白，使之产生虚与实的幻想效应。版面内容往往会造成连续思考的中断，或是让人浮想联翩。

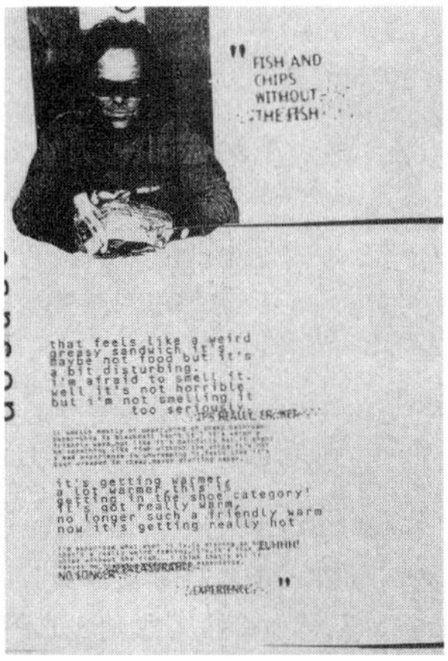

图 6－144　部分文字的模糊化处理，主要是为了起到装饰作用，而非用于阅读。

五、局部的不可读性

全部现代设计的最高境界是功能美与形式美的和谐结合。对之追求是设计的终极宗旨，版面设计也不例外，但在自由版面设计中，除了部分可读外尚有一些局部具有不可读性，因而丧失了部分功能作用。"可读"指的是设计者在安排版式过程中，认为读者应该"可读"的部分，它包括字体的级数大小、清晰度。而"不可读"部分在于版式编排的需要，认为读者无需读懂的"装饰"部分。处理手法上，常常把字号缩小，字体虚化处理、重叠、复加，甚至用电脑字库中的数码符号来增加反映当代高度信息化社会的特点。从卡森的作品中就可以看出，其版面设计常常将字体虚化，字体旋转重叠。

在现代高节奏的生活环境中，信息污染是个很严重的现象。人们阅读图书杂志不可能有大量的时间仔细品味辨认，设计品若想增加视觉冲击力，读者能接受一部分信息即可，而另一部分内容读者可不必接受（实际上不能读懂的部分只起到艺术的装饰作用）（参见图 6－144～图 6－149）。

图 6－145　字体通过肢解、重组形成新的图形，置于版面中与正文形成强烈的对比，这一形式是自由版面设计常用的手法之一。

图 6－147　在破碎残败的版面中，部分文字并无传达信息的作用。

图 6－146　通过对版面的无序与破碎处理，使整个版面似乎成为一幅绘画作品，此时的文字已成为装饰的一个部分。

图 6－148　将不同场景的图片配置在一起，通过文字的叠加、重置与整齐说明文形成强烈的视觉对比。

六、字体的多样性

任何新颖的版面形式均离不开字体的创新，古典版式如此，网格设计也一样，而到了自由版面设计的时代对字体设计的要求不光是种类多样，更要求不断创造新型且富有现代感的字体以满足版面设计的需要。由于拉丁文自身的特点，加上西方发达国家的重视，其数量种类极其庞大，而中文在这方面则显得相形见绌。自由版面设计字体的多变性，不但能带来版面的新鲜感，而且还能反映出时间的流动感、速度感。众所周知，时光的消逝总是伴着特定的参照，社会的发展必然依据生产力水平的提高。字体在活字用火的时代不可能体现出多变的特性，那是因为生产力水平远不能达到像今天这样快速多变的要求。相反，越是高速发展的新科技，越是需要相应的字体变化来体现，而自由版面设计中字体的多变性便能准确地表达这一特征。试想，如果我们今天在高科技条件下，依旧采用传统的一成不变的字体形态，读者该是怎样的感受？（参见图 6－150～图 6－157）

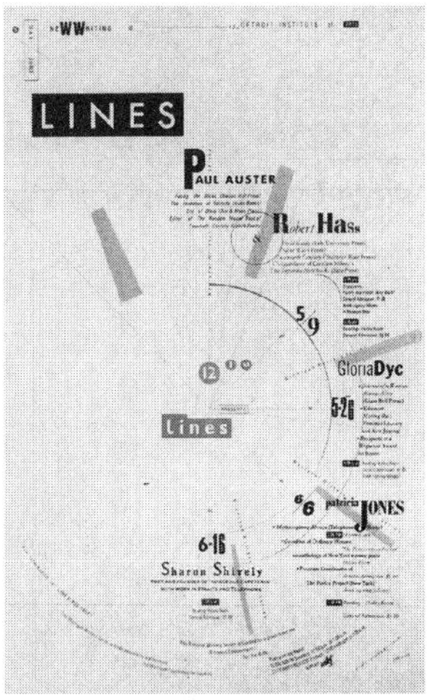

图 6－149　线-海报。设计者：简·麦考斯·简库特（Jan Marcus Jancourt）。将文字排列成线状，部分文字只起装饰作用，并不具有可阅读性。

图 6－150　版面探索。设计者：爱德华·凡拉。

图 6－151　版面探索。设计者：爱德华·凡拉。

图 6－156 作品运用特殊的人物视角，将数个圆形计时器置于其上与不同字体构成一幅看似简单却变化丰富的版面。

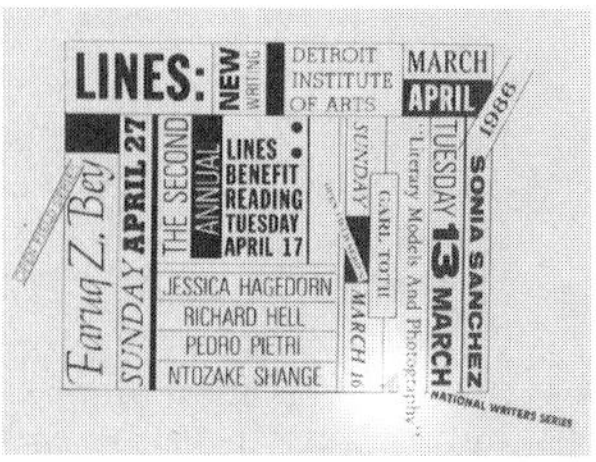

图 6－152 版面探索。设计者：爱德华·凡拉（Edward fella）。运用各种不同的字体组合，使得版面产生细微的变化。

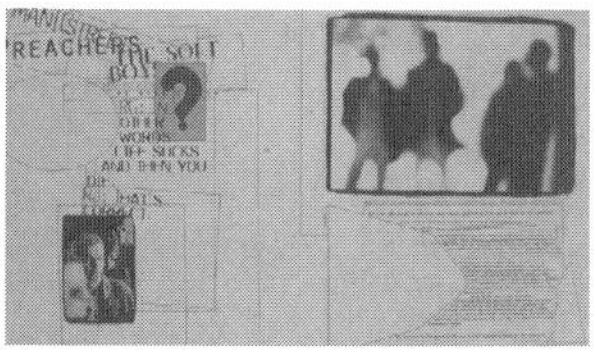

图 6－153 运用多种字体混合排列使破损的版面看似无序，实际上却是很有规律的精心安排。

图 6－157 字母在这里虽然清晰可辨，但它的功能已由多种文字变成图文一体化，穿插的小字使得版面层次感丰富。

图 6－154 本来一张完整的图片却故意将之切割、分解，结合排列无序的多种文字，使得版面十分残败。

图 6－155 版面背景运用水彩画式的渲染，利用多种文字间的对比，使得版面似一幅绘画作品。

七、字、图、光影空间的混合性

以美国设计师南西·斯科尔斯（Nancy Skolos）和托马斯·B·维得尔（Thomas B. Wedell）为代表的设计师，其自由版面设计作品有着自己显著的特征·南西是一位杰出的平面设计师，同时也是一位大学教师，作品内容涉及范围广泛，托马斯则是一位摄影师兼设计师。两人的长期合作，使得作品有着鲜明的个性，在欧美具有广泛的影响力。在构成手法上，作品并没有脱离自由版面设计的相关属性，具体处理上却运用了大量的摄影手法使得版面呈现出极为绚烂、精致，光彩夺目的版面形式，存有明显的个性符号。设计一般采用实物制作的方式将物体的光影投射在一定的实物表面上，随着被投射物体的空间起伏，使视觉产生空间混合效应，再把彼此不同的物体形态通过切割、打散、组合等方式，使之形成一个有光影变化的整体。成像后将图片输入电脑进行后期制作，对图片进一步采取剪、切、拼合与重组的方式反复修饰、整合，使所有的元素处在一个最佳的视域状态中。当然，此时的文字已退居为次要地位，所有的元素都必须围绕着图形的光影变化而变化，文字已是光影的一个部分。作品完成后，版面所呈现出的视觉效果往往有着梦幻般的意境。

南西、托马斯的作品所采用的拼贴手法类似于早期的达达

图 6－158 版面以造型优美的螺旋图形作为主要内容，文字排列只作为衬托存在，细小的文字在这里排列成优美的曲线。

主义，但又不完全相同。达达主义的东西常常是无意识的流露，而他们的作品则是有意识的精心排列与精心设计。作品的每一部分都不能随意改动，似乎是完美的机械构造，动一点则牵动全局。文字排列既非同于网格设计，也不同于纯绘画式的即兴发挥，而是严谨的、有目的、有步骤的细心组合，读其作品是一种真正意义上的完美享受。与卡森作品不同的是南西、托马斯的作品没有“残花败柳”之感，却有着“风花雪月”般的浪漫，虽字体残缺、碎裂却没有破败、萎靡、凋零之忧，而是给人以玉碎逾珍贵的高档感，一种有意识的理念为之。此外，作品又似现代建筑，建构了美轮美奂的视觉空间，在这空间里人们可以享受多变形态给人带来的快感。（参见图 6－158～图 6－167，另见彩图 28～彩图 37）

图 6－161　在图形中做各种形态的造型变化，使得纯粹形态的“简单”变得丰富充实，元素的配置富有韵律感。

图 6－159　利用图片的裁切，将不同形态的抽象图形组合在一起，通过局部形态的立体与平面的矛盾对立，使得版面错落有致。文字排列虽然自由，但清晰易辨。

图 6－162　利用抽象的形体构成关系，将片面要素配置在一起，形成结构严谨的有机整体。

图 6－160　版面几何抽象化后，各纯粹元素配置得有规律、秩序。

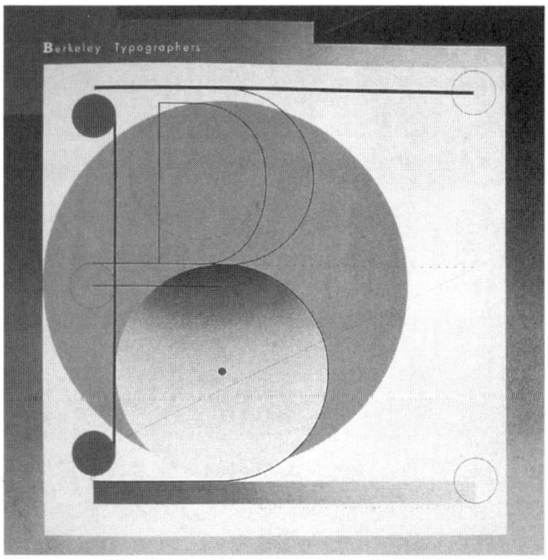

图 6－163　将主要图形抽象化后，通过光影的变化，透出淡淡的“清香”，版面文字大小适度，简洁明了。

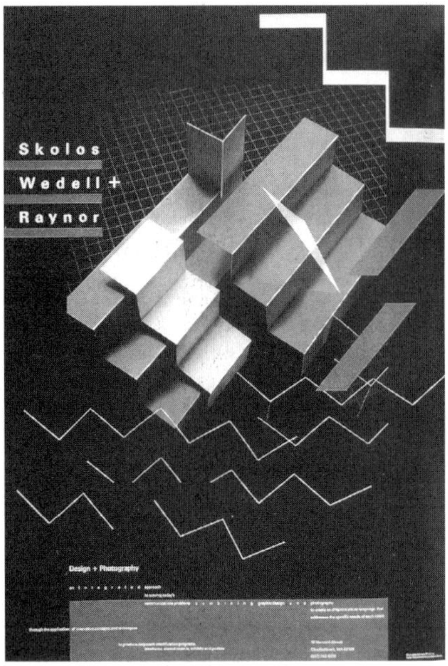

图 6－164　简洁的台阶运用三维软件构形，形成了立体、平面以及线条三者相互配置；点、线、面立体混合交错编排的局面，此时的文字排列已变成线的一部分。

图 6－166　这是一幅构思精妙、构形严谨的设计，主要字母已完全图形化并构成形的一部分，小字排列与点、线、面的综合运用使得版面层次丰富，光感强烈。

图 6－167　将各个不同的抽象图形三维光影化之后再重新组合，运用电脑技术将文字排列其上，使得版面相关部分形成有机的整体。

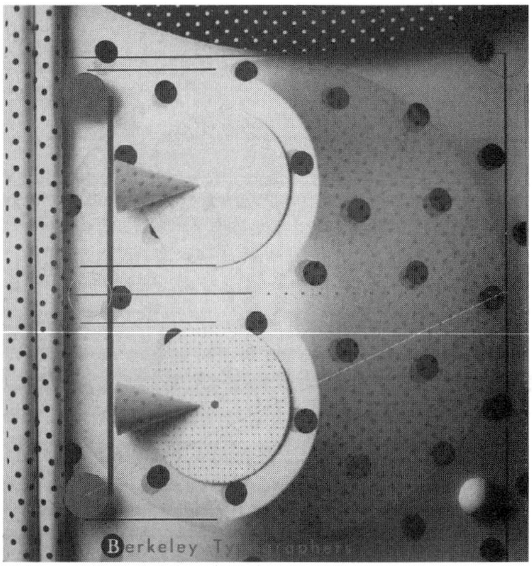

图 6－165　将主要字母图形化后，运用三维技术使版面形成光影变化。

［教学目的］

1. 自由版面设计在电脑排版时代有着广泛的应用空间，因此，了解并掌握自由版面设计是现代编排教学的重点之一。

2. 自由版面设计自诞生以来，一直存在着“不实用”的争论，如何正确认识自由版面设计是本课程的任务。

3. 通过大量的习作训练，真正掌握这一设计方法。

［教学框架］

- 自由版面设计
  - 自由版面设计与未来主义、达达主义
  - 荷兰、法国独立派自由版面设计
  - 趣味自由版面设计
  - 自由版面设计的特征

［教学内容］

1. 分析未来主义产生的时代背景，社会思潮对于自由版面设计的影响。

2. 通过对荷兰、法国、英国、美国的自由版面设计代表人物案例分析，阐述自由版面设计的不同特征。

3. 归纳剖析自由版面设计七个主要方面。

［课题练习］

1. 以“我”为主题设计自由版面

个人生日……

个人爱好……

个人姓氏……

个人经历……

个人故事……

2. 以爱情故事为题材

3. 以一桩人生有趣的经历为题材

4. 以文学片断为题材

数量为：16 张 A4 纸，黑白打印输出。

第七章　创意性自由版面的设计程序与方法

第一节　导　　言

版面设计的核心在于其内在的创造性，它总被认为是艺术评价的首要标准，这点对于设计行业的特性来说显得尤为重要。在此，本章将作重点论述，探讨为达到这一目标所涉及的程序与方法。毋庸置疑，所有的平面设计师对于编排设计都应具有丰富的创造性想像。好的设计师能够激发创造性的灵感，平庸者只能匆忙地应付一下客户，他们也许本身并不缺乏设计天赋，只是没有掌握住好的设计方法而已，方法的好坏有时会直接影响最终的设计效果。对此本章节所讨论的问题均是来自设计界经常关心的话题，并以欧美设计师亲历的创作过程作为范例，帮助分析本章所要讨论的话题。（案例分析部分选自 *Creative Typography* 一书）

如何编排版面，不同的人持有不同的观点。有些设计师可能会运用非常规的创意手段去设计，以此刺激读者，这种情形一般多出现于海报、诗集、散文等相关设计中。而另外一些人则认为：在商业设计中，运用标准化、理性化的设计方法处理复杂的版面内容，可能是最正宗、最正确的。但不管怎么说，“平庸”与“绝妙”是这两种观点评价的基本点，这类争论在设计界早已司空见惯。辩证地分析上述两种观点也许都是正确的，只不过设计品表达的方式和目标不同而已。就设计艺术的规律性而言，所有的版面设计都需有一定的创造性，那种纯粹的抄袭和生搬硬套的排版方式，现实中虽屡见不鲜，但人们早已将之划归为“无创意”的行列。真正富有独创含量的设计形式实际上并没有固定的模式，或一成不变的设计手法，即使运用国际主义手法设计，也不允许出现用某种模式来生搬硬套。创意性的版面设计究竟是什么样子？或应该是什么样子？本身绝对没有统一的标准。

创意性自由版面设计，其特点在于强化创造性思维。对于

图 7-1　图 7-1～图 7-6 所展现的范例，都是人们日常生活中最为司空见惯的的版面形式，我们应从中汲取精华，时刻做一个有心人（资料来源：*Creative Typogaphy*）。

图 7-2

图 7-3

一位资深设计师来说这是必需的，也是最起码的职业素质，而对于初学者来说也许是奢望。其缘由在于：一方面，初学者没有积累一定量的设计知识和设计经验，另一方面，初学者对于如何去想像、去创造还不甚理解。普通从业者，畏难和懒惰心理是主要内因。现实告诉人们即使是在市场重压，设计时间紧迫的情况下也不应如此。既然存在这样的现象，如何启动设计师的创造力是问题的关键。虽然大部分设计者已意识到了它的重要性，但由于市场的急功近利和从业者的态度，真正能够实现这一目标也并非易事。这不仅要求设计者应具备崇高的职业道德、良好的敬业精神，还必须掌握一系列正确的训练方法和思维方式。为此，以下所讨论的问题主要是关于创造性思维方式和某些常用的设计手法；同时，还将研究一些具体的排版方式，通过此类方法的讲解，达到训练创造性思维的目的。由于初学者缺乏相关的实践性训练，下文通过例举一系列国外基本训练计划、训练方法，用以探讨印刷字体、书法字体，以及为某一具体企业的商品品牌专门设计绘制的版面形式及其之间的关系，来达到训练的目的。最后还将论述印刷字体与色彩之间的关系，印刷字体与版面形态之间的关系；所论及的每一部分或每一次训练，都有助于对版面中的字形、单字和版面形态、版面结构的理解。训练中能够帮助读者开启想像的闸门，激发丰富的创造力。这对有志于成为一个真正设计师的人来说是必要的，也是基础训练的一部分，但它并不意味着简单或只是对于初学者而言的课题。实际上，许多富有经验的设计师也必须认真思考其中的某些问题。只有这样设计者在日常商务活动中才能满足顾客对设计创造力日益增长的需要，也只有这样，设计者才能充分展示其才华。设计者在艰苦的创作中将会发现自己独特的设计才思，欣赏并享受自己的创作成果，长期坚持下去必将形成自己独特的设计风格。

一、学会向周围学习

设计师要想使自己的作品富有市场价值，作品必须具有创造性，它与日常的基本技术并无直接的关系，而与思维方式、设计态度有着紧密的联系。当今（甚至过去）人们常常被无休止而又极为普遍的版面形态影响着，被泛滥成灾的广告词和庸俗的设计形式轰击着，人们不可能不受其设计意图和所传递的文字信息浸染。版面中的审美情趣和感官所接受的视觉符号，不免要深深地影响和干扰着人的审美意识和设计能力。这种被媒体所抨击过的视觉垃圾严重污染着视觉传达意识，每天都在扰乱着国民的心情，设计师难免其害，或多或少地总要接受一部分。

这种影响是灾难性的，它不但污染着普通读者，降低其审美水平，更会污染初学者，使他们良莠不分，从而导致设计起点从一开始就处在一个低水平的环境中，这是高科技时代带来的副作用。如何净化视觉传达环境，美化版面是每一位设计师将面临的最直接的课题。设计师，尤其是初学者应当学会从周围环境中吸取精华，去除糟粕，并且把环境中有益的设计元素和范例视为可用的材料加以学习和利用，建立一套自己有用的参考数据库。

图 7-4

为了达到这一目标，人们应尽己所能接触一些不同来源的优秀设计作品。应经常参观各类相关展览和阅读优秀的书刊杂志。学会分析，去伪存真地吸取其中的精彩部分，这对于提高设计师的水平尤为重要。平常应训练自己观察周围环境中的每一种视觉传达形式，如商店橱窗、公共广告栏、报纸广告、杂志以及各类图书，将所见到的有用内容记录下来，通过分析把意见储存在案，哪怕只是片言只语也对设计有益。养成在旅行时携带铅笔纸张的习惯，随时记录，随时画出创意，以免失去脑海中瞬间的灵感，或者就想像写下个人体会。这些看似简单和平凡的举动，往往能够造就出伟大的设计作品。

图 7-5

对于外在视觉刺激所产生的想像力，一旦某天设计任务来临时，那么内在的灵感便会爆发出来，帮助设计师完成设计任务，同时也会得到精神和物质的双重回报。这些举措包括：思考周围所有的视觉元素尤其是典型的建筑。对建筑风格或纯粹图形细节的思考，诸如花边图案、窗帘、建筑上的局部构件、小的装饰等，以及看起来毫不相干的元素，统统将之纳入思考的范围进行观察，设计师很快就会获得一些有价值的内容。

除此之外，设计者应常常观察和思考任何一件具有设计内容的产品，观察包括这些产品上的标志，如牙膏管上的标签、服装、食品外包装上的图形等。即使在吃麦当劳或肯德基炸薯条时，也应该考虑一下上面的文字符号，分析其设计特点。应时时刻刻注意周围的环境对设计意识的影响，做到善于分析，勤于思考。对优秀设计师处理作品或传递信息时的方式多加观察和理解。总之，设计师应养成观察周围、分析周围，向周围学习的职业习惯(参见图 7-1～图 7-6)。

图 7-6

二、建立版面风格的新符号

首先让我们讨论一下印刷字体的实际运用。所谓的印刷字体就是人们通常所见到的字库中的成套字体，这些字体的设计有着自己的特殊性，它不同于普通的商标字体或者图形化了的花体字。在拉丁文中，字体的基本组合只有 26 个字母，只要解决好这 26 个字母的形态和相应的搭配关系，一套印刷字体便告完成。由于拉丁字母具有文字组词上的便捷性，因此字体种类、数量远远超过汉字。甚至有些欧美设计师，为了使作品具有鲜明的个性，专门为一本书设计一套字体也是司空见惯的事。新字体通过软件的编程处理，很快便可成为字库中的一员，这样的书送到读者手里，必然会给人以耳目一新的感觉。汉字却没有这么简单，由于汉字的造字方式和基本骨架有别于拉丁文，一套印刷字体从设计到完工将花费设计师大量的精力，时间长成本高。出版部门只有在特殊时期和为某些极其特殊的著作出版，才会投以巨资专门为一本书设计字体。如，文革时期，为了宣传毛泽东思想，当时国家就曾组织一批专家专门为毛泽东选集设计字体，历时数年才得以完成，工程量之浩大可见一斑（参见图 2－90～图 2－92）。

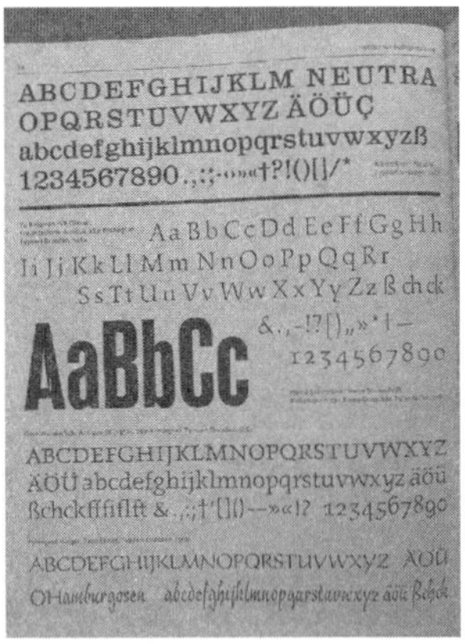

图 7－7

为了便于视觉交流，通常需要一整套基本字库。有了这些字库，设计师可以随心所欲地变换字体，使版面形式更加丰富。

字体的选择具有一定的时代性，运用不同的字体可以增加版面的现代感。现实中人们强调汉字新字体在版面中的运用，并非强求像拉丁文一样设计整套字体（实际上也不可能做到），而是强调有重点的字体设计。诸如：题词、书名、重要广告语等，以此增加版面字体的丰富性。中国的设计师们在拉丁文的设计水平上与欧美设计师相比虽有一定的差距，但如果一直注意拉丁文的收集整理，在数量上和内容上都有所增加的话，那么对于丰富版面设计的新形式将有很大的帮助（参见图 7－7、图 7－8）。

图 7－8　新颖的字体设计对于提高整个版面的创新形式有着举足轻重的作用。故此，设计师应在字体上花费大量的时间，为取得新的版面形式与风格打下基础。

开始工作之前，设计者应首先了解设计内容以及用何种方式实现相关目标。

其次，必须考虑实现这些目标的具体细节，如字体的粗细变化、字体的外观结构等，甚至还要考虑哪种字体印在何种质地的纸张上效果最佳。通过一些具体的设计实践，尽其所能地展现设计者的想像力、创造力，使版面设计富于个性和实用性，如是用翻转变形的手法，还是用涂鸦书写的方式，是用纯文字编排还是用纯粹形态等。争取做到运用不同的肌理纸张，反复试验，去表现特殊效果，并调动所有的手段去展现版面优美的形式，以博取感人的视觉冲击力。

图 7－9

第三，建立版面风格的新符号。自我意识是另外一个极其重要的方面，版面编排既不是自动化技术的运用过程，也不是数字运算的处理过程，而是再现设计师创造性思维的劳动过程。是技巧、技术和想像力综合运用的总体协作，其创造力的产生和想像的范围均取决于设计者的个人素质。为保证设计工作朝着高效、稳定的方向迈进，设计者的个人素质和个人修养有着举足轻重的作用。当然，要想获取优良的设计作品，版面所传达的信息应是最为重要的部分，其重要性不应因对形式感的追求而使之忽略，而应该使之精确和清晰；应将之与形式放在同等重要的地位。这是为什么视觉传达设计中的版面形式一定要使信息传达准确的原因所在。当然，强调创造性思维，并非没有针对性，要防止版面过于形式化、学院化或学科味过浓的倾向，除非设计活动需要这样的特别探索和特殊讨论，否则应予以批判。设计是有规则的，什么时候需要它，什么时候应打破它，完全取决于设计的性质，这是设计的特性所在。日常的设计活动应发挥设计师新观念的引导作用，必要时在合适的地点、场合去扩张或打破普通程式化的设计形式，使版面形式具有自己独特的语言魅力。比如，在常人看来，公司的年度报告应排列成统一的版面形式，看上去略显“僵化”、“呆板”，也许这就是年度报告的特征。如果设计者将此内容设计得“机械”些，也许客户会认为“适合”公司的具体情况，此时，设计者就不能使用看上去花哨但富有创造性的版面形式，否则，吃力不讨好，落得个不被客户认可的结局。相反，若将版面的创造性特点仔细分析给客户听，尽力说服客户使用新型版面形式的益处，它对于提高设计产品的审美情趣有着很大的裨益，客户也许能够接受。优秀的设计师具有开创引导新设计潮流的责任，这也正是设计总是朝着更新目标发展的原因。在功能的指引下，求新、求奇永远是设计的特点和追求的方向(参见图 7－9～图 7－20)。

图 7－13　局部文字处理应体现“巧妙”和“可遇不可求”的特点。图中的局部文字变化和内容、插图组合得天衣无缝。

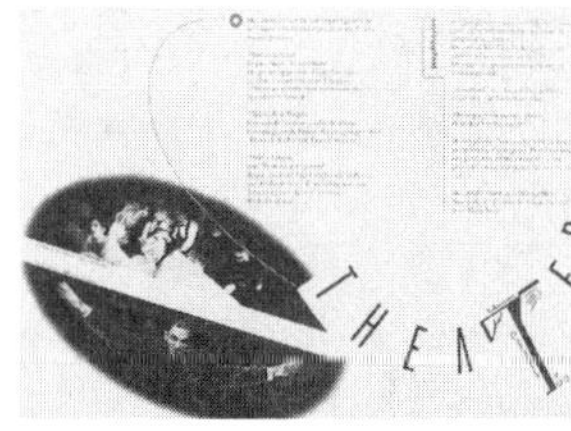

图 7－14　这幅作品是由荷兰登巴设计工作室(Studio Dumbar)于 1986 年设计的荷兰戏剧节小册子中的内页版面，作品富有强烈的个性特征。

图 7－15　把富有独创意识的形式手法用于版面设计，使得版面富有个性，并透出一些前卫绘画的版面意识。

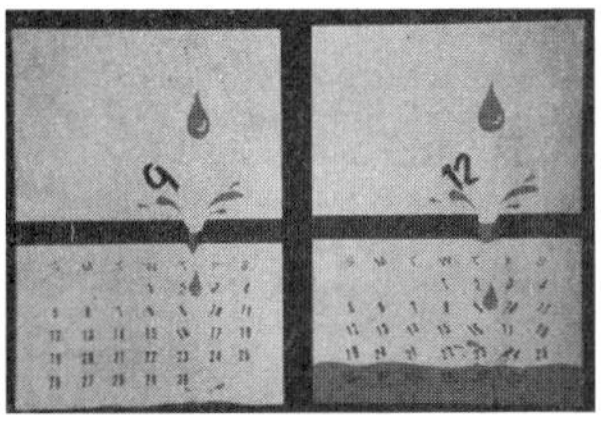

图 7－10　图 7－9、图 7－10 作品采用水滴冰融的创意性手法，将挂历设计成富有情趣的新形式。(资料来源：选自清华大学美术学院的学生作业)

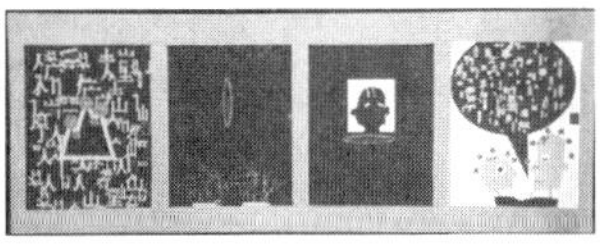

图 7－11　将字体图形化处理后，使得版面产生新的视觉形式，具有显著的个性符号特征。

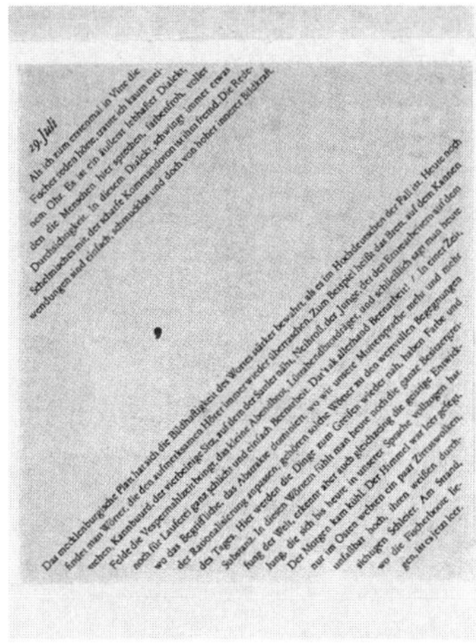

图 7－12　版面采用统一的倾斜方式排列，使得作品形式别具一格。不过，这类版面形式的设计应建立在不影响阅读的基础上。

图 7－16

图 7-19　图 7-15～图 7-19 选自中央美术学院学生作业。

图 7-17

图 7-18

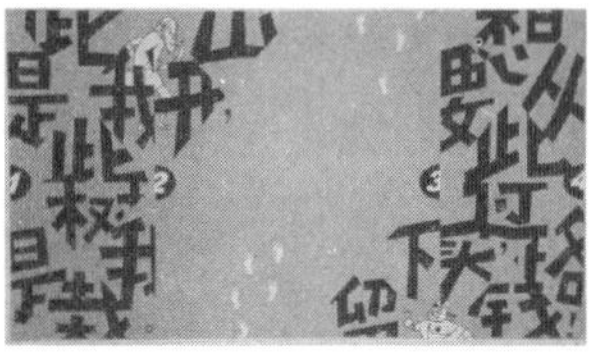

图 7-20　将字体图形化处理后，使得版面产生新的视觉形式，具有显著的个性符号特征。(作品选自清华美院学生作业)

图 7-21

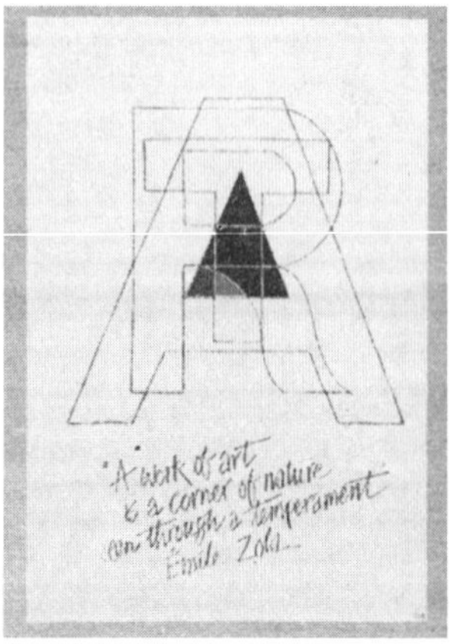

图 7-22

三、版面的个性

大千世界，芸芸众生，人性有别，个性乃为差别，特殊往往表现为创造力的体现，优秀艺术品的存在只有源于这种创造力，个性化才能显现其价值。艺术的个性化是一个复杂的过程，它总是与设计师个人的修养、经历、个性有关。以往，人们总认为某位艺术家装束怪异，令人难以理解，当人们走近这些艺术家与之相处，了解其思想深处时，便会发现，那是因为职业的需要才导致这群人不得不时刻提醒自己，包装自己，力求从外表就标新立异追求新的个性，这是一种思想意识的显现，也是一种精神束缚的跨越。艺术需要这样的跨越，只有当这种跨越成为一种新的符号时，这样的艺术家也许离成功不远了。艺术需要引导，而新的艺术潮流就是靠这样一群有特点的艺术家才得以实现。

版面设计属于理性思考和感性想像的艺术范畴，其规律在许多方面不同于纯艺术，它有着自己的特点和形式语言。当人们品评设计，看见新的形式时，兴奋与新鲜之情难以掩饰，毕竟这些设计是由一些富于个性的设计者完成的，他们赋予版面魅力，并以特别的方式传递信息。

为了体现个性，设计中带装饰线的印刷体与无脚线装饰体相比具有很大的个性差异。有装饰线的正度罗马体与精细的斜体罗马字相比有着不同的功能，且设计味道相异。无装饰脚的直线黑体常常用于科技、工程技术方面，如公司的年度报告、产品说明书等，或将这两种不同形态的字体放在一起，作两种不同文字的对照之用。再如，人们日常所见到的各种富有装饰味道的字体，经过特殊的排版处理，能够彰显其变化。然而，日常所见到的版面形态，平庸者屡见不鲜，大多仅按一般的排版规律行事。如果设计师遵从常规的思维方式去设计也许不会出现大的失误，但若以创新的要求衡量，似乎显得太保守了些，设计的真谛在于其个性化的创造，一个好的设计师能在设计中恰当地使用新的形式以体现其特点，同时又不丧失版面传达信息的最佳功能，这才是高手(参见图 7-21～图 7-30)。

图 7 - 23

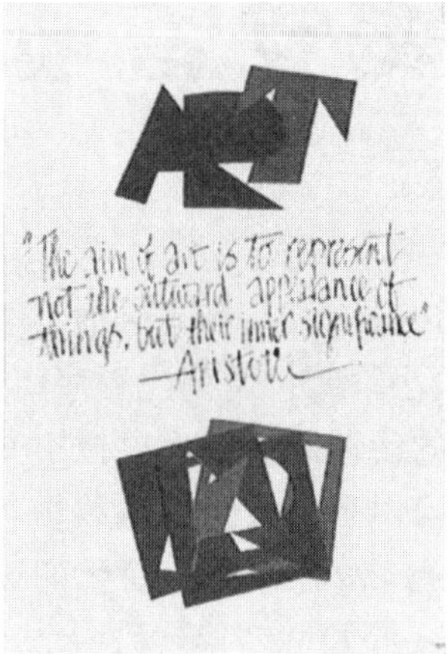

图 7 - 24

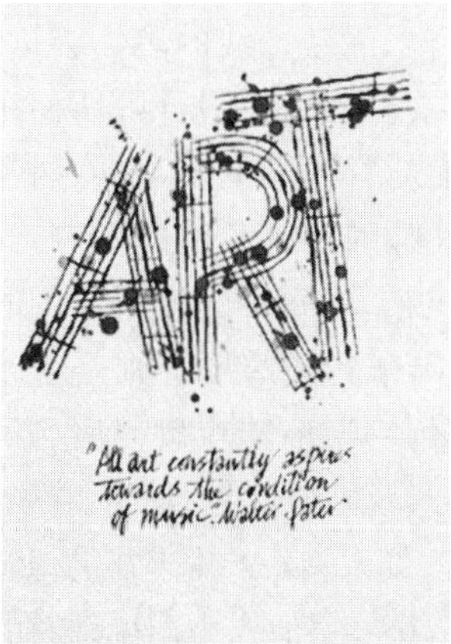

图 7 - 25

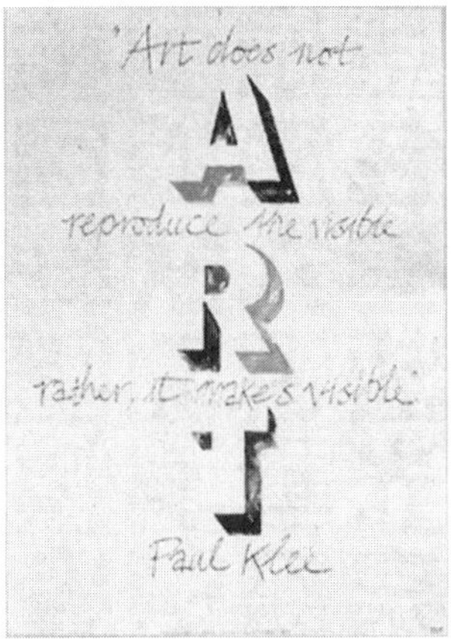

图 7 - 26　图 7 - 21～图 7 - 26 这组海报用英文"ART"组成，由英国五角星设计公司设计师艾伦·佛莱舍(Alan Fletch)为 IBM 公司设计。作者运用"ART"不同的表现手法设计风格各异的海报，体现出版面的个性特征。(资料来源：选自 *Creative Typography*)

图 7 - 27　海报设计。作者：Minoru Morita(日本)。作品利用不同的字体形式组成图形，使得版面富有个性。(资料来源：选自 *Creative Typography*)

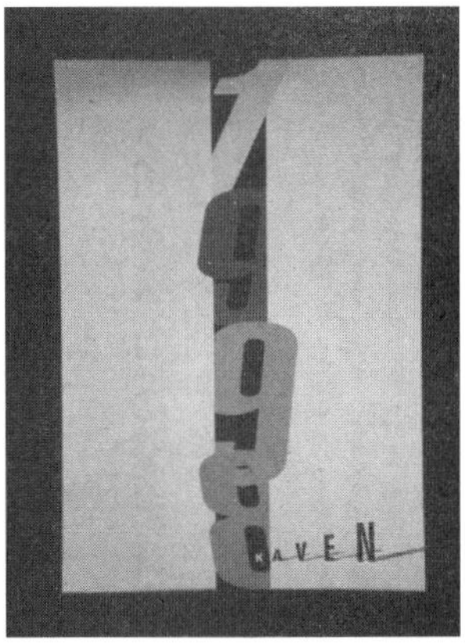

图 7 - 28　运用字体的排版变化，组成以阿拉伯数字为主的版面新形式。

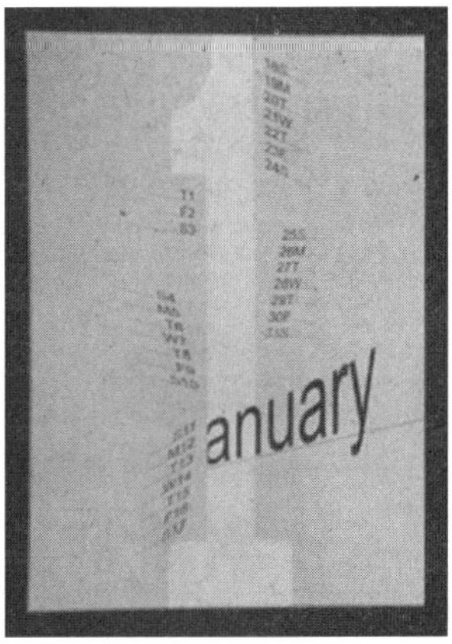

图 7 - 29

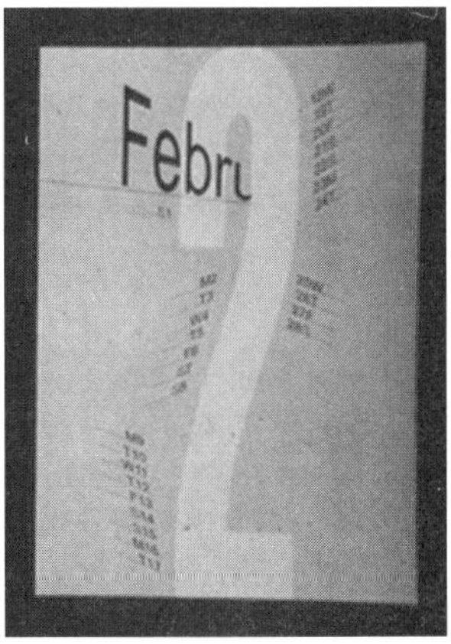

图 7 - 30　资料来源：选自清华美院学生作业。

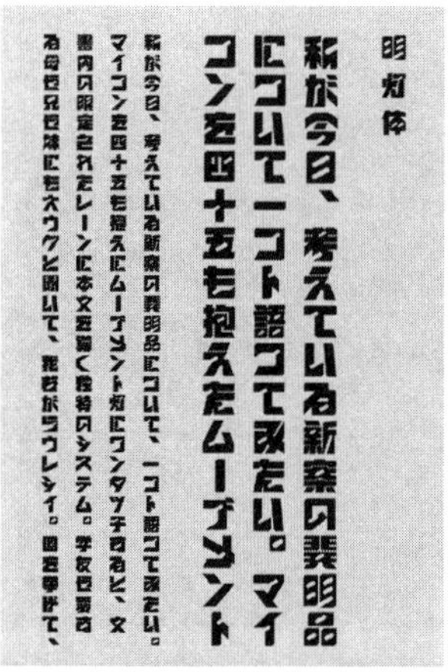

图 7-32　明灯体，1995 年。设计者：蔡顺兴。

图 7-31

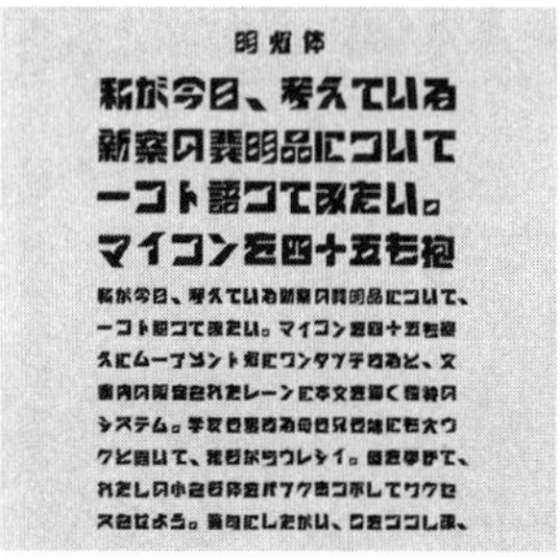

图 7-33　电脑字库汉字成套字体设计，一般数量约在 7000～12000 个左右。不同的汉字组合在一个版面上，应遵循汉字的构字规律并体现出字体的创意特征。明灯体设计，其创意来源于物体的光影变化，以及光斑在字体中的抽象表现。

图 7-34　运用独特的排版方式设计车展广告，充分发挥了字体作为构形元素的功能。(资料来源：选自 *Creative Typography*)

四、成套印刷字体

一套基本拉丁文印刷体包括正体、斜体，正、斜体粗细不等的字号，阿拉伯数字，符号，字母的大、小写等。系列化程序上，汉字的印刷体与拉丁文相当，但汉字的设计制作却远比拉丁文繁琐、复杂。一套印刷字模在使用过程中必须做到字体数量齐全、粗细变化丰富。设计时应反复酝酿，做各种粗细变化的试验，从一套字体转换到另一套字体，从一个尺寸变换到另一个尺寸，多次的、不厌其烦地选择，看看那一种字体最适合创意。为了突出个性，有时必须专门设计一套字体，虽然工作繁琐了些，但所带来的视觉效果往往比较突出。从常用印刷字体的种类来看，拉丁文大体上包括诸如罗马体、斜体、无装饰线的黑体、等线体、压缩体、拉丁文、膨胀体等百种之多。虽然许多设计师所使用的字体常常源自一个字库，且不得不面对“构件”的统一性困扰，但考虑到艺术的个性因素，不同的设计师因设计角度的不同，设计结果必然大相径庭。它好似建筑体的砖块，每幢大楼所使用的砖块基本一致，由于结构的不同，建造出来的建筑形态则是千差万别。不过，它又有别于砖块，不同之处体现在：砖块砌完后有可能被水泥遮覆，而字体必须露出形态，以便清晰地传达信息。

设计中应始终注意字体的大小变化，使人阅后产生丰富的想像力，如大号字体雄壮有力，使人过目不忘；小号字似人小声说话时的切切私语，不易发现。字体在变换尺寸时应考虑其实用性和场景特征。在教科书中，课文的标题字通常需用大号突出的字体来表示，而正文部分则应选用小号且字体工整的宋体、仿宋体、或罗马体等。小学生的课本与成人书相比，所有字体都必须加大两至三倍，字号的选用主要依据文本的用途和人的生理结构。书是让人看的，无论多么具有创造性的版面都必须围绕这个中心展开。易读性最为重要，字体级数的大小应控制在人能够轻松阅读的范围内，级数变化并不等于放弃了对美感的追求，美感始终是设计师追求的目标。字体组合应随着内容的变化而变化，它应该赋予内容一定的情感意义，以增加版面的艺术感染力。其场景特征的表现主要出现在诗歌、散文或某些特殊用途的场合，有时它好似“哭”、“笑”，或“歌”或“舞”……，随着内容的需要作相应的变化（参见图 2－86～图 2－101，另见图 7－31～图 7－43）。

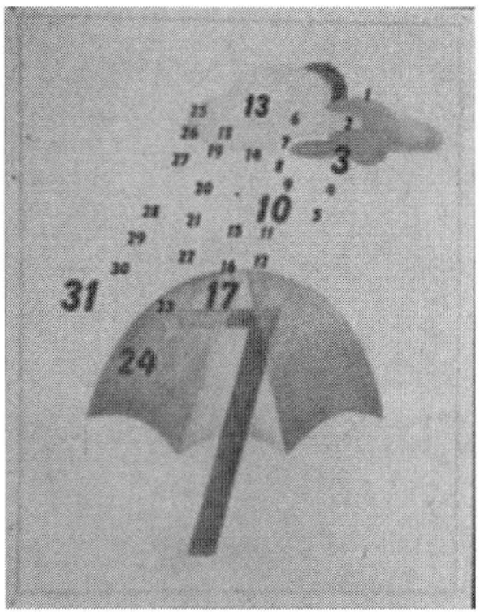

图 7－39

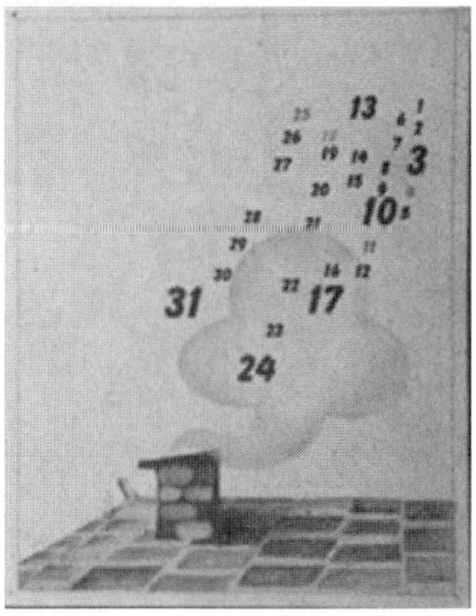

图 7－40　运用了印刷字体的构形组合原理，使图形、文字巧妙的组合。（选自清华大学美术学院学生作品）

图 7－35　将字体作为构形元素，运用不同的字体变化，使字体构成版面所需的形态。

图 7－36　同图 7－35 设计原理一致。

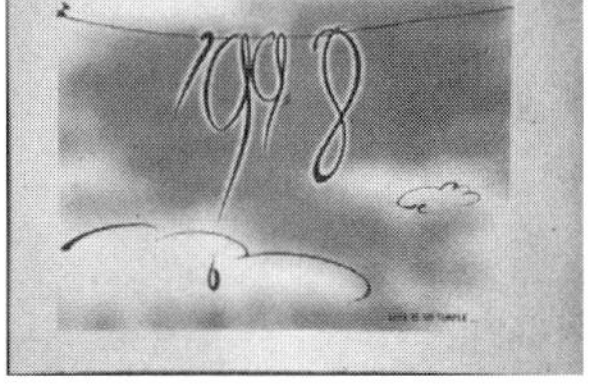

图 7－41

图 7－37

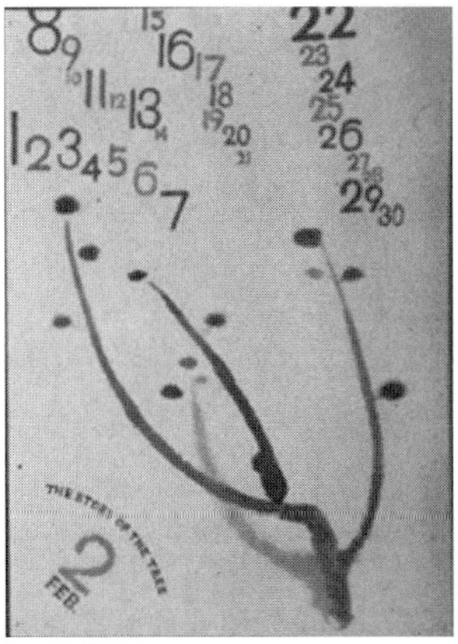

图 7－38

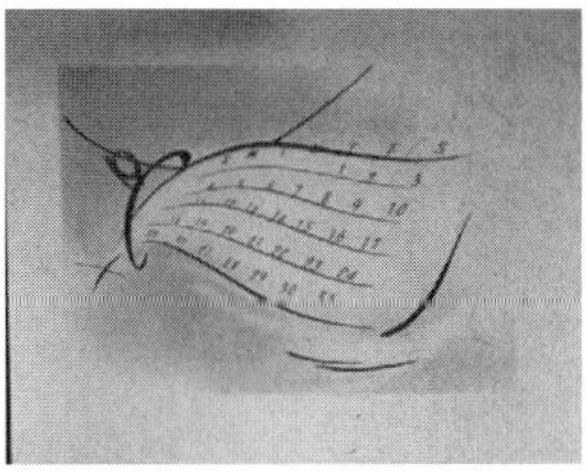

图 7－42

图 7-43　设计手法与图 7-37～图 7-40 设计原理一致。(选自清华大学美术学院学生作品)

五、文本的编排与字号缩放

用来连续阅读的文本其长度应控制在视觉所能容忍的范围内，力求阅读起来轻松、愉快，最大限度地符合人的视觉需求。杂志类读物通常分栏排列，一般最多分三栏。当然这种排版方式仅为一般的常规编排，要想使文本编排的有特点，则必须将版面中的文字通过倾斜、旋转以及各种不规则的方式编排，同时还可通过放大、缩小，改变密度的方式使得版面产生变化。此时，文本的编排已不完全成为传达信息的载体，若使之成为图形并发挥倍加的传播信息的“增扩器”作用，设计师需运用相关系列的形式法则，通过缩行、增格、扭曲等手法，使文本形成所需形态(图 7-44～图 7-49)。

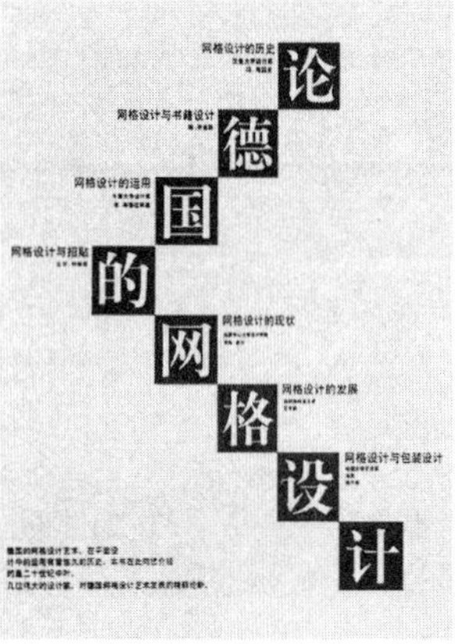

图 7-44　海报设计。设计者：蔡顺兴。运用不同字号的缩放变化体现编排的秩序性。

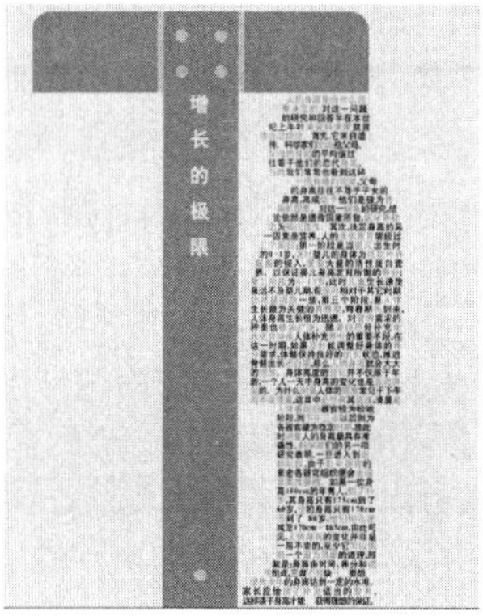

图 7-46　海报设计，设计者：蔡顺兴。运用文字编排的节奏关系，使得文字编排图形化。

图 7-47　杂志广告设计，设计者：蔡顺兴。运用字体级数缩放变化，体现编排的独特性。

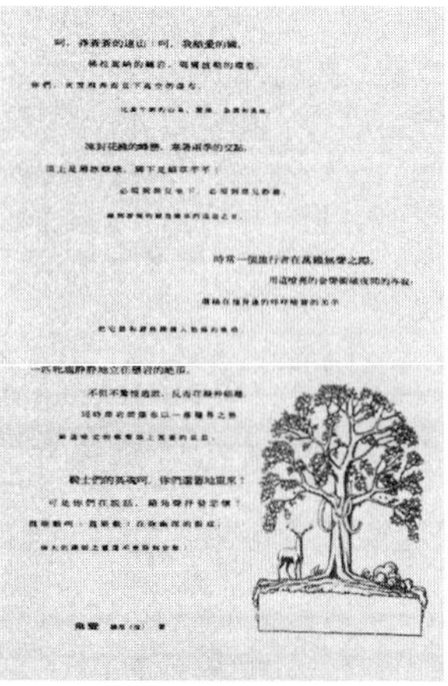

图 7-45　诗歌内文版式，设计者：蔡顺兴。运用字号的缩放变化，表现韵律关系。

图 7-48　海报设计。设计者：蔡顺兴。运用字体缩放变化使文字版面与纯粹形态相组合。

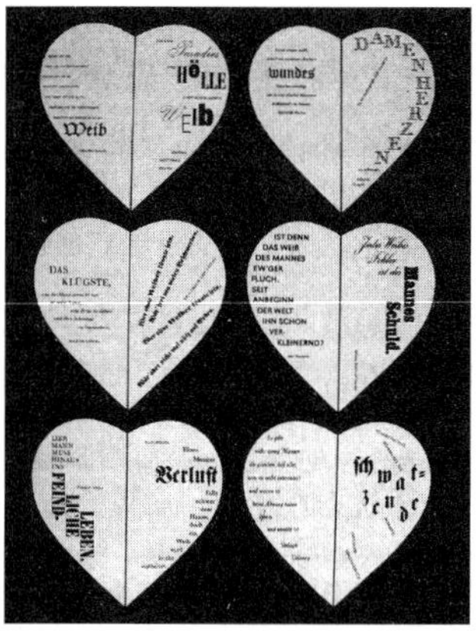

图 7-49　诗歌版面设计。设计者：冯德里希。运用不同字体的组合缩放，形成风格，造成独特版面。

六、空白和版式的安排

由文字组成的正形占据着版面的有效空间，我们称之为实形，实形以外的空间则是空白部分。（关于空白在版面中的作用，上文已讨论过，现仅作一些补充。）版面中正形与空白具有同等重要的地位，单独的文字或字母如果仅仅注意其实形而忽视了相关的空白，这个字体连同排列出的版面必然会出现不能令人满意的整体结构。通常的做法是运用翻转法将背景的空白与实形的黑色进行翻转对调，便可发现所存在的问题。若仅在基本形态上使用了色彩，而不在文字上和附属空白处使用色彩，版面中的正、负形必然会发生新的变化，故此，设计者不但要对整版文字所出现的形态进行精心安排，同时也应对局部的单个字体或字母笔画给予重视，如版面中的标题篇、章页中的章页名等，这是因为被大面积空白包围的单个字、句、词组显得更为引人注目。如果排列过紧或过松，都会导致整版空白的失衡。因此文字间的距离和行组间的行距是构成版面空白形态的重要因素。

版面的划分是印刷字体赖以存在和体现其价值的基础，版式的外形和尺寸最终会影响信息的传递，处理得当可以增加传输信息的能力，否则会有损目力。例如，外形上长而窄的版式与短而宽的版式在信息传达的功能性上，给予读者的审美心理是不一样的。虽然这两种版式都可以达到传达信息的目的，但是由于对读者所造成的心理反应不同，某种程度上会影响读者的视觉接受度。试想一下如果将文字条块放在版面的中心？左上角？右下角？将会出现什么样的心理反应？它们之间有何差异？同样，如果将文字垂直向下，水平放置或设计成任意形态的摆放，将会怎样影响读者的心理？显然上述文字给读者造成的心理感受是不一样的，设计师必须作出选择。（请参阅第一章“编排的形式法则”部分）。

七、语言特征

与印刷字体的视觉交流是一个从抽象到具象的过程。作为单个字、词而言，本身不能表达完整的思想，只有将字、词组结合起来形成完整的语义，其思想才能最终被体现出来，版式安排的过程应该是创造思想和概念的过程。当然，某些单个词或习惯用语早已形成，编排时，必须考虑到这些习惯用语的传统用法，使读者看到版面形态后便能产生丰富的联想，以增加艺术气氛，从而体现文化底蕴。另一种情况是：可以一反传统的做法，用现代的手法去体现当时的文化背景，往往会起到令人惊讶的艺术

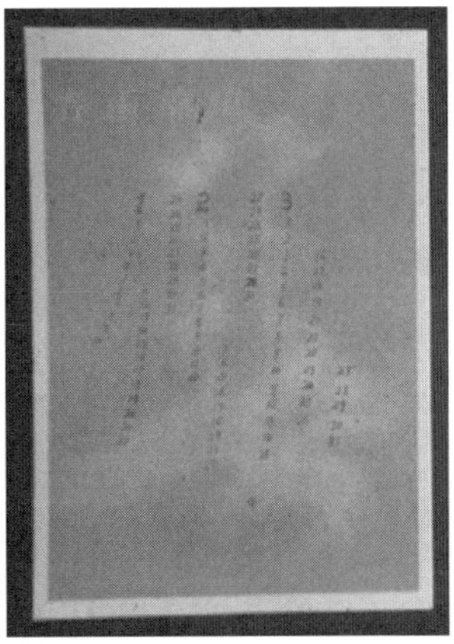

图 7－50

效果。

设计者可根据文字的内容，运用场景式的版面形式，使文字具有一定的情感变化，使本来静止的无生命的单个“细胞”变成活的有血有肉的“生命体”，让读者的情绪随着版面节奏的变化而变化。语言的“神态”使人仿佛能够听到人物间的直接对话；闻到花的香味；感受到春、夏、秋、冬的季节更替；触摸到主人公激动的脉搏跳动等等……。这些拟人化的版面处理可以大大增加版面的艺术情趣和美感，使读者增加阅读兴趣。为了做到这一点，设计师可将某段文字进行图形化处理，也可在文章的开头、中间、结尾乃至整篇文章均做这样的尝试，只要设计师认为需要，随时都可以加上符号，使文字变形、重叠或将文字大小写甚至变换字体等等。总之，使用恰当的手段使版面丰富起来。这样的版面必然会有自己的特点，语言也会变得生动活泼，从而倍增传播信息的能力(参见图 7－50～图 7－64)。

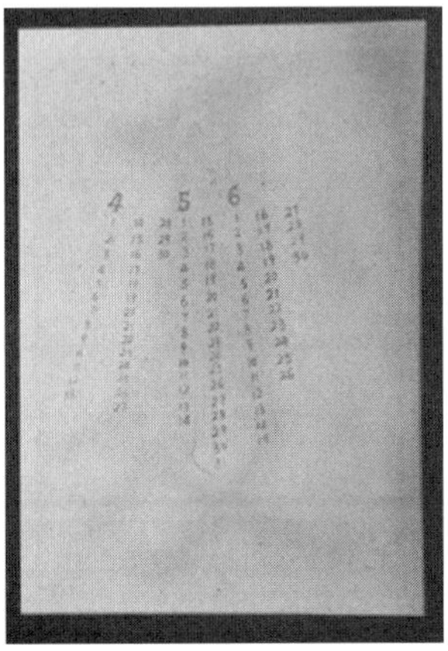

图 7－51

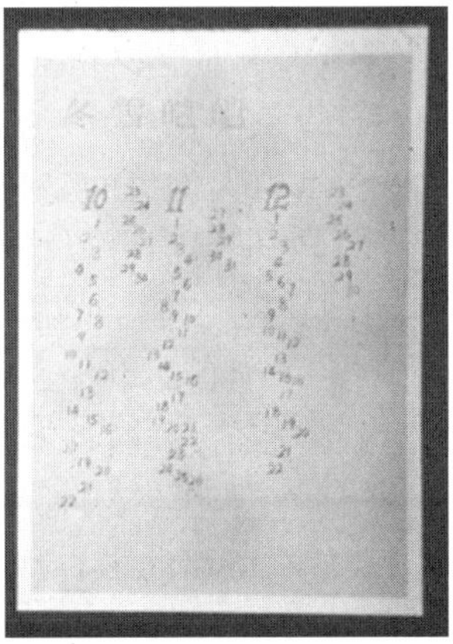

图 7－53　图 7－50～图 7－53 运用文字编排表现春、夏、秋、冬。

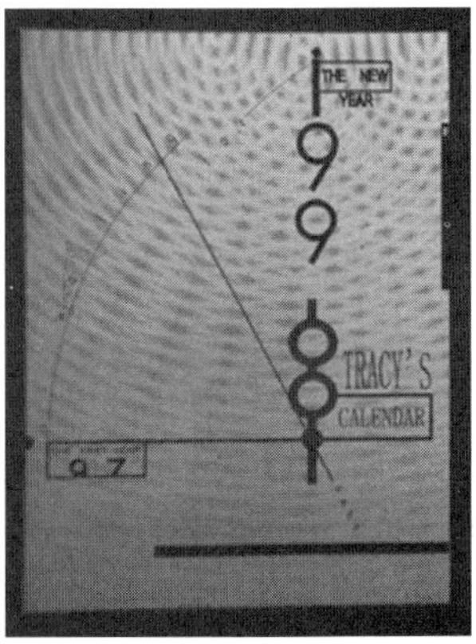

图 7－54

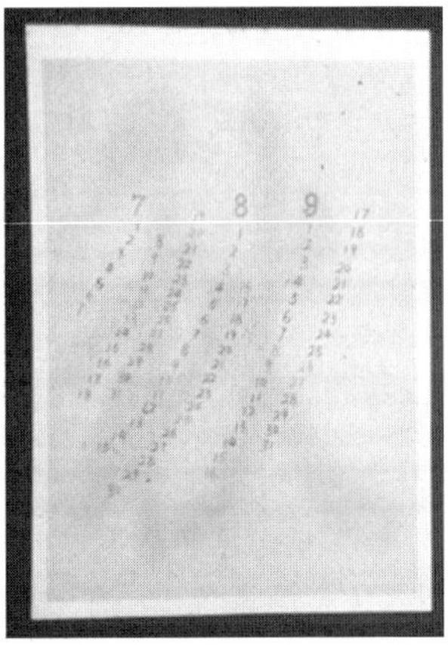

图 7－52

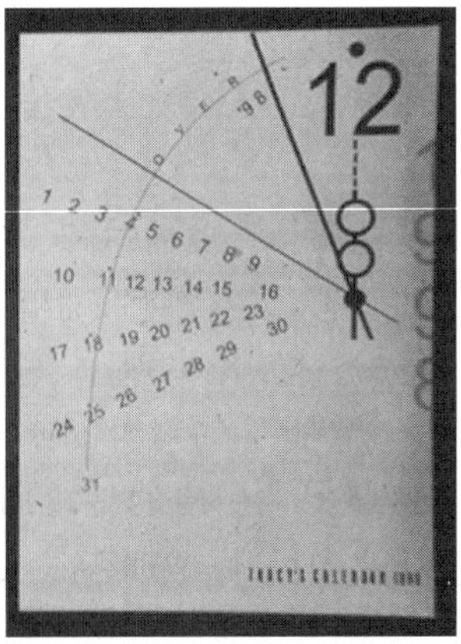

图 7－55

图 7－56　图 7－54～图 7－56 运用数字拟态化去表现时间。

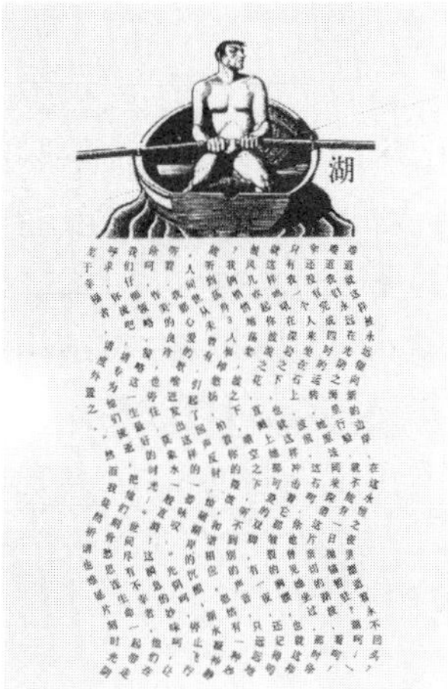

图 7－57　《湖》诗歌版面设计。设计者:蔡顺兴。运用诗歌的语言特征,使文本内容与版面形式一致,读者阅读后将产生丰富的联想,体现出内容与形式的一致性。

图 7－58　童话版面设计。设计者:蔡顺兴。设计手法与图 7－57 设计原理一致。

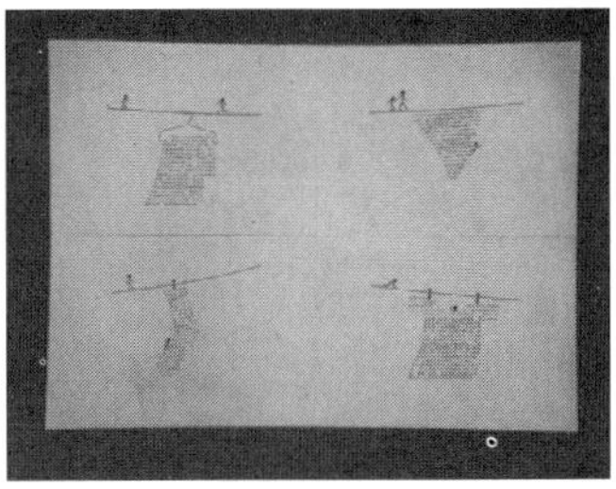

图 7－59

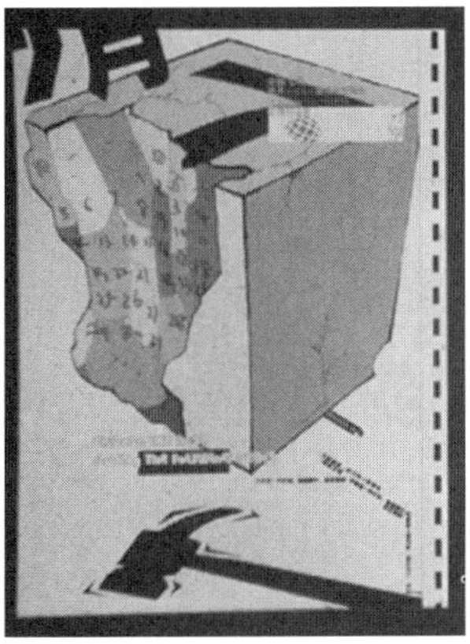

图 7－60

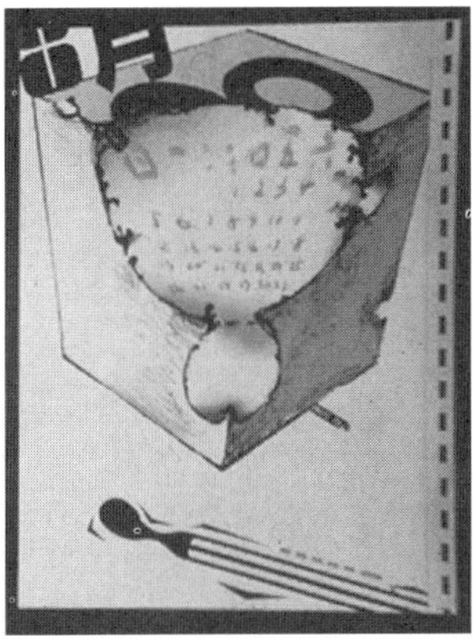

图 7－61

图 7－62

图 7－63　图 7－60～图 7－63 作者通过冰块消融的创意与文字排列,去表现季节的时间变化。

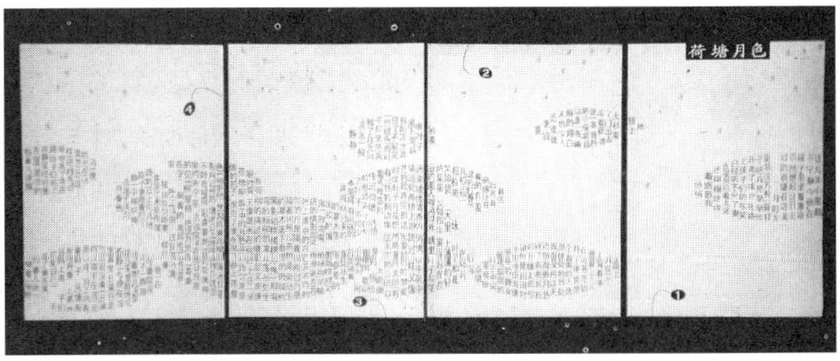

图 7－64

八、色彩的使用

版面设计究其本质而言是对版面结构及其形式规律的研究，影响版面效果的最直接因素是版面结构，当然色彩也不能忽视。如果说把版面结构比作人体结构的话，那么色彩便是结构的“外衣”，“外衣”虽不如结构那么重要，但毕竟可以影响和左右结构的最终效果。色彩在一定范围内与版面形态结合，可以改变人对视觉传达因素的看法，如在同样的结构中，由于色彩的使用，其视觉感染力远远超过黑白单色的版面效果。考虑到色彩在编排结构中仅起辅助作用，本文对色彩的分析仅作简短的讨论。

1. 色彩的属性

色彩是有属性的。自现代色彩学诞生以来，这一观点早已被科学所证实。色彩的属性在很多情况下，必须与人的情感和生活习惯联系在一起。设计时若不考虑这些因素的存在，那么人将有可能犯一些常识性的错误，也许这种说法可能严重了些，但至少要求设计师们对这一问题引起关注。例如，人们已习惯于将红色看作是激情、烈火、愤怒或具有一定攻击性的含义。早在 20 世纪初的构成主义作品中，就大量存在过这种倾向，以李西斯基为首的构成主义设计师喜欢运用这种色彩象征着革命。许多情况下，黄色多与警告性的图形相结合，因此黄色具有警告的含义，这在生活中的许多方面已被证实。比如，足球场上的黄牌警告，公共交通中的警示牌、黄色信号灯等。绿色象征着冷静和克制，更象征着生命。蓝色象征着寒冷与凉爽。白色则意味着纯洁……。色彩的这些属性，必须放在特殊的场合中与特定的内容相关联才能体现其特性，离开了特殊的环境单纯地谈论色彩的属性往往是机械的、片面的和僵化的。

2. 象征联系

色彩在版面中扮演着重要角色，大多体现在产品说明书、样本、宣传画册中，正规出版物中的内文版面则较少使用。当某种色彩被使用时，常常承担着揭示产品性质的任务。如明亮的蓝色、绿色和黄色多与新鲜、清洁相联系，因此这类色彩常出现在保洁类产品的出版物中。再如，淡粉色、淡黄色、淡蓝色多用于卫生产品、化妆品以及女性产品和婴幼儿产品上；黑色多用于危险品；深蓝色或纯蓝色则多用于化学产品。然而，人们对上述色彩的归纳并不等于一成不变，而是这类色彩早已深入到人们的日常审美习惯中，已形成了约定俗成的规定，如果将这些规律强行改变，人们可能难以接受。不过，设计需要标新立异，优秀的范例屡见不鲜，创新意识也极力鼓励做一些跨越式的突破，但这要看在什么样的产品上。如果在某些特殊产品上做这样的突破和尝试将是危险的。曾有报道，20 世纪 80 年代中国南方某生产剧毒农药乐果的生产厂家，将盛装乐果的塑料袋包装上用橘红色的色块和文字进行设计，农村儿童误将乐果当成橘子粉食用，结果造成中毒事故。

色彩在设计中如果将某种象征手段联系得恰如其分，可以增强市场营销，也可以吸引特别群体的购买注意力，如老人、儿童、高收入者以及高消费女性白领阶层等。

3. 套色

版面中设计师可根据具体情况运用色彩，不同的版面尺寸可运用色差区分不同的信息。如火车时刻表、年度报告、数据列表以及详细的价格清单。由于上述信息内容繁多、数据量大，阅读时容易产生视觉混淆。故此，版面上往往采用不同色阶的差别来区分文字，它将有助于信息的传播。

许多产品说明书和年度报告中的彩色文字具有易读性的特点，但如果版面背景或文字周围采用对比鲜明的色彩套色，此时文字的可阅读性也许会降低，显然，这是色彩所致。那么什么样的色彩套色可以提升版面的品味？什么样的色彩又会招致相反的效果？现实中并没有统一的标准，它必须要靠设计师天才般的创造才能产生。

在易读性的基础上，使用不同的色彩套色，与图形排序相结合可增加版面的艺术性，但若欲取得最佳效果还应反复试验，虽然这样做较为繁琐，但总比一次性地冒险使用要好，设计者可以按照自己的目标，集中精力去完成这样的试验也许能够获得好的回报。与此同时，设计师还必须熟悉印刷工艺中的色彩编组的变化。好的设计稿，并不等于一定能够取得好的视觉效果，设计必须与印刷工艺相联系，设计师只有亲赴印刷厂熟悉各种印刷工艺、观察色彩套色在不同纸张中的印刷情况，最终才能取得满意的艺术效果。

此外，设计师还应使用色彩去对版面中需要传达信息的部分进行分色配置，无论文字还是符号都是必要的。运用色彩套色配置对于诸如公共信息之类的宣传品进行设计，具有特别有效的作用。在复杂的情况下，它可以使色彩本身变成一种独特的“语言”向外界传播信息，这种“语言”可以被不同文化背景的读者解读。（请参阅彩图 38～彩图 44）

九、笔迹、涂鸦和潦草字

手写体、书法、笔迹、涂鸦和潦草字在富有创造性的版面设计中，往往扮演着重要的角色。很多设计作品运用这类手法进行排版设计，常可起到独特的艺术效果。就设计本身而言，使用那一种字体本来就没有统一的规定和约束，许多概念的形成其

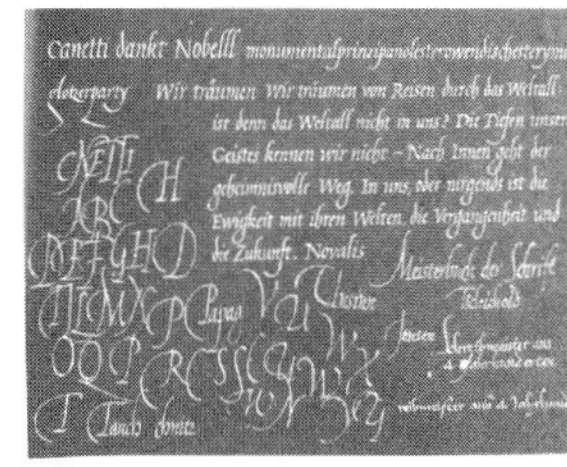

图 7 - 65　书法与铅字的结合，使得版面变化富有诗意。

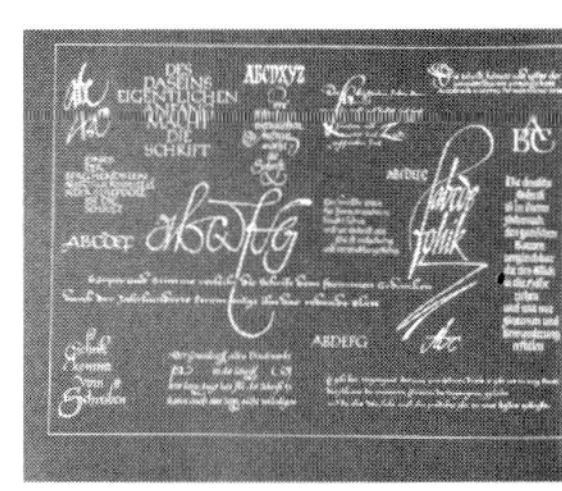

图 7 - 66　铅字与草书的穿插编排，使得版面富有韵律感。

图 7 - 67　使用潦草字的表现方式，使得版面形式类似于现代绘画的潇洒、随意、自然。

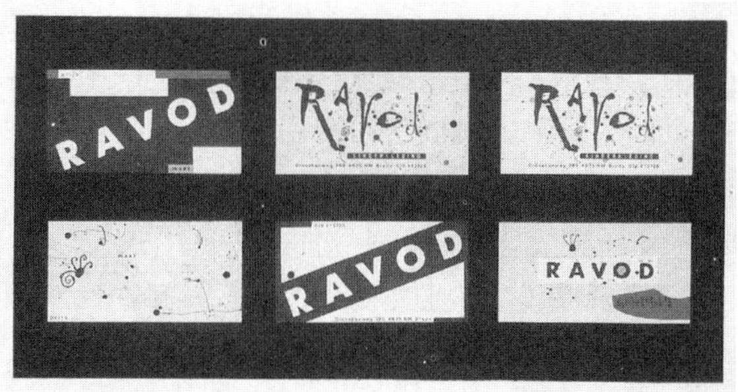

图 7－69　用有活力的泼洒的方式展现了有特点的视觉形式，这六张作品由荷兰设计师为童装设计的服饰标签。

实都是人们长期总结的结果。用得好，可以形成规律，若过分依赖这些规律则会形成枷锁，将创造性思维锁住。在铅字发明之前，人类几乎所有的宣传品都以手抄的形式出现；印刷术发明后，字体才由传统的手抄形式转为铸造形式并逐渐规范化，通过多次的重复使用，铅字减轻了人们的体力劳动，使生产效率得到了根本性的提高，这是人类文明进步的象征。

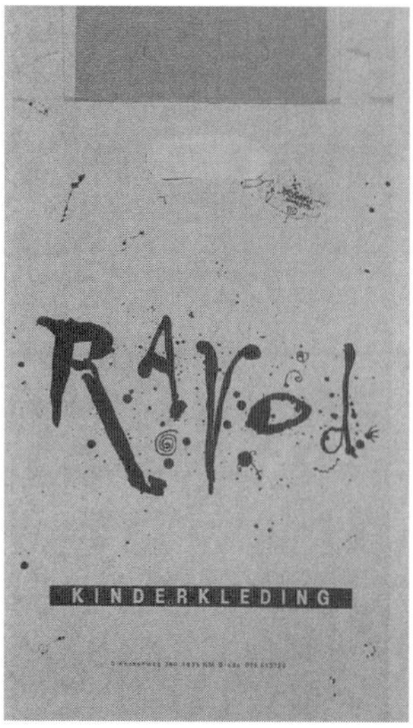

图 7－68　运用涂鸦的笔迹形式，表现手提袋的版面，与图 7－69 所设计的整体服饰标签一致。

自人类步入铅字时代后，传统的手抄本形式便一去不复返。随着时间的流逝，人们似乎忘记了这一古老的信息传递方式，而将铅字印刷变成了一成不变的、最为正宗的版面形式。诚然，印刷字体特别是当今的电脑排版技术的运用，有着不可替代的主导地位，但如果偶然在版面中使用一下毛笔书法或运用涂鸦的方式来设计版面，也许会有一种特殊的艺术效果。就书法而言，其本身就是一门艺术，尤其是中国的书法在古代就已成为一项专门的艺术形式而存在。近年来日本设计大师杉浦康平先生提出了“艺术×工学＝设计^2”的理论，具有其深刻的设计内涵。在这里“工学”是指与工程技术相关的现代工业生产和制造技术，而“艺术”显然是指相应的绘画、书法等综合艺术。如果按照这一理论来衡量版面设计的话，那么日本现代平面设计，为何大量采用源自中国古典文化的毛笔书法和现代涂鸦艺术进行设计就不难找到答案了。当印刷字体成为固定的或一成不变的形式时，在版面中适当使用涂鸦式的书法字体，可以起到令人亲近、温暖、具有人情味的格调。当然，运用这种设计手法要看在什么样的场景和什么样的环境下进行，离开了特定的环境单纯地谈论如何使用此类设计手法是不可取的。如在理工类出版物的版面设计上运用这一手法显然不符合这类设计的内容要求。理工类书籍应体现理性和严谨的特点，文学类书籍尤其是诗歌、散文因其内容本身比较富于浪漫，想像随意，偶尔用之可以出奇制胜，易准确把握设计品味，能够贴切地体现“书卷气”。

图 7－70　为床上用品设计的标志，版面采用了线型和书法的方式设计，体现了舒适、温存的视觉感受。

在版面设计中，设计师还可以运用某人的笔迹、书写字体进行排版。笔迹具有真切或与特定事件联系紧密的特点，将之用于特殊场合，显然要比用正规的印刷字体要来得更富于想像力，它似乎符合作品本身的意境。版面中还常常通过错乱的字形、斜线符号或是涂鸦等手段来突出强烈的情感。例如，人的迟疑、耳语、旁白、错误等人类"缺陷"的迹象，这也许能更准确地体现原著精神(参见图 7－65～图 7－71)。

图 7－71　杂志版面采用了个人签名的笔迹方式作为版面主要视觉形式与铅字相组合，表现出了杂志讽刺幽默的特点。(资料来源：图 7－68～图 7－71 选自 *Creative Typography*)

十、添加和破坏

有两种方法能够使得版面中的字体获得新的属性和新的意义，设计师可以通过对字体进行添加或破坏求得新的形态。这种手段的运用要求设计师通过对某一字体或词组的强调，或将之封闭在一个个版面区域内加以处理，使读者在获得信息的同时，还获得了额外的内容。

"添加"，实际上就是在原有的字体形态上添加一些纹样并对其进行处理。这种手法包括装饰、添加背景，肌理处理等。如水彩画、砖石、玻璃、布纹、岩石等效果，只要设计师能够想到的一切特技效果，运用现代电脑技术都可以达到。

"破坏"，从字意来看就是将原有完整的形态，通过外力的方式将之改变成不完整破碎的形态。获取这样的效果，必须根据设计师的需要来达到。美国的自由版面设计师戴维·卡森喜欢运用这一手法进行设计。在其作品中，有大量的字体及版面文本存在这样的表现方式，并取得了理想的设计效果。与传统的表现方式相比，"破坏"这一手法似乎带有一定的"暴力"倾向，创造出来的版面形态也往往显得支离破碎。那么，为什么还有那么多人热衷于这样的设计呢？并且为什么还有那么多人，尤其是年轻人对此津津乐道且爱不释手呢？也许这与时代的发展有关。在当代高科技信息化大潮的冲击下，原有的版面设计模式已不能满足新生代青年人对版面形态的需要，加上自由版面设计运用电脑技术所带来的新颖效果很能吸引年轻人，符合新生代的审美心理。另一方面从美学角度来说，破碎的版面具有一定的"残缺美"和"病态美"。"残缺"在现实自然生活中，人们往往不能接受，如肢体残缺，所有的人都不会认为这是美，但在艺术品中人们却能接受。断臂的维纳斯是美，残缺的斯芬克斯是美，毕加索的许多作品同样追求着这样的残缺美。毋庸置疑，艺术品作为虚拟的残缺幻象能满足人的一部分审美情趣，故此，以残缺为美的艺术形式可以存在。中国近代有学者曾对此进行过一定的探讨，如清代著名文学家龚自珍所写的《病梅馆记》中言："梅以曲为美，直则无姿；以欹为美，正则无景；以疏为美，密则无态"。实际上就已经道出了人们对这种残缺美所追求的心态。在版面设计中运用残缺美的方法常常包括将字体或词组采取变形、括削、破损剥落、错位、断裂、扭曲变形等手法来实现(参见图 7－72～图 7－75)。

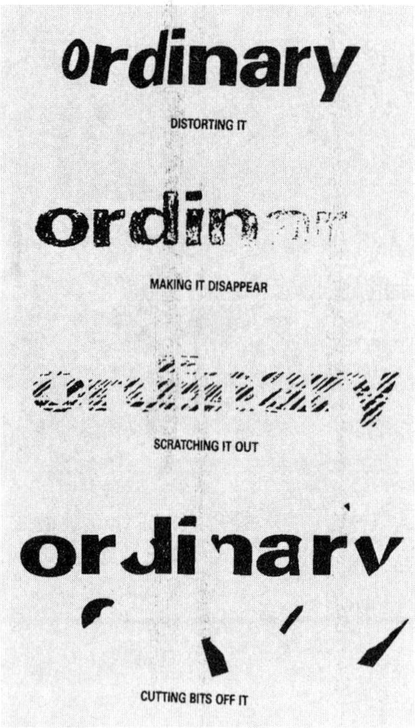

扭曲

逐渐消失

刮痕

碎裂

图 7 - 72

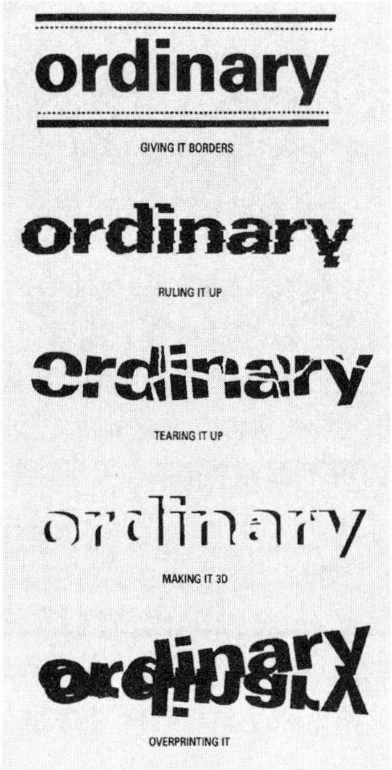

加边

线裂

撕裂

立体

重叠

图 7 - 73

反白

装饰

混乱

加大间距

附加

图 7 - 74　从图 7 - 72～图 7 - 74 例举了 14 种常用的表现手法，其目的均是为了使字体和版面产生令人意想不到的变化，这些手法常见于自由版面设计中。

图 7 - 75　展览海报。设计者：登巴设计工作室（Studio Dumbar）。作品采用了版面外形缺损的方式设计，作品极富特性。

第二节 方案的创作过程

既然设计师已经开始建立起一个有关创造性因素的视觉语言，那么，现将其中一些元素付诸实施。以下案例实际上是关于创造性地使用印刷字体所进行的基础性练习，它将告诉读者如何对字母和单词予以视觉处理，以表达不同方面的经验。同时，还将帮助人们去研究组合词及其产生形象的某些新方法。此目标是想通过一个练习获得训练想像力的机会，这对于形成和获取创造性的版面设计方法具有重要的意义。所举案例均为了表明在练习中所使用的创造性思维，是如何将其中的一些成功要素用于商业设计中的，而另外一些则不适宜用于商业，这其中包含了某些复杂因素。案例在每一阶段上所获得的进展，诸如从最初的设计创意、提纲到最后的结果都体现出相关的设计经验，并且应将相关结果视为具有一定意义的灵活性存在。从某种角度来讲，设计本身并不存在一个严密的逻辑程序，况且设计方案进展的过程本身可以随时更改。现实环境中的工作程序，不必像所例举的范例那样教条和机械，具体情况作具体分析。设计师有时的工作方式也是不可预测的，常常因客观因素而改变，所以，仅将下列范例视为设计师个人工作方法的体会和起点，从中借鉴，不必拘泥。

一般来说，方案设计过程一般可分为以下几个阶段：总体说明；第 1 阶段：畅想和草图；第 2 阶段：挑选草图；第 3 阶段：发展与评估；第 4 阶段：方案小结（参见图 7－76）。

一、总体说明

这是设计者将要实施设计任务时的规划说明，或是为解决设计问题所做的陈述。总体说明在于：一方面将表明设计者需

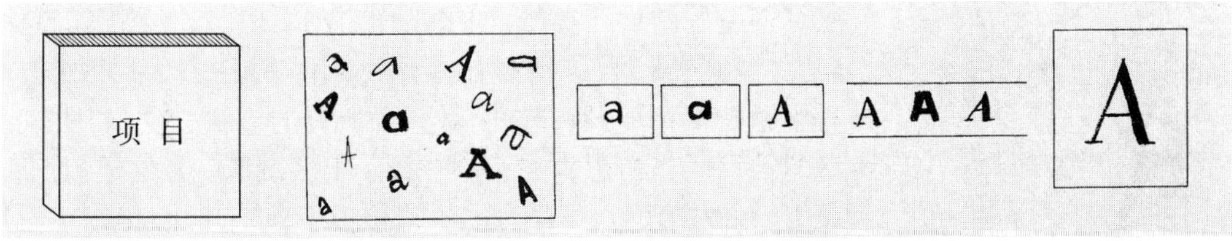

图 7－76

图 7-77 用“F”表现“Fly”的含意，可采用多种多样的表现方式，设计师应最大限度地张开想像的翅膀，不管有多少种表现方式都必须围绕着核心主题展开。草图阶段，有的想像可能过于复杂，有的也许太简单，但不管哪种手法只要合理，均可作为一个可筛选的方案存在。

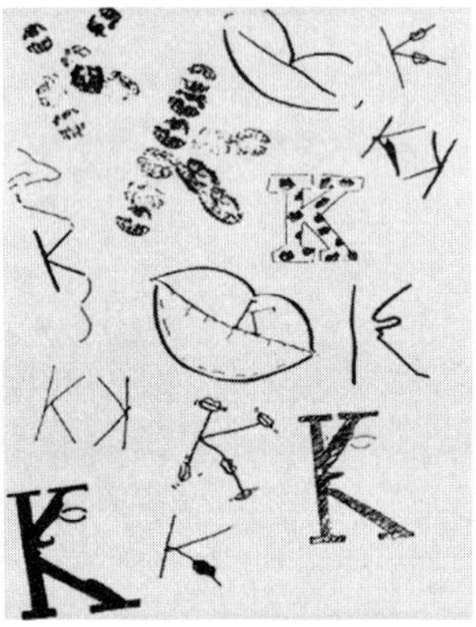

图 7-78 直接用“K”表示“这一主题”的创意似乎有点困难，这是因为“K”的形态复杂，不易于表现，这就要求设计者展开最广泛的想像，尽可能去表现主要创意。

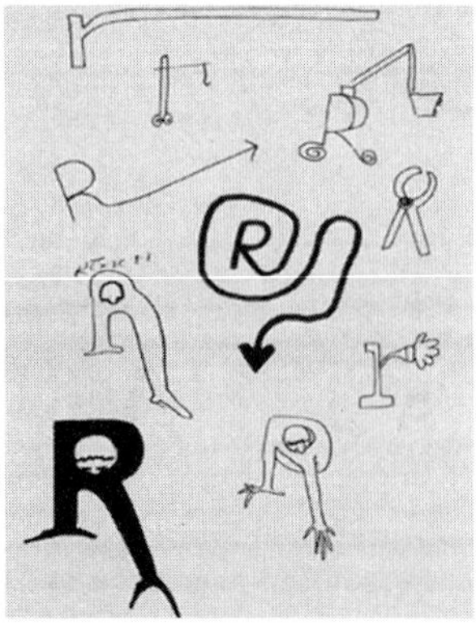

图 7-79 用“R”表现“Reach”，可运用字母形象化的特点体现“伸展”、“伸延”的含意。

要进行大量的市场调研、设计分析，另一方面尽可能多地提供各种解决办法。

在职业生涯中，设计者每一次从事商业运作，总是要面对客户的要求进行概括总结，然后再进行下一步的具体实施，这样的工作方式有助于抓住重点。对顾客所提出的相关工作进程、费用支付等一系列事宜应加以准确把握，使之形成纲领性文件，这有助于工作的顺利完成。实施中，客户有可能对诸如：方案的费用、数量、复制等要素进行限制。而设计者对即将完工的设计方案，将要加工的具体产品或把产品送到客户手中的某些环节等相关要素进行统一计划。

二、第 1 阶段：畅想和草图

第一阶段包括两个步骤。首先；设计提纲中所列出的主要问题和内容应该以毫无拘束、自由想像的方式思考，快速记下脑海中一切好的想法，不管是文字还是图形都应如此，即使所出现的想像不那么清晰或是不很直接，也应捕捉点滴想法以免遗漏思想的闪光点。重要的是将每件事都写在纸上以此反复扩展对有关主题的看法，打开思路、获取灵感，让智慧的思想浮现到设计者的面前，并以不同的角度给出提示，使设计者对主题有一个明确的把握，用各种办法尽量为意念和设计的想像撒下空间宽广的巨网。

每个人都有自己思考问题的方式和广泛想像的方法。有时时间的限制和对思想主体的施压是有效的，以至于想像的泉水快的像汹涌湍急的潮水，想挡都挡不住，那是创作的绝佳期。现实竞争不能苟同设计阶段耗时长的观点，若是出工不出力，时间再长也不会有好的成效，关键是用心、用智、用力，否则永远出不了好作品。若想使想像不枯竭，最好的方式就是加入一个团体或者有一个好的合作伙伴。处在某个环境中，人多意杂，二个头脑总比一个头脑考虑方案要全面得多，何况众人讨论式的工作方式，更加易于使方案获得通过。广泛畅想其主要目标是为了让思想自由地产生。进行这项工作应多创造好的设计环境，如果工作启动之时，就拒绝将思路引向宽广的区域，那是非常有害的。尽管有些想法看上去似乎与主题并不相干，但开始去做并用所有的方法去尝试，也许最后的结果同当初想像完全不一样。很多事情就是这样，看上去无用，但做了之后，不经意间也许价值不菲。其次；仍以广泛畅想的方式完成并付诸具体化。就草稿来说，这一阶段仅是将广泛畅想的设计意图包括思想方法转变为粗略的图纸，或将草图变成视觉上能够接受的印刷元素，并考虑采取那种方法去实现它。这是一个重要阶段，设计者可以用铅笔、钢笔、记号笔、刷子、毛笔、老式打字机、转印、剪报、电脑、印刷字库中的样字以及影印本等手段任由支配去实现它，结果可能是令人满意的，也许相反。但不管怎么说，不要停步，不要只满足于将草图上的创意变成可以印刷的视觉语言，如果这样，设计创意也只能停留在初级阶段。

将上述两项工作结合在一起，二者在产生思想和应对变化方面是同等的重要。不过可以肯定的是：即使科技极为发达的今天，无论人们使用多么精密的技术也不能将其头脑中广泛畅想的草图，自动变成纸面上所需要的视觉符号，更不能展现脑海中与草图相关的思想活动。人们只能通过自己的双手将脑中的创意用草图的形式表现出来，经过计算机处理，使其快速输出以供讨论和修改之用，这些程序将有助于培养设计能力，它会以一种客观的方式来评价设计师的工作，最终挑选出满意的方案供人们讨论。

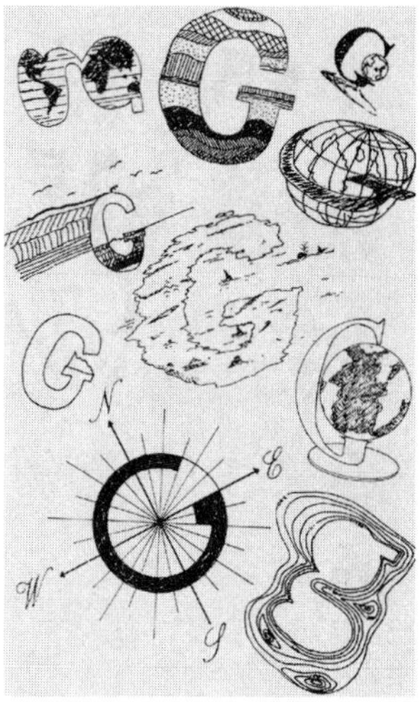

图 7-80　用“G”表现“Geography”的含意，可通过可爱的图形如：地图、地球仪、岩石、以及领土、疆域等形式去表现，应尽可能反映地理概念。

三、第 2 阶段：挑选草图

第二阶段的重点是用判断力去评估第一阶段所做的工作，并从中挑选出一张或数张满意的草图作为下一阶段工作的开始。将挑选出来的设计方案进一步深化，从中发展出具有深度的作品，这一阶段的工作方式，主要是以电脑制作为主。电脑本身产生不了作品。它必须依靠草图创意并通过相应的制作手段才能得以实现。电脑的作用主要在于快捷、准确、方便，它是以往传统工具的缩略。人们依靠电脑高科技手段，把大量繁重的设计制作工作，通过数字化处理，高效率地加以实现。电脑虽然给人的设计工作带来了便捷，但同时也为少数鱼龙混杂的投机分子钻空子提供了极好的手段，这些人用几台电脑进行无设计的胡乱排版或是抄袭复制别人的作品，致使目前设计市场出现了无序化的恶性竞争，产生大量的垃圾出版物，这是高科技成果下所带来的负面作用，它如同克隆技术，既能够为人类医治疾病提供科学的手段，同时也能用于犯罪一样。一旦电脑制作稿完成之后，便进一步挑选有创意深度的电脑草图，使之继续深化，以此往复，直到方案最后成形提交客户。当然，在这个艰苦的过程中，设计者的个人修养和内在学识是至关重要的。评审草图的过程是一个体现个人设计鉴别能力的过程，如果设计者个人的修养有限，即使有好的想法也未必能被发现。设计者只有在一轮又一轮、反反复复的讨论中才能真正锻炼自己，才会在有创意的作品中成长并从中收益，使自己一天天成熟。如果设计者对于设计出来的作品，只是应付

图 7-81　用“E”表现“Escape”的设计理念，可运用各种不同的表现方式表达逃跑的创意。

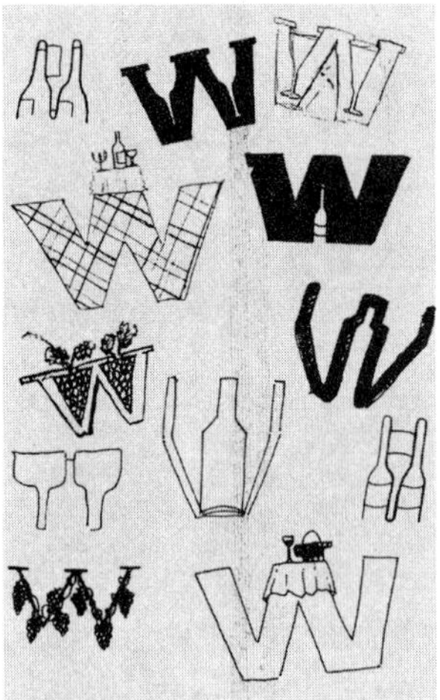

图 7－82 用“W”表现“Win”的创意，设计师应在脑海中广泛想像，并根据自己的学识、经历，充分表现“赢得”的含意，诸如：鲜花、美酒等等……

一下，敷衍了事地用电脑处理，到头来只能自己害自己。由此看来，草图阶段若不下工夫，仅依靠电脑，无论怎样在电脑中进行特技处理，最后出来的方案依旧没有力度，更谈不上感动“上帝”了。

四、第 3 阶段：发展与评估

将第二阶段中优秀的电脑稿展示出来，请相关的同事或合伙人一起参加讨论，各抒己见，对所发表的意见进行汇总，最后得出结论性的报告。依据这样的结论，设计者还必须进一步发展深化。此时是考验设计者意志的关键期，许多人都是在此“极点”被淘汰出局，只有意志坚定者才能渡过这一难关。如果设计者每逢关隘都能自由地闯过，他必将积累大量的设计经验，从而提高设计水平，其事业也将因此取得成功。一般而言，第三阶段的深化总是与思想变化以及客户所提出来的新要求有关。这种变化不是直线的，它必然要经历一系列曲折的反复，设计者应准备好对付可能出现的问题，想好以什么样的方式去应对。经过三个阶段的发展，回过头来再去看看当初的创意，结果发现经过许多曲折也许最终又回到了始点，最后完成的未必就是最好的，这其中客户的决定至关重要。设计师有时很像一个探宝者，他走了很多路，吃尽了千辛万苦，也许宝藏就在脚下。作这样的比喻，似乎把设计神秘化了。既非如此，设计者也应有这样的心理准备去接受煎熬，只有经过这样一个艰苦的历程才有可能出好作品。

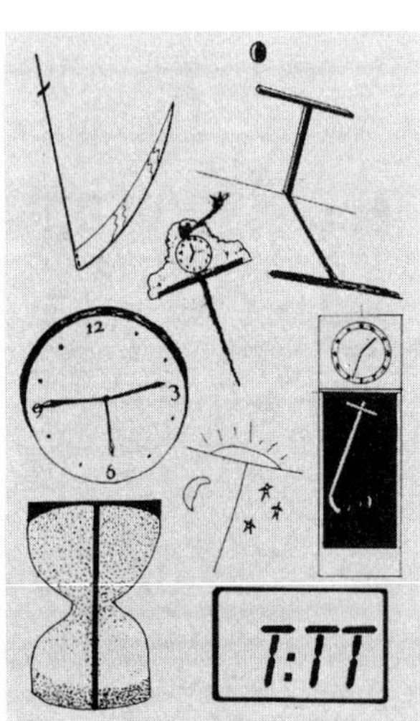

图 7－83 用“T”表现“Time”，虽然这个题目相当普通，也没有什么特别令人兴奋的形式，但经过广泛的思索之后，仍能够想到与时间相关联的一些物体形态和表现方式。

五、第 4 阶段：方案小结

设计方案以某个阶段的最佳结果而结束工作，这是幸运和愉快的。但作为对问题的探讨和研究，设计者必须经历最起码的上述三个阶段，有时是三个阶段的多次轮回。在所有的方案完成之后，展现出来的作品也许是由多位设计师共同完成的设计样品，每个人都对类似的设计难题找出自己的解决办法，或者揭示问题的所在，最终被采纳的方案由客户与设计者共同讨论得出。

[设计案例 A]

练习 1：选用一个词，通过对该词的（或多个）字母处理来表示其含义。

通过与字母的交流，无论设计计划看上去有多么简单，其目的都是为了训练设计能力，以及表达设计者对字体处理技巧方面的才能。而且，人们还将发现单个字体所赋予的力量有助于设计工作的展开，它将把人的想像力调动起来，利用相关手段将之展现出来，以实现主旨创意，对于实际设计水平也将有一个大的提高。当设计者步入市场去处理商业事务时，便会体会到先前的练习是多么的重要。设计者花一些时间去做这样的练习，目的在于穿越整个学习过程，它对初学者的未来至关重要。此外，培养良好的学习习惯也是成功的关键。训练中应将设计草图和未完草稿详实地画在草图纸上，其中有些草图看上去与设计并不相干，但它们对将来的设计工作可能具有某些价值，或提供某些启发。当设计者的思想突然超越创造时，所作草图可能在当时并未意识到这样的超越存在，事后，当回过头来再细细察看时，也许会有惊人的发现。这就如同科学实验，为何一定要做笔记一样，很多重大的科学发现都是在不经意中偶然遇见。如果不做这样的笔记，上帝赋予人们短暂而神奇的灵感也许转瞬即逝。设计创作与科学创造在某些方面有着惊人的相似，它们的特点都是以创造作为思想存在的前提。当然，在重新回过头来评价设计创作时，对不合理的地方及时总结，积极反思，就能做出肯定、客观的判断。

图 7-84　符号设计。用字母的形式表现建筑环境和家具的符号特征。

练习 2：使用硬纸板、纸或其它任何适合于表现的材料恰当地表现词的创意。

这是一项受大多数人青睐的练习方法，它不仅能够提醒人们：单词不仅是练习本上一小块有生命的练习，而且也是能够独自表达信息，按序交流思想的载体，设计者的工作可将字母传达信息的特性进一步激发出来。一般情况下，人们似乎不可能过于频繁地进行这项练习，但专门训练时应强调其重要性和高效率。设计者应尝试着以简单的词汇开始。起初可能感觉到这类词比较复杂，但经过一段时间训练后，便会逐渐适应。一般来说，人们喜欢从分词类词典中选取词条，并尝试着使用全部词条变化，做这样的练习所选取的词条本身必须具备可发挥的亮点。设计讲究"可遇不可求"，不能生搬硬套地强行使用某种设计手段去勉强组合，而应体现顺理成章的"巧"字。当然，现实的商业活动中，所出现的设计主题不可能都具有可发挥之处，这就要求设计者灵活运用设计技巧，发现并恰当地表现对象，以体现设计的合理性(参见图 7-77～图 7-85)。

图 7-85　招贴设计。作品采用字体设计、图形、文本综合编排以传达丰富的思想内容

[设计案例 B]

取一个人或某个组织的名称，用一切设计技巧尽可能地表现出该项目的特点。这里所例举的案例，是由加拿大蒙得利尔的设计师费尔南多·麦第那(Fernando Medina)为电影 Jimi Hendrix 所设计的方案。"Hendrix"一词的草图案例，反映的是

图 7-86　第一阶段。

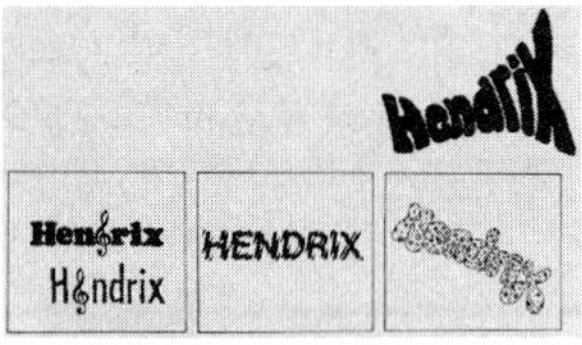
图 7-87　第二阶段。

如何设计字体版面，其内容与电影制作有关。所例举的草图是关于设计师对于版面创意的各种不同的想像。

第1阶段：种种外在因素总是要求设计者一下子设计出能够立刻得到客户认可的文本版面。大多数这类版面形式，是从团体或个人名称的缩写字母开始的，其最终目的是为了突出企业的销售形象或与销售形象有关的企业理念。形象一旦被采纳，将会印在信纸、小册子、海报或其它任何一种能够宣传企业全貌的印刷材料上，使之成为企业的一个组成部分。

为了准确把握住客户的需要，有必要在开始阶段就与客户进行沟通，以了解客户的某些想法。一般来说，客户总希望设计出来的企业形象能够符合其思路。某些时候虽然他们也有自己的主张，但说不出更画不出，希望借助于设计师的手能够充分表达其潜在的思想，当然，这部分客户也许曾受到过某些因素的影响。如何开展这项工作，一个最好的例子就是在客户表达基本要求的同时，将需要体现设计理念的要素贯穿于视觉形态中。开始阶段尽力避开先入为主的怪圈，为拥有解决问题的自由而获得足够的思想空间。在很多可变的设计方法上，设计者将面对这样一个事实，即：版面信息的功能性，其含义绝不可含糊，它将直接面对读者。

下面所挑选的训练主题是为电吉它手 Jimi Hendrix 设计的个人对外宣传形象。这位西方著名的吉它手，由于有着极高的知名度，选择此人，有助于设计者尽早进入设计状态。按设计程序，设计者所做的第一阶段的工作，依然是先前所倡导的广泛畅想，其次是字体草图和与音乐相关的构思，诸如摇滚乐、披头士音乐、爵士乐其及与幻觉音乐有关的音乐符号，将这些元素从杂志、唱片或相关资料中精选出来作为设计素材，以备创作之用（参见图 7-86）。

第2阶段：经过了第一阶段的广泛畅想后，所积累的大量草图为第二阶段作准备，其中有特质或有思想的个案经确认后进一步深化发展。这部分方案在某些方面看起来并不精确，似乎也没有特别的精到之处，其思想性也不够深刻，这就要求第二阶段给予进一步完善。

某些思想可能成为解决问题的方法，与别的同样具有解决问题能力的思想似乎存有一定的差异，这需要将二者之间的差异提炼出来进行评估。最后的结论往往来自经验，并与草图因素有关。下列提问也许能够说明一些问题：

（1）方案能吸引读者的注意吗？

（2）方案能够在预算限制内实施吗？

（3）方案能清晰地传达其思想吗？

(4) 方案的思想内容是否有足够的能力去应付以后可能出现的变化？

设计者所挑选的草图已符合上述所设置的标准，它具有吸引读者的潜力并且能与持各种音乐观点的人相沟通。即便如此，作品仍缺乏音乐家个人的特点，狂野与反叛是 Himi Hendrix 的个性(参见图 7－87、图 7－88)。

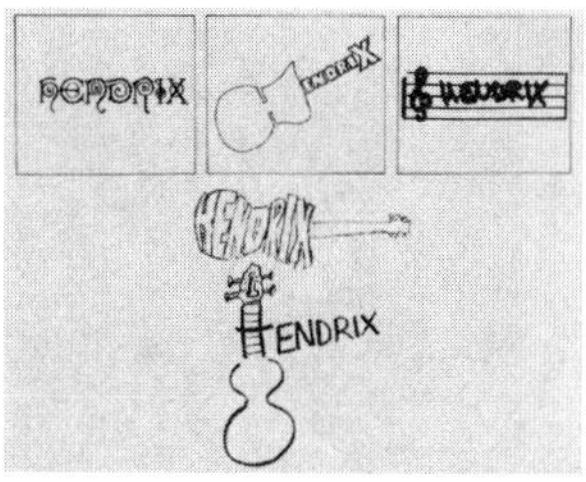

图 7－88

第 3 阶段：设计一旦完成后，它将以各种不同的方式展现出来，并限定为特定单色，处理上力求适应各种状态的配比与组合，因为一种状态下的色彩组合，只适合于小范围的应用，它具有很大的局限性，只有将不同色阶处理好才能满足于现实需要，这是必须要考虑的设计因素之一。下面展示的一系列草图都与五线谱和 Hendrix 有关。试想，设计师如果扭曲了五线谱将会怎样呢？倘若一开始就放宽了对草图思路的限制那将又会怎样呢？设计者必须尝试着用各种方法去试验，用绘画的方式也好，或绘画与字母结合也好，但都必须要有一个主题，必须以某个元素为主，否则版面将会出现似是而非的现象，如果两种元素彼此制约、相互竞争，最后的结果可能将导致版面影响力的减弱。故此，设计者必须让其中一个元素作为重点去精心刻画，以便使 Hendrix 的形象更好地得以传播。从这一角度出发，设计者恢复了先前版本中的五线谱创意，并将重点放在下面一个“Hendrix”变化的可能性中。

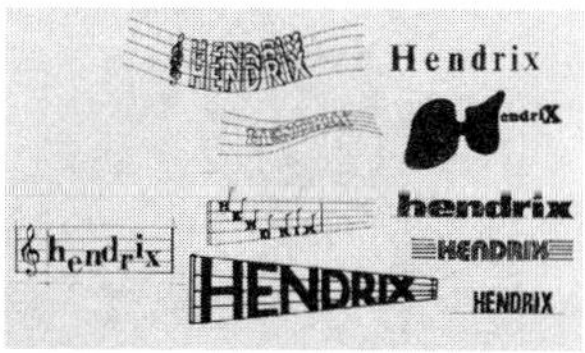

图 7－89　第三阶段。

如果人们喜欢 Hendrix 狂野、自由的特质，那么必须要找到突出这一特征的版面形态。在已绘制的草图中，虽然使用了许多表现手法来尝试表现“Hendrix”的特质，但都未能获得最佳效果，如果说有何遗憾的话，那么就是这些草图看上去其创意有些拘谨。既然版面没有能够充分表达出所追求的自由和激情奔放的艺术特性，那么，设计者必须尝试着手写书法效果(区别于电脑书法特技)。张扬的签名、狂野的笔迹扮演了对抗五线谱僵硬和静止的角色，使动与静、呆板与灵活、理性与随意产生强烈的对比，从而使显示主要动态特质的字体完全凸现出来。可以看出，动态的张力已在自由的签名和静态的五线谱之间建立起来，然而，高音谱号似乎现在又显得碍事，必须将之去掉，留下的线条足以提示读者，那是五线谱，且能为读者留下一定的想像空间。现在唯一需要做的事就是调节五线谱与签名之间的尺寸，若签名太大它将盖过谱线，使谱线的特点不能显现出来，若太小使得主题不够明确，只有在两方面都能兼顾的情况下，才能真正使版面符合人们的审美需要(参见图 7－89～图 7－91)。

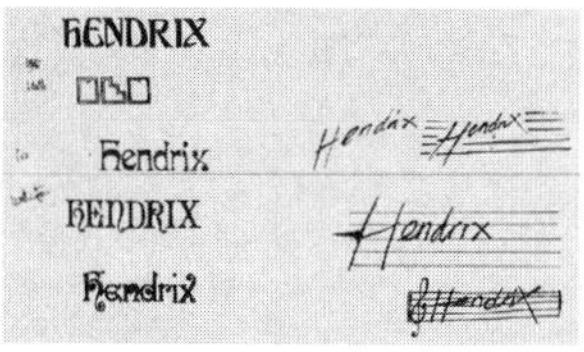

图 7－90

图 7－91　最后的成果。

第 4 阶段：方案小结。对很多观众来说，这种设计手法是一种大胆、直接易接受的形式，而对那些可能不太熟悉 Hendrix

图 7－92

及其音乐的人来说，这个方案至少也能够表明 Hendrix 不是一个保守的音乐家。

从上述案例中所得到的结论是：一个好的创意，其版面形式必须简洁明了地表达主体思想，而不应去赘述一个复杂的“故事”(实际上也不可能做到)。重要的是不能在设计方案上添加过多的意义，从而使得设计本身显得累赘，内容表达不清。

以下是商业设计作品的例子，这些例子突出了顾客的职业、个性或商业目的，其中有很多通过对客户名称的版面处理达到了良好的视觉传达目的。

图 7－92 为一家名叫瑞斯克·迪斯生的商业电流软件公司的标志，用百分号将公司名字的缩写字母组合起来。

图 7－93

图 7－93 为由加拿大蒙得利尔费尔南多·麦第那为一家汉堡包餐厅设计的字体标志，所绘字体合并成桌子的形态让人们更有一些想像力，可将之想像成热狗和汉堡包的圆形。

图 7－94 为米纳尔·塔特斯菲尔德和帕特勒斯为一家意大利化工企业设计的企业识别字母表，字母和数字酷似化学元素周期表，

图 7－94

图 7－95 为英国五角星设计公司的乔治·蒙克纳尔在 1985 年为那波利 99 基金会设计的海报(基金会 1984 年成立，旨在提高对城市问题的认识和推动、保护城市文化遗产的计划)，该设计表现了一个正在坠落粉碎的经典版面，建筑物以同样的方式崩塌，设计者以此创作手法旨在吸引人们对正在退化的环境引起注意。

图 7－95

［设计案例 C］

设计一个以核武器为主题的海报。此方案主要表明的是：用成功的印刷字体案例进行视觉传达。

第 1 阶段：方案的设置来源于设计者经过挑选的一组曾经做过的练习，并在国际设计期刊上发表过。这里展示出的设计方案可能有多种解决办法，每个方案都反映出设计师的意见和个性。作为设计师鲁黑·汉米德(Ruhi Hamid)设计之初，就决定以自由版面的形式创作。设计进程中的各阶段始终贯彻自己的设计计划，直至作品的最终完成。读者在此看到的是先前以词、字母表达意义的练习是如何在粗略的创意中得到使用的。一个像核武器那样的主题必然会有一大堆复杂的问题，其中许多因素将会引起人们某种情绪上的反应。当人们并未试图停止发表自己的观点时，海报传递某种信息则显得较为有效。广泛畅想又一次成了设计开始的最佳方法，设计师一头扎进书籍、报

纸里去，收集有关世界武器生产现状的事实及其数据。有些人可能会认为这是小题大做并困惑不已，同样也会让某些读者感到迷惑。在这个主题上，广泛畅想可能会出现过分的现象，这些现象看起来要么势不可挡的超前，要么陈旧、过时。对于这样的主题，创意的第一步应该首先发现一个崭新快捷的方法去表达关于炸弹、生命和死亡的相互关系及其基本情感的看法，以及对整个世界所表达的内在含意(图 7-96)。

图 7-96

第 2 阶段：广泛畅想的第一个结果告诉人们，某些词可能比其它词更会引起情绪上的反应，比如核武器会让人联想到可怕的核战争，因而使人产生对核武器的反感，“战争”揭示了主题最简洁的内涵。当这些草图被挑选过后，设计者不得不为新的方法或解释劳神。草图中所展示的例子除了解释“战争”之意外并未在此之上添加更多的成分，因而这一方案削弱了创意本身的影响力。另一个创意“War is backward”(战争是落后的)的解释，既简明又有效地证明了设计师自身的主张。这种解释所产生的直接反应为：战争是错误的。人们有理由赞同这一创意所采取的设计手法被非常规设计手法替代，那种诸如鲜血、铁丝网、炸弹以及毁坏的场景等毫无新意的老一套的形象，没有鲜明的特点，若要使人留下深刻的印象必须以全新的观念去表现战争。当颠倒了的字母顺序被加强时，版面则有了有力的组合，在此以一种不太熟悉但可以直接沟通的方式进行，所传达的信息可以被人清晰地理解。

图 7-97

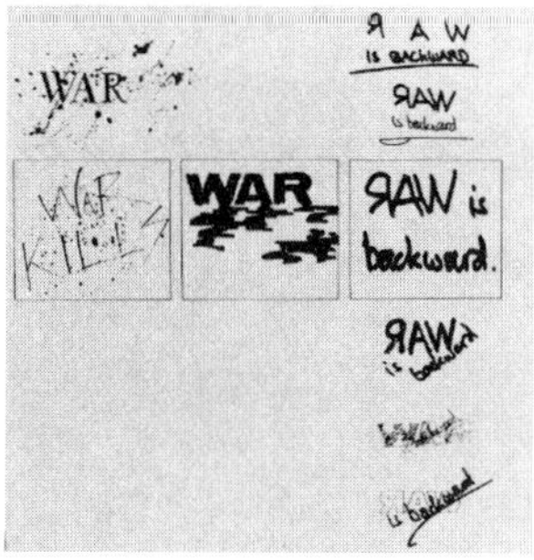
图 7-98

［方案说明］

当某词的首写字母表述的是关于设计的中心内容时，精确地对那些词的含义进行处理是很重要的，也富有一定的特色。这里所展示的许多草图及其不同的版式变化，都试图解释哪些字母应颠倒，它们应呈现什么样形式，为了表现这一设计理念，选择大写或小写，以及使用什么样的版式，这些都值得反复比较。在此，统一的无衬线活字因其粗壮有力的外表，威严的形态、广泛的认知度等因素，也许该字形最为合适(图 7-97、图 7-98)。

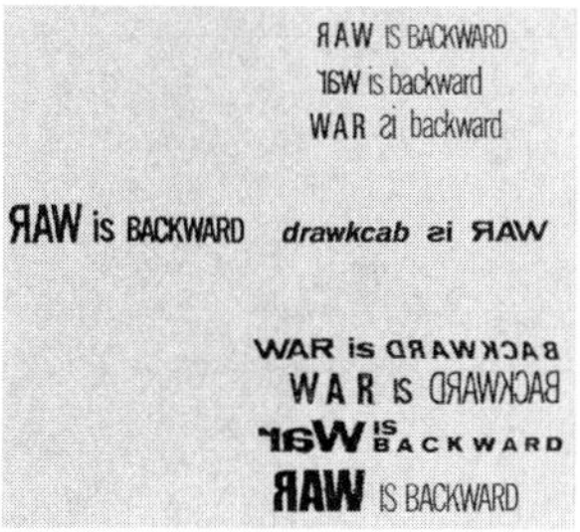

图 7-99

第 3 阶段：进入到第三阶段，草图的深入应决定着内容在其中表达上的强弱度，它可能是权威可信的，也可能因人们对主题的害怕和愤怒促使人的脉搏跳动加快。设计者应敏感地表现出对核武器主题的个人理解和反应，因此选择版面形式要切中要害并能给人以深刻的印象，这是一切版面设计的首要任务。颠倒字母的顺序只是表述视觉上有所不同的方法之一，并不是唯一的方法，设计者要想取得理想的具有与众不同的版面，就必须要做各种尝试，试验新的手段和构成方式，以取得理想的视觉传达效果(图 7-99、图 7-100，另见彩图 45)。

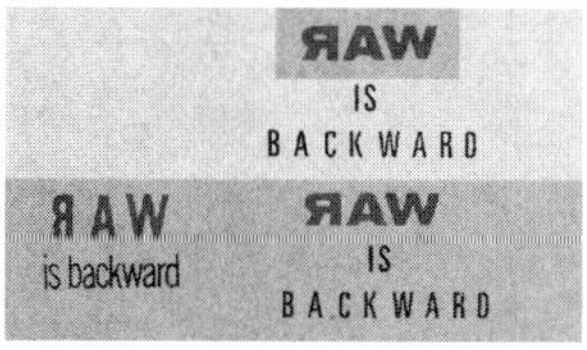

图 7-100

［方案小结］

把“战争”一词放大，置于其它词之上并设计成红色以体现战争的残酷性。设计者如果颠倒字母顺序的话，那么颠倒到何种程度？又如何安排？对于这些问题的回答，草图本身往往不能够完全解决，它必须通过一定的视觉试验才能实现。设计者在工作过程中尤其要对读者的视觉心理做一番分析或进行必要的试验。通常，有些人总认为设计者表现版面内容可以完全发挥艺术家的个人即兴表现。而现实中这是做不到的，设计不同于纯绘画，纯艺术所要表现的内容往往是艺术家个人对于现实生活和世界观的独特理解，是个性的张扬和自我表白，其表现方式可以不受外界环境的干扰；而设计则必须要考虑到受众心理，以及传达信息的效果。从上述例子的试验看，如果把整个句子都反转的话，显然对于传达信息的表述方式是个错误，因为这样做放慢了反应的时间，所以较好的做法为：仅颠倒单词“WAR”（战争），这不但不会影响人们对于整个作品的理解，而且设计者的意图也能够得以完全体现。编排上，大写比小写效果要好，统一的外形和协调的空间关系，使其更容易体现人们所习惯的阅读方式。一旦设计创意被确定，下一步就应开始考虑如何加强单词“WAR”的细节表现，如字形、比例、空间、肌理、色彩等。从字体编排在各种草图中的搭配关系上来看，把“WAR”放在其它单词更高的位置并印成红色，由字母隔开的“BACKWARD”似乎比单独放置效果更好（图 7－101）。

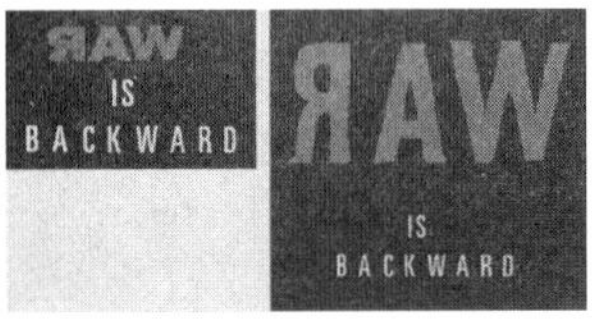

图 7－101

彩图 45 在进一步的实验中，将整个环境制作成黑色并营造战争将至的恐惧感。海报创意被确定后，选择什么样的版面印刷尺寸是关系到作品成败的另一个因素。如果客户提出了成本核算问题，即使有再好的版面尺寸比例，也必须考虑到成本，它往往是制约设计艺术性发挥的瓶颈障碍。经过反复论证，设计师选择了合乎标准的纸张印刷模式，如果仅从创意上来选择版面编排模式的话，似乎显得有些单调。海报设计毕竟需要艺术作为润滑剂才具有可读性和欣赏性，否则版面形式必然枯燥乏味，缺乏生命力。从这一角度出发，作者在海报的背景中加入一些渲染战争气氛的云彩，以此增加作品的艺术感染力。

图 7－102

下面一组例子能够很好地说明相关案例。这组例子均以字体编排的形式出现，具有强烈的视觉冲击力。

图 7－102：该作品是日本晚宴的请柬，由鲁宾·科达罗于 1983 年设计，作者用这种形式揭示了日本食物的用餐特点。此作品特点鲜明，形式感强，使每位嘉宾在未出席宴会前便有身临其境之感。

图 7－103

图 7－103：该作品是由艾伦·佛莱舍为德国的戴姆勒·奔

驰汽车公司所做的设计。其内容是关于庆祝奔驰汽车公司成立100周年的宣传海报，作品采取了拟态手法，用十分简洁的3个阿拉伯数字表现汽车飞奔的形态。此设计方案最终被汽车制造商采纳，并作为奔驰汽车公司在全世界一系列庆祝活动的形象宣传品。

图 7 - 104

图 7 - 104：这幅海报是为展示22位女性摄影师作品而作的宣传。其鲜明的编排形式富有双重含义。首先，表示该展览是由22位女摄影师举办的；其次，在黑色的背影上用数字22表示摄影师在拍摄物体时所用的闪光灯，以此体现摄影业的行业特点，同时也表现出了摄影师在拍摄时，处于黑暗中的快门突然打开将物体摄入镜头的创意。总之，作品用简练的设计元素，经过精心编排从而达到了丰富内涵的目的。

图 7 - 105：这幅作品由英国五角星公司出品，作者是艾伦·佛莱舍于1980为科威特商业银行所作的标志设计。作者运用阿拉伯语将“商业”和“银行”两个词组合在一起，运用书法体抽象地表现出来，形成星形所需的组成部件。星形在伊斯兰文化中本身占有很重要的地位，作者运用字体编排手法结合伊斯兰的文化特征，成功地为客户设计了这幅作品。

图 7 - 105

图 7 - 106：这是一幅音乐海报，该海报在设计时采用字体编排的设计手法，以表现不同作曲家、演奏家不同风格的音乐。这些音乐家的名字用形态各异的字体来代表，并缀以抽象的五线谱连接符，使读者仿佛听到了音乐大师们所奏响的交响乐。

［设计案例 D］

以下案例主要突出色彩与印刷字体组合时，对版面艺术性的影响。设计者可以从相关的练习中得到一定的启发，这类练习能够证明色彩在版面设计中不可缺少的重要性。从以下所给的词语中选择一个设计者认为最容易发挥的词进行设计：“LOVE”，“HATE”，“CALM”，并以不同组合的印刷字体和色彩做实验，所产生的词至少出现两种形式，每种形式都表达出不同的气氛和感觉。对于色彩在版面设计中的作用，一般来说可用下列公式表达，即：色彩＋印刷字体＝情感。

图 7 - 106

在与印刷字体组合时，色彩扮演着无可替代的重要作用。一件令人兴奋和愉快的设计作品在于它能够激起感情的震荡，创造出一个使人难以忘却的气氛。色彩在艺术和娱乐世界中的使用，尤其是人类的实践经验，使人能产生丰富的联想，诸如：色彩与悲剧、喜剧；色彩与情感；色彩与环境等。研究编排结构，虽然色彩在其中只占很少一部分，但并不等于设计师可以将其忽略。如果把版面编排比作人体结构的话，那么色彩则是打扮这结构的外衣，它虽然不能改变结构的组合方式，却能弥补结构所存在的不足或丰富结构应表达的版面语言。

日常娱乐生活中，戏剧、电影的宣传文本常以彩色印刷字体作为媒介，用以表达人们丰富的情感生活。诸如：戏剧类书籍函套、杂志封面；唱片封套、VCD包装以及相关的宣传海报等。所有宣传品无不以丰富的色彩去满足人们多方面的情感需要，使人看了之后产生情绪上的冲动和思想上的共鸣，这是好的设计作品所应追求的目标。

日常练习中，设计师可使用以彩色印刷字体去影响“关键词”的语气和含义，做相关的实验，籍此提高设计能力。这里所示的案例仅为单词“LOVE”、“HATE”、“CALM”的不同处理方法。一旦设计者借鉴了这类色彩表现方式，可用相同的试验来处理版面。实践证明，描绘人类情感的词特别适合于这项练习。下面一组例子显示了色彩和印刷字体如何组合一体去表达情感、气氛，甚至表述对往事的回忆等……（参见彩图46～彩图51）。

［设计案例 E］

在每日的工作环境中寻找字母或数字，设计者将会发现观察和联想中的练习才是最好的训练。

人们以一种或另一种方式被数字包围着，它们可能是在路标上、公交车上、街道上、邮箱上、消防栓上、垃圾箱上等等。设计师应使自己保持注意，善于对周围的事物进行观察分析，从中悟到所要的东西，将相关元素转化为愉快的设计语言。只要能学到知识，善于思考，练习的形式则不必拘泥。对在普通或不寻常的上下文之间的字形进行思考时，设计师应尽量考虑词与字母周围的关系，彼此的联系以及它们作为视觉传达的合作形象。

例如：收集和记录感兴趣的例子：

（1）在一定的环境中寻找、重组特别字母的物体或形态；

（2）寻找表达字母或数字含义的物体，如一打鸡蛋代表数字12等。

一旦以此新方式设计字形，便可开始做实验性的练习。尝试从具体的系列元素诸如蔬菜、坚果或运转的机器部件中选取要素，以字母的方式组成设计形象或将之换成其它形象。以下图例是由设计师Grundy & Northedge用标点符号所设计的顾客清单（参见图7-107～图7-110）。

图 7-107　练习的第一阶段:用寻找生活中与字母形态相近的器物造型的方法设计 26 个字母。

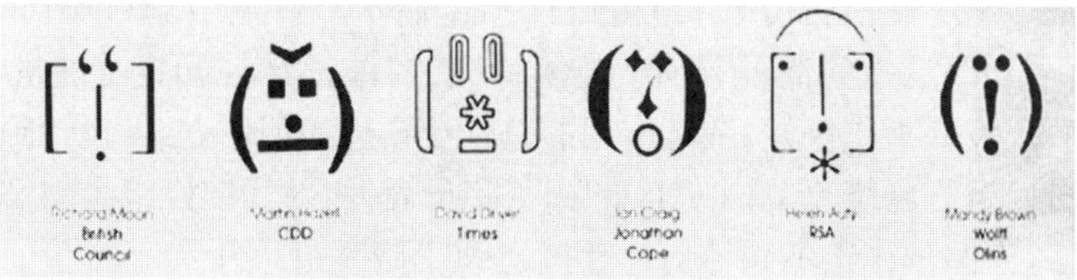

图 7-108　第二阶段:提升一个设计层次,用标点符号和各种混杂的抽象元素设计人面造型,这些人脸形象都是设计师平时所熟悉的客户。

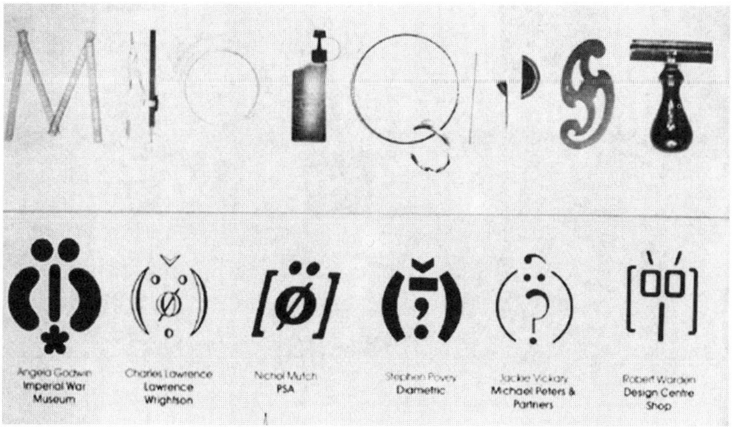

图 7-109

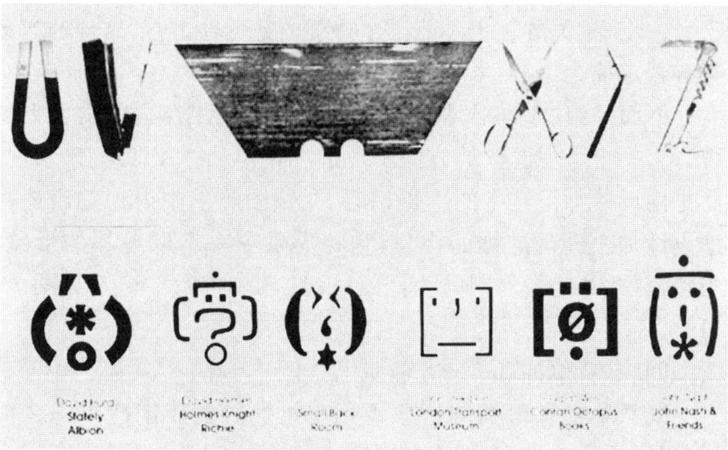

图 7-110　图 7-107～图 7-110 选自 *Creative Typography* 。

［设计案例 F］

在日常生活中，商业设计实例所提供的具有创造性的证据表明，设计师不应排斥用混合手法设计字母表，或者排斥字形奇特、富于个性，令人惊奇的方案，应该能够抓住任何商业中的机会并将自己的创造意图付诸实施。下例案例为商业性设计。

第 1 阶段：此项目是由设计师达瑞尔·伊瑞兰德（Darrell Ireland）承担的商业设计，内容：一家字母设计公司的企业形象。设计工作伊始，依然使用的是广泛畅想的创作方式，设计师自始至终围绕着单词“Alphabet”（字母表）内部的结构组合做文章，力图创作出不同结构的编排（参见图 7－111）。

图 7－111　第一阶段：广泛想像。

第 2 阶段：下面所展现的图例是两个完全相反的例子，设计者只能选择其中一个。图例中一个方案能够很清晰地表达出主题思想，而另一个只能表现为有趣的方法。例如，版面奇特的混合效果也许会被使用，但作为艺术效果，如果一个不能充分区别于另一个，相关的技术不能产生持续的视觉冲击时，这样的方案将被否定掉。

下面一组“ATOZ”的设计草图，将为设计方案提供更大的视野。一个考虑已久的方案出现了，不用字形“ATOZ”来表现，而是用设计师记忆中的形象，和从儿童图画书中得到的启迪帮助设计师去进行这样的构思，它将提供令人难以忘却的形象。当然，在此之前，设计师还需要对相关问题作出回答（参见图 7－112）。

问题 A：单词“to”一定需要吗？

既然苹果和斑马的形象不用单词“to”也能创造出一个简洁、明了的设计方案，那么相对“to”来说在这里显然觉得是多余的，应被删去（图 7－113）。

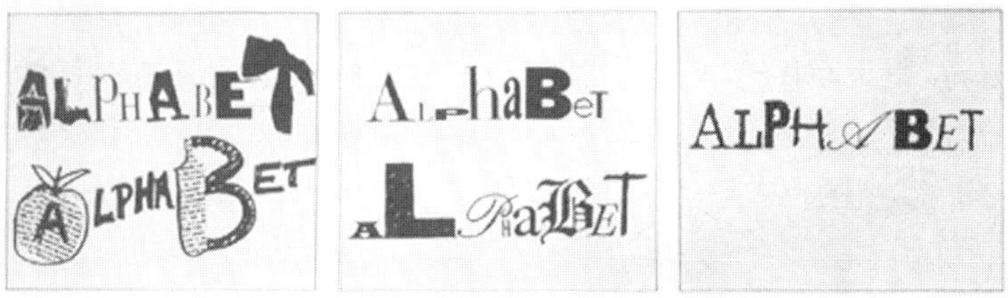

图 7 - 112　第二阶段:方案深化

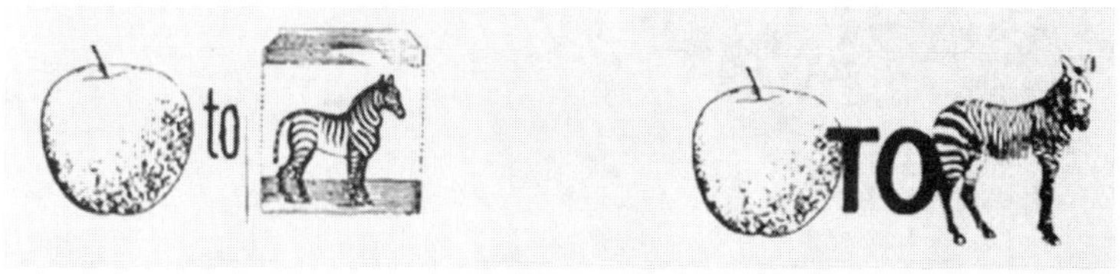

图 7 - 113　第三阶段:方案继续深化,挑选接近成品的设计方案。

第 3 阶段:进一步深化设计方案,是在决定苹果和斑马是否合理的过程中做出的。下一个问题该是如何来表现对象了,就所表现的形象来说,应该是随意自由还是精密严谨?设计师应当做出选择。

在这里手绘的表现也许会使形象过于细节化,如果仅凭对儿时的图画书和字母图画书的美好记忆去绘制图形的话,也许是不够的,还需要选择更严肃的形象才合适(图 7 - 113、图 7 - 114)。

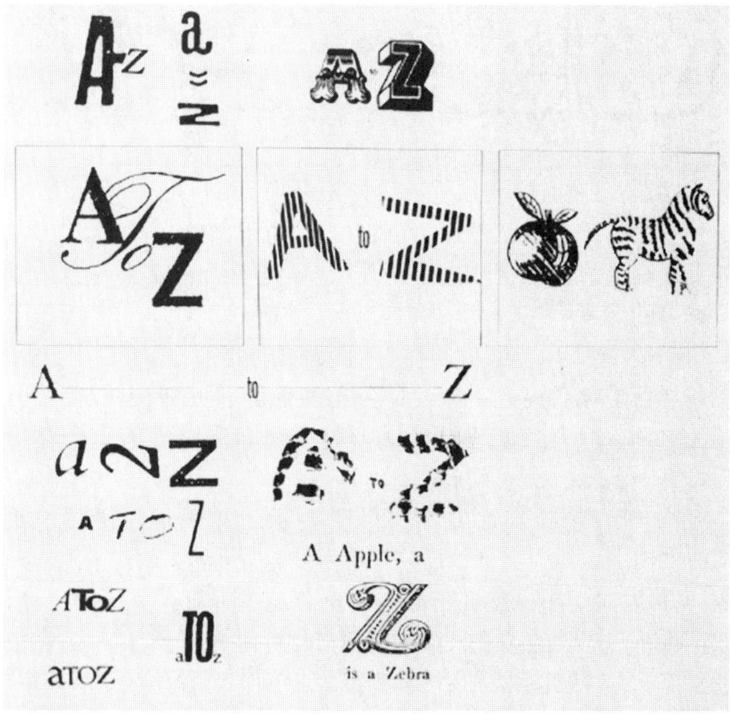

图 7 - 114

问题 B:苹果和斑马的形象是否应具有相同的视觉特征?

从以上草图形成的过程中可以看出,两个形象具有同样的视觉特征。紧靠一起时,分别代表着一个相同的思想,应将之作为同一个想法或同一词来阅读(图 7-115)。

图 7-115

问题 C:有必要添加其它设计元素吗?

一些形象本身已很强大,独自表现也很出色,若将上述形象加上线框会显得累赘或过于做作,它无益于思想交流并会造成形态上的僵硬。

图 7-116　接近于成品的方案。

问题 D:形象是否同时伴有商家的名称?

尽管形象会提升字母设计公司的身份,但它们不能代替公司的名称。只有将所设计的图形与公司名称恰当地组合在一起,才能真正完成设计方案。

图 7-117　成品方案。

第 4 阶段:方案小结。这里所展示的达瑞尔·伊瑞兰德(Darrell Ireland)为字母设计公司所做的企业形象,有其正确合理的地方,同时例图也展现了如何付出劳动去进行企业形象设计,如何将企业形象的编排组合应用到诸如样本宣传、笔记本等相关的封面上,这些方法简单有效,为商家提供了可宣传的要素(图 7-116～图 7-118)。

上述案例和练习仅仅强调了创意性的设计方法和基础训练。除此之外，具体手段和处理设计难题的方法因人而异，最终取决于个体设计者的综合素质。

如前所述，设计师不但应具备敏锐的观察力，而且还应加强审美的辨析能力。设计师必须具备对版面语言、版面形态、印刷工艺等相关因素的全面掌握。不仅如此，还必须获取设计最核心的要素，它是设计最重要的方法，即——实践。这似乎是一个老生常谈和枯燥无味的话题，但作为设计技能的一个方面，又是极为重要的部分，没有实践的支撑，任何设计技能的培养都无从谈起。古今中外任何一位设计师，无论是谁，也无论多么睿智，都必须通过大量艰苦的实践才能获得成功。一个人的决心、毅力和综合知识是制约其能否成功的关键，只有在诸多方面都取得进步，从业者才真正具备了一个设计师所必需的素质。

图 7－118　第四阶段。将相关图形经过重新编排后，用于企业形象的相关宣传品上。

[教学目的]

1. 通过本章的学习，逐步培养学生有意识、有目的、自觉运用设计思维去思考相关的设计问题，自主创新能力，强化用创造性思维去解决一切设计问题。

2. 对于如何把握自由版面设计的程序，本章有着系统的步骤和明确的要求，通过一定的训练养成良好的设计思维习惯。

[教学框架]

程序与方法

- 必备要素
  - 一、学会向周围学习
  - 二、建立版面风格的新符号
  - 三、版面的个性
  - 四、成套印刷字体
  - 五、文本的编排
  - 六、空白和版式的安排
  - 七、语言特征
  - 八、色彩的使用
  - 九、笔迹、涂鸦和潦草字
  - 十、添加和破坏
- 创作程序与方法
  - 一、总体说明
  - 二、第一阶段：想象和草图
  - 二、第二阶段：挑选草图
  - 四、第三阶段：发展与评估
  - 五、第四阶段：方案小结

[教学内容]

1. 必备要素

2. 养成良好的设计思维习惯

3. 版面构成所涉及的设计要素

创作程序与方法：设计创意、设计蓝图、设计方案的整个运作过程

[课题作业]

1. 选择三组以上拉丁文(词或词组)运用恰当的设计手法进行创意设计(A4 打印纸，黑白稿)

2. 选择五组汉字创意设计，手法不限(A4 打印纸，黑白稿)

3. 以“选择”、“交流”、“保护环境”为主题各设计一幅招贴画。

第八章　编排的空间知觉

空间知觉，指的是认识外界物体空间特性的知觉，它包括物体的形状、大小、远近、深度、方向等。传统意义上的版面编排虽然指的是单一平面的二维物体形态，但作为客观存在的二维平面却离不开三维的空间知觉关系。二维空间是平面设计存在的基本方式，编排的相关元素是在二维空间中进行的，二维中所形成的图形、文字及其位置的整合是依视觉美感的规律编排，它所出现的视图感受是设计师认为最恰当的位置所在。然而，现实的平面体却因实用功能的需要常常围合成一个三维的空间实体。

二维的编排元素必须与来自不同方向的面发生关系，人的视觉不可能同时观察到多个方向的面，它只能定格在某一区域，原先的二维元素因受到不同方向折面的破坏，客观地产生了三维的空间曲变关系。反映在视网膜上原有的二维平面图像，也随着客观空间的变化，产生了新的视觉形式——即空间知觉。例如，一张纸是二维单一的平面(一张极薄的纸依然存在三维空间关系，由于其太薄，人的视觉只是感受不到而已。)，但经过折叠后，纸张的方向面发生变化，由原先的一个面发展成二个或三个以上的面。纸张产生来自不同方向的折面，这些折面上原有的图形并没因折面的出现而导致基本元素的消失。有趣的是，一个新的与先前图形既联系又变化的新形态诞生了，视觉可以真实地知觉到它的存在。产生编排的空间知觉是因为物体不同的形状在视网膜上所投射的图像，一方面，由于物体的远、近、大、小依赖于视网膜图像，另一方面依赖于眼球的调节运动和辐合运动。调节运动解决的是调节眼球的曲度变化，而辐合运动则是通过双眼的视差知觉物体的深度。当然物体的深度有时必须通过手的触摸才能真正体现。如设计中不同方向面的凹凸起伏常常依赖触觉感知肌理的存在。空间知觉离不开方向知觉，方向知觉常常是视觉、听觉以及相关平衡觉的综合。其中视觉与运动速度是形成空间知觉最重要的组成要素。既然二维平面形态在空间的转换上产生空间知觉，那么二维编排与物体方向面的三维关系便是问题的核心所在。

值得注意的是，人们通常所谈的空间关系，实际上指的是三维空间关系，而二维的版面空白有人也称之为“空间”，其实指的是图形与图形之间或是图形与文字间的间隙空白，或是指字体本身的笔画间隙，这是两个不同的概念。试想如果把二维的空白关系等同于三维的空间关系的话，那么，势必会造成概念的混乱。虽然多数情况下版面编排的相关元素，必须以二维的方式依附于处在三维空间状态下的某种形态的表面，但这并不等于说二维的空白关系就等同于空间关系，某种处于三维空间状态下的编排元素，必须随着三维关系的深度变化，呈现在远近、大小、浓淡的真实空间中，而并非属于虚拟现实的摄影图片。若是将某一形态方向面中的编排，以三维凹凸的雕刻方式出现，那么这种处于空间下的版面关系将更趋于复杂。相反，二维的版面空白关系，并不存在单一方面的深度关系，这种“空间”变化，只限于本身二维现实平面的实形与虚形面积的多寡。

第一节 书 籍

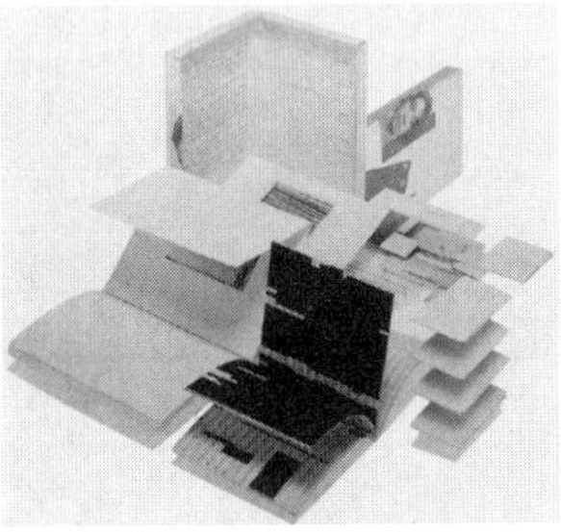

图 8－1 设计者：Hideki Nakajima，1999 年。作品通过页与页之间的连续翻动和相互之间的设计关系，体现出整体空间性。

空间知觉上，书籍是二维平面向三维空间转化具有典型特征的客观存在。外形上看，书籍是六面体，具有三维空间关系的实体。书籍的空间知觉是矛盾的，一方面单一的平面等同于海报单一的二维平面，另一方面，在它的内部却又表现出内页的折叠翻转。阅读方式上，书籍的阅读非同于海报的单一平面化，而是具有多页连续翻动的情感性动态的一面；同时，在空间的形成方式上，由于多种特殊材料的广泛使用，单一平面的转折所形成的光的折射角，编排方式所产生异化的特性，加上部分与部分每一环节的整体组合使得书体构成完整的空间知觉。（图 8－1～图 8－22）

图 8－2 设计者：佚名。

图 8－3 设计者：包哈兹（Bohatsch），2001 年。作者将两本书设计成互为连接的一个整体，单体又相对独立，展开后形成一个连续的空间变化。

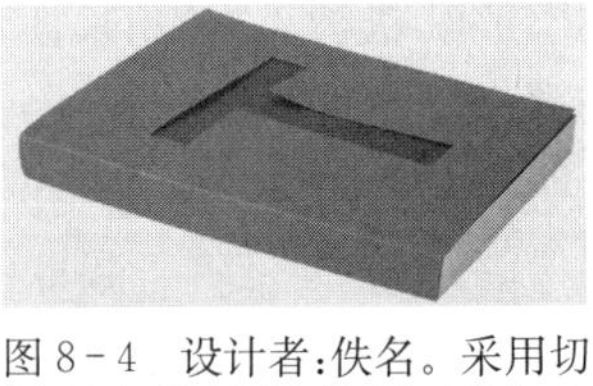

图 8－4 设计者：佚名。采用切割、挖版等手段，使封面具有空间感。

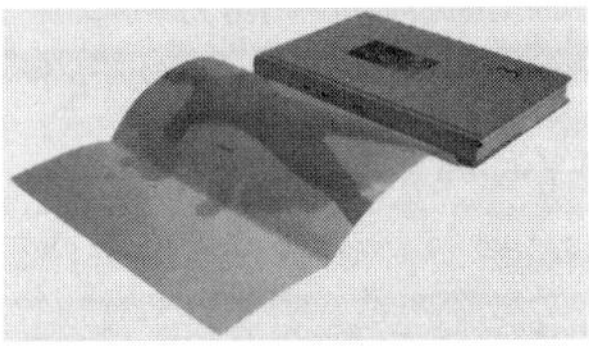

图 8－5 设计者：汉斯·波克亭（Hsns Bockting）。护封采用特种透明艺术纸，以增加书体的整体空间变化。

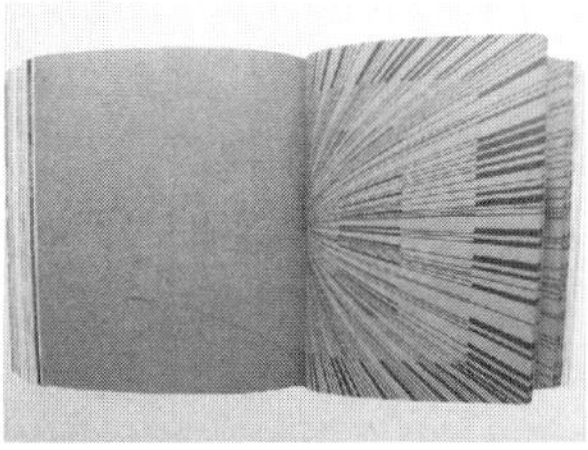

图 8-6　设计者:乔治·麦达(John Maeda)。

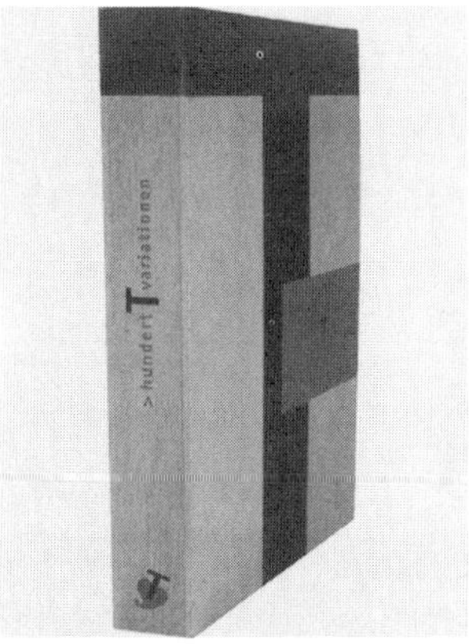

图 8-7　设计者:佚名。运用木材作为书体制作材料。

图 8-8　运用特种艺术纸印制,使得局部肌理具有层次感。

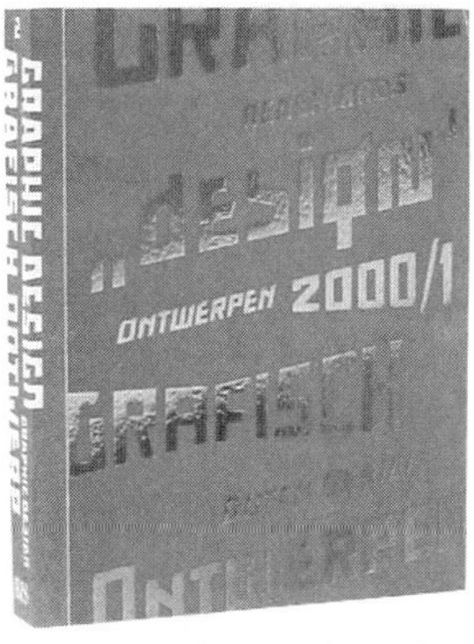

图 8-9　设计者:佚名。采用印制电化铝工艺印制封面。

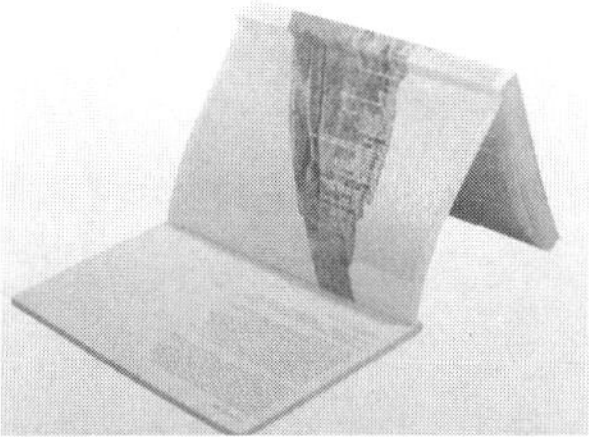

图 8-10　设计者:佚名。同图 8-23 设计原理一致。

图 8-11　设计者:佚名。同图 8-20 设计原理一致。

图 8-12　设计者:巴斯,2002 年。作品采用印胶与印制专色银的手段制作。

图 8-13　同图 8-14 设计原理一致。

图 8-14　设计者:马克·迪帕(Mark Diaper),1999 年。作品采用高泡塑料作为书体制作材料。

图 8-15　设计者:斯太芬·赛哥麦斯特(Stefan Sagmeister)。作品通过打孔以增加书体空间感

图 8-16　设计者:佚名。作品采用过胶与专色银印制。

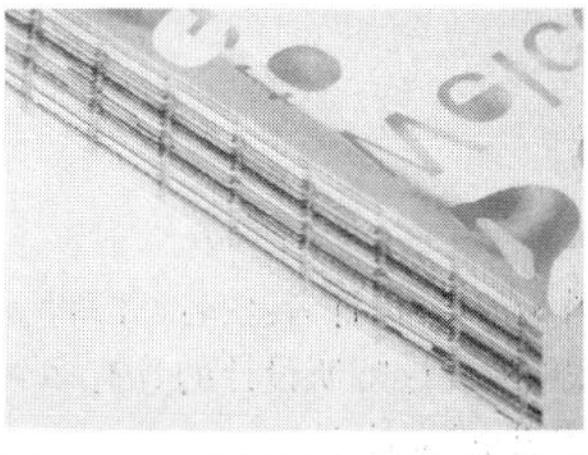

图 8-17　同彩图 59 设计原理一致。

图 8-18　设计者:本任(Ben Zin),2003 年。同图 8-21 设计原理一致。

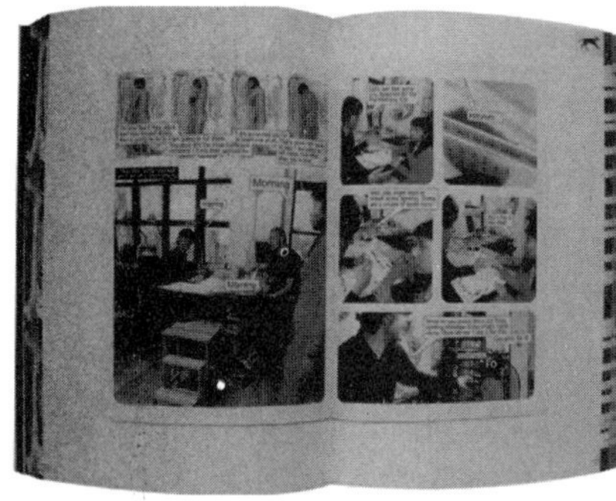

图 8－19　同图 8－27 设计原理一致。

图 8－20　设计者:吕敬人。书籍形态经过打孔、切割等手段的精心设计,表现出很强的空间感。

图 8－21　设计者:佚名。18 世纪欧洲设计师所设计的具有多层空间的立体书。

图 8－22　设计者:吕敬人。作者巧妙运用“吕”字,作为设计者本人作品集的创意构思。经过挖孔、切割等处理手法,使得书体具有浓浓的空间层次,体现出设计者精妙的构思创意。

一、视觉运动与时间

书籍在空间知觉上，其整体编排的本质实际上是三维空间的整体序列过程，割裂了的单一平面的存在，实质上便失去了单体存在的意义。书的整体编排在空间上必须通过多层书页间的叠加累积与连续翻动来体现，那么，翻动时间的连续或中断是构成编排空间的因素之一。阅读时翻动书页的速度取决于读者的目的，浏览可以使得书页处于快速的翻动之中，而精读则使得书页处于相对静止的状态。那种似影视动画般快速的连续播放，不可能出现于书的形式之中。缓慢悠闲的细细品味是书籍翻动的时间特点。这样的编排空间，页与页的连接往往必须根据不同种类的书籍才能作出判断(图 8－23)。

图 8－23　设计者：斯塔科特(Struktur)，2002 年。作品通过页与页之间的连续性和转折关系，体现出时间、速度与空间的统一。

由此看来，对书籍进行翻动，外部形态并不是决定内页翻动快慢的最终因素，但这并非意味着毫无关系。由于开本的大小多少会有一定的影响，翻动时间的缓急多由内容决定。

内容因素影响时间秩序，从而最终影响页与页之间连续的空间感，编排若使一本书能够实现空间上理想的连续性与秩序感，那么，书必受抑于内容。时间概念的另一个重要因素在于：从一行文字或图形的目光扫视中可以看出，目光停顿间隔以及连续的目光转移或从一段文字、图形过渡到下一页的空间变化，时间往往使得人的目光对于版面空间产生不同的视觉心理，快速的扫视将会产生版面混合效应，慢速会使得视域得到局部充分的调整，这种快与慢的时间与速度，对于版面节奏的起伏将起到左右整体编排的视觉效果(参见图 8－24)。

图 8－24　设计者：佚名。同图 8－23 设计原理一致。

二、封面、书脊、书口

外观上看一本未打开的书其空间知觉处在静止的状态，三个方向的视域相对稳定，然而随着书的方向旋转，原有版面的视觉元素因视域方向的变化呈现出新的组合方式，如果把封面作为前视图、书脊作为侧视图、上书口作为顶视图来看的话，静止状态的书只要处理好这三者关系，一本书外观上的完整性便可体现出来。如果转换角度，来自天头、地脚书口以及封底都必须将编排元素纳入到一起的话，整部书形成一个整体连续的过程并有主次、浓淡起伏。由于封面处于前视的方向，排列中可将之列为重点设计区域，书脊处在次之，书口则很少有人去考虑。相反，如果把厚书的书脊作为前视方向，封面和封底作为侧视的次要方向，设计出来的书在空间知觉上将会出现独具匠心的结果。书脊上具体设计元素的使用，必须考虑到相关元素在空间上的视觉效果。书脊太薄，使用的编排元素应少而精，即使厚实的书

图 8－25　设计者：巴斯(Base)。书籍的封面、护封、脊背、封底和后勒口形成一个统一的整体，随着转折面及其设计元素的变化，书体呈现出空间特性。

图 8－26

图 8－27　设计者：保拉·绍尔/五角星公司(Paula Scher)。图 8－26、图 8－27 对于书的六个面进行整体设计，体现出空间上的差异性与多变性，尤其是对书口的处理极具个性。

脊对于线的使用也不应过甚。线的柔弱特性，往往使得处在空间中的形态过于模糊。太小的字迹则易造成视觉混合，只有那些与前视封面的图形相联系，且为大面积的形态，这样的书脊设计处于空间中才具有力度。封面设计由于面积较大，对于相关元素的使用具有很大的设计空间。封面中通常所使用的点、线、面以及文字、图形应与书脊有着紧密的联系，使之在空间中成为一个相互联系互为区别的整体。封底方向由于处在空间的次要部位，编排中人们常将这一区域忽略。依整体设计而论，处于整体链中的封底并不是完全绝对的次要，它的次要仅较之封面或书脊的主导地位而言，只是在连续空间的起伏上处在一个相对虚的地位。此外，若将封面、书脊、封底均设计成一个节奏，那么空间上所反映出来的知觉感，必然是沉闷、僵死和单调枯燥的视觉感受。曾经有人将封面与封底设计成完全相同的两个面，结果造成视觉空间的单一化，因而弱化了书体空间层次感(参见图 8－25～图 8－27)。

对于书口的设计很少有人去关注，单页平面的薄纸本身并不能构成书口，书口的形成必须依据单页纸张的累积，只有当片片纸张累积到一定的厚度，书口的设计才具有空间上的视觉意义。这点似乎与书脊的存在有些联系。空间上书脊的存在可以形成书籍连续起伏的整体性，功能上它必须便于架上检索。处于侧视方向的书口编排元素，印刷上并没有解决装订成形后的二次印刷工艺。实际上这样的工艺开发对于现代技术而言并非不能解决，而是因为开发这样的工艺将会增加印刷成本。通常的做法是，设计师利用单片纸张的叠加自然形成所需的视觉符号，这样既不会增加成本，同时又解决了书口空间的续列难题，使书口不再仅为白色的切边，而是与书的其它部分同处于一个完整的空间状态，使之成为整体空间中的一个环节(参见彩图 52)。

三、材料与空间

一般认为，作为立方体的普通成书，六个面分别为平滑的单面体，处在空间状态下的单面体委实单调。为强调成书的形态变化，增加空间的层次感，设计者往往通过单面空间的起伏变化解决矛盾，如：加强纸张的凹凸、附加金属、塑料、木材等手法来增加版面的起伏感，从而使单一版面的起伏引起空间上的变化。从书籍的演化历史来看，将各种能用于书写的材料融入书籍设计并非现代人的产物，早在中世纪时期，欧洲人已将这种工艺手法用于书籍装饰。处于政教合一的欧洲中世纪是一个神权至上时代，由于当时的科技水平尚处在人类的早期阶段，对于许多自然现象人们无法解释，尤其是在生活极其艰苦的自然经济时期，加上年年的征战，人们的精神异常消极悲观，因而把幸福寄托于未来的天国，寄希望于宗教，希望神能够拯救人间的一切苦难。出于对上帝的虔诚崇拜，日常生活所有的追求，都是以神为中心。当时，人们的居所多为简陋的居室，而教堂则是用最好的石料花费数个世纪精心雕砌而成。至于盛纳上帝灵魂的圣经，人们更是竭尽所能地花费巨资去撰写制作。从现存的中世纪手抄本书籍来看，如：公元 800 年—1215 年期间，英国与德国制作的圣经具有一定的代表性。这些圣经大多用黄金、珐琅、钻石等最高级的珠宝为材料，整部书的表饰内容均用浮雕的方式作精密的雕饰，浮雕内容多为圣经故事。当此类圣经读本面现于读者时，精致豪华的圣物顷刻间震慑住许多狂热的教徒。可以想像，如果外观没有这样豪华的浮雕装饰，其庄严性必会大打折扣，相反，装饰了具有浮雕空间效果的书封，平面上原有的简单和世俗瞬间就会变得庄严和神圣（参见彩图 9）。

反观现代书籍材料的运用，虽没有中世纪时期那种空前绝后的奢华，但现代书籍的制作工艺和材料性能远比古代复杂。当今的书体设计运用现代工业材料去雕饰制作，似乎已成为一种普遍的现象，归纳起来有以下几种情况：

1. 金属

为了增加书籍的高档精密感，许多书籍或工业用宣传手册，经常使用合成金属将书籍加工出品，书的表面所需编排元素，结合外观造型，运用高科技手段印刷，最终使之成为一件精良的工业产品。运用合金制作书籍，其表面造型和文字运用常常根据设计师的需求作相应的安排，有时需打孔挖眼，有时需凹凸起伏，有时还会结合其它特殊材料作进一步的加工制作。在以金属为主的状态下，书的外观具有一定的视觉空间感和纹理触觉感（参见彩图 16、彩图 53）。

2. 皮革、木材、塑料与切割

有些礼品书的制作，为显其高贵和高档常常使用皮革与木材，个别地方也配合使用一些塑料，这些材料的使用目的并非仅用于书的封面，函套制作也时而用之。现代书籍设计从功能上讲，函套设计已不仅仅是用来保护书芯，而是成为书的内容功能的一部分。从空间上看，函套通过挖孔、切割、雕刻等手段使之与书体在空间上有一个多层的立体空间感。试想，一本书的函套若没有了这些相应的材料和工艺手段所带来的空间层次，其版面编排无论如何合理，书的外观也不会引起强烈的视觉空间冲击力（参见图 8－4、图 8－11，图 8－14、图 8－15、图 8－20、图 8－22、图 8－34，彩图 54、彩图 55、彩图 71）。

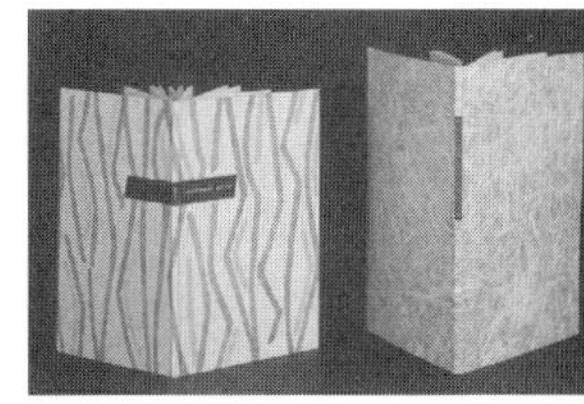
图 8－28

图 8－29　作品采用高泡塑料作为书体材料。

图 8－30　设计者：吕敬人。

图 8－31　设计者：冯德里希。作品运用凹凸、印胶等手法，使得封面外观层次丰富，空间感强。

图 8－32　设计者：爱玛·波姆(Irma Boom)。书籍封面采用过胶的方式印制。

3. 特种艺术纸

现代书籍设计有关纸张的运用已成为设计的一个重要部分，尤其是对特种艺术纸的使用，这类纸张最大的特点在于能够通过纸张表面凹凸起伏的肌理来达到视觉的愉悦感。许多艺术纸由于具有反光、亚光、丝光、金属、凹凸起伏等特性，成书后使书的体量在空间上具有多变的视幻因素，空间上必然会增加变化(参见彩图 56～彩图 58，另见图 8－30，图 8－5～图 8－8，另见彩图 61)。

4. 特种印刷工艺

图 8－33

书的空间知觉是由多方因素促成的，除了上述有关特种材料的使用外，印刷是其中重要的环节之一。精良的印刷可以带来书的珍贵感，若加上特种印刷工艺便会使书锦上添花。由于使用特种印刷工艺如印制镭射金属膜、电化铝、荧光色、金铂、印胶等方式，所表现出的扑朔迷离的光幻效果，能使处于环境中的图形、文字与书籍形态出现新的多变的图像幻觉和光幻效应，从而增加了书的空间真实性(图 8－9、图 8－31)。

5. 形态构成

图 8－34　设计者：佚名。通过对书籍内文版面的贯穿切割，读者能真实感受到文字描述的实体空间。

形态对于书籍空间知觉的形成有着决定性的作用。表面看起来并无太大特点的书，若在形态上稍加改变，空间上必然会显得层次丰富。构成书体形态的方式多种多样，一般来讲，主要利用特异形态、材料增减、打孔切割等方式实现。

(1) 特异形态：指设计师在设计之前必须对书体的形态特点有一个独具匠心的设计，通过造型上的特殊性使得书体存在个性化的空间知觉。

(2) 材料增减：利用材料的增加或减少，使得书体外部形态改变。

(3) 打孔切割：将现有的书体运用打孔切割等手段使形态在空间上产生变化。(参见图 8－32～图 8－39，另见图 8－4、图 8－15、图 8－20、图 8－21，彩图 59、彩图 71)

四、内页

图 8－35　设计者：吕敬人。运用凹凸和挖孔的手法表现书的空间层次。

就书籍内页的版面空间而言，似乎只存在二维平面空间，并不存在三维立体空间。对于这一认识，长期以来，人们一直坚持这一观念。然而就书籍内页而言，其存在非同于影视平面动态画面的虚拟现实，它是现实的客观存在，是有形的，页面虽以平面为基础，但页面间的相互流动却具有真实的三维空间性。编排中的各个要素依附于书页的表面上，随着书页的翻动、卷曲，人们阅读时的目光与页面的角度，手指间的阴影等均构成了真实的空间感。这种编排的空间一方面来自于页面各元素间的相互安排，另一方面必须处理好整部书各页、各章节间的节奏起伏，使之通过页与页的黑、白、浓、淡的对比以及韵律、节奏、比例、分割等相关因素所产生的心理上的起伏，使版面处于多层次的空间知觉中。处理好内页版面的空间感首先应区别对待不同种类书籍的内容，只有在满足内容的基础上，版面的空间形态才具有意义。

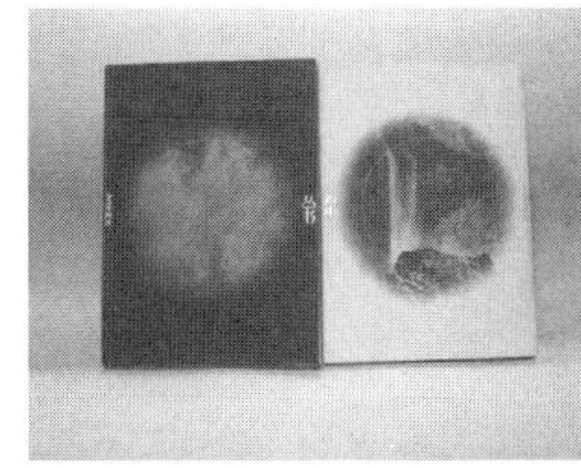

图 8－36　设计者：吕敬人。书籍运用连接的方式来表现《对影》的主题，体现出空间上的独具匠心。

1. 文学书

文学书的内页版面通常给人的印象是连续多页的单调的整版文字，版面枯燥、呆板没有生气，层次的划分上并没有太多的变化，即使处在18—19世纪的小说黄金发展期，文学的版面模式也没有太大的改变，不过当时的设计师们为了再现小说真实的场景，有时也通过制作插图和页间的立体效果来实现版面空间形态的转换。20世纪的小说虽然在内容和形式上有了很大发展，版面更趋于抽象理性化，那种过分装饰的现象随着现代科技的发展已成为过去。如果说表现页面层次空间产生质的飞跃的话。无疑，电脑在其中扮演了重要角色。由于电脑设计手段的加强，小说、诗歌的页面可以通过文字的情绪性达到空间上的自由变化。此时的文字往往不再是刻板的符号，版面上的字迹可以随内容的情节发展，表现人或自然的现实感受。文字似乎可以欢笑，可以哭泣。描写雨天的文字形态似丝丝小雨，叙述恐怖场景的文字形态又似电闪雷鸣。有时根据内页的需要，通过内页的打孔和局部形态的立体化，来增加空间上的变化。类似于这样的设计手法，虽不为主流但颇具规模并拥有许多年轻读者。

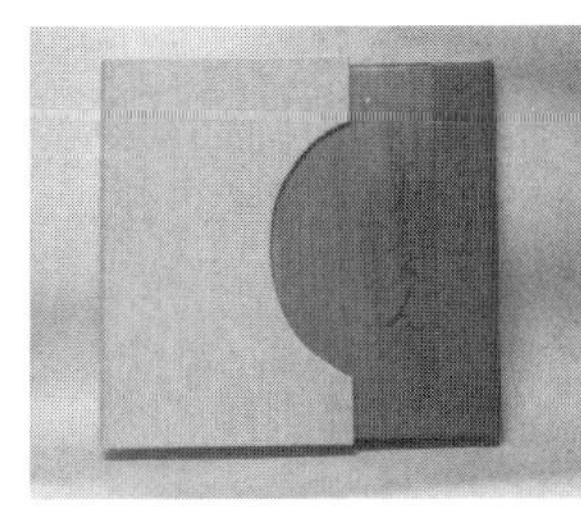

图 8－37　设计者：吕敬人。运用切割的方式使形态产生变化，体现出空间形态的多样性。

2. 儿童读物

对于儿童读物的内页版面空间的认识，欧美国家的相关书刊似乎有着更为深刻的经验。儿童作为未成年人，其读物必须图文并茂，甚至用立体真实的实物去引发孩子的想像，或用真实的版面实物模型告知孩子，此时的版面已不再是简单平面的纸张形式，而是运用凹凸的纸板或工业合成材料制成真实的浅浮雕立体实物，这种具有三维模拟真实形态的版面其真实的空间性远比那些二维的平面形态来的直观具象。例如，日本设计师设计制作的有关海洋科普知识的儿童读物，书中除了具有精美的海洋鱼类图片外，展开书的内页版面一条立体可以发出响声的鲸鱼瞬间从书中跃出，这种立体结合平面的设计方式能给人以真实直观的感受。（参见图 8－33、图 8－34、图 8－40）

图 8－38　设计者：吕敬人。对于书籍函套外观形态的设计，作者运用“抒情诗般”的手法，使之形态柔美、浪漫。

3. 科普读物

按照内页版面空间的特性，许多科普书籍具有形态上的直观真实性，如果仅从单页上来确定这样的真实性，往往并不能真

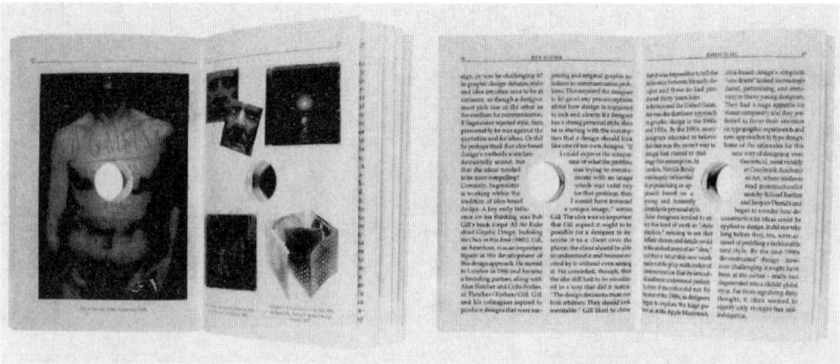

图 8－39 同图 8－15 设计原理一致。

图 8－40

图 8－41 连续展开的折面形成完整的互动空间。

正感受到三维空间的实体存在，若将数十页乃至数百页的单幅页面组合在一起，这种空间特性立刻表现出来。如图 8－34 这是一本有关地理科学方面的论著。设计师为了突出该书的地理地貌特征，特地将书自前页至后页贯穿镂空，形成较大的空洞，并通过书页的层层变化将地球地貌的特征表现出来，书中页面所透出的版面形态能直接感受到书中文字描述的实体。如图 8－41：把内页与封面一同塑造成某一特殊的造型是现代书籍设计在空间形态上的一大特征。这种造型已不再是二维平面简单的切割，而是三维空间的整体变形。彩图 16 由德国设计师马克·迪帕（Mark Diaper）设计，费登出版社出版（phaidin），这是一本名为《调羹》（spoon）的书，是一本典型的用三维手段制作生产的书，书的前后封及书芯通过机械金属模具压制成一个弯曲形态，使之成为一个波浪的造型。打开书页，读者仿佛置身于波浪之中，大有身临其境之感，三维的立体空间使书体具有强烈的视觉冲击力。

4．折页

传统书籍的展开，常常表现为连续的页面折叠，它具有形态上的时间与空间的复合功能。作为静态的书体形式，若表现动态画面，具有相当大的难度，即使表现连接也不可能等同于影视多媒体式的动画概念，书体动画的表现方式须通过版面的连续连接。当然，书体形式不可能表现出无限的延展，页面延展只能在一定的范围内进行，延展的长度可通过折叠、压缩成具有一定厚度的三维六面体，展开后可以通过时间的延长，在空间上续列成一个动态的画面。折页虽然在时空上有着独到之处，但现代书籍设计则很少使用，这是因为现代书籍设计在手段上和空间表现上，可以通过其它表现方式来实现。折页出现在现代书籍中，主要是以丰富书体形态的目的出现，它处于辅助地位（图 8－41）。

第二节　包　　装

包装分为工业运输包装和销售包装。本文所涉及的包装主要是指销售包装。空间上包装的编排与书装似乎有着许多相似之处。就包装的功能而言，将一个物体用恰当的材料围合起来，形成一定的保护，包装的基本使命便告实现。现实中包装的形态复杂，它不同于书装那样相对单一。包装的表面元素由于包装材料、形态等因素呈现出不同的视觉感受。空间上，包装的编排归纳起来不外乎在于通过包装的形态、材料肌理与平面元素的关系展现出来。

图 8－42

一、包装形态

空间原理上，包装形态与建筑体有着非等量却同理的联系，虽然包装的空间关系远没有建筑体那样复杂，但容纳与保护内容物却有着近似的基本功能。同建筑一样，包装的形态千变万化，常用的基本形态有：摇盖式、套盖式、台式、窗式、陈列式、吊挂式、组合式、抽拉式、提携式、旋转式、封闭式、易开式、漏口式、外露式、仿生式等等。就编排的空间而言，本质上所形成的三维视觉感受必须依赖于盒体形态的方向面。然而，由于盒体基本面所展现的主次成分不同，视觉上所形成的编排空间感受并不完全受抑于盒体形态。

图 8－43

1. 六面体

客观上包装形态的六个基本面不可能同时呈现于视觉感受之下，最大限度也顶多能够看到三个基本面。主立面上所反映的仅是一个方向的面，却并不能形成整体的空间视觉感受。若想使整个六面体呈现出连续的空间律动，必须依赖于侧立面和顶面的相互配合与链接。此时，依附于三个面上的编排元素会随着六面形态的光线、角度变化出现新的视觉感受。空间上，主立面上的字体、图形要远远醒目于次立面和顶面，这是因为处于空间中的主立面最易传达信息，使知觉者在瞬间能够做出反映，决定是否购买，而侧立面的内容多为具体的产品说明、含量配比。当消费者将这些产品拿在手中细细观看，转动六个不同的面时，无形中，编排元素自然会产生连续与变化的视觉空间。试想，若将六个基本面设计成完全一致的版面，即使转动手中的六个面，也只能产生光影的变化，编排元素并不会形成连续律动的空间感受，带给消费者的只能是视觉疲劳。（参见彩图 62，另见图 8－42～图 8－44）

图 8－44

图 8－45

2. 圆柱体

圆柱体实际上就是长方形六面体段数的进一步细化，由六面体上下两端经细化段数后，所形成的圆柱体具有自己独特的空间特征。例如，包装体与容器合而为一的可口可乐、百事可乐等典型的圆柱体包装，其编排在空间上呈现出不同于六面体的独特方式，具有明显的界面差异，将之平放展开与普通的海报或是商品标签并无太大的差别。若是附于圆柱体上，将受抑于圆柱体方向面的曲变扩张，编排的形态必然受到扭曲，因此，扭曲部分将会导致视错觉和视觉混淆效应，这是因空间延展所致。解决好相关的视差关系，首先，应将正视面的编排元素加以强调，并正确估计因曲变所带来的负面误导。其次，应将正视面的文字、图形与旋转后侧视面的次要部分有效地自然连接，从而使正视面的相关内容与侧视部分有一个和谐的过渡。第三，以正视面内容为主的要素必须区别于侧视面，侧面中的产品说明等内容应与正视面既区别又联系。以上三个方向面的要点，处于空间下的编排关系将会出现生动的视觉观感。(请参见图 8－45～图 8－48)

图 8－46

3. 异形体

所谓的异形体，指的是游离于标准的方形、三角形、圆形等纯粹元素之外的包装形态。现实中，虽然大多数销售包装为基本纯粹形态，并已逐渐成熟，但异形包装仍占有大量的市场空间，异形包装的出现极大地丰富了包装家族。无疑，异形包装的设计才是包装形态设计创新的方向。

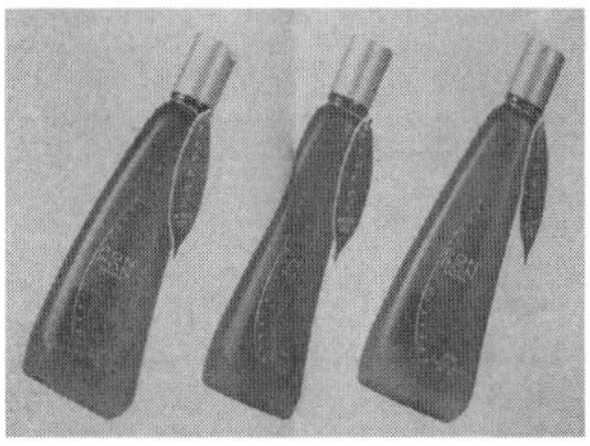

图 8－47

从编排空间上说，虽然编排的元素仍依附于异形体的转向起伏中，但由于异形的变化，远远超过纯粹的标准盒体，从而导致相关元素呈现出新的更加复杂的空间关系，因此，常常会形成编排中文字图形的转折中断(参见图 8－49～图 8－55)。

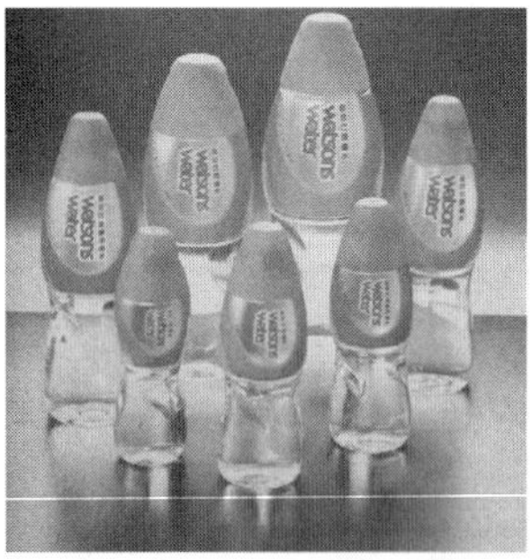

图 8－48

二、材料肌理

现代包装对于材料的运用，已成为包装业一项重要的促进营销的手段。它对于销售所涵盖的应用范围，已远远超过传统意义上的界定。现代材料肌理的应用已不单单是为了解决对包装物的保护问题，某些场合而是为了增进材料肌理对于空间的触觉扩张。虽然材料肌理的运用并不是决定编排空间的唯一因素，但某种程度上却是重要的因素。

图 8－49　设计者：蔡顺兴

1. 木材

现代销售包装直接运用传统的木质材料作为营销手段虽然已不多见，但在某些特别产品上的使用，却能发挥着特殊的作用，诸如：传统酒类包装、土特产包装等。一种情况是；由于木材不易被直接印刷，常常将版面内容用单独的金属或纸张等相关材料粘贴附加上去，使之与木材形成一个二次肌理的对比关系，从而引发版面空间上的凹凸感。另一种情况是，将木材的局部用切挖的方式雕镂，使之与版面产生自然真实的起伏感，这种手法的运用将大大增加编排元素在三维空间中的视觉愉悦度（图 8－56、图 8－57）。

2. 金属

现代包装采用金属材料对产品进行包装已是最广泛的手段之一。由于金属具有牢固、美观的特性，很多产品都采用这种方式。将图形、文字运用丝印的方式印制到包装物的表面上，所产生的视觉效果会因金属的特殊反光、曲变、反射以及镜面影像等因素出现扑朔迷离的视觉效果，这时的空间已不再是一对一的单向直观反映，而是多向的视幻效果（图 8－58～图 8－60）。

图 8－50

图 8－51

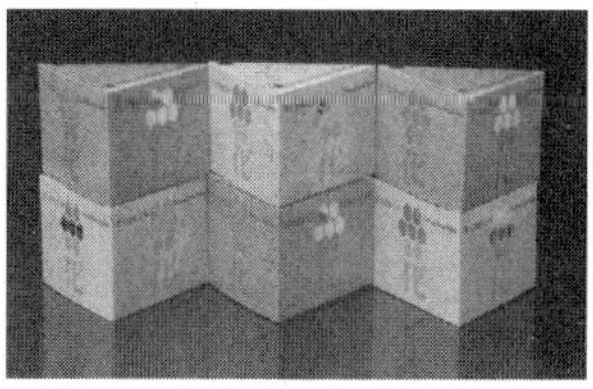
图 8－52

图 8－53

图 8－54

图 8－55

图 8－56

图 8－57

图 8－58

图 8－59

图 8－60

图 8 - 61

3. 塑料、玻璃

现代包装采用塑料和玻璃作为销售包装和产品容器材料，已是最普遍的方式，由于其具有透明、半透明、遮挡的特性，加之可以广泛模拟金属、木材、玻璃等不同材质的特点，故而被广泛采用，同时，也诞生了专门的塑料、玻璃印刷业。由于现有的印刷业具备可以模仿几乎所有的传统材料的特性，故此，它为设计提供了巨大的施展空间。

4. 纸质材料

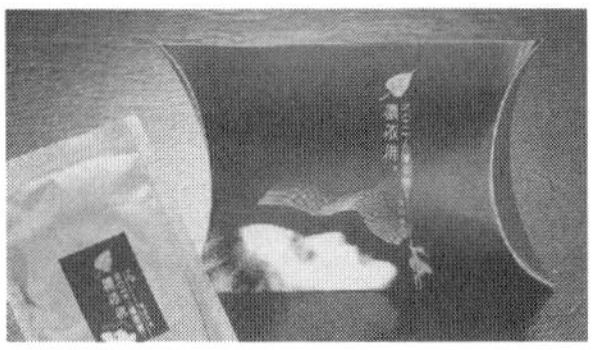

图 8 - 62

销售包装使用最广泛的材料莫过于纸制品，现代纸制品依据高科技成果研制出极为丰富的种类。传统的纸张概念，厚度仅为 350g 以下的纸张，超过这个范围便视为纸板，西方一些发达国家所生产的纸板甚至已厚达 20mm—30mm，可作为建筑材料来使用。由于纸质材料具有多功能的特性，因此在纸包装上易于使用切割、凹凸、镂空、覆膜、烫电化铝等工艺手法（参见图 8 - 49～图 8 - 55，另见图 8 - 61、图 8 - 62，另见彩图 62）。

第三节 展　　示

图 8 - 63　图 8 - 63～图 8 - 65 与彩图 63～彩图 65 为同一展览的不同展示区域。

与纯粹的平面设计相比，展示的空间性有着自己的规律和特色。展示艺术作为三度空间的实体，人不可能知觉其全部。在不同的区域内，大部分的内容是由不同方向的版面围合而成，人作为视觉主体，流动于不同展区的空间中，其目光似一部移动的摄像机，通过连续的行进路线，从一个空间切换到另一个空间，逐一地观赏展区各个部分，从而形成整体印象。

值得注意是，无论书装、包装还是展示，人的空间知觉并非一样，它体现在视域与知觉物的对比关系上。人在欣赏书体、包装时，视觉主体处于统治与居高临下的地位，由于被知觉的对象体量微小，因而目光的视域宽大，视觉可以整体审视之，此时，人犹如从遥远的星球上整体欣赏地球一样。相反，由于展示空间的巨大，作为视觉主体，近距离审视，视域只能专注于某一区域，只能微观地解读展示内容。因此，局部性和区域性是展示空间的一大特征。

展示内容是一个连续的排列过程，因而逐一展示的内容必须依空间的变化而保持着连续的关系。人们在参观展览时，不仅会涉及空间变化的因素，同时还会涉及时间的变化，因而展示版面的设计必须考虑到空间的续列节奏，就是要把空间的排列和时间的先后这两种因素有机地统一起来。这样的续列安排，不仅可以使人在静止的情况下能够获得良好的观展效果，而且还可以在运动的状态下留下良好的观赏印象，尤其是观展者在沿着一定的行进路线看完全过程之后，能够感受到整体空间和展示版面的流动起伏、节奏变化，感受到既协调一致又对比冲突的心理反应。展示空间的序列应首先将主要人流观展路线逐一展开，它所形成的一连串空间印象应该像一首轻松悦耳的交响乐，有时似小桥流水婉转悠扬，有时又似千军万马波澜壮阔，形成的布局具有鲜明的韵律感。其次，还应兼顾到次要人流路线的空间续列安排，后者虽然从属于前者，但这部分处理的好坏，将直接影响到主要空间的序列视觉效果。上述两者的关系，就如同绘画中的主要人物形态与次要背景的关系，或是像多声部乐曲中的主旋律与和声伴奏，处理得好可以使两部分互为衬托，相得益彰。主要展示空间的设计其序列必须有韵律上的明确变化，从一马平川到跌宕起伏，从平静如一泓清水到涛声如雷霆万钧。这种有起、有伏、有重点、有高潮的变化是 个有组织空间序列的关键，其中最为精彩的部分是主要高潮部分。一个展览空间的设置，往往须通过这种主体部分的安排来凝聚相关的次要部分，如果没有这种精彩的主体高潮部分，整个展览必然显得松散零乱没有主体，这样的序列将不足以引起参观者情绪上的共鸣。那么要实现高潮，突出高潮的地位，首先应把体量高大的主体空间安排在显著地位上；其次，应运用空间对比的手法，以较小或较低的次要空间和次要版块来烘托它，使其突出并成为控制全局的亮点。当然，展示设计在一个高大固定的展示大厅内，这种高大的空间是相对的，由于场地的限制，有时体量上难以实现高潮的突出，那么设计师必须考虑通过版面的结构安排与版面材料来烘托这样的气氛。

图 8－64

图 8－65

在展示空间的序列中，与主体高潮相反的是空间收束。高潮往往是通过收束来反衬，它的出现必须依据一系列对比来完成。在完整的空间序列中坚持既要收、又要放的原则关系到整个展览链条中的每一个环节每一个部分。如果只放不收，必然会显得展示空间的空旷与松散；若只收不放，势必会导致空间的沉闷、压抑。只有正确处理好两者的相互关系，才能使得整个展览版块在空间上形成高低起伏。

图 8－66　在同一方向的展示区域中，将展板切割组成不同方向的展示面，使其形成独特形态的空间。

展示空间是一个连续完整的信息传达过程，它包括从进入展示空间开始，经过主要、次要空间，直到最终离开展厅等一连串过程。进入展厅是展示空间与版面序列的开始阶段，为了给人有一个好的印象，必须合理地设计内、外空间与版面的过渡关系，只有这样，才能把人流由展厅外引导至展厅内，不使人感到有突然生硬或平淡无奇的知觉感，而是让人觉得组织有序，内外

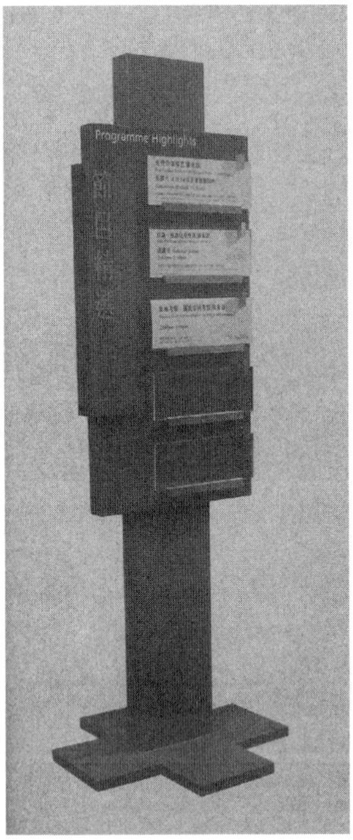

图 8-67　三维导示牌是整体展示空间链上的一部分，应具有展示空间的整体统一性。

图 8-68

有别，又相互联系，既统一，又对立。展厅的结尾部分是展示序列的最终阶段，设计师不应草率处之，而应与开始阶段协调一致，否则将会给人以虎头蛇尾的感觉。

除此之外，展览的内部空间应当有着良好的衔接关系。在适当的地方还可以分隔成不同的空间形态，一方面可以起空间的收束作用，另一方面是为了增加序列的抑扬顿挫的节奏感，在人流转折的地方尤其需要强化对待。空间序列中的转折，对于所展示的内容往往具有强调作用，转折应转得自然，弧度和转角应顺势，保持序列的连贯性而不致中断。

在同一方向连续变化的展示序列中，某一种形式空间的重复再现，往往能够形成一定的韵律感，这种处理手法对于突出主要空间，衬托重点和展示高潮部分往往十分有利。由重复和再现所产生的韵律通常都具有显著的连续性，处在这样的展示空间中，参观者常常会有一种愉悦感。根据这一原理，若展示空间庞大，用这种手法来组织空间，它能够为高潮的到来做好准备，也为参观者对于主体高潮部分的期望带来心理上的缓冲。

从上述的分析中可以看出，展示设计区别于一般版面设计最主要的部分在于空间序列组织，它是通过综合地运用对比、重复、过渡、衔接、引导等一系列空间处理方法，把整个展示部分组织成一个有秩序、有变化、统一完整的视觉展示空间，这种展示空间可以是对称的，也可以是不对称、不规则的形式。

对于展示空间设计的理解可以有两种方式。首先，体现在对于来自不同方向空间中的版面形体块面之间的理解。任何复杂的展示空间的形成都离不开单一方向的立面，每一立面都是由不同厚度、不同形状的展板组合形成，不同展板形态之间的组合关系，造就了单一立面的基本形态，展示空间的形成就是由每一不同方向的立面版块围合实现的。各版块之间的形体组构，榫合成最基本的展示版面，可以看出展示空间的起伏、转折和分割，代表着展示传达的基础基质，这就如同书的整体基本造型，或是包装容器的造型一样，附着其上的展板造型担当着展示的基本版面形态。其次，内容不同的文字、符号、图形、照片等平面设计元素，运用相关的表现手法设计版面。

版面的高度和文字图片的大小是展示所考虑的因素之一。通常，根据人体高度与展版的距离、面积之比确定文字、图像的高度。假定展板的高度为 2600mm，人的身高为 1750mm，人距版面为 1500mm—2000mm，那么，展版中的文字最低不得低于 700mm，最高不超过 2200mm，在这个区域内观看展示内容最符合人体工学，效果也最好。当然，版面中的字号也有相应的规定，如最大的标题字约在 70mm×150mm 之间，最小的字则在

10mm 以上。字体的形态也是制约字号的因素之一，太粗太黑的字体级数应小一些，而细弱的字体则相对要加大字号。

通过上文的分析，编排的空间知觉关系，实际上是一个二维平面与三维形态相互关联的关系。在相对独立的前提下，编排的空间是以三维形态的方向面作为自己存在的前提。相反，方向面的形成必须以编排的内容作为自己构形的基础。某些设计还必须与时间速度、肌理材料相联系。同时，编排本身必须处理好形态链中的整体变化，运用形式法则去满足形态方向面中的层次关系。割裂了上述条件，设计方案将会影响版面的空间知觉（参见图 8－63～图 8－75，另见彩图 63～彩图 65）。

图 8－69　局部相同展板的序列，依旧能感受到空间的节奏。

图 8－70　展示空间是一个连续完整的信息传达过程，它包括：序厅、主要介绍、尾厅、直至出口，必须形成一个统一的整体。

图 8－71　各个立面的相互组合，应具有完整的有机联系。

图 8－72

图 8－73

图 8－74

图 8－75

［教学目的］

通过本章分析得知：编排的空间知觉，实际上是一个二维平面与三维形态相互关联、互为联系、相互依存的关系。在相对独立的前提下，编排是以三维形态的方向面作为自己存在的前提，以此作为二维编排的平面形态必须关注的三维空间关系。

［教学框架］

编排的空间知觉
- 二维的编排关系
- 视觉设计要素的整合
- 三维的空间知觉
  - 1. 视觉运动与时间
  - 2. 不同设计对象的方向面
  - 3. 材料与空间的关系
    - 书籍
    - 包装
    - 展示

［**教学内容**］

1. 二维编排与三维形态的关系

2. 时间、空间、材料

3. 书籍、包装、展示作品的空间分析

［**课题练习**］

1. 书籍整体设计与制作

（要求用切割、凸凹、形态立体组合等手段体现空间感数量:2 组系列设计）

2. 包装设计

运用相关的编排手法，对不同造型的外包装进行设计

3. 展示设计

第九章　编排的实际运用

编排作为平面设计语言的构成手段，现今已成为研究平面设计的专门课题，其最终目的必须与具体的设计实务相结合。与编排紧密联系的主要设计方面有书籍、杂志、报纸、招贴、包装、网页、展览展示等视觉传达设计项目。

一、书籍

编排设计一词（typography）最早来源于书籍印刷中铅活字的排列组合，它是指在特定技术条件下的版面操作方式。编排设计演变至今已赋予其更多更广泛的设计含意，尤其对于书籍版面强调的是整体性，而非单一的文字排列。尽管构成书籍形态的纸张具有厚度的三次元物质，但若将纸张单独平放于桌面上，这种三次元的物质对人的视觉所造成的刺激仅为二次元的感受，故此，仅凭独幅单页形式出现的版面形态不能称之为书。书籍乃“六面体盛纳知识的容器”，它是由二维单向的纸张装订成册后所形成的三维阅读载体。书籍版面设计所解决的问题，不仅仅是版心、天头、地脚、订口、书口等直接造成单幅独面的版面形态问题，更是在于如何将这些问题连同书的相关因素进行整体策划、整体设计的系统工程，因此，将书籍的版面设计区别于其它种类的平面设计必须做到以下几个方面。

1. 版面整体神态的构造

神态是指构成书籍版式的具体内容，它通过一系列学科诸如编辑学、逻辑学、美学、图像学、设计学、记号学等相关内容去表达丰富易懂的信息，这是书籍的内在实际构造，它体现内容神态之美。神态的最终实现，有赖于如何将这些实际要素通过一系列设计手段付诸实现。

2. 版面形态的构造

书籍形态由两个因素构成，其一，由单页纸张累叠在一起的三维的构造物，这个构造物可以是方形也可以是异形结构；其二，由文字、图像感性与悟性的把握。对于第一个问题所要解决的难点在于：如何将书的有关素材用确切的三维形态进行整体把握。对于第二个问题的解决在于：如何将所涉及的元素进行艺术创造性地编排。

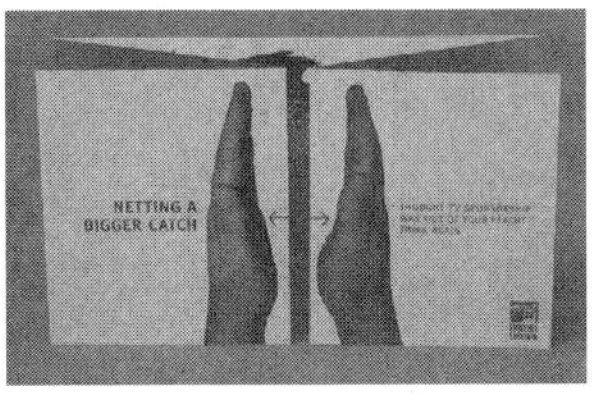

图 9－1　将折页设计成有空间知觉的形式特征。图为书的外观，运用人手慢慢开启内页。

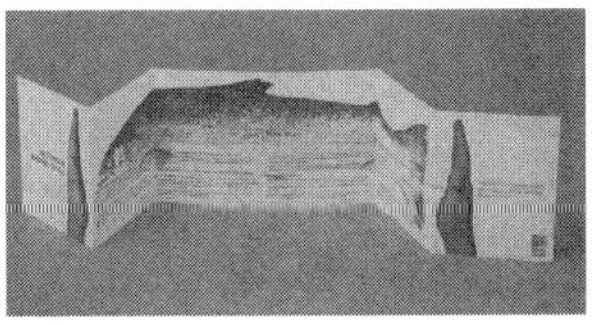

图 9－2　展开后，一条通过人手测量的鱼体鲜活地跃入读者的视野，形象、直观。

图 9－3　书的内页由多层形态各异的纸艺组合而成，富有空间感。

图 9－4　把二维的平面单页折叠成拥有空间深度的三维形态。

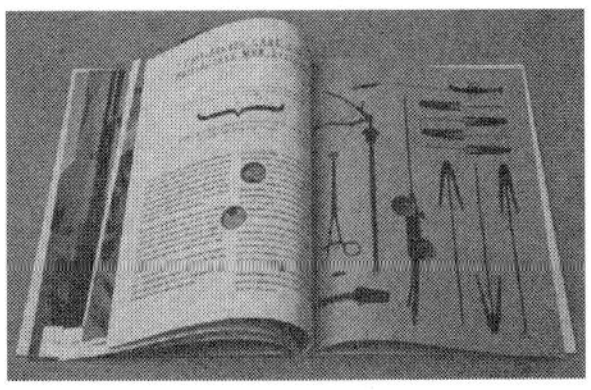

图 9－5　将内页局部镂空，使书体富有空间层次感。

A. 文字排版及信息的处理

文字排版及信息处理由以下三个方面构成：

a. 内文、标题、页码等要素的精心筹划；

b. 字体、字号、字距、行距的微观感受，形成多层次、高舒适的版面形态；

c. 各种排列的组合变化以及疏密的合理性。

B. 图像的直观处理

a. 一切相关的插图、图表、装饰画、记号、符号、花边、纹饰以及几何抽象的点、线、空白等版面元素的合理应用

b. 图像多元化的时空表达

c. 各种抽象原理、数据图表的直观可视化表现；

d. 图像的审美趣味与版面要素的完美统一。

3. 书籍版面各要素之间的整体链接

书籍整体形态的构成是由函套、护封、封面、书套、环衬、扉页、目次、篇、章、分级标题、页码以及相关的正文内容所组成。与报纸、杂志不同之处在于，书籍的各组成部分其版面的设计方式必须具有统一的风格，用整体的一致性突出完整的书籍形态。故此，各部分的要素必须有着合理的整体链接，不应出现单一孤立的版面形态，局部之间必须形成配合默契、环环相扣、上下起伏、流动活泼、联系紧密的整体版面特征。要形成这样的整体观，必须通过一系列相关要素来实现。

A. 书籍各部分的相互关联性

版面整体观的实现有赖于构成书籍要素之间的你中有我，我中有你、相互依赖、互为渗透的关系，一本好书的版面设计，其各要素之间必然有统一完善、相互联络的因素存在，否则此书的版面设计必然是零碎、孤立的。

B. 纸张材料的统一性

纸张从搭建版面结构的角度看似乎并不重要，它和结构本身并不发生直接关系。但纸张对一本书的版面整体视觉感受有着一定的促进作用，虽然纸张没有其它设计元素来得那么重要，但至少它是构成版面形态统一性必不可少的一个环节。合理地运用纸张可以充分彰显书籍的版面艺术效果，如特种纸的肌理纹样与点、线、面、文字、图形之间的恰当搭配，并运用某些特种印刷工艺，如印制凹凸、加烫电化铝、印胶等手段去提升书的艺术韵味。

C. 版面的连续性、生动性

版面的整体性及其各部分相互间的关系，虽然处在紧密的联系中，但这并不等于将各部分的关系等同并置，而是须依据版面设计的基本原理进行有轻、重、缓、急的处理，使一本书翻动时

图 9-6　折页前后开启，应体现变化统一的空间感。

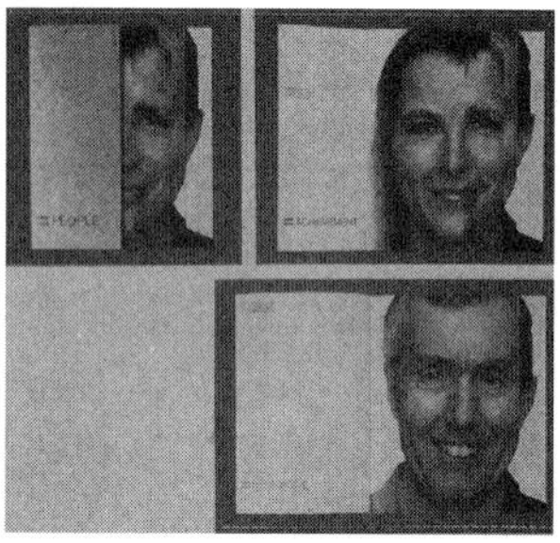

图 9-7　将平面单一的人物图片经过切割后，使页与页之间形成多层连续的律动，从而增加空间感。

图 9-8　书的内页运用不同曲径的镂挖，使之形成富有空间知觉的立体版面。

图 9-9　书体展开后，自动跳出一艘帆船，使本来平面静态的内页，瞬间变成富有空间知觉的立体形态。同彩图 66 设计原理一致。

始终处于连续不断的变化中，让读者产生丰富的联想。“有时高潮迭起，有时风平浪静。过目之后好似山高峡窄、水流湍急；又好似乌云翻滚、大雨滂沱；突遇暗流险滩，惊恐万分之余，拐过最后一道险弯，便是阳光明媚，水宽流缓，天水一色、心旷神怡！”这种连续的翻动，又似“云海翻滚，凸起的山峰，忽隐忽现、忽实忽虚、若即若离，闭目伸手可及，睁眼则距十万八千里”。上述对于书籍版面连续性、生动性的想像虽为夸张，但至少可说明版面内容与设计形态的相互关系是互动的，它可随书中内容的需要，有重点、有虚实，作情景化、拟人化的处理，最终使整部书丰富、生动(参见图 9－1～图 9－39，另见彩图 66～彩图 71)。

图 9－10　书体展开后，形成富有三维直观知觉的空间形态。

图 9－14　将切去一角的书体展开，内页用造型各异、富有变化的纸艺组合成有空间知觉的形态。

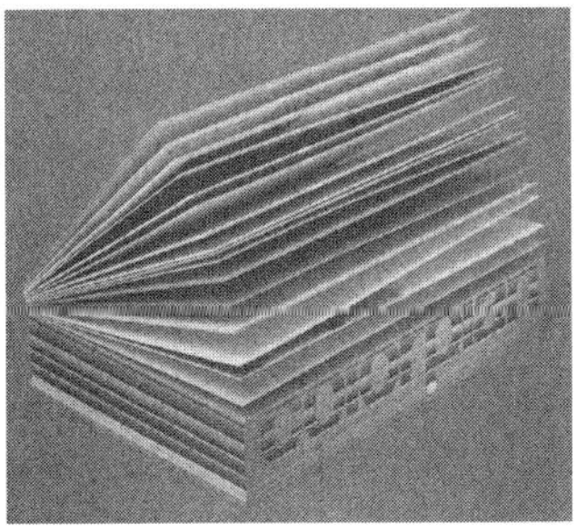

图 9－15　六面体的各个部分都应设计成相互联系、互为依存的整体，使之富有统一变化的空间知觉。

图 9－11　运用各种纸艺造形折叠成富有空间知觉的形态。

图 9－16　同图 9－15 设计原理一致。

图 9－12　同图 9－11 设计原理一致。

图 9－17　页与页之间连续的律动，体现出空间的节奏感。

图 9－18　把书体切割成所需的特异造型。

图 0－13　平面的方形不能体现书体外观的独特，只有将书体通过破坏、切割、碎裂后，才能有所突破。

图 9-19　展开后，内页版式富有个性。

图 9-20　同图 9-19 设计原理一致。

图 9-21　平面单一的内页，经过有空间感的三维立体设计，使书体富有层次感。

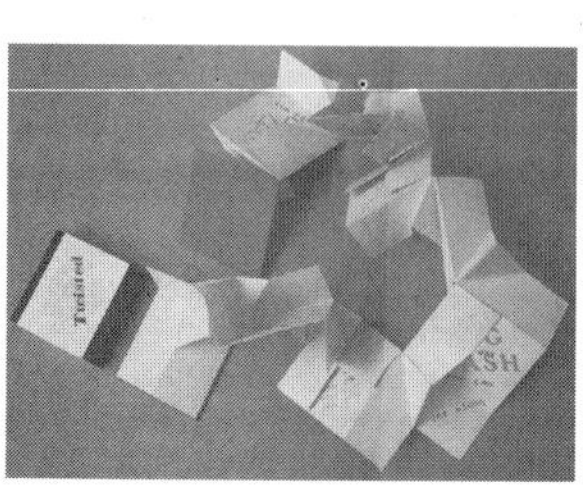

图 9-22　折页展开后，连续变化的内页编排，使版面富有空间知觉。

图 9-23　书籍整体设计。设计者：史汉瑞。

图 9-24　封面设计。设计者：史汉瑞。

图 9-25　封面设计。设计者：史汉瑞。作品运用代表中美文化的人物造型，组合、焊接成完整的图形，富有地域时空意识，使读者看了之后一目了然。

图 9-26　封面设计。设计者：史汉瑞。

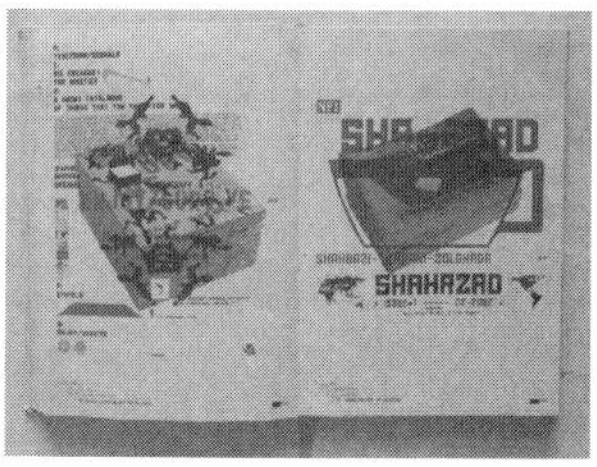

图 9-27

图 9-28　摄影图片与手绘插图相互配置，使具象与抽象，规整与碎裂，“正面律”与“玩世不恭”等诸多因素矛盾地组合在一起，使得版面极富现代气息。

图 9-29　蓝天白雪。设计者：吕敬人。

图 9－30　新疆盛宴。设计者：吕敬人。版面字体新颖，图、文编排统一。

图 9－33　宣传画册设计。设计者：蔡顺兴。

图 9－37　封面设计。设计者：吕敬人。

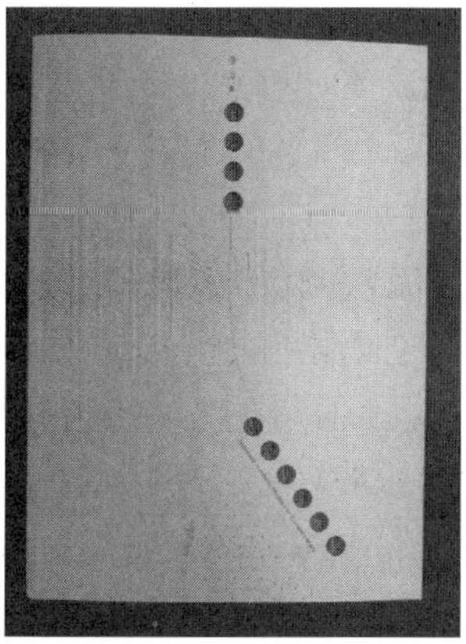

图 9－31　日本美术。设计者：吕敬人。

图 9－34　套书设计。设计者：吕敬人。

图 9－38　《金瓶梅词话校记》整体设计。设计者：吕敬人。

图 9－35　《企业宣传画册》封面及内页版式设计。设计者：蔡顺兴。

图 9－32　美容宣传画册设计。设计者：蔡顺兴。

图 9－36　套书整体设计。设计者：吕敬人。

图 9－39　丛书整体设计。设计者：吕敬人。

二、杂志

同书籍的历史相比，杂志的历史则要短的多。英国是世界上最早创办杂志的国家，从英国人爱德华·克弗于1731年首创《绅士知识供应库》开始算起，杂志发展到今天已有300年的历史。我国正式出版的杂志比西方要晚得多，自1903年我国的《民报》、《醒狮》正式出版发行后，时至今日，只不过刚刚走过100年的风雨历程。起初所办杂志并无多少影响力，1915年陈独秀创办《新青年》杂志之后，杂志的影响力逐步加大。从1903—1927年的二十四年间，旧中国的杂志从无到有一下子出现了500多种，好似雨后春笋般涌现，成为传播文化知识的重要载体。杂志在中国的出现，最初其版面结构受书籍影响，这就为杂志的形式和功能带来一系列问题，直到20世纪20年代这一问题才真正引起人们的关注，并将之视为一门学问加以研究。

20世纪20年代是世界现代设计创立时期。风格主义、构成主义、包豪斯成为欧洲现代设计的主流，它们的出现，极大地影响并丰富了杂志版面设计的新形式，这股潮流很快波及美国、日本等其它工业化国家。在杂志设计史上值得纪念的是1936年11月23日和1937年1月，美国所出版的《生活》与《展望》杂志，由于这两份杂志大量采用新闻摄影图片，版面以全新的面貌出现并很快以新的形式广泛推广，之后便拥有了大量的追随模仿者。此时，图片在杂志上的形式已不再局限于某种传统的格调，而是大胆采用超传统的设计手法，如出血手法已开始尝试使用并一度成为打破旧框框的标志。

20世纪40年代的前五年，因受第二次世界大战的影响，在世界范围内，杂志设计暂时陷入低潮，到了50年代才得以复苏，这一时期，杂志开始大量采用摄影图片的形式。进入60—70年代由于电视广泛投入市场，电视画面的生动性开始冲击杂志的生存。此时，杂志设计开始谋求新的生存与发展，杂志的内容与形式已不再像以往那样随意，而是采取严肃的态度并努力使内容与图片经得起时间的考验。插图形式也多采用超现实的手法与装饰艺术风格相结合的方式进行创作，专业化与精细化是这一时期的显著特征。

进入90年代后，由于电脑技术的广泛使用，杂志的版面设计形式也随着时代的进步相应发生着巨大的变化。西方国家尤其是以美国为代表的新技术革命，其超强的科技经济实力，加上快节奏的生活工作方式，使得杂志的版面设计形式顺应时代潮流，出现了多元化的局面，其中最引人注目的是以美国的戴维·卡森、英国的布罗迪为代表的自由版面设计。（请参见第六章

图9-40　杂志的内页插图采用超现实主义手法绘制，并与现实照片混合编排。

图9-41　将人物照片旋转，与文字版面形成对比。

图9-42　文字采用通篇单栏设计，依据文字的大小形成节奏。

图9-43　版面采用复合网格设计，局部作破网处理。

图9-44　有规律的正文网格与局部标题大字组合形成对比。

“自由版式设计”）

与书籍相比，杂志的版面设计形式可谓丰富多彩，有着书籍无法相比的灵活性。由于不同的栏目需要不同的风格，即使是文摘类杂志，整本刊物的版面形式也没有完全统一的风格要求，当然，某些专业性很强的杂志，则要求有严格的统一风格。由此看来，灵活性是杂志区别于书籍的最大特征。同时，杂志时效性强的特点尤为明显，对空间的使用，杂志版面需要有高强度的利用率。

目前杂志的内文版面形式主要以网格设计为主，部分穿插自由版面设计形式。灵活而创造性地运用网格是决定一本杂志版面形式是否成功的关键。按常规，设计师多把版面的高和宽分为一栏、二栏、三栏以及更多的复合栏目，由此规定的标准尺寸可以控制版面中的图像与文字，使得文章中的字体和大小不等的图片始终处于有序的排列中，如此能够使版面有节奏、有规划的分割。为了避免产生不良的比例和枯燥的布局，网格设计可以选用以纵向或横向为主的重点网格进行设计，如：在选用纵向网格为主要网格形式时，可使用横向网格作为变化。当然，网格设计的最终效果必须有赖于设计者的经验把握，视觉观感如何是决定一切网格数据的基础，它决定着网格设计的最终艺术效果。

值得注意的是，杂志封面的文字内容有别于书籍。杂志封面的最低要求必须印有名称和期号，并常备有类似于广告内容的摘要与主要目录，销售时便于读者辨认和选购。此外，杂志封面多以年为时间计算单位去更换封面的形式，设计时既要考虑固定的统一性，又要考虑到它的新颖性、灵活性，目的在于避免雷同和枯燥，每一期的更换应保持连续，通过相同的设计风格和固定的字体位置、字体形态确定这一目标，否则，读者必然会缺少信任感和亲切感。

为了节省纸张，降低成本，杂志一般不专门设计扉页。而是常将扉页与目录合二为一。目录的设计应当简练并符合相应的功能要求。从功能上来看，目录常由两部分组成，第一部分由专栏名、篇名、作者、页码等组成，第二部分由刊名、期号、出版单位、年月、编委等组成。前者因是主要部分，占有较大的空间，后者则次之。目录的版面设计通常是按文章的前后次序去编排，此方法简便实用，不过也容易造成栏目不清，读者不便于检索的弊病。另一种编排方式分为专栏名、篇名、作者、页码等几个部分，它包括期号、出版单位、年月、编委和顾问名单。栏题的作用在于引起读者的注意，使读者能在短时间内快速找到喜爱的文章。优秀的栏题不仅能够起到装饰作用，而且还可以提升版面

图 9－45

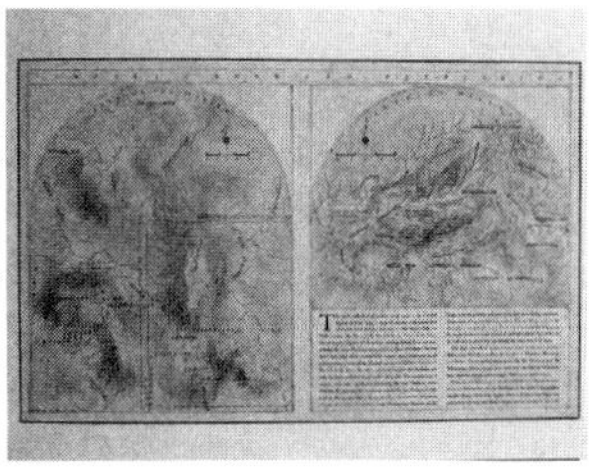
图 9－46　将版面设计成拱形状，富有地域特征。

图 9－47　同彩图 66 设计原理一致。

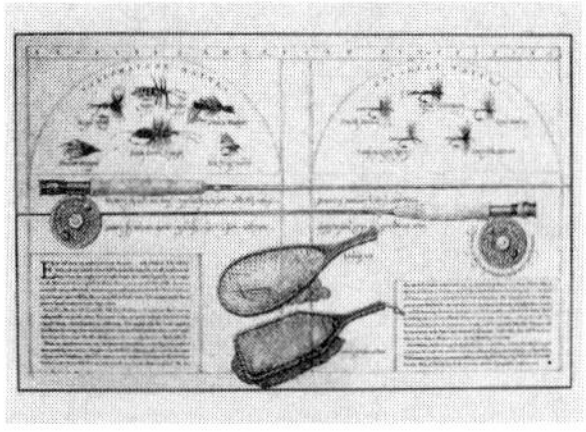
图 9－48　同彩图 66 设计原理一致。

图 9－49　双栏为主要版心，局部文字用自由版式设计的方式混合编排。

图 9－50　左右两栏采取对称的大小双栏设计。

图 9－51　说明文采取富有韵律感的自由版式设计。

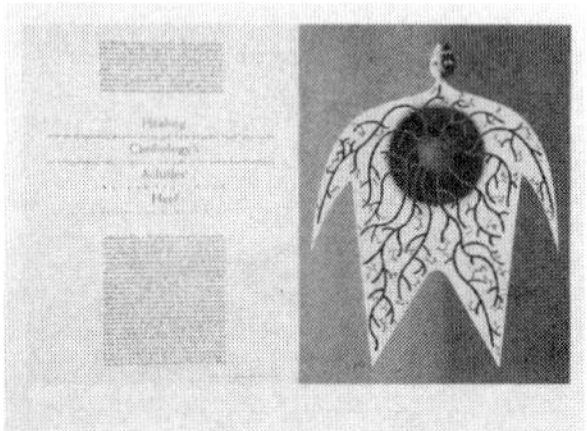

图 9－52

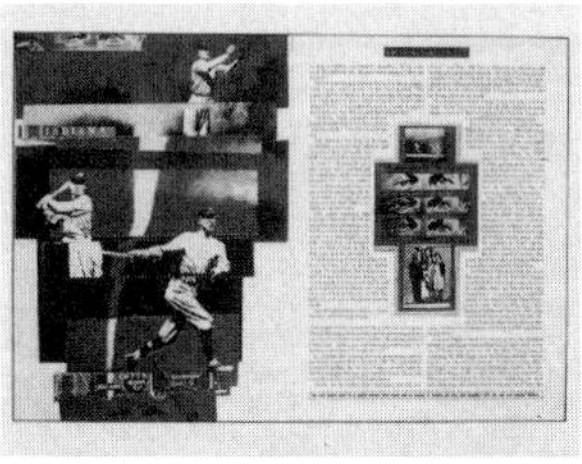

图 9－53　文字采用两栏设计，左右两页通过图片相同的处理手法，使之形成内在的联系。

图 9－54　采取自由版式设计方法设计，结合漫画插图使得版面幽默，诙谐。

的设计品位。除此之外，栏题的设计还应与整本杂志的设计风格一致，不能因为局部的装饰而忽视了与整个版面风格的统一性。杂志标题设计与书籍标题处理方式相比略有不同，书籍讲究的是庄重与稳健，而杂志强调的是变化与醒目，不过，这要具体情况具体分析，不可一概而论。杂志标题运用二栏或整页的跨栏是常有的事，并且不同的栏目或同一栏目不同的内容均可使用横排或竖排的格式。在字体运用上也较书籍来得灵活得多，字的级数可随内容的变化而不断变化，且同一标题为了强调某一内容的重要性，甚至能用两种以上的字体来表示。可以说，杂志的标题只要能准确地表达文章的内容，什么样的形式都可运用。

在以图片为主的杂志中，如《中国摄影》、《江苏画刊》、《装饰》、《美术》等期刊中，图片在版面中占有显著的地位，而文字往往只起次要作用。此类杂志设计应尽量突出图片的本身特色，可采用大面积出血处理。即使不采取出血处理，也可以采用突破文字版心的办法解决，使画面尽量放到最大。当然，在处理绘画类作品时，应考虑绘画本身的特性，版面的出血处理不能影响绘画作品的完整性。在对摄影图片的选择时，设计师可运用电脑剪切技术将图片进行有效地裁剪。理想的图片可以增加版面的艺术性，特殊角度的图片常常具有不同寻常的震撼力，如仰视、俯瞰、角度变形的特写等。有运动感的画面由于受到力场因素的影响，应尽量把运动的方向引向双页的中央，以便使得受力取得视觉上的平衡。

图片的说明文与图片组合中，其编排的方法并没有统一固定的格式，但究其规律而言，应将图片与文字尽量放在一起或尽量靠近图片以免阅读的不便。与正文相比，图片的说明文应在字体、字号上有所区别。

总之，现代杂志设计已步入到了一个多元化的数码设计时代，是一个简洁与丰富、繁杂与单一、理性与感性并存的时代。不同种类的杂志具有不同的设计要求，不同读者群要求着不同的设计风格，这种多方位、多层面的市场消费群体是真正左右杂志版面风格的动因。上述所涉及的杂志版面的设计方法与设计要求具有普遍规律性，设计师在设计具体实物时，应根据当时的具体情况去灵活掌握，只有做到这一点，设计师才能真正领悟到设计的内涵（参见图 9－40～图 9－89）。

图 9 - 55　左页版面大字与右页插图形成内在的受力关系。

图 9 - 56　复杂的图表与说明文编排，采取有规律的网格设计。

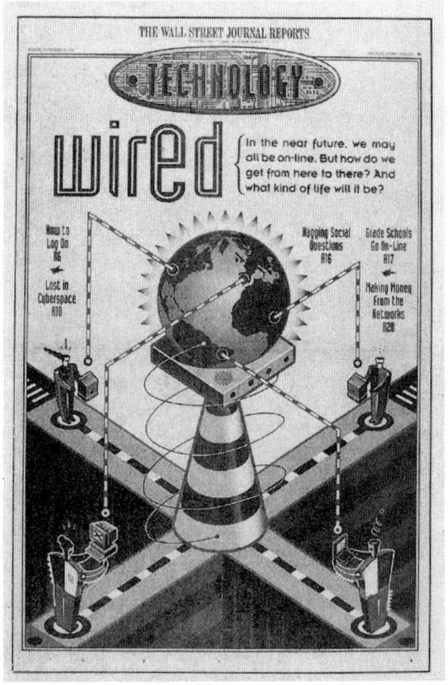

图 9 - 57　有趣味的内页插图，配以有秩序的小字说明，使得版面规整并富有变化。

图 9 - 59　版面分四栏与漫画人物组合，通过图片的不同变化得以突破网格。

图 9 - 60　同图 9 - 59 设计原理一致。

图 9 - 58　同图 9 - 59 设计原理一致。

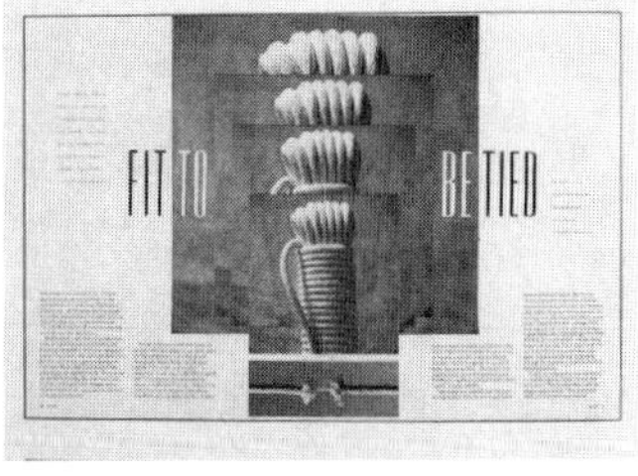

图 9 - 61　文字与图形的级差变化，在视觉上形成内在的联系，使图文形成一个整体。

图 9－62

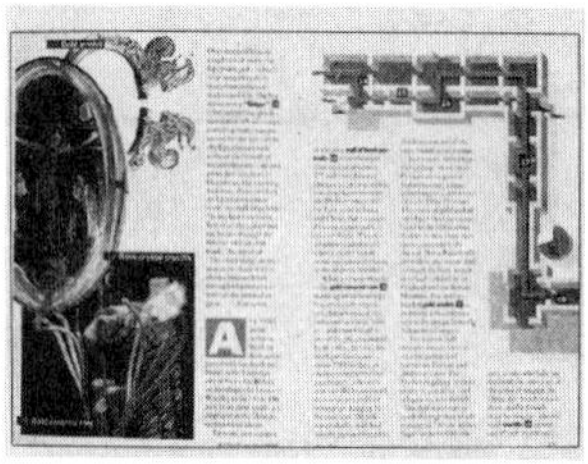

图 9－63　插图与内文版面形成有规律的变化。

图 9－64　同图 9－63 设计原理一致。

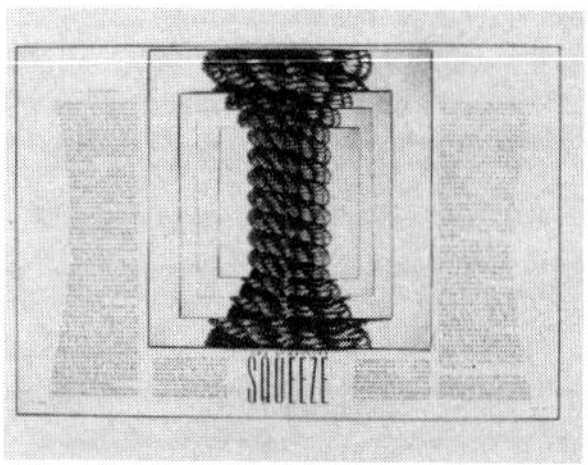

图 9－65　采用自由版式设计手法，使局部文字变成图形的扩展。

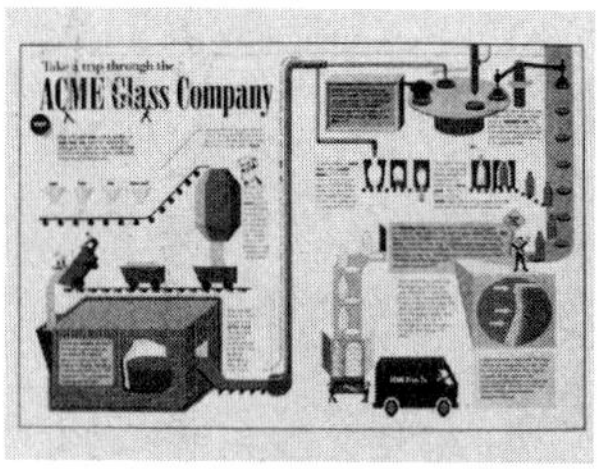

图 9－66　复杂的图表与说明文编排，可采取自由版式设计。

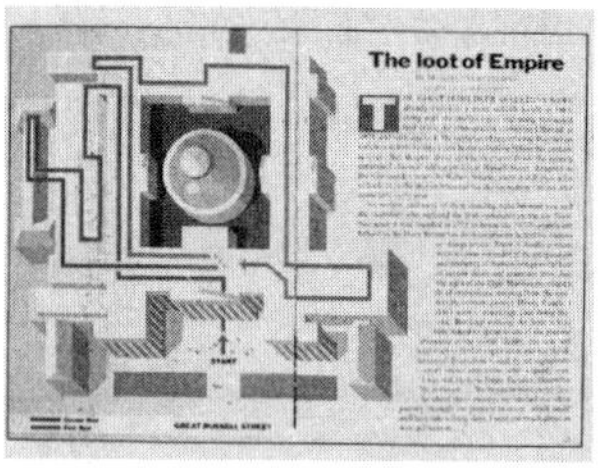

图 9－67　单栏文字与图表浑然一体，正文似乎已变成图表的一部分。

图 9－68　部分作品采取自由版式设计手法，使文字形成图块与图片组合。

图 9－69　规整的大字版面通过局部对比，使之产生变化，插图采用漫画的手法与严肃的文字版面产生对比。

图 9－70　将大字图形化处理，使其与规整的正文产生对比。

图 9－71　左右两页大片文字与插图形成对比，为了使两页产生相互联系，左页插入与右页同一风格的小幅图，以取得左、右平衡。

图 9－72　目录页设计与版面其它内容编排在一起，往往使用复合网格设计。

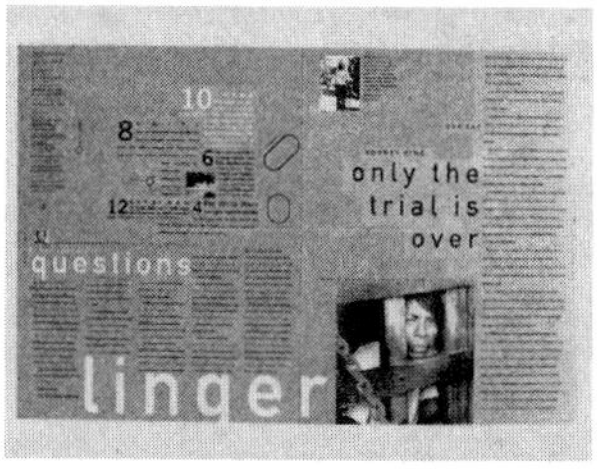

图 9－73　运用网格设计版面，但局部采用自由版式设计。

图 9-74　采用两栏设计，图片可跨页。

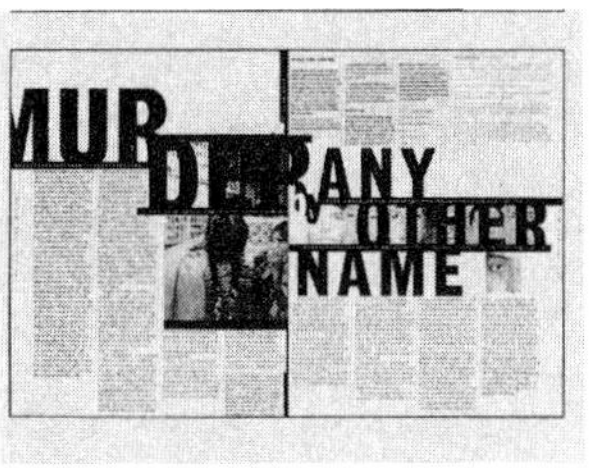

图 9-75

图 9-76　使用网格设计并突破网格约束。

图 9-77　文字版面采用古典手法设计，部分大字虽然自由排列，但古典语言依旧明显，与插图版式风格相一致。

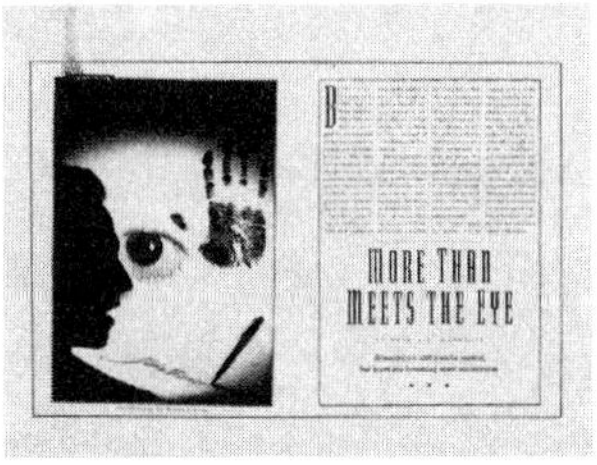

图 9-78

图 9-79　文字版面形成大、小行有规律的对比。为了使文字版与图片版面产生联系，特意在文字版插入与图片有联系的人物照片。

图 9-80　版面局部采用破网处理，使之产生变化。

图 9-81　碎裂的图片版面插入文字，使之与正文版面产生有机的内在联系。

图 9 82　以图为主的版面在图形变化丰富的情况下，尽量使文字部分规整，以保持视觉的清晰易辨。

图 9-83　版面采用单栏表现方式，飞离的帽子与人物、文字形成内在的联系。

图 9-84　图片、文字按级数大小合理地分配版面。

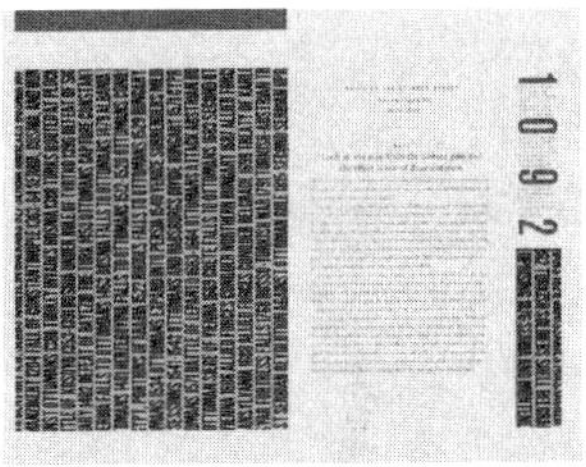

图 9-85　右页版面虽与左页内容不同，但为了取得设计上的一致性，右页局部文字形态取自左页，以达到平衡。

图 9-86　在网格秩序性的基础上，使相关图片利用网格作破网处理，使得版面变化丰富。

图 9－87　文字与图形具有内在的联系，使文字成为图形不可缺少的一部分。

图 9－88　同图 9－87 设计原理一致。

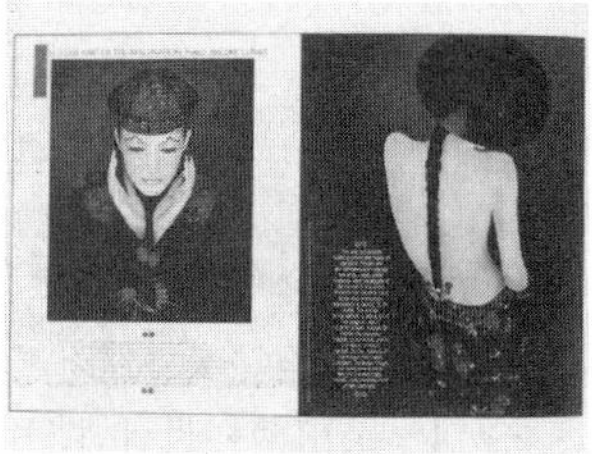

图 9－89　同图 9－87 设计原理一致。

三、报纸

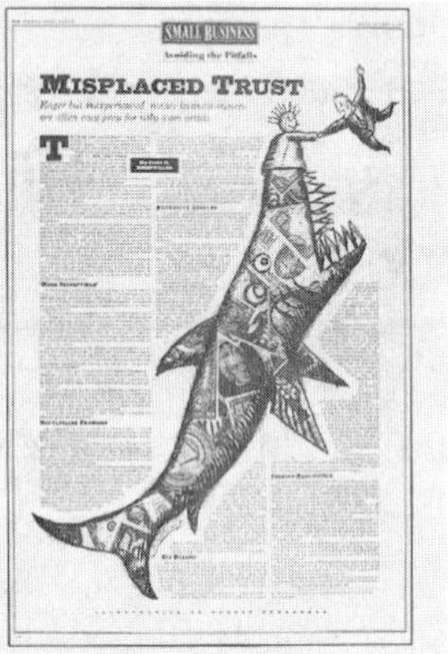

图 9－90

图 9－91

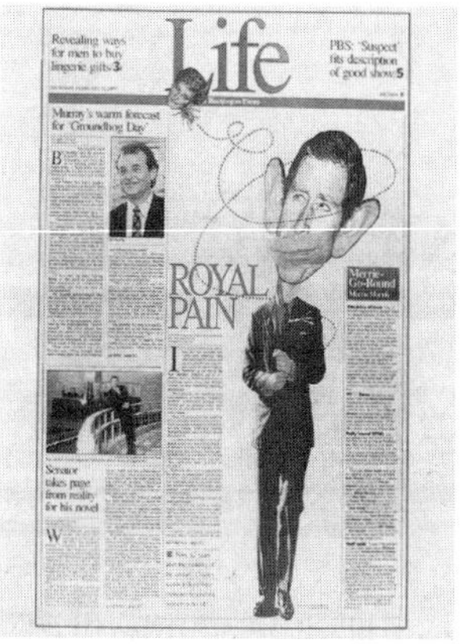

图 9－92

报纸是现代社会以印刷实物形态传播信息的最快媒体，报纸的种类虽然没有杂志那样繁多，但其数量是任何一种出版物都无法与之匹敌的。从现有的文献来看，世界上以报纸的形式作为传播信息的手段，可以追溯到公元前 60 年出版的《罗马每日纪事报》，在当时，虽然这种报纸不具备现代意义上报纸的印刷手段，但其功能与发挥的作用与现代报纸并无差别。欧洲是现代文明的发源地，也是现代报业诞生的摇篮。当工业化革命的浪潮席卷整个欧洲大陆时，报纸在这其中无疑起到了至关重要的作用。中国近代报纸业的产生是在西方文明的冲击下，于 1815 年由来华的西方人所创办。鸦片战争之后，西方人利用“船坚炮利”的优势打开了中国的门户，使现代印刷术与报业在中国得以扩大。1862 年在上海出版发行的《上海新报》以及后来的《申报》、《时报》都是这一时期的产物。回顾中国报业的诞生到真正走上发展的历史，此期间共经历过一百多年的风雨历程。时至今日，我国的报纸事业已日趋成熟，报纸的排版方式和印刷手段已和国际接轨。目前市场上所使用的报纸印刷机基本上都由外国进口，这种统一的机器尺寸对于大工业生产十分有利。报纸纸张尺寸分为全张型与半张型两种，全张型报纸的版心尺寸约为 350mm×500mm，一般采用八栏、每栏宽约 40mm，字号为 10p，或采用国际上通用的 5—7 栏，这种奇数栏框较偶数栏框有着更大的优点，所出现的斜线交叉拼版也具有其内在的合理性。

同杂志相比，报纸的设计原则是：以自左向右的对角线为基准安排文章。这一方法的形成是依据的人的阅读习惯而长期形成的一种版面编排模式，具有一定的合理性，也是版面设计的大前提。设计时，可根据文章的重要等级来安排位置。一般来说，重要的文章都是沿此基线做相应排列，文章的大体位置被确定之后，还必须考虑如何将不同的文章区别开来，以避免阅读时相互混淆串行，故此，设计师常用各种直线或装饰纹样进行分隔处理。当然，分隔线的粗细与多寡往往影响版面的最终视觉效果，因此，如何适度处理这些版面因素，如大小、轻重、浓淡、疏密等至关重要。此外，报纸的标题字也是决定版面效果的一个重要因素。较严肃的报纸如《人民日报》、《光明日报》等政府机关报

图 9－93

图 9－94

图 9－96

图 9－95

The Guardian

Alliance woe helps Labour poll surge

Thatcher in new confrontation

'No' for Clough

Vorsprung durch strike

Bus Stop top just the ticket

图 9－97

The Guardian

Safety team vetoes leading air traffic bid

Israel stunned by bus carnage

Cycle Cuba

Inquiry into Clinton pardon for financier

图 9－98

NEW DESIGNERS SHOWCASE RESCUED BY EMESS DEAL

RIBA SACKING ROW SPARKS RESIGNATION OVER METHOD

RUMBELOWS PICKS STUDENT GRAPHICS

图 9－99

多用宋体或黑体作为文章的标题，而普通的晚报、早报以及“时报”等版面标题字则较为灵活，除了传统的宋体、黑体外，还常常使用诸如：琥珀体、雪峰体、水滴体等时尚字体。标题字的最终确定来自于内容。在电脑数码时代，可供报纸版面选用的字体很多，如何恰当地使用这些字体，是版面设计能否成功的因素之一。字体过多往往会造成版面的混乱，过少则显得单调。显然，尺度的把握能够体现一个设计师对版面大局观的控制能力。

报纸的正文部分是决定报纸外貌至关重要的基本要素，它与标题组成关系密切的版面形态。就可读性而言，报纸内容应选择以中性的书宋体为最佳，这种字体几乎适合所有种类的报纸。由于报纸的正文字体较小，那些笔画过于纤细或太黑的字体不适宜作为正文。这是因为过于纤细的字体容易造成断笔，阅读时字迹模糊，而调子浓黑的字体则会使笔画混淆一团。除此之外，部分娱乐性报纸的版面将会选用诸如仿宋体、长宋体、楷体以及长美黑体作为正文使用，以此来增加版面的生动性与灵活性。正文部分的字号一般常选用方正字库的小五号或五号字，它相当于苹果字库的 10p 或 11p，若小于此级数，阅读时将会影响视力，大于此级数，则会减少版面内容。

报纸的内容每天都要更换，唯有报头字体不能更换。报头字体是决定报纸特征至关重要的环节，是报纸的脸面，人们辨认报纸的风格特点，首先从这里开始。目前，国内报纸的报头绝大部分是某位首长或某位文化名人的题词手迹，只有极少数专业性很强的报纸报头是个例外，这似乎已成为一个不成文的规律。如果哪份报纸背离这种书写方式，人们就会对这份报纸的信度产生怀疑，无论销售商作出何种解释，人们都无法接受长期以来所形成的惯性思维，这对于报纸形式多元化的格局实为不利。

西方的拉丁文报纸，在报头字体设计方面具有自己的特色，许多报纸常使用加粗的古典字体，埃及体或哥德体等作为报头，字体种类和形式较为丰富，没有统一的格式，且各家报纸都以追求个性化作为自己存在的宗旨。除报纸名称外，文章的标题也是一个很值得注意的方面。从人的读报习惯看，多数人喜欢浏览一遍标题之后才对感兴趣的文章进行仔细品味，根据这一特性，标题的体量应由文章的重要程度来决定，如果是政府政策法规方面的重要文章，常用通栏大红字体作为文章标题。

现代报纸的另一个重要特征就是对图像的广泛使用，除装饰用的报头外，新闻照片在每份报纸上占有很大的比例。由于

图 9－102

图 9－103

图 9－100

图 9－101

数码相机的广泛使用，获取精选的照片和有代表性的画面越来越显得便捷容易，为了使版面生动、活泼，图片的形态常作异形处理，如圆形、三角形以及形态不规则的几何形。图片的说明文字依新闻的实际内容作相应的排列，可与图片放在一起，也可以用编码符号作指导。对于专业性很强的报纸，如：体育报、旅游报、文艺报等，由于这类报纸特征性强，风格活泼多样，设计时可不必拘泥于上述所涉及的设计原则，可以打破常规，但不能走得太远，须谨慎为之，若采取突变的方式将会使报纸的认知度下降。反之，采取缓变渐进的方式，其效果必然会好于突变的效果。总之，报纸的版面设计同其它设计一样，有着自己的普遍规律，但若涉及到每一份具体内容，设计师必须根据当时的情况具体问题具体分析，在掌握规律的基础上充分发挥设计师个人的聪明才智(参见图 9－90～图 9－103)。

四、招贴

被称为瞬间艺术的招贴广告，其应用范围极为广泛，它分为：公益事业、政治、经济、文化、军事、科技等方面的内容，它是为满足人们某种宣传需要而形成的一种信息传达方式。在版面构成的形式规律上，单要把招贴设计与其它平面设计区分开来，看上去似乎是困难的，但并不等于说招贴版面设计的构成方式，等同于其它种类的平面设计。

我国有史记载的招贴广告是北宋时期(公元 960—1127 年)济南刘家针铺的印刷品广告(铜版原件现存于上海博物馆)。这幅招贴上有商店名称、广告语以及“白兔捣药”的图形。从招贴的功能看，与现代招贴广告并无两样，具体的文字内容有“认门前白兔儿为记”，“收买上等钢条，造功夫针，不误宅院使用；客转为贩，别有加饶，清记白”。由此可见，招贴广告在以自然经济为主体的中国封建社会便已存在。

欧洲最早出现的招贴广告形式约在公元 15 世纪左右，比中国北宋刘家针铺的印刷广告要晚数百年，欧洲的招贴广告虽然起步较晚，却后来居上。由于工业革命所带来的商业竞争，各厂

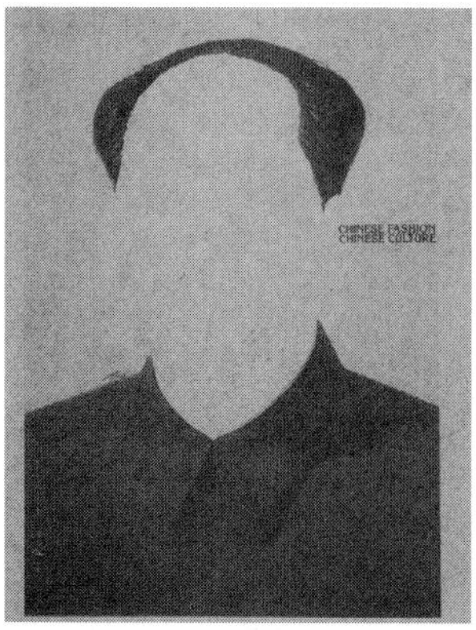

图 9 - 104　设计者:佚名。

图 9 - 105　设计者:史汉瑞。

家竞相宣传推销自己的产品,招贴广告一时成为重要的营销手段,从此走上了历史舞台,它的出现是商品交换的必然产物。

中国是一个具有二千多年历史的封建大国,长期自给自足的自然经济造成了商品交换的滞后,农耕时期所出现的物品交换并没有使中国进入以市场经济为特征的资本主义社会,相反,统治阶级为了本阶级集团的利益,想尽一切办法阻碍社会生产向自由的商品经济发展。商人在封建时代并无多少社会地位,而常代之以反面的角色出现并遭社会嗤之。招贴广告永远是伴随着商品发展而成长起来的一门艺术,只有那些商品高度发达的国家,招贴广告才会得以繁荣发展,在这样一个社会背景下中国招贴广告的落后也就不足为怪了。

招贴广告的版面创意有其自己的特色,一般由两部分组成:一部分是主题创意,另一部分则是编排构成。首先,一幅真正现代意义上的招贴广告,应该充分发挥人的主观意志并用联想的方式去创造想像的版面形态,以激发人们对生活的美好憧憬。这种启发式的思维方式将新的深层次的思维转化为视觉语言,使潜意识的不可见变成可见,变意识为形象,化平淡为神奇,这对于宣传商品的使用价值,美化商品形象,促进销售有着积极的作用和良好的效果。其次,用想像的图形方式传播信息。早在文字出现之前,图形就承载着传播信息的文字功能,或者准确地说,早期的图形就是原始文字,随着人类文明的发展这种原始图形逐渐演变成文字文化和图形文化,图形是浓缩的语言文字,现代招贴广告用想像的图形以取得"百闻不如一见"之效果,用想像图形这种无声的语言,释放出数倍于文字的信息量。第三,招贴广告设计应抓住典型内容以一当十、以少胜多、一形多义地表达信息。现实世界中就具体的招贴内容而言,欲表达的东西很多,所涉及的范围也很广,商家要表达的内容在小小的版面上不可能全部得到满足,设计师只能根据主要内容从一个个角度去窥探,深入其理,曲尽其态。即使一部鸿篇巨制的史诗,也只能从一个典型的方面反映生活的一个侧面,以一斑而窥全豹。

招贴画的胶印尺寸一般多在 900mm×1200mm 或 450mm×600mm 之间,大于这个尺寸的版面只能用数码喷绘或丝网印刷来完成,这种长方形的纸张尺寸最实用,也最省材料。随着中国经济的蓬勃发展,企业的实力进一步增强,在经济允许的情况下,招贴的纸张形态可以大胆地设计,根据创意将纸张的外形设计成异形或不规则的形态从而达到以奇取胜、以变求新的目的。如,图 6 - 61 是荷兰登巴公司出品的招贴广告,客户是荷兰的一家家具公司。作者为了达到以奇取胜的目的,运用椅子本身的图案造型设计招贴画,效果绝佳,达到了吸引观众的目的。文字的编排上，通过穿插和规整的网格设计以求得版面的变化，对于信息的传播不但没有降低，反面得到了加强并增加了版面的趣味性。彩图 73 为荷兰瑞拜尔剧院现代音乐会的演出招贴，客户是荷兰的瑞拜尔剧院（Zelbelt Theatre），由德国美茵茨印务公司承制。这场音乐会是一场关于探索人类音乐的过去与未来的试验性演出，节目晦涩难懂，如：演出帷幕刚刚拉开，几位来自美国的青年歌手便开始演唱。令人吃惊的是，所唱内容并非普通意义上的歌词，而是几位歌唱家的狂吼大叫，这些声音皆为模仿人的呼喊、驴的吼叫，或马的嘶鸣，时间至少持续 5 分钟，接下来的节目都如出一辙的“荒诞”。对于这样的音乐体裁，创作时应选择适当角度，抓典型，尽量反映这场音乐会的“荒诞性”，并夸张地运用驴头人身的形象，以突出音乐会的个性特征。版式编排上，将大段的文字内容与演出目录中的日期混合排列，并将主要日期的阿拉伯数字进行图形化处理，这一方面反映了音乐会的内容，另一方面将具体细化的图形与主图形协调一致，体现了招贴画在构思上的整体性。主题文字的节奏变化，通过字号的大小缩放解决，以展现整个版面的层次感（参见彩图 72～彩图 83，另见图 9－104～图 9－111）。

图 9－106　作品采用图、底反转，互为借用的方式设计。

图 9－107　设计者：冈本兹夫。

图 9－110　用字体构形组合版面，使版面富于理性与秩序。

图 9－111　设计者：曼德尔

图 9－109　设计者：史汉瑞

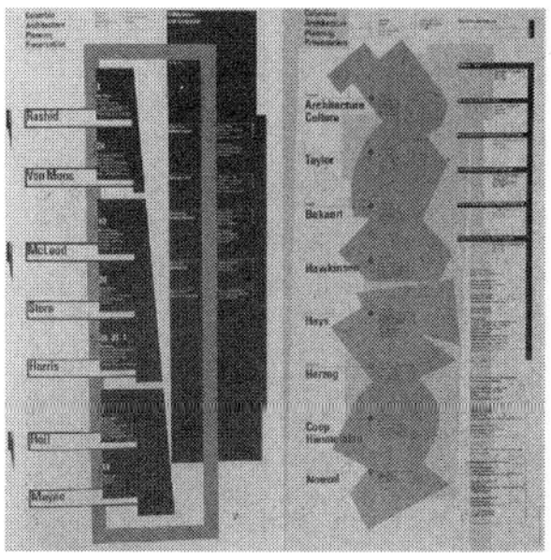
图 9－108　设计者：佚名。

图 9 - 112　花生油外包装设计。设计者：史汉瑞。

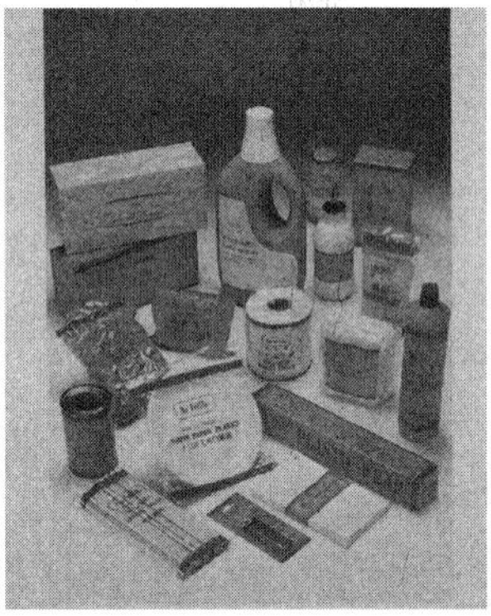
图 9 - 113　产品系列包装设计。设计者：史汉瑞。

图 9 - 114　设计者：史汉瑞。

图 9 - 115　设计者：史汉瑞。

五、包装

对于包装的定义，欧洲主要工业化国家认为，是指在搬运或存储产品时，为了方便储运，保证商品的质量和价值，便于促销等因素而采用恰当的材料或容器来保护商品，使其免遭不良外在因素的破坏。

美国包装学会认为，包装应符合产品的需要，依据最佳成本，使货物便于转送、流通、交易、储存以及贩卖而实施的统筹整体系统的准备工作。

准确地说，包装是一门综合性的学科，包装工业水平的高低往往能够客观地反映该国的综合国力。由于包装行业是一个纷繁庞杂的大家族，因而种类也极为繁多。从分类上看，包装主要分为销售包装、组合包装和运输包装，其中销售包装与版面设计的关系最为密切。

销售包装，顾名思义是指产品置于商店销售时的一种包装形式，形态多为六面体或多面体。销售包装的功能主要在于盛纳商品，保护物品不受破坏，并具有宣传促销的作用。销售包装一般分为二部分：一部分是容纳产品的容器造型设计，另一部分则是依附于容器造型之上，或是保护容器用于宣传目的的营销包装。这两大类销售包装不管其目的如何，它总离不开版面各要素的传达设计。构成版面传播要素的内容又分为信息要素和形象要素二个方面。信息要素主要是：研究标志、品牌、产品、生产者信息等用于宣传企业的版面识别要素。形象要素则在于：研究包装图形形象以及各种装饰用辅助图形。与其它种类的平面设计相比，包装的版面设计有着自己鲜明的特点，它必须根据不同形状的包装造型来安排版面元素。包装盒的尺寸千变万化，无统一的规范，设计师只能依据盒体的面积灵活布局。作为盒体的六个面来说，设计师要通过一个个局部拼合而成，局部的细节处理必须服从整体的统一安排。与单一维度平面设计不同的是，包装的版面设计必须有一个主立面，同书籍的封面一样，主立面通常安排最引人注目的主体文字与图形，诸如品牌、名称、商标、地址等，它们决定着包装的整体形象。然而，主立面的形态不是孤立的，其存在与视觉效果的好坏需要靠其它几个立面的衬托与配合，只有将每个面用统一的元素连接起来，形成版面的整体风格，这样的包装才具有一定的价值。（参见图 9 - 112～图 9 - 119）

处于次要的立面，一般多安排产品信息，如产品的性质、功能、用法，产品的规格、型号、保质期、生产日期、条形编码等。这些信息的具体要求应根据产品的特性来决定，有些并非是所有产品包装的必要因素，要视具体情况而定。次要立面说明文的安排，应本着理性与秩序化的原则设计，这些文字的编排首先考虑的应是产品的广告效应，其次才是版面的形式，若将说明文设计得很花哨，不但会影响信息的传播，而且还会带来产品信度危机。除此之外，次立面的视觉元素应与主立面相关要素呼应，形成部分与部分、部分与整体的互相联系，互相依赖，从而达到版面形态的完整统一。图 9－116 是一张造型精美的小型包装，由香港史汉瑞设计公司出品。作者用醒目简洁的标志作为火柴盒的主立面，边侧辅以级数较小的说明文，版面显得主次分明，对比强烈，组织有序，体现了“尽精微，致广大”的美学原理。

图 9－112 为史汉瑞为香港淘化大同公司设计的花生油包装，用汉字的形象性作为包装的主立面，并用级数适度的厂名加以配置，侧立面用英文作为产品说明，显得内容清晰、富于统一和变化。

图 9－113、图 9－114 两组包装，具有高度统一的视觉形象，其版面排列并未使用太多的图形加以美化和装饰。

图 9－116 火柴盒包装。设计者：史汉瑞。

图 9－117 酒包装。设计者：靳埭强。

图 9－118 洗发水瓶形设计。设计者：靳埭强。

图 9－119 纸袋包装。设计者：靳埭强。

六、网页

伴随着电脑互联网一同成长的网页设计，是近年来刚刚诞生的一项新型设计业，其历史虽然不长，但发展的规模却是波澜壮阔，蔚为壮观。有数据统计，在雅虎网站的分类条目中，仅美国一项就有正式在册的网页设计公司多达近万个，其中纽约州就高达 600 个。虽然，中国的电脑业远没有美国那么发达，但众多的人口和快速发展的经济，使网页设计业呈快速增长的趋势，几乎每一个城市只要有条件的广告公司都有正式的网页设计服务项目。网页设计公司大量涌现的原因在于急剧增长的市场需求量，各公司出于对市场占有量和利润最大化的追求，正朝着从无序向有序的竞争方向发展，其结果便产生了一批组织严密、分工细致、专业化程度高的专门队伍，并越来越受到专业研究机构的注意，各大专艺术院校也将之视为一门重要的课程来开设。不难看出，网页设计是一门综合了的平面设计与影视动画艺术相结合的新型视觉艺术，它的出现具有自己鲜明的个性与时代特征，因此，其编排方式必然有别于其它传媒手段，现对此逐一分析。

1. 构成要素

A. 界面

根据目前电脑科技的发展，电脑所能提供的网页编排界面，仅限于横向的长方形。由于电子产品特性的限制，不可能像书籍、杂志那样随心所欲地改变显示器的外部整体形态，（也无必要去频繁更改显示器的外形）所以它的编排形式只能限制在长方形的界面中。由于网络空间的无限广大性，任何组织和个人随时都可以利用这样的界面进行自我宣传。

B. 主页

几乎所有的网站都必须要有自己的主页，主页如同一本书的封面，所不同的是它常将目录内容与之综合，继而形成独特的界面。由于主页设计的多样性，许多客户并未将主页与目录页合而为一，而是相互独立。主页界面出现后，读者通过点击相关的内容按钮便可进入到下一个子目录。主页界面的编排不同于其它出版物，它需要充分利用主界面的有效区域，没有天头地脚的划分，所出现的空白也仅限于设计中的正负形的需要。同其它设计一样，主页设计要求界面编排个性化。正是由于网络设计公司通过对主界面的个性化设计，才得以将网页编排水平推向一定的高度。在主页的内容方面，虽然设计手段和设计风格千变万化，但作为宣传方来说都希望在视觉感观上以最醒目的方式，迅速抓住读者，以使得浏览者在短时间内作出是否进入下一页的冲动。

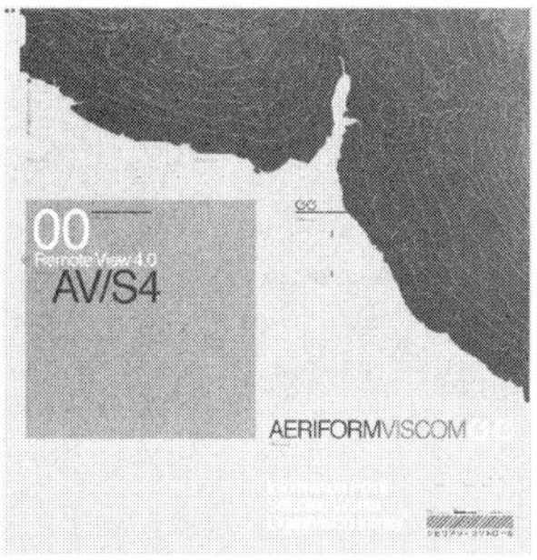

图 9－120　网站名称：Aeriformviscom，国家：日本。网址：http://www.aeriforviscom.org.

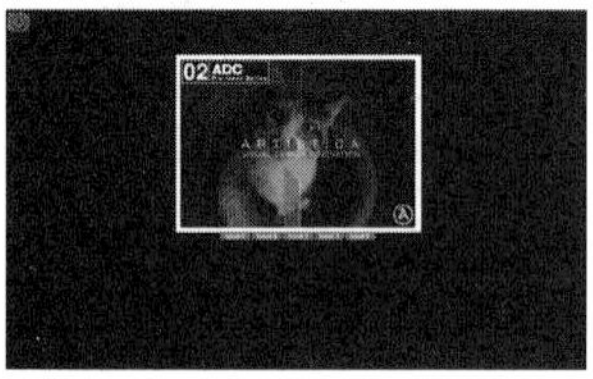

图 9－121　网站名称：Artistica，国家：美国。网址：http://www.artistica.org.

C. 辅页

点击主页中的某一个子目录功能按钮，界面自动进入辅页。由于辅页内容的不确定性，常常会引起由首页至尾页的雷同局面。编排中应尽量利用文字的组合变化和图形的穿插来解决这一问题。整体设计上，辅页的设计风格应与主页一致，辅页并不能因为某些版块内容的限制，而造成风格上的大起大落。

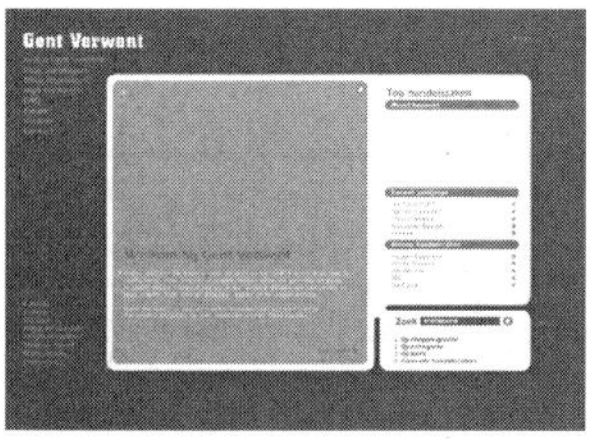

图 9－122　网站名称：Gent Verwent，国家：美国。网址：http://www.aeriforviscom.org.

D. 网页编排的手段

从编排原理上看，网页设计并未因编排媒介的变化，而导致编排的质变。从认知习惯来看，原有的编排基本原理已很好地解决了编排的阅读习惯，那种似中文古籍版面的竖排阅读方式较为罕见。自由版面的编排也没因其特性而妄自任性，它的出现仍以纵向、垂直交错为基本编排准则。网页设计虽然千变万化，但设计手段归纳起来依旧为：网格设计、自由版面设计或是动画与前两者的互动设计，（网格设计、自由版面设计等在前文中我们已论及过，在此不再赘述）需要补充的是，网格设计必须与界面的滚动条、链接键设计相配合，滚动条、链接键的功能直接对辅页的链接产生影响，这样就形成了网页界面与普遍印刷品功能上的自然差异。

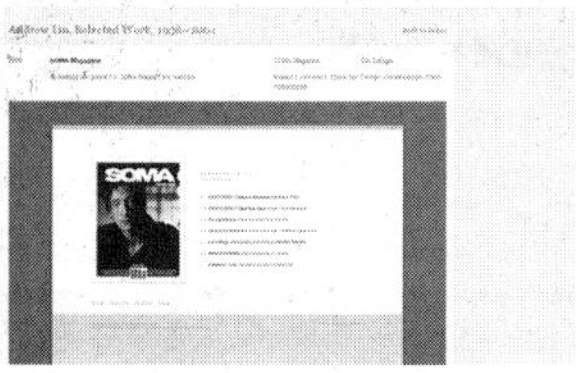

图 9－123　网站名称：Soma Magazine，国家：美国。网址：http://www.somamagazine.org.

滚动条是用来翻动界面内容的控制键，它的设计方法形式多样。有的是用图块的走动进程为手段，有的则以按钮的跳动、闪耀形式出现，有的则以符号、箭头作为翻动的机关等等。滚动条之所以重要是因为它承担着重要的功能作用。

与网页设计相关的各个界面，由于互联网的功能因素，它必须由各个相关的链接按钮来控制，每一个按钮将控制着一个相关内容。

图 9－124　网站名称：Bhong，国家：美国。网址：http://www.bhong.com.

E. 动画设计

动画设计在网页设计中占有很大的比重，动画的形成并非以单一的面貌出现，它常与平面设计的其它手段相互配合，这也是网页设计与印刷品设计最大的区别。虽然，动画的最终呈像原理是由动画帧数的静止状态连接而成，（印刷品不可能形成这样的结果）形成动态。同时，动画还可以通过音频声响与动画同步，通过摄像头进行现场直播，内容则可以通过静止的界面按钮与图形、文字相配合。网页设计常常在静止的界面中，利用某一个动画人物或物体突然的动态打破或界面的形态中止，如果这一画面定格在某一区域，形成静态的版面，那么编排上瞬间将会出现一连串的多变的界面。对于这种情况设计师首先应将出现的界面形态动画线路设计好，再由网络工程师通过相关的技术手段链接上，在相关技术的努力下，可将出现的动态界面控制好。

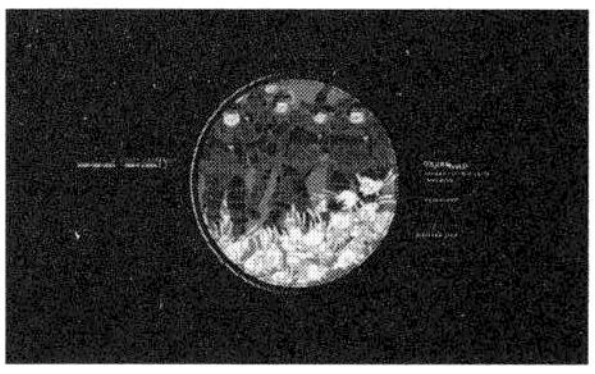

图 9－125　网站名称：Illustrations，国家：美国。网址：http://www. Illustrations. org.

2. 编排

A. 字号、字体、字距

网页设计通常多采用 12 磅字作为阅读正文，小于 12 磅阅读起来显得十分吃力。由于目前的显示器分辨率还达不到印刷网线的清晰度，因此，过小的字号必然会造成阅读障碍。当然有些网站为了获得编排上的层次美感，也常将一些不十分重要的部分用 9 磅字来编排，其目的是为了增加版面字号的级数变化。

图 9－126　网站名称：COMA，国家：美国。网址：http://www. coma. com.

几乎所有的中文网站所选用的核心字体皆为宋体、黑体系列字库。拉丁文网站则选择接近于无脚装饰线体或罗马体系列字库等。那种以装饰手段为特征的字体不适合用于大段的文本阅读，（请参见本书关于字体运用的有关章节）

界面中文字的行距，其规律类似于书籍、杂志的版面设计，并没有特别之处。行距通常为字号的一个字距的四分之三和二分之一，行距过窄或过宽均会妨碍阅读目力，过窄会使得目光扫描产生字形的空间混淆，过宽则会造成阅读连续性的中断。

B. 编排的整体性

网页编排同印制刊物一样，必须讲究整体性，只有处在统一编排序列中的网页才会显得规整和连续。网页的编排离不开版面的形式法则和网格构成，通过对编排基本原理的理解和运用，编排的整体性便可迎刃而解。

图 9－127　网站名称：Sanfrancisco Museam，国家：美国。网址：http://www. sfmoma. org.

（1）选择整体编排的方式。版面的形态构成是网页设计师考虑的重要内容之一，采用网格构成、自由版面构成或是在这之

图 9－128　网站名称：Accordion Brand，国家：美国。网址：http://www. accordionbrand. com.

图 9－129　网站名称：Buena Center for the Arts，国家：美国。网址：http://www. Yerbabuena. org.

图 9－130　网站名称：deluxe，国家：美国。网址：http://www. deluxe . com.

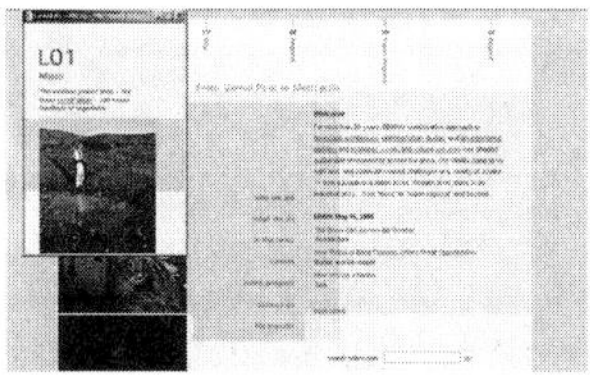

图 9－131　网站名称：EDAW，国家：美国。网址：http://www. edaw. com.

上的具有特点的混合构成形式，应依据网站内容而定。科技、工程技术等理工类网页设计应理性和秩序；娱乐性网页则多选择形式新潮的自由版面设计手法；至于社科类网页设计，则采用混合编排的手法。无论选择哪一种设计手法其宗旨都必须建立在整体连续性的基础上。

（2）标题与主要文本。网页主要文本通常情况下多为双栏和三栏或一个宽栏与一个窄栏组合，通栏的形式相对较少，这是因为阅读的合理性所致。标题位置并没有固定的安排，它可根据实际需要作相应的排列。中文网站标题的排列方式较拉丁文网站排列方式更为丰富，可直排、横排、倾斜排。标题与主要字体的大小比例依据内容需要作相应的调整，对此并无统一的约束格式。

（3）文本的色彩。网页文本的颜色多为黑色，但有时也可使用层次丰富的有彩底色作为背景，当然也可根据需要适当变换文本自身的色彩，但宗旨为不干扰阅读。一方面，色彩选择的目的是为了便于阅读和区域划分，另一方面，也是为了版面美观，所选色彩多为清淡的灰色，那种对比强烈的色彩一般慎用。

C. 图形、图像

与文字具有同等重要地位的图形、图像作为网页编排元素有着无限发展的前景。图形是由图形设计师富于创意想像的意象图片，其创作手法多种多样；图像则为二维、三维动态影像或静态图像。图形编排时可采用图片叠加位置交错、退底、描边、镂空、出血等手法，影像在版面中按预先的设定可以自由活动，极大生动地丰富了版面的内容。

（1）图片叠加。图片叠加是将图片依据版面空间位置，使图与图之间形成部分叠加关系。叠加须依照形式法则，按照疏密、大小等关系叠加，使之形成一定的节奏感。

（2）位置交错。图片的位置交错将依据网页图片数量而定，量少的图片不能形成交错，要使之丰富须在底部图块上增加变化，使底图与图片形成一定的错位关系，若版面图片量大，图与图之间可以依据重点突出、次要弱化的原则，将多幅图片缩放错位排列。

（3）退底、描边、镂空。选择一幅图片，到底取舍哪一部分，应根据需要而定，有的图片必须要退底，取主要形态作为版面构成元素，而有的图片则需描边镂空、切割，只取所需部分，运用这种方式排列版面，可以让人感到轻松、活泼，具有动感。

（4）出血。对于重点图片，处于版面较突出的部分应出血处理，使之在整个版面链上富于有大小、高低、起伏、节奏变化。

（5）动态图像与文本编排。网页按预先的设计，合理地编排文字，这其中可以穿插动态图像，在阅读的过程中，常有动态图像突然插入进来，使得版面形成新的形式。对于这类图文编排，设计师应依照编排的形式法则，预先设计动画路径，无论图片跑到哪，始终使之在界面中处于良好的视觉位置。以图为主的界面，可以运用动画手段将文字设计成可以跑动并富有神态的造型，使文字富有动感表情，与影像、图片形成一个整体（请参见图 9－120～图 9－131）。

参考书目

1. 林华:《设计艺术形态学》,河北美术出版社,1997 年。
2. [德]汉斯·彼得·维尔堡:《发展中的书籍艺术》,余秉楠译,人民美术出版社,1993 年。
3. 余秉楠、余璐主编:《克里斯坦》,《皮尔·门德尔》,河北美术出版社,2002 年。
4. [英]E. H. 贡布里希:《秩序感——装饰艺术的心理学研究》,范景中、杨思梁、徐一维译,湖南科学技术出版社,2000 年。
5. [日]利光功:《包豪斯——现代工业设计运动的摇篮》,刘数信译,中国轻工业出版社,1988 年。
6. 陈振濂:《线条的世界》,浙江大学出版社,2002 年。
7. 周国平:《尼采——在世纪的转折点上》,上海人民出版社,1986 年。
8. [美]鲁道夫·阿恩海姆:《视觉思维》,滕守尧译,光明日报出版社,1986 年。
9. [德]尼采:《快乐的科学》,余鸿荣译,中国和平出版社,1986 年。
10. [日]杉浦康平:《造型的诞生》,李建华、杨晶译,中国青年出版社,1999 年。
11. 余秉楠:《美术字》,人民美术出版社,1980 年。
12. 《从纤细到特粗——格特·冯德利希的版面设计和平面设计》,余秉楠译,云南人民出版社,2001 年。
13. 姚伯岳:《版本学》,北京大学出版社,1993 年。
14. [日]朝仓直已:《艺术·设计的平面构成》,林征、林华译,中国计划出版社,2000 年。
15. 邱陵:《装帧艺术》,生活·读书·新知三联书店,2001 年。
16. 何耀宗:《商业设计入门》,雄狮图书公司出版,1982 年。
17. 刘丰杰:《现代装帧艺术》,中国书籍出版社,1998 年。
18. [瑞典]林西莉:《汉字王国》,李之义译,山东画报出版社,2001 年。
19. 王受之:《世界现代设计史》,新世纪出版社,1995 年。
20. 王受之:《世界现代平面设计史》,新世纪出版社,1998 年。
21. 潘鲁生:《中国传统艺术——汉字装饰》,中国轻工业出版社,

2000 年。
22. 张秦编著:《外国网页设计前线》,湖南美术出版社,2003 年。
23. 邱承德:《书籍装帧设计》,浙江美术学院出版社,1988 年。
24. 夫龙:《现代图形》,河南美术出版社,1992 年。
25. 符昂扬、周延富:《书籍装帧基础》,中国书画函授大学,1994 年。
26. 汉斯·鲁道夫·波斯哈德:《版面设计网格构成》,郑微译,余秉楠审校,中国青年出版社,2005 年。
27. 吕敬人:《书的形态学探议》,刊登在《装饰》杂志,1995 年第 4 期。
28. [德]拜乐:《托马斯·拜乐作品集》,中国青年出版社,1997 年。
29. 陈原川:《文字设计》,刊登在《包装 & 设计》杂志,2000 年增刊。
30. [美]罗伯特·休斯:《新艺术的震撼》,上海人民美术出版社,1989 年。
31. 李砚祖主编,芦影编著:《视觉传达设计的历史与美学》,中国人民大学出版社,2000 年。
32. 吴纲:《完形符号论》,学林出版社,2003 年。
33. [美]马克·第亚尼编著:《非物质社会——后工业世界的设计、文化与技术》,滕守尧译,四川人民出版社,1998 年。
34. 夫龙:《现代图形》,河南美术出版社,1992 年。
35. 余秉楠:《版面设计》,美术杂志社美术函授中心。
36. Jost Hochuli, Robin Kinross. *Design books*. Hyphen Press, London, 1992.
37. *Cranbrook Design: The New Discourse*. Rizzoli International Publications, Inc. 1990.
38. *New Book Design*. Published in 2004 by Laurence King Publishing Ltd, 2004.
39. Paul Needham. *Twelve Centuries of Bookbindings*. The Pierpont Morgan Library Oxford University Press, 1979.
40. *Creative Typography*. First Published in the U. S. A. by North Light Books, an Imprint of F & W Publications, Inc. 1988.
41. Richard Hollis. *Graphic Design, A Concise History*. Published by Thames and Hudson, 1996.
42. Edited: Ingrid Court-Jones. *Alphabook*. Hearst Books International and Duncan Baird Publishers, 1999.
43. RickPoynor. *Typographica*. Published in 2001 by Laurence King Publishing Ltd.

后　　记

不知不觉已过去三载，春华秋实，《编排》一书终于成文付梓，了却了多年一直未果的心愿。作为平日教学主要内容的《编排》课程，多少积聚了一些对版面设计的理解与认识，欲将之付诸于文字，把对相关的积累教传于广大读者。书中荟萃了国内外部分学者的学术观点和作品案例，同时也阐述了笔者对于某些问题的看法，虽为浅薄，但毕竟是长期思考之所在。客观而论，中国的现代设计事业尚处于一个起步阶段，不同地区、不同艺术院校对设计的认识和人才培养其发展并不平衡，甚至还处在探索阶段。如何改变落后的设计事业并迅速赶上欧美发达国家，对于我们这些从事教学事业的人来说，是一项艰巨的任务。

历史地看，中国与欧美在设计方面的差距实际上是人才素质的差距，西方设计事业发展至今，已经过了数百年有体系的设计教育之路，尤其是现代设计教育更是突飞猛进，而中国却只有短短二十年的历程。改革开放以后，中国的设计事业开始慢慢萌芽成长，直至 1992 年实行市场经济，这一事业才走上了日新月异之路。当今的中国正处在这样一个安定、平静、激动人心的大发展的时代，芸芸小我有义务、有机会去为这一时代的发展添砖加瓦，为中华民族的复兴尽一份微薄之力。

本书系应东南大学出版社之约而撰写的。抑于基础资料之限，成书较难，虽努力工作，但仍拖了很久。书中的每一章节，都是在前人与同行专家既有成果的基础上总结而成，许多例图在无法与相关作者联系的情况下，尽量详注出处、作者姓名，有些无籍可寻者无法注明，在此深表歉意。此外，对作品的评述、分析尽量本着客观、详实的原则行文。

成书之时，真诚感谢对本书给予格外关注与支持的专家、教授，他们在百忙之中提供了许多珍贵的图片资料。他们是：清华大学美术学院装潢系余秉楠教授；清华大学美术学院装潢系吕敬人教授；中国人民大学徐悲鸿艺术学院祝东平教授。

《编排》一书虽已完成，但由于本人学识有限，成书中不免留下遗憾之处，还望广大读者给予谅解。